Single Cell Oils
Microbial and Algal Oils

单细胞油脂
微生物和藻类来源的油脂

原著第二版

[以] 兹斐·科恩（Zvi Cohen）
[英] 考林·腊特列杰（Colin Ratledge） 著
纪晓俊 任路静 黄和 等译

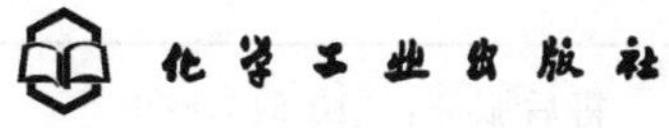

·北京·

本书为系统论述单细胞油脂（微生物和藻类来源的油脂）的专著。全书涵盖了各种单细胞油脂的功能、性质和制取加工方法，以及单细胞油脂的积累机制及相关产油微生物、藻类的生理生化特性和育种方法；着重介绍了富含各种多不饱和脂肪酸的单细胞油脂的生产，以及单细胞油脂作为生物燃料原料的商业应用进展及前景预测。全书分6部分，共20章，内容紧密结合当前单细胞油脂科学与技术发展的最新进展，以资源、功能、应用、制取为主线，在阐述当前研究成果与技术现状的同时反映了其发展态势与开发前景。

本书可供相关科研院所、高等院校和企业等从事食用油脂、生物能源等研究和开发工作的科研管理人员、科研工作者和研发生产人员借鉴与参考；也可以作为研究生教学用书，尤其适合作为生物化工、发酵工程、能源化工、食品科学与工程等学科的教学参考用书。

图书在版编目（CIP）数据

单细胞油脂：微生物和藻类来源的油脂/[以]科恩(Cohen,Z.)[英]腊特列杰(Ratledge,C.)著；纪晓俊，任路静，黄和等译．北京：化学工业出版社，2015.5

书名原文：Single cell oils：microbial and algaloils

ISBN 978-7-122-23260-1

Ⅰ.①单… Ⅱ.①科…②腊…③纪…④任…⑤黄… Ⅲ.①油脂-研究 Ⅳ.①TS

中国版本图书馆CIP数据核字(2015)第043924号

Single Cell Oils：Microbial and Algal Oils，2nd edition/by Zvi Cohen，Colin Ratledge
ISBN 978-1-893997-73-8

北京市版权局著作权合同登记号：01-2014-4040

责任编辑：成荣霞　　文字编辑：王　琳
责任校对：边　涛　　装帧设计：王晓宇

出版发行：化学工业出版社（北京市东城区青年湖南街13号　邮政编码100011）
印　　刷：北京捷迅佳彩印刷有限公司
装　　订：北京捷迅佳彩印刷有限公司
710mm×1000mm　1/16　印张26¾　字数491千字　2015年7月北京第1版第1次印刷

购书咨询：010-64518888　　售后服务：010-64518899
网　　址：http://www.cip.com.cn
凡购买本书，如有缺损质量问题，本社销售中心负责调换。

定　　价：128.00元　

译序 PREFACE

步入21世纪，随着社会经济的发展，人民生活水平不断提高，科技的进步带动物质文明的极大丰富，人们开始追求健康的饮食和生活方式。功能性油脂资源具有特殊的生理功能，对人体一些营养素缺乏症和内源性疾病，特别是现代社会文明病有积极防治作用，成为人们关注的焦点，其需求量日益增加。富含多不饱和脂肪酸（polyunsaturated fatty acid，PUFA）的油脂是重要的功能性油脂之一，其中PUFA对婴幼儿智力及视网膜发育、成年人心脑血管疾病预防和治疗等具有促进作用，是这类功能性油脂功能发挥的主要贡献者。然而，传统的基于动物组织的提取法限制了这些功能性油脂资源的来源，无法满足人们日益增长的巨大需求，因此亟需发展一种可持续的廉价的途径来获取这类功能性油脂。单细胞油脂（single cell oils，SCO）即是符合这种要求的新资源。单细胞油脂是由微生物或藻类积累的一类可食用的油脂，与20世纪兴起的单细胞蛋白（single cell protein，SCP）相对应，其概念最早于1976年被提出。随着对单细胞油脂研究的不断深入和推进，人们发现利用自养藻类的光合作用实现从CO_2到油脂的积累过程，不仅是减少碳排放的一种有效途径，还可以为生物柴油提供原料，因此在对异养微生物积累功能性油脂研究与开发的基础上，利用自养藻类积累油脂进一步生产生物燃料的过程也逐渐受到高度的关注。

在开展单细胞油脂研究过程中，我们关注到英国赫尔大学（University of Hull，UK）的Colin Ratledge教授是单细胞油脂概念的提出者和微生物产油理论的完善者，他与以色列本古里安大学（Ben-Gurion University of the Negev，Israel）的Zvi Cohen教授于2005年和2010年陆续出版了两版有关单细胞油脂的专著，这两版专著与时俱进，及时更新领域相关研究最新进展，由著名的美国油脂化学家协会（American Oil Chemits' Society，AOCS）出版社出版。该书是在历年AOCS年会会议论文的基础上由Zvi Cohen教授和Colin Ratledge教授邀请全球范围内相关领域的著名学者结合自己的科研进展编写而成的，全书内容涵盖了单细胞油脂的发展历史、异养微生物及自养微生物生产单细胞油脂的过程、面向生物燃料的单细胞油脂生产、单细胞油脂的营养和安全性评价、单细胞油脂的未来发展前景等，内容紧密结合当前单细胞油脂研究的最新进展，以资源、功能、应用、制取为主线，在阐述当前研究成果与技术现状的同时反映了发展态势与开发前景，为未来单细胞油脂的开发利用指明了需要重点解决的研究方向。我们认为，这本书将为我国单细胞油脂开发利用的研究者提供非常宝贵的参考素材，推动我国各种单细胞油脂的产业化进程。2012年，Colin Ratledge教授访华期间，译者向其当面请教，并交流了国内外单细胞油脂的研究现状和发展前景。在交谈过程中，我们一拍即合，有了出版该专著中译本的想法。于是，2013 年译者在化学工业出版社的支持下着手翻译这本专著。Colin Ratledge 教授对本书的出版非常关心，欣然为中译本做序，对全体译者给予了很大的鼓励和鞭策，在这里表示衷心的感谢！

在本书翻译过程中，我们体会到了“写一本好书难，译好一本好书更难”的道理。南京工业大学的研究生张瑷珲、庄小燕、邬文嘉等也参加了本书的文字翻译和大量图表的绘制工作，感谢他们的辛勤付出。同时，我们还要感谢化学工业出版社为本书的顺利出版所做出的贡献。

由于译者水平有限，虽然几经讨论，数易其稿，书中可能还会存在不足之处，敬请广大读者及各位同行不吝赐教，以便今后修订时加以改进。

纪晓俊　任路静　黄和

2015 年 1 月

中译本前言 FOREWORD

我非常高兴为 Zvi Cohen 教授和我 2010 年编写的“Single Cell Oils：Microbial and Algal Oils”（第二版）的中文版撰写前言。

在很短的时间内，人们建立起单细胞油脂（SCO）的商业化生产。许多不同的微生物，如酵母、真菌、微藻甚至一些细菌可以产生可食用的油脂和脂肪。单细胞油脂这个短语最先由我在 1976 年提出，与 20 世纪 70～80 年代广泛使用的单细胞蛋白（SCP）相对应，其特指高蛋白饲料，来源于生长在各种不同原料上的微生物，这些原材料包括甲烷、甲醇和各种廉价的碳水化合物。最早的 SCO 生产始于 1985 年，之后世界范围内的其他生产过程相继建立。在不到 30 年的时间里，人们采用微生物生产了数千吨的油脂，确实是一件举世瞩目的壮举!

与 SCP 一样，SCO 这个短语想要表明其微生物来源，但是同时没有透露出可能来自真菌、酵母、微藻或细菌。事实上感觉这些由发酵罐中微生物生产的 SCP 和 SCO 可能会引起公众一些不必要的担忧，尤其是吃微生物材料的概念可能会引起他们消费上的一些误解。尚没有任何有关微生物油脂的安全问题被提出和确认。目前，非常高兴 SCO 能够被科学工作者和公众接受，并且它在许多网站搜索引擎中获得了比 SCP 更多的点击率。

目前油脂因作为成年人和婴幼儿安全摄入的营养物以及最近作为生物柴油生产的潜在资源而引起了广泛的兴趣。与日俱增的基础研究工作已经能够让人们更好地理解油脂生产过程。看到在过去的一年内关于 SCO 的出版物清单，我惊喜地注意到，这个主题大约 40％的研究文章来自中国的科学家。明显地，许多中国的研究机构对这个主题产生了浓厚的兴趣，但这项研究活动并不局限于研究机构，同时有很多中国公司涉足用于人类消费的多种 SCO 的生产。这些公司在与美国和欧洲的公司竞争生产高品质的富含重要多不饱和脂肪酸的油脂，这些油脂对于婴幼儿的生长和维持成年人的健康有很重要的作用。

因此，中国的研究正引领着基于微生物代谢指导解决油脂生产过程中的棘手问题。同时，寻找和开发 SCO 用于生物柴油的原料，也是中国和世界其他各国的主要研究工作。这是一个极具挑战的领域，很明显，以筛选的自养藻类以及酵母和真菌，培养在包括各种农业废料在内的廉价碳源上的工作激起了人们很大的热情。时间将会告诉我们这个愿望是否会实现：市场要求以最廉价的油脂生产最廉价的生物柴油。因此，微生物油脂能否承受这个经济挑战？我很有信心，中国的科学家们将会站在世界的最前沿来解决这些问题并开发相关的新方法和新技术。

因此，我希望所有在此领域工作的研究机构和工厂的研究者、科学家们以及这本书的读者拥有一个光明的未来，相信你们可以用自己的努力解决那些困难，创造出合适的技术手段，并且SCO将会继续在食品和石油领域发挥关键作用。

衷心感谢化学工业出版社独具慧眼的工作人员，为使本书得以在中国出版，他们付出了艰辛的劳动；需要感谢的还有译者纪晓俊、任路静、黄和以及其他涉及编辑和设计这本书的诸君。没有他们的辛勤工作，中文版的问世和由它引发的交流就不可能实现，随着此书出版计划的展开，他们不断付出努力，我亦承蒙雅爱，其深情厚谊不胜感佩。在此过程中，我有幸结识了一些亲密的新朋友，他们为此项工作呕心沥血。对他们每一个人，我想说一句：有劳各位，遥致谢忱。

考林·腊特列杰（Colin Ratledge）

Colin Ratledge

于英国赫尔大学

2014年8月

第二版前言 FOREWORD

在过去四五年中，微生物油脂（单细胞油脂）领域的快速发展使我们都感到惊讶，因此，我们着手准备这本书的新版，以使读者跟上其发展的步伐。从某种程度上讲，自 2005 年以来，以微生物油脂（尤其是光合藻类油脂）作为生物燃料的商业计划如雨后春笋般出现，这种状况引起了我们的兴趣，并令我们感到惊讶。然而，因为这些发展和投资过热，这些计划中的一部分的情况变得十分严峻。在新版中已经包含了这些商业活动，也包含了发展以细菌作为生物燃料潜在来源的内容。毫无疑问，来源于微藻的生物燃料成本很高。然而，尽管科学家们开展了大量的研究甚至基因操作来提高油脂产率降低成本，但是某种程度上人们仍然对低成本生产生物燃料并与石化燃料竞争的可行性心存疑虑。然而，我们没有预测未来的能力。没有人可以精确预测未来化石燃料的价格，更不用说猜测一些宣称使用“微生物或藻类燃料”的政府将会给予消费者多大程度的补贴。但是，我们不应该过多抱怨，这些商业活动将激发新的思想并将激发人们更大的兴趣和热情，而这也正是 20 世纪前期数十年来对微生物油脂发展所欠缺的一种激情。

生物燃料，现在已经可以被认为是因为微生物油脂的出现而变成非常传统的一种能源形式。然而，除此之外，在过去的 5 年内，生产富含长链多不饱和脂肪酸（LC-PUFA）（用于强化婴幼儿、成人及动物营养）的微生物油脂也取得了可喜的进展。运用基因技术克隆和转化微生物来生产新的多不饱和脂肪酸（PUFA），或者生产一些不易从动物或植物来源获取的 PUFA，这些工作取得了一些成功。在第二版中也包括了基因工程改造酵母和霉菌的章节。能够生产出前述“设计”油脂的那一刻已经来临。另外，我们看到了大众将 PUFA 作为饮食的必要部分，同时也认识到传统的海洋资源无法足量供应这些油脂，并且因为其动物来源，许多人不能接受这种来源的油脂。另外，存在的一系列污染物富集在海洋动物油脂中，进一步加剧了这种情况。因此，许多公司开始生产和开发微生物油脂。在很短的时间内，这些油脂从学术研究演变为商业产品。

当然，每个人（包括作者）都得承认微生物油脂（尤其是使用非光合作用微生物）的生产成本非常昂贵，因为这需要大型的发酵设备和大量的生产原料。如果一些关键的脂肪酸能够通过基因修饰的植物生产，这将会是一个非常便宜的路线。但是，无论是超过 10 年对大量植物基因的研究还是植物培育，事实上证明了培育能生产关键脂肪酸的植物是不现实的。并且，我们无法预测这个领域的未来。

同时，单细胞油脂将会一直在市场上占有一席之地。它们虽然很贵，但却是安全的、可食用的，并且不受气候影响，也不需要农药、杀虫剂和除草剂，是真正原始来源的材料。我们坚信其在市场上的安全地位。

Zvi Cohen
Colin Ratledge

第一版前言 FOREWORD

单细胞油脂（SCO）的时代来临了！它能够提供长链多不饱和脂肪酸（LC-PUFA），而发挥关键的令人满意的作用，并且正成为婴幼儿营养的必需品。但是它成为油脂潜在的来源是一个漫长的过程。许多评论家在单细胞油脂发展的早期一度怀疑其是否能够以合理的价格生产出来，即使可以，他们仍然怀疑公众是否会接受单细胞油脂，尽管公众没有明显地反对消费以细菌或酵母等微生物来源的酸奶、奶酪、面包等食物作为其日常饮食的一部分。如果产品很好，公众会购买；如果产品是必需的，公众会排队购买；如果产品是婴幼儿必需的，那么排队队伍会更长。单细胞油脂是从微生物中提取出来的可食用油脂，“单”意味着完全生活在食物链底部。大多数油脂含量高的优秀生产者是酵母和真菌，另外几种藻类也可以生产高水平的多不饱和脂肪酸（PUFA）。对单细胞油脂的研究兴趣经历了一个世纪，到如今才变得家喻户晓。尤其是在第二次世界大战期间，人们在寻找潜在的微生物生产菌株方面做出了很多努力，并用于生产急需的油脂产品。起初，人们尝试生产一些主要由油料植物生产油脂的替代产品，甚至生产一些可可脂产品。但是，其具有 PUFA 潜在的生产能力被发现之后，研究者逐渐将兴趣转向了那些植物和动物无法生产的高度需求的必需脂肪酸。写这本专著的思路源于 2003 年 5 月 David Kyle 教授为美国油脂化学家协会（AOCS）组织的一个讨论会，其中包含了该领域正在进行的一些项目。它与 AOCS 早期的两个会议类似，第一个是 1982 年在多伦多，第二个是 1992 年在芝加哥，同样是由 David Kyle 教授组织。经过这些年的发展，单细胞油脂变得更加安全。1992 年，单细胞油脂还仅仅是停留在脑海中的想法，如今已经变成了商业现实。单细胞油脂的生产过程同时出现在美国、欧洲、日本和中国。对于它的研究兴趣正广泛传播，生产出多种多样的 PUFA 的未来掌握在我们的手中。正如人们所预测的那样，在下一个十年或者更久的未来，单细胞油脂是否会被转基因植物来源的油脂代替，仍会是一个让人期待的未来。但是，现在是单细胞油脂的时代！

Zvi Cohen

Colin Ratledge

目录 | CONTENTS

第一部分 导论和概述

第二部分 利用异养生长微生物生产单细胞油脂

第四部分 利用单细胞油脂生产生物燃料

第五部分 单细胞油脂的安全性和营养

第六部分 展 望

第一部分
导论和概述

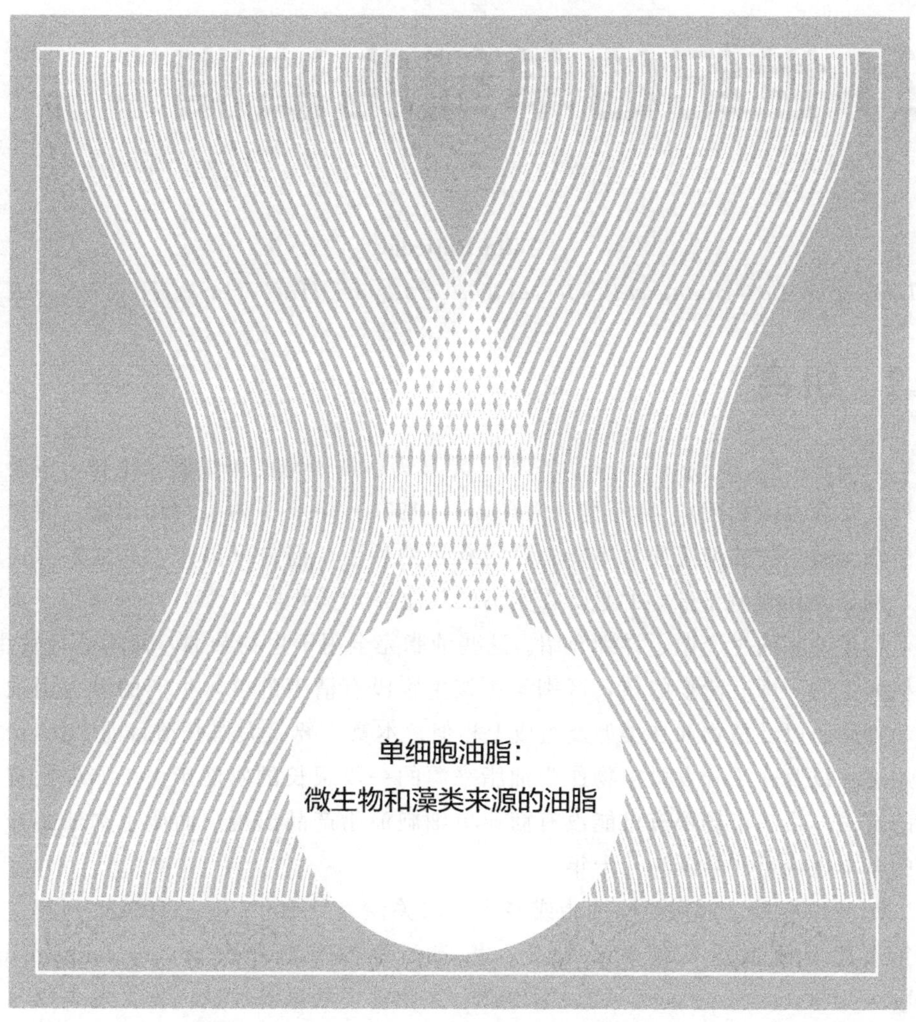

第1章

21 世纪的单细胞油脂

Colin Ratledge

(*Department of Biological Sciences, University of Hull, Hull, HU67RX, UK*)

1.1 引言

单细胞油脂（single cell oil，SCO）定义为：从所谓的单细胞微生物，主要是酵母、真菌（或霉菌），和藻类（Ratledge，1976）中获得的可食用油脂。同样称为单细胞微生物的细菌通常不能积累可食用的油脂，但是可以产生其他贮存类物质，例如聚 β-羟基丁酸。并且，在本书的其他部分（见第 14 章）对细菌用于大量商业用途油脂的生产做了详细介绍。这些油脂完全用于生物柴油，而不适合食用。真核微生物（即有清晰的核，区别于原核生物没有清晰的核）生产的可食用油脂与动物脂肪以及植物油在类型及组成上相似。本章主要是大概介绍目前 SCO 产品和用途，以及介绍开发微生物作为油脂来源的一段很长的发展历史。如果没有前人的努力，目前市场很有可能没有商业单细胞油脂产品出现，而微生物油脂开发后的基本理论可能会延滞几十年。

20～30 年前，对微生物油脂或多或少的关注（见 Ratledge，1992）到其作为成年人甚至儿童重要的营养补充，长链多不饱和脂肪酸（very long chain, polyunsaturated fatty acid，VL-PUFA[1]）在饮食中的重要性这一重大发现以及人们意识到没有足够和安全的植物或动物的油脂来源成为这一过程中的里程碑。一

[1] 后面的章中用 LC-PUFA 代表长链多不饱和脂肪酸。——译者注

些起初不寻常的微生物是极其重要的，因为它们是现实中这些油脂的唯一来源。相信在短短的几年里通过基因工程手段构建出来的植物将提供这些必需的 VL-PUFA，但是这并不代表 SCO 会很快被取代。这些植物来源的多不饱和脂肪酸（PUFA）资源的出现一如既往地遥远，或许有点希望。但是在接下来的几十年里，微生物油脂将继续保持其重要的商业价值。

1.2 最初阶段

我们对微生物油脂的兴趣已经超过了 130 年（Nageli & Loew，1878）。在 20 世纪前 10 年，已经开发微生物油脂作为油脂生产的可替代的资源。在德国柏林工作的 Paul Lindner 成为第一个使用产脂内孢霉（*Endomyces vernalis*）［现在称为茁芽丝孢酵母或丛生丝孢酵母菌（*Trichosporon pullulans*）］酵母小规模生产油脂的人（Lindner，1922；Woodbine，1959）。20 世纪前 40 年，不同国家团队对油脂合成和影响油脂积累的因素做了大量研究，微生物作为油脂的来源开发逐渐扩大。Woodbine 对这些先前的微生物油脂生产研究做了相当深入的总结（1959），这篇综述一直是最深入的，它涵盖了从初始到 20 世纪 50 年代中期的微生物油脂生产的全球发展情况。

产油微生物如酵母和真菌（那些产量高的生产者被称为产油微生物）生产的油脂与植物种子里获得的油脂没有显著的差别，因为这些微生物必须生长在来源于农产品的含有葡萄糖或蔗糖的碳源培养基中，虽然糖的成本低于大多数植物油如玉米油、大豆油、菜籽油价格的 1/4。但是，这并不是将 1t 糖转化为 1t 油的问题。这种将一种农产品转化为另一种农产品（即将糖转化为油）的成本并不是那么经济节约。微生物不是那么有效，它只能把 5t 糖转化为 1t 油脂（Ratledge & Wynn，2002）。因此，为了使单细胞油脂生产价格经济可行，我们需要寻找零成本的碳源，或者油脂产量要超过通常的商品油，从而得到大量利润。而只是单纯地重复生产目前市场上已经存在的商品油来开发 SCO 加工过程没有任何意义。

尽管存在明显的经济限制，在 20 世纪 20 年代到 50 年代后期开展了大量的微生物油脂生产工作。这些工作为微生物油脂生产的发展奠定了基础。简单地说，它建立了：

——获得能够积累油脂超过细胞干重的 20%能力的微生物，与总体相比来说还相对较小。

——积累油脂的微生物主要是酵母和真菌；只有一些细菌能够生产大量的能提取出来的可食用油脂。这些酵母和真菌生产的油脂与植物油一样，主要由甘油三酯组成，与植物油相比脂肪酸组分基本相似。

——一些藻类可以生产大量的油脂，但是这些油脂成分比酵母、真菌生产的油脂更复杂，因为它们包含光合作用的脂质，同时它们也包含植物油中同样的脂肪酸成分，还有一些与鱼油中相似的 PUFA。

——可以通过限制除碳源以外的营养物质如氮源来增加微生物的油脂积累。培养基中缺乏氮源后，细胞的反应就是进入油脂储存阶段，将过量的碳源优先转化为储存脂质（甘油三酯）。如果随后细胞缺失的营养物质补充回来，储存的脂质会被动员，分解进入代谢循环。所以，油脂的积累是细胞对诱导的反应，在条件适宜的情况下细胞内储存的油脂物质能够再转化为碳源和能量进入代谢过程。

这些观点被广泛的研究支持，包括生物化学和分子生物学研究，得出了产油微生物中油脂的积累机制（见 Ratledge & Wynn，2002 年综述）。

产油微生物中油脂积累的典型分析见图 1-1。该图展示了培养开始、培养基中氮源耗尽，油脂在微生物细胞中的积累过程。因此，培养基应该选用高的碳氮比来确保氮源耗尽时其他营养物质包括碳源过量。在实际情况下，碳氮比大约是（40～50）：1，但是最佳的比例要根据不同的个体决定。为了培养大量的细胞，在保持相同比例的前提下需要增加氮源和碳源的浓度，这能确保生长阶段的平衡，直到生物量密度达到最大，因此细胞生长可以维持到油脂积累阶段之前。在实际发酵中用 $NH_3 \cdot H_2O$ 调节 pH 值是有优势的，因此细胞可以在没有任何营养限制的条件下以最快的速率生长，当细胞密度处于最高水平时再选择 NaOH 调节 pH 值，同时确保碳源供应过量，这种 pH 值调节剂的转变直接导致培养基中氮源耗尽，当达到最大生物量之后油脂的积累便开始了（见 Ganuza et al，2008）。也有部分人认为，油脂积累不需要生长培养基中的氮源耗尽，在一些微生物中油脂的积累过程是同生长相联系的（例如，见 Eroshin et al，2000，2002）。换句话说，因为细胞需要继续繁殖，所以积累油脂。

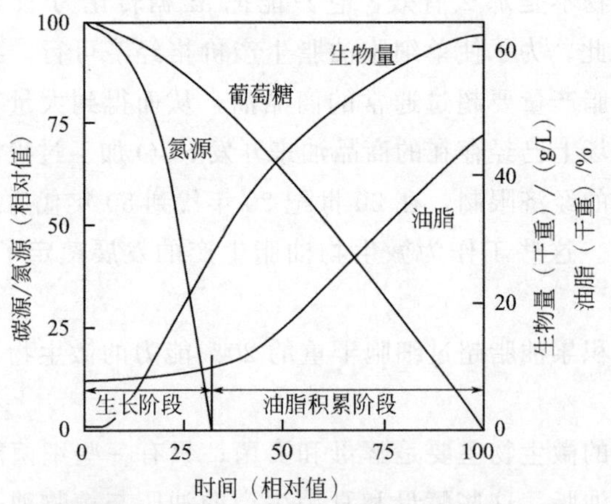

图 1-1 产油微生物油脂积累理想化过程

培养基的组成是明确的，因此通常是铵盐作为氮源供应成为生长限制因素，在其耗尽后细胞数量不再成倍增长，但菌体会继续吸收葡萄糖（常用碳源），之后葡萄糖被利用来形成油脂（甘油三酯）。油脂积累阶段因每个菌而不同，油脂含量一般能达到生物量的 20%～70%。

如果仔细考察生长方式，很明显会发现这些微生物中大部分生长快速。明显地，它们有代谢损伤。在这些细胞中，葡萄糖同化进入细胞比转化成为生物量的速率要快，结果过量的葡萄糖转向合成储存物质如脂质。

尽管在第二次世界大战期间德国尝试生产微生物油脂来补充从传统来源油脂（主要是动物油脂和一些植物油）的供不应求的情况，但是最终因为一些限制因素，这些尝试结束了。然而，他们从真菌中获得了一些富含油脂的菌体产品。这些真菌主要是乳卵形霉（*Oidium lactis*）［现称白地霉（*Geotrichum candidum*）］，生长在奶酪厂乳糖废水或农业废料中（Bunker，1945，1946，1963；Ledingham et al，1945），最后这些菌体主要是和干草麦秆一起加工成块状产品，作为军队里马的饲料（Bunker，1946）。还有一些加到汤和香肠里面用于人类食用，但主要是作为蛋白质而不是油脂供应。尽管用富含油脂的真菌喂马听起来微不足道，但在二战期间德国军队用非传统来源饲料喂养了大约 100 万匹马，这显然是受益颇多的。然而，这不代表提取出了任何油脂，甚至没有为这个过程的发展做一点努力，这距第一批单细胞油脂的到来还有一些距离。

在当时，没有合适的大规模发酵罐来培养高密度菌体（干细胞超过 50g/L），限制了微生物油脂（实际上是所有的微生物产品）大规模的高效生产。直到 20 世纪 50 年代，实验室规模的发酵罐还相对较少，而工业规模的搅拌桨发酵罐更是稀有。20 世纪 40 年代早期，英国需要将青霉素生产技术［过去一般使用静态培养产黄青霉（*Penicillium chrysogenum*）来适应医院的垫盘］转移给美国，因为当时世界上仅美国有可利用的搅拌桨生物反应器，这足以证明技术的匮乏。技术的匮乏不仅明显影响微生物油脂的生产，而且影响通气量，进而影响所有深层培养系统的微生物产品的生产。某些国家拥有生产啤酒和相关产品的发酵罐，但是这些都是通过厌氧发酵生产微生物产品，没有通气和搅拌设备。甚至一些是开放式发酵，因此容易在空气中染菌。这对食品级材料的生产过程将会是灾难性的。

主要可能是 20 世纪 50 年代单细胞蛋白（single cell protein，SCP）产品的出现，刺激了大规模发酵技术发展、实验室大规模发酵设备的产生。这些设备确保了必要的实验工作得以开展。一些石油公司——主要是英国的 BP 公司——开始探索正烷烃的转化，最开始阶段，将石油分馏不需要的废料，转化为可食用的菌体。他们发现酵母［尤其是解脂亚罗酵母（*Yarrowia lipolytica*），最初称为解脂耶氏酵母（*Candida lipolytica*）］可以在烷烃里快速生长，但是搅拌和通气发酵罐对最佳的转换条件是必不可少的。接下来，菌体中富含蛋白质（质量分数大约 50%）的菌体，作为动物饲料非常有用。因为当制造的产品以微生物蛋白的名称出售时他们感到有一点不安，因此 SCP 被杜撰出来，作为一个合适的、委婉的名字，来掩饰原始材料来源于微生物。

因为在美国毛油价格上涨导致的经济萎靡以及大豆粉——SCP 主要的竞争对

手——一直保持着低的价格，SCP 的生产时期结束了。但是在这个时期的末期，世界上微生物深层培养已达到前所未有的程度。生物技术已经达到不仅用于 SCP 的生产，还用于抗生素的生产、氨基酸和有机酸例如柠檬酸的生产。最初的静置微生物浅盘培养系统如今已经被复杂的搅拌桨发酵罐技术取代。

20 世纪 60 年代，伴随着新技术的广泛运用（不要忘记实验室规模发酵罐可用于支持 1～2L 水平的研究工作），生产微生物油脂的潮流再一次出现（Kessell，1968；Ratledge，1968）。然而，由于没有发现具有前景的微生物油脂资源与低的植物油价格竞争，生产油脂产品的热情大幅度降低。尽管存在一些有前景的并且无法从传统植物中获取的微生物油脂产品（Shaw 1965，1966a，1966b），因为市场对这些产品需求的不确定性，这些理念都是雏形，缺少集中力量研究。Shaw（1966b）制定出微生物检查体系，并致力于寻找花生四烯酸（arachidonic acid，ARA，20:4n-6）可能的来源——不是用于人类的营养物质（因为当时不知道其营养价值），而是用作鸡肉风味添加剂！仅仅在这些工作之后，他开始意识到是一些完全无关的组分但不是 ARA 产生了鸡肉风味。然而，Shaw（1965，1966a）研究出来的用于各种长链不饱和脂肪酸的生产工作具有重大价值。

20 世纪 60 年代早期出现的另一个重要的发展是气相色谱，这被认为对微生物油脂研究非常重要。早先，脂肪酸的分析非常费劲和单调乏味，并且需要大量的样品。气相色谱彻底改变了这些，这种方法可以快速分析大量油脂的脂肪酸组分，而仅仅只需要几克样品。因此，可以从上述 Bob Shaw 创新的工作中看到这个阶段用于微生物油脂生产的潜在资源的再筛选方式的改变。

1.3 20 世纪后 25 年的发展

在作者的实验室工作中（Gill et al，1977；Botham & Ratledge，1979；Boulton & Ratledge，1983；Evans & Ratledge，1985），用分批发酵和连续发酵的方法巩固了酵母发酵中油脂积累的机制。这些工作同时建立起在最佳条件下用葡萄糖生产甘油三酯，其最大近似效率是质量分数 22%。但是，尽管熟悉了大量的油脂积累过程，并没有合适的微生物油脂作为明确的商业开发目标。之后，因为富含 BBX〗γBBZ〗-亚麻酸（γ-linolenic acid，GLA，18:3n-6）油脂的合适的市场引起了作者的关注。

1.3.1 GLA 的生产过程

在 20 世纪 70 年代中期，GLA 仅仅作为月见草（*Oenothera biennsis*）油脂的副产品（总脂肪酸的 9%），但是由于 GLA 的成分，这些油脂可以有效缓解许多症状，甚至可以治疗多发性硬化症，这一需求自此出现了。在那个时候，月见草油规定的价格是 50 美元/kg，然而大多数植物种子油商品因为价格不到其 1/100 而引人注目。自从 Shaw（1965，1966a，1966b）发现一些低等真菌如菌纲（Zygomycetes）都含有 GLA，SCO 的商业价值立刻明朗起来。

在作者的实验室里开展的研究确定了这些真菌里的好几种适合用作生产富含 GLA 油脂的菌种。用小规模深层发酵技术进行更进一步研究，寻找候选微生物中最合适的菌种。经过这次筛选后，于 1985 年进行了第一次油脂的商业化生产（Ratledge，2006）。

最早的 SCO 是用卷枝毛霉（*Mucor circinelloides*）[也称为爪哇毛霉（*Mucor javanicus*）] 生产的。英国的 J. &E. Sturge 公司用在北约克郡的 Selby 的 $220m^3$（65000US gal）大规模发酵罐培养，他们也经常用他们的技术发酵别的真菌黑曲霉（*Aspergillus niger*）来生产柠檬酸。这种油脂用"爪哇油"（Oil of Javanicus）也称"GLA-Forte"的商品名出售，名称来源于一个油脂的零售商。这种油脂也少量地进入非处方保健品市场。主要是因为公司所有权的变更（见 Rhone-Poulenc 公司），1990 年该生产过程停止，同时也是因为月见草油（evening primrose oil）价格的降低和琉璃苣油（borage oil）作为可替代的便宜的 GLA 油脂来源。这个时候，大约 25～30t SCO 生产出来。每个发酵罐生产大约 10t 生物量，其中包含 2～2.5t 油脂。SCO-GLA 生产过程的描述中，其中必不可少的广泛的筛选和选择过程的细节已有综述（Ratledge，2006）。

虽然 SCO-GLA 在各个方面比月见草油优越——GLA 组分含量高，氧化稳定性高（表 1-A），不存在高浓度的竞争性脂肪酸如亚油酸，除草剂、杀虫剂以及杀虫剂残留含量低——但是，真菌油脂很难卖给想要月见草油的公众（主要是在英国和一些欧洲国家）。尽管市场谨慎的宣传避免提及"爪哇油"的微生物/真菌来源，但那些不称为月见草油但比月见草油优越的油脂被公众大大地忽略了。

表 1-A　用于商业生产 γ-亚麻酸（GLA）产品的真菌和植物脂肪酸组分

真菌和植物	油脂含量（质量分数）/%	主要脂肪酸的相对含量（质量分数）/%								
		16:0	16:1	18:0	18:1	18:2 (n-6)	18:3 (n-6) GLA	18:3 (n-3)	20:1	22:1
卷枝毛霉① (*Mucor circinelloides*)	25	22	1	6	40	11	18	—	—	—
深黄被孢霉② (*Mortierella isabellina*)	约 50	27	1	6	44	12	8	—	0.4	—
拉曼被孢霉② (*Mortierella ramanniana*)	约 40	24	—	5	51	10	10	—	—	—
月见草 (evening primrose)	16	6	—	2	8	75	8～10	0.2	0.2	—

续表

真菌和植物	油脂含量（质量分数）/%	主要脂肪酸的相对含量（质量分数）/%								
		16:0	16:1	18:0	18:1	18:2 (n-6)	18:3 (n-6) GLA	18:3 (n-3)	20:1	22:1
玻璃苣 (borage)	30	10	—	4	16	40	22	0.5	4.5	2.5
黑醋栗 (black currant)	30	6	—	1	10	48	17	13	—	—

① 爪哇油。
② 微生物产品来源于日本 Idemitsu 公司。细胞中油脂含量未知，但指出了大概含量。

尽管这些最初的 SCO 没有给生产商带来合理的利润，然而这在 SCO 生产过程中具有里程碑的意义。它的到来鼓励了其他国家的公司去探寻使用微生物作为类似的或者更昂贵的油脂来源。然而，油脂潜在市场仍然很关键。在英国，日本东京 Idemitsu Kosan 公司使用深黄被孢霉（*Mortierella isabellina*）也可能是拉曼被孢霉（*M. ramanniana*）作为生产菌体，建立起与 GLA-SCO 相似的生产过程。然而，油脂的生产者生产的油脂中 GLA 的含量比卷枝毛霉（*Mucor circinelloides*）（表 1-A）中低很多，尽管其他真菌产生的油的量是毛霉菌（*Mucor*）的 2 倍。这些油脂产品于 1988 年在日本国内市场出售，但是可能不久之后就停止了。在当前的投资组合公司的产品中没有多不饱和脂肪酸，仅含有 SCO-GLA。

1.3.2 与可可脂等效的油脂生产过程

在 20 世纪 80 年代，用酵母生产可可脂等效的油脂（cocoa butter equivalent，CBE）引起了广泛的兴趣（Moreton，1988；Davies，1988，1992；Smit et al，1992）。酵母不像其他霉菌和真菌，只能产生少量的 PUFA，有些菌株有相对高的硬脂酸含量（18:0）。当大量的硬脂酸、油酸、软脂酸，并以同样的甘油三酯分子，最好是 *sn*-1 硬脂酸、*sn*-2 油酸、*sn*-3 软脂酸（表 1-B）的形式存在时，这些油和脂肪对于成功的 CBE 产品是必需的。达到这样目标的主要障碍是如何增加酵母中的油脂含量，使本来相对含量较低的硬脂酸达到至少 25%。最初是方法是抑制 Δ^9-脱饱和酶活性，将硬脂酸转化为油酸（Moreton，1988）。十八碳四烯酸这种抑制剂的价格十分昂贵，实质上导致最后产品成本价格增加。在一个可选择的途径，酵母的突变个体弯假丝酵母（*Candida curvata*）［现称达堤拉假丝酵母（*Cryptococcus curvatus*）］中减弱了这种脱饱和酶的活力（Smit et al，1992），并且在不使用抑制剂的情况下硬脂酸的含量有了相当大的增加（表 1-B）。然而，这些突变体在用于大规模发酵过程中并不完全稳定。结果，更宁愿使用原始野生型菌株，这种菌株相比其他酵母已经有了很高的自然生产硬脂酸的水平（总脂肪酸的 15%）作为可能的生产单位（Davies，1988，1992），用于提高硬脂酸水平关键过程是在发酵的油脂积累过程中维持一个非常低的通气速率，因为氧是它们活力的必要基础，因供氧的限制，脱饱和酶的活力会非常低。Davies 和他的同事制定出了一个可行的 250m³ 的大规模方案（Davies，1992）。

表 1-B 与可可脂等效的单细胞油脂的脂肪酸成分：将微生物油脂作为 CBE 与可可脂对比

微生物	主要脂肪酸的相对含量（质量分数）/%					
	16:0	18:0	18:1	18:2	18:3 (n-3)	24:0
达堤拉耶氏酵母 Wt①	30	15	45	5	0.5	2
达堤拉耶氏酵母 NZ②	18	24	48	3	1	2
达堤拉耶氏酵母 R26-20③	15	47	25	8	2	—
达堤拉耶氏酵母 R25-75③	33	25	33	7	1	—
达堤拉耶氏酵母 F33.10③	24	31	30	6	—	4
酵母 K7-2④	26	25	38	6	1	1
可可脂	23～30	32～37	30～37	2～4	—	—

① Wt，野生型酵母（原始菌株）。
② NZ，新西兰应用的菌株。见 Davies（1988，1992）。
③ 局部敲除 Δ^9-脱饱和酶的突变菌株。见 Smit（1992）。
④ 菌株分离来源于新西兰。见 Davies（1988，1992）。

尽管获得的高品质的 CBE 可以允许以占总脂肪 5% 的比例在巧克力中添加（表 1-B），并且相比传统的植物微生物 CBE 具更高特性（R. J. Davies，personal communication），但因为酵母生产过程不够划算，最终被放弃。可可脂的价格从研究才开始的 8000 美元/t 降到 20 世纪 80 年代的 3000 美元/t，因为 CBE 只能卖到这个价格的 60%，尽管这个过程利用了零成本的乳糖作为原料，这种波动并没有为进行大规模水平的生产留下足够的利润空间。乳糖作为新西兰奶酪公司生产的一种副产物出现，那里的乳糖非常多，并且对环境问题的影响十分严重。

同时考虑到，在巧克力中使用微生物油脂的一个明显的因素是因为其市场销量高，然而巧克力工业是作为糖果糕点产品的附属（例如蛋糕、糕点上的装饰配料等），而不是使用巧克力直接消费，由于这种不确定性条件的限制，最终放弃了这些酵母 CBE-SCO 计划。因此，伴随着市场需求的不稳定性，存在充足的 CBE 可替代资源（即从棕榈油中分馏），微生物油脂产品收益低下是最终导致 SCO 过程停止的重要原因。

1.4 21 世纪单细胞油脂

1.4.1 探求富含 DHA 的 SCO

在已经建立起来的高纯度和安全性条件下，用微生物生产高品质油脂和脂肪的过程中（不可否认价格昂贵）还有一个问题需要解决：这些产品是否可以被市场利用。高端的想法是将这些油脂用于人类消费而不是动物，因为这也许是市场可利用的最高价值，这已经可以从 GLA-SCO 产品中看出。同时，这些油脂也不容易从植物或动物资源中获得，这给了微生物来源的油脂产品额外的优势来确保微生物油脂可以免于各种竞争压力。当心中存在这些普遍的想法时，鱼油中发现的 VL-PUFA 效果和营养功效的研究工作是极其重要的。

20 世纪 40 年代 Sinclair 开创性的工作（见 Ewin，2001）后，已经有了一个对于鱼油作为饮食可能存在益处的肯定调查。然而，丹麦科学家调查发现，相比于其它地区的人，格陵兰爱斯基摩人几乎不存在心血管疾病或明显受影响的人很少，原因是大量食用这种鱼油（Haraldsson & Hjaltason，2001），这个报道已经被世界公认。在其他大量食用鱼的地区，心脏病发病率也非常低——例如挪威人和日本人——这也使得鱼油中两种主要的 PUFA 二十二碳六烯酸（DHA，22:6n-3）和二十碳五烯酸（EPA，20:5n-3）得到重要的关注。到 20 世纪 80 年代，EPA 和 DHA 对人类营养的重要性被建立起来。于是，到 20 世纪 90 年代，DHA 对怀孕期间早产婴儿和足月婴儿的有益影响的研究开始出现（Haraldsson & Hjaltason，2001；Huang & Sinclair，1998）。母乳中存在 DHA 和 ARA，并且它们主要作为大脑脂质和视网膜脂质增强记忆，如果它们都可以出现在孕妇的饮食中并按照合适的比例提供给新生儿，会大有益处。大量完整的 DHA 和 ARA 营养物质的优势将在第 16～19 章叙述。

自从发现是 DHA 而不是 EPA 对婴幼儿营养起到非常重要的影响之后，这个发现意味着鱼油已不是最合适的来源，因为鱼油中这两种脂肪酸比例大致相等(见 Breivik，2007)。然而 EPA 不是一个能和 DHA 一起食用的“中性”的物质。它似乎妨碍 DHA 的有效摄取，影响新陈代谢，并且它可以进入大脑和视网膜脂质，因此会得到相反的效果（Craig-Schmidt & Huang，1998）。尽管如此，与其他鱼油相比，金枪鱼油是个例外，它含有的 DHA 和 EPA 比例为 4：1 (Haraldsson & Hjaltason，2001)，与母乳中的比例相同。但是，金枪鱼油明显很短缺，供应正在减少，并且其中仍然含有 EPA。唯一可行的解决办法是从鱼油中分离 DHA，但是成本非常昂贵。这条路线将需要繁琐的步骤才能最终达到使用要求。而高效液相色谱（HPLC）就本身而言，价格过于昂贵。在 20 世纪 90 年代早期，对营养学家来说没有别的 DHA 来源可以利用。

然而，营养学家不是生物学家，不会为微生物油脂烦恼或者去大量了解其组成。除了一些含有 DHA 的海洋微生物，其他来源中的成分经常会与 EPA 扯上关系。在 20 世纪 80 年代后期，对营养学家来说没有明显的证据表明微生物将会成为 DHA 的主要供应者。这使得那些意识到需要寻找富含 DHA 油脂的更好来源，同时也拥有那些关键微生物脂肪酸相关知识的人们按照字面意思去把这两者联系在一起，并去筛选有前景的生产 DHA 的微生物资源。先驱 David Kyle 在这方面进行了探索，并取得了重大突破，他在 20 世纪 80 年代末成立了一个叫作 Martek 的公司，专门致力于开发用寇氏隐甲藻（*Crypthecodinium cohnii*）作为 DHA 生产菌体的生产工艺。寇氏隐甲藻已经作为生产不含有任何其他 PUFA 的 DHA 油脂来源而被人们知晓（Harrington & Holz，1968；Beach & Holz，1973），但是，在大规模发酵油脂生产中，并作为商业油脂的来源，其生物量较低。Kyle 和他的同事在极短的时间内克服了这个难题并证明生产是可行的，他们继续生产油脂，主要用于婴幼儿营养物质市场。在第 6 章将详细介绍当前用寇氏隐甲藻生产 DHASCO™的过程，我只想说，这个综述告诉我们，这个油脂在全球范围内畅销并且年产量数千吨，是世界上最有价值的 SCO。

1.4.2　富含 ARA 的油脂

如前所述，DHA 并不是唯一的对婴幼儿的营养非常重要的 PUFA。另外一种 PUFA 是 ARA（见 Craig-Schmidt & Huang 的综述，1998），一个巧合，因为日本 Shimizu（第 2 章）的工作，使用接合菌纲（Zygomycetes）霉菌高山被孢霉（*Mortierella alpina*）作为 ARA 的微生物来源（Yamada et al，1987，1992）已经被人们熟知。然而，他们没有意识到将这种油脂用于婴幼儿营养物质添加。Martek 公司再一次抓住这个机会，开发出独立于日本人工作的生产技术。

据说，Martek 公司是为数不多的意识到婴幼儿配方市场需要一个安全的 VL-PUFA 供应且领会到这种要求无法从鱼油中得到满足的公司。微生物油脂也是唯一的这些 VL-PUFA 的现实来源。公司的远见卓识主要是因为意识到 DHA 和 ARA 拥有巨大的市场。因为只有 10%的新生儿喂给富含婴幼儿配方的食品，而其中仅 1%的配方成分是 DHA/ARA。所有 0.1%婴幼儿配方食品由美国和欧洲（不包括 100+其他国家正在出售的商品）生产，潜在的 SCO 的市场也是很可观的。

富含这些脂肪酸（ARA 和 DHA）的微生物油脂是目前市场上主要的 SCO 产品。Martek 公司开发了这两个生产过程，尽管其中之一的 ARA 生产是 Martek 公司授权帝斯曼（DSM）进一步开发的（第 5 章）。两者都在 20 世纪 90 年代达到了商业化生产水平（Kyle，1996，1997），并且它们在这个世纪的头 20 年将会有进一步发展。很可能 DHA 和 ARA 将会长期占据市场，因为这些 VL-PUFA 需求量的减少是极不可能的。的确，所有的迹象表明这两种脂肪酸的需求会持续增长，除非西方不再出现婴幼儿配方食品，这两种产品将会消失（明显不可能）。唯一可能的改变是大量的母亲选择母乳而不再是婴幼儿配方产品。

目前 SCO 商业产品的脂肪酸概要见表 1-C。

表 1-C 目前产品中 SCO 里脂肪酸含量（以实际质量分数表示）①

A. 利用高山被孢霉生产花生四烯酸单细胞油脂

工 艺	14:0	16:0	18:0	18:1	18:2	18:3 (n-6)	20:3 (n-6)	20:4 (n-6)	22:0	24:0
帝斯曼 NZ②	0.4	8	11	14	7	4	4	49	—	1
武汉嘉吉 Wt③	0.2	6.3	2.2	3.7	4.0	1.6	—	70.2	2.7	5.3

B. DHA 单细胞油脂生产过程

工 艺	12:0	14:0	16:0	16:1	18:0	18:1	18:2	18:3 (n-3)	20:3 (n-6)	22:5 (n-6)	22:5 (n-3)
马泰克④（DHASCO™）	4	20	18	2	0.4	15	0.6	—	—	—	39
OmegaTech process⑤（DHASCO-S）	—	13	29	12	1	1	2	3	1	12	25
诺维⑥（DHA-FNO）	—	3	31	—	1	—	—	—	—	11	45

① 其他缩写见表 1-B。
② 见第 5 章
③ 见 Yuan et al（2002）。
④ 菌种为寇氏隐甲藻（*Crypthecodinium cohnii*），见第 6 章。
⑤ 菌种为裂殖壶菌（*Schizochytrium* sp.），见第 4 章。
⑥ 菌种为吾肯氏壶菌（*Ulkenia* sp.），见 Kiy et al（2005）。现在由瑞士 Lonza 公司生产，主要用于商业化生产含 DHA 功能性油脂。

1.4.3 其他 PUFA-SCO 资源

1.4.3.1 富含 DHA 的油脂

不出意料，DHA-SCO 和 ARA-SCO 油脂产品出现后，相继发现了一些别的潜在的微生物油脂资源。第 4 章叙述了由 Omega Tech 公司、Boulder 公司开发的用裂殖壶菌（*Schizochytrium*）（Barclay et al，1994）生产富含 DHA 油脂的生产过程。简单地说，生产的油脂不仅只含有 DHA，其中有 15% 是二十二碳五烯酸（DPA，22:5n-6）。后者是与 DHA 不同的 n-3 族脂肪酸，但是它是代谢中立的，不影响 DHA 的吸收效率及进入关键的脑脂质。尽管在菌体中它没有增加油脂中 DHA 的含量，但是在某种程度上减少了 DHA 生产的总效率。然而，当这个过程完全启动时，隐甲藻（*Crypthecodinium*）建立了只含有 DHA 油脂的市场，并且地位无可替代。不过，裂殖壶菌（*Schizochytrium*）产生的油脂应该比之前的油脂便宜很多，因为这种菌体的生长速度大约是寇式隐甲藻（*Crypthecodinium cohnii*）（Ganuza et al，2008）的 4 倍且密度很高，在培养 72h 后获得的细胞干重值超过 200g/L。

裂殖壶菌生产出来的油脂的市场不像寇式隐甲藻只用于婴幼儿配方，最初用于成人营养（见第 17 章）。另外，对于动物和鱼饲料业很有用途（Abril & Barclay，1998；参见第 18 和 19 章）。将油脂或含有油脂的菌体用作鱼饲料用途很大。目前鱼塘中1t成熟的鱼大约需要5t鱼粉，准确的数量因鱼的种类而不同。这个过程不能持续，需要积极寻找可替代的鱼粉。因为鱼粉对鱼生长和繁殖的关键成分是VL-PUFA，尤其是在鱼生长的早期阶段（对鱼苗和幼鱼），因此一个可以替代鱼粉的资源是非常吸引人的。尽管生产裂殖壶菌菌体（对于鱼饲料，需要的不仅是油，实际上整个菌体都可以使用）比生产隐甲藻菌体的成本少很多，但是相比之下鱼粉成本还是很高，并且这些菌体是可持续的DHA资源。最后，如果裂殖壶菌菌体和所产的DHA价格不是过高，一些国家的政府或管理机构可能会选择取缔鱼粉或者至少暂停使用，有利于可持续的VL-PUFA资源来替代鱼粉。

放弃使用鱼粉作为鱼饲料更深远的原因是残留的各种各样的人造化学物质进入公海，这些有毒物质包括二噁英和多氯联苯（PCB）、有机重金属（包括汞化合物），这些物质的大量存在导致鱼油无法作为婴幼儿的食物补充。

菌体和油脂本身能用于其他食品开发，因此SCO市场可以得到进一步的发展。袭殖壶菌菌体中含有大量的DHA，已经成功用于家禽饲料的添加剂，来生产富含DHA的鸡蛋，在富含DHA鸡蛋的市场取得了初步的成功（Abril & Barclay，1998）。富含DHA的牛奶和奶产品（例如奶酪、酸奶等）和一些其他产品是这种概念的进一步拓展。可以预计，再过10年或者二三十年，PUFA如DHA和ARA将会添加到成人营养和婴幼儿食品中，市场对这些产品将会有很大的需求。从富含DHA的面包、谷物食品、人造黄油到沙拉调味品，所有的DHA补充食品的开发都是可行的。裂殖壶菌等微生物油脂和菌体的用量一定会增加，而且是快速增加，这些预言都会成为现实。

同时很明显地，一些别的生产DHA的微生物已经开发以及考虑作为富含DHA油脂和富含DHA油脂菌体的商业产品资源，来满足日益增长的市场对PUFA的需求。日本（Tanaka et al，2003；Yokochi et al，2002）正在开发如吾肯氏壶菌（*Ulkenia*）或*Labyranthula*此类多种多样的海洋生物。Kiy等（Kiy et al，2005）的综述（见表1-C）中描述，瑞士Lonza公司已经用吾肯氏壶菌开发出全面规模的DHA生产过程，这种油以Lonza DHA FNO（功能营养油脂）和Lonza DHA CL（清液）的形式出售。因此，这明显是一个分类名丰富，同时也是一个混乱的市场。因为这些相对新奇的DHA产品，它们不同的名字仍在讨论中，例如，裂殖壶菌（*Schizochytrium*）现在包含3个不同的属：*Schizochytrium*，*Aurantiochytrium*和*Oblongichytrium*（Yokoyama & Honda，2007）。这些种群和前面提及的将会被包括进广阔的Labyrithulomycetes分类顺序（见Leander & Porter，2001）。所有这些生物因为其生产DHA的能力引起了人们广泛的兴趣（Raghukumar，2008；Jakobsen et al，2008）。大多数菌体似乎同时生产DHA和ARA（见表1-C），但是有报道称，一些分离出来的菌种只生产DHA（Kumon et al，2006），同时也有一些只生产少量的DPA作为唯一的PUFA

(Kumon et al，2003)。

1.4.3.2 富含 ARA 的油脂

我们同时也在寻找一些可替代的富含 ARA 的微生物资源。据报道，中国使用一个新菌株高山被孢霉（*Mortierella alpina*）生产 ARA（Yuan et al，2002)，这个过程已经达到了 50～100t 水平（50000～100000L）。武汉烯王生物有限公司最早开发，后来与美国嘉吉公司合资，成为武汉嘉吉烯王有限公司。最初给出的油脂中 ARA 的含量是 73%（见表 1-C)，但是最近研究显示 ARA 的含量不会超过 50%。中国一些别的公司，如山东 Franken 生物有限公司和德阳华泰生物医药资源有限公司，同时涉及 ARA 的生产。因为对 ARA 生产的兴趣，新菌种鉴定工作仍在继续进行。据说一种新菌种葱状被孢霉（*Mortierella alliacea*）（Aki et al，2001）含有超过 40%的与高山被孢霉中相似的 ARA。最近的工作还发现了一种新的自养藻类缺刻缘绿藻（*Parietochloris incisa*）（见第 10 章)，在所有自养藻类中 ARA 的含量最高，接近总脂肪酸的 60%。

鉴别新菌种，改良 DHA 和 ARA 的生产资源，这些领域的所有工作表明这些过程有大量的经济利益。因此，市场有利可图的本质将会继续吸引更多生物公司或者制药公司的兴趣，他们都希望分享这些利益。

1.4.3.3 PUFA-SCO 的临床应用

目前，VL-PUFA 的临床应用似乎仅仅局限于 EPA，而不是 DHA 和 ARA，后者只是作为保健品或日常饮食的补充。目前，EPA（通常是以乙酯或甲酯的形式存在）主要经过鱼油分馏和 HPLC 技术生产，价格非常昂贵。然而，世界各地的许多实验室正在积极寻找可利用的微生物资源以及生产方法（见第 3、8、10 章)。

潜在的 EPA 市场份额很难估计，目前缺乏便宜和充足的供应限制了其有效利用。因此，目前的市场规模受高价的原料限制。这种 PUFA 可能的临床应用在第 3 章和第 8 章的引言中详细介绍。EPA 油脂可以减轻或者甚至治疗大量的疾病，包括精神分裂症、双相情感障碍、某些癌症、老年痴呆症和动脉粥样硬化，目前这些疾病的治疗需要使用昂贵的药物。同时 EPA 可以用于防止家族性高胆固醇血症性黄瘤病的冠心病的发作（Yokoyama et al，2007)。有一点值得指出的是药物公司想维持这种现状，因为他们可以提供昂贵药物来治疗这些疾病。药物公司不鼓励临床和医师开处方或者建议使用非处方药 PUFA，因为它比药物便宜得多。与药物比起来，还没有证据表明 EPA 油脂具有治疗和减轻这些疾病的功效。如果可以证明其具有治疗各种疾病的功效，尤其是大脑疾病，这将会是未来 EPA 的主要市场，这样就会增加大量的严格检测，因为已经证明它的功效已经超过一些简单营养物的功效。EPA 的功效可能需要严格地通过适当的临床试验来检测，就像它想要取代的那些药物一样。也许，由于这些原因，将会延迟 EPA 油脂在医疗方面的利用，因为临床试验需要的成本将会超过许多非生物医药公司的财政资源。

但是毫无疑问，EPA 是非常有用的抗炎药物成分，借助有效的食物补充，其对患有许多类型疾病的病人非常安全（见第 8 章）。不过，资源的问题仍然存在。如前面所述，鱼油不能满足长期的 EPA 的来源，因此可替代的微生物资源可能是更好的选择。直到最近，这些来源主要是自养藻类（Wen & Chen，2005；Ward & Singh，2005），一些人们熟知的丝状真菌，如高山被孢霉（*Mortierella alpina*）和长孢被孢霉（*M. Elongate*），在低温下（12℃）可以生产 EPA 作为主要的 PUFA（Shimizu et al，1988，1989；Bajpai et al，1992）。然而，用这种方法培养这些真菌对商业化生产不现实，不仅考虑降温发酵的成本，同时它的生长周期很长（达到 2～3 周）。

因此，目前寻找生产 EPA 的菌体的发展方向是使用异养菌（即使用固定的碳源，如葡萄糖），快速（3～5 天），而且在 28～32℃。这些微生物包括一些藻类（见第 8 章），并且通过对已知的产油微生物进行基因修饰之后获得 EPA 的成功机会大大增加。第 3 章详细叙述了通过大量修饰解脂假丝酵母（*Yarrowia lipolytica*）基因来进行 EPA 生产的工作。酵母最初只产生亚油酸（18:2），通过向酵母 DNA 中转入大量的基因可以成功地获得我们需要的产物。Ando 等（Ando et al，2009）最近提出了一个可替代的途径，高山被孢霉最初只产生 ARA（见上），通过插入单基因进行基因修饰（编码 ω-3 脱饱和酶），因此 ARA（20:4）通过在 ω-3 的位置添加一个双键转化为 EPA（20:5）。在所有这些情况中，最关键的问题是通过基因修饰（genetically modified，GM）产生的油脂是否被公众接受，这个问题同时也存在于未来将会产生的转基因植物油产品中（见下）。

市场机会正在等待一些适用于临床或能够治疗特殊的代谢紊乱的其他 PUFA-SCO。生产多种除了 DHA、ARA 和 EPA 以外的其他 PUFA 的前景将在第 2 章讨论。多种高山被孢霉突变株用于合成大量有用的如亚麻酸（18:4n-3）、双高-BBX〗γBBZ〗-亚麻酸（20:3n-6）、二十碳三烯酸（也称为 Mead 酸，20:3n-9）、二十碳四烯酸（20:4n-3）等一些其他 PUFA。这些产品中只有亚麻酸能够从植物［蓝蓟属（*Echiurn*）］中获得。除了这些脂肪酸，还有一种由日本永濑三得利有限公司生产的存在于裂殖壶菌（*Schizochytrium* sp.）富含 DHA 油脂中的 DPA（22:5n-6）。不论这是由裂殖壶菌发酵产生的副产品还是使用别的特别的未知的菌种，例如据报道最近从新盘蜷目中分离的未知的菌株可以产生 DPA 作为它唯一的 VL-PUFA（Kumon et al，2003）。但是，这一菌株需要培养在大豆油中来获得 DPA；亚麻酸和 BBX〗αBBZ〗-亚麻酸产量非常低。

不论是治疗大量的疾病还是作为饮食的补充，这些特别的油脂的应用和潜在的市场都不确定。然而，主要是微生物技术可以产生足量产品，如果发现一种或多种 VL-PUFA 可以用来治疗某些疾病，在这种情况下大规模的生产就可以实现。

1.5 SCO与转基因植物油的竞争

未来继续生产各种各样的SCO的前景看上去非常好，在未来用植物生产目前的一种或多种SCO也没有一点疑问。用植物的基因操作技术来提高某些特征的工作已经开展了很久。现在有几家主要的工业公司致力于尝试在农业中重要的植物中克隆关键基因，将油料作物种子中存在的脂肪酸转变为ARA、EPA或DHA。因为这些脂肪酸中没有一种出现在农作物中，这需要将微生物中（这是唯一合适的基因来源）编码各种脂肪酸的延长酶和脱饱和酶（图1-2）的基因导入到植物的DNA中。这些被表达（即起作用）的蛋白质必须具有催化活力，但是它们在植物种子中的表达过程中更重要的是要在种子油脂积累的过程中起作用。因此，合适的基因要出现在合适的地方。如果这些PUFA在植物的所有部分——叶、茎、根——都产生，那植物很可能不能正常生长，并且很可能都站不直了。

因此，植物的VL-PUFA基因工程有大量的问题需要解决。甚至在微生物中寻找到一个合适的基因都不是一件易事。正如David Kyle在第20章指出，酶反应的进行是很复杂的：脱饱和和延长作用需要的不只是一种蛋白质（图1-2），最简单的解决方法是从微生物中克隆出一整套基因序列，这个基因序列将会用于服务和编码合成新的脂肪酸所需要的所有蛋白质。因为这些困难，这些领域的进展十分缓慢。这些问题将会在第20章进一步描述，最近有大量的综述是关于这个主题（见例如Damude & Kinney，2007，2008；Graham et al，2007）。

然而，关于转基因植物成功合成足量的VL-PUFA还有一个额外的问题：用植物生产这些物质需要大量的代谢消耗。所有的完全用化学法还原的脂肪酸包含大量的亚甲基（$—CH_2—$）基团，因而大量的乙酸用于合成脂肪酸链，而还原型磷酸烟酰胺腺嘌呤二核苷酸（NADPH）用于将乙酰基团（$—CH_2CO—$）还原为$—CH_2CH_2—$（图1-2）。另外，通过脂肪酸脱饱和酶向脂肪酸分子中每引入一个双键，再需要1mol NADPH（每个缩合反应需要2×8个，每添加一个双键需要一个）（图1-2）。另外每一次缩合反应还需要8mol腺苷三磷酸（ATP）（作为能量来源），因为需要ATP将乙酰CoA转化为丙二酰CoA，用于脂肪酸序列合成的每个阶段。

DHA的生物合成中，需要NADPH的量为26mol/mol，总共需要10mol ATP［假设DHA在转基因植物中通过普通的真核生物中伴有脱饱和酶脂肪酸合成系统合成，通过延长及脱饱和生产出来。然而，同时裂殖壶菌存在聚酮合酶（PKS）体系生产DHA，这与传统的脂肪酸合成不同（Metz et al，2001）；如果这个系统可以克隆进入植物中，可以将DHA对NADPH的需求量减少到20mol/mol，但是ATP的需求没有改变。克隆之后会引起其他问题，因为PKS体系产生自由脂肪酸（Metz et al，2009），而不是硫酯的脂肪酸］。因此，相较于亚油酸的合

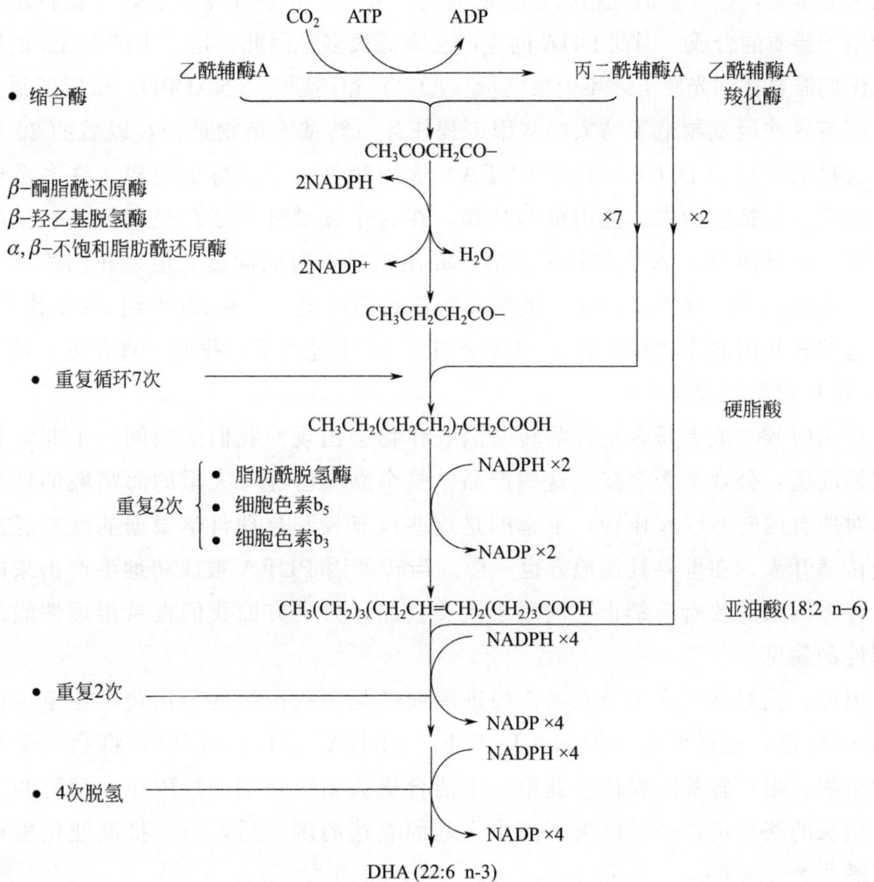

图 1-2　亚油酸（18:2n-6）和 DHA（22:6n-3）两种脂肪酸合成途径。表明需要的还原型烟酸胺腺嘌呤二核苷酸（NADPH）作为生物还原剂，三烟酸腺苷作用能量供应 DHA 的合成，所需的 NADPH 比亚油酸合成所需的高出 80%（这个估算是假设 DHA 通过普通真核生物中伴随它脱饱和酶作用的脂肪酸合成途径而来。详情另见 Metz et al，2001，2009；Ratledge，2004）。不清楚在转基因植物中合成 DHA 是如何提供这些还原力，或者是不清楚转基因植物是如何在不损害自身正常生长的前提下提供还原力

ADP—二磷酸腺苷；ATP—三磷酸腺苷；NADP—烟酸胺腺嘌呤

成，DHA 的合成可能需要增加 80％的 NADPH 的供应。现在还不清楚这额外需要的 NADPH 从哪里来，在微生物体内它来源于苹果酸酶的反应（见 Zhang et al，2007）：

$$\text{苹果酸酯} + \text{NADPH} \longrightarrow \text{丙酮酸酯} + CO_2 + NADP^+$$

克隆其他基因来生产额外的还原力从而获得高水平的 DHA，同样也能应用到植物中。当然，最后 NADPH 和 ATP 需要从光合作用中产生；大多数在温带气候下生长的植物因为可利用的光而受到限制。转基因植物合成大量的 DHA 需要更多的能量，结果可能无法达到原始积累亚油酸时同等程度。能量会被其他必需的

细胞反应拿走，这样会消耗植物所有的活力。要么，植物正常生长，不能将足够的能量用于脂质的合成，因此 DHA 的生产会降低很多。因此，用于生产 DHA 的转基因农作物需要在强光照下才不会被能量（ATP）和还原力（NADPH）供应限制。

所有这些因素制造了浩大的基因工程任务。转基因植物是否在以后的 20 年里生产大量的可用的 DHA 和其他 PUFA？这当然是一个美好的愿望。许多重要的工业公司，包括巴斯夫、孟山都和杜邦，在这个领域开展了广泛的研究。就他们的观点，转基因 PUFA 农作物是否能研究出来只是时间问题。但是我们给予一个忠告：获得高产的含 VL-PUFA 的农作物离我们还很远。在 20 世纪 90 年代末期，据说这些转基因农作物将会在 10 年后产生。10 年过去了，我们一直在等，还要再等 10 年！它们会到来么？

什么时候（或者是否）这些转基因农作物会出现？我们必须问一个非常相关的道德问题：公众是否会接受这些产品？整个欧洲已经有大量的海啸般的社会舆论反对所有的转基因农作物，不幸的是这些没有找到合理科学根据的反对意见在北美传播开来，在世界其他地方也一样。当转基因 PUFA 被成功地生产出来的时候，许多国家的政府会禁止它们用于人类食品，另一方面我们也希望理性能战胜非理性的偏见。

因此，我们站在许多令人兴奋的进展或者是一些困境的悬崖边。在至少接下来的 20 年里，很有可能关键的 VL-PUFA（DHA，ARA，EPA）将会完全来源于微生物。生产转基因农作物到第一个能合成大量可用的 VL-PUFA 植物的工作还有很长的路要走。一旦解决了高水平基因表达的困难后，第一批商业化生产至少还需要 8～10 年。

对科学成功或失败的预测是一个愚蠢的游戏，毕竟谁能在 20 世纪 90 年代预言到目前的 SCO 的成功（Ratledge，1992，1995）？SCO 的成功主要是因为它们不是从其他资源获得的产品，满足了主要的婴幼儿和成人必要物质发展的需求。这些产品的时代即将来临。当然，它们作为这些材料的最主要的来源将持续多久完全不清楚。可行的，强健的转基因农作物是否能够成功地培养——假设它们的培养被允许——毫无疑问，这些产品将会成为最便宜的受欢迎的 PUFA 油脂。微生物生产过程需要固定的碳源和大量的能量供应来进行大规模的发酵生产，而这与低成本农作物油脂相竞争是没优势的。然而，转基因作物生产大量的 VL-PUFA 还有很长的路要走。同时，我们对未来充满希望。

参考文献

Abril, R.; W.R. Barclay. Production of docosahexaenoic acid-enriched poultry eggs and meat using an algae-based feed ingredient. *The Return of omega-3 Fatty Acids into the Food Supply I. Land-Based Animal Food Products and Their Health Effects,* Simopoulos, A.P.;, Ed.; S. Karger, Basel, Switzerland, 1998; pp 77–88.

Aki, T.; Y. Nagahata; K. Ishihara; Y. Tanaka; T. Morinaga; K. Higashiyama; K. Akimoto; S. Fujikawa; S. Kawamoto; S. Shigeta; et al. Production of arachidonic acid by filamentous fungus, *Mortierella alliacea* strain YN-15, *J. Am. Oil Chem. Soc.* **2001,** *78*, 599–604.

Ando, A.; Y. Sumida; H. Negoro; D.A. Suroto; J. Ogawa; E. Sakuradani; S. Shimizu. Establishment of *Agrobacterium tumefaciens*-mediated transformation of an oleaginous fungus *Mortierella alpina* 1S-4 and its application for eicosapentaenoic acid-producer breeding. *Appl. Environ. Microbiol.* **2009,** doi:10.1128/AEM.00648-09.

Bailey, R.B.; D. DiMasi; J.M. Hanson; P.J. Mirrasoul; C.M. Ruecher; G.T. Veeder; T. Kaneko; W.R. Barclay. U.S. Patent 6,607,900, **2003**.

Bajpai, P.; P. Bajai; O.P. Ward. Optimization of culture conditions for production of eicosapentaenoic acid by *Mortierella elongata* NRRL 5513. J. *Ind. Microbiol.* **1992,** *9*, 11–18.

Barclay, W.R.; K.M. Meager; J.R. Abril. Heterotrophic production of long chain omega-3 fatty acids utilizing algae and algae-like microorganisms. *J. Appl. Phycol.***1994,** *6*, 123–129.

Beach, D.H.; G.G. Holz. Environmental influences on the docosahexaenoate content of the triacylglycerols and phosphatidylcholine of a heterotrophic, marine dinoflagellate, *Crypthecodinium cohnii. Biochim. Biophys. Acta* **1973,** *316*, 56–63.

Botham, P.A.; C. Ratledge. A biochemical explanation for lipid accumulation in *Candida* 107 and other oleaginous micro-organisms. *J. Gen. Microbiol.* **1979,** *114*, 361–375.

Boulton, C.A.; C. Ratledge. Use of transition studies in continuous cultures of *Lipomyces starkeyi*, an oleaginous yeast, to investigate the physiology of lipid accumulation. *J. Gen. Microbiol.* **1983,** *129*, 2863–2869.

Breivik, H. Ed. *Long-chain omega-3 specialty oils.* The Oily Press: Bridgwater, UK, 2007.

Bunker, H.J. Fodder yeast plants at I.G. Farbenindustrie, Wolfen. *C.I.O.S. Report* **1945,** *Item 22*, File 29-4. HMSO: London.

Bunker, H.J. The wartime production of food yeast in Germany. *Proc. Soc. Appl. Bacteriol.* **1946,** *1*, 10–14.

Bunker, H.J. Microbial food. *Biochemistry of Industrial Micro-organisms*; Rainbow, C.; A.H. Rose, Eds.; Academic Press: London, 1963; pp 34–67.

Craig-Schmidt, M.C.; M.C. Huang. Interaction of n-6 and n-3 fatty acids: implications for supplementation of infant formula with long-chain polyunsaturated fatty acids. *Lipids in Infant Nutrition*; Huang, Y.-S.; A.J. Sinclair, Eds.; AOCS Press:, Champaign, IL, 1998; pp 63–84.

Damude, H.G.; A.J. Kinney. Engineering oilseed plants for a sustainable, land-based source of long chain polyunsaturated fatty acids. *Lipids* **2007,** *42*, 179–185.

Damude, H.G.; A.J. Kinney. Engineering oilseeds to produce nutritional fatty acids. *Physiol. Plantarum* **2008,** *32*, 1–10.

Davies, R.J. Yeast oil from cheese whey—process development. *Single Cell Oil*; Moreton, R.S., Ed.; Longman-Wiley: London and New York, 1988; pp 99–145.

Davies, R.J. Scale up of yeast technology. *Industrial Applications of Single Cell Oils*; Kyle, D.J.; C. Ratledge, Eds.; AOCS: Champaign, IL, 1992; pp 196–218.

Eroshin, V.K.; A.D. Satroutdinov; E.G. Dedyukhina; T.I. Chistyakova. Arachidonic acid production by *Mortierella alpina* with growth-coupled lipid synthesis. *Proc. Biochem.* **2000,** *35*, 1171–1175.

Eroshin, V.K.; E.G. Dedyukhina; A.D. Satroutdinov; T.I. Chistyakova. Growth-coupled lipid synthesis in *Mortierella alpina* LPM 301, a producer of arachidonic acid. *Mikrobiologiya/Microbiology* **2002,** *71*, 200–204 (English version).

Evans, C.T.; C. Ratledge. The physiological significance of citric acid in the control of metabolism in lipid-accumulating yeasts. *Biotech. Gen. Eng. Rev.* **1985,** *3*, 349–375.

Ewin, J. *Fine Wines & Fish Oil: The Life of Hugh Macdonald Sinclair*. Oxford University Press: Oxford, UK, 2001.

Ganuza, E.; A.J. Anderson; C. Ratledge. High-cell-density cultivation of Schizochytrium sp. in an ammonium/pH-auxostat fed-batch system. *Biotechnol. Lett.* **2008,** *30,* 1559–1564.

Gill, C.O.; M.J. Hall; C. Ratledge. Lipid accumulation in an oleaginous yeast, *Candida* 107, growing on glucose in single-stage continuous culture. *Appl. Environ. Microbiol.* **1977,** *33,* 231–239.

Graham, I.A.; T. Larson, J.A. Napier. Rational metabolic engineering of transgenic plants for biosynthesis of omega-3 polyunsaturates. *Curr. Opin. Biotechnol.* **2007,** *18,* 142–147.

Haraldsson, G.G.; B. Hjaltason. Fish oils as sources of important polyunsaturated fatty acids. *Structured and Modified Lipids*; Gunstone, F.D., Ed.; Marcel Dekker: New York, 2001; pp 313–350.

Harrington, G.W.; G.G. Holz. The monoenoic and docosahexaenoic fatty acids of a heterotrophic dinoflagellate. *Biochim. Biophys. Acta* **1968,** *164,* 137–139.

Huang, Y.-S.; A.J. Sinclair, Eds. *Lipids in Infant Nutrition*. AOCS Press: Champaign, IL, 1998.

Jakobsen A.N.; I.M. Aasen; K.D. Josefsen; A.R Strom. Accumulation of docosahexaenoic acid-rich lipid in thraustochyrid *Aurantiochytrium* sp. strain T66: effects of N and P starvation and O_2 limitation. *Appl. Microbiol. Biotechnol.* **2008,** *80,* 297–306.

Kessell, R.H.J. Fatty acids of *Rhodotorula gracilis*: fat production in submerged culture and the particular effect of pH value. *J. Appl. Bact.* **1968,** *31,* 220–231.

Kiy, T.; M. Rusing; D. Fabritius. Production of docoahexaenoic acid by the marine microalga *Ulkenia* sp. *Single Cell Oils,* 1st ed.; Cohen, Z.; C. Ratledge, Eds.; AOCS Press: Champaign, IL, 2005; pp 99–106.

Kumon, Y.; R. Yokoyama; T. Yokochi; D. Honda; T. Nakahara. A new labyrinthulid isolate, which solely produces n-6 docosapentaenoic acid. *Appl. Microbiol. Biotechnol.* **2003,** *63,* 22–28.

Kumon, Y.; R. Yokoyama; Z. Haque; T. Yokochi; D. Honda; T. Nakahara. A new labyrinthulid isolate that produces only docosahexaenoic acid. *Mar. Biotechnol.* **2006,** *8,* 170–177.

Kyle, D.J. Production and use of a single cell oil which is highly enriched in docosahexaenoic acid. *Lipid Technol.* **1996,** *8,* 107–110.

Kyle, D.J. Production and use of a single cell oil highly enriched in arachidonic acid. *Lipid Technol.* **1997,** *9,* 116–121.

Leander, C.A.; D. Porter. The Labyrinthulomycota is comprised of three distinct lineages. *Mycologia* **2001,** *93,* 459–464.

Ledingham, G.A.; D.H.F. Clayson; A.K. Balls. Production of *Oidium lactis* on waste sulphite liquor. *B.I.O.S. Final Report* **1945,** *236,* Report III, 31–44. His Majesty's Stationery Office: London.

Lindner, P. Das Problem der Biologischen Fettbildung und Fettgewinnung. *Z. Angew. Chem.* **1922,** *35,* 110–114.

Metz, J.G.; P. Roessler,; D. Facciotti; et al. Production of polyunsaturated fatty acids by polyketide synthases in both prokaryotes and eukaryotes. *Science,* **2001,** *293,* 290–293.

Metz, J.G.; J. Kuner; B. Rosenzweig; J.C. Lippmeier; P. Roessler; R. Zirkle. Biochemical characterization of polyunsaturated fatty acid synthesis in *Schizochytrium*: release of the products as free fatty acids. *Plant Physiol. Biochem.* **2009,** *47,* 472–478.

Moreton, R.S. Physiology of lipid accumulating yeasts. *Single Cell Oil*; Moreton, R.S., Ed.; Longman-Wiley: London and New York, 1988; pp 1–32.

Nageli, C.; C. Loew. Ueber die Chemische Zusammensetzung der Hefe. *Ann. Chem.* **1878,** *193,* 322–348.

Nakahara, T.; T. Yokocki; Y. Kamisaka; O. Suzuki. Gamma-Linolenic acid from genus Mortierella.

Industrial Applications of Single Cell Oils; Kyle, D.J.; C. Ratledge, Eds.; AOCS: Champaign, IL, 1992; pp 61–97.

Raghukumar, S. Thraustochytrid marine poroists: production of PUFAs and other emerging technologies. *Mar. Biotechnol.* **2008,** *10,* 631–640.

Ratledge, C. Growth of moulds on a fraction of n-alkanes predominant in tridecane. *J. Appl. Bact.* **1968,** *31,* 232–240.

Ratledge, C. Microbial production of oils and fats. *Food from Waste*; G.G. Birch; K.J. Parker; J.T. Worgan, Eds.; Applied Science Publishers: UK, 1976; pp 98–113.

Ratledge, C. Microbial lipids: commercial realities or academic curiosities. *Industrial Applications of Single Cell Oils*; Kyle, D.J.; C. Ratledge, Eds.; AOCS: Champaign, IL, 1992; pp 1–15.

Ratledge, C. Single cell oils—have they a biotechnological future? *Trends Biotech.* **1995,** *11,* 278–284.

Ratledge, C. Fatty acid biosynthesis in microorganisms being used for single cell oil production. *Biochemie* **2004,** 86, 807–815.

Ratledge, C. Microbial production of γ-linolenic acid. *Handbook of Functional Lipids*; Akoh, C., Ed.; CRC Press LLC: Boca Raton, FL, 2006; pp 19–45.

Ratledge, C.; J.P. Wynn. The biochemistry and molecular biology of lipid accumulation in oleaginous microorganisms. *Adv. Appl. Microb.* **2002,** *51,* 1–51.

Shaw, R. The occurrence of gamma-linolenic acid in fungi. *Biochim. Biophys. Acta* **1965,** *98,* 230–237.

Shaw, R. The polyunsaturated fatty acids of microorganisms. *Adv. Lipid Res.* **1966a,** *4,* 107–174.

Shaw, R., The fatty acids of phycomycete fungi, and the significance of the γ-linolenic acid component,. *Comp. Biochem. Physiol.* **1966b,** *18,* 325–331.

Shimizu, S.; H. Kawashima; Y. Sinmen; K. Akimoto; H. Yamada. Production of eicosapentaenoic acid by *Mortierella alpina* 1S-4. *J. Am. Oil Chem. Soc.* **1989,** *66,* 237–241.

Shimizu, S.; Y. Shinmen; H. Kawashima; K. Akimoto; H. Yamada. Fungal mycelia as a novel source of eicosapentaenoic acid: activation of enzyme(s) involved in eicosapentaenoic acid production at low temperature. *Biochem. Biophys. Res. Commun.* **1988,** *150,* 335–341.

Smit, H.; A. Ykema; E.C. Verbree; I.I.G.S. Verwoert; M.M. Kater. Production of cocoa butter equivalents by yeast mutants. *Industrial Applications of Single Cell Oils*; Kyle, D.J.; C. Ratledge, Eds.; AOCS: Champaign, IL, 1992; pp 185–195.

Tanaka, S.; T. Yaguchi; S. Shimizu; T. Sogo; S. Fujikawa. U.S. Patent 6,509,179, **2003**.

Ward, O.P.; A. Singh. Omega-3/5 fatty acids: alternative sources of production. *Proc. Biochem.* **2005,** *40,* 3627–3652.

Wen, Z.; F. Chen. Prospects for eicosapentaenoic acid production using microorganisms. *Single Cell Oils*, 1st edn.; Cohen, Z.; C. Ratledge, Eds.; AOCS Press, 2005; pp 138–160.

Woodbine, M. Microbial fat: Microorganisms as potential fat producers. *Prog. Ind. Microb.* **1959,** *1,* 179–245.

Yamada, H.; S. Shimizu; Y. Shinmen. Production of Arachidonic Acid by *Mortierella* fungi. *Agric. Biol. Chem.* **1987,** *51,* 785–790.

Yamada, H.; S. Shimizu; Y. Shinmen; K. Akimoto; H. Kawashima; S. Jareonkitmongkol. Production of dihomo-γ-linolenic acid, arachidonic acid and eicosapentaenoic acids by filamentous fungi. *Industrial Applications of Single Cell Oils*; Kyle, D.J.; C. Ratledge, Eds.; AOCS: Champaign, IL, 1992; pp 118–138.

Yokochi, T.; T. Nakahara; M. Yamaoka; R. Kurane. U.S. Patent 6,461,839, **2002**.

Yokoyama, R.; D. Honda. Taxonomic rearrangement of the genus *Schizochytrium* sensu lacto based on morphology, chemotaxonomic characteristics, and 18S rRNA gene phylogeny (Thraustochytriacease, Labyrinthulomycetes): emendatin for *Schizocytrium* and erection of *Aurantiochytrium* and *Oblongichytrium* gen. nov. *Mycoscience*, **2007**, *48*, 199–211.

Yokoyama, M.; H. Origasa; M. Matsuzaki; Y. Matsuzawa; Y. Saito; Y. Ishikawa; S. Oikawa; J. Sasaki; H. Hishida; T. Itakura; et al. Effects of eicosapentaenoic acid on major coronary events in hypercholesterolaemic patients (JELIS): a randomised open-label, blinded endpoint analysis. *Lancet* **2007**, *369*, 1090–1098.

Yuan, C.; J. Wang; Y. Shang; G. Gong; J. Yao; Z. Yu. Production of arachidonic acid by *Mortierella alpina* I_{49}-N_{18}. *Food Technol. Biotechnol.* **2002**, *40*, 311–315.

Zhang, Y.; I.P. Adams; C. Ratledge. Malic enzyme: the controlling activity for lipid production? Overexpression of malic enzyme in *Mucor circinelloides* leads to a 2.5-fold increase in lipid accumulation. *Microbiology* **2007**, *153*, 2013–2025.

第二部分
利用异养生长微生物生产单细胞油脂

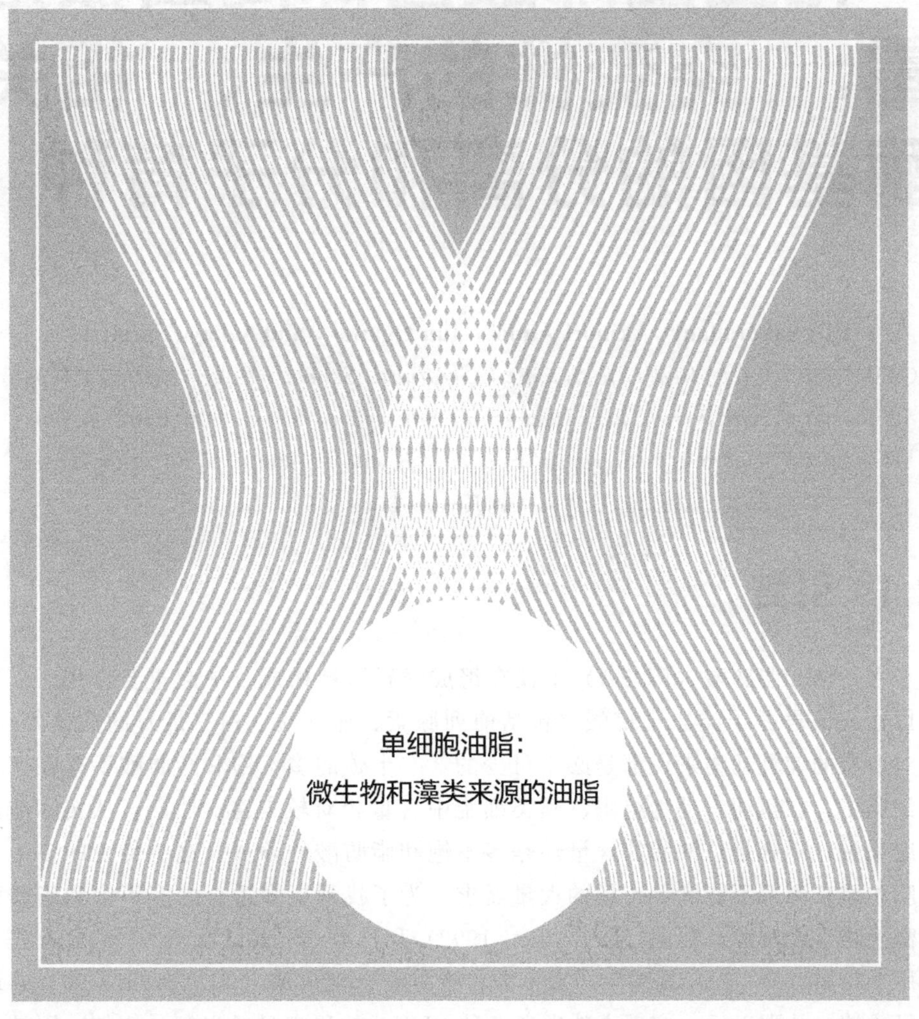

第2章

产花生四烯酸菌株高山被孢霉：突变株的产生、相关酶基因的分离和分子育种

Eiji Sakuradani[a], Akinori Ando[b], Jun Ogawa[b], and Sakayu Shimizu[a]

([a]*Division of Applied Life Science, Graduate School of Agriculture, Kyoto University, Kitashirakawa-oiwakecho, Sakyo-ku, Kyoto* 606-8502, *Japan*; [b]*Research Division of Microbial Science, Kyoto University, Kitashirakawa-oiwakecho, Sakyo-ku, Kyoto* 606-8502, *Japan*)

2.1 引言

多不饱和脂肪酸（PUFA）不仅在组成膜磷脂结构成分中起重要作用，而且可以作为信号分子类二十烷酸（包括前列腺素、血栓烷、白三烯）的前体物质，它对所有的哺乳动物来说都是必不可少的。二十碳的多不饱和脂肪酸不存在于植物细胞中，在鱼油、动物组织、藻类细胞中含量相对较丰富。然而，从实际应用角度来说，不管是总油脂的含量还是多不饱和脂肪酸的含量，这些传统的多不饱和脂肪酸来源都不能满足市场的大量需求。为了找到更多适合的多不饱和脂肪酸的微生物生产资源，英国（Ratledge，1992）和日本（Suzuki et al，1981）首先尝试用毛霉属（*Mucor*）真菌生产多不饱和脂肪酸 γ-亚麻酸（GLA，18:3n-6）并取得了成功。从那以后，实现高效生产多种 PUFA 的研究日益兴起。比如，用被孢

霉属（*Mortierella*）真菌生产商业化产品 ARA（ARA，20∶4n-6）、双高 γ-亚麻酸（DGLA，20∶3n-6）、蜂蜜酸（MA，20∶3n-9）（Certik et al，1998；Certik & Shimizu，1999；Sakuradani et al，2005b；Shimizu & Yamada，1990；Yamada et al，1992），用海洋微生物、盘蜷纲（Labyrinthulae）、微藻（Certik & Shimizu，1999；Kyle et al，1992；Nakahara et al，1996；Raghukumar，2008；Ratledge，2004；Singh & Ward，1997；Spolaore et al，2006；Yazawa et al，1992）生产二十二碳六烯酸（DHA，22∶6n-3）、二十二碳五烯酸（22∶5n-6）、二十碳五烯酸（EPA，20∶5n-3）。在过去的 25 年里，该领域的微生物发酵过程发展引起了人们大量的兴趣，因此需要新的生物技术手段调控微生物油脂组分，以此实现高产的所需多不饱和脂肪酸。

1987 年报道了几株被孢霉属真菌是 ARA 的潜在生产菌株（Totani & Oba，1987；Yamada et al，1987），之后进一步研究发现被孢霉属是富含各种二十碳多不饱和脂肪酸单细胞油脂潜在的最有希望的生产菌株（Amano et al，1992；Shimizu & Jareonkitmongkol，1995）。尤其是一些高山被孢霉（*Mortierella alpina*）菌株被广泛研究（Shinmen et al，1989）。它们中的一些菌株现在已经用于富含 ARA 单细胞油脂的商业化生产。在它们当中，高山被孢霉 1S-4 具有合成多种脂肪酸的独特能力，它有很多优点，不仅可以作为一株工业化应用菌株，还可以作为研究脂肪代谢的模型。图 2-1（a）展示了 n-9、n-6、n-3 PUFA 的生物合成途径。高山被孢霉 1S-4 菌株主要产物 ARA 通过 n-6 途径合成获得，包括 Δ^{12}-脱饱和酶、Δ^{6}-脱饱和酶、Δ^{5}-脱饱和酶和延长酶 EL2。根据培养条件的不同，ARA 的含量约为 3～20g/L（占细胞中总脂肪酸含量的 30%～70%），其中 70%～90% 的 ARA 是以甘油三酯的形式存在的（Higashiyama et al，1998，2002；Shimizu et al，2003b）。

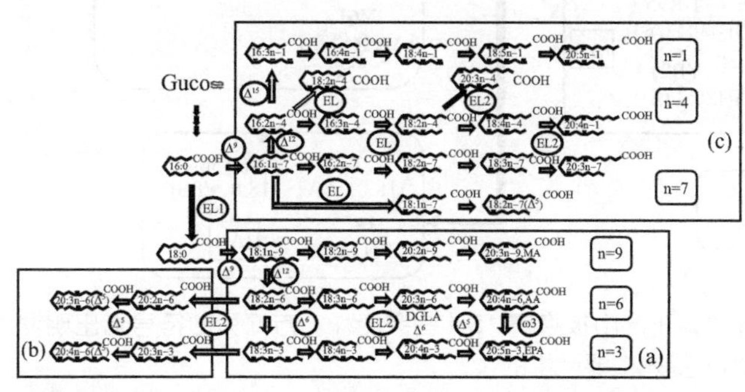

图 2-1　高山被孢霉 1S-4 和它的突变体 PUFA 生物合成途径

在此，我们对重要的商业化 ARA 生产菌株高山被孢霉选育方面的研究进展进行了综述，尤其是那些利用传统诱变或现代基因工程方法获得脱饱和酶和延长酶突变株。这些突变株不仅可以用于有价值的 PUFA 的生产，还可以用于阐明脂肪酸代谢模型。

2.2 从高山被孢霉 1S-4 衍生的突变株

高山被孢霉 1S-4 的孢子经过 1-甲基-3-硝基-1-亚甲基胍诱变处理后，获得了一系列脱饱和酶（Δ^9、Δ^{12}、Δ^6、Δ^5 和 n-3）或延长酶（EL1）缺陷型突变株和脱饱和酶（Δ^6 和 Δ^5）酶活性提高的突变株（Jareonkitmongkol et al，1992c）。此外，积累甘油二酯和油脂分泌型的突变株也都是通过相同的方法获得的。它们的价值在于都能产出有价值的 PUFA（新的或已经存在的），还能够提供这种真菌 PUFA 合成有价值的信息（Certik et al，1998）。这些以葡萄糖为碳源合成不同种类 PUFA 的突变株主要特征概括如下（图 2-2）。

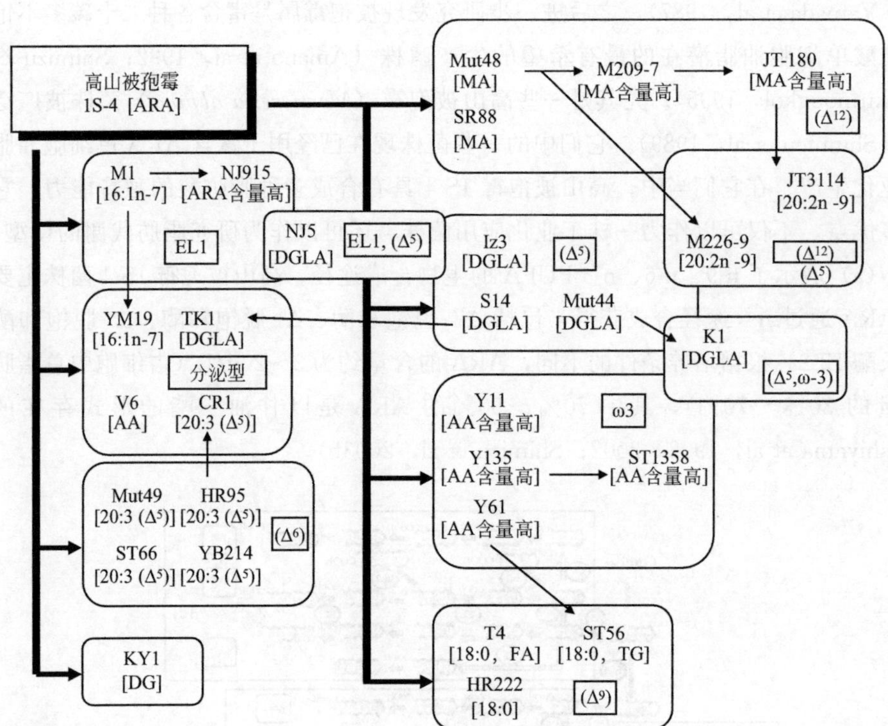

图 2-2 列举出了来源于高山被孢霉 1S-4 的突变株。方框里的符号指出明显的突变位点，方框里的脂肪酸是由突变体主要产生的

ARA—花生四烯酸；DG—甘油二酯；DGLA—双高亚麻酸；FA—游离脂肪酸；MA—二十碳三烯酸；TG—甘油三酯

2.2.1 Δ^9-脱饱和酶缺陷型菌株

这些突变体的菌丝体产生的油脂中主要的脂肪酸是硬脂酸（18:0），硬脂酸含

量高达 40%（Jareonkitmongkol et al，2002）。显然，Δ^9-脱饱和酶活性不能完全被抑制。Δ^9-脱饱和酶完全抑制对菌体是致命的，至少低活力的 Δ^9-脱饱和酶对菌体生长是必需的，其用于脂肪酸链中第九个碳（从羧基末端开始）的第一个双键的引入，从而维持细胞生存（见下一部分）。

2.2.2　Δ^{12}-脱饱和酶缺陷型菌株

Δ^{12}-脱饱和酶缺陷型菌株的特点包括菌丝体中缺乏 n-6 和 n-3 类的 PUFA 以及高水平积累 n-9 类的 PUFA，比如油酸（18:1n-9）、十八碳二烯酸（18:2n-9）、二十碳二烯酸（20:2n-9）以及蜂蜜酸（Jareonkitmongkol et al，1992a）。这些突变株在最适条件下培养能产出一种富含大量蜂蜜酸的油脂。然而，任一种 n-6 或 n-3 类脂肪酸的添加都会引起这些突变体 n-9 类脂肪酸的快速降解以及 ARA 或二十碳五烯酸的积累量增加，因为 Δ^6-脱饱和酶具有底物特异性，其倾向底物的顺序分别是亚油酸、α-亚麻酸以及油酸（Jareonkitmongkol et al，1993d）。因此，同样的突变株可以用于生产富含二十碳五烯酸且 ARA 的油脂含量低。若向培养基中添加外源的 α-亚麻酸（以亚麻籽油形式），α-亚麻酸会高效地转化为二十碳五烯酸，最终菌丝体油中二十碳五烯酸和 ARA 的比率为 2.5（Jareonkitmongkol et al，1993d）。

2.2.3　脱饱和酶活性提高的突变株

Δ^6-脱饱和酶活性提高的突变株（209-7）是将一株 Δ^{12}-脱饱和酶活性缺失的菌株（Mut48）经过诱变，再从菌落中筛选出蜂蜜酸含量高的菌株（Kawashima et al，1997）。这株突变菌的 Δ^6-脱饱和酶活性提高了 1.4 倍，从这株突变菌出发还得到了另一株 Δ^5-脱饱和酶活性提高的突变株（JT-180）（图 2-2）。JT-180 培养会产大量的蜂蜜酸（2.6g/L，占总油含量的 49%）（Sakuradani et al，2002）。该突变株可用于蜂蜜酸的商业化生产。

2.2.4　Δ^6-脱饱和酶缺陷型菌株

合成大量亚油酸且 γ-亚麻酸、双高-γ-亚麻酸和 ARA 含量低的菌株被认为是 Δ^6-脱饱和酶缺陷型（Jareonkitmongkol et al，1993c）。这些突变株的特点是积累一种二十碳二烯酸（20:2n-6）和一种 n-6 族非亚甲基间隔的二十碳三烯酸（20:3，Δ^5）。亚油酸经过延长和 Δ^5-脱饱和酶作用合成了后一种多不饱和脂肪酸，如图 2-1（b）所示。当培养基中添加 α-亚麻酸后，以同样的方式产生一种 n-3 族非亚甲基间隔的二十碳三烯酸（20:4，Δ^5）（Jareonkitmongkol et al，1993c）。

2.2.5　Δ^5-脱饱和酶缺陷型菌株

这些菌株的脂肪酸分布特点是双高-γ-亚麻酸含量高和 ARA 含量低

(Jareonkitmongkol et al，1993b)。这些产双高-γ-亚麻酸的菌株很有优势，因为它们不需要抑制剂，并且产量相对较高（4.1g/L，占油含量的42%；ARA 含量<1%）(Jareonkitmongkol et al，1992b，1993a，1993b；Kawashima et al，2000)。这些菌株中的一个已用于商业化生产双高-γ-亚麻酸。

2.2.6 Δ^{12}-脱饱和酶和 Δ^{5}-脱饱和酶双缺陷型突变株

这些突变株大量积累二十碳二烯酸（20:2n-9）(Kamada et al，1999)。然而，当向培养基中添加偏向于转化成二十碳四烯酸（20:4n-3）的 α-亚麻酸时，从葡萄糖转化过来的油酸就很难转化成二十碳二烯酸（Kawashima et al，1998)。

2.2.7 n-3脱饱和酶缺陷型突变株

这些突变株生长在较低温度（<20°C）下时不能合成 n-3 多不饱和脂肪酸 (Jareonkitmongkol et al，1994；Sakuradani et al，2004a)。野生型菌株通常在20℃下 ARA 的产量最高，尽管形成的 ARA 一部分进一步转化成二十碳五烯酸，结果得到的油中含有少量二十碳五烯酸（约占油含量的3%）。因此，当需要相对较高的 ARA 时，这些突变株比野生型菌株更有优势。

2.2.8 延长酶（EL1促使棕榈酸转化成硬脂酸）缺陷型菌株

较低 EL1 活性突变株中脂肪酸分布特点是棕榈酸（16:0）和棕榈油酸（16:1n-7）含量高，同时伴有少量的不同种类的 n-7 和 n-4 族多不饱和脂肪酸，然而这些多不饱和脂肪酸在野生型菌株内检测不到。这些多不饱和脂肪酸的总含量大约占总油含量的30%。这些多不饱和脂肪酸是棕榈油酸通过 n-7 和 n-4 途径积累得到的，如图 2-1（c）所示（Sakuradani et al，2004c；Shimizu et al，2003b)。以同样的方式，n-1 多不饱和脂肪酸可以从添加到培养基里的 n-1 棕榈酸（16:1n-1）产生得到［图 2-1（c）］。因此，在野生型菌株中，棕榈油酸对应于油酸，同时 n-7、n-4、n-1 途径分别对应于 n-9、n-6、n-3 途径。在图 2-1（c）中，EL1 或 EL2 是否延长 C_{16} 不饱和脂肪酸到对应的 C_{18} 脂肪酸还不清楚，因为 EL1 活性没有完全被阻断。

2.2.9 积累甘油二酯的突变株

高山被孢霉 1S-4 内的甘油三酯占总油含量的90%，然而从野生菌诱变得到的突变体 KY1 积累的甘油二酯占总油含量的30%。这株突变菌可能是甘油二酯转化到甘油三酯的酰基转移酶基因突变所致。KY1 是一株有望能产出富含 C_{20} 多不饱和脂肪酸甘油二酯的突变株（Sakuradani et al，2004b)。

2.2.10　分泌油脂的突变株

在脂滴形成过程中，人们推测甘油三酯在内质网膜双分子层间积累，然后形成的含有甘油三酯的脂滴被释放到细胞质中。脂滴被认为由大量的甘油三酯组成，并且有油脂单层膜包裹。突变株 V6 是一株第一次从突变体中分离出来可以将脂滴分泌到菌丝体外的菌株（Ueda et al，2001）。这株菌株不仅显示与野生型菌株有同样的油脂生产能力及脂肪酸组成，它还能将油脂分泌到培养基中。在固体培养基上的 V6 形态与野生型菌株有很大不同：V6 菌丝体表面有含甘油三酯的脂滴。通过研究渗透压稳定剂、与细胞壁合成相关的化合物以及细胞壁合成的抑制剂对 V6 油脂分泌的影响，我们发现在 V6 中油脂分泌受到抑制且有完整的菌丝体形成。我们推测 V6 能够从菌丝体中分泌积累的油脂是由于与细胞壁合成代谢途径相关的基因突变导致细胞壁结构不完整（Ando et al，2006）。另一方面，当在液体培养基中培养 V6 时，胞外油脂的产量会随培养时期的延长而增加。尽管胞外产量取决于培养条件，但能达到总油脂量的 10%～40%。在液体培养基中，虽然分泌到胞外的油脂与水没有完全分开，但是全都以直径为 2μm 的小微粒分散着。该现象表明胞外油脂微粒被一层表面活性膜包裹着。已证实组成脂滴膜的极性脂为磷脂、固醇衍生物和脑苷酯（Ioka et al，2003）。另外，最近一些油脂分泌菌株是从脱饱和酶/延长酶缺陷型菌株中分离出来的。油脂分泌机制和胞外脂滴的特性仍没有研究清楚。

2.3　高山被孢霉中多不饱和脂肪酸生物合成中涉及的酶编码基因分析

高山被孢霉 1S-4 中 C_{20} 多不饱和脂肪酸生物合成中编码脂肪酸脱饱和酶与延长酶的基因以及脂肪酸脱饱和电子传递系统相关酶的特征描述如下（表 2-A）。

表 2-A　分离自高山被孢霉 1S-4 与 PUFA 合成相关的酶编码基因

类　型	同工酶	底　物	产　物
Δ^9	Δ^9-1	18:0	18:1n-9
	Δ^9-2	18:0	18:1n-9
	Δ^9-3（ω-9）	24:0，26:0	24:1*n*-9，26:1*n*-9
Δ^{12}		18:1*n*-9	18:2*n*-6
Δ^6	Δ^6-1	18:2*n*-6	18:3*n*-6
	Δ^6-2	18:2*n*-6	18:3*n*-6

续表

类 型	同工酶	底 物	产 物
Δ^5		20:3n-6	20:4n-6
ω-3		n-6 PUFA	n-3 PUFA
EL1		16:0	18:0
EL2		18:3n-6	20:3n-6
MAELO		20:0，22:0	22:0，24:0
CbR	CbR-1	—	—
	CbR-2	—	—
Cyt. b_5		—	—

2.3.1 Δ^9-脱饱和酶

高山被孢霉 1S-4 的脱饱和酶（Δ^9-1）有一个类似于细胞色素（cytochrome）b_5 的区域连接于其羧基末端，酵母的 Δ^9-脱饱和酶中也发现这个区域（Sakuradani et al，1999c）。被孢霉属的 Δ^9-1 氨基酸序列与酿酒酵母和小鼠的分别有 45%和 34%的同源性，这表明被孢霉属的 Δ^9-1 是一个酰基辅酶 A 类型的膜结合蛋白。被孢霉属的 Δ^9-1 基因中只有一个内含子，此内含子在 5′末端用 GC 尾代替原先的 GT 尾，这种内含子通常存在于真核基因中。在 *amyB* 启动子的控制下将 Δ^9-1 cDNA 全序列于米曲霉（*A. oryzae*）中表达，结果导致转化菌株胞内的脂肪酸组分发生显著改变；棕榈油酸和油酸产量有大幅度的提高，同时伴随棕榈酸和硬脂酸产量的下降。

高山被孢霉 ATCC 32222（MacKenzie et al，2002）和高山被孢霉 1S-4（Abe et al，2006）除了有 Δ^9-1 脱饱和酶外还有多种 Δ^9-脱饱和酶（Δ^9-2 和 Δ^9-3）。Δ^9-1 和 Δ^9-2 都是将硬脂酸脱饱和产生油酸，然而 Δ^9-3 的作用是将长链的饱和脂肪酸（26:0）转化为相应的单饱和脂肪酸（26:1n-9）（MacKenzie et al，2002）。在野生型菌株中编码 Δ^9-1 的基因表达量比 Δ^9-2 和 Δ^9-3 的多。

2.3.2 Δ^{12}-脱饱和酶和 ω-3 脱饱和酶

基于来自甘蓝型油菜（*Brassica napus*）和秀丽隐杆线虫（*Caenorhabditis elegans*）中参与了由亚油酸到 α-亚麻酸的 ω-3 脱饱和酶基因序列信息的基础上，从高山被孢霉 1S-4 中克隆了一段 Δ^{12}-脱饱和酶基因的 cDNA。该 Δ^{12}-脱饱和酶的氨基酸序列与大豆（*Glycine max*）微粒体的 Δ^{12}-脱饱和酶的氨基酸序列具有最高达 43.7%的同源性，然而它同时与大豆微粒体的 ω-3 脱饱和酶序列也有 38.9%的同源性。通过在酿酒酵母（*S. cerevisiae*）以及米曲霉（*A. oryzae*）中表达被孢霉属的 Δ^{12}-脱饱和酶，证明该酶参与了体内油酸到亚油酸的脱饱和过程。在米曲霉中表达该酶的 cDNA，致使该真菌转化体中积累了相当于总脂肪酸的 70%的亚油酸。高山被孢霉 1S-4 的 Δ^{12}-脱饱和酶是首例经克隆获得的非植物来源的 Δ^{12}-脱饱和酶。

当培养温度低于 20℃时，高山被孢霉 1S-4 不仅能产生 ARA，同时也产生 EPA。在对高山被孢霉 1S-4 Δ^{12}-脱饱和酶和克鲁费酵母（*Saccharomyces kluyverii*）ω-3 脱饱和酶的保守序列信息进行分析的基础上，克隆出高山被孢霉 1S-4 的 ω-3 脱饱和酶基因（Sakuradani et al，2005a）。通过蛋白质数据库的同源性对比分析发现，高山被孢霉 1S-4 的 ω-3 脱饱和酶的氨基酸序列与高山被孢霉 1S-4 Δ^{12}-脱饱和酶具有高达 51%的同源性，而它与克鲁费酵母的 ω-3 脱饱和酶有 36%的同源性。将被孢霉属 ω-3 脱饱和酶基因在酵母中表达并分析其脂肪酸成分，结果证明 C_{18}和 C_{20} n-3 多不饱和脂肪酸是通过转化外源的 C_{18}和 C_{20} n-6 多不饱和脂肪酸积累的。高山被孢霉 1S-4 ω-3 脱饱和酶的底物特异性与目前已知的真菌克鲁费酵母（Oura & Kajiwara，2004）和异枝水霉（*Saprolegnia diclina*）（Pereira et al，2004）的 ω-3 脱饱和酶均不同。植物蓝藻（*Synechocystis*）和克鲁费酵母的 ω-3 脱饱和酶对 C_{18} n-6 多不饱和脂肪酸进行脱饱和作用，异枝水霉的 ω-3 脱饱和酶对 C_{20} n-6 多不饱和脂肪酸进行脱饱和作用。相比于 C_{20} n-6 多不饱和脂肪酸，秀丽隐杆线虫的 ω-3 脱饱和酶则倾向于以 C_{18} n-6 多不饱和脂肪酸作为底物（Meesapyodsuk et al，2000）。高山被孢霉 1S-4 的 ω-3 脱饱和酶的底物特异性与秀丽隐杆线虫的 ω-3 脱饱和酶相当类似，但是当在酵母中表达时，高山被孢霉的 ω-3 脱饱和酶能够更有效地将 ARA 转化为 EPA。高山被孢霉 1S-4 的 ω-3 脱饱和酶是目前已知的真菌类脱饱和酶中第一个能同时以 C_{18}和 C_{20} n-6 多不饱和脂肪酸作为底物的脱饱和酶。

2.3.3　Δ^5-脱饱和酶和 Δ^6-脱饱和酶

从 2 株高山被孢霉菌株（CBS 210.32 和 ATCC 32221）中克隆出一段编码 Δ^5-脱饱和酶的 cDNA，将其表达于酿酒酵母（*S. cerevisiae*）和芸苔（*Brassica napus*）中，以考察该酶的功能特性（Knutzon et al，1998；Michaelson et al，1998）。该基因在转基因芸苔种子中的表达产生了独特的多不饱和脂肪酸，即 $\Delta^{5,9}$-十八碳二烯酸和松油酸，这两种脂肪酸分别是油酸和亚油酸的 Δ^5-脱饱和产物。经推断 CBS 菌株的 Δ^5-脱饱和酶的氨基酸序列与蓝藻的 Δ^6-脱饱和酶以及琉璃苣（borage）的 Δ^6-脱饱和酶分别具有 22%和 20%的同源性。该 Δ^5-脱饱和酶与上述 Δ^6-脱饱和酶一样，在 N 端也具有一个细胞色素 BBX〗bBBZ〗$_5$的区域。

基于来自琉璃苣和秀丽隐杆线虫中的参与了由亚油酸到 GLA 的 Δ^6-脱饱和酶基因序列信息的基础上，从高山被孢霉 1S-4 菌株中克隆了一段编码 Δ^6-脱饱和酶（Δ^6-1）的 cDNA。预测其氨基酸序列与上述 Δ^6-脱饱和酶具有一定的同源性，并在 N 端也有一个细胞色素 b_5 区域，但这个结构域与高山被孢霉 Δ^9-1 脱饱和酶及酵母 Δ^9-脱饱和酶不同，后两种酶的相应区域是在 C 端。在 *amyB* 启动子的控制下将 Δ^9-1 cDNA 全序列在米曲霉中表达，结果导致重组菌中 GLA 积累量占到总脂肪酸的 25.2%。在酿酒酵母中共表达来自高山被孢霉 ATCC 32221 的 Δ^{12}-脱饱和酶和 Δ^6-脱饱和酶，也会导致 GLA 的积累（Huang et al，1999）。高山被孢霉 1S-4 中也存在第二种 Δ^6-脱饱和酶（Δ^6-2）（Sakuradani et al，2003）。Δ^6-1 和 Δ^6-2 的氨基酸序列具有很高的同源性（92%）。这两种基因在高山被孢霉 1S-4 中的表达水平有差异，Δ^6-1 的表达量通常高于 Δ^6-2（2～17 倍）。

2.3.4 延长酶

从高山被孢霉 ATCC 32221 中分离出一段 cDNA 并在酿酒酵母中表达，该 cDNA 克隆具有 957 个核苷酸开放阅读框，编码 318 个氨基酸，与负责饱和与单饱和脂肪酸延长作用的 ELO2 蛋白（EL2）具有 25%的同源性（Parker-Barnes et al，2000）。将该 cDNA 片段与高山被孢霉的 Δ^5-脱饱和酶基因在酵母中共表达，结果导致外源添加的 GLA 经由 DGLA 向 ARA 转化，同时也导致 n-3 亚麻酸（18:3n-3）转化为 EPA，这表明在 n-6 和 n-3 C_{18} 多不饱和脂肪酸延长至相应 C_{20} 多不饱和脂肪酸的过程中 EL2 都起到了关键作用。这是延长酶类被克隆的首个例子。

高山被孢霉 1S-4 中除了 EL2 外，还存在另外两种延长酶基因（MAELO 和 EL1）。虽然已从高山被孢霉 ATCC 32221 菌株中分离得到一种同源性 MAELO 基因，但其功能还未得到鉴定。其在酿酒酵母中的表达，表明高山被孢霉 1S-4 的 MAELO 基因可编码一种脂肪酸延长酶（Sakuradani et al，2008）。对上述酵母转化子进行脂肪酸成分分析，发现有 22:0、24:0 和 26:0 等脂肪酸的积累。另一方面，通过 RNA 干扰获得 MAELO 基因沉默的菌株，与野生型菌株相比，其体内 20:0、22:0 和 24:0 等脂肪酸含量较低，而硬脂酸（18:0）含量则较高。现已证明，由 MAELO 基因编码的酶参与了高山被孢霉 1S-4 菌株内 20:0、22:0和 24:0 等脂肪酸的生物合成过程。

高山被孢霉的 EL1 基因经过在酿酒酵母中的表达，证明其可编码一种脂肪酸延长酶，该酶可导致 C_{18}、C_{19} 和 C_{20} 的单不饱和脂肪酸及花生酸（二十烷酸）的积累。EL1 的酵母转化子可高效地延长外源性的 9-十六烯酸、9,12-十八碳二烯酸（亚油酸）以及 9,12,15-十八碳三烯酸（亚麻酸）。由高山被孢霉 1S-4 出发得到的 EL1 基因沉默菌株与原始菌相比，显示出较低的十八酸含量和较高的十六酸含量。现已证明，由 EL1 基因编码的酶主要作用是参与高山被孢霉 1S-4 菌株内由十六酸向十八酸的转化过程。

2.3.5 NADH-细胞色素 b_5 还原酶和细胞色素 b_5

从高山被孢霉 1S-4 中分离出一段 cDNA，其开放阅读框可编码 298 个氨基酸残基，该氨基酸序列与某些其他来源（来自酿酒酵母、牛、人及鼠等）的 NADH-细胞色素 b_5 还原酶（CbR）的序列具有显著的同源性（Sakuradani et al，1999b）。将上述全长 cDNA 在米曲霉中表达，结果导致微粒体还原过程中 NADH 作为电子供体的铁氰化合物的活性的提高（4～7 倍）。该被孢霉属的 CbR 已被纯化，纯化后的酶在 NADH-铁氰化合物还原酶方面的特异性活力增加了 645 倍。与 NADPH 相比，纯化后的 CbR 更倾向于以 NADH 作为电子供体。在同一种真菌中也鉴定了第二种 CbR 基因（Certik et al，1999），其 cDNA 及预测的氨基酸序列与第一种 CbR 基因具有约 70%的同源性。

从喜湿被孢霉（*M. hygrophila*）IFO 5941 中纯化出了细胞色素 b_5，并对其进行鉴定（Kouzaki et al，1995）。细胞色素 b_5 的基因组内基因及其 cDNA 均已被成功克隆（Kobayashi et al，1999）。高山被孢霉 1S-4 细胞色素 b_5 的氨基酸序列与鼠、鸡、酵母的相应序列分别有 48%、40%、39%的同源性，其中在 N 端的相似度很高，相同碱基超过 100 个，而相反地在 C 端的相似度并不明显，没有超过 30 个以上的相同碱基。大肠杆菌（*Escherichiacoli*）中，细胞色素 b_5 以可溶性蛋白形式存在，占菌体内可溶性蛋白总量的 16%，其中全细胞色素（holo-cytochrome）b_5 达到了转化子中细胞色素 b_5 总量的 8%。

2.4 脱饱和酶缺陷型突变株中突变位点的鉴定

基于多不饱和脂肪酸生物合成过程中相关酶的基因信息，那些脱饱和酶缺陷型突变株中的突变位点得到了鉴定和分析。表 2-B 列举了多种突变株中的基因突变情况。

表 2-B　脱饱和酶缺陷型突变株的突变汇总

类型	突变体	亲代	脂肪酸积累	基因突变	氨基酸替代
Δ^9-1	T4	1S-4	18:0	G794A	G265D
	ST56	Y61	18:0	G1080A	P360Stop
	HR222	1S-4	18:0	G408A	P136Stop
Δ^{12}	Mut48	1S-4	18:1n-9，20:3n-9	C497T	P166L
	SR88	1S-4	18:1n-9，20:3n-9	C346T	H116Y

续表

类型	突变体	亲代	脂肪酸积累	基因突变	氨基酸替代
Δ^6-1	Mut49	1S-4	18:2n-6，20:3Δ^5	第二个内含子的GT末端断裂	移码
	ST66	1S-4	18:2n-6，20:3Δ^5	C1124A	W314Stop
	YB214	1S-4	18:2n-6，20:3Δ^5	C1169A	G390D
	HR95	1S-4	18:2n-6，20:3Δ^5	G924A	T375K
Δ^5	S14	1S-4	20:3n-6	第一个内含子新的AG末端	移码
	*Iz*3	1S-4	20:3*n*-6	*G*566*A*	*G*189*E*
	*M*226-9	*Mut*48	20:2*n*-9	*G*903*A*	*W*301*Stop*
	*Mut*44	1S-4	20:3*n*-6	无	无
ω-3	*Y*11	1S-4	*AA*	*G*837*A*	*W*232*Stop*
	*K*1	*Mut*44	*DGLA*	*G*1299*A*	*W*386*Stop*

Δ^9-脱饱和酶基因突变株（T4、ST56和HR222），其编码3种Δ^9-脱饱和酶基因组基因核苷酸序列已被测定，其中只鉴定了这些突变株中Δ^9-1的基因突变位点（Abe et al，2006）。HR222、T4和ST56中，Δ^9-1基因密码子中距离起始密码子第408位、第794位和第1080位的G核苷酸分别被A核苷酸替代。上述突变分别导致HR222、T4和ST56中Δ^9-1酶氨基酸序列中P136Stop、G265D和P360Stop等氨基酸被替换。转录分析发现野生菌株中Δ^9-2和Δ^9-3基因表达水平不及Δ^9-1基因，而在Δ^9-1缺陷的突变株中Δ^9-2基因的表达水平与Δ^9-1基因的表达水平相当或更高一些（Abe et al，2006）。另一方面，Δ^9-3 mRNA无论在野生型还是突变株中都鲜有合成。这些结果显示在这些突变株中Δ^9-2充当了Δ^9-1的作用。

在积累蜂蜜酸的Δ^{12}-脱饱和酶缺陷型突变株SR88、TM912及Mut48中，对其Δ^{12}-脱饱和酶基因上的突变位点进行了鉴定（Sakuradani et al，2009a）。从SR88到Mut48，每一个突变都引起了氨基酸的替换（H116Y和P166L）。JT-18（一种Δ^{12}-脱饱和酶缺陷及Δ^6-脱饱和与Δ^5-脱饱和增强的突变株）在Δ^{12}-脱饱和酶基因方面表现出与Mut48一致的突变情况。另一方面，在Δ^6-脱饱和酶和Δ^5-脱饱和酶基因的编码区及其启动子区域并未发现有突变现象。

另外也鉴定了两株ω-3脱饱和酶缺陷型突变株（Y11和K1）中ω-3脱饱和酶基因上的突变位点（Sakuradani et al，2009b）。Y11和K1中ω-3脱饱和酶基因上的突变引起了氨基酸的替换（分别是W232Stop和W386Stop），最终导致这些突

变株中 ω-3 脱饱和酶活性的缺失。

对 Δ^6-脱饱和酶缺陷的菌株（Mut49、ST66、YB214 和 HR95）中的多种 Δ^6-脱饱和酶（Δ^6-1 和 Δ^6-2）进行分析，发现突变位点仅在 Δ^6-1 中，Δ^6-2 中没有突变位点（Abe et al，2005a）。ST66、YB214 和 HR95 中 Δ^6-1 脱饱和酶基因密码子中距离起始密码子第 1124 位和第 1169 位的 C 以及第 942 位的 G 核苷酸分别被替换成了 A 核苷酸。这些突变使得 ST66、YB214 和 HR95 的 Δ^6-1 中的氨基酸被替换，分别是 T375K、G390D 和 W314Stop。Mut49 的 Δ^6-1 第二个内含子的 GT 末端中的 G 核苷酸被 A 核苷酸代替，引起了移码突变。

分析高山被孢霉 1S-4 突变株（Mut44、S14、Iz3 和 M226-9）的 Δ^5-脱饱和酶基因（Abe et al，2005b），发现高山被孢霉 1S-4 Δ^5-脱饱和酶的基因组基因由 2319 个核苷酸组成，其中包括 7 个内含子。Iz3 和 M226-9 的 Δ^5-脱饱和酶基因距离起始密码子第 566 位和第 903 位的 G 核苷酸分别被 A 核苷酸替换。这些突变分别引起 Iz3 和 M226-9 的 Δ^5-脱饱和酶中氨基酸 G189E 和 W301Stop 的替换。S14 的 Δ^5-脱饱和酶基因中，第一个内含子 AG 末端上游 10 碱基处的 C 核苷酸被 A 核苷酸替换。通过 cDNA 比对发现，S14 Δ^5-脱饱和酶的 cDNA 比野生型菌株的相应 cDNA 多了 8 个碱基对。我们假设由突变产生的新的 A 核苷酸被识别为第一个内含子中新 AG 末端的组成部分，由此导致了移码突变。Mut44 表现出较低的 Δ^5-脱饱和酶活性，但是其 Δ^5-脱饱和酶基因及其启动子区域并未发现有核苷酸的替换现象，这说明另外还有特殊因素影响 Δ^5-脱饱和酶的活性。

2.5　高山被孢霉菌株的遗传操作

现已有 2 个实验室报道了高山被孢霉菌株的转化体系（MacKenzie et al，2000；Takeno et al，2004a，2004b）。

第一种体系利用一种具有潮霉素抗性的基因。利用同源组蛋白的 H4 启动子，高山被孢霉 CBS224.37 成功地被转化成潮霉素抗性菌株。在载体中需要含有同源性的核糖体 DNA 区域以促进染色体整合，这样才能获得遗传稳定的转化菌株。

第二种体系涉及来源于高山被孢霉 1S-4 的尿嘧啶营养缺陷体的应用，而且其体内缺失了乳清酸磷酸核糖基转移酶（OPRTase）活性（Takeno et al，2004a）。高山被孢霉尿嘧啶营养缺陷型菌株的生长培养基中含有 0.5mg/mL 的生长抑制剂 5-氟乳清酸（5-FOA），并添加少量的尿嘧啶才能正常生长。根据嘧啶核苷酸的一般合成途径，如此获得的尿嘧啶营养缺陷株理应缺失 OPRTase 或乳清酸核苷-5′-磷酸脱羧酶（OMPdecase）的活性；然而，经过对上述两种酶活性的对比分析，发现所有的营养缺陷体均为 OPRTase 缺陷型突变株。*ura3* 和 *ura5* 基因分别编码 OMPdecase 和 OPRTase 这两种酶，根据其他微生物中编码的这两个基因氨基酸序列信息从高山被孢霉中克隆出 *ura3* 和 *ura5* 这两个基因。尿嘧啶营养缺陷型菌株被证明在 *ura5* 基因上而不是在 *ura3* 基因上存在一个点突变。

通过基因枪转化法进行载体转化，而且载体中含有同源 *ura5* 基因作为筛选标记，获得了成功。其他一些转化方法，例如用原生质体、醋酸锂和电穿孔处理，均没有得到满意的结果。因为通常的酶以及商业化酶比如几丁质酶、脱乙酰几丁质酶、葡聚糖酶很难裂解细胞壁，导致难以获得有效的原生质体。结果，获得的转化子的转化率对载体 DNA 为 0.4 个/μg。为了分离出稳定的转化子，所有转化子均接种于含有 5-FOA/尿嘧啶的培养基中。稳定转化子在该培养基中无法生长，从而被挑选出来。超过 90%的转化子能在培养基中生长，证明这些并不是稳定的转化子。稳定转化子表现出与野生型菌株相同的乳清酸磷酸核糖基转移酶活性，同时无论在什么培养条件下都保留了来源于转化载体的 *ura5* 基因。然而不稳定的转化子在含有尿嘧啶的环境中易失去标记基因。

通过使用这个转化体系，表达 ARA 生物合成过程中限速步骤的关键酶基因 EL2（Wynn & Ratledge，2000；Takeno et al，2005b）以同样的方式构建一个盒式载体表达同源 *ura5* 基因。从表 2-C 中可以看到，转化子比野生菌株产生更多的 ARA。

表 2-C 高山被孢霉转化菌株产生的 PUFA

多不饱和脂肪酸积累	宿主①	目标基因②	方法③	备注
AA	JT-180	Δ^{12}	OE	JT-180 中 ARA 含量高于野生菌株 1S-4
AA	1S-4	EL2	OE	ARA 产量高（4.4g/L）
20:3n-6（Δ^5），20:2n-6	1S-4	Δ^6	Ri	积累 20:3n-6（Δ^5）和 20:2n-6
EPA	1S-4	ω-3	OE	高产 EPA（0.8g/L，30%）
20:4n－3	S14	ω-3	OE	高产 20：4n-6（1.8g/L，35%）
MA	1S-4	Δ^{12}	Ri	积累 n-9 多不饱和脂肪酸
16:0，16:1n-7	1S-4	EL1	Ri	积累 16:0 和 16:1n-7
n-4/n-7 PUFA	M1	MAELO	Ri	积累 n-4/n-7 多不饱和脂肪酸，并且增加 n-6 多不饱和脂肪酸
n-7 PUFA	M1	Δ^{12}	Ri	积累 n-7 多不饱和脂肪酸，并且增加 n-4 多不饱和脂肪酸
18:0，PUFA	1S-4	MAELO	Ri	不积累 22:0 和 24:0，18:0 和之后的 n-6 多不饱和脂肪酸有少量的增加
22:4n-6，22:5n-3	1S-4	PavELO ω-3		OE	在野生型菌株中检测到少量的 22:4n-6 和 22:5n-3

① JT-180：Δ^{12}-脱饱和酶活性缺失突变体；M1：EL1 延长酶活性缺失；S14：Δ^5-脱饱和酶活性缺失突变体。

② 除了 PavELO，其他基因来自高山被孢霉 1S-4。MAELO 延长酶用于催化高山被孢霉 1S-4 大于 C_{18} 长度的长链饱和脂肪酸的延长。PavELO 是在海洋微藻中用于将 C_{20} PUFA 转化为 C_{22} PUFA。

③ OE—过表达；Ri—RNA 干扰。

通过研究高山被孢霉 1S-4 的根瘤农杆菌（*Agrobacterium tumefaciens*）介导的转化（Ando et al，2009b），在同源真菌启动子组蛋白 H4.1 和异源真菌终止子 *trpCt* 的控制下，在转化 DNA 区域（T-DNA）选择 *ura5* 基因作为选择标基因。转化子的转化率可以达到 400 个/10^8 孢子以上。Southern 印迹法分析显示大部分整合的 T-DNA 都是单一拷贝，并且随机分布在染色体 DNA 上。另外，从转化子有丝分裂的稳定性来看，相比之前的基因枪转化法（10%），根瘤农杆菌介导的转化方法稳定性（60%～80%）更高。此外，所有转化子都表现出良好的生长状况。

在基因组 DNA 中的 rDNA 区上整合博光霉素（zeocin）抗性基因，使得高山被孢霉 1S-4 具有争光霉素抗性（Takeno et al，2005c）。20mg/mL 争光霉素可以完全抑制高山被孢霉 1S-4 孢子的萌发，同时在一定程度上降低真菌菌丝的生长率。预培养时间和温度对于转化效率有很大的影响。使用争光霉素转化体系在野生菌株 1S-4 中过表达 EL2 的编码基因可以导致 ARA 高产。另外，真菌杀菌剂萎锈灵（carboxin）能完全抑制高山被孢霉 1S-4 菌丝生长和孢子萌发（Ando et al，2009a）。*sdhB* 基因编码琥珀酸脱饱和酶（SDH，EC 1.3.99.1）复合体铁-硫（Ip）亚基，该段基因从高山被孢霉 1S-4 中克隆。高山被孢霉 *sdhB* 基因序列与来自其他微生物中的 *sdhB* 序列表现出高的同源性。突变的 *sdhB*（*CBXB*）基因编码出一个带有氨基酸置换修饰的 *SdhB*（在 *SdhB* 中第三个富含半胱氨酸的基因族中的一个高度保守的组氨酸残基被亮氨酸替代），并且具有萎锈灵抗性。通过质粒中包含来自高山被孢霉 1S-4 的 *CBXB* 基因获得转化子，从而表现出萎锈灵抗性。这些争光霉素和萎锈灵抗性基因有广泛运用，可作为产油真菌高山被孢霉 1S-4 及其突变体的转化株选择性标记。

使用双链 RNA 进行 RNA 干扰的方法可以破坏高山被孢霉 1S-4 基因（Takeno et al，2005a）。Δ^{12}-脱饱和酶基因沉默菌株积累 18:2n-9、20:2n-9 和蜂蜜酸，然而在对照菌株和野生型菌株 1S-4 中没有检测到。稳定转化子的脂肪酸组成与之前提到的 Δ^{12}-脱饱和酶缺陷型突变株类似（表 2-C）。因此，通过 RNA 干扰技术可以对商业化真菌产生的脂肪酸类型和相对含量进行改变，而不需要诱变生产菌株或使其他一些遗传背景发生永久性的改变。

来源于高山被孢霉的有价值的突变株的转化体系和野生型菌株以同样的方式得到发展：从突变体中分离得到的尿嘧啶营养缺陷型孢子通过基因枪转化法进行转化。到目前为止，高山被孢霉 1S-4 和衍生出的突变株的各种不饱和脂肪酸生产能力得到改善，其中这些突变株是由于生物合成多不饱和脂肪酸酶相关基因的 RNA 干扰或过量表达得到的，这些在表 2-C 中可以看出。如上所述，JT-180 是一株显示出 Δ^5-脱饱和酶和 Δ^6-脱饱和酶活力增强同时 Δ^{12}-脱饱和酶缺陷的突变株。在 JT-180 中过表达 Δ^{12}-脱饱和酶基因之后，与野生菌株相比转化株积累更多的 ARA。在野生菌株和 S14（Δ^5-脱饱和缺陷型突变株）中过量表达 ω-3 脱饱和酶基因导致 EPA（0.8g/L，占总脂肪酸的 30%）和 20:4n-3（1.8g/L，占总脂肪酸的 35%）的产量很高，这些产物在野生菌株和突变株 S14 中大概占总脂肪酸的 10%，并且要在低温（低于 20℃）中培养。EL1 缺陷型突变体 M1 转化子通过 RNA 干扰 Δ^{12}-脱饱和酶基因得到，该转化子积累 n-7 多不饱和脂肪酸且 n-4 多不饱和脂肪酸产量减少。这表明 MAELO 作用于长链饱和脂肪酸（例如 20:0 和 22:0）的延长，而且还作用于 16:0 的延长。过表达 PavEIO（海洋微藻 *Pavlova* sp. 作用于 C_{20}～C_{22} PUFA 的延长）和 ω-3 脱饱和酶基因导致在野生型菌株中形成 C_{22}（22:4n-6和 22:5n-3）PUFA。与野生型菌株一样，优先选育有用突变株能改善 PUFA 的生产能力。

2.6 结论

高山被孢霉 1S-4 这种独特的酶系统和它的突变体能用于获得多种 n-9、n-6、n-3、n-7、n-4 和 n-1 系列的 PUFA，这些 PUFA 来自葡萄糖或加到培养基中的脂肪酸前体。通过调控葡萄糖或外源脂肪酸的流向控制真菌突变株脂肪酸分布，从而获得期望的脂肪酸成为可能。因为它们的代谢系统非常简单，这些突变体是用于阐明真菌脂肪代谢的潜在理想模型。对于高山被孢霉及其突变体最近的研究主要集中在这些菌株酶体系的分子工程，同时开创了 PUFA 生产强度改进的方法。突变体和转基因菌株的选育使高效生产所需 PUFA 成为可能。

参 考 文 献

Abe, T.; E. Sakuradani; T. Asano; H. Kanamaru; Y. Ioka; S. Shimizu. Identification of mutation sites on Δ6 desaturase genes from *Mortierella alpina* 1S-4 mutants. *Biosci. Biotechnol. Biochem.* **2005a,** *69(5)*, 1021–1024.

Abe, T.; E. Sakuradani; T. Ueda; S. Shimizu. Identification of mutation sites on Δ5 desaturase genes from *Mortierella alpina* 1S-4 mutants. *J. Biosci. Bioeng.* **2005b,** *99(3)*, 296–299.

Abe, T.; E. Sakuradani; T. Asano; H. Kanamaru; S. Shimizu. Functional characterization of Δ9 and ω9 desaturase genes in *Mortierella alpina* 1S-4 and its derivative mutants. *Appl. Microbiol. Biotechnol.* **2006,** *70(6)*, 711–719.

Amano, H.; Y. Shinmen; K. Akimoto; H. Kawashima; T. Amachi; S. Shimizu; H. Yamada. Chemotaxonomic significance of fatty acid composition in the genus *Mortierella* (Zygomycetes, Mortierellaceae). *Micotaxonomy* **1992,** *94(2)*, 257–265.

Ando, A.; S. Takeno; M. Ochiai; H. Kawashima; E. Sakuradani; J. Ogawa; S. Shimizu. Analysis of the enzymes involved in the synthesis and degradation of cell walls in arachidonic acid-producing fungus *Mortierella alpina* 1S-4. JSBBA Conference; The Japan Society for Bioscience, Biotechnology, and Agrochemistry: Kyoto, 2006; p 245.

Ando, A.; E. Sakuradani; K. Horinaka; J. Ogawa; S. Shimizu. Transformation of an oleaginous zygomycete Mortierella alpina 1S-4 with the carboxin resistance gene conferred by mutation of the iron-sulfur subunit of succinate dehydrogenase. *Curr. Genet.* **2009a,** *55(3)*, 349–356.

Ando, A.; Y. Sumida; H. Negoro; D.A. Suroto; J. Ogawa; E. Sakuradani; S. Shimizu. Establishment of *Agrobacterium tumefaciens*-mediated transformation of an oleaginous fungus *Mortierella alpina* 1S-4 and its application for eicosapentaenoic acid-producer breeding. *Appl. Environ. Microbiol.* **2009b,** *75(17),* 5529-5535.

Certik, M.; E. Sakuradani; S. Shimizu. Desaturase-defective fungal mutants: useful tools for the regulation and overproduction of polyunsaturated fatty acids. *Trends Biotechnol.* **1998,** *16(12),* 500–505.

Certik, M.; E. Sakuradani; M. Kobayashi; S. Shimizu. Characterization of the second form of NADH-cytochrome b_5 reductase gene from arachidonic acid-producing fungus *Mortierella alpina* 1S-4. *J. Biosci. Bioeng.* **1999,** *88(6),* 667–671.

Certik, M.; S. Shimizu. Biosynthesis and regulation of microbial polyunsaturated fatty acid production. *J. Biosci. Biotechnol.* **1999,** *87(1),* 1–14.

Higashiyama, K., T. Yaguchi; K. Akimoto; S. Fujikawa; S. Shimizu. Enhancement of arachidonic acid production by *Mortierella alpina. J. Am. Oil Chem. Soc.* **1998,** *75(11),* 1501–1505.

Higashiyama, K.; S. Fujikawa; E. Park; S. Shimizu. Production of arachidonic acid by *Mortierella* fungi. *Biotechnol. Bioprocess Eng.* **2002,** *7(5),* 252–262.

Huang, Y.S.; S. Chaudhary; J.M. Thurmond; E.G. Bobik; L. Yuan; G.M. Chan; S.J. Kirchner; P. Mukerji; D.S. Knutzon. Cloning of Δ12- and Δ6-desaturases from *Mortierella alpina* and recombinant production of γ-linolenic acid in *Saccharomyces cerevisiae. Lipids* **1999,** *34(7),* 649–659.

Ioka, Y.; T. Ito; E. Sakuradani; J. Ogawa; K. Aoki; K. Yamamoto; S. Shimizu. Identification of components of a lipid particle produced by a lipid-excretive mutant derived from *Mortierella alpina* 1S-4. JSBBA Conference; The Japan Society for Bioscience, Biotechnology, and Agrochemistry: Tokyo, 2003; p 16.

Jareonkitmongkol, S.; H. Kawashima; S. Shimizu; H. Yamada. Production of 5,8,11-*cis*-eicosatrienoic acid by a Δ12-desaturase-defective mutant of *Mortierella alpina* 1S-4. *J. Am. Oil Chem.* **1992a,** *69(9),* 939–944.

Jareonkitmongkol, S.; H. Kawashima; H.; N. Shirasaka; S. Shimizu; H. Yamada. Production of dihomo-γ-linolenic acid by a Δ5-desaturase-defective mutant of *Mortierella alpina* 1S-4. *Appl. Environ. Microbiol.* **1992b,** *58(7),* 2196–2200.

Jareonkitmongkol, S.; S. Shimizu; H. Yamada. Fatty acid desaturation defective mutants of an arachidonic acid-producing fungus, *Mortierella alpina* 1S-4. *J. Gen. Microbiol.* **1992c,** *138,* 997–1002.

Jareonkitmongkol, S.; H. Kawashima; S. Shimizu. Inhibitory effects of lignan compounds on the formation of arachidonic acid in a Δ5-desaturase-defective mutant of *Mortierella alpina* 1S-4. *J. Ferment. Technol.* **1993a,** *76(5),* 406–407.

Jareonkitmongkol, S.; E. Sakuradani; S. Shimizu. A novel Δ5-desaturase-defective mutant of *Mortierella alpina* 1S-4 and its dihomo-γ-linolenic acid productivity. *Appl. Environ. Microbiol.* **1993b,** *59(12),* 4300–4304.

Jareonkitmongkol, S.; S. Shimizu; H. Yamada. Occurrence of two nonmethylene-interrupted fatty acids in a Δ6-desaturase-defective mutant of the fungus *Mortierella alpina* 1S-4. *Biochim. Biophys. Acta* **1993c,** *1167(2),* 137–141.

Jareonkitmongkol, S.; S. Shimizu; H. Yamada. Production of an eicosapentaenoic acid-containing oil by a Δ12 desaturase-defective mutant of *Mortierella alpina* 1S-4. *J. Am. Oil Chem. Soc.* **1993d,** *70(2),* 119–123.

Jareonkitmongkol, S.; E. Sakuradani; S. Shimizu. Isolation and characterization of an ω3-desaturation-defective mutant of an arachidonic acid-producing fungus, *Mortierella alpina* 1S-4. *Arch. Microbiol.* **1994,** *161(4),* 316–319.

Jareonkitmongkol, S.; E. Sakuradani; S. Shimizu. Isolation and characterization of a ω9-

desaturation-defective mutant of an arachidonic acid-producing fungus, *Mortierella alpina* 1S-4. *J. Am. Oil Chem. Soc.* **2002,** *79(10)*, 1021–1026.

Kamada, N.; H. Kawashima; E. Sakuradani; K. Akimoto; J. Ogawa; S. Shimizu. Production of 8,11-*cis*-eicosadienoic acid by a Δ5 and Δ12 desaturase-defective mutant derived from the arachidonic acid producing fungus *Mortierella alpina* 1S-4. *J. Am. Oil Chem. Soc.* **1999,** *76(11)*, 1269–1274.

Kawashima, H.; M. Nishihara; Y. Hirano; N. Kamada; K. Akimoto; K. Konishi; S. Shimizu. Production of 5,8,11-eicosatrienoic acid (Mead acid) by a Δ6 desaturation activity-enhanced mutant derived from a Δ12 desaturase-defective mutant of an arachidonic acid-producing fungus, *Mortierella alpina* 1S-4. *Appl. Environ. Microbiol.* **1997,** *63(5)*, 1820–1825.

Kawashima, H.; E. Sakuradani; N. Kamada; K. Akimoto; K. Konishi; J. Ogawa; S. Shimizu. Production of 8,11,14, 17-*cis*-eicosatetraenoic acid (20:4ω3) by a Δ5 and Δ12 desaturase-defective mutant of an arachidonic acid-producing fungus *Mortierella alpina* 1S-4. *J. Am. Oil Chem. Soc.* **1998,** *75(11)*, 1495–1500.

Kawashima, H.; K. Akimoto; K. Higashiyama; S. Fujikawa; S. Shimizu. Industrial production of dihomo-γ-linolenic acid by a Δ5 desaturase-defective mutant of *Mortierella alpina* 1S-4 fungus. *J. Am. Oil Chem. Soc.* **2000,** *77(11)*, 1135–1138.

Knutzon, D.S.; J.M. Thurmond; Y.S. Huang; S. Chaudhary; E.G. Bobik; G.M. Chan; S.J. Kirchner; P. Mukerji. (1998) Identification of Δ^5-desaturase from *Mortierella alpina* by heterologous expression in bakers' yeast and canola. *J. Biol. Chem.* **1998,** *273(45)*, 29360–29366.

Kobayashi, M.; E. Sakuradani; S. Shimizu. Genetic analysis of cytochrome b_5 from arachidonic acid-producing fungus, *Mortierella alpina* 1S-4: cloning, RNA editing and expression of the gene in *Escherichia coli*, and purification and characterization of the gene product. *J. Biochem. (Tokyo)* **1999,** *125(6)*, 1094–1103.

Kouzaki, N.; H. Kawashima; M.C.M. Chung; S. Shimizu. Purification and characterization of two forms of cytochrome b_5 from an arachidonic acid-producing fungus, *Mortierella hygrophila. Biochim. Biophys. Acta* **1995,** *1256(3)*, 319–326.

Kyle, D.J.; V.J. Sicotte; J.J. Singer; S.E. Reeb. Bioproduction of docosahexaenoic acid (DHA) by microalgae. *Industrial Applications of Single Cell Oils*; D.J. Kyle, C. Ratledge, Eds.; AOCS Press: IL, 1992; pp 287–300.

MacKenzie, D.A.; P. Wongwathanarat; A.T. Carter; D.B. Archer. Isolation and use of a homologous histone H4 promoter and a ribosomal DNA region in a transformation vector for the oil-producing fungus *Mortierella alpina. Appl. Environ. Microbiol.* **2000,** *66(11)*, 4655–4661.

MacKenzie, D.A.; A.T. Carter; P. Wongwathanarat; J. Eagles; J. Salt; D.B. Archer. A third fatty acid Δ9-desaturase from *Mortierella alpina* with a different substrate specificity to ole1p and ole2p. *Microbiology* **2002,** *148(6)*, 1725–1735.

Meesapyodsuk, D.; D.W. Reed; C.K. Savile; P.H. Buist; S.J. Ambrose; P.S. Covello. Characterization of the regiochemistry and cryptoregiochemistry of a *Caenorhabditis elegans* fatty acid desaturase (*FAT-1*) expressed in *Saccharomyces cerevisiae. Biochemistry* **2000,** *39(39)*, 11948–11954.

Michaelson, L.V.; C.M. Lazarus; G. Griffiths; J.A. Napier; A.K. Stobart. Isolation of a Δ^5-fatty acid desaturase gene from *Mortierella alpina. J. Biol. Chem.* **1998,** *273(30)*, 19055–19059.

Nakahara, T.; Y. Yokochi; T. Higashihara; S. Tanaka; T. Yaguchi; D. Honda. Production of docosahexaenoic and docosapentaenoic acid by *Schizochytrium* sp. isolated from Yap Islands. *J. Am. Oil Chem. Soc.* **1996,** *73(11)*, 1421–1426.

Oura, T.; S. Kajiwara. *Saccharomyces kluyveri FAD3* encodes an ω3 fatty acid desaturase. *Microbiology* **2004,** *150(6)*, 1983–1990.

Parker-Barnes, J.M.; T. Das; E. Bobik; A.E. Leonard; J.M. Thurmond; L.T. Chaung; Y.S. Huang;

P. Mukerji. Identification and characterization of an enzyme involved in the elongation of n-6 and n-3 polyunsaturated fatty acids. *Proc. Natl. Acad. Sci. (USA)* **2000,** *97(15)*, 8284–8289.

Pereira, S.L.; Y.S. Huang; E.G. Bobik; A.J. Kinney; K.L. Stecca; J.C.L. Packer; P. Mukerji. A novel ω3-fatty acid desaturase involved in the biosynthesis of eicosapentaenoic acid. *Biochem. J.* **2004,** *378(2)*, 665–671.

Raghukumar, S. Thraustochytrid Marine Protists: production of PUFAs and Other Emerging Technologies. *Mar. Biotechnol. (NY)* **2008,** *10(6)*, 631–640.

Ratledge, C. Microbial lipids: Commercial realities or academic curiosities. *Industrial Applications of Single Cell Oils*; D.J. Kyle, C. Ratledge, Eds.; AOCS Press: IL, 1992; pp 1–15.

Ratledge, C. Fatty acid biosynthesis in microorganisms being used for Single Cell Oil production. *Biochimie* **2004,** *86(11)*, 807–815.

Sakuradani, E.; M. Kobayashi; T. Ashikari; S. Shimizu. Identification of Δ12-fatty acid desaturase from arachidonic acid-producing *Mortierella* fungus by heterologous expression in the yeast *Saccharomyces cerevisiae* and the fungus *Aspergillus oryzae*. *Eur. J. Biochem.* **1999a,** *261(3)*, 812–820.

Sakuradani, E.; M. Kobayashi; S. Shimizu. Δ6-Fatty acid desaturase from an arachidonic acid-producing *Mortierella* fungus: gene cloning and its heterologous expression in a fungus, *Aspergillus*. *Gene* **1999b,** *238(2)*, 445–453.

Sakuradani, E.; M. Kobayashi; S. Shimizu. Δ^9-Fatty acid desaturase from an arachidonic acid-producing fungus: unique gene sequence and its heterologous expression in a fungus, *Aspergillus*. *Eur. J. Biochem.* **1999c,** *260(1)*, 208–216.

Sakuradani, E.; M. Kobayashi; S. Shimizu. Identification of an NADH-cytochrome b_5 reductase gene from an arachidonic acid-producing fungus, *Mortierella alpina* 1S-4, by sequencing of the encoding cDNA and heterologous expression in a fungus, *Aspergillus oryzae*. *Appl. Environ. Microbiol.* **1999d,** *65(9)*, 3873–3879.

Sakuradani, E.; N. Kamada; Y. Hirano; M. Nishihara; H. Kawashima; K. Akimoto; K. Higashiyama; J. Ogawa; S. Shimizu. Production of 5,8,11-cis-eicosatrienoic acid by a Δ5 and Δ6 desaturation activity-enhanced mutant derived from a Δ12 desaturation activity-defective mutant of *Mortierella alpina* 1S-4. *Appl. Microbiol. Biotechnol.* **2002,** *60(3)*, 281–287.

Sakuradani, E.; S. Shimizu. Gene cloning and functional analysis of a second Δ6-fatty acid desaturase from an arachidonic acid-producing *Mortierella* fungus. *Biosci. Biotechnol. Biochem.* **2003,** *67(4)*, 704–711.

Sakuradani, E.; Y. Hirano; N. Kamada; M. Nojiri; J. Ogawa; S. Shimizu. Improvement of arachidonic acid production by mutants with lowered ω3-desaturation activity derived from *Mortierela alpina* 1S-4. *Appl. Microbiol. Biotechnol.* **2004a,** *66(3)*, 243–248.

Sakuradani, E.; T. Kimura; J. Ogawa; S. Shimizu. Accumulation of diacylglycerols by a mutant derived from an arachidonic acid-producing fungus, *Mortierella alpina* 1S-4. SBJ Annual Meeting; The Society for Biotechnology, Japan: Nagoya, 2004b; p 155.

Sakuradani, E.; M. Naka; H. Kanamaru; Y. Ioka; M. Nojiri; J. Ogawa; S. Shimizu. Novel biosynthetic pathways for n-4 and n-7 polyunsaturated fatty acids in a mutant of an arachidonic acid-producing fungus, *Mortierella alpina* 1S-4. The 95th AOCS Annual Meeting and Expo; The American Oil Chemists' Society: Cincinnati, USA, 2004c; p 22.

Sakuradani, E.; T. Abe; K. Iguchi; S. Shimizu. A novel fungal ω3-desaturase with wide substrate specificity from arachidonic acid-producing *Mortierella alpina* 1S-4. *Appl. Microbiol. Biotechnol.* **2005a,** *66(6)*, 648–654.

Sakuradani, E.; S. Takeno; T. Abe; S. Shimizu. Arachidonic acid-producing *Mortierella alpina*: creation of mutants and molecular breeding. *Single Cell Oils*; Z. Cohen, C. Ratledge, Eds.; AOCS Press: IL, 2005b; pp 21–35.

Sakuradani, E.; S. Murata; H. Kanamaru; S. Shimizu. Functional analysis of a fatty acid elongase from arachidonic acid-producing *Mortierella alpina* 1S-4. *Appl. Microbiol. Biotechnol.* **2008,** *81(3)*, 497–503.

Sakuradani, E.; T. Abe; K. Matsumura; A. Tomi; S. Shimizu. Identification of mutation sites on Δ12 desaturase genes from *Mortierella alpina* 1S-4 mutants. *J. Biosci. Bioeng.* **2009a,** *107(2)*, 99–101.

Sakuradani, E.; T. Abe; S. Shimizu. Identification of mutation sites on ω3 desaturase genes from *Mortierella alpina* 1S-4 mutants. *J. Biosci. Bioeng.* **2009b,** *107(1)*, 7–9.

Singh, A.; O.P. Ward. Microbial production of docosahexaenoic acid (DHA, C22:6). *Adv. Appl. Microbiol.* **1997,** *45*, 271–312.

Shimizu, S.; H. Yamada. Production of dietary and pharmacologically important polyunsaturated fatty acids by microbiological processes. *Comments Agric. Food Chem.* **1990,** *2(3)*, 211–235.

Shimizu, S.; S. Jareonkitmongkol. *Mortierella* species (fungi): production of C20 polyunsaturated fatty acids. *Biotechnology in Agriculture and Forestry (Medical Plants VIII)*; Y.P.S. Bajaj, Ed.; Springer-Verlag: Berlin, 1995; 33; pp 308–325.

Shimizu, S.; J. Ogawa; E. Sakuradani. Metabolic engineering for oleaginous microorganisms. JSBBA Conference; The Japan Society for Bioscience, Biotechnology, and Agrochemistry: Tokyo, 2003a; p 371.

Shimizu, S.; E. Sakuradani; J. Ogawa. Production of functional lipids by microorganisms: arachidonic acid and related polyunsaturated fatty acids, and conjugated fatty acids. *Oleoscience* **2003b,** *3(3)*, 129–139.

Shinmen, Y.; S. Shimizu; H. Yamada. Production of arachidonic acid by *Mortierella* fungi: selection of a potent producer and optimization of culture conditions for large-scale production. *Appl. Microbiol. Biotechnol.* **1989,** *31*, 11–16.

Spolaore, P., C. Joannis-Cassan; E. Duran; A. Isambert. Commercial applications of microalgae. *J. Biosci. Bioeng.* **2006,** *101(2)*, 87–96.

Suzuki, O.; T. Yokochi; T. Yamashina. Studies on production of lipids in fungi (II). Lipid compositions of six species of *Mucorales* in *Zygomycetes*. *J. Jpn. Oil Chem. Soc.* **1981,** *30*, 863–868.

Takeno, S.; E. Sakuradani; S. Murata; M. Inohara-Ochiai; H. Kawashima; T. Ashikari; S. Shimizu. Cloning and sequencing of the *ura3* and *ura5* genes, and isolation and characterization of uracil auxotrophs of the fungus *Mortierella alpina* 1S-4. *Biosci. Biotechnol. Biochem.* **2004a,** *68(2)*, 277–285.

Takeno, S.; E. Sakuradani; S. Murata; M. Inohara-Ochiai; H. Kawashima; T. Ashikari; S. Shimizu. Establishment of an overall transformation system for an oil-producing filamentous fungus, *Mortierella alpina* 1S-4. *Appl. Microbiol. Biotechnol.* **2004b,** *65(4)*, 419–425.

Takeno, S.E.Sakuradani;S.Murata; M. Inohara-Ochiai; H. *Kawashima*; T. As Molccuari; S. Shimizu. evidence that the rate-limiting *step* for the biosynrhesis of arachidonic acid in

Takeno, S.; E. Sakuradani; S. Murata; M. Inohara-Ochiai; H. Kawashima; T. Ashikari; S. Shimizu. Molecular evidence that the rate-limiting step for the biosynthesis of arachidonic acid in *Mortierella alpina* is at the level of an elongase. *Lipids* **2005a,** *40(1)*, 25–30.

Takeno, S.; E. Sakuradani; A. Tomi; M. Inohara-Ochiai; H. Kawashima; T. Ashikari; S. Shimizu. Improvement of the fatty acid composition of an oil-producing filamentous fungus, *Mortierella alpina* 1S-4, through RNA interference with Δ12-desaturase gene expression. *Appl. Environ. Microbiol.* **2005b,** *71(9)*, 5124–5128.

Takeno, S.; E. Sakuradani; A. Tomi; M. Inohara-Ochiai; H. Kawashima; S. Shimizu. Transformation of oil-producing fungus, *Mortierella alpina* 1S-4, using Zeocin, and application to arachidonic acid production. *J. Biosci. Bioeng.* **2005c,** *100(6)*, 617–622.

Totani, N.; A. Oba. The filamentous fungus *Mortierella alpina*, high in arachidonic acid. *Lipids* **1987,** *22(12)*, 1060–1062.

Wynn, J.P.; C. Ratledge. Evidence that the rate-limiting step for the biosynthesis of arachidonic acid in *Mortierella alpina* is at the level of the 18:3 to 20:3 elongase. *Microbiology* **2000,** *14(9)6*, 2325–2331.

Ueda, T.; E. Sakuradani; J. Ogawa; S. Shimizu. Extracellular production of lipids and analysis of the lipid-excretive mechanism in a lipid-excretive mutant derived from arachidonic acid-producing fungus *Mortierella alpina* 1S-4. JSBBA Conference; The Japan Society for Bioscience, Biotechnology, and Agrochemistry: Kyoto, 2001; pp 372.

Yamada, H.; S. Shimizu; Y. Shinmen. Production of arachidonic acid by *Mortierell elongata* 1S-5. *Agric. Biol. Chem.* **1987,** *51(3)*, 785–790.

Yamada, H.; S. Shimizu; Y. Shinmen; K. Akimoto; H. Kawashima; S. Jareonkitmongkol. Production of dihomo-γ-linolenic acid, arachidonic acid, and eicosapentaenoic acid by filamentous fungi. *Industrial Applications of Single Cell Oils*; D.J. Kyle, C. Ratledge, Eds.; AOCS Press: IL, 1992; pp 118–138.

Yazawa, K.; K. Watanabe; C. Ishikawa; K. Kondo; S. Kimura. Production of eicosapentaenoic acid from marine bacteria. *Industrial Applications of Single Cell Oils*; D.J. Kyle, C. Ratledge, Eds.; AOCS Press: IL, 1992; pp 29–51.

Note: Our recent research led to increased EPA production by overexpression of ω3 desaturase gene through ATMT. The EPA content in the transformant obtained reached a maximum of 40% of the total fatty acids and 0.44 g/L after cultivation at 28°C for 2 days and then 12°C for 16 days.

第3章

通过代谢工程使产油酵母生产 ω-3 脂肪酸

Quinn Zhu, Zhixiong Xue, Naren Yadav, Howard Damude, Dana Walters Pollak, Ross Rupert, John Seip, Dieter Hollerbach, Daniel Macool Hongxiang Zhang, Sidney Bledsoe, David Short, Bjorn Tyreus Anthony Kinney, and Stephen Picataggio

(*Biochemical Sciences and Engineering, Central Research and Development, E. I. du Pont de Nemours and Company, Wilmington, DE* 19880)

3.1 引言

大量的临床研究证明鱼油中的 ω-3 脂肪酸能显著减少成年人患心脑疾病的危险（Benatti et al，2003；Breslow，2006；Jacobson，2008；Lee et al，2008；Leaf，2008）。这些研究结果促使世界健康组织和政府机构建立包含鱼类作为健康饮食常规部分的饮食指导方针。鱼油中存在的主要 ω-3 脂肪酸是二十碳五烯酸（EPA，20:5n-3）和二十二碳六烯酸（DHA，22:6n-3）。EPA 和 DHA 共同应用于预防和治疗一些疾病，例如老年痴呆症、神经性厌食症、关节炎、哮喘、烧伤、克罗恩氏病、囊性肺纤维化病、炎症性肠病、风湿性关节炎、肥胖症、骨质疏松症、Ⅱ型糖尿病、溃疡性结肠炎、骨关节炎，这些疾病在一些综述（Belluzzi et al，1996；Teitelbaum & Walker，2001；McColl，2003；Freedman et al，2004；Salari et al，2008）中有具体的总结概括，最近的研究显示 EPA 和 DHA 对注意力分散/多动症以及诸如焦虑和沮丧的一类心理疾病（Buydens-Branchey et al，2008；Freeman et al，2008）的预防和治疗也很有效。

药学研究揭示了 EPA 和 DHA 分子药物学机理。机理研究表明，这些脂肪酸能通过激活核过氧化物酶体增殖活化受体（PPAR）降低血清中甘油三酯的水平，以此调节油脂在许多组织中的运输、储存和代谢。EPA 和 DHA 阻止 ω-6 脂肪酸，花生四烯酸（ARA，20:4n-6）转变成类二十烷酸来调解炎症反应。尤其是 EPA，能促进合成“减少炎症”的前列腺素（prostaglandin）、白细胞三烯（lcukotricnes）和凝血噁烷（thromboxane）（Kinsella et al，1990；Funk，2001）。此外，EPA 和 DHA 分别作为 E 系列和 D 系列消散素（resolvin）的前体物质能引起一个广泛的抗炎性反应（Hong et al，2003；Arita et al，2005）。EPA 和 DHA 都能抑制炎症反应和促进抗炎症反应。它们在预防和治疗慢性病方面起到的作用正在得到关注。

EPA 和 DHA 是对人类的生长和发育非常重要的脂肪酸。我们的机体不能合成充足的 ω-3 脂肪酸来发挥它们的健康功能，因此我们只能从日常饮食中获得它们，因为人类缺乏 Δ^{12}-脱饱和酶和 Δ^{15}-脱饱和酶来合成必须的亚油酸（LA，18:2n-6）和亚麻酸（ALA，18:3n-3），它们是生物合成 EPA 和 DHA 的前体物质（图 3-1）。此外，效率低下的 Δ^{6}-脱饱和酶和 Δ^{5}-脱饱和酶只能把饮食中不到 1%的 ALA 转化为 EPA 和 DHA。美国心脏学会（the American Heart Association，AHA）建议健康的成年人食用富含脂肪的鱼类，例如大马哈鱼和金枪鱼，每周至少两次获得相当于每天 600mg 的 ω-3 脂肪酸。AHA 同时建议患有冠心病（Nutrition & Your Health，2005）危险的人应该摄入更高水平的 EPA 和 DHA。然而，在今天的环境中，家养的和野生的鱼都包含许多持续性有机污染物质，如甲基水银、多氯联苯、二噁英，还有几种其他卤代物（Costa，2007）。官方机构建议儿童、孕妇、哺乳期妇女限量食用某些鱼类。

一些植物油（例如来源于亚麻籽和油菜）含有 ALA，但是人类不能有效地把这种 ω-3 脂肪酸转化为 EPA 或 DHA。虽然鱼油是 EPA 或 DHA 一种常见的饮食来源，但是我们要担心鱼油的可持续供应，应对于气候、疾病、过度捕捞的影响，目前的污染物逐渐将人们的注意力吸引到可替代的 ω-3 脂肪酸资源上（Qi et al，2004；Barclay et al，2005；Kiy et al，2005；Wynn et al，2005；Damude & Kinney，2008）。

一种富含 DHA 油脂的微生物产品替代资源的出现（Barclay et al，2005；Kiy et al，2005；Wynn et al，2005）引起了广泛的应用，包括用于饮食供应、婴儿配方食品、功能性食品和饮料。有些微藻（microalgae），尤其是裂殖壶菌（*Sschizochytrium*），利用一种基于聚酮合酶（polyketide synthase）的生物合成途径，而不是利用普通的脂肪酸合成途径，能够将乙酰 CoA 直接转化为 DHA

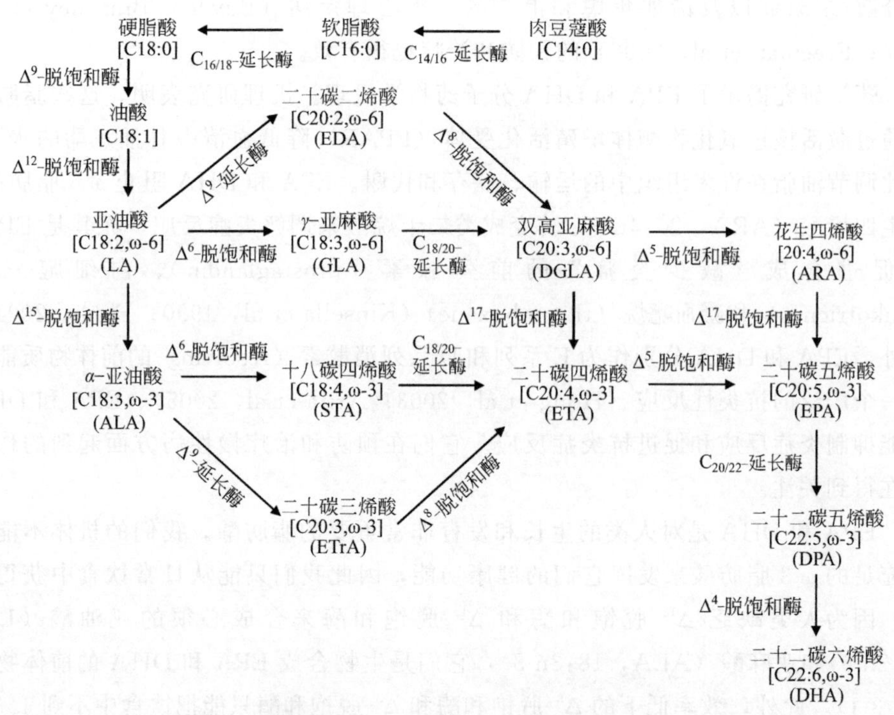

图 3-1 EPA 和 DHA 的生物合成途径

(Metz et al，2001，2009)。这些生物还没有显示出大量生产 EPA 的能力。

尽管纯的、浓缩的 EPA 能从鱼油的抽提物中获得，但该过程非常困难和昂贵，暂时还不存在其他过程用于 EPA 的商业生产（Wen & Chen，2005)。EPA 对人类和动物的健康有独特有益的影响。例如，大量的临床试验（日本 EPA 脂肪干预性研究）已经证明 EPA 能够降低有冠心病史的病人发病率 19%（Yokoyama et al，2007；Saito et al，2008；Tanaka et al，2008)。最近的研究同时也表明 EPA 对于抑制和治疗肥胖症、心理疾病、代谢综合征、非酒精性脂肪肝炎、Ⅱ型糖尿病有效（Sinclair et al，2005；Itoh et al，2007；Mita et al，2007；Ross et al，2007；Satoh et al，2007；Féart et al，2008；Jazayeri et al，2008；Tanaka et al，2008)。EPA 同时能够减少动脉硬化（Hall et al，2008）和阻止癌细胞黏附、扩散、附着（Siddiqui et al，2005；Slagsvold et al，2009)。在治疗躁郁症和沮丧方面，EPA 比 DHA 更有疗效（Ross et al，2007)。如果能够提供只含 EPA（不含 DHA）油脂的可替代资源发展起来，EPA 在人类和动物健康的临床应用上将会有极大的扩展。

我们在这里介绍一种通过发酵生产 EPA 和 DHA 的清洁和可持续性资源的发展情况。我们向产油酵母中引入一个编码 ω-3 脂肪酸的生物合成途径（图 3-1）的基因，以此在氮源不足、碳源（如葡萄糖）过量的情况下，以甘油三酯的形式合成和储存能量。

3.2 筛选解脂耶氏酵母作为生产主体

解脂耶氏酵母（*Y. lipolytica*，又名解脂耶罗威亚酵母、解脂假丝酵母）没有致病性，而且是非传统酵母中研究最集中的一种（Wolzschu，1979）。许多解脂耶氏酵母菌株都能有效地利用烷烃、脂肪酸、乙醇、醋酸酯、葡萄糖、果糖、甘油作为单一碳源生长。解脂耶氏酵母可以在葡萄糖或正链烷烃上生长并产生柠檬酸（Mattey，1992；Ratledge，2005）。用解脂耶氏酵母生产食品级的商业化产品柠檬酸认定为安全的（generally recognized as safe，GARS）［见美国食品药品监督管理局（FDA）关于来源于微生物材料用于食品添加剂的列表：第 165 区域，第 173 部分，第 21 篇］。野生型菌株消耗底物产生一种柠檬酸和异柠檬酸混合物，产量高达 130%。

解脂耶氏酵母已具有强有力的商业规模发酵生产的历史。自从 20 世纪 60 年代中期单细胞蛋白（SCP）出现以来，在工业上，人类对这种能以廉价的富含正链烷烃作为单一碳源生长的酵母产生了极大的兴趣。解脂耶氏酵母最早商品名为“Toprina”，作为一种动物饲料单细胞蛋白来源，被英国石油公司（BP）用于商业化生产。这种产品没有毒性和致癌性（Ratledge，2005；见第 1 章）。也可以利用解脂耶氏酵母以蓖麻油和蓖麻酸衍生物作为碳源生产 γ-癸内酯芳香剂（Cardillo et al，1991；Ercoli et al，1992）。

一些解脂耶氏酵母是产油微生物，当氮源不足、葡萄糖或烷烃过量时能够在体内积累多达相当于干重的 35%～40%的甘油三酯。油脂的成分取决于碳源种类（Athenstaedt et al，2006；Beopoulos et al，2008）。在葡萄糖上生长的细胞产生的脂质主要由甘油三酯和少量的甾醇类组成。油酸是主要的脂肪酸。在油酸上生长起来的细胞比在葡萄糖上生长起来的细胞包含更多的甾醇类和油酸。

伴随着转换体系（Davidow et al，1985；Gaillardin et al，1985；Chen et al，1997；Vernis et al，1997）和基因序列测定技术的发展，大量关于解脂耶氏酵母的遗传学和分子生物学数据出现。它含有 6 条染色体，能够编码 6500 个基因。在系统地观察野生型菌株时没有发现质粒 DNA。通过同源和非同源重组，外源线性 DNA 整合到基因组，遗传转化发生（Davidow et al，1985；Gaillardin et al，1985；Weterings & Chen，2008）。解脂耶氏酵母还作为研究编码过氧化物酶体生物合成因子蛋白（Kiel et al，2006）基因功能和蛋白表达的模型系统（Madzak et al，2004；Bordes et al，2007）。

培养营养缺陷突变型解脂耶氏酵母很简单，转化菌株能够通过营养缺陷突变型的互补作用筛选出来，它们不需要用选择性标记基因传递抗性。*LYS5* 基因是最常见的营养缺陷性标记，用于编码酵母氨酸脱饱和酶（GenBank Accession

No. M34929)；*LEU2* 基因编码 β-异丙基苹果酸脱饱和酶（GenBank Accession No. AF260230)；以及 *URA3* 基因编码乳清酸核苷 5-磷酸脱羧酶（GenBank Accession No. AJ306421)。

正如图 3-2 所示，*URA3* 基因可以重复用于和 5-氟乳清酸（5-FOA）选择性结合。对于含有 *URA3* 基因功能的酵母细胞来说 5-FOA 有毒，因此，依据这个毒性，5-FOA 对于选择和鉴别 *Ura*⁻ 酵母突变体菌株特别有用（Bartel & Fields, 1997)。更特别地，主要根据 5-FOA 抗性，能敲除原生 *URA3* 基因并筛选出具有 *Ura*⁻ 表型的菌株。一簇多重的嵌合基因（或者单一的嵌合基因）和一个新的 *URA3* 基因能够整合进解脂耶氏酵母基因组的不同位点，因此可以培育一个新的具有 *Ura*⁺ 表型的菌株。随后，当引入的 *URA3* 基因被敲出，相应地再结合整合后，将会培育出一个新的 *Ura3* 菌株（再一次，用 5-FOA 选择鉴别)。因此，*URA3* 基因（与 5-FOA 选择性结合）能在多回合的转化和向基因组引入大量基因过程中用作选择性标记，从而易于添加必要的基因修饰。

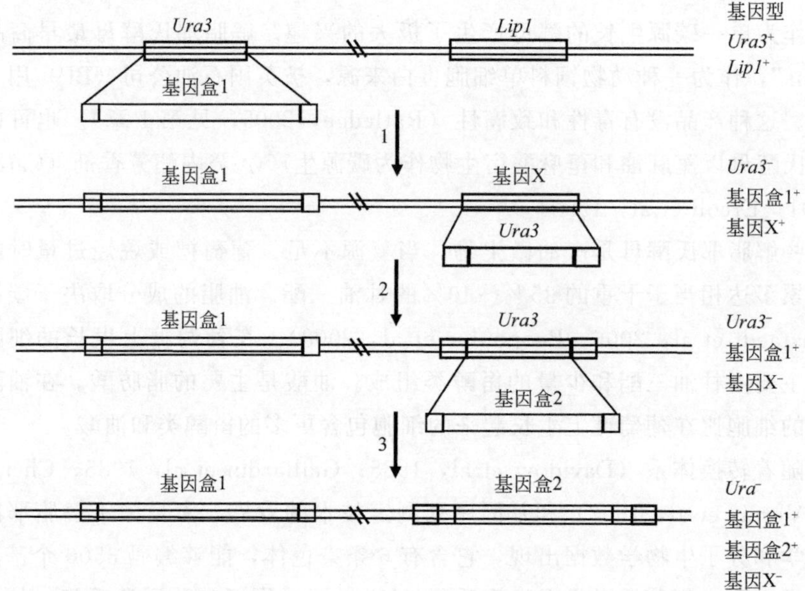

图 3-2 *URA3* 基因和 FOA 反选体系通过多重转化同源重组将基因盒插到解脂耶氏酵母基因组上。第一步，将第一个基因盒插到 *URA3* 位点，并选择 FOA 抗性转化株（*Ura*⁻)；第二步，将野生型 *URA3* 整合进入基因 X 位点，并筛选出 *Ura*⁺ 型菌株；第三步，将第二个基因盒插到 *URA3* 位点，并筛选出 *FOA* 抗性菌株（Ura⁻）

根据以上信息，我们选择解脂耶氏酵母作为生产主体，然后我们从众多的公共菌种保存单位筛选过 40 种不同的菌株，而且从美国菌种保藏中心（the American Type Culture Collection, ATCC）筛选 20362# 用于我们构建代谢工程途径。ATCC 的 20362# 菌株能够让我们达到发酵目标：干细胞重量（DCW）大于 100g/L，脂肪含量超过 DCW 的 30%，而且油脂生产率大于 1g/（L·h）。

3.3 生物合成途径生产 EPA 和 DHA

鉴于产油酵母解脂耶氏酵母菌株能够积累高达 DCW 的 40%的油脂，亚油酸是其唯一能自身合成的［图 3-3（a）］多不饱和脂肪酸（PUFA）。通过添加碳原子使碳链延长，脱饱和作用添加双键，能把亚油酸转变为 EPA 和 DHA。这种转变需要一系列存在于内质网（ER）膜上的延长酶和脱饱和酶。如图 3-1 和下面的描述所示，复合途径存在于 EPA 的生产过程中。

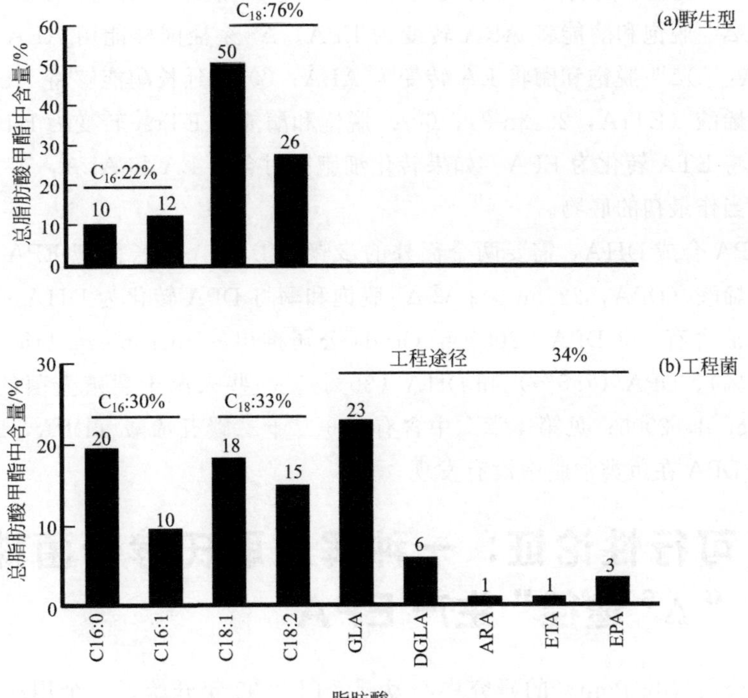

图 3-3　野生型与解脂耶氏酵母工程菌的脂肪酸轮廓分析。通过离心从产油培养基上收集的菌体并提取油脂，将提取的解脂耶氏酵母油脂和甲醇钠通过酯交换反应制备脂肪酸甲酯，用 Hewlett-Packard 6890 气相装置，30m × 0. 25mm（i. d. ）HP-INNOWAX（Hewlett-Packard）色谱柱进行分析检测

最初，所有代谢途径中需要 Δ^{12}-脱饱和酶将油酸转变成亚油酸（第一个 ω-6 脂肪酸）。使用“Δ^6-脱饱和酶/$C_{18/20}$-延长酶途径”（Δ^6 途径），并以 LA 作为底物，EPA 按照以下途径合成：①Δ^6-脱饱和酶将 LA 转变为 γ-亚麻酸（GLA，18：3n-6）；② $C_{18/20}$-延长酶再将 GLA 转变为双高亚麻酸（DGLA，20：3n-6）；③Δ^5-脱饱和酶将 DGLA 转变为 ARA［同时大多数 Δ^5-脱饱和酶也能少量地将二十碳四烯酸

(ETA，20:4n-3) 转变为 EPA]；④Δ^{17}-脱饱和酶将 ARA 转变为 EPA（同时大多数 Δ^{5}-脱饱和酶也能少量地将 DGLA 转变为 ETA)。Δ^{6} 途径同时也能将 ALA 作为底物生产 EPA：①Δ^{15}-脱饱和酶将 LA 转变为 ALA；②Δ^{6}-脱饱和酶将 ALA 转变为十八碳四烯酸（STA，18:4n-3)；③$C_{18/20}$-延长酶将 STA 转变为 ETA；④Δ^{5}-脱饱和酶将 ETA 转变为 EPA。迄今为止，没有能将 LA 100%转化为 ALA 的 Δ^{15}-脱饱和酶出现。具有不同的 Δ^{15}-脱饱和酶的转化细胞总是同时含有 LA 和 ALA。因此 Δ^{6} 途径能同时利用 LA 和 ALA 作为底物。

生物合成 EPA 另一个可替换的途径是"Δ^{9}-延长酶/Δ^{8}-脱饱和酶途径"（Δ^{9} 途径)。这需要如下的步骤：①Δ^{9}-延长酶能将 LA 转变为二十碳二烯酸（EDA，20:2n-6)；②Δ^{8}-脱饱和酶将 EDA 转变为 DGLA；③Δ^{5}-脱饱和酶能将 DGLA 转变为 ARA；④Δ^{17}-脱饱和酶能将 ARA 转变为 EPA。Δ^{9} 途径同样能用 ALA 作为底物生产 EPA：①Δ^{15}-脱饱和酶将 LA 转变为 ALA；②Δ^{9}-延长酶能够将 ALA 转化为二十碳三烯酸（ETrA，20:3n-3)；③Δ^{8}-脱饱和酶能将 ETrA 转变为 ETA；④Δ^{5}-脱饱和酶将 ETA 转化为 EPA。如果转化细胞同时含有 LA 和 ALA，Δ^{9} 途径能同时将它们当作最初的底物。

从 EPA 合成 DHA，需要两个额外的步骤：①$C_{20/22}$-延长酶把 EPA 转变为二十二碳五烯酸（DPA，22:5n-3)；②Δ^{4}-脱饱和酶将 DPA 转化为 DHA。一些鱼类和海豹的油含有 ω-3 DPA。2007 年 Croda 公司推出的 Incromega Trio oil，含有 EPA（15%)、DPA（7.5%）和 DHA（30%)。一些来源于裂殖壶菌的 DHA 油（Barclay et al，2005；见第 4 章）中含有 ω-6 二十二碳五烯酸（DPA，22:5n-6)，并且这种 DPA 在鱼类油脂中没有发现。

3.4 可行性论证：一种解脂耶氏酵母菌株通过"Δ^{6} 途径"生产 EPA

杜邦公司（du Pont）的研究中心发展部门 2002 年开始了一个用解脂耶氏酵母生产 EPA 的项目。雅培公司（Abbott Laboratories）的罗斯（Ross）产品部门让我们从不同的生物体里（Knutzon et al，1998；Huang et al，1999；Sakuradani et al，1999；Parker-Barnes et al，2000）分离编码脱饱和酶和 $C_{18/20}$-延长酶基因，来启动我们解脂耶氏酵母中 EPA 的生物合成。我们筛选出编码 Δ^{6}-脱饱和酶、$C_{18/20}$-延长酶、Δ^{5}-脱饱和酶、Δ^{15}-脱饱和酶（来源于高山被孢霉)、Δ^{17}-脱饱和酶（来源于 *Saprolegnia declina*)。因为解脂耶氏酵母在生理学和分类学上与酿酒酵母相差很远，酿酒酵母和其他酵母的启动子在解脂耶氏酵母中无法正常发挥功能，引入到解脂耶氏酵母中的不同基因需要解脂耶氏酵母启动子来确保它们的表达。因此我们使用解脂耶氏酵母翻译延长因子（TEF）启动子（Muller et al，1998）

分别促进上述的 4 个基因转录。

如图 3-3（b）所示，将这 4 种单基因拷贝融合进野生型解脂耶氏酵母的基因组，最终合成 EPA，包含 3%的脂肪酸甲酯（FAME），所有脂肪酸的 34%来源于改造的工程的途径。这些结果理论上证明了解脂耶氏酵母能通过基因工程改造的方法生产 EPA，因此还需更多的工程设计改造用来：①增大碳流入工程途径；②增加 $C_{18/20}$-延长酶的活性，将更多的 GLA 转化为 DGLA；③增强其他基因途径表达，以增加 EPA 的水平。按照我们接下来描述的部分，通过一个综合的方案达到上述的要求。

3.5　分离和使用强启动子

2002 年从解脂耶氏酵母中分离出一些启动子（Muller et al，1998；Casaregola et al，2000）。最初我们用 TEF 启动子来启动编码 Δ^6-脱饱和酶、$C_{18/20}$-延长酶、Δ^5-脱饱和酶、Δ^{17}-脱饱和酶的基因表达。TEF 启动子是一个基本的，但是在其他生物体中却不是最强的一个。

我们使用染色体步移技术（genome-walking）和 PCR 技术分离了若干个编码甘油醛-3-磷酸脱氢酶（GPD，E. C. 1. 2. 1. 12）、磷酸甘油酸变位酶（GPM，EC 5. 4. 2. 1）和果糖二磷酸醛缩酶（FBA，E. C. 4. 1. 2. 13）基因的启动子。所有这些启动子引导基因的高水平表达。为了比较它们的相对强度，我们将这些启动子和大肠杆菌 *β*-葡萄糖醛酸酶（GUS）报告基因（Jefferson，1989）融合在一起转录，将解脂耶氏酵母同这些结构一起转录，然后分别分析 GUS 的活性。

结果显示，GPM 启动子的转录强度近似地等同于 TEF 启动子，而 GPD 启动子的强度是 TEF 启动子的 1～1. 5 倍，FBA 启动子的强度是 TEF 启动子的 3 倍。

随后发现，在 FBA 基因的 N 端编码地区（169bp），位置在氨基酸 20 和 21 之间 102bp 基因内区。融合 FBA 启动子到覆盖了的前 23 个氨基酸和基因内区（FBA_{in}）的 N 端编码区域的 GUS 报告基因之后，结果 GUS 活性是单独使用 FBA 启动子的 5 倍（图 3-4）。当嵌合的启动子构建好后，169bp 的 FBA 基因 N 端编码区域同时也增强了其他启动子的活性（无数据显示）。这些数据显示在 FBA 基因的基因内区有一个转录增强子。

编码甘油-3-磷酸-*O*-酰基转移酶（GPAT，E. C. 2. 3. 1. 15）和氨基转运（YAT1，TC2. A. 49；GenBank Accession No. XM _ 504457）基因的启动子也被分离出来。YAT1 启动子对于 ω-3 生物合成基因表达的引导也特别有效，在 N 源限制的情况下，它的活性增加了将近 35 倍（数据未显示）。在产油条件下，这些启动子的相对强度由定量的 GUS 试验决定，它们的相对强度如下：FBA_{in}＞YAT1＞FBA＞GPD＞GPAT＞GPM＝TEF。

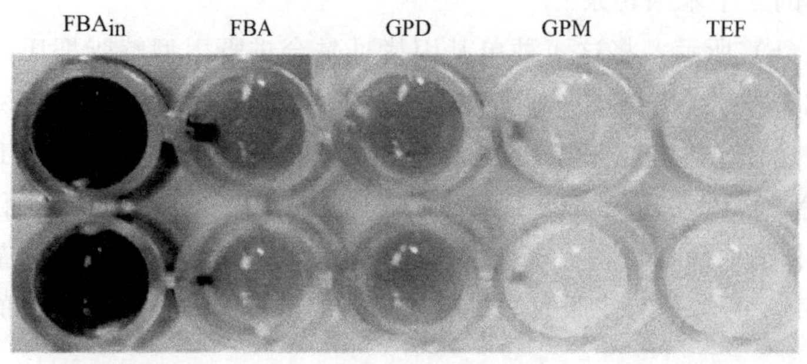

(a) GUS染色

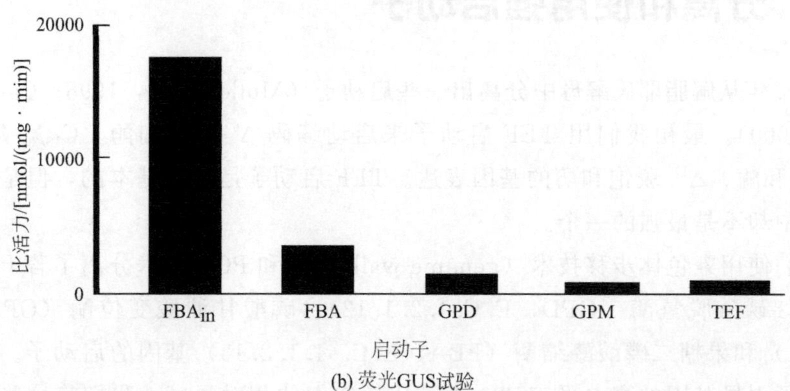

(b) 荧光GUS试验

图 3-4 从解脂假丝酵母中分离出了一系列启动子，通过测定从 β-葡萄糖苷酸形成相应的 4-甲基伞形酮的荧光性来测定 GUS 的活力。GUS 菌株更青睐产色的 5-溴-4-氯-3-吲哚-β-葡萄糖苷酸（X-gluc）作为底物。转化的解脂假丝酵母细胞培养在含有 X-gluc 的 50mmol/L 磷酸钠溶液中，接种温度 30℃

现在，根据整个基因组序列，可以很容易地从解脂耶氏酵母分离出启动子（http://www.genolevures.org）。理论上，有 6500 个启动子可用于不同的目的（Goffeau et al，1996；Dujon et al，2004）。在细胞生长的不同阶段，每个启动子有唯一的特性。使用一个特殊的启动子作为模版，通过随机突变可以产生多样的启动子库（Alper et al，2005）。在确定的生长阶段和条件下，用于使目标基因的最大化表达之前，需要对启动子额外的特性进行研究。

3.6 合成解脂耶氏酵母密码子优化基因

最初，我们从一些解脂耶氏酵母功能表达的资源中筛选野生型编码脱饱和酶和延长酶基因（数据未显示），然后筛选那些在生物活体基质中转换效率最高的基因并用于工程改造途径（表 3-A）。因为所有这些基因来自其他生物体，解脂耶氏酵母大多数基因的密码子用法不是优先的（表 3-B）。为了获得高水平的表达，我们根据解脂耶氏酵母密码使用方式设计合成所有的优先目标基因。我们同时合并了翻译起始密码“ATG”周围的共有序列（5′-ACCATGG-3′），控制 GC 的含量在 54%左右（来源于解脂耶氏酵母的典型基因），运用一般的规则来维持 RNA 的稳定（Guhaniyogi & Brewer，2001）。数据显示（表 3-A），在几乎所有经过密码子优化的基因中，除了来源于高山被孢霉的 Δ^5-脱饱和酶，其他基质的转化速率都加快了。引入来自球等鞭金藻（*Isochrysis galbana*）的 Δ^5-脱饱和酶的情况下，由野生型转化而来的解脂耶氏酵母菌株的基质转化率为 7%，而基因优化后菌株的基质转化率为 32%，转化效率增加了 4.6 倍。同样地，引入来自高山被孢霉 $C_{18/20}$-延长酶基因，由野生型转化而来的解脂耶氏酵母菌株的基质转化率是 30%，而基因优化后菌株的基质转化率为 47%，转化效率增加了 1.6 倍。推测这些优化了密码子的基因基质转化率增加主要是解脂耶氏酵母 mRNA 密码子翻译更加有效。因此，现在所有引入到解脂耶氏酵母菌株中用于生产 ω-3 脂肪酸和 ω-6 脂肪酸的基因都进行了密码子优化。

表 3-A　文中使用的脱饱和酶和延长酶基因

酶	基因来源	储存编号	密码子优化	原生基因转化速率/%	优化基因转化速率/%
Δ^4-脱饱和酶	破囊壶菌	AAN75707	166	未检测到	20
Δ^5-脱饱和酶	高山被孢霉	AF067654	194	30	30
Δ^5-脱饱和酶	破高山被孢霉	CCMP1323	193	7	32
Δ^6-脱饱和酶	高山被孢霉	AF465281	144	37	51
Δ^{12}-脱饱和酶	串珠镰刀菌	ABB8516	172	未检测到	74
Δ^{17}-脱饱和酶	*Saprolegia diclina*	AY373823	117	23	45
$C_{16/18}$-延长酶	高山被孢霉	AB071986	125	未检测到	43
$C_{18/20}$-延长酶	高山被孢霉	AX464731	85	30	47
$C_{18/20}$-延长酶	破囊壶菌	AX464803	108	33	46
$C_{20/22}$-延长酶	海洋真核微藻	AY591336	147	未检测到	67

注：转化率=产物/（底物+产物）。

表 3-B　用于解脂耶氏酵母中的密码子

密码子	ARA	频率	密码子	ARA	频率	密码子	ARA	频率
GCA	A	0.142	GGG	G	0.068	AGC	S	0.120
GCC	A	0.418	GGT	G	0.263	AGT	S	0.082
GCG	A	0.113	CAC	H	0.603	TCA	S	0.094
GCT	A	0.336	CAT	H	0.397	TCC	S	0.251
AGA	R	0.164	ATA	I	0.043	TCG	S	0.187

续表

密码子	ARA	频率	密码子	ARA	频率	密码子	ARA	频率
AGG	R	0.047	ATC	I	0.497	TCT	S	0.266
CGA	R	0.431	ATT	I	0.459	TAA	*	0.420
CGC	R	0.086	CTA	L	0.061	TAG	*	0.388
CGG	R	0.152	CTC	L	0.261	TGA	*	0.192
CGT	R	0.119	CTG	L	0.386	ACA	T	0.172
AAC	N	0.780	CTT	L	0.152	ACC	T	0.421
AAT	N	0.220	TTA	L	0.020	ACG	T	0.139
GAC	D	0.640	TTG	L	0.120	ACT	T	0.268
GAT	D	0.360	AAA	K	0.210	TGG	W	1.000
TGC	C	0.503	AAG	K	0.790	TAC	Y	0.774
TGT	C	0.497	ATG	M	1.000	TAT	Y	0.226
CAA	Q	0.232	TTC	F	0.592	GTA	V	0.060
CAG	Q	0.768	TTT	F	0.408	GTC	V	0.322
GAA	E	0.287	CCA	P	0.126	GTG	V	0.382
GAG	E	0.713	CCC	P	0.430	GTT	V	0.237
GGA	G	0.327	CCG	P	0.124			
GGC	G	0.342	CCT	P	0.320			

3.7 将C原子引入或者移除改造的途径

通过两株生产GLA的菌株来研究基因拷贝数量对改造途径指定步骤中的基质转化的影响。如图3-5所示，菌株1含有一个不同的Δ^{12}-脱饱和酶和Δ^{6}-脱饱和酶拷贝，菌株2含有两个不同的Δ^{12}-脱饱和酶和Δ^{6}-脱饱和酶拷贝。在总的FAME中，菌株1产生大约27%的GLA、12%的LA、26%的油酸，菌株2产生大约35%的GLA、16%的LA、16%的油酸。对比脂肪酸含量显示，菌株2比菌株1多产生大约30%的GLA，多产生大约50%的LA，少产生大约38%的油酸。数据表明，在积累GLA过程中，含有两个不同的Δ^{12}-脱饱和酶和Δ^{6}-脱饱和酶的基因拷贝可以引入更多的C原子。

通过表达能将软脂酸转化为硬脂酸的高山被孢霉$C_{16/18}$-延长酶的基因以及能将油酸转化成LA的串珠镰刀菌（*Fusarium moniliforme*）Δ^{12}-脱饱和酶的基因，能引导额外的碳流进入改造途径（图3-1；表3-A）。我们有选择地过表达能将GLA转换成DGLA的$C_{18/20}$-延长酶，同时能将DGLA、ETA分别转换成ARA、

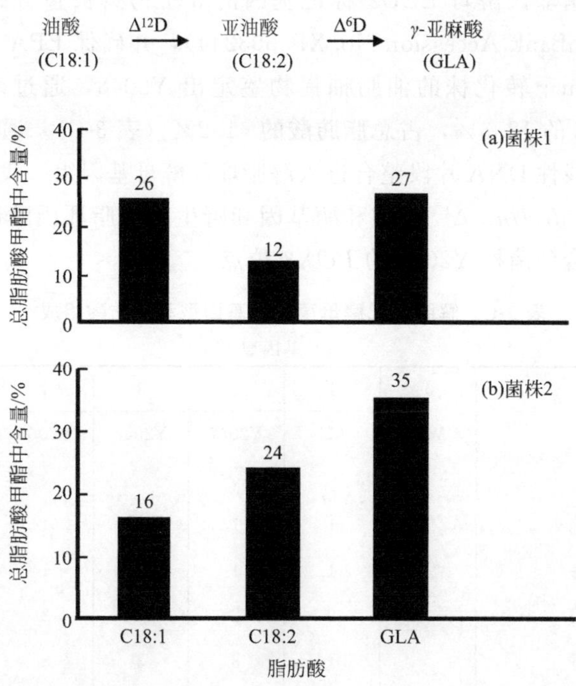

图 3-5　转化的解脂耶氏酵母菌株 1 和菌珠 2 的脂肪酸分布。脂肪酸分析如图 3-3 所示，菌株 1 含有一个单个的 Δ^{12}-脱饱和酶基因拷贝（Δ^{12}D）和一个 Δ^{6}-脱饱和酶基因拷贝（Δ^{6}），菌株 2 分别含有两个 Δ^{12}D 和 Δ^{6}D

EPA 的 Δ^{5}-脱饱和酶，以及同时能将 DGLA、ARA 分别转换成 ETA、EPA 的 Δ^{17}-脱饱和酶，运用这种方法将中间体转化为 EPA。

3.8　通过"Δ^6 途径"用解脂耶氏酵母菌株生产 EPA，占总 FAME 的 40%

经过多步工作构建解脂耶氏酵母工程菌，让其具有生产高水平 EPA 的能力。第一步，将串珠镰刀菌的 Δ^{12}-脱饱和酶基因、高山被孢霉的 Δ^{6}-脱饱和酶基因以及两个分别来自高山被孢霉和破囊壶菌的 $C_{18/20}$-延长酶基因（表 3-A 和表 3-C）整合进 ATCC 20362[#] 野生型解脂耶氏酵母菌株的 *URA3* 位点，并确保其合成 DGLA。然而没有在野生型菌株中发现 DGLA，用气相色谱分析 5-FOA-抗性转化株抽提出来的油脂来鉴定，产生了占总 FAME 的 8%的 DGLA 的（M4）菌株（表 3-C）。高山被孢霉 Δ^{6}-脱饱和酶基因的 3 个拷贝和野生型解脂耶氏酵母菌株的 *URA3* 标记基因被整合进 M4 菌株的 *LEU2* 位点，并确保其合成 ARA。用气相色谱分析 *Leu* 转化株抽提的油脂，鉴定出菌株 Y2047。在亲代 M4 菌株中没有 ARA，新的菌株积累了占总 FAME 的 10%的 ARA（表 3-C）。*Saprolegnia declina* Δ^{17}-脱饱和酶基因和野生型解脂耶氏酵母 *LEU2* 标记基因的 3 个拷贝被整合到菌株 Y2047 的 *POX3* 位点（GenBank Accession No. XP_503244），并确保 EPA 的合成表达。用气相色谱分析 Leu＋转化株的油脂抽提物鉴定出 Y2048，通过改造途径产生的 EPA 占总 FAME 的 12.5%，占总脂肪酸的 41.2%（表 3-C）。通过同源的和非同源的基因重组将线性 DNA 片段整合进入解脂耶氏酵母基因组。我们不能确定这个基因片段包含 *S. declina* Δ^{17}-脱饱和酶基因和野生型解脂耶氏酵母 *LEU2* 标记基因的 3 个拷贝整合到菌株 Y2048 的 *POX3* 位点。

表 3-C 解脂耶氏酵母菌株的基因型和脂肪酸组成

(a) 基因型

传代数	0	1	2	3	4	5	7
菌株	WT	M4	Y2047	Y2048	Y2060	Y2072	Y2097
基因							
Δ^{12}-脱饱和酶		1	1	1	1	2	3
Δ^{6}-脱饱和酶		1	1	1	1	1	2
$C_{18/20}$-延长酶		2	2	2	2	3	4
Δ^{5}-脱饱和酶			3	3	3	4	5
Δ^{17}-脱饱和酶				3	3	3	3
$C_{16/18}$-延长酶					1	1	2

(b) 脂肪酸组成

脂肪酸	总脂肪酸甲酯中含量/%						
	WT	M4	Y2047	Y2048	Y2060	Y2072	Y2097
C16:0	10	15	13	14	8	8	6
C16:1	12	4	9	10	4	4	1
C18:0	2	1	1	2	4	2	2
C18:1	39	5	9	17	20	17	9
C18:2	30	27	16	10	14	14	11
GLA		34	24	23	25	28	21
DGLA		8	8	3	4	4	4
ARA			10	1	1	2	1
ETA				2	2	2	3
EPA				13	13	15	40
总 C18:2 以上	30	69	52	52	59	55	81

我们接下来尝试通过整合 $C_{16/18}$-延长酶基因到菌株 Y2048 的 *URA3* 基因位点，通过增加 Δ^{6}-脱饱和酶的表达来增加 C18:2 脂肪酸的含量。FOA-抗性转化菌株

Y2060 抽提的脂肪酸气相分析表明，与亲代菌株相比，所含的 C_{16} 脂肪酸减少了 11%，C_{18} 脂肪酸增加了 10%（表 3-C）。将另外 4 个高山被孢霉的 $C_{18/20}$-延长酶基因、串珠镰刀菌的 Δ^{12}-脱饱和酶基因、球等鞭金藻的 Δ^{5}-脱饱和酶基因、野生型解脂假丝酵母菌株标记基因 *URA*3 整合到菌株 Y2060 菌株原生的 Δ^{12}-脱饱和酶基因位点，产生菌株 Y2072。这个新菌株积累了占总油脂的 15%的 EPA（表 3-C）。我们谨慎地灭活原生 Δ^{12}-脱饱和酶基因。串珠镰刀菌的同源重组，导致更多的 C18：2 脂肪酸作为 Δ^{6}-脱饱和酶的底物分布于卵磷脂的 *sn*-2 位置（结果未显示）。将 $C_{16/18}$-延长酶的第二个拷贝基因整合进入菌株 Y2072 的 *URA3* 位点，形成 Y2072U3 菌株，可以产生占总油脂的 15%的 EPA（表 3-C）。尽管这第二个延伸酶基因拷贝没有进一步增加 C_{18} 的含量，但整合修复了随后转化所需的尿嘧啶缺陷性。最终，高山被孢霉菌株的 $C_{18/20}$-延长酶、Δ^{6}-脱饱和酶、Δ^{5}-脱饱和酶，串珠镰刀菌菌株的 Δ^{12}-脱饱和酶基因和野生型解脂耶氏酵母标记基因 *URA3* 整合进入 Y2072U3（Gen-Bank Accession No. Z50020）菌株的 *LIP1* 位点，然后转化为菌株 Y2097。这个新菌株可以积累占总 FAME 的 21%的 GLA 和占总 FAME 的 40%的 EPA（表 3-C）。菌株 Y2097 包含 10 个不同来源基因的 19 个拷贝，整合进入其基因组，并通过改造途径产生大约 70%的脂肪酸。

在某些临床应用中 EPA 和 GLA 具有协同效应，因此包含 EPA 和 GLA 的油脂更有益。我们同时制成一系列生产包含不同比例 EPA 和 GLA 油脂的菌株（EPA/GLA 为 2/1、3/2、1/1 等），足够满足大量的商业市场需求。

比较解脂耶氏酵母产生的 EPA 油脂和微藻、鱼类产生的油脂，表明酵母产生的油脂具有一些独特的性质（表 3-D）。酵母油脂含有占总 FAME 少于 10%的饱和脂肪酸，而微藻和鱼类产生的 DHA 油脂中饱和脂肪酸占总 FAME 多于 30%。此外，酵母油脂同时含有占总 FAME 的 80%的 PUFA，而微藻和鱼类分别仅产生占 FAME 的 35%和 45%的 PUFA。

表 3-D　不同来源的油脂中脂肪酸组分比较

脂肪酸	总脂肪酸甲酯中含量/%				
	酵母油脂	磷虾油脂	鲱鱼油脂	隐甲藻	裂殖壶菌
C12:0				4	
C14:0		18	11	14～16	5～15
C16:0	6	19	19	10～14	24～28
C16:1	1	10		2～3	
C18:0	2	1	3		
C18:1	9	23	11	9～10	
C18:2	11	1	1		
GLA	21				

续表

脂肪酸	总脂肪酸甲酯中含量/%				
	酵母油脂	磷虾油脂	鲱鱼油脂	隐甲藻	裂殖壶菌
DGLA	4				
ARA	1				
ALA		1	1		
STA		3	3		
ETA	3				
EPA	40	6	18		
DPA (n-6)					11～14
DPA (n-3)			3		
DHA	0	2	13	50～60	35～40
总饱和脂肪酸	8	38	33	28～34	31～43
总多不饱和脂肪酸	81	13	39	50～60	46～54

3.9 生成解脂耶氏酵母菌株通过“Δ^6 途径”产生占总 FAME 的 6%的 DHA

为了实现合成 DHA（图 3-1），我们首先构建 Y2097U（*Ura3-*）菌株，在这个菌株里用无功能的 *URA*3 基因突变敲除 *URA3* 基因。将编码密码子优化的海洋真核微藻 $C_{20/22}$-延长酶基因（Meyer et al，2004）、破囊壶菌 Δ^4-脱饱和酶(Genbank accession No. AAN75707)、野生型解脂耶氏酵母 *URA3* 基因整合进菌株 Y2097U 的基因组中。菌株 Y3000 的油脂提取物分析表明在总 FAME 中有 18%的 DPA 和 6%的 DHA（图 3-6）。在 Y2097U 亲代菌株中没有发现 DPA 或 DHA。相比其他延长酶的转化率低下，菌株 Y3000 海洋真核微藻 $C_{20/22}$-延长酶高

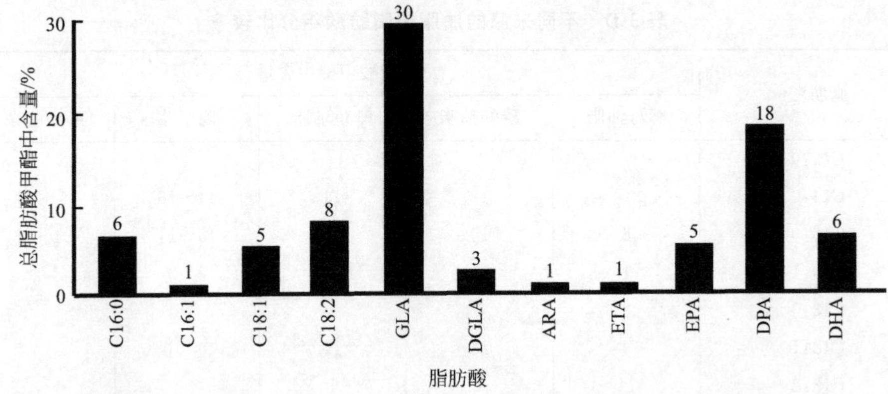

图 3-6 转化菌株 Y3000 脂肪酸组成。脂肪酸分析由图 3-3 中描述的完成

达 76% 的底物转化率值得注意。在菌株 Y3000 中 Δ^4-脱饱和酶的转化率大约是 25%。增加破囊壶菌 Δ^4-脱饱和酶基因拷贝数量或使用更有效的 Δ^4-脱饱和酶（Hashimoto et al，2008；Hoffmann et al，2008），会提高 DHA 的产量。

3.10　通过“Δ^6 途径”提高 EPA 和 DHA 产量的策略

为了改造解脂耶氏酵母用于生产 EPA 和 DHA，我们使用一系列基因编码脱饱和酶和延长酶基因（图 3-1；表 3-A）。脱饱和酶和延长酶是镶嵌在 ER 膜上的多亚基酶复合物，然而脱饱和酶将一个双键引入到磷脂骨架上一个酰基化了的酰基链上，延伸酶催化丙二酰基组连接到酰基化了的酰基链的辅酶 A（CoA）处。大量 ω-3 和 ω-6 脂肪酸生物合成需要集中在 ER 膜上活跃的磷脂和辅酶 A 的酰基交换。

改造的解脂耶氏酵母菌株产生脂肪酸特性中一个始终如一的特点是甘油三酯中 GLA 的积累（大约是总 GLA 的 40%，数据未显示），表明引起改造途径的一个瓶颈是 $C_{18/20}$-延长酶反应。由 Δ^6-脱饱和酶、Δ^5-脱饱和酶和 Δ^{17}-脱饱和酶催化的活性基质的转化率分别是 86%、90% 和 97%，表明这些酶在菌株 Y2097 中发挥良好功能。相对地，在这个菌株中有 4 个拷贝的 $C_{18/20}$-延长酶基因的转化率只有 69%。我们尝试更大程度地过表达延伸酶基因来增加 GLA 的基质转化率，但收效甚微。相对而言，我们在 Y2097 中添加 GLA，所有的基质迅速高效地转化为 DGLA（数据未显示）。这些结果表明，尽管菌株 Y2097 有充足的延长酶活性，酰基转移酶催化甘油三酯有效的生物合成以及低效的 GLA 转化到 CoA 池限制了延长酶对底物的有效转化。为了增加 GLA 在 CoA 池中的浓度，我们分别过表达了编码酰基交换反应的基因，包括甘油-3-磷酸酰基转移酶（GPAT）、磷脂酸酰基转移酶（LPAAT）、甘油二酯酰基转移酶（DGAT1 和 DGAT2）、溶血磷脂酰胆碱酰基转移酶（LPCAT）、胆碱磷酸转移酶（CPT1）、己酰辅酶 A 合酶（ACS）、磷脂酶 C（PCL1）和磷脂酶 D（SPO22）。这些修饰提高了 GLA 的转化效率多达 15%（数据未显示）。因此可以推断，在改造解脂耶氏酵母菌株过程中，一些基因的合成能够提高 $C_{18/20}$-延长酶的效率。

我们发现这些重组菌株的培养条件很大程度影响 EPA 的产量。例如，在一般较低或富含 YPD 的培养基上，改造的解脂耶氏酵母菌株获得的总 FAME 中的 EPA 含量以及脂肪含量较低。相反地，在限氮和产油培养条件下，改造的解脂耶氏酵母菌株获得的总 FAME 中的 EPA 含量较高，油脂总量也有所增加。温度以及 pH 值同时也影响 EPA 和油脂的积累。改造来源于 ATCC20362# 的解脂耶氏酵母菌株在 pH=7.0 和 32℃ 的产油培养基上产生的油脂和 EPA 含量最高。

3.11 通过“Δ^9 途径”在不提供 GLA 的情况下生产 EPA

商业市场除了需求一些同时含有 GLA 和 EPA 的油脂以外，还需求包含大量 EPA 但不含 GLA 的油脂。正如我们所述的菌株 Y2097 产生的油脂，在总 FAME 中含有 21%的 GLA 和 40%的 EPA。用当前的编码 $C_{18/20}$-延长酶和一些辅助基因，例如那些编码大量酰基转移酶的基因，将所有的中间体 GLA 通过 PUFA 途径转化为之后的产品是非常困难的。

大量编码 Δ^9-延长酶和 Δ^8-脱饱和酶的基因已经被分离（Wallis & Browse，1999；Qi et al，2002；数据未显示），用于将“Δ^9 途径”引入到解脂耶氏酵母中，生产高含 EPA 且不含 GLA 的油脂（图 3-1）。基于解脂耶氏酵母菌株中 Δ^9-延长酶和 Δ^8-脱饱和酶基因的成功表达，酵母产生的油脂中具有高水平的 EPA，同时不含 GLA（数据未显示）。以后的工作将致力于用这种途径进行 EPA 的商业化生产。

3.12 结论

我们报道了一个清洁可持续的产油酵母解脂耶氏酵母资源，使用这种代谢工程菌株发酵生产 ω-3 脂肪酸。而且某种解脂耶氏酵母能够积累高达细胞干重的 40%的油脂。生物体唯一能正常合成的 PUFA 是 LA（C18:2）。将脱饱和酶和延长酶基因整合并在细胞中成功表达，构建的“Δ^6 途径”足以证明 EPA 的有效合成。并且，使用增强子，增加拷贝数，增加和减少代谢途径中的 C 原子流向，使用产油培养环境等方法，可以获得 EPA 高产菌株。这种产油酵母含有独特的脂肪酸特性，EPA 高达总 FAME 的 40%，并且饱和脂肪酸含量很低。相对于现存的 ω-3 脂肪酸资源，它提供了一个清洁可持续的选择，我们同时衍生这个途径并成功合成了 DHA。万能的基因工具提供了不同的方法来剪裁合成 ω-3 脂肪酸的基因组成。根据“Δ^6 途径”研究商业化解脂耶氏酵母生产菌株正在进行中。

（**致谢**：我们非常感谢 Ethel Jackson 和 John Pierce 的大力支持，我们感谢 Edgar Cahoon 和 Kevin Ripp 的技术输出、Raymond Jackson 和 Catherine Byrne 的 DNA 测序服务、ean-Francois Tomb 和 Shiping Zhang 的生物信息分析、Neil Feltham 和 Kelley Norton 的法律指导。）

参 考 文 献

Alper, H.; C. Fischer; E. Nevoigt; G. Stephanopoulos. Turning Genetic Control through Promoter Engineering. *Proc Natl. Acad. Sci. USA* **2005,** *102,* 12678–12683.

Arita, M.; M. Yoshida; S. Hong; E. Tjonahen; J.N. Glickman; N.A. Petasis; R.S. Blumberg; C.N. Serhan. Resolvin E1, an Endogenous Lipid Mediator Derived from Omega-3 Eicosapentaenoic Acid, Protects against 2,4,6-Trinitrobenzene Sulfonic Acid-Induced Colitis. *Proc. Natl. Acad. Sci.* **2005,** *102,* 7671–7676.

Athenstaedt. K.; P. Jolivet; C. Boulard; M. Zivy; L. Negroni; J.M. Nicaud; T. Chardot. Lipid Particle Composition of the Yeast *Yarrowia lipolytica* Depends on the Carbon Source. *Proteomics* **2006,** *6,* 1450–1459.

Barclay, W.; C. Weaver; J. Metz. Development of a Docosahexaenoic Acid Production Technology Using *Schizochytrium*: A Historical Perspective. *Single Cell Oils*, 1st edn.; Z. Cohen, C. Ratledge, Eds.; AOCS Press: Champaign, IL, 2005; pp 36–52.

Bartel, P.L.; S. Fields. Yeast 2-Hybrid System; Oxford University: New York, 1997; 7, 109–147.

Belluzzi, A.; C. Brignola; M. Campieri; A. Pera; S. Boschi; M. Miglioli. Effect of an Enteric-Coated Fish-Oil Preparation on Relapses in Crohn's disease. *N. Engl. J. Med.* **1996,** *334,* 1557–1560.

Benatti. P.; G. Peluso; R. Nicolai; M. Calvani. Polyunsaturated Fatty Acids: Biochemical, Nutritional and Epigenetic Properties. *J. Am. Coll. Nutr.* **2003,** *23,* 281–302.

Beopoulos, A.; Z. Mrozova; F. Thevenieau; M.-T.L. Dall; I. Hapala; S. Papanikolaou; T. Chardot; J.-M. Nicaud. Control of Lipid Accumulation in the Yeast *Yarrowia lipolytica. Appl. Environ. Microbiol.* **2008,** *74,* 7779–7789.

Bordes, F.; F. Fudalej; V. Dossat; J.M. Nicaud; A. Marty. A New Recombinant Protein Expression System for High-Throughput Screening in the Yeast *Yarrowia lipolytica. J. Microbiol. Methods* **2007,** *70,* 493-502.

Breslow, J.L. N-3 Fatty Acids and Cardiovascular Disease. *Am. J. Clin. Nutr.* **2006,** *83,* 1477S–1482S.

Buydens-Branchery, L.; M. Branchey; J.R. Hibbeln. Associations between Increases in Plasma n-3 Polyunsaturated Fatty Acids Following Supplementation and Decreases in Anger and Anxiety in Substance Abusers. *Prog. Neuropsychopharmacol. Biol. Psychiatry* **2008,** *32,* 568–575.

Cardillo, R.; G. Fronza; C. Fuganti; P. Grasseli; A. Mele; D. Pizzi. Stereochemistry of the Microbial Generation of Delta-Decanolide, Gamma-Dodecanolide and Gamma-Nonanolide from C18 13-Hydroxy, C18 10-Hydroxy, and C19 14-Hydroxy Unsaturated Fatty Acids. *J. Org. Chem.* **1991,** *56,* 5237–5239.

Casaregola, S.; C. Neuvéglise; A. Lépingle; E. Bon; C. Feynerol; F. Artiguenave; P. Wincker; C. Gaillardin. Genomic Exploration of the Hemiascomycetous Yeasts: 17. *Yarrowia lipolytica. FEBS Lett.* **2000,** *487,* 95–100.

Chen, D.C.; J.M. Beckerich; C. Gaillardin; One-Step Transformation of the Dimorphic Yeast *Yarrowia lipolytica. Appl. Microbiol. Biotechnol.* **1997,** *48,* 232–235.

Costa, L.G. Contaminants in Fish: Risk-Benefit Considerations. *Arch. Ind. Hyg. Toxicol. (Croatia)* **2007,** *58,* 567–574.

Damude, H.G; A.J. Kinney. Engineering Oilseeds to Produce Nutritional Fatty Acids. *Physiol. Plant* **2008,** *132,* 1–10.

Davidow, L.S.; D. Apostolakos; M.M. O'Donnell; A.R. Proctor; D.M. Ogrydziak; R.A. Wing; I. Stasko; J.R. De Zeeuw. Integrative Transformation of the Yeast *Yarrowia lipolytica. Curr. Genet.* **1985,** *10,* 39–48.

Dujon, B.; D. Sherman; G. Fischer; P. Durrens; S. Casaregola; I. Lafontaine; J. De Montigny; C. Marck; C. Neuveglise; E. Talla; et al. Genome Evolution in Yeasts. *Nature* **2004,** *430,* 35–44.

Ercoli, B.; C. Fuganti; P. Grasselli; S. Servi; G. Allegrone; M. Barbeni. Stereochemistry of the Biogeneration of C-10 and C-12 Gamma Lactones in *Yarrowia lipolytica* and *Pichia ohmeri. Biotechnol. Lett.* **1992,** *14,* 665–668.

Féart. C; E. Peuchant; L. Letenneur; C. Samieri; D. Montagnier; A. Fourrier-Reglat; P. Barberger-Gateau. Plasma Eicosapentaenoic Acid Is Inversely Associated with Severity of Depressive Symptomatology in the Elderly: Data from the Bordeaux Sample of the Three-City Study. *Am. J. Clin. Nutr.* **2008,** *87,* 1156–1162.

Freeman. M.P.; M. Dacis; P. Sinha; K.L. Wisner; J.R. Hibbeln; A.J. Gelenberg. Omega-3 Fatty Acids and Supportive Psychotherapy for Perinatal Depression: A Randomized Placebo-controlled Study. J. Affect. Disord. **2008,** *110,* 142–148.

Freedman, S. D.; P.G. Blanco.; M.M. Zaman; J.C. Shea; M. Ollero; I.K. Hopper; D.A. Weed; A. Gelrud; M.M. Regan; M. Laposata; et al.. Association of Cystic Fibrosis with Abnormalities in Fatty Acid Metabolism. *N. Engl. J. Med.* **2004,** *350,* 560–569.

Funk, C.D. Prostaglandins and Leukotrienes: Advances in Eicosanoid Biology. *Science* **2001,** *294,* 1871–1875.

Gaillardin, C.; A.M. Ribet; H. Heslot. Integrative Transformation of the Yeast *Yarrowia lipolytica. Curr. Genet.* **1985,** *10,* 49–58.

Guhaniyoqi, J; G. Brewer. Regulation of mRNA Stability in Mammalian Cells. *Gene* **2001,** *265,* 11–23.

Goffeau, A.; B.G. Barrell; H. Bussey; R.W. Davis; B. Dujon; H. Feldmann; F. Galibert; J.D. Hoheisel; C. Jacq; M. Johnston; et al. Life with 6000 Genes. *Science* **1996,** *274(5287),* 546, 563–567.

Hall, W.L.; K.A. Sanders; T.A. Sanders; P.J. Chowienczyk. A High-Fat Meal Enriched with Eicosapentaenoic Acid Reduces Postprandial Arterial Stiffness Measured by Digital Volume Pulse Analysis in Healthy Men. *J. Nutr.* **2008,** *138,* 287–291.

Hashimoto, K.; A.C. Yoshizawa; S. Okuda; K. Kuma; D. Goto; M. Kanehisa. The Repertoire of Desaturases and Elongases Reveals Fatty Acid Variations in 56 Eukaryotic Genomes. *J. Lipid. Res.* **2008,** *49,* 183–191.

Hoffmann, M.; M. Wagner; A. Abbadi; M. Fulda; I. Feussner. Metabolic Engineering of ω3-Very Long Chain Polyunsaturated Fatty Acid Production by an Exclusively Acyl-CoA-dependent Pathway. *J. Biol. Chem.* **2008,** *283,* 22352–22362.

Hong, S.; K. Groner; P.R. Devchand; R.L. Moussignac; C.N. Serhan. Novel Docosatrienes and 17S-Resolvins Generated from Docosahexaenoic Acid in Murine Brain, Human Blood, and Glial Cells. Autacoids in Anti-inflammation. *J. Biol. Chem.* **2003,** *278,* 14677–14687.

Huang, Y.S.; S. Chaudhary; J.M. Thurmond; E.G. Bobik Jr; L. Yuan; G.M. Chan; S.J. Kirchner; P. Mukerji; D.S. Knutzon. Cloning of Delta12- and Delta6-desaturases from *Mortierella alpine* and Recombinant Production of Gamma-Linolenic Acid in *Saccharomyces cerevisiae. Lipids* **1999,** *34,* 649–659.

Itoh, M.; T. Suganami; N. Satoh; K. Tanimoto-Koyama; X. Yuan; M. Tanaka; H. Kawana; T. Yano; S. Aoe; M. Takeya; et al. Increased Adiponectin Secretion by Highly Purified Eicosapentaenoic Acid in Rodent Models of Obesity and Human Obese Subjects. *Arterioscler. Thromb. Vasc. Biol.* **2007,** 918–1925.

Jacobson, T.A. Role of n-3 Fatty Acids in the Treatment of Hypertriglyceridemia and Cardiovascular Disease. *Am. J. Clin. Nutr.* **2008,** *87,* 1981S–1990S.

Jazayeri, S.; M. Tehrani-Doost; S.A. Keshavarz; M. Hosseini; A. Djazayery; H. Amini; M.

Jalali; M. Peet. Comparison of Therapeutic Effects of Omega-3 Fatty Acid Eicosapentaenoic Acid and Fluoxetine, Separately and in Combination, in Major Depressive Disorder. *Aust. N. Z. J. Psychiatry* **2008,** *42,* 192–198.

Jefferson, R.A. The GUS Reporter Gene System. *Nature* **1989,** *342,* 837–838.

Kiel, J.A.; M. Veenhuis; I.J. van der Klei. Pex Genes in Fungal Genomes: Common, Rare or Redundant. *Traffic* **2006,** *7,* 1291–1303.

Kinsella, J.E.; B. Lokesh; S. Broughton; J. Whelan. Dietary Polyunsaturated Fatty Acids and Eicosanoids: Potential Effects on the Modulaton of Inflammatory and Immune Cells: An Overview. *Nutrition* **1990,** *6,* 24–44.

Kiy, T.; M. Rusing; D. Fabritius. Production of Docosahexaenoic Acid by the Marine Microalga, *Ulkenia* sp. *Single Cell Oils,* 1st edn.; Z. Cohen, C. Ratledge, Eds.; AOCS Press: Champaign, IL, 2005; pp 99–106.

Knutzon, D.S.; J.M. Thurmond; Y.S. Huang; S. Chaudhary; E.G. Bobik Jr; G.M. Chan; S.J. Kirchner; P. Mukerji; Identification of Delta5-desaturase from *Mortierella alpina* by Heterologous Expression in Bakers' Yeast and Canola. *J. Biol. Chem.* **1998,** *273,* 29360–29366.

Leaf, A. Historical Overview of n-3 Fatty Acids and Coronary Disease. *Am. J. Clin. Nutr.* **2008,** *87,* 1978S–19780S.

Lee, J.H.; J.H. O'Keefe; C.J. Lavie; R. Marchioli; W.S. Harris. Omega-3 Fatty Acids for Cardioprotection. *Mayo Clin. Proc.* **2008,** *83,* 324–332.

Lewis, S.J. Prevention and Treatment of Atherosclerosis: A Practitioner's Guide for 2008. *Am. J. Med.* **2009,** *122,* S38–S50.

Madzak, C.; C. Gaillardin; J.M. Beckerich. Heterologous Protein Expression and Secretion in the Non-conventional Yeast *Yarrowia lipolytica*: A Review. *J. Biotechnol.* **2004,** *109,* 63–81.

Mattey, M.; The Production of Organic Acids. *Crit. Rev. Biotechnol.* **1992,** *12,* 87–132

McColl, J.; Health Benefits of Omega-3 Fatty Acids. *Nutraceut.* **2003,** *4,* 35–40.

Metz, J.G.; P. Roessler; D. Facciotti; et al. Production of Polyunsaturated Fatty Acids by Polyketide Synthases in Both Prokaryotes and Eukaryotes. *Science* **2001,** *293,* 290–293.

Metz, J.G.; J. Kuner; B. Rosenzweig; J.C. Lippmeier; P. Roessler; R. Zirkle. Biochemical Characterization of Polyunsaturated Fatty Acid Synthesis in *Schizochytrium*: Release of the Products as Free Fatty Acids. *Plant Physiol. Biochem.* **2009,** *47,* 472–478.

Meyer, A; H. Kirsch; F. Domergue; A. Abbadi; P. Sperling; J. Bauer; P, Cirpus; T.K. Zank; H. Moreau; T.J. Roscoe; et al. Novel Fatty Acid Elongases and Their Use for the Reconstitution of Docosahexaenoic Acid Biosynthesis. *J. Lipid Res.* **2004,** *45,* 1899–1909.

Mita, T.; H. Watada; T. Ogihara; T. Nomiyama; O. Ogawa; J. Kinoshita; T. Shimizu; T. Hirose; Y. Tanaka; R. Kawamori. Eicosapentaenoic Acid Reduces the Progression of Carotid Intima-Media Thickness in Patients with Type 2 Diabetes. *Atherosclerosis* **2007,** *191,* 162–167.

Muller, S.; T. Sandal; P. Kamp-Hansen; H. Dalboge. Comparison of Expression Systems in the Yeasts *Sacromyces cerevisiae, Hansenula polymorpha, klyveromyces lactis, Schizosaccharomyces pompe* and *Yarrowia lipolytica.* Cloning of Two Novel Promoters from *Yarrowia lipolytica. Yeast* **1998,** *14,* 1267–1283.

Nutrition and Your Health: Dietary Guidelines for Americans. Dietary Guidelines Advisory Committee Report. U.S. Departments of Health and Human Services and Agriculture. Part D, Section 4: Fats. 2005.

Parker-Barnes, J.M.; T. Das; E. Bobik; A.E. Leonard; J.M. Thurmond; L.T. Chaung; Y.S. Huang; P. Mukerji. Identification and Characterization of an Enzyme Involved in the Elongation of n-6 and n-3 Polyunsaturated Fatty Acids. *Proc. Natl. Acad. Sci.* **2000,** *97,* 8284–8289.

Qi, B.; F. Beaudoin; T. Fraser; A.K. Stobart; J.A. Napier; C.M. Lazarus. Identification of a cDNA Encoding a Novel C18-Delta9-Polyunsaturated Fatty Acid-Specific Elongating Activity from the Docosahexaenoic Acid (DHA)-Producing Microalga, *Isochrysis galbana*. *FEBS Lett.* **2002,** *510,* 159–165.

Qi, B.; T. Fraser; S. Mugford; G. Dobson; O. Sayanova; J. Butler; J.A. Napier; A.K. Stobart; C.M. Lazarus. Production of Very Long Chain Polysaturated Omega-3 and Omega-6 Fatty Acids in Plants. *Nat. Biotechnol.* **2004,** *22,* 739–745.

Ratledge, C. Single Cell Oils for the 21st Century. *Single Cell Oils*, 1st edn.; Z. Cohen, C. Ratledge, Eds.; AOCS Press: Champaign, IL, 2005; pp 1–20.

Ross, B.M.; J. Seguin; L.E. Sieswerda. Omega-3 Fatty Acids as Treatments for Mental Illness: Which Disorder and Which Fatty Acid? *Lipids Health Dis.* **2007,** *6,* 21.

Saito, Y.; M. Yokoyama; H. Origasa; M. Matsuzaki; Y. Matsuzawa; Y. Ishikawa; S. Oikawa; J. Sasaki; H. Hishida; H. Itakura; et al. Effects of EPA on Coronary Artery Disease in Hypercholesterolemic Patients with Multiple Risk Factors: Sub-analysis of Primary Prevention Cases from the Japan EPA Lipid Intervention Study (JELIS). *Atherosclerosis* **2008,** *200,* 135–140.

Sakuradani, E.; M. Kobayashi; S. Shimizu. Delta6-Fatty Acid Desaturase from an Arachidonic Acid-Producing *Mortierella* Fungus. Gene Cloning and Its Heterologous Expression in a Fungus, *Aspergillus*. *Gene* **1999,** *238,* 445–453.

Salari, P.; A. Rezaie; B. Larijani; M. Abdollahi. A Systematic Review of the Impact of n-3 Fatty Acids in Bone Health and Osteoporosis. *Med. Sci. Monit.* **2008,** *14,* 37–44.

Satoh, N.; A. Shimatsu; K. Kotani; N. Sakane; K. Yamada; T. Suganami; H. Kuzuya; Y. Ogawa. Purified Eicosapentaenoic Acid Reduces Small Dense LDL, Remnant Lipoprotein Particles, and C-Reactive Protein in Metabolic Syndrome. *Diabetes Care* **2007,** *30,* 144–146.

Siddiqui, R.A.; M. Zerouga; M. Wu; A.M. Castillo; K. Harvey; G.P. Zaloga; W. Stillwell. Anticancer Properties of Propofol-Docosahexaenoate and Propofol-Ecosopentaenoate on Breast Cancer Cells. *Breast Cancer Res.* **2005,** *7,* R645–654.

Sinclair, A.; J. Wallace; M. Martin; N. Attar-Bashi; R. Weisinger; D. Li. The Effects of Eicosapentaenoic Acid in Various Clinical Conditions. *Health Lipids*; C.C. Akoh, Q.M. Lai, Eds.; AOCS Press; Champaign, IL, 2005; pp 361–394.

Slagsvold, J.E.; C.H. Prettersen; T. Follestad; H.E. Krokan; S.A. Schonberg. The Antiproliferation of EPA in HL60 Cells Is Mediated by Alterations in Calcium Homeostasis. *Lipids* **2009,** *44,* 103–113

Tanaka, K.; Y. Ishikawa; M. Yokoyama; H. Origasa; M. Matsuzaki; Y. Saito; Y. Matsuzawa; J. Sasaki; S. Oikawa; H. Hishida; et al. Reduction in the Recurrence of Stroke by Eicosapentaenoic Acid for Hypercholesterolemic Patients: Subanalysis of the JELIS Trial. *Stroke* **2008,** *39,* 2052–2058

Teitelbaum, J.E.; W.A. Walker. Review: The Role of Omega 3 Fatty Acids in Intestinal Inflammation. *J. Nutr. Biochem.* **2001,** *12,* 21–32.

Vernis, L.; A. Abbas; M. Chasles; C.M. Gaillardin; C. Brun; J.A. Huberman; P. Fournier. An Origin of Replication and a Centromere Are Both Necessary to Establish a Replicative Plasmid in the Yeast *Yarrowia lipolytica*. *Mol. Cell. Biol.* **1997,** *17,* 1996–2004.

Wallis, J.G.; J. Browse. The Delta8-desaturase of *Euglena gracilis*: An Alternate Pathway for Synthesis of 20-Carbon Polyunsaturated Fatty Acids. *Arch. Biochem. Biophys.* **1999,** *365,* 307–316.

Wen, Z.; F. Chen. Prospects for Eicosapentaenoic Acid Production Using Microorganisms. *Single Cell Oils*, 1st edn.; Z. Cohen, C. Ratledge, Eds.; AOCS Press: Champaign, IL, 2005; pp 138–160.

Weterings. E.; D.J. Chen. The Endless Tale of Non-homologous End-Joining. *Cell. Res.* **2008,** *18,* 114–124.

Wolzschu, D.L.; F. W. Chandler; L. Ajello; D.G. Ahearn. Evaluation of Industrial Yeasts for Pathogenicity. *Sabouraudia* **1979,** *17,* 71–78.

Wynn, J.; P. Behrens; A. Sundarajan; J. Hansen; K. Apt. Production of Single Cell Oils by Dinoflagellates. *Single Cell Oils*, 1st edn.; Z. Cohen, C. Ratledge, Eds.; AOCS Press: Champaign, IL, 2005; pp 86–98.

Yokoyama, M.; H. Origasa; M. Matsuzaki; Y. Matsuzawa; Y. Saito; Y. Ishikawa; S. Oikawa; J. Sasaki; H. Hishida; H. Itakura; et al. Effects of Eicosapentaenoic Acid on Major Coronary Events in Hypercholesterolaemic Patients (JELIS): A Randomised Open-Label, Blinded Endpoint Analysis. *Lancet* **2007,** *369,* 1090–1098.

第4章

利用裂殖壶菌发酵生产二十二碳六烯酸的技术发展：历史回顾和展望

William Barclay, Craig Weaver, James Metz, Jon Hansen

(*Martek Biosciences Boulder Corporation*, 4909 *Nautilus Ct. North*, *Suite* 208, *Boulder*, *Colorado*, *USA* 80301)

4.1 引言

4.1.1 ω-3长链多不饱和脂肪酸对人体健康的重要性

20世纪80年代中期，人们开始逐渐意识到ω-3长链多不饱和脂肪酸（LC-PUFA）、二十碳五烯酸（EPA，20:5n-3）、二十二碳六烯酸（DHA，22:6n-3）的营养价值。近20年来的研究表明：①引进现代农业技术之后，人体对这些脂肪酸的吸收明显增加了很多；②摄入这类脂肪酸可以大大地降低人们患上心血管疾病、关节炎和哮喘等慢性疾病的概率；③从这些脂肪酸中提取出来的类二十烷酸复合物对以上疾病具有预防和延缓的保护作用（Nettleton，1995；Simopoulos，1991）。

80年代，人们饮食中LC-PUFA的主要来源是鱼或鱼肝油胶囊。在北美，鱼所具有的腥臭味（味道和气味）使得鱼的销售达到历史上的最低点，甚至连鱼肝油胶囊也难以被人们接受。人们试图将鱼油作为食品添加剂，但由于它强烈的鱼腥味，最后也以失败告终。改善鱼油的腥臭味并没能成功，而且大家还注意到鱼受海洋污染物（苯、二噁英、水银）的污染（Ahmed，1991），所以直到今天这些问题还一直困扰着我们（Jacobs et al，2004）。

人们逐渐认识到，鱼油中的 LC-PUFA 并不是鱼自身体内生物合成的，而是通过它们摄入一种浮游生物富集获得。我们假设，如果能经济节约地培养一种微生物菌株，使其能大量积累 ω-3 长链多不饱和脂肪酸，这样它不仅提供一种清洁的可再生的 LC-PUFA 来源，同时也可以避免在鱼和鱼油生产加工过程中的腥臭味和环境污染物问题。鱼油中同时包含 EPA 和 DHA，并且大量的研究表明鱼油中 ω-3 长链多不饱和脂肪酸在人体生长发育过程中的重要性，因此我们决定把焦点集中在 DHA 的生产上。最初的研究表明，EPA 在抗炎症方面具有重要作用（Yamashita et al，1986），而 DHA 不仅在对婴幼儿的营养方面表现出色（British Nutrition Foundation，1992），而且对成年人的血脂、心血管健康也具有积极的作用（Gaudette & Holub，1991），并且在人体内的有效持续时间较长（DHA 可以维持 10 周，而 EPA 只能维持 2 周），并且它可以逆转变成 EPA（Von Schacky et al，1985；Fischer et al，1987）。综上所述，DHA 是 ω-3 长链多不饱和脂肪酸中一种较好的人类的食品添加剂和营养补充剂。

4.1.2　ω-3 长链多不饱和脂肪酸的来源

利用海洋微藻生产 ω-3 长链多不饱和脂肪酸的研究始于 20 世纪 80 年代。在细菌和酵母中不能合成这种长链不饱和脂肪酸，但是在随后的研究中发现，一些生活在深海中的细菌能产 EPA，但仅仅是以磷脂的形式存在（Yazawa et al，1992）。而磷脂最多仅占细胞干重的 10%～15%，因此这种磷脂型 ω-3 长链多不饱和脂肪酸并不能满足 DHA 商业化生产并用于食品中。不过，我们发现在一些微藻和真菌中甘油三酯的积累量可以达到细胞干重的 80%。因此，要从微生物中获取 DHA 就必须要求该微生物菌株能大量产生甘油三酯型 DHA（Ratledge，1984）。

虽然户外开放式大池和光生物反应器是目前最普遍的微藻培养系统（Burlew，1976；Barclay & McIntosh，1986），但是这些系统成本很高，主要是因为要花费大量的水资源，而获得的生物量和产量极低，缺乏有效的控制使得目标产物大量积累，并且户外培养系统的培养条件无法保证。虽然有利用异氧藻类进行大规模发酵的研究报道，但是最初的研究主要集中在 ω-3 长链多不饱和脂肪酸含量较低的淡水微生物上（Zajic et al，1970）。此外，自从发现微藻可通过光合细胞膜产生 ω-3 长链多不饱和脂肪酸之后，大家就产生了另一种想法：通过非光合作用系统生产这些脂肪酸。

目前，两种生产 ω-3 长链多不饱和脂肪酸的方法在激烈竞争中得到发展。日本学者正在尝试优化被孢霉属（*Mortierella*）菌的发酵系统，使其既能生产花生四烯酸（ARA，20:4n-6）又能生产 EPA（Yamada et al，1992）。这些优化包括在低温下培养微生物或将收获的微生物在寒冷条件下放置几天来诱导其产生 EPA。可是，结果表明这些优化对提高最终产量的作用微乎其微。另一种方法是通过培养生长缓慢的隐甲藻（*Crypthecodinium*）发酵生产（Kyle et al，1992）。我们认为，在廉价的 DHA 作为食品添加剂出现之前，对这两种方法的优化还是很有必要的。

4.1.3 可替代技术发展的必要性

随着目前技术的发展，我们逐渐认识到找到一种可替代的 ω-3 长链多不饱和脂肪酸来源的重要性，于是我们决定采取不同的方法来发展这种可替代技术。首先，我们了解到，到目前为止与鱼油相比没有一种已知的微藻能有效地产生 ω-3 长链多不饱和脂肪酸。微生物生产技术的发展就需要我们分离并鉴定出一种新的能大量产生 ω-3 长链多不饱和脂肪酸的菌株。其次，这些菌株要能在相对较高的温度下积累这种 ω-3 长链多不饱和脂肪酸，而这种性能又违反了常理，因为只有在低温条件下这些微藻才会产生这些脂肪酸来维持细胞膜的流动性和正常的功能。最后，我们还要认识到一个基本问题，就是必须考虑这些海洋微藻在生长过程中对传统的不锈钢发酵罐的腐蚀问题。而在其他玻璃衬里的发酵罐中培养海洋微藻就可避免这个腐蚀性的问题。但是，在大规模的生产中，这些玻璃衬里的发酵罐价格太过昂贵，并且利用这种发酵罐进行发酵不经济实用。玻璃衬里的发酵罐部分解决了腐蚀的问题，但是却忽略了在远离海洋的生产中投料口设备（这是不能用玻璃衬里的）和高盐度的发酵废液的处理设备的腐蚀问题。因为这些 ω-3 长链多不饱和脂肪酸最可能的生产菌株（如果存在的话）是海洋菌株，所以找出一种能在低盐度条件下培养菌株的方法，把这些类海水的培养基对发酵罐的腐蚀作用降到最低的方案，是十分必要的。

在确定了可替代技术的所有问题之后，我们决定能快速地、有竞争性地、全面地处理这些问题的最好办法就是利用一种生物理性技术（bio-rational approach）来收集、分离和观察菌株。这种方法能够最大程度地保证菌株中所有或者大多数我们想要的产物的特征能得到改进和鉴定，并促进了这种技术的发展。本文概述了这种微藻技术发展的设计和实施，该技术促进了这一系列微生物生产的激烈研究和商业化应用。另外，我们提出了许多利用这种方法的技术优点。在 1987 年，我们开始发展这种技术，许多研究者也认识到了这类微生物［破囊壶菌属（*Thraustochytrids*）］（Lewis et al，1999）的生产上的潜能，并致力于了解它们的产物（Bajpai et al，1991a；Ward & Li，1994；Singh & Ward，1996；Singh et al，1996；Nakahara et al，1996）以及除脂肪酸以外其他复合物的潜能（Jenkins et al，1999；Aki et al，2003）。

4.2 生物理性技术的应用发展

这种生物理性技术首先要鉴定一个具有我们需要的特征的理想菌株，不仅包括目标产物的产生体系，还包括目标产物。在概念上区分了生态学、生理学、生物化学和进化学等之后，分离这种菌株（如果在自然界中存在的话）的方法才能得到发展。我们设计的这种技术的最终目标就是利用异养的微藻类菌株，以葡萄糖为碳源，在传统的不锈钢发酵罐中廉价地大量生产 DHA。出于这种考虑，为了从微生物中分离出具有表 4-A 中所有特征的菌株，我们设计了一种基于生物理性的（bio-rational）收集、分离和观察的方法。我们认为这些是这种菌株经济生产 ω-3 长链多不饱和脂肪酸产物所必须具备的特征。补充说明，我们从有较大范围温度和盐度变化的地方收集这种微生物。这些地方都具有生态微环境，比如海洋潮汐地、河口、内陆盐湖、河岸和泉边。假设其中的一些菌株除了能在低盐度和高温下生长外还是 DHA 的过量生产者，在快速变化的环境中 DHA 在帮助稳固膜功能中起着重要的作用，因此产生的 DHA 保证了菌株在这些恶劣条件下能适应并生存。

表 4-A　在选择这些特性前通过目标生物理性技术收集/隔离/筛选以及通过生物理性技术获得目标产物和相似特性的产物

重要的特征		生物理性技术
发酵生产过程中	(a) 异养生长的能力 (b) 单细胞（非菌丝），并且直径≤25μm (c) 耐热（在大于 30℃的条件下生长） (d) 广盐性（能在低盐的环境生长）	——利用廉价的碳源生产（玉米浆） ——减小发酵过程中所需的能量 ——高温下仍能快速增长 ——减小对发酵罐的腐蚀作用
利用整个微藻细胞或者提取的 DHA 油脂添加到食品中	(e) ω-3 长链多不饱和脂肪酸含量高 (f) 低含量的饱和的和 ω-6 脂肪酸 (g) 更偏向无色的细胞，白色或无色的	——目标产品含量高 ——不利于一些应用中 ——目标是原料，在食品中不可见

Barclay（1992）已经详细地对菌种收集、分离和鉴定方法进行了概述。简单地说，从目标水域中取来的水样在一个夹层的过滤系统中过滤，能除去大于 25μm 的细胞；把含有 1～25μm 大小的生物材料的聚碳酸酯过滤器放在低盐度和中盐度的营养琼脂平板中，并在 30℃中培养；我们挑取、培养那些清晰、白色的不是酵母的菌落，并用气相色谱分析它们的脂肪酸组成和含量。

最初的结果表明，用这种生物理性的收集分离方法已经筛选出了两组微藻和海藻类微生物菌株：硅藻和破囊壶菌。可是刚分离出来的硅藻主要产 EPA，并且生长相对较缓慢。另外，硅藻的细胞壁中含有二氧化硅，由于搅拌和发酵培养基中无法供给二氧化硅，菌株在发酵罐中很难达到高密度发酵。

因此，我们把精力都集中在破囊壶菌上。目前，从生物技术角度来看，我们对破囊壶菌了解得相对较少。破囊壶菌是微藻类生物，或者是类海洋藻的微生物。最开始的研究把破囊壶菌归为真菌，主要是因为它异养的能力和外形与壶菌（chytrid）相似（Sparrow，1936）。可是，之后用分子生物学的技术对其进行分析，发现破囊壶菌并不是真菌，而是与不等鞭毛藻（heterokont algae）门有关（Cavalier-Smith et al，1994）。在 20 世纪 80 年代之前，大多数有关破囊壶菌的研究集中在它们的分布、分类、超微结构和生理学方面。破囊壶菌一般很容易着色，所以在浮游植物中很少有报导。之后的分析表明它们归属于浮游植物群落中的一个重要部分（Raghukumar & Shaumann，1993）。

在我们实施生物理性的收集、分离的方法之前，在科学文献中并没有报导破囊壶菌是油脂的良好生产者。虽然有两篇文献报导过破囊壶菌的油脂中含有 ω-3 长链不饱和脂肪酸（Ellenbogen et al，1969；Findlay et al，1980），但是并没有报导这些生物体能产生多少油脂。事实上，直到 1992 年，Kendrick 和 Ratledge（1992）基于自己的数据和 Bajpai 等（1991）的数据报导了破囊壶菌的油脂含量仅是生物量的 10%～15%，并且由于它缺少一种油脂积累的关键酶（ATP 柠檬酸裂合酶），而限制了利用这种微生物大量生产油脂构想的实施。可是，与这种说法相反，通过利用我们上述的生物理性的收集、分离和鉴定的技术，我们能够分离出大量产生目标油脂的破囊壶菌，同时能得到所有其他目标发酵产物和发酵过程的特征。最重要的是，此菌株也具有 3 个重要的性能：①与之前报导的破囊壶菌比（每天 3～5 倍），分离得到的菌株具有很快的生长速率（每天 6～9 倍）；②即使在升高的温度（30℃）下，产生的 ω-3 长链不饱和脂肪酸在总脂肪酸中还是占很大的百分比；③油脂和 DHA 含量都升高的菌株能在低盐度中生长，并且低盐度还能促进油脂 DHA 的产生（图 4-1）。

尽管在盐度极低的条件下 ω-3 长链不饱和脂肪酸的产量有所降低（表 4-B），但是我们发现，在保证生物量没有较大降低的情况下，通过改变发酵培养基中钠盐和铵盐的种类，即使在极低盐度条件下，DHA 在总油脂中的含量从 21%提高到了 43%（表 4-C）。因为海盐组分中的氯化物对金属腐蚀的作用最大，所以我们设计了最低含量的钠盐和氯化物的培养基来培养（Barclay，1994）。在不锈钢发酵罐中氯化物的含

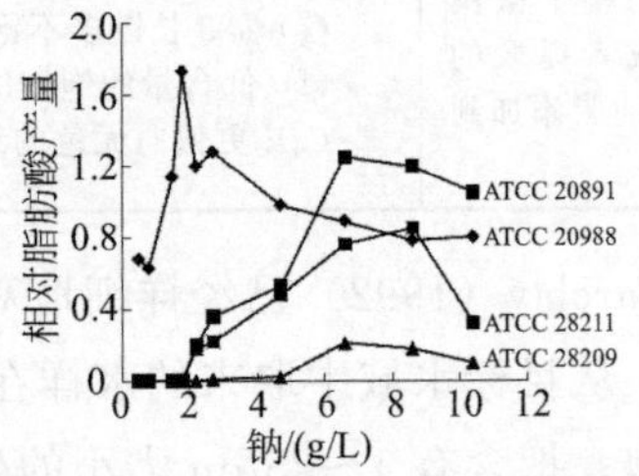

图 4-1 与之前报导的通过其他方法分离得到的破囊壶菌产脂肪酸的产量比，裂殖壶菌（ATCC 2008）（通过生物理性技术分离）在低盐度下产生脂肪酸的含量得到了提高。Barclay（1992）概述了实验的条件。在整个盐度波动范围内，所有菌株的脂肪酸产量都与 ATCC 20888 菌株的平均脂肪酸产量比较

量要求低于 0.03%（300ppm），从而降低压力冲击和腐蚀。表 4-C 的结果表明在培养基中硫酸钠是氯化钠的一种很好的替代品，而且最终我们也找到了一种最佳的生产培养基，这种培养基的氯化物含量低于 0.03%（表 4-D）。因此，在不断试验中解决海洋微生物在生长过程中对不锈钢发酵罐腐蚀的重大问题时，我们也惊奇地发现了一种提高破囊壶菌产 DHA 产量的方法。一个意外的发现是硫酸盐基础培养基同样限制了裂殖壶菌胞质网结构的形成。破囊壶菌的一个特点在于它能产生一种将细胞连接在一起的胞质网结构，这些网结构使细胞在液体发酵培养基中集群生长，从而导致细胞生长缓慢。用生物理性的方法分离出来的生长快速的裂殖壶菌 ATCC 20888 的特点是其在某种程度上产生的胞质网结构非常有限（Porter，personal communciation）。奇怪的是，当我们用硫酸钠基础培养基培养时，能很大程度上减少这种胞质网结构的产生，这是我们在尝试解决腐蚀问题时得到的一个意外收获。

表 4-B　在低盐溶度的培养基中培养裂殖壶菌。以下是 Barclay 总结描述的实验条件（1994）

钠浓度/（g/L）	氯浓度/（g/L）	生物量/（g/L）	脂肪酸（干质）/%	DHA（干质）/%	残糖/（g/L）
4.88	7.1	1.8±0.6	35.4±1.0	9.2±0.5	0
3.90	3.9	5.7±0.7	37.0±0.7	10.0±0.3	0.2
2.93	4.3	1.7±0.4	43.0±0.2	10.9±0.1	0.2
1.95	2.9	1.7±0.6	29.8±0.7	8.4±0.1	1.6
0.98	1.4	0.4±0.6	10.6±2.4	3.6±1.0	4.3

表 4-C　比较了利用氯化钠和硫酸钠为底物的培养基对裂殖壶菌（ATCC 20888）中脂肪酸含量的影响。以下是 Barclay 总结描述的实验条件（1994）

氮源/（g/L）	DHA（干质）/%	TFA①（干质）/%	生物量/（g/L）
（a）钠盐＝氯化钠；氮源＝谷氨酸钠			
3.0	5.6	11.2	1.74
2.5	5.5	10.8	1.71
2.0	5.5	11.0	1.65
1.5	7.1	20.3	1.39
（b）钠盐＝氯化钠；氮源＝蛋白胨			
3.0	7.4	21.0	1.34
2.5	8.8	27.4	1.21
2.0	6.3	28.9	1.18
1.5	10.4	42.1	1.16
（c）钠盐＝硫酸钠；氮源＝谷氨酸钠			
3.0	8.7	31.9	1.34
2.5	8.7	31.9	1.34
2.0	9.5	41.4	1.30
1.5	8.9	43.6	1.26

① TFA＝总脂肪酸。

表 4-D 在低氯化物条件下发酵培养裂殖壶菌（ATCC 20888）。以下是 Barclay 总结描述的实验条件（1994）

氯浓度/（mg/L）	钠 2.37g/L 生物量/（mg/L）	钠 4.0g/L 生物量/（mg/L）
0.1	198±21	158±48
0.7	545±120	394±151
15.1	975±21	758±163
30.1	1140±99	930±64
59.1	1713±18	1650±14
119.1	1863±53	1663±46
238.1	1913±11	1643±39

4.2.1 初步毒理学探究

20 世纪 80 年代后期，对于破囊壶菌这个群体的生理学和生物化学方面了解很少，并且也没有关于这个微藻群体是否存在毒素的报导。因此，在这个技术发展的早期，我们决定对这个微藻群体产生的毒素进行初步探究。由于这个微藻群体是之后的技术发展中的焦点，并且在生物技术方面也很新奇，所以我们要保证它所产生的 DHA 油脂能安全地作为食品添加剂。有关破囊壶菌所属的不等鞭毛藻门的研究并没有任何报导表明破囊壶菌产生毒素，在不等鞭毛藻门中仅仅只有两种很罕见的微藻能产生毒素：①拟菱形藻［可能是一种金色藻（*Chrysochromulina* sp.）］，能产生一种叫软骨藻酸（domoic acid）的神经毒素（Villac et al，1993）；②两种定鞭金藻属（*P. parvum* 和 *P. patelliferum*），能产生一种叫定鞭金藻毒素（prymnesium toxin）的磷蛋白脂（Shilo，1971）。为了安全起见，我们按照 Lawrence 等（1991）的方法用高效液相色谱法分析裂殖壶菌菌体中软骨藻酸的含量，但最终我们并没有检测到这种毒素的存在。另外，Vanhaecke 等（1981）和 Larsen 等（1993）用敏锐的生物测定法评估了其是否存在定鞭金藻毒素。结果表明，在裂殖壶菌中并没有定鞭金藻毒素。从额外的几个简单毒理学探究实验（生长和繁殖监测），如用鸡蛋和两种水产养殖的生物无节卤虫幼体（Artemia nauplii）和轮虫（rotifer）来养殖裂殖壶菌和破囊壶菌，在 1L 发酵罐中收集菌体，同样也表明在破囊壶菌菌体中不存在任何毒素。这些初步的安全性结果给了我们继续开展和发展扩大这种技术的自信。

4.3 发酵的扩大

发酵的扩大培养技术由我们的合作伙伴美国凯克（Kelco）公司（圣地亚哥，

默克制药的一部分，最后成为孟山都公司的一部分）提供。按照几种 DHA 产量参数，表 4-E 中概述了这种扩大培养模式。在 14L 的规模下，我们实验室以 40g/L 葡萄糖为底物的情况下，48h 时生物量达到了 22g/L（Barclay，1992）。我们运用了多种方法达到我们的目标，包括运用统计学设计多变量的实验、营养限制研究、起始速率的测定和营养物供给的变化以及其他调控策略。在 14L 的规模下，凯克工程师很快地使 DHA 含量和产量都翻倍了。运用他们的数据以及利用可选择的氮源和低盐度，特别是低氯化物水平条件下，最终得到了优化的培养基，他们的工程师能使菌株的细胞浓度和 DHA 产量分别达到 65～70g/L 和 8g/L，DHA 产量相比原来 0.1g/（L·h）是成倍地增加。

表 4-E　主要的变化过程发生在扩大发酵过程中和各种参数对发酵的积极影响都与 DHA 产量有关

主要放大过程变化	细胞浓度/（g/L）	DHA 浓度/（g/L）	油脂浓度（占总 FAME）/%	油脂中 DHA 浓度（占总 FAME）/%	细胞中 DHA 浓度（干质）/%	DHA 生产强度/［g/（L·h）］
最初实验室规模，低盐，谷氨酸钠作为 N 源（Barclay，1992）	21	2	39	26	10	0.05
将实验室规模放大到 10000L 规模	40	4	35～40	25～28	8～12	0.07
低氯＋硫酸铵作为氮源	65～70	8	35～40	32	10～13	0.10
分批补料＋低溶氧＋直接在旋转式干燥机干燥＋氨基酸作为 N 源（Bailey et al，2003）	170～210	40～50	50～73	35～45	22～25	0.45～0.55

发酵的扩大培养技术目前主要集中于碳源和氮源在分批补料中的添加。这种分批补料中碳源的供给要求在发酵过程中控制最适浓度的碳源。这种控制特别重要，因为经过进一步提高产量方法证明越是高密度的细胞产量越需要高浓度的碳源。我们已经设计了多种灭菌和底物供给体系，并且已经在这种快速成功的扩大培养中应用。一种简单、有效、操作方便的氮源供给体系也在其中应用了，而氮源起着自动调节培养基 pH 值的作用。总之，这种扩大规模的培养是非常成功的。而且这个方法的快速发展和扩大培养是基于之前探讨的安全评价的基础上的。

在这期间，我们对数据进行分析，发现低溶氧能够促进 DHA 的产生。这个发现同我们传统认为的生物化学观点完全相反，传统的观点认为高溶氧才能促进 DHA 的产生，因为氧分子是脂肪酸中催化双键（不饱和键）形成的酶反应所必需的（Hadley，1985）。直到最近才证实，所有的不饱和脂肪酸都是由各种单体经过生物化学基础途径合成的（脂肪酸的合成系统产生中链的饱和脂肪酸，然后这些脂肪酸都经过一系列链延长和依赖氧的脱饱和反应）。在低溶氧的条件下进行高密度细胞培养，并且 DHA 含量也提高了。能够使发酵罐的配置和操作更加灵活，从而减少资本和能源需求吗？最早是在海洋细菌中研究不饱和脂肪酸合成途径的。

虽然许多细菌如大肠杆菌（*E. Coli*）能产生单一不饱和脂肪酸（主要是十八烷酸，18:1Δ^{11}），但普遍认为细菌没有产生不饱和脂肪酸的能力。当DeLong和Yayanos（1986）报导了在海洋嗜冷细菌中发现了EPA和DHA后，这种观点才改变。第二个重要的进步是，Yazawa（1996）在一个产EPA的海洋细菌中鉴定出了一部分DNA遗传片段[希瓦氏菌（*Shewanella* sp.）SCRC-2738]，并将该片段转移到了大肠杆菌中，使这些细胞具有产生EPA的能力。之后的分析集中于此基因在重组大肠杆菌细胞EPA积累过程中发挥的作用（Yazawa，1996）。虽然由希瓦氏菌基因编码的蛋白包含与脂肪酸合成体系酶同源的区域，但是我们仍然不是很清楚这些特异性的活跃区域是怎么作用于EPA合成的。基于Watanabe（1997）等对希瓦氏菌提取物的分析，结果表明EPA大概是由5个基因共同编码，通过需氧的脱饱和和延长过程形成的产物。

Metz等（Metz et al，2001）提出了一种不同的解释，他们注意到可以在希瓦氏菌蛋白中检测到不饱和脂肪酸从头合成的酶活性。其中的一些单个区域与发现的聚酮合酶（polyketide synthase）很相似，其他更多的是与脂肪酸合成酶系统相似。聚酮合酶系统用了FAS的基本反应，但是一般不能完成这个循环，因为存在酮类、羟基和反式碳碳双键等衍生化终端产物（Hopwood & Sherman，1990）。另外，聚酮合成酶系统中的链状产物可以环化产生非常复杂的分子，比如抗生素、毒素和其他很多副产物（Hopwood & Sherman 1990；Keating & Walsh，1999）。在希瓦氏菌蛋白中完全是缺少脂肪酸的脱饱和同源区域。在厌氧条件下培养表达希瓦氏菌基因的大肠杆菌为我们提供了额外的证据，当消除了脱饱和反应，在缺氧条件下，EPA的积累并没有被限制。大肠杆菌FabA蛋白的两个同源区域证明了顺式双键厌氧结合的基本原理。

结合这些数据表明，4个希瓦氏菌基因编码EPA从头合成的酶亚基（一个不饱和脂肪酸的合成），EPA的合成是利用一些其他脂肪酸合成中相同的小前体分子（乙酰COA）（Yu et al，2000）。其他基因编码一个单域蛋白，这个单域蛋白是一个辅酶（磷蛋白辅酶），它必须在其他辅因子作用下才能激活几个复杂的域（乙酰转运蛋白结构域）。在其他几种海洋细菌中也发现了编码希瓦氏EPA合成的同源蛋白基因，其中一些不积累EPA，反而积累DHA（Facciotti et al，2000；Allen & Bartlett，2002；Tanaka et al，1999）。

我们只掌握了细菌中很少的不饱和脂肪酸合成的基因序列。但是在最近几年，我们掌握的细菌基因组序列在逐渐增加，并且已公布的一些研究也将揭示这些基因中的一些新的同源性。具有这些合成脂肪酸基因的细菌都是海洋生物，而且其中的绝大部分来自很少的几个属[例如希瓦氏菌属（*Shewanella*）发光杆菌属（*Photobacterium*）和南极细菌属（*Moritella*）]。尽管在很少的一些细胞中建立了不饱和脂肪酸基因簇与不饱和脂肪酸积累之间的直接关系，但是在海洋细菌中发现的不饱和脂肪酸基本上是通过不饱和脂肪酸合成途径形成的。尽管有一些不同，但所有的这些基本结构还是可以在这些基因表达的产物中找到。

我们在合作伙伴美国卡尔京孟山都（the Calgene Campus of Monsanto）的帮助下，发现裂殖壶菌（*Schizochytrium*）也有海洋细菌希瓦氏菌 SCRC-2738 所具有的能编码 EPA 合成的同源蛋白基因。这可能是裂殖壶菌拥有 DHA 合成的类似途径，而这也为看似矛盾的溶氧对 DHA 产量的影响提供了一个基本原理的解释。这种新型的不饱和脂肪酸合成途径的特殊方面是：通过脱水酶的异构反应延长碳链中的顺式双键，而不是通过依赖氧的脱饱和反应（Metz et al，2001）。裂殖壶菌（ATCC 20888）是第一个在其胞内发现不饱和脂肪酸合成体系的真核微生物。

自从 Metz 等在 2001 年发表了不饱和脂肪酸合成反应的假设方案后，就对这些复合酶的单个域进行了研究。所有这些不饱和脂肪酸合酶测定数据中的一个重要特点就是发现了多个串联（4～10）的乙酰转运蛋白结构域（ACP）。Jiang 等（2008）在测定 ACP 重复片段时发现在日本希瓦氏菌（*Shewanella japonica*）中利用定向突变体表达大肠杆菌中的合酶基因。他们证明每个 ACP 单结构域都能帮助自身合成不饱和脂肪酸（特别是 EPA）。不饱和脂肪酸在不同机体中积累的含量取决于功能性 ACP 结构域的数量。不饱和脂肪酸合酶反应体系中一些循环的必需步骤就是通过一个烯酰还原酶（enoyl-reductase，ER）活性的反应减少碳的产生，基于链球菌肺炎（*Streptococcus pneumonia*）中的烯酰还原酶的三氯抗生物的同源性，而这个酶活性又是与细菌 *pfaD* 基因编码的蛋白（结构域）相结合的（Metz et al，2001）。通过在试管中分析希瓦氏菌（*Shewanella oneidensis*）MR-1 中的 PfaD 蛋白测定 ER 的活性证实这个假设，而这个蛋白已经在大肠杆菌中过表达了（Bumpus et al，2008）。在细菌群体中发现的有关 ACP 和 ER 域有可能也适用于在裂殖壶菌中发现的不饱和脂肪酸合酶。尽管仅有很少的基因序列能适用于破囊壶菌属的不饱和脂肪酸合酶，但是在这方面的研究依然在进行。Hauvermale（2006）等将裂殖壶菌不饱和脂肪酸合酶的基因在大肠杆菌中表达，最终在这些细胞中发现了产物 DHA 和 DPA。这个结果证实了裂殖壶菌中的这种单个的合酶能够使这些机体积累两种不饱和脂肪酸。经典的脂肪酸合成系统途径中不饱和脂肪酸合酶的独立性和相对较纯的终产物使得它们在同源性表达上成为具有吸引力的目标。另外，破囊壶菌属不饱和脂肪酸合酶的生产能力和温度特点的应用会很有价值。最近的研究表明，由裂殖壶菌中的合酶产生的 DHA 和 DPA 经常以游离脂肪酸的形式被释放出来，并且此硫酯酶（thioesterase）是这个酶体系中一个完整的组成部分（Metz et al，2009）。我们可以把这个释放系统运用到一些产物为不饱和脂肪酸的可替代资源中（如含油种子作物上），这会有很大的意义。

裂殖壶菌并不需要氧来产生长链不饱和脂肪酸的发现，帮助我们高密度培养该菌株。最终的扩大发酵培养包含 4 个关键部分：①低氯化物的培养基；②碳源和氮源的分批补料；③利用低溶氧诱导 DHA 的形成；④在鼓式干燥器中获取发酵液里的生物量（避免用离心）。运用 Bailey 等概述的这种方法，在生物量大于 200g/L 的同时，DHA 占生物量的含量也大于 20%。而这种培养方法中最终 DHA 的生产率高于 0.55g/（L·h）。

在从实验室的 14L 发酵罐到商业化的 150000L 的发酵罐扩大培养过程中，DHA 生产的 4 个重要指标得到了提高：①最终的细胞干重从 21g/L 提高到了 170～210g/L；②DHA 在总脂肪酸中的含量从 26%提高到了 35%～45%；③DHA 占细胞干重的百分比从 10%提高到了 22%～25%；④DHA 产量从 0.05g/L 提高到了 0.45～0.55g/L，增加了 10 倍。这些细胞浓度和 DHA 产量是目前报道的用微生物技术产多不饱和脂肪酸的最高量。

分析裂殖壶菌油脂的电子显微照片，观测到油脂中甘油三酯的二级和三级晶体的结构（Ashford et al，2000）。关于裂殖壶菌油脂结构的观察分析也有相似的报导（Morita et al，2006）。Zeller（2001）等概述了从裂殖壶菌菌体中提取和精炼 DHA 油脂的传统方法，并且表 4-F 显示了这些精炼的 DHA 油脂的脂肪酸组成。

表 4-F 裂殖壶菌发酵过程精炼油脂中脂肪酸的组成

脂肪酸	脂肪酸含量	
	FAME/（mg/g）	占 TFA/%
12:0	2	0.2
14:0	71	7.6
14:1	1	0.1
15:0	4	0.4
16:0	205	22.1
16:1	4	0.4
18:0	5	0.5
18:1	7	0.8
18:2	5	0.5
18:3n-6	3	0.3
18:4	3	0.3
20:0	1	0.1
20:4n-6	9	1.0
20:4n-3	9	1.0
20:5n-3	21	2.3
22:0	1	0.1
22:5n-6	154	16.6
22:6n-3	380	40.9
24:0	2	0.2

续表

脂肪酸	脂肪酸含量	
	FAME/（mg/g）	占 TFA/%
24:1	2	0.2
其他	40	4.3

4.4 菌体和提取 DHA 油脂的安全性评价

完成了这种可重复的扩大发酵培养后，需要开展一系列标准的毒理研究来证明整个细胞、富含 DHA 的菌体和提取的油的安全性。在第 15 章单细胞油脂的安全性评估中详细讨论了这些研究的方法和结果。这些研究包括：①诱变研究［在体外艾姆斯（Ames）和哺乳动物细胞株中、在人体外周血淋巴细胞中以及在体外小鼠细胞核中］（Hammond et al，2002）；②一个为期 13 周的慢性小鼠喂养研究（Hammond et al，2001b）；③对小鼠和兔子的深层毒理研究（Hammond et al，2001a）；④一代老鼠的繁殖研究（Hammond et al，2001c）。在对小鼠进行急性胃炎研究的同时也对鸡（Abril et al，2000）、火鸡和猪（Abril et al，2003）等动物进行了安全性研究。在所有的安全性实验中每个实验组都是以高水平的油喂养，没有观察到不良反应。这些实验动物 DHA 油的喂养量是：①一代老鼠的繁殖研究为 8800mg/(kg·d)；②老鼠畸形研究为 8400mg/(kg·d)；③兔子畸形研究为 720mg/(kg·d)；④13 周的老鼠喂养研究为 1600mg/(kg·d)；⑤家禽类目标动物的安全性研究实验（7 周）为 950mg/(kg·d)。

用菌体细胞和富含 DHA 的油脂作为食物和家禽的饲料，通过科学的实验评价其质量，食品安全专家组委会对这些实验结果给了一个安全性评价 GRAS（一般认为安全）。随后，在 2004 年，美国食品药品监督管理局（FDA）承认将裂殖壶菌 DHA 油脂安全用于食品的 GRAS 证明。在 2002 年澳大利和新西兰以及 2003 年欧洲，该油脂用于新型食品添加得到批准和授权。

4.5 产品

这个发酵过程产生的富含 DHA 的菌体已经被评估和改进应用在水产养殖中（Barclay & Zeller，1996），并且目前已经在全球的水产养殖业中得到了应用，作为一种食品添加剂来喂养鱼仔和虾仔（例如见 www.aquafauna.com/Diets & Feeds.htm）。在许多国家，把它用于家禽的饲料来生产富含 DHA 的鸡蛋（例如见 www.goldcirclefarms.com）和家禽肉。在欧洲用来喂养奶牛，生产富含 DHA 的牛奶。研究表明，用富含 DHA 的菌体喂养的猪生产的富含 DHA 的猪肉在口感和细腻度上完全没有差异（Abril & Barclay，1998；Marriott et al，2002a，2002b）。这种提取的DHA油脂已经作为营养补充剂制成胶囊出售，并且也已经作为一种商业化应用的添加剂，比如用作营养添加剂添加在豆浆和牛奶饮料、面包产品（包括面包）、蛋糕和小松饼中，而且还应用到一些日常生活食品中，包括牛奶、酸奶、人造奶油和奶酪。

4.6 裂殖壶菌产品的最新相关研究

本文中描述的这种技术的成功之处促进了对裂殖壶菌和其他破囊壶菌的更深层次的商业化潜能的开发利用。本研究主要集中在4个方面：①新菌株的分离；②提高DHA产量的培养条件的鉴定；③裂殖壶菌发酵培养的不同策略；④利用破囊壶菌（包括裂殖壶菌）生产除不饱和脂肪酸以外的其他各种副产品。新菌株分离的研究主要集中在寻找能产生不同不饱和脂肪酸组成的新菌株（Burja et al，2006）、有高含量的特殊不饱和脂肪酸或油脂类型（Fan et al，2007；Patell & Rajyashri，2007）以及不饱和脂肪酸高产的菌株（Burja et al，2006；Fan et al，2007；Komazawa et al，2004）。

关于提高从破囊壶菌油脂中提取中长链不饱和脂肪酸含量的研究，不仅集中在培养条件的控制，而且还集中在细胞破碎提取油脂之前的采集和后期处理上。Raghukumar（2002）等、Raghukumar和Jain（2005）研究了一种选育破囊壶菌的方法来提高裂殖壶菌中EPA和DHA含量，主要是通过高黏度培养来实现。其他提高破囊壶菌（包括裂殖壶菌）的生物量、油产量和脂肪酸组成的策略是通过调整培养时间、初始pH值和培养基组成（Wu et al，2005），通过优化培养温度和盐度（Unagul et al，2006a），或者通过在发酵培养基中添加特殊的添加剂（Shirasaka et al，2005）。Song等（2007）利用响应面优化法优化了发酵部分，提高裂殖壶菌的生物量和DHA产量。最终确定了发酵过程中他们最关心的4个重要变量，即生产阶段的温度、通气速率、搅拌速率和发酵培养接种。另外，其他研究也在继续进行，如通过分批补料的方法提高裂殖壶菌的产量（Wumpelmann，2007；Ganuza & Izquiredo，2007；Ganuza et al，2008）。

利用裂殖壶菌进行废料循环再利用的研究也在继续进行。我们都知道裂殖壶菌能在甘油中很好地生长。抛开这个事实，最近Chi等（2007）和Pyle等（2008）公布了用废弃的甘油培养裂殖壶菌生产DHA的方法，这些废弃的甘油是生物柴油生产过程中的副产物。Chi等（2007）也提出用土豆水解的废料培养裂殖壶菌生产DHA，同时Yamasaki等（2006）提出用大麦酒厂的废水培养裂殖壶菌生产多不饱和脂肪酸。

此外还开展了利用裂殖壶菌和其他破囊壶菌生产除不饱和脂肪酸以外的其他

新型产物，Raghukumar（2008）对其进行了深度的总结。Long（2002）和其他人（Aki et al，2003；Burja et al，2006 ；Yamaoka，2004）研究了培养破囊壶菌和裂殖壶菌生产叶黄素类和类胡萝卜素（包括叶黄素、虾青素、β-胡萝卜素和角黄素）的方法。Jain 等（2005）和 Kollenmarenth 等（2007）提出基于裂殖壶菌的生产过程积累生产 DHA 油脂和胞外多聚糖的方法。另外，Fan 和 Chen（2007）提出，在特定的培养条件下，可以将破囊壶菌作为潜在的角鲨烯和固醇的丰富生产资源。

4.7 结论

这种将生物理性技术用于 ω-3 长链多不饱和脂肪酸的生产技术中，创新性的收集、分离和鉴定的过程促使分离出特殊微生物群体——破囊壶菌，其有着重大的生物技术潜能。这些菌株都是单细胞，并且很小（＜25μm），在低盐度和高温的条件下仍然能够快速生长，并产生富含 ω-3 多不饱和脂肪酸的油脂。这些菌株必须具备以下两个特征：①在低盐度特别是低氯化物水平的培养基中能够产生大量的 ω-3 长链多不饱和脂肪酸；②在低溶氧条件下大量产生 ω-3 长链多不饱和脂肪酸。用裂殖壶菌进行扩大发酵培养，在之前报道过的微生物发酵技术中，最终达到了最高的生物量（＞200g/L)、最高的不饱和脂肪酸产量［＞0.55g/（L·h）］以及最高的 DHA 占细胞干重的含量（＞22%）。除了这些独特的发酵方法之外，其独特的基因使这些菌株具有了产生 ω-3 多不饱和脂肪酸的能力。这种技术的成功也促进了我们对裂殖壶菌进一步开展分离鉴定其他新菌株的研究，包括提高产量的生产技术、扩大裂殖壶菌产物和寻找不饱和脂肪酸合酶基因的新的应用等。

(**致谢：**我向那些在圣地亚哥访问美国凯可公司参加 Project Alpha Team 和其他工作组致以技术的层面上的感谢。包括 Patrick Adu-Peasah，Mark Applegate，Richard Bailey，Vince Bevers，Breswter Brock，Don Crawford，Sandra Diltz，Don DiMasi，Brian Englehart，Olivia Faison，Jim Flatt，Eunice Flores，Chris Guske，Jon Hansen，Ian Hodgson，Mike Hughs，Tony Javier，Bojolane Kan，Tatsuo Kaneko，Richard Langston，Jerry Lucas，Mark Macias，Dave Matthews，Darlene McGhee，Megan McMahon，Brian Mueller，Pete Mirrasoul，Heather Nenow，Jay Peard，Jerry Peik，Tom Ramseier，Paul Roessler，Craig Ruecker，Wayne Sander，John Stankowski，Vladimir Sluzky，Robert Speights，George Veeder，Eugene Vivino，Melanie Wirter，Sam Zeller，Ruben Abril，Patricia Abril，Amy Ashford，Frank Overton，Kent Meager，formerly of Omega Tech，

Inc。这个项目的成功还要感谢 Craig Ruecker 和 Wayne Sander of Kelco Biopolymers。）

参考文献

Abril, R.; W. Barclay. Production of Docosahexaenoic Acid-Enriched Poultry Eggs and Meat Using an Algae-Based Feed Ingredient. *World Rev. Nutr. Diet* **1998,** *83,* 77–88.

Abril, J.R.; W. Barclay; P.G. Abril. Safe Use of Microalgae (DHA GOLD) in Laying Hen Feed for the Production of DHA-Enriched Eggs. *Egg Nutrition and Biotechnology*; J.S. Sim, S. Nakai, W. Guenter, Eds.; CAB International: Wallingford UK, 2000; pp 197–202.

Abril, R.; J. Garrett; S.G. Zeller; W.J. Sander; R.W. Mast. Safety Assessment of DHA-Rich Microalgae from *Schizochytrium* sp. V. Target Animal Safety/Toxicity Study in Growing Swine. *Regul. Toxicol. Pharm.* **2003,** *37,* 73–82.

Ahmed, F.E. *Seafood Safety*. Food and Nutrition Board, Institute of Medicine; National Academy Press: Washington, DC, 1991.

Aki, T.; K. Hachida; M. Yoshinaga; Y. Kata; T. Yamasaki; S. Kawamoto; T. Kakizono; T. Maoka; S. Shigeta; O. Suzuki; K. Ono. Thraustochytrid as a Potential Source of Carotenoids. *J. Am. Oil Chem. Soc.* **2003,** *80,* 789–794.

Allen, E.E.; D.H. Bartlett. Structure and Regulation of the Omega-3 Polyunsaturated Fatty Acid Synthase Genes from the Deep-Sea Bacterium *Photobacterium profundum* Strain SS9. *Microbiology* **2002,** *148*, 1903–1913.

Ashford, A.; W.R. Barclay; C.A. Weaver; T.H. Giddings; S. Zeller. Electron Microscopy May Reveal Structure of Docosahexaenoic Acid-Rich Oil within *Schizochytrium* sp. *Lipids* **2000,** *35,* 1377–1386.

Bailey, R.B.; D. DiMasi; J.M. Hansen; P.J. Mirrasoul; C.M. Ruecker; G.M. Veeder; T. Kaneko; W.R. Barclay. U.S. Patent 6,607,900, 2003.

Bajpai, P.K.; P. Bajpai; O.P. Ward. Optimization of Production of Docosahexaenoic Acid (DHA) by *Thraustochytrium aureum* ATCC 34304. *J. Am. Oil Chem. Soc.* **1991a,** *68*, 509–514.

Bajpai, P.; P.K. Bajpai; O.P. Ward. Production of Docosahexaenoic Acid by *Thraustochytrium aureum*. *Appl. Microbiol. Biotechnol.* **1991b,** *35,* 706–710.

Barclay, W.R. U.S. Patent 5,130,242, 1992.

Barclay, W.R. U.S. Patent 5,340,742, 1994.

Barclay, W.R.; R.P. McIntosh, Eds. Algal Biomass Technologies: An Interdisclipinary Perspective. *Beihefte zur Nova Hedwigia* **1986,** *83*, 1–273.

Barclay, W.R.; S. Zeller. Nutritional Enhancement of n-3 and n-6 Fatty Acid in Rotifers and *Artemia nauplii* by Feeding Spray-Dried *Schizochytrium* sp. *J. World Aquacul. Soc.* **1996,** *27,* 314–322.

Bowles, R.D.; A.E. Hunt; G.B. Bremer; M.G. Duchars; R.A. Eaton. Long-Chain n-3 Polyunsaturated Fatty Acid Production by Members of the Marine Protistan Group the Thraustochytrids: Screening of Isolated and Optimization of Docosahexaenoic Acid Production. *J. Biotechnol.* **1990,** *70,* 193–202.

British Nutrition Foundation. *Unsaturated Fatty Acids: Nutritional and Physiological Significance*; The British Nutrition Task Force, Eds.; Chapman & Hall: London, 1992.

Bumpus, S.B.; N.A. Magarvey; N.L. Kelleher; C.T. Walsh; C.T. Calderone. Polyunsaturated Fatty Acid-like *Trans*-Enoyl Reductases Utilized in Polyketide Biosynthesis. *J. Am. Chem. Soc.* **2008,** *130,* 11614–11616.

Burja, A.M.; H. Radianingtyas; A. Windust; C.J. Barrow. Isolation and Characterization of Polyunsaturated Fatty Acid Producing *Thraustochytrium* Species: Screening of Strains and Optimization of Omega-3 Production. *Appl. Microbiol. Biotechnol.* **2006,** *72,* 1161–1169.

Burlew, J.S., Ed. *Algal Culture From Laboratory to Pilot Plant.* Carnegie Institution of Washington: Washington, DC, 1976.

Cavalier-Smith, T.; M.T.E.P. Allsopp; E.E. Chao. Thraustochytrids Are Chromists Not Fungi: 18sRNA Signatures of Heterokonta. *Philos. Trans. R. Soc. London B: Biol. Sci.* **1994,** *346,* 387–397.

Chi, Z.; B. Hu; Y. Liu; C. Frear; Z. Wen; S. Chen. Production of ω-3 Polyunsaturated Fatty Acids from Cull Potato Using an Algae Culture Process. *Appl. Biochem. Biotech.* **2007a,** *136–140,* 805–816.

Chi, A.; D. Pyle; Z. Wen; C. Frear; S. Chen. A Laboratory Study of Producing Docosahexaenoic Acid from Biodiesel-Waste Glycerol by Microalgal Fermentation. *Process Biochem.* **2007b,** *42,* 1537–1545.

DeLong, E.F.; A.A. Yayanos. Biochemical Function and Ecological Significance of Novel Bacterial Lipids in Deep-Sea Prokaryotes. *Appl. Environ. Microbiol.* **1986,** *51,* 730–737.

Ellenbogen, B.B.; S. Aaronson; S. Goldstein; M. Belsky. Polyunsaturated Fatty Acids of Aquatic Fungi: Possible Phylogenetic Significance. *Comp. Biochem. Physiol.* **1969,** *29,* 805–811.

Facciotti, D.; J. Metz; M. Lassmer. U.S. Patent 6,140,486, 2000.

Fan, K.W.; F. Chen. Production of High-Value Products by Marine Microalgae Thraustochytrids. *Bioprocessing for Value-Added Products From Renewable Resources: New Technologies and Applications*; S.T. Yang, Ed.; Elsevier: Amsterdam, 2007; pp 293–324.

Fan, K.W.; Y. Jiang; Y.W. Faan; F. Chen. Lipid Characterization of Mangrove Thraustochytrid—*Schizochytrium mangrovei*. *J. Agric. Food Chem.* **2007,** *55,* 2906–2910.

Findlay, R.H.; J.W. Fell; N.K. Coleman. Biochemical Indicators of the Role of Fungi and Thraustochytrids in Mangrove Detrital Systems. *Biology of Marine Fungi*; S.T. Moss, Ed.; Cambridge University Press: London, 1980; pp 91–103.

Fischer, S.; A. Vischer; V. Preac-Mursic; P.C. Weber. Dietary Docosahexaenoic Acid is Retroconverted in Man to Eicosapentaenoic Acid, which Can Be Quickly Transformed to Prostaglandin I_3. *Prostaglandins* **1987,** *34,* 367–375.

Ganuza, E.; A.J. Anderson; C. Ratledge. High-Cell-Density Cultivation of *Schizochytrium* sp. in an Ammonium/pH-Auxotat Fed-Batch System. *Biotechnol. Lett.* **2008,** *30,* 1559–1564.

Ganuza, E.; M.S. Izquiredo. Lipid Accumulation in *Schizochytrium* G13/2S Produced in Continuous Culture. *Appl. Microbiol. Biotechnol.* **2007,** *76,* 985–990.

Gaudette, D.C.; B.J. Holub. Docosahexaenoic Acid (DHA) and Human Platelet Reactivity. *J. Nutr. Biochem.* **1991,** *2,* 116–121.

Hadley, N.F. *The Adaptive Role of Lipids in Biological Systems*; John Wiley & Sons: New York, 1985; pp 29–31.

Hammond, B.G.; D.A. Mayhew; J.F. Holson; M.D. Nemec; R.W. Mast; W.J. Sander. Safety Assessment of DHA-Rich Microalgae from *Schizochytrium* sp. II. Developmental Toxicity Evaluation in Rats and Rrabbits. *Regul. Toxicol. Pharmacol.* **2001a,** *33,* 205–217.

Hammond, B.G.; D.A. Mayhew; M.W. Naylor; C.M. Ruecker, R.W. Mast; W.J. Sander. Safety Assessment of DHA-Rich Microalgae from *Schizochytrium* sp. I. Subchronic Rat Feeding Study. *Regul. Toxicol. Pharmacol.* **2001b,** *33,* 192–204.

Hammond, B.G.; D.A. Mayhew; K. Robinson; R.W. Mast; W.J. Sander. Safety Assessment of DHA-Rich Microalgae from *Schizochytrium*. III. Single-Generation Rat Reproduction Study. *Regul. Toxicol. Pharmacol.* **2001c,** *33,* 356–362.

Hammond, B.G.; D.A. Mayhew; L.D. Kier; R.W. Mast; W.J. Sander. Safety Assessment of DHA-Rich Microalgae from *Schizochytrium* sp. IV. Mutagenicity Studies. *Regul. Toxicol. Pharmacol.* **2002,** *35,* 255–265.

Hauvermale, A.; J. Kuner; B. Rosenzweig; D. Guerra; S. Diltz; J.G. Metz. Fatty Acid Production in *Schizochytrium* sp.: Involvement of a Polyunsaturated Fatty Acid Synthase and a Type I Fatty Acid Synthase. *Lipids* **2006,** *41,* 739–747.

Hopwood, D.A.; D.H. Sherman. Molecular Genetics of Polyketides and Its Comparison to Fatty Acid Biosynthesis. *Annu. Rev. Microbiol.* **1990,** *24,* 7–66.

Jacobs, M.N.; A. Covaci; A. Gheorghe; P. Schepens. Time Trend Investigation of PCBs, PBDEs, and Organochlorine Pesticides in Selected n-3 Polyunsaturated Fatty Acid Rich Dietary Fish Oil and Vegetable Oil Supplements: Nutritional Relevance for Human Essential n-3 Fatty Acid Requirements. *J. Agric. Food Chem.* **2004,** *52,* 1780–1788.

Jain, R.; S. Raghukumar; R. Tharanathan; N.B. Bhosle. Extracellular Polysaccharide Production by Thraustochytrid Protists. *Mar. Biotechnol.* **2005,** *7,* 184–192.

Jenkins, K.M.; P.R. Jensen; W. Fenical. Thraustochytrosides A-C: New Glycosphingolipids from a Unique Marine Protist, *Thraustochytrium globosum*. *Tet. Lett.* **1999,** *40,* 7637–7640.

Jiang, H.; R. Zirkle; J.G. Metz; L. Braun; L. Richter; S.G. Van Lanen; B. Shen. The Role of Tandem Acyl Carrier Protein Domains in Polyunsaturated Fatty Acid Biosynthesis. *J. Am. Chem. Soc.* **2008,** *130,* 6936–6937.

Keating, T.A.; C.T. Walsh. Initiation, Elongation, and Termination Strategies in Polyketide and Polypeptide Antibiotic Biosynthesis. *Curr. Opin. Chem. Biol.* **1999,** *3,* 598–606.

Kendrick, A.J.; C. Ratledge. Microbial Polyunsaturated Fatty Acids of Potential Commercial Interest. *SIM News* **1992,** *42,* 59–65.

Kollenmarenth, O.I.; O.P. Lollenmareth; S.R. Vedamuthu; L.K. Arlagadda; S. Raghukumar. International Patent Application WO2007/074479, 2007.

Komazawa, H.; M. Kojima; T. Aki; K. Ono; M. Kawakami. U.S. Patent Application US2004/0161831, 2004.

Kyle, D.J.; V.J. Sicotte; J.J. Singer; S. Reeb. Bioproduction of Docosahexaenoic Acid (DHA) by Microalgae. *Industrial Applications of Single Cell Oil*; C. Ratledge, D. Kyle, Eds.; American Oil Chemists' Society: Champaign, IL, 1992; pp 287–300.

Larsen, A.; W. Eikrem; E. Paasche. Growth and Toxicity in *Prymnesium patelliferum* (Prymnesiophyceae) Isolated from Norwegian Waters. *Can. J. Bot.* **1993,** *71,* 1357–1362.

Lawrence, C.F.; C.F. Charbonneau; C. Menard. Liquid Chromatographic Determination of Domoic Acid in Mussels Using AOAC Paralytic Shellfish Poison Extraction Procedure: Collaborative Study. *J. Assoc. Off. Anal. Chem.* **1991,** *74,* 68–72.

Lewis, T.E.; P.D. Nichols; T.A. McMeekin. The Biotechnological Potential of Thraustochytrids. *Mar. Biotechnol.* **1999,** *1,* 580–587.

Long, T.V. U.S. Patent Application US2002/0015978, 2002.

Marriott, N.G.; J.E. Garrett; M.D. Sims; R. Abril. Performance Characteristics and Fatty Acid Composition of Pigs Fed a Diet with Docosahexaenoic Acid. *J. Muscle Foods* **2002a,** *13,* 265–277.

Marriott, N.G.; J.E. Garrett; M.D. Sims; H. Wang; R. Abril. Characteristics of Pork with Docosahexaenoic Acid Supplemented in the Diet. *J. Muscle Foods* **2002b,** *13,* 253–263.

Metz, J.G.; P. Roessler; D. Facciotti: C. Levering; F. Dittrich; M. Lassner; R. Valentine; K. Lardizabal; F. Domergue; A. Yamada; et al. Production of Polyunsaturated Fatty Acids by Polyketide Synthases in Both Prokaryotes and Eukaryotes. *Science* **2001,** *293,* 290–293.

Metz, J.G.; J. Kuner; B. Rosenzweig; J.C. Lippmeier; P. Roessler; R. Zirkle. Biochemical Characterization of Polyunsaturated Fatty Acid Synthesis in *Schizochytrium*: Release of the Products as Free Fatty Acids. *Plant Physiol. Biochem.* **2009,** *47,* 472–478.

Morita, E.; Y. Kumon; T. Nakahara; S. Kagiwada; T. Noguchi. Docosahexaenoic Acid Production and Lipid-Body Formation in *Schizochytrium limacinum* SR21. *Mar. Biotechnol.* **2006,** *8,* 319–327.

Nakahara, T.; T. Yokochi; S. Higashihara; S. Tanaka; T.Yaguchi; D. Honda. Production of Docosahexaenoic Acid and Docosapentaenoic Acid by *Schizochytrium* sp. Isolated from Yap Islands. *J. Am. Oil Chem, Soc.* **1996,** *73,* 1421–1426.

Nettleton, J.A. *Omega-3 Fatty Acids and Health*; Chapman & Hall: New York, 1995.

Okuyama, H.; Y. Orikasa; T. Nishida; K. Watanabe; N. Morita. Bacterial Genes Responsible for the Biosynthesis of Eicosapentaenoic and Docosapentaenoic Acids and Their Heterologous Expression. *Appl. Environ. Microbiol.* **2007,** *73,* 665–670.

Patell, V.M.; K.R. Rajyashri. International Patent Publication Number WO07/068997, 2007.

Pyle, D.J.; R.A. Garcia; Z. Wen. Producing Docosahexaenoic Acid (DHA)-Rich Algae from Biodiesel-Derived Crude Glycerol: Effects of Impurities on DHA Production and Algal Biomass Composition. *J. Agric. Food Chem.* **2008,** *56,* 3933–3939.

Raghukumar, S.; K. Schaumann. An Epifluorescence Microscopy Method for Direct Enumeration of the Fungi-like Marine Protists, the Thraustochytrids. *Limnol. Oceanogr.* **1993,** *38,* 182–187.

Raghukumar, S.; D.R. Cahndramohan; E. Desa. U.S. Patent 6,410,282, 2002.

Raghukumar, S.; R. Jain. U.S. Patent Application US2005/0019880, 2005.

Raghukumar, S. Thraustochytrid Marine Protists: Production of PUFAs and Other Emerging Technologies. *Mar. Biotechnol.* **2008,** *10,* 631–640.

Ratledge, C. Microbial Oils and Fats—An Overview. *Biotechnology for the Oils and Fats Industry*; P. Dawson, C. Ratledge, J. Rattray, Eds.; American Oil Chemists' Society: Champaign, IL, 1984; pp 119–127.

Shilo, M. Toxins of Chrysophyceae. *Microbial Toxins*; S. Kadis, A. Ciegler, A.J. Ajl, Eds.; Academic Press: New York, 1971; pp 67–103.

Shirasaka, N.; Y. Hirai; H. Najabayashi; H. Yoshuzumi. Effect of Cyanocobalamin and *p*-Toluic Acid on the Fatty Acid Composition of *Schizochytrium limacinum* (Thraustochytriaceae, Labrinthulomycota). *Mycoscience* **2005,** *46,* 358–363.

Simopoulos, A.P. Omega-3 Fatty Acids in Health and Disease and in Growth and Development. *Am. J. Clin. Nutr.* **1991,** *54,* 438–463.

Singh, A.; O.P. Ward. Production of High Yields of Docosahexaenoic Acid by *Thraustochytrium roseum* ATCC 28210. *J. Ind. Microbiol.* **1996,** *16,* 370–373.

Singh, A.; S. Wilson; O.P. Ward. Docosahexaenoic Acid (DHA) Production by *Thraustochytrium* sp. ATCC 20892. *World. J. Microbiol. Biotechnol.* **1996,** *12,* 76–81.

Song, X.; X. Zhang; C. Kuang; L. Zhu; N. Guo. Optimization of Fermentation Parameters for the Biomass and DHA Production of *Schizochytrium limacinum* OUC88 Using Response Surface Methodology. *Process Biochem.* **2007,** *42,* 1391–1397.

Sparrow, F.K. Biological Observations on the Marine Fungi of Woods Hole Waters. *Biol. Bull. Mar. Biol. Lab.* **1936,** *70,* 236–263.

Tanaka, M.; A., Ueno; K. Kawasaki; I. Yumoto; S. Ohgiya; T. Hoshino; K. Ishizaki; H. Okuyama; N. Morita. Isolation of Clustered Genes that Are Notably Homologous to the Eicosapentaenoic Acid Biosynthesis Gene Cluster from the Docosahexaenoic Acid-Producing Bacterium *Vibrio marinus* Strain MP-1. *Biotechnol. Lett.* **1999,** *21,* 939–945.

Unagul, P.; C. Assantachai; S. Phadungruengluij; T. Pongsuteeragul; M. Suphantharika; C. Verduyn. Biomasss and Docosahexaenoic Acid Formation by *Schizochytrium mangrovei* Sk-02 at Low Salt Concentrations. *Bot. Mar.* **2006a,** *49,* 182–190.

Unagul, P.; C. Assantachai; S. Phadungruengluij; M. Suphantharika; C. Verduyn. Properties of the Docosahexaenoic Acid-Producer *Schizochytrium mangrovei* Sk-02: Effects of Glucose, Temperature and Salinity and Their Interaction. *Bot. Mar.* **2006b,** *48,* 387–394.

Vanhaecke, P.; G. Persoone; C. Claus; P. Sorgeloos. Proposal for a Short-Term Toxicity Test with *Artemia nauplii. Ecotoxicol. Environ Saf.* **1981,** *5,* 382–387.

Villac, M.C.; D.L. Roelke; T.A. Villareal; G.A. Fryxell. Comparison of Two Domoic Acid-Producing Diatoms: A Review. *Hydrobiologia* **1993,** *269–270,* 213–224.

Von Schacky, C.; S. Fischer; P.C. Weber. Long Term Effects of Dietary Marine Omega-3 Fatty Acids upon Plasma and Cellular Lipids, Platelet Function, and Eicosanoid Formation in Humans. *J. Clin. Invest.* **1985,** *76,* 1626–1631.

Ward, O.P.; Z. Li. Production of Docosahexaenoic Acid by *Thraustochytrium roseum. J. Ind. Microbiol.* **1994,** *13,* 234–241.

Watanabe, K.; K. Yazawa; K. Kondo; A. Kawaguchi. Fatty Acid Synthesis of an Eicosapentaenoic Acid-Producing Bacterium: *De novo* Synthesis, Chain Elongation, and Desaturation Systems. *J. Biochem.* **1997,** *122,* 467–473.

Wu, S.T.; S.T. Yu; L.P. Lin. Effect of Culture Conditions on Docosahexaenoic Acid Production by *Schizochytrium* sp. S31. *Process Biochem.* **2005,** *40,* 3103–3108.

Wumpelmann, M. U.S. Patent Application US20070015263, 2007.

Yamada, H.; A. Shimizu; Y. Shinmen; K. Akimoto; H. Kawashima; S. Jareonkitmongkol. Production of Dihomo-γ-Linolenic Acid, Arachidonic Acid, and Eicosapentaenoic Acid by Filamentous Fungi. *Industrial Applications of Single Cell Oil*; C. Ratledge, D. Kyle, Eds.; American Oil Chemists' Society: Champaign, IL, 1992; pp 118–138.

Yamaoka, Y. U.S. Patent Application US2004/0253724, 2004.

Yamasaki, T.; T. Aki; M. Shinosaki; M. Taguchi; S. Kawamoto; K. Ono. Utilization of *Shochu* Distillery Wastewater for Production of Polyunsaturated Fatty Acids and Xanthophylls Using Thraustochytrid. *J. Biosci. Bioeng.* **2006,** *4,* 323–327.

Yamashita, N.; A. Yokoyama; T. Hamazaki; S. Yano. Inhibition of Natural Killer Cell Activity of Human Lymphocytes by Eicosapentaenoic Acid. *Biochem. Biophys. Res. Commun.* **1986,** *138,* 1058–1067.

Yazawa, K. Production of Eicosapentaenoic Acid from Marine Bacteria. *Lipids* **1996,** *31,* S297–S300.

Yazawa, K.; K. Watanabe; C. Ishikawa; K. Kondo; S. Kimura. Production of Eicosapentaenoic Acid from Marine Bacteria. *Industrial Applications of Single Cell Oil*; American Oil Chemists' Society: Champaign, IL, 1992; pp 29–51.

Yu, R.; A. Yamada; K. Watanabe; K. Yazawa; H. Takeyama; T. Matsunaga; R. Kurane. Production of Eicosapentaenoic Acid by a Recombinant Marine Cyanobacterium, *Synechococcus* sp. *Lipids* **2000,** *35,* 1061–1064.

Zajic, J.E.; Y.S. Chiu. Heterotrophic Culture of Algae. *Properties and Products of Algae*; J.E. Zajic, Ed.; Plenum Press: New York, 1970; pp 1–47.

Zeller, S.; W. Barclay; R. Abril. Production of Docosahexaenoic Acid by Microalgae. *Omega-3 Fatty Acids: Chemistry, Nutrition, and Health Effects*; F. Shahidi, J.W. Finley, Eds.; American Chemical Society: Washington, DC, 2001; pp 108–124.

第5章

花生四烯酸：利用被孢霉属真菌发酵生产

Hugo Streekstra

(*DSM Food Specialties*, *PO Box* 1, 2600 *MA Delft*, *the Netherlands*)

5.1 引言

花生四烯酸（ARA；20:4n-6）是一种长链多不饱和脂肪酸（LC-PUFA），由20个碳原子和4个双建构成（图5-1），其系统命名为：全顺-5,8,11,14-二十碳四烯酸。它是中枢神经系统包括大脑脂质中重要的组成成分，也是许多生物活性物质例如类二十烷酸的生物合成前体。

目前，ARA商业需求的主体是用于婴幼儿奶粉的配方。母乳中包含大量的两类长链多不饱和脂肪酸——ARA和二十二碳六烯酸（DHA；22:6n-3）。大量的身体发育证据表明：通过母乳或含有这些脂肪酸的配方奶粉喂养有利于婴幼儿神经系统的发育（Fleith & Clandinin，2005；Birch et al，2007），另外脂肪酸的吸收可以从其他方面促进婴幼儿生长发育（Pastor et al，2006）。这些益处大多出现在营养不良的婴幼儿身上，例如早产婴儿（Henriksen et al，2008）。

在婴幼儿食品中添加ARA取得了很好的结果。更多的应用正在逐步开发，例如将添加有ARA的食品提供给孕妇和哺乳期的母亲。长链多不饱和脂肪酸有利于改善一系列脂肪酸代谢混乱（Horrobin et al，2002；Pantaleo et al，2004；Kotani et al，2006）或者机体膜功能损伤（Pazirandeh et al，2007；Oe et al，

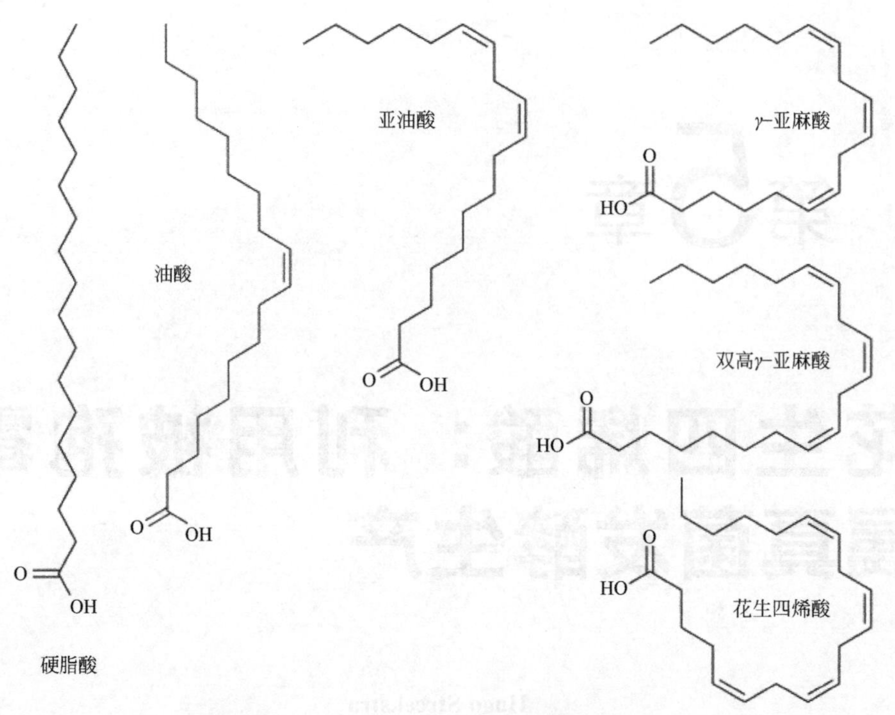

图 5-1 ARA 和其生物合成前体脂肪酸化学结构

2008)，而且许多特殊的用途还没有开发出来。这些脂肪酸也用于动物饲料（水产养殖业）和宠物饲料。对于鱼类（Koven et al，2003；Lund et al，2007）和甲壳类动物（Seguineau et al，2005；Nghia et al，2007）而言，ARA 是重要的营养物，是孵化后生长和发育以及幼体和鱼苗的变态发育必需的营养物质。对于食肉的哺乳类动物（比如猫），ARA 也是必需的营养物质（Pawlosky et al，1997；Morris，2004)。最后，ARA 在植物培养方面的应用研究也已经开展起来(Rozhnova et al，2001；Groenewald & van der Westhuizen，2004)。

5.2 花生四烯酸来源

植物中不含有大量的长链多不饱和脂肪酸。虽然我们在饮食中获得的 ARA 大部分来源于动物类食品，但要高效地获得和提取浓缩 ARA，动物却不是有效的来源。因此，人们开始寻找和开发微生物资源。

Haskins 等（1964）报道在被孢霉属 *Mortierella renispora* 油脂中 ARA 超过总脂肪酸的 25%。因为“隐藏”在当时不同主题的论文中，这个早期的报道很快被遗忘了。可能是这个原因，在早期真菌（fungi）多不饱和脂肪酸的综述中没有提到被孢霉属（Shaw，1966），而通过其他的真菌、藻类（algae）和卵菌（Oomycetes，一种在不久的将来被归类为真菌的微生物）生产 ARA 已经报道。直到 1994 年，来自 Haskins 等的真菌油脂综述中的大量数据才使得人们意识到被孢霉中含有大量 ARA 这个事实（Wassef，1974）。从那时起，被孢霉属真菌因体内的 ARA 含量最高，成为 ARA 生产研究的热门菌株。

当研究者在 20 世纪 80 年代开始寻找 ARA 来源时——日本的 Lion 公司（Totani & Oba，1987）和三得利公司（Shinmen et al，1989）——他们研究了一系列菌种，包括许多被孢霉属、接合菌纲［Zygomycetes，例如虫霉属（*Entomophthora*）］和卵菌纲［例如腐霉属（*Pythium*）］。明显地，目前能生产 ARA 的大多数菌株属于被孢霉属（Eroshin et al，1996），而高山被孢霉（*M. alpina*）作为 ARA 高产菌株尤为突出（Higashiyama et al，2002；Ho et al，2007；Hou，2008；图 5-2），这种微生物中 ARA 含量常常超过总脂肪酸含量的 50%。这种微生物油脂的另外一个特征是其甾体类（sterol）的组成（Nes & Nichols，2006），其主要的甾体种类是链甾体（desmosterol），而相比之下真菌甾体的主要类型是麦角固醇（ergosterol）。用于食品添加剂生产的高山被孢霉是安全微生物（Streekstra，1997）。

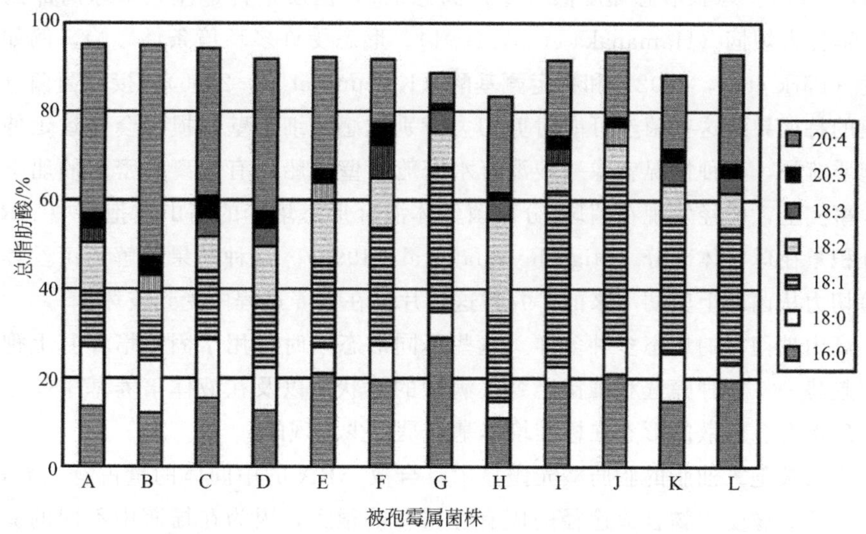

图 5-2　各种不同被孢霉属菌株的主要脂肪酸组成

最后，在合适的条件下（Wynn et al，1999；Zhang & Ratledge，2008）这种微生物显示出在细胞内积累油脂（主要为甘油三酯）的强大能力（Certik & Shimizu，2003；Ho & Chen，2008b）。在极性和非极性（甘油三酯）的油脂中都存在 ARA 油脂，并且甘油三酯型的油脂用于商业化生产。最近，发现微藻

(algae) 也可以作为潜在的 ARA 生产者 (Khozin-Goldberg et al, 2002; Seguineau et al, 2005) (见第 10 章)。

5.3 高山被孢霉和高山被孢霉油脂的一些性能

高山被孢霉是接合菌纲中丝状真菌 (filamentous fungi) 的一种 (Tanabe et al, 2004; White et al, 2006; Ho & Chen, 2008a)。这组真菌具有包括接合孢子和特殊信息素的有性繁殖周期 (Schimek et al, 2003), 同样也有一个植物性的 (无性的) 孢子形成周期 (Lounds et al, 2007)。它还具有不包含隔膜的菌丝体细胞。当然, 菌丝体是由充满细胞质部分和一些空的部分组成的管状结构。甚至在植物性孢子中, 细胞质中有多个细胞核, 并且它们在生命周期中没有单倍体时期。这些单倍体的缺失使得菌种筛选和性状保持都变得复杂, 因为即使单个细胞作为繁殖对象, 其也不是真正的单个个体。它同样也使得高产的工业化菌种的进一步优化变得复杂, 例如诱变和筛选, 虽然已经报道了这些技术的一些成功应用 (Zhu et al, 2004)。

同其他许多真菌一样, 其在液体培养基中的形态呈分散的丝状或球状 (Park et al, 2006)。球状形态黏度低 (令人满意的), 但质量传递差, 菌球内部的生物量降解让人烦恼 (Hamanaka et al, 2001)。形态受许多环境条件影响, 例如碳源浓度 (Park et al, 2002) 和特定氨基酸 (Koizumi et al, 2006)。接合菌菌丝体无隔膜的特征导致这些菌丝可能对剪切力特别敏感。细胞壁的损伤会导致延伸部分细胞质流失, 这种情况就像一艘没有水密舱舱壁的船比有分离水密舱的船下沉得快。事实上, 已经发现在菌球/分散菌丝体混合形态培养的高山被孢霉中 ARA 大部分积累在球状体部分 (Higashiyama et al, 1999)。这种结果理解为菌丝体片段是剪切力从菌球上剪切下来的, 并且这种片段在培养过程中受到破坏。

高山被孢霉的形态多种多样。这些不同形态同时应用于固体培养基上孢子的形成趋势——菌种筛选和维持于令人满意的性状, 以及在液体培养基中趋于分散或小球形态。分散的形态在标准培养基中是很少出现的。

高山被孢霉油脂的脂肪酸光谱显示: 合成 ARA 的中间体的量占有主导地位。这个特征好像受生物合成途径的固有性质影响很大, 因为在摇瓶中不同的氮源培养条件显示出十分相似的脂肪酸比例 (图 5-3), 即使是影响生物量和 ARA 产量导致最高生产水平和最低生产水平相差 10 倍的情况下也会出现类似的结果。因此, 脂肪酸组成显示了一个显著的动力学影响。与前期培养阶段相比, 在后期非菌丝体生长培养阶段 ARA 含量增加 (图 5-4)。这种增加最显著地表现在甘油三酯部分 (贮存油脂) (图 5-5; Certik & Shimizu, 2003; Eroshin et al, 2002)。它发生在葡萄糖大量吸收时期, 由于氮源耗尽, 此阶段没有非油脂生物量的积累

（见下文）。在该阶段，甘油三酯的积累速度非常高。可能脱饱和及延长的速度不能完全与此速度吻合，而需要更多的时间去生产作为代谢途径末端的 ARA，这样可能造成了合成前体的短暂积累。

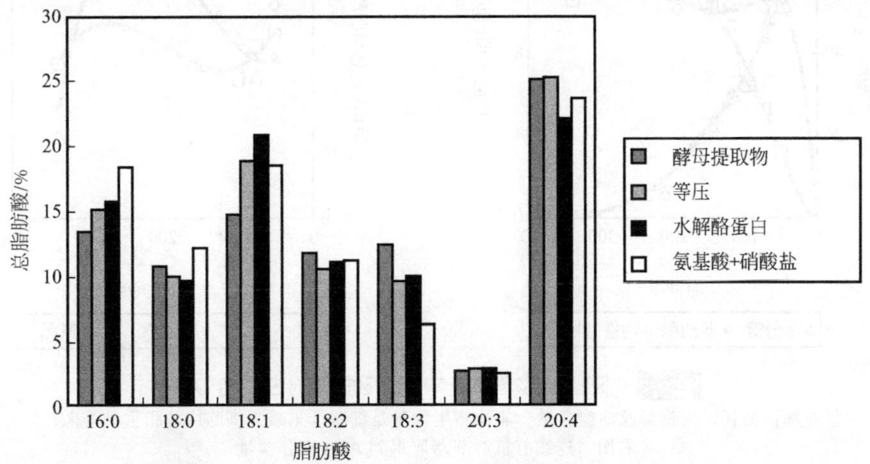

图 5-3　高山被孢霉 PUF101 脂肪酸轮廓分析：多种氮源

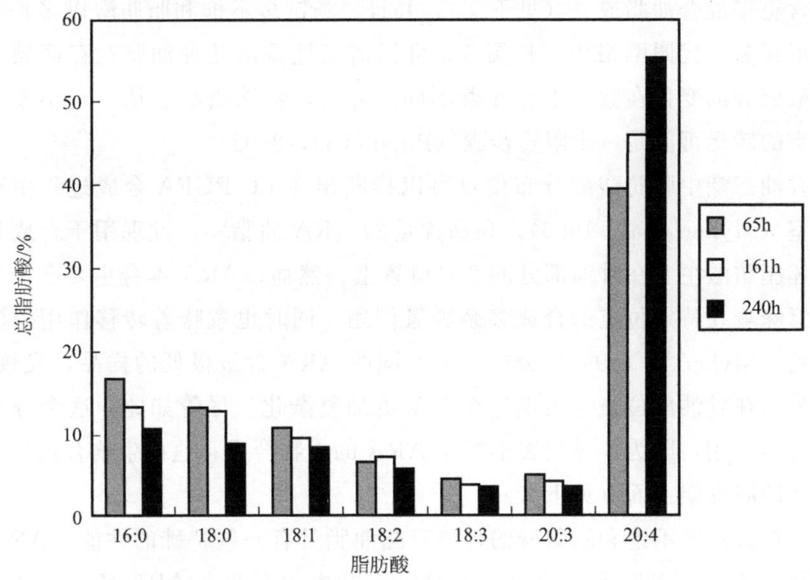

图 5-4　高山被孢霉 PUF101 脂肪酸组成动力学分析

在这些合成前体中，亚麻酸（DGLA；20∶3n-6）含量十分低，这暗示它的合成与延长可能是生物合成途径中的限制步骤（Wynn & Ratledge，2002；Takeno et al，2005），当然同时也显示转化它的 Δ^5-脱饱和酶不是限速阶段。然而对于生物合成途径的真正控制结构知道得还很少。大多数长链多不饱和脂肪酸的生物合

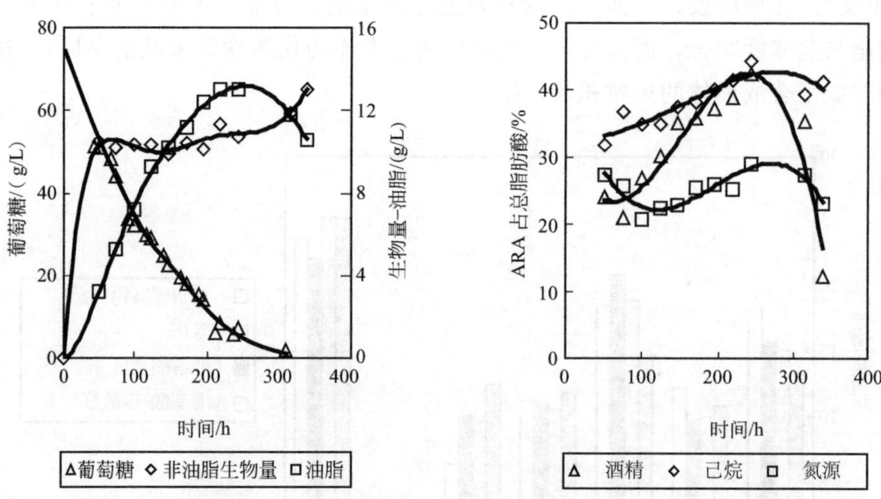

图 5-5 高山被孢霉 PUF101 在摇瓶中的生产动力学

左图：糖耗，生物量及油脂含量、非油脂生物量是细胞干重减去细胞内油脂重量得来；右图：连续有机溶剂萃取得到 ARA 百分含量

成以游离脂肪酸的长链形式是十分简单的。脂肪酸不是以游离分子形式合成的，而是包含更多混合油脂成分（见下文）。并且，长链多不饱和脂肪酸以多种磷脂和甘油酯形式参与代谢网络中。从图 5-5 可以清晰地看出几种油脂贮存区域小室中的脂肪酸成分的变化在数量上存在着不同。并且，特殊脂肪酸从一个小室到另外一个小室的转运可能是一个限速步骤（Pillai et al，2002）。

从甘油三酯中脂肪酸的分布位点可以推断出在 LC-PUFA 合成过程中存在不同的小室（Myher et al，1996）。在高含量的 ARA 油脂中，发现用于合成甘油三酯的前体脂肪酸主要在甘油部分的 2 号位置上。然而，ARA 本身主要在 1 号位置上，这意味着在特定位点的合成多余脱氢作用，同时也意味着转移作用扮演着重要的角色。Myher 等（1996）分析一个不同的 ARA 含量极低的样品，发现 ARA 随机地分布在甘油酯位点，表明这个现象更加复杂化。尽管如此，这个分布可能也需要转移作用，因为 3 号位置不利于 ARA 的生物合成；这些生物合成反应大多数发生在磷脂支架上面（见下文）。

高含量长链多不饱和脂肪酸的甘油三酯油脂具有一些特殊的性能。ARA 含量占总脂肪酸的 40％意味着大约 20％的甘油三酯中含有两个 ARA 残基（如果剩下的 80％全部只含一个残基）。当 ARA 含量为 50％时，这部分就增加到所有甘油三酯的 50％。这种类型对大多数脂肪酶而言是不利的底物（Myher et al，1996）。该发现可以解释在一些条件下 ARA 的积累达到很高的水平时在真菌中 ARA 大量出现时意味着代谢的“死亡终点”。

日本研究小组以前的工作表明，当碳源耗尽时，延长发酵时间能获得 ARA 含量很高的油脂。在 20 世纪 80 年代，在发酵结束和下罐之间增加几天的静止时间来提高 ARA 的含量。因为这个过程中油脂的降解导致这个阶段并不能获得更高的 ARA 生产强度，但当需要获得很高含量的 ARA 时这种方法是有效的。事实上极高的 ARA 含量是很有可能出现的（Yuan et al，2002）。

京都大学的 Shimizu 小组——三得利公司的合作伙伴——已经揭示了从中间体到 ARA 的代谢途径，并且通过改变培养条件、代谢抑制或诱导特殊的突变体也可以利用该微生物生产其他长链多不饱和脂肪酸（Certik & Shimizu，1999；Kawashima et al，2000；Ogawa et al，2002）。例如，利用 Δ^5-脱饱和酶缺失突变菌株生产双高亚麻酸，然而低温促进 EPA（20：5n-3）的形成，这个突变菌包含一个不参与 ARA 生物合成途径的 Δ^3-脱饱和酶（Sakuradani et al，2005；Sakuradani et al，2009b）。突变菌株缺失代谢途径中“早期”的酶，同时具有很高活性的“后期”酶，可以产生自然条件下不存在但属于 LC-PUFA 的脂肪酸（Takeno et al，2005；Abe et al，2006；Zhang et al，2006）。正常情况下，这些脂肪酸仅仅发现作为油脂的少量成分，形成的原因是生物合成中酶的专一性不是绝对的。

5.4 长链多不饱和脂肪酸在高山被孢霉中的生物合成

在真菌中，不饱和脂肪酸的合成起始于硬脂酸的延长和进一步的脱氢，在膜的束缚作用和脂肪酸脱饱和酶作用下插入双键（Domergue et al，2003）。脱饱和酶（Sperling et al，2003）需要氧和细胞色素 b_5 协助，与来自植物和酵母的脱饱和酶相似。电子传递从 NADH-细胞色素 b_5 还原酶通过细胞色素 b_5 到达脱饱和酶。

脱饱和酶很难以一种活性的形式纯化，主要由于它的疏水性。然而，它们的一些性质已经被认知。它们包含 8 个高度保守的组氨酸残基，是催化作用的本质。用一对引物提取新的脱饱和酶基因共有序列是十分有效的。

脱饱和过程的第一步是被 Δ^9-脱饱和酶催化的，它以硬酯酰 CoA 作为底物。接下来的脱饱和步骤发生在磷脂的酰基链脂肪酸上。酰基 CoA：1-酰基溶血磷脂胆碱酰基转移酶（LCPAT）负责将脂肪酸转移到磷脂酰胆碱的二号位进行脱饱和和多不饱和脂肪酸的合成。

典型的突变株已经分离出来，它们有一个或多个脱饱和酶活性增强（Certik et al，1998；Jareonkitmongkol et al，2002；Sakuradani et al，2004）或缺失（Sakuradani et al，2002）。感谢这些研究小组的努力工作，高山被孢霉的脱饱和酶和延长酶的结构基因、辅助基因都已经克隆。通过在不同的不产生 LC-PUFA

宿主中进行表达评估这些基因的功能。它们的功能已经在非长链多不饱和脂肪酸生产宿主中通过异源蛋白表达来大体地评定（表 5-A）。

表 5-A 来自高山被孢霉 ARA 生物合成的酶和基因

酶	底物	产物	名称	注 释	参考文献
Δ^9-脱饱和酶	18:0	18:1n-9	ole1p ole2p Δ^9-1，2，3	在酿酒酵母和米曲霉中表达遗传突变分析	Wongwathanarat：et al，1999； Sakuradani et al，1999； MacKenzie et al，2002； Abe et al，2006
Δ^{12}-脱饱和酶	18:1n-9	18:2n-6	MaΔ^{12}	在酿酒酵母和米曲霉中表达遗传突变分析	Sakuradani et al，1999； Huang et al，1999； Sakuradani et al，2009a
Δ^6-脱饱和酶	18:2n-6	18:3n-6	Δ^6 Ⅰ Δ^6 Ⅱ	在米曲霉中表达遗传突变分析	Huang et al，1999； Sakuradani et al，1999； Sakuradani & Shimizu，2003； Abe et al，2005a
延伸酶	18:3n-6	20:3n-6	GLELO MAELO	在酿酒酵母中表达	Parker-Barnes et al，2000； Sakuradani et al，2008
Δ^5-脱饱和酶	20:3n6	20:4n6	M. A5	在酿酒酵母和油菜中表达遗传突变分析	Michaelson et al，1998 Knutzon et al，1998； Abe et al，2005b
细胞色素 b_5				在大肠杆菌中表达	Kobayashi et al，1999
NADH·细胞色素 b_5 还原酶			Cb5R-Ⅰ Cb5R-Ⅱ	在米曲霉中表达	Sakuradani et al，1999； Certik et al，1999

这种不同的蛋白表达等价于 ARA 生物合成途径的部分重构。利用不同来源的基因（包括高山被孢霉基因），在酿酒酵母中外源添加亚麻酸，已经可以检测到 ARA 的产生（18:2n-6）（Beaudoin et al，2000）。来自高山被孢霉的基因已经用在植物上生产 ARA，例如大豆（Chen et al，2006）。一个令人感兴趣的概念是分离真菌中的酶和基因组，并且利用高山被孢霉的菌体提高植物油脂中的长链多不饱和脂肪酸含量（Dong & Walker，2008）。

为了从廉价的碳源获得高的长链多不饱和脂肪酸的生产效率，利用油脂微生物作为宿主进行基因工程改造变得很有利。不幸的是，对于更多的传统酵母和丝状真菌来说，基因系统还没有发展到相同的程度。最近，进程已经趋向于高山被孢霉的基因改造（MacKenzie et al，2000；Lounds et al，2003；Takeno et al，2004a；Takeno et al，2004b；Takeno et al，2005），这将变成在代谢途径中影响碳流流向 ARA 和其他长链多不饱和脂肪酸的重要工具。研究生物合成途径的另一种工具是从高山被孢霉上获得在微生物膜上的无细胞的油脂组装（Chatrattanakunchai et al，2000）。

5.5 高山被孢霉发酵

Higashiyama（2003）发表了关于高山被孢霉生产 ARA 发酵条件的综述，这个文献一直被引用。读者们参考这个文献来对这个主题进行更深的认识。

一般情况下在氮源限制的条件下微生物可以积累含量很高的甘油三酯。高山被孢霉生产 ARA 也不例外。氮源的剂量决定生物量（不含油脂）时形成大量的生物量（非油脂）（Yu et al，2003）。这个含量可以通过装备设施的限制方面的技术控制。碳源量决定油脂的积累量（Jin et al，2008a，2008b）。由于非常高的碳源量会造成抑制作用——虽然高山被孢霉有很强的抵抗高浓度葡萄糖的能力（Zhu et al，2003）——通常有一个优化的碳氮比例（Koike et al，2001；Jang et al，2005）。避免抑制作用最好的方法是通过碳源的非线性流加。另外一个已经应用的方法是固体发酵，很早以前有文献报道过（这里没进行回顾），但最近又重新提出来（Jang & Yang，2008）。

碳氮比的概念在相关文献中已经多次提到。然而，在所引用的文献中碳氮比很少应用于超过操作优化层面。对于它的一直沿用的原因可能是油脂生产是在很少的一种能在简单的分批培养中就能获得很好的效果的生物过程，并且在该过程中碳氮比是一个重要的参数。

然而，从生理学角度，这种情况不是十分清楚。氮源限制诱导油脂积累的机制得到很好的支持。因此，很小的碳氮比可以达到这种生理状态。当然，在实际中更多的碳源将被利用进行后期更高的油脂积累，但仍然存在一个问题，就是如此足量的碳源是否有影响。这种影响可能对于每一种微生物都不一样，因为它们要基于吸收系统的能力、催化作用的酶以及对碳源底物的亲和度或是对碳源底物的代谢能力。如果那里包含一个低亲和的步骤，过剩的碳源量将充当油脂积累速率的决定性角色。然而，至少在高山被孢霉中，在适当的外部碳源浓度条件下油脂积累过程非常好。

在双重补料系统中，氮源和碳源能独立地补加（Hwang et al，2005），或者至少在不同的发酵阶段可以用不同的比例（Zhu et al，2006）。通过氮源流加可以控制发酵过程，然而通过碳源流加可以确保发酵过程的继续，但要适度避免过量。一旦所期望的最大的生物量已经达到，停止氮源流加（Jin et al，2007），并且碳源流加可以延长油脂的积累。这个过程可以一直保持下去，直到全部的生产能力有了下降的趋势，或直到 ARA 在油脂中的比例达到最佳。

图 5-6 显示了实验室规模的两个发酵，在两个不同的温度下遵守这样一个标准。通过在线检测呼吸熵（RQ：二氧化碳的产生量与氧气吸收量的比值）很方便地显示了代谢状态；在葡萄糖上生长时呼吸商大约为 1，在油脂生产时呼吸熵增

加，然而在油脂消耗时呼吸熵降低。所有的这些情况适用于整个过程。在图中并没有表示菌体的生长，但它几乎是在80h内完成的。

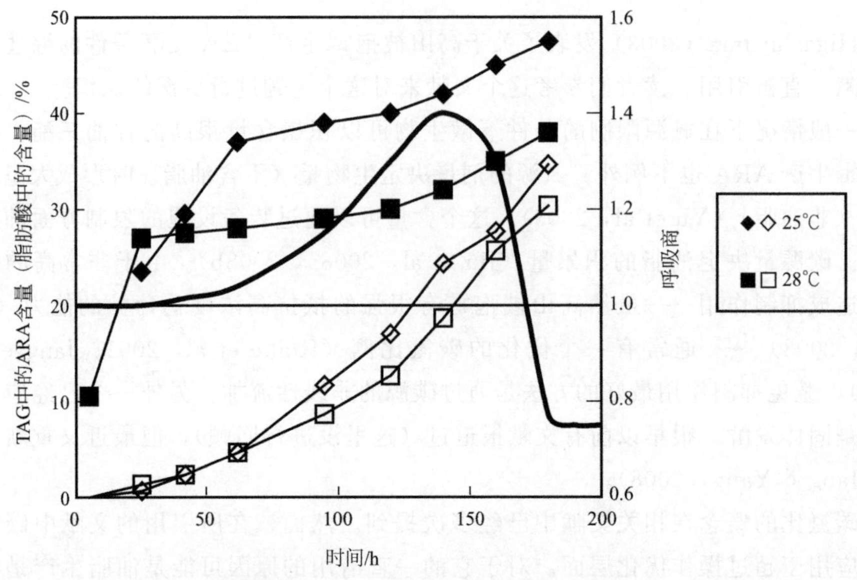

图 5-6 实验室规模发酵和温度的影响

空心图标表示 ARA 产量，实心图标表示总脂肪酸中的含量，粗线表示呼吸商

可以很清楚地看出更低的温度导致油脂中更高的ARA比例。然而，由于较低的代谢效率，事实上ARA的生产能力并没有得到很大的提高，寒冷条件限制了本身和外界施加的能力使得本能得到增强。已经在其他高山被孢霉菌株试验中观察到生长温度对脂肪酸含量的影响（Shinmen et al，1989）。

当呼吸熵下降时，机体正在代谢已经形成的油脂。这个过程可能是用来增加ARA在油脂中的含量——在前面提到过——但它也有一个潜在的问题：在发酵停止时油脂降解。因此，在生产阶段结束后尽快进行代谢终止变得十分重要。因为这个阶段可能被认为是第一个下游阶段，所以这个话题将在第9章讨论。

目前，高山被孢霉生产ARA过程是目前仅有的真菌油脂大规模商业化发酵生产、提取和精制的例子。在美国这个过程已经在200m³发酵罐中进行（见第20章）。随着分子生物学工具的发展，在这种微生物或其他真菌中有效地生产多种相关的长链多不饱和脂肪酸成为可能（见第2章）。可以预见商业的需求将促进人们对这个令人着迷而兴奋的生化途径进行更深远的探索。

参 考 文 献

Abe, T.; E. Sakuradani; T. Asano; H. Kanamaru; Y. Ioka; S. Shimizu. Identification of Mutation sites on Δ6 Desaturase Genes from *Mortierella alpina* 1S-4 Mutants. *Biosci. Biotechnol. Biochem.* **2005a,** *69,* 1021–1024.

Abe, T.; E. Sakuradani; T. Ueda; S. Shimizu. Identification of Mutation Sites on Δ5 Desaturase Genes from *Mortierella alpina* 1S-4 Mutants. *J. Biosci. Bioeng.* **2005b,** *99,* 296–299.

Abe, T.; E. Sakuradani; T. Asano; H. Kanamaru; S. Shimizu. Functional Characterization of Δ9 and ω9 Desaturase Genes in *Mortierella alpina* 1S-4 and Its Derivative Mutants. *Appl. Microbiol. Biotechnol.* **2006,** *70,* 711–719.

Beaudoin, F.; L.V. Michaelson; S.J. Hey; M.J. Lewis; P.R. Shewry; O. Sayanova; J.A. Napier. Heterologous Reconstitution in Yeast of the Polyunsaturated Fatty Acid Biosynthetic Pathway. *Proc. Natl. Acad. Sci. USA* **2000,** *97,* 6421–6426.

Birch, E.E.; S. Garfield; Y. Castaneda; D. Hughbanks-Wheaton; R. Uauy; D. Hoffman. Visual Acuity and Cognitive Outcomes at 4 Years of Age in a Double-blind, Randomized Trial of Long-Chain Polyunsaturated Fatty Acid-Supplemented Infant Formula. *Early Hum. Dev.* **2007,** *63,* 279–284.

Certik, M.; S. Shimizu. Biosynthesis and Regulation of Microbial Polyunsaturated Fatty Acid Production. *J. Biosci. Bioeng.* **1999,** *87,* 1–14.

Certik, M.; S. Shimizu. Kinetic Analysis of Oil Biosynthesis by an Arachidonic Acid-Producing Fungus, *Mortierella alpina* 1S-4. *Appl. Microbiol. Biotechnol.* **2000,** *54,* 224–230.

Certik, M.; S. Shimizu. Isolation and Lipid Analyses of Subcellular Fractions from the Arachidonic Acid-Producing Fungus *Mortierella alpina* 1S-4. *Biologia* **2003,** *58,* 1101–1110.

Certik, M.; E. Sakuradani; S. Shimizu. Desaturase-Defective Fungal Mutants: Useful Tools for the Regulation and Overproduction of Polyunsaturated Fatty Acids. *Trends Biotechnol.* **1998,** *16,* 500–505.

Certik, M.; E. Sakuradani; M. Kobayashi; S. Shimizu. Characterization of the Second Form of NADH-Cytochrome *b*5 Reductase Gene from Arachidonic Acid-Producing Fungus *Mortierella alpina* 1S-4. *J. Biosci. Bioeng.* **1999,** *88,* 667–671.

Chatrattanakunchai, S.; T. Fraser; K. Stobart. Oil Biosynthesis in Microsomal Membrane Preparations from *Mortierella alpina. Biochem. Soc. Trans.* **2000,** *28,* 707–709.

Chen, R.; K. Matsui; M. Ogawa; M. Oe; M. Ochiai; H. Kawashima; E. Sakuradani; S. Shimizu; M. Ishimoto; M. Hayashi; Y. Murooka; Y. Tanaka. Expression of Δ6, Δ5 Desaturase and gl-elo Elongase Genes from *Mortierella alpina* for Production of Arachidonic Acid in Soybean [*Glycine max* (L.) Merrill] Seeds. *Plant Sci.* **2006,** *170,* 399–406.

Domergue, F.; A. Abbadi; C. Ott; T.K. Zank; U. Zahringer; E. Heinz. Acyl Carriers Used as Substrates by the Desaturases and Elongases Involved in Very Long-Chain Polyunsaturated Fatty Acids Biosynthesis Reconstituted in Yeast. *J. Biol. Chem.* **2003,** *278,* 35115–35126.

Dong, M.; T.H. Walker. Addition of Polyunsaturated Fatty Acids to Canola Oil by Fungal Conversion. *Enzyme Microb. Technol.* **2008,** *42,* 514–520.

Eroshin, V.K.; E.G. Dedyukhina; T.I. Chistyakova; V.P. Zhelifonova; C.P. Kurtzman; R.J. Bothast. Arachidonic-Acid Production by Species of *Mortierella. World J. Microbiol. Biotechnol.* **1996,** *12,* 91–96.

Eroshin, V.K.; E.G. Dedyukhina; A.D. Satroutdinov; T.I. Chistyakova. Growth-Coupled Lipid Synthesis in *Mortierella alpina* LPM 301, a Producer of Arachidonic Acid. *Microbiology (Moscow)* **2002,** *71,* 169–172.

Fleith, M.; M.T. Clandinin. Dietary PUFA for Preterm and Term Infants: Review of Clinical Studies. *Crit. Rev. Food Sci. Nutr.* **2005,** *45,* 205–229.

Groenewald, E.G.; A.J. van der Westhuizen. The Effect of Applied Arachidonic Acid on the Formation of Prostaglandins in Plantlets from Excised Apices of the Short-Day Plant, *Pharbitis nil. S. Afr. J. Bot.* **2004,** *70,* 206–209.

Hamanaka, T.; K. Higashiyama; S. Fujikawa; E.Y. Park. Mycelial Pellet Intrastructure and Visualization of Mycelia and Intracellular Lipid in a Culture of *Mortierella alpina. Appl. Microbiol.*

Biotechnol. **2001,** *56,* 233–238.

Haskins, R.H.; A.P. Tulloch; R.G. Micetich. Steroids and the Stimulation of Sexual Reproduction in a Species of *Pythium. Can. J. Microbiol.* **1964,** *10,* 187–194

Henriksen, C.; K. Haugholt; M. Lindgren; A.K. Aurvag; A. Ronnestad; M. Gronn; R. Solberg; A. Moen; B. Nakstad; R.K. Berge; et al. Improved Cognitive Development among Preterm Infants Attributable to Early Supplementation of Human Milk with Docosahexaenoic Acid and Arachidonic Acid. *Pediatrics* **2008,** *121,* 1137–1145.

Higashiyama, K. Industrial Production of Arachidonic Acid by Filamentous Fungi, *Mortierella. Recent Research Developments in Biotechnology & Bioengineering* **2003,** *5,* 79–95.

Higashiyama, K.; S. Fujikawa; E.Y. Park; M. Okabe. Image Analysis of Morphological Change during Arachidonic Acid Production by *Mortierella alpina* 1S-4. *J. Biosci. Bioeng.* **1999,** *87,* 489–494.

Higashiyama, K.; S. Fujikawa; E. Y. Park; S. Shimizu. Production of Arachidonic Acid by *Mortierella* Fungi. *Biotechnol. Bioproc. Eng.* **2002,** *7,* 252–262.

Ho, S.Y.; Y. Jiang; F. Chen. Polyunsaturated Fatty Acids (PUFAs) Content of the Fungus *Mortierella alpina* Isolated from Soil. *J. Agric. Food Chem.* **2007,** *55,* 3960–3966.

Ho, S.Y.; F. Chen. Genetic Characterization of *Mortierella alpina* by Sequencing the 18S-28S Ribosomal Gene Internal Transcribed Spacer Region. *Lett. Appl. Microbiol.* **2008a,** *47,* 250–255.

Ho, S.Y.; F. Chen. Lipid Characterization of *Mortierella alpina* Grown at Different NaCl Concentrations. *J. Agric. Food Chem.* **2008b,** *56,* 7903–7909.

Horrobin, D.F.; K. Jenkins; C.N. Bennett; W.W. Christie. Eicosapentaenoic Acid and Arachidonic Acid: Collaboration and Not Antagonism Is the Key to Biological Understanding. *Prostaglandins Leukotrienes Essent. Fatty Acids* **2002,** *66,* 83–90.

Hou, C.T. Production of Arachidonic Acid and Dihomo-gamma-linolenic Acid from Glycerol by Oil-Producing Filamentous Fungi, *Mortierella* in the ARS Culture Collection. *J. Indust. Microbiol. Biotechnol.* **2008,** *35,* 501–506.

Huang, Y.S.; S. Chaudhary; J.M. Thurmond; E.G. Bobik; L. Yuan; G.M. Chan; S.J. Kirchner; P. Mukerji; D.S. Knutzon. Cloning of Δ12- and Δ6-Desaturases from *Mortierella alpina* and Recombinant Production of Gamma-Linolenic Acid in *Saccharomyces cerevisiae. Lipids* **1999,** *34,* 649–659.

Hwang, B.H.; J.W. Kim; C.Y. Park; C.S. Park; Y.S. Kim; Y.W. Ryu. High-Level Production of Arachidonic Acid by Fed-Batch Culture of *Mortierella alpina* Using NH_4OH as a Nitrogen Source and pH Control. *Biotechnol. Lett.* **2005,** *27,* 731–735.

Jang, H.D.; Y.Y. Lin; S.S. Yang. Effect of Culture Media and Conditions on Polyunsaturated Fatty Acids Production by *Mortierella alpina. Bioresour. Technol.* **2005,** *96,* 1633–1644.

Jang, H.D.; S.S. Yang. Polyunsaturated Fatty Acids Production with a Solid-State Column Reactor. *Bioresour. Technol.* **2008,** *99,* 6181–6189.

Jareonkitmongkol, S.; E. Sakuradani; S. Shimizu. Isolation and Characterization of a Δ9-Desaturation-Defective Mutant of an Arachidonic Acid-Producing Fungus, *Mortierella alpina* 1S-4. *JAOCS* **2002,** *79,* 1021–1026.

Jin, M.J.; H. Huang; K. Zhang; J. Yan; Z. Gao. Metabolic Flux Analysis on Arachidonic Acid Fermentation (in Chinese). *J. Chem. Eng. Chin. Univ.* **2007,** *21,* 316–321.

Jin, M.J.; H. Huang; A.H. Xiao; Z. Gao; X. Liu; C. Peng. Enhancing Arachidonic Acid Production by *Mortierella alpina* ME-1 Using Improved Mycelium Aging Technology. *Bioproc. Biosyst. Eng.* **2008a,** *32,* 117–122.

Jin, M.J.; H. Huang; A.H. Xiao; K. Zhang; X. Liu; S. Li; C. Peng. A Novel Two-Step Fermentation Process for Improved Arachidonic Acid Production by *Mortierella alpina. Biotechnol. Lett.* **2008b,** *30,* 1087–1091.

Kawashima, H.; K. Akimoto; K. Higashiyama; S. Fujikawa; S. Shimizu. Industrial Production of Dihomo-Gamma-Linolenic Acid by a Δ5 Desaturase-Defective Mutant of *Mortierella alpina* 1S-4 Fungus. *JAOCS* **2000,** *77,* 1135–1138.

Khozin-Goldberg, I.; C. Bigogno; P. Shrestha; Z. Cohen. Nitrogen Starvation Induces the Accumulation of Arachidonic Acid in the Freshwater Green Alga *Parietochloris incisa* (*Trebuxiophyceae*). *J. Phycol.* **2002,** *38,* 991–994.

Knutzon, D.S.; J.M. Thurmond; Y.S. Huang; S. Chaudhary; E.G. Bobik; G.M. Chan; S.J. Kirchner; P. Mukerji. Identification of Δ5-Desaturase from *Mortierella alpina* by Heterologous Expression in Bakers' Yeast and Canola. *J. Biol. Chem.* **1998,** *273,* 29360–29366.

Kobayashi, M.; E. Sakuradani; S. Shimizu. Genetic Analysis of Cytochrome *b*(5) from Arachidonic Acid-Producing Fungus, *Mortierella alpina* 1S-4: Cloning, RNA Editing and Expression of the Gene in *Escherichia coli*, and Purification and Charararacterization of the Gene Product. *J. Biochem. (Tokyo)* **1999,** *125,* 1094–1103.

Koike, Y.; H.J. Cai; K. Higashiyama; S. Fujikawa; E.Y. Park. Effect of Consumed Carbon to Nitrogen Ratio on Mycelial Morphology and Arachidonic Acid Production in Cultures of *Mortierella alpina*. *J. Biosci. Bioeng.* **2001,** *91,* 382–389.

Koizumi, K.; K. Higashiyama; E.Y. Park. Effects of Amino Acid on Morphological Development and Nucleus Formation of Arachidonic Acid-Producing Filamentous Micro-organism, *Mortierella alpina*. *J. Appl. Microbiol.* **2006,** *100,* 885–892.

Kotani, S.; E. Sakaguchi; S. Warashina; N. Matsukawa; Y. Ishikura; Y. Kiso; M. Sakakibara; T. Yoshimoto; J. Z. Guo; T. Yamashima. Dietary Supplementation of Arachidonic and Docosahexaenoic Acids Improves Cognitive Dysfunction. *Neurosci. Res.* **2006,** *56,* 159–164.

Koven, W.; R. van Anholt; S. Lutzky; I. Ben Atia; O. Nixon; B. Ron; A. Tandler. The Effect of Dietary Arachidonic Acid on Growth, Survival, and Cortisol Levels in Different-Age Gilthead Seabream Larvae (*Sparus auratus*) Exposed to Handling or Daily Salinity Change. *Aquaculture* **2003,** *228,* 307–320.

Lounds, C.; A. Watson; M. Alcocer; A. Carter; D. MacKenzie; D. Archer. Pathways for Synthesis of Polyunsaturated Fatty Acids in the Oleaginous Zygomycete *Mortierella alpina*. In Proceedings of the 22nd Fungal Genetics Conference, Pacific Grove, CA, 2003.

Lounds, C.; J. Eagles; A.T. Carter; D.A. MacKenzie; D.B. Archer. Spore Germination in *Mortierella alpina* is Associated with a Transient Depletion of Arachidonic Acid and Induction of Fatty Acid Desaturase Gene Expression. *Arch. Microbiol.* **2007,** *188,* 299–305.

Lund, I.; S.J. Steenfeldt; B.W. Hansen. Effect of Dietary Arachidonic Acid, Eicosapentaenoic Acid and Docosahexaenoic Acid on Survival, Growth and Pigmentation in Larvae of Common Sole (*Solea solea* L.). *Aquaculture* **2007,** *273,* 532–544.

Mackenzie, D.A.; P. Wongwathanarat; A.T. Carter; D.B. Archer. Isolation and Use of a Homologous Histone H4 Promoter and a Ribosomal DNA Region in a Transformation Vector for the Oil-Producing Fungus *Mortierella alpina*. *Appl. Environ. Microbiol.* **2000,** *66,* 4655–4661.

MacKenzie, D.A.; A.T. Carter; P. Wongwathanarat; J. Eagles; J. Salt; D.B. Archer. A Third Fatty Acid Δ9-Desaturase from *Mortierella alpina* with a Different Substrate Specificity to *ole*1p and *ole*2p. *Microbiology UK* **2002,** *148,* 1725–1735.

Michaelson, L.V.; C.M. Lazarus; G. Griffiths; J.A. Napier; A.K. Stobart. Isolation of a Δ5-Fatty Acid Desaturase Gene from *Mortierella alpina*. *J. Biol. Chem.* **1998,** *273,* 19055–19059.

Morris, J.G. Do Cats Need Arachidonic Acid in the Diet for Reproduction? *J. Anim. Physiol. Anim. Nutr.* **2004,** *88,* 131–137.

Myher, J.J.; A. Kiksis; K. Geher; P.W. Park; D.A. Diersen-Schade. Stereospecific nalysis of Triacylglycerols Rich in Long-Chain Polyunsaturated Fatty Acids. *Lipids* **1996,** *31,* 207–215.

Nes, W.D.; S.D. Nichols. Phytosterol Biosynthesis Pathway in *Mortierella alpina. Phytochemistry* **2006,** *67,* 1716–1721.

Nghia, T.T.; M. Wille; S. Vandendriessche; Q. Vinh; P. Sorgeloos. Influence of Highly Unsaturated Fatty Acids in Live Food on Larviculture of Mud Crab *Scylla paramamosain* (Estampador 1949). *Aquacult. Res.* **2007,** *38,* 1512–1528.

Oe, H.; T. Hozumi; E. Murata; H. Matsuura; K. Negishi; Y. Matsumura; S. Iwata; K. Ogawa; K. Sugioka; Y. Takemoto; et al. Arachidonic Acid and Docosahexaenoic Acid Supplementation Increases Coronary Flow Velocity Reserve in Japanese Elderly Individuals. *Heart* **2008,** *94,* 316–321.

Ogawa, J.; E. Sakuradani; S. Shimizu. Production of C-20 Polyunsaturated Fatty Acids by an Arachidonic Acid-Producing Fungus *Mortierella alpina* 1S-4 and Related Strains. *Lipid Biotechnol.* **2002,** , 563–574.

Pantaleo, P.; F. Marra; F. Vizzutti; S. Spadoni; G. Ciabattoni; C. Galli; G. La Villa; P. Gentilini; G. Laffi. Effects of Dietary Supplementation with Arachidonic Acid on Platelet and Renal Function in Patients with Cirrhosis. *Clin. Sci.* **2004,** *106,* 27–34.

Park, E.Y.; T. Hamanaka; K. Higashiyama; S. Fujikawa. Monitoring of Morphological Development of the Arachidonic-Acid-Producing Filamentous Microorganism *Mortierella alpina. Appl. Microbiol. Biotechnol.* **2002,** *59,* 706–712.

Park, E.Y.; K. Koizumi; K. Higashiyama. Analysis of Morphological Relationship between Micro- and Macromorphology of *Mortierella* Species Using a Flow-through Chamber Coupled with Image Analysis. *J. Eukaryot. Microbiol.* **2006,** *53,* 199–203.

Parker-Barnes, J.M.; T. Das; E. Bobik; A.E. Leonard; J.M. Thurmond; L.T. Chaung; Y.S. Huang; P. Mukerji. Identification and Characterization of an Enzyme Involved in the Elongation of n-6 and n-3 Polyunsaturated Fatty Acids. *Proc. Natl. Acad. Sci. U.S.A.* **2000,** *97,* 8284–8289.

Pastor, N.; B. Soler; S.H. Mitmesser; P. Ferguson; C. Lifschitz. Infants Fed Docosahexaenoic Acid- and Arachidonic Acid-Supplemented Formula Have Decreased Incidence of Bronchiolitis/ Bronchitis the First Year of Life. *Clin. Pediatr.* **2006,** *45,* 850–855.

Pawlosky, R.J.; Y. Denkins; G. Ward; N. Salem. Retinal and Brain Accretion of Long-Chain Polyunsaturated Fatty Acids in Developing Felines: The Effects of Corn Oil-based Maternal Diets. *Am. J. Clin. Nutr.* **1997,** *65,* 465–472.

Pazirandeh, S.; P.R. Ling; M. Ollero; F. Gordon; D.L. Burns; B.R. Bistrian. Supplementation of Arachidonic Acid Plus Docosahexaenoic Acid in Cirrhotic Patients Awaiting Liver Transplantation: A Preliminary Study. *J. Parenter. Enteral Nutr.* **2007,** *31,* 511–516.

Pillai, M.; A. Ahmad; T. Yokochi; T. Nakahara; Y. Kamisaka. Biosynthesis of Triacylglycerol Molecular Species in an Oleaginous Fungus, *Mortierella ramanniana* Var. *angulispora. J. Biochem.* **2002,** *132,* 121–126.

Rozhnova, N.A.; G.A. Gerashchenkov; T.L. Odintsova; S.M. Musin; V.A. Pukhal'skii. Protective Effect of Arachidonic Acid during Viral Infections Synthesis of New Proteins by in vitro Plants. *Russ. J. Plant Physiol.* **2001,** *48,* 780–787.

Sakuradani, E.; S. Shimizu. Gene Cloning and Functional Analysis of a Second Δ6-Fatty Acid Desaturase from an Arachidonic Acid-Producing *Mortierella* Fungus. *Biosci. Biotechnol. Biochem.* **2003,** *67,* 704–711.

Sakuradani, E.; M. Kobayashi; S. Shimizu. Δ6-Fatty Acid Desaturase from an Arachidonic Acid-Producing *Mortierella* Fungus—Gene Cloning and Its Heterologous Expression in a Fungus, *Aspergillus. Gene* **1999a,** *238,* 445–453.

Sakuradani, E.; M. Kobayashi; S. Shimizu. Identification of an NADH-Cytochrome *b*(5) Reductase Gene from an Arachidonic Acid-Producing Fungus, *Mortierella alpina* 1S-4, by Sequencing of the Encoding cDNA and Heterologous Expression in a Fungus, *Aspergillus oryzae. Appl. Environ. Microbiol.* **1999b,** *65,* 3873–3879.

Sakuradani, E.; M. Kobayashi; T. Ashikari; S. Shimizu. Identification of Δ12-Fatty Acid Desaturase from Arachidonic Acid-Producing *Mortierella* Fungus by Heterologous Expression in the Yeast *Saccharomyces cerevisiae* and the Fungus *Aspergillus oryzae*. *Eur. J. Biochem.* **1999c,** *261,* 812–820.

Sakuradani, E.; N. Kamada; Y. Hirano; M. Nishihara; H. Kawashima; K. Akimoto; K. Higashiyama; J. Ogawa; S. Shimizu. Production of 5,8,11-Eicosatrienoic Acid by Δ5 and Δ6 desaturation activity-enhanced mutant derived from a Δ12 desaturation Activity-Defective Mutant of *Mortierella alpina* 1S-4. *Appl. Microbiol. Biotechnol.* **2002,** *60,* 281–287.

Sakuradani, E.; Y. Hirano; N. Kamada; M. Nojiri; J. Ogawa; S. Shimizu. Improvement of Arachidonic Acid Production by Mutants with Lower n-3 Desaturation Activity Derived from *Mortierella alpina* 1S-4. *Appl. Microbiol. Biotechnol.* **2004,** *66,* 243–248.

Sakuradani, E.; T. Abe; K. Iguchi; S. Shimizu. A Novel Fungal ω3-Desaturase with Wide Substrate Specificity from Arachidonic Acid-Producing *Mortierella alpina* 1S-4. *Appl. Microbiol. Biotechnol.* **2005,** *66,* 648–654.

Sakuradani, E.; S. Murata; H. Kanamaru; S. Shimizu. Functional Analysis of a Fatty Acid Elongase from Arachidonic Acid-Producing *Mortierella alpina* 1S-4. *Appl. Microbiol. Biotechnol.* **2008,** 1–7.

Sakuradani, E.; T. Abe; K. Matsumura; A. Tomi; S. Shimizu. Identification of Mutation Sites on Δ12 Desaturase Genes from *Mortierella alpina* 1S-4 Mutants. *J. Biosci. Bioeng.* **2009a,** *107,* 99–101.

Sakuradani, E.; T. Abe; S. Shimizu. Identification of Mutation Sites on ω3 Desaturase Genes from *Mortierella alpina* 1S-4 Mutants. *J. Biosci. Bioeng.* **2009b,** *107,* 7–9.

Schimek, C.; K. Kleppe; A.R. Saleem; K. Voigt; A. Burmester; J. Wostemeyer. Sexual Reactions in *Mortierellales* Are Mediated by the Trisporic Acid System. *Mycol. Res.* **2003,** *107,* 736–747.

Seguineau, C.; P. Soudant; J. Moal; M. Delaporte; P. Miner; C. Quere; J.E. Samain. Techniques for Delivery of Arachidonic Acid to Pacific Oyster, *Crassostrea gigas*, Spat. *Lipids* **2005,** *40,* 931–939.

Shaw, R. The Polyunsaturated Fatty Acids of Microorganisms. *Adv. Lipid Res.* **1966,** *4,* 107–74.

Shinmen, Y.; S. Shimizu; K. Akimoto; H. Kawashima; H. Yamada. Production of Arachidonic Acid by *Mortierella* Fungi: Selection of a Potent Producer and Optimization of Culture Conditions for Large-Scale Production. *Appl. Microbiol. Biotechnol.* **1989,** *31,* 11–16.

Sperling, P.; P. Ternes; T.K. Zank; E. Heinz. The Evolution of Desaturases. *Prostaglandins Leukotrienes Essent. Fatty Acids* **2003,** *68,* 73–95.

Streekstra, H. On the Safety of *Mortierella alpina* for the Production of Food Ingredients, Such as Arachidonic Acid. *J. Biotechnol.* **1997,** *56,* 153–165.

Tanabe, Y.; M. Saikawa; M.M. Watanabe; J. Sugiyama. Molecular Phylogeny of *Zygomycota* Based on EF-1 Alpha and RPB1 Sequences: Limitations and Utility of Alternative Markers to rDNA. *Molec. Phylogen. Evol.* **2004,** *30,* 438–449.

Takeno, S.; E. Sakuradani; S. Murata; M. Inohara-Ochiai; H. Kawashima; T. Ashikari; S. Shimizu. Cloning and Sequencing of the *ura*3 and *ura*5 Genes, and Isolation and Characterization of Uracil Auxotrophs of the Fungus *Mortierella alpina* 1S-4. *Biosci. Biotechnol. Biochem.* **2004a,** *68,* 277–285.

Takeno, S.; E. Sakuradani; S. Murata; M. Inohara-Ochiai; H. Kawashima; T. Ashikari; S. Shimizu. Establishment of an Overall Transformation System for an Oil-Producing Filamentous Fungus, *Mortierella alpina* 1S-4. *Appl. Microbiol. Biotechnol.* **2004b,** *65,* 419–425.

Takeno, S.; E. Sakuradani; S. Murata; M. Inohara-Ochiai; H. Kawashima; T. Ashikari; S. Shimizu. Molecular Evidence that the Rate-Limiting Step for the Biosynthesis of Arachidonic Acid in *Mortierella alpina* is at the Level of an Elongase. *Lipids* **2005a,** *40,* 25–30.

Takeno, S.; E. Sakuradani; A. Tomi; M. Inohara-Ochiai; H. Kawashima; T. Ashikari; S. Shimizu.

Improvement of the Fatty Acid Composition of an Oil-Producing Filamentous Fungus, *Mortierella alpina* 1S-4, through RNA Interference with Δ12-Desaturase Gene Expression. *Appl. Environ. Microbiol.* **2005b,** *71,* 5124–5128.

Takeno, S.; E. Sakuradani; A. Tomi; M. Inohara-Ochiai; H. Kawashima; S. Shimizu. Transformation of Oil-Producing Fungus, *Mortierella alpina* 1S-4, Using Zeocin, and Application to Arachidonic Acid Production. *J. Biosci. Bioeng.* **2005c,** *100,* 617–622.

Totani, N.; K. Oba. The Filamentous Fungus *Mortierella alpina*, High in Arachidonic Acid. *Lipids* **1987,** *22,* 1060–1062.

Wassef, M.K. Fungal Lipids. *Adv. Lipid Res.* **1974,** *15,* 159–232.

White, M.M.; T.Y. James; K. O'Donnell; M.J. Cafaro; Y. Tanabe; J. Sugiyama. Phylogeny of the *Zygomycota* Based on Nuclear Ribosomal Sequence Data. *Mycologia* **2006,** *98,* 872–884.

Wongwathanarat, P.; L.V. Michaelson; A.T. Carter; C.M. Lazarus; G. Griffiths; A.K. Stobart; D.B. Archer; D.A. MacKenzie. Two Fatty Acid Δ9-Desaturase Genes, *ole*1 and *ole*2, from *Mortierella alpina* Complement the Yeast *ole*1 Mutation. *Microbiology UK* **1999,** *145,* 2939–2946.

Wynn, J.P.; A.A. Hamid; C. Ratledge. The Role of Malic Enzyme in the Regulation of Lipid Accumulation in Filamentous Fungi. *Microbiology UK* **1999,** *145,* 1911–1917.

Wynn, J.P.; C. Ratledge. Evidence that the Rate-Limiting Step for the Biosynthesis of Arachidonic Acid in *Mortierella alpina* Is at the Level of the 18:3 to 20:3 Elongase. *Microbiology UK* **2000,** *146,* 2325–2331.

Yu, L.J.; W.M. Qin; W.Z. Lan; P.P. Zhou; M. Zhu. Improved Arachidonic Acids Production from the Fungus *Mortierella alpina* by Glutamate Supplementation. *Bioresour. Technol.* **2003,** *88,* 265–268.

Yuan, C.L.; J. Wang; Y. Shang; G.H. Gong; J.M. Yao; Z.L. Yu. Production of Arachidonic Acid by *Mortierella alpina* I-49-N-18. *Food Technol. Biotechnol.* **2002,** *40,* 311–315.

Zhang, Y.; C. Ratledge. Multiple Isoforms of Malic Enzyme in the Oleaginous Fungus, *Mortierella alpina. Mycol. Res.* **2008,** *112,* 725–730.

Zhang, S.; E. Sakuradani; S. Shimizu. Identification and Production of n-8 Odd-Numbered Polyunsaturated Fatty Acids by a Δ12 Desaturation-Defective Mutant of *Mortierella alpina* 1S-4. *Lipids* **2006,** *41,* 623–626.

Zhu, M.; L.J. Yu; Y.X. Wu. An Inexpensive Medium for Production of Arachidonic Acid by *Mortierella alpina. J. Ind. Microbiol. Biotechnol.* **2003,** *30,* 75–79.

Zhu, M.; L.J. Yu; Z. Liu; H.B. Xu. Isolating Strains of High Yield of Arachidonic Acid. *Lett. Appl. Microbiol.* **2004,** *39,* 332–335.

Zhu, M.; L. J. Yu; W. Li; P.P. Zhou; C.Y. Li. Optimization of Arachidonic Acid Production by Fed-Batch Culture of *Mortierella alpina* Based on Dynamic Analysis. *Enzyme Microb. Technol.* **2006,** *38,* 735–740.

第6章

双鞭藻类产单细胞油脂

James Wynn[a], Paul Behrens[b], Anand Sundarerajan[c], Jon Hansen[c], and Kirk Apt[b]

([a] *MBI International* 3900*Collins Road Lansing MI* 48910, *USA*;

[b] *Martek Biosciens Corporation*, 6480 *Dobbin Road*, *Columbia*, *MD* 21045, *USA*;

[c] *Martek Biosciences Winchester Corporation*, 555*Rolling Hills Lane*, *Winchester*, *KY* 40391, *USA*)

6.1 引言

在超过2000种真核藻类（eukaryotic algae）中，双鞭藻（dinoflagellate）和硅藻（diatom）作为初级生产者在水生生态系统中扮演着很重要的生态角色（Taylor & Pollingher，1987）。不同的双鞭藻具有各自独特的形态。

微藻的命名来源于一对能提供细胞运动功能的“旋转”的鞭毛。一根鞭毛（后面的鞭毛）从细胞向外延生，同时另一根鞭毛（横向的）围绕着细胞中间的侧沟运动，并且在纤维素板（膜）间构成双鞭藻类坚硬细胞壁的一部分。这对鞭毛的共同作用使得双鞭藻在其生命周期中的运动阶段能以翻滚螺旋的方式运动。纤维素板则有些不同，它们分布在细胞内膜和外膜之间，因此被膜质鞘包裹（Kwok et al，2007）。

双鞭藻类的基因结构是独一无二的。尽管它们的结构属于真核生物，但是它们的染色体缺少组蛋白，并且在细胞分裂间期保持着浓缩状态（Rizzo，2002）。其基因冗长，因此导致其基因组巨大（Rizzo，2002）——比人类基因多50个折叠。

虽然双鞭藻类属于藻类，但只有一半的种群是光合自养的，其余的都是异养，包括自生生长和内共生体（例如在珊瑚等）。尽管它们广泛存在于自然界，有着令人吃惊的生命力和生态重要性，但由于它们很难在发酵罐或人工培养基上生长，所以它们在生物技术方面的重要性受到限制。

寇氏隐甲藻（*Crypthecodinium cohnii*）是一种很具代表性的双鞭藻类，它能够生产富含DHA单细胞油脂（SCO）。马泰克生物公司（Martek Biosciences）利用这种海洋异养生物生产二十二碳六烯酸（DHA）的生产菌株，商品名DHASCO™或生命DHA™。

DHA这种自然界中最长、最不饱和的脂肪酸，最早是在20世纪60年代后期70年代初期寇氏隐甲藻被定义为DHA的主要生产菌（Beach & Holz，1973；Harrington & Holz，1968；Tuttle & Loeblich，1975）。不过，直到90年代中期，高密度培养寇氏隐甲藻生产DHA以替代鱼油来源的DHA的问题才备受关注。

6.2 二十二碳六烯酸的重要性

DHA是在自然界中发现的最长并最不饱和的脂肪酸。它的碳链包括22个碳原子和6个被亚甲基隔开的双键，因此定义为22:6n-3。鱼油中DHA这种脂肪酸对机体有益。不过事实上这种有益的脂肪酸并不是鱼自身产生的（Sargent & Tacon，1999），而是通过食用鞭毛藻类在体内积累的。

比如鱼、人类和其他生物都不能合成DHA，因为它们缺少能合成DHA的关键脂肪酸脱饱和酶（尤其是Δ^{12}和Δ^{15}/n-3脱饱和酶）。其实，理论上人类可以利用α-亚麻酸（ALA，18:3n-3）这种前体脂肪酸合成DHA，不过通过这种途径积累的DHA是很有限的。近几年的研究表明，通过ALA转变为DHA的量是非常低的（仅有0.1%），不过转变为EPA的量却足够多（Plourde & Cunnane，2007；Williams & Burdge，2006）。一项报道显示DHA在男性和女性体内的转化率不同，女性的转化率较高，这种差异对于新生儿体内DHA的积累具有重要意义（Williams & Burdge，2006）。人体通过延长和脱饱和途径使ALA转向DHA的能力是有限的，西方的食谱中含有很高的十八碳二烯酸，不过这只是更有效地转变到n-6途径（即ARA和其他n-6脂肪酸），而不是产生DHA的n-3途径。这表明要维持人体健康食谱中必须补充DHA。不幸的是，在西方人的食谱中DHA的含量很低（每天0.1～0.5g），因为他们的食谱中仅含有少量的鱼油——DHA的丰富来源（William & Burdge，2006）。

虽然含有DHA的食物相当少（大部分是鱼油），并且在西方的食谱中含量甚少，但是DHA在人类的健康方面还是扮演着十分重要的角色。DHA和其他长链不饱和脂肪酸（LC-PUFA）、ARA，对于人类的神经和视网膜都是相当重要的。在人类的大脑灰质部分富含大量的这些脂肪酸（见表6-A），DHA在总脂中含量占15%（Lalovic et al，2007）。事实上，多摄入一些鱼和海洋贝类（富含DHA的食物）或在食谱中多添加DHA可有助于人类前脑的开发（Broadhurst et al，2002）。

表6-A 人类体内脂肪酸组成成分

脂肪酸	总脂肪酸中含量/%
16:0（软脂酸）	21.3
16:1（棕榈油酸）	2.0
18:0（硬脂酸）	18.9
18:1n-7	4.3
18:1n-9（油酸）	15.9
20:4n-6（花生四烯酸）	9.2
22:4n-6（二十二碳四烯酸）	6.3
22:6n-3（二十二碳六烯酸）	14.4

注：所有其他脂肪酸量小于总脂肪酸的1%

综上所述，DHA是婴儿生长发育的重要物质（Agostoni et al，1995；Birch et al，2000；Carlson et al，1993；参阅第16章）。在妈妈子宫中的胎儿主要是通过母体获得DHA（尤其是在妊娠后期），出生后主要是通过母乳喂养获得DHA。而且，不论是在植物油中还是在牛奶中都不含DHA，因此在婴儿食品中需要特别添加。由于其对婴幼儿的生长发育起着至关重要的作用，世界卫生组织（WTO）、英国营养基金会（BNF）、欧洲社会小儿科胃肠病学营养机构（ESPGAN）以及国际脂肪和油脂研究会（ISSFAL）都规定在婴幼儿食品中必须添加DHA。

众所周知，DHA对神经系统和视网膜起着重要的作用，因此可以证明在食谱中添加DHA可以有助于人体的健康，并能提升免疫各种慢性疾病的能力，比如心脏病、抑郁和老年痴呆症。

6.3 双鞭藻类产单细胞油脂的商业化成功

虽然在20世纪70年代寇氏隐甲藻（*C. cohnii*）就被定义为能生产DHA的潜在微藻，但实现商业化生产用了20年时间。推迟这么久，主要是因为在技术上需要找到适宜的培养方式，在市场上缺少这种非鱼产的DHA的市场。直到20世纪90年代中期，技术和市场方面的问题都得到了解决，DHASCO开始进军市场，包括成人（与鱼油的供应形成竞争）和添加到婴幼儿食品中（结合ARA作为配方）。

科学证实婴幼儿食品中应该添加DHA，尤其是对于早产婴儿（因为早产婴儿在妊娠晚期无法获得足够的 DHA)。综上所述，在婴幼儿食品中需要适量添加 DHA，并且在传统的食品中也可以添加 DHA，而鱼油是禁止被添加到婴幼儿食品中的，不过在一些国家仍然将鱼油添加到婴幼儿食品中。最早开始将寇氏隐甲藻产的 DHA 油脂加入婴幼儿食品是在 20 世纪 90 年代中期，马泰克（Martek）公司生产的来自双鞭藻类所产的 DHA 单细胞油脂通过英国毒理学委员会新食品过程咨询委员会以及荷兰食品加工和检测协会的认定，证明其没有任何安全问题。在美国，马泰克公司在 1999 年 12 月申请公共安全（GRAS）请求，在强化婴儿食品中添加单细胞油脂 DHA 和 ARA。经过 1 年的审查，在 2001 年 5 月，美国通过了一项立法，批准在婴幼儿食品中添加由寇氏隐甲藻生产的 DHA 油脂（其中还包括一些微量的 ARA 油脂)。在接下来的几年里，第一种强化婴儿食品出现在货架上，并且这个成功的事例被写成文章在 2009 年发表，之后美国 95％的婴幼儿食品中都添加了 DHA 油脂。

6.4 双鞭藻类油脂与传统油脂的对比

虽然从双鞭藻类的寇氏隐甲藻中提取 DHA 油脂已经取得无可厚非的商业成功，不过这个成效并不是那么容易达到的。现在的科学技术要对其进行商业规模的培养是不可能的。而且真正的商业阻碍是，任何微生物（或单细胞）油脂都会被拿来与传统的油脂如植物油、动物油（包括鱼油）对比。而事实上也无法对比(虽然近几年在生物柴油领域取得了一些成就)，但是从微生物生产的成本问题上，微生物油脂就无法与植物或动物油脂对比。据报道（匿名，2009)，植物或动物提取的油脂价格为 0.60～2.00 美元/kg，而微生物油脂价格则接近 100 美元/kg。

有幸的是，马泰克公司发现了利用寇氏隐甲藻产双鞭藻类 DHA 油脂的一些不同的优势，比如其比利用植物或动物商业化生产的油脂纯净和充足。植物虽然是油脂商业化生产的主要来源，但是它不能合成 LC-PUFA（至少含有 2 个双键和 18 个碳键)。在商业化上也有利用植物生产 18 碳的 PUFA，比如利用紫草科（borage）和报春草（evening primrose）生产 18:3n-6，利用亚麻类（flax）和一些坚果生产 18:3n-6，甚至可以利用蓝蓟属（*Echium*）生产包括一些硬脂肪酸油脂（18:4n-3）的油脂，没有非转基因油脂中包含 DHA（或者是它的前体类 ARA——EPA，20:5n-3)。由此可知，虽然植物能得到高质量且纯净的油脂（种类繁多且获取量足够)，但没有一种像 DHA 油脂那样可以添加到食物配方中的。

可以明显看出动物的油脂种类明显比植物多（见表 6-A)，并且在动物（尤其是鱼）的油脂中包含许多代表性的 LC-PUFA，包括 DHA。可是，这些油脂中含有其他混合物，使得鱼油不能添加在婴儿食品中，而且它们还被限制添加在人类的食谱中。鱼和动物缺少必需的脂肪酸脱饱和酶合成 LC-PUFA。结果显示，动物/

鱼所获得的脂肪酸多数是从它们自身的饮食中得到，而不是通过自身代谢产生(这就是与植物和微生物油脂的不同)。动物油脂成分对饮食摄入的影响限制了这些油脂的应用。

动物体内的脂肪酸都来自它们的饮食，而且动物的油脂结构比植物或微生物所产的油脂复杂得多。因为其复杂性，动物油脂中脂肪酸的数量明显比植物油和微生物油脂中低。另外，鱼油脂肪的组成及含量因鱼的种类而异，当然这与捕捞的地点、气候和时间也有更加密切的联系。然而，近几年在鱼油的加工过程中产生的亲脂性物质，如多氯联苯（PCB)、二噁英（dioxin)、甲基汞，对环境都造成严重的污染。虽然在鱼油的精炼加工过程中尽可能减少这些污染物的产生，但这些污染物最初在鱼器官中含量的不同导致这个过程非常复杂。根据鱼的种类和捕获的地域不同，粗鱼油中含有的环境污染物的含量也有所不同。另外，鱼油的提取工艺对多氯联苯、二噁英和重金属元素的去除并不彻底，所以对原材料和成品油的检测对于确保产品无污染是必要的。最近，欧洲和北美的研究工作都高度重视鱼油添加物中有毒物质残留的问题。欧盟在 2006 年就发表了关于 2000 年到 2002 年间购买的鱼油中所含添加剂的成分研究。虽然同种样品所含的污染物比 4 年前少很多，但所有的样品还是含有多氯联苯和二噁英（Fernandes et al，2006)。这些样品中 33％超出了欧盟的允许添加范围（2ng/kg)，然而在这些鱼油采集前对于这些污染物的限制还没有推行。同样地，北美在 2005 年到 2007 年间也研究了不同商业油脂中多氯联苯的含量，这个研究也表明鱼油加工企业对于鱼油中包含的污染物并不重视（Heller，2009)，不过不同的鱼类所产的鱼油是不同的，即使是同一种鱼类所产的鱼油也会有所不同（Rawn et al，2008)。

环境污染影响鱼油，因此来源于鱼油的不饱和脂肪酸开始引起人们的担心(Miller et al，2008)。由于人口的增加而过度地捕捞鱼类制成鱼类食品也促使许多政府不得不提高价格并限制捕鱼。由于野生生物资源库的不断减少，渔民们开始制定可持续的方针，即交替地进行捕鱼来提供人类所需的 DHA（不论是鱼还是鱼油)。不过这样交替地进行捕鱼的水产业与不断捕获深海鱼类来比还是有差别的。鱼类虽然是获得 DHA 的很好的来源，但是它并不能从头合成 DHA，它们主要是依靠其饮食获得 DHA（其中只有小部分的食物能被转化)。因此，为了能成功地实现养殖鱼类的商业化，必须在其饮食中添加 DHA（Miller et al，2008)。结果，相反地，渔民还是要捕获“野生鱼类”来获取 DHA、鱼油或鱼产品(Sargent，1997)。DHA 资源的获取还是主要通过深海鱼的捕获，因此这并没有使得 DHA 成为人类日常食品和营养补充的一部分。之后人们意外地发现鱼是通过摄取微藻，从而在体内积累 DHA。因此，通过培养富含 DHA 油脂的鞭毛藻类(寇氏隐甲藻）来获得 DHA 产品方式得以发展并进行商业化生产。

微生物油脂（包括鞭毛藻类的寇氏隐甲藻）并不局限于植物和动物油脂，相反地，它还能缓解传统油脂的价格。微生物能通过自身细胞从头合成油脂（依靠葡萄糖或其他单一糖类），这些油脂成分简单并含有多种脂肪酸。不同于植物，微生物可以自身合成长链不饱和脂肪酸。一种典型的生物就是属于鞭毛藻类的寇氏隐甲藻。寇氏隐甲藻的典型之处不仅在于它能储存大量的油脂（如甘油三酯），还在于它所产的脂肪酸中除含有大量的DHA外不含其他PUFA中间体。因此，通过这个途径得到的DHA不含其他PUFA。这个结果对于添加到婴幼儿食品中非常关键（这是一个相当重大的商业性应用），因为鱼油中除了DHA还存在另一种不饱和脂肪酸EPA（二十碳五烯酸），这种脂肪酸是禁止添加在婴幼儿食品中的，因为它会阻滞幼儿的成长发育（Carlson et al，1993；参阅第16章）。

微生物油脂由发酵得来，所以无论是在供应上还是在质量上都比植物或动物油脂更有优势。植物或动物油脂会随着气候（每年的变化）、疾病和地域的不同而影响其供应量、质量和价格。微生物油脂则不同，比如双鞭藻类产DHA油脂的发酵是在密闭的发酵罐中进行，发酵的条件也受到严密的调控，因此每批次、每季度甚至每年的供应和质量都是有保证的。这种在封闭式的罐子中进行发酵既可以较好地调控其加样量，也可以使双鞭藻类油脂生产不受外界因素影响。

6.5 商业化生产双鞭藻类油脂

6.5.1 菌株的选育和优化

虽然在20世纪60年代到70年代早期报道DHA是寇氏隐甲藻中甘油三酯（TAG）的主要成分，但早期关于菌株的研究并没有进行放大培养。这个问题主要是因为微生物对发酵罐中的剪切力和溶氧高度敏感。针对这些问题，马泰克公司对寇氏隐甲藻进行研究，使得其能在发酵罐中生长，并对菌株进行了优化，使得这种微生物能用于DHA油脂的大规模生产。

许多寇氏隐甲藻菌株都是通过自然界的收集和筛选获得，再进行发酵生产DHA。以生长速率和DHA产量作为筛选目标，从UTEX培养基中收集单菌落，以获得最好的DHA的潜在来源。马泰克公司发酵所用菌种就是利用这些原始菌株进行进一步筛选获得的——虽然这些菌种经过不断的应用，到现在已经发生一些变异或与原始菌株完全不一样了。菌种主要通过琼脂平板筛选和收集，同时筛选出产量提高的菌株，确定菌株在生产应用时传代的稳定性，排除一些表型易发生变化的菌株。

利用这种传统的菌株筛选技术，我们可以发现很多菌株都具有一些各自的特点。通过筛选可以获得油脂产量高、发酵副产物减少或生长速率提高的菌株，在适宜条件下进行大规模生产已经获得成功——虽然并不是每个通过实验室筛选鉴定出来的菌株都有商业化生产的价值。每个菌株都是筛选出来的，所以在大规模发酵实验之前需要采取培养基和培养条件优化等手段评估和发掘每种株菌的生产潜能。

菌株及培养基的优化需要达到不仅能在搅拌式发酵槽内进行高密度培养，还能够在低氯离子条件下进行生长，这样可以防止对发酵搅拌槽的过多腐蚀（见下文）（Behrens et al，2005，2006）。同时，在菌株用于大规模培养时，主要就是通过菌株的筛选和优化来提高菌株的产量。

6.5.2 工业生产双鞭藻类油脂（DHA 油脂）

与其他发酵过程相似，制备 DHA 油脂需先对寇氏隐甲藻进行培养，随后进行油脂提取（图 6-1）。冷冻保藏的菌株（与上面描述的一样）需要解冻接种到种子培养基，经摇瓶和发酵罐放大培养，最后发酵罐体积大约 200m³，接种量 5%～10%（以体积计）。马泰克公司当前主要致力于在肯塔基州的温彻斯特和南卡罗来纳州的金斯特里两个工厂进行生产具有成百上千升的 DHA 油脂生产（图 6-2）。相比于普通的细菌发酵，寇氏隐甲藻生长相对缓慢，所以种子培养液需要相当长的培养时间，并且当发酵罐开始运作时，需要严密的操作来确保接种菌液的活性。寇氏隐甲藻生长缓慢，与细菌相比很容易被污染，所以工厂内最重要的还是根据卫生部要求建立现场清理（CIP）和现场消毒（SIP）体系进行紧密的控制以免染菌，同时发酵的批次也需适度减少。

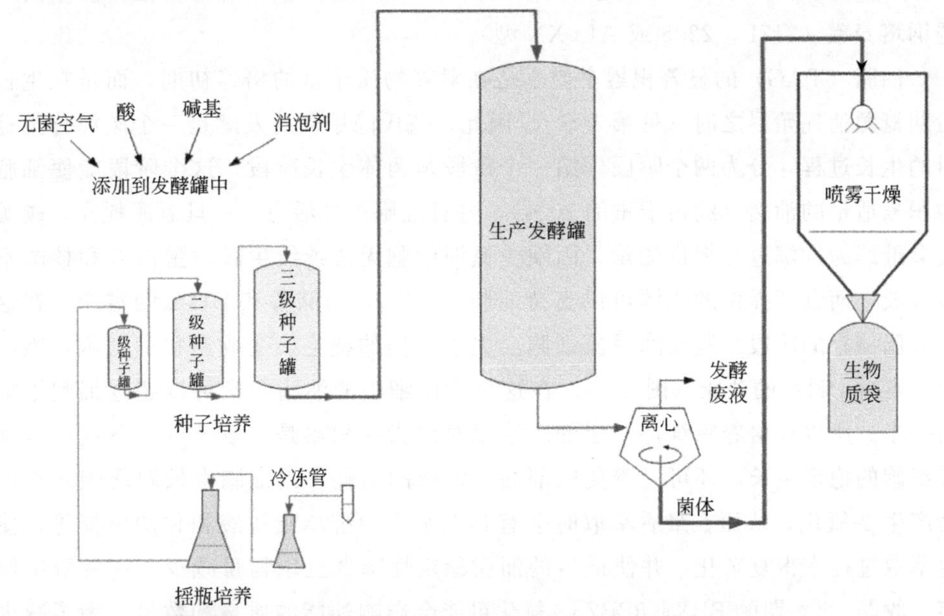

图 6-1　利用双鞭藻类的寇氏隐甲藻产 DHA 油脂工业化生产

(a)温彻斯特(肯塔基州)

(b) 金斯特里(南卡罗来纳州)

图 6-2 生产鞭毛藻类油脂的设备

整个发酵过程中要保持种子培养液稳定才能够避免其生长过慢。商业应用的培养基都有显著的特征，就是需要添加一定水平的氯离子。作为水生微生物，寇氏隐甲藻的生长液需要一定的盐浓度。研究所一般采用含有氯离子的海水和海水培养基（Tuttle & Loeblich，1975），采用的是 1.9%（19000ppm），与不锈钢培养罐不兼容。所以培养基和菌株还需要进一步优化，使得其可以在仅含有少量氯离子的海水培养基中生长。

为了减少寇氏隐甲藻培养时高氯离子浓度对罐体的腐蚀风险（即使目前生产菌株已处在较低水平），马泰克公司采用的许多寇氏隐甲藻培养罐都是高质量的不锈钢培养罐（317L，2205 或 AL6XN 型）。

油脂（TAG）的显著积累主要不是在营养物质丰富的培养初期，而是在生长后期氮源消耗殆尽之时（见第 1 章）。因此，寇氏隐甲藻的发酵是一个碳源分批补料的生长过程，分为两个阶段。第一个阶段是菌体生长阶段，这个阶段能使细胞中积累适量的油脂（约占干重的 20%），并且细胞极具活力。一旦氮源耗完，碳源就会继续为发酵过程提供能量，因缺少氮源细胞无法继续生长，蛋白质和核酸不能合成，而继续提供的碳源可以支持油脂（TAG）的储备和 DHA 的富产。在这个油脂储存的阶段，寇氏隐甲藻细胞会失去它们的鞭毛，变成囊状的细胞，胞内积累富含 DHA 的油脂（图 6-3）。在这个阶段细胞的油脂含量可以超过细胞干重的一半。所以在培养中维持一定的碳浓度对油脂的积累是很重要的，不仅可以维持细胞的稳定生长，还可以避免内部储存油脂的消耗。当细胞生长缺乏碳元素后会产生 β-氧化，从而在最后萃取时会有其他水平的游离脂肪酸和甘油单酯等，使得萃取过程变得复杂化，并使最后的油脂稳定性降低且生物量减少。在发酵中储存、收获/死亡期的 BBX〗 βBBZ〗 -氧化可能会影响油脂的质量和数量。为了减少 β-氧化的影响，必须密切控制条件，确保收集的时间必须达到最短。

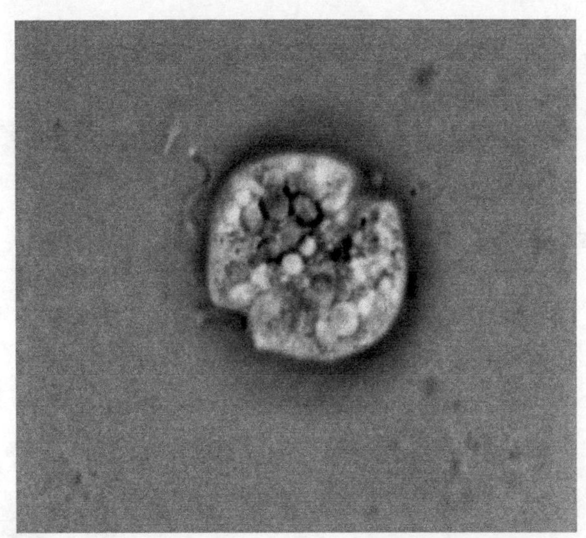

图 6-3 寇氏隐甲藻细胞，富含 DHA 油脂（细胞径长 10μm）

虽然利用菌株优化的方法可以获得高产 DHA 的寇氏隐甲藻，但是用于商业化生产 DHA 油脂的菌株并不是那么简单，在生产过程中会遇到类似其他微生物发酵过程中的很多困难。作为大规模发酵生产的马泰克公司在成本效益上就比小型发酵有优势，不过它们在操作上更复杂。最明显的差别就是使用大型发酵罐比小发酵罐能表现出更高的绝对压力。依靠混合时间和传质系数，这个压力可以提高供氧效果，而溶氧与寇氏隐甲藻的生长和油脂产量有密切关系。不过充分的搅拌虽然能提供充足的氧气，避免过多二氧化碳的产生，但是对细胞有很大的剪切力。

当发酵罐中的菌种发酵到有足够的生物量和油脂时，利用离心方法进行菌体收集，随即对离心的成分进行洗涤。对湿的产物进行喷雾干燥，并使其湿度小于 10%（图 6-1）。保持在富含油脂的生物量中的水分含量稳定，避免油脂因为一些生化反应发生氧化变质。在喷雾干燥中温度也是一个重要因素，要严格控制温度和干燥时间来保持油脂的最好质量。总的来说，在较低的温度下进行发酵所产的 DHA 油脂可以防止油脂发生变质。细胞内的油脂暴露在氧气中会被氧化，所以在冷冻喷雾干燥后要在氮气下保存，直到要提取利用。

寇氏隐甲藻中 DHA 油脂的提取主要是用正己烷萃取，这与从植物和动物中提取油脂的过程在本质上是一致的（参阅第 9 章）。油脂的高效提取主要还是通过将菌体与正己烷充分混合形成悬浮液，这样可以进入下一步的细胞破碎，这样将寇氏隐甲藻的细胞破碎后更有利于细胞内油脂的提取。之后将溶剂混合，通过蒸发有机溶剂将油脂和正己烷分离，之后将毛油储存在低温环境中并通以氮气，以防止不饱和脂肪酸的氧化（图 6-4）。

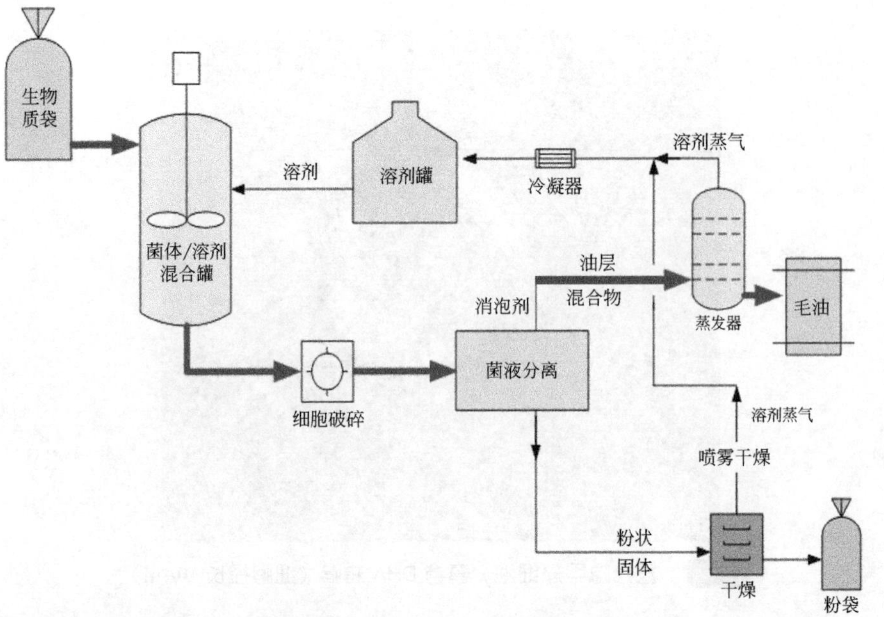

图 6-4 扩大生产 DHASCO 示意图

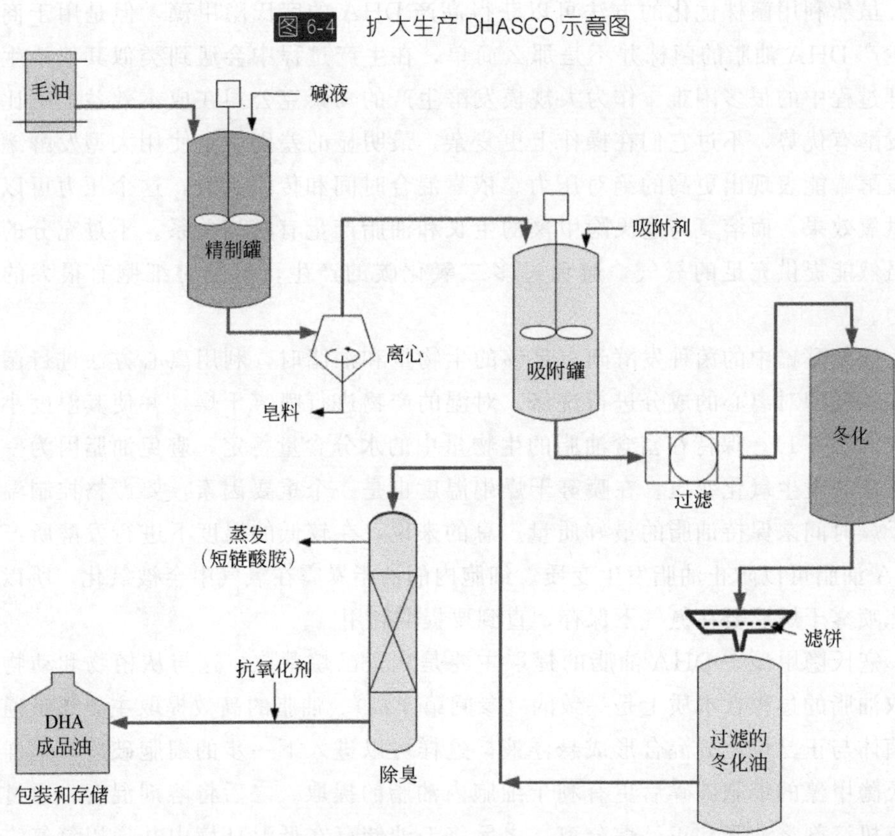

图 6-5 DHASCO 的生产示意图

毛油的提取过程与植物油脂提取本质是一样的（图 6-5）。对微生物产物进行精炼、脱色，油脂冬化和脱臭措施，使得油脂变透明，然后添加抗氧化剂维生素 E，与高油酸（HOSO）葵花子油混合，使 DHA 的含量达到质量分数 40%。

6.6 DHA 油脂的特性

DHA 油脂与表 6-B 介绍的一样是一种自由流动性的油脂，包含 40% 的二十二碳六烯酸（DHA，22:6n-3）。寇氏隐甲藻中 DHA 所占比例很高，但是可将其与高油酸（HOSO）葵花子油混合，使 DHA 的比例达到质量分数 40%。油脂中甘油三酯含量>95%，只有差不多 5% 是不可皂化的成分。这样看来，DHASCO 是一种典型的食品级的植物油。

表 6-B 不同生物体内脂肪酸中 PUFA 组分

脂肪酸	脂肪酸组成（总脂肪酸中相对含量）/%						
来源	隐甲藻油（DHASCO™）	大豆油	葵花子油	玻璃苣油	月见草油	鱼肝油	猪油
类型	微生物	植物	植物	植物	植物	鱼	动物
16:0	18	12	6	10	6	13	26
16:1	2	—	—	—	—	6	4
18:0	1	3	4	4	2	2	13
18:1	15	23	25	16	8	27	45
18:2	1	56	61	40	75	10	10
18:3n-3	—	6	—	Tr	Tr	3	1
18:3n-6	—	—	—	22	8	—	2
20:4n-6	—	—	—	—	—	1	—
20:5n-3	—	—	—	—	—	10	—
22:5n-6	—	—	—	—	—	—	—
22:6n-3	39	—	—	—	—	5	—

注：Tr 表示总脂肪酸<0.1%。

油脂还有一些芳香族的性质（Sebsoty Spectrum 证明的，NY，USA），最普遍的一个特性是具有“绿色/大豆腥味”的特征。虽然不像菜籽油或葵花子油那样乏味，就像即使是最精炼的鱼油也含有一些鱼腥味。

对 DHA 油脂的分析包括要防止油脂中含有重金属物质（例如砷、汞和铅）。同样地，DHA 油脂中也不能含有农药残余物；检测环节需要对 74 种农药进行检测，结果我们没有检测出任何一种农药。

油脂的储存需要十分小心，不论是在生产过程还是提纯过程，并且在最后还要加入0.025%（250ppm）的抗坏血酸棕榈酸酯和维生素E（抗氧化剂），然后低温储存在氮气中，冷冻保藏的话，油脂的保存期限可以达到2年。如果不设置保存的方法（冷冻或者室温），而将其保存在干净的纯氮真空袋中，DHA油脂的过氧化值低于5meq/kg（一般来说<1mmol/kg）可以保存2年。

6.7 DHA油脂的安全性

单细胞油脂DHA是从微生物中获得的，而且需要添加在婴幼儿食品中，因此对DHA油脂必须进行安全性检测。事实证明DHA油脂是经过最仔细检查的油脂，并且安全可靠（详细见第15～18章）。

参考文献

Agostoni, C; E. Riva; S. Trojan; R. Bellu; M. Giovannini. Docosahexaenoic Acid Status and Developmental Quotient of Healthy Term Infants. *Lancet* **1995,** *346,* 638.

Anonymous. Global Agriculture and Rural America in Transition. Agricultural Outlook Forum 2009. [Online] Feb 26–27, 2009. http://www.usda.gov/oce/forum (accessed).

Beach, D.H.; J.J. Holz. Environmental Influences on the Docosahexaenoate Content of the Triacylglycerols and Phosphatidylcholine of a Heterotrophic, Marine Dinoflageallate *Cryptheco-dinium cohnii. Biochim. Biophys. Acta* **1973,** *36,* 56–65.

Behrens, P.W.; D.J. Kyle. Microalgae as a Source of Fatty Acids. *J. Food Lipids* **1996,** *3,* 259–272.

Behrens, P.W.; J.M. Thompson; K. Apt; J.W Pfeifer; J.P. Wynn; J.C. Lippmeier; J. Fichtali; J. Hansen. Production of High Levels of DHA in Microalgae Using Modified Amounts of Chloride and Potassium. W.O. Patent 2005/035,775, 2005.

Behrens, P.W.; J.M. Thompson; K. Apt; J.W. Pfeifer; J.P. Wynn; J.C. Lippmeier; J. Fichtali; J. Hansen. Production of DHA in Microalgae in Low pH Medium. U.S. Patent 2006/100,279, 2006.

Birch, E.E.; S. Garfield; D.R. Hoffman; R. Uauy; D.G. Birch. A Randomized Controlled Trial of Early Dietary Supply of Long Chain Polyunsaturated Fatty Acids and Mental Development in Term Infants. *Dev. Med. Child Neurol.* **2000,** *42,* 174–181.

Broadhurst, C.L.; Y. Wang; M.A. Crawford; S.C. Cunnane; J.E. Parkington; W.F. Schmidt. Brain-Specific Lipids from Marine, Lacustrine or Terrestrial Food Resources: Potential Impact on Early African Homo Sapiens. *Comp. Biochem. Physiol. B Biochem. Mol. Biol.* **2002,** *131,* 653–673.

Carlson, S.E.; S.H. Werkman; P.G. Rhodes; E.A. Tolley. Visual-Acuity Development in Healthy Preterm Infants: Effect of Marine-Oil Supplementation. *Am. J. Clin. Nutr.* **1993,** *58,* 35–42.

Fernandes, A.R.; M. Rose; S. White; D.N. Mortimer; M. Gem. Dioxins and Polychlorinated Biphenyls (PCBs) in Fish Oil Dietary Supplements: Occurrence and Human Exposure in the UK. *Food Addit. Contam.* **2006,** *23,* 939–947.

Harrington G.W.; J.J. Holz. The Monoenoic and Docosahexaenoic Fatty Acids of a Heterotrophic Dinoflagellate. *Biochim. Biophys. Acta* **1968,** *164,* 137–139.

Heller L. Omega-3 Contamination Study is Misleading, Says Industry. [Online] http://www.nutringedients.com (accessed Jan 29, 2009).

Kwok, A.C.; C.C.M. Mak; F.T.W. Wong; J.T.Y. Wong. Novel Method for Preparing Spheroplasts from Cells with an Internal Cellulosic Cell Wall. *Eukaryot. Cell* **2007,** *6,* 563–567.

Lalovic, A.; É. Levy; L. Canetti; A. Sequeira; A. Montoudis; G. Turecki. Fatty Acid Composition in Postmortem Brains of People Who Committed Suicide. *J. Psychiatry Neurosci.* **2007,** *32,* 363–370.

Miller, M.R.; P.D. Nichols; C.G. Carter. N-3 Oil Sources for Use in Aquaculture—Alternatives to the Unsustainable Harvest of Wild Fish. *Nutr. Research Revs.* **2008,** *21,* 85–96.

Plourde, M.; S.C. Cunnane. Extremely Limited Synthesis of Long Chain Polyunsaturates in Adults: Implications for Their Dietary Essentiality and Use as Supplements. *Appl. Physiol. Nutr. Metab.* **2007,** *32,* 619–634.

Rawn, D.F.K.; K. Breakell; V. Verigin; H. Nicolidakis; D. Sit; M. Feeley. Persistent Organic Pollutants in Fish Oil Supplements on the Canadian Market: Polychlorinated Biphenyls and Organochlorine Insecticides. *J. Food Sci.* **2008,** *74,* 14–19.

Rizzo, P.J. Those Amazing Dinoflagellate Chromosomes. *Cell Res.* **2002,** *13,* 215–217.

Sandanger, T.M.; M. Brustad; E. Lund; I.C. Burkow. Change in Levels of Persistent Organic Pollutants in Human Plasma after Consumption of a Traditional Northern Norwegian Fish Dish—Molje (Cod, Cod Liver, Cod Liver Oil and Hard Roe). *J. Environ. Monit.* **2003,** *5,* 160–165.

Sargent, J.R. Fish Oils and Human Diet. *Brit. J. Nutr.* **1997,** *78(1),* S5–S13.

Sargent, J.R.; A.G. Tacon. Development of Farmed Fish: A Nutritionally Necessary Alternative to Meat. *Proc. Nutr. Soc.* **1999,** *58,* 377–383.

Taylor, F.J.R.; U. Pollingher. Ecology of Dinoflagellates. In Taylor, F.J.R. *The Biology of Dinoflagellates*; Blackwell Science Publications: Oxford, UK, 1987; pp 398–529.

Tuttle, R.C.; A.R. Loeblich. An Optimal Growth Medium for the Dinoflagellate *Crypthecodinium cohnii*. *Phycologia* **1975,** *14,* 1–8.

Williams, C.M.; G. Burdge. Long-Chain n-3 PUFA: Plant v. Marine Sources. *Proc. Nutr. Soc.* **2006,** *65,* 42–50.

Wynn, J.P.; A.J. Anderson. Microbial Polysaccharides and Single Cell Oils. *Basic Biotechnology*, 3rd edn.; Cambridge Press: UK, 2006; pp 381–401.

第7章

海洋微藻寇氏隐甲藻利用可替代碳源异养生产二十二碳六烯酸研究

LoIke Sijtsma[a], Alistair J. Anderson[b], and Colin Ratledge[b]

([a]*Wageningen University and Research Centre, Agrotechnology and Food Innovation b. v., Box 17, 6700AA Wageningen, The Netherlands*; [b]*Department of Biological Sciences, University of Hull, Hull, HU67RX, UK*)

7.1 引言

近年来，由于多不饱和脂肪酸（PUFA）尤其是 ω-3 系列的多不饱和脂肪酸具有促进人体健康各种生理功能，人们对它产生了浓厚的兴趣（Kromhout，1985；Albert et al，1998；Horrocks & Yeo，1999；Nordϕy et al，2001）。到目前为止，鱼油已经成为最主要的脂肪酸资源。如今我们发现了多种海洋微生物，它们含有大量多不饱和脂肪酸，可以利用它们获取单细胞油脂（SCO）。现今这些微生物就是本书各章节都有所提及的重要脂肪酸的来源。

异养微藻寇氏隐甲藻（*Crypthecodinium cohnii*）（Harrington & Holz，1968；Beach & Holz，1973；de Swaaf et al，2003；de Swaaf et al，1999，2001，2003a，2003b，2003c；Mendes et al，2007）以及裂殖壶菌（*Schizochytrium*）和相关的种属（见第 1、4、6 章）成了最关键的研究热点，它们代表了生产二十二碳六烯酸

(DHA，22:6n-3) 最主要的商业资源。DHA 是这种单细胞油脂中基础的多不饱和脂肪酸。寇氏隐甲藻积累的 DHA 高达总脂肪酸的 25%～60%，在甘油三酯中仅含少量的其他多不饱和脂肪酸（见第 6 章)。DHA 生产能力的主要优化参数包括生长速率、最终生物量浓度、总的脂肪酸含量和 DHA 在脂质中的比例（Kyle，1994，1996)。在大部分已经报道的商业发酵过程中，葡萄糖是主要的碳源和能源。当然很多工业发酵过程不是将葡萄糖直接作为原料，通常将玉米淀粉水解（使用酶进行化学作用）成葡萄糖浆的形式来利用。葡萄糖廉价、易于利用，可以浓缩存储，灭菌溶解，因此比较稳定。葡萄糖在发酵培养基中的水溶性使得配置和灭菌都没有困难，然后将其以单相溶液形式输入发酵罐。然而葡萄糖并不是唯一能达到生产指标的底物。本章主要讨论在利用其他可替代的碳源（如乙醇、乙酸）分批补料培养过程中寇氏隐甲藻细胞生长、脂质积累和 DHA 生产的差异，同时也包含一些文章中提到以甘油为原料的潜在应用。

许多石油化工厂开始大规模生产乙酸。乙酸成本约为 600 美元/t，是葡萄糖成本的 3 倍多（Chemical Market Reporter September，2008)。浓缩形式在大规模发酵生产中也有缺点，要求小心控制、不小心沾到皮肤上需要马上处理。但乙酸并非强酸，不像盐酸和硫酸那么具有腐蚀性，因此在大量使用乙酸时没有很严厉的防护必要。在发酵罐中乙酸将被稀释，这样操作危险指数也就减小了。

乙醇可以用于发酵生产。在巴西、新西兰和美国，通过扩大酒精汽油混合燃料项目使得该技术已经很成熟了。然而，自从采用葡萄糖发酵（源于玉米淀粉或者在甘蔗中获取蔗糖）生产以来，乙醇成本一直高于葡萄糖。生产食品级 DHA 的乙醇也要求是食品级的，售价为 760～800 美元/t，通常比乙酸价格高。乙醇最大的缺点是易燃性，只能以未溶解形式存储和转运到生产点。这还不是最关键的，乙醇使用过程中可能会遭到官方管理局不间断的检查，来保证乙醇使用的目的而不是有其他企图，这必然制约其作为发酵原料的适宜性。

同样是作为底物的葡萄糖具有水溶性，在发酵培养基混合方面不会出现问题。而且作为底物是纯净的，适合用于生产以人类消耗为目的的产品。葡萄糖没有残渣，没有非发酵产物，因此最终消耗发酵液产生的杂质可以通过简单的处理清除。在分批补料发酵中可以对利用的底物进行灭菌，以减少染菌的危险。

7.2 可替代碳源的利用

如果使用乙酸或乙醇代替葡萄糖作为发酵原料，它们的优势在于提高了生产并降低了总体成本，因此这是一个适用的、经济的选择，是可以利用的不受使用葡萄糖作为底物方面专利约束的底物。如果使用可替代原料能提高胞内成分的产量，也具有能使产物回收容易这些附加优势，或者提高发酵中废蒸汽利用率的处理方法，将额外地刺激底物转化。因此，使用可替代原料的优势和劣势就不仅仅与物质消耗成本及最终产物的形成相关了。

需要考虑的是，不像葡萄糖等物质，在利用乙酸和乙醇为底物时，当使用浓度为1%～2%时就对大部分细胞造成毒害作用。而在发酵过程中使用这么低的碳源浓度是不切实际的（综合所有的可能性，所有估算中最小的一个可能是最终的生物量得率达不到5g/L），碳源在发酵操作和分批补料培养时都是必要的。在这样的过程中，发酵中补加底物的速率设计要使得底物分布浓度低于抑制它正常生长的浓度。问题的关键是怎样获得合适的底物补加量，一方面不会超过严重的抑制浓度，另一方面要维持一个充足的底物浓度使其不会限制细胞生长速率。然而，正如在下面部分所证明的，这是一个能克服的问题。的确，现在许多使用乙酸或乙醇作为底物的工业发酵过程使用一些不同类型的分批补料过程模型来达到最优的生产率也已经被证实了。

分批补料成功实施的先决条件通常是在发酵罐中对关键营养物的分布浓度进行必要的（直接或间接地）控制。虽然控制乙酸（或者乙醇）的装置如今可以实现，但发酵罐中在线直接控制乙酸并不是那么容易，它的浓度不得不通过其他合适的指示物质进行测定。不过之前发表的一些文献已经成功地解决了这个问题。

7.3 乙酸的使用

当乙酸浓度超过5～10g/L时对许多微生物都是有毒性的；几乎没有生物可以在乙酸浓度超过20g/L、pH值为中性的培养基中生长。Vazhappily和Chen（1998）最先发现了乙酸对寇氏隐甲藻和其他微藻有毒性这种现象，他们指出寇氏隐甲藻可以生长在乙酸盐浓度不超过1g/L的培养基中。但培养基中还包含其他可以利用的碳源物质，所以这个结论还没有完全证实。作者实验室（de Swaaf，未出版的工作）所做的一些基础工作指出寇氏隐甲藻可以生长在浓度为3g/L的乙酸钠中，但pH值的快速上升又会阻碍菌株生长。在使用乙酸盐作为原料的发酵中这个问题产生严重的结果。

当在发酵培养基中添加乙酸后，培养基呈中性或pH值水平下降，这意味着需要增加一个反离子，通常是Na^+或K^+。当细胞开始生长时，乙酸根离子被消耗，由氢氧根离子（OH^-）替代，这个过程导致pH值上升，其影响是乙酸根消耗的同时产生了NaOH。pH值快速增长阻止了细胞的生长。通常情况下，滴加酸能够避免pH值上升。还有什么酸比乙酸本身还好呢？因此，储备乙酸的容器可以与发酵罐连接，同时还要与pH值计和计量泵配合使用。这种装置用于添加发酵培养所需的乙酸进入发酵罐。

如果在初始培养基中使用低浓度的乙酸，细胞消耗乙酸根用于细胞的生长，然后在发酵罐中补加乙酸来防止 pH 值上升。将 pH 值控制在最适于菌体生长的范围。通常，微生物生长越快，乙酸添加速率就更快，这样微生物才可能以最快的速率生长。本概念是 Martin 和 Hempfling（1976）首先提出来的，他们将该发酵系统命名为“恒 pH 值培养”。这个名字起源于一个设备，该设备通过控制底物（葡萄糖、甘油、乳酸）添加到发酵罐中的速率来维持培养基的 pH 值。

然而 Sowers 等（1984）首次报道在恒 pH 值培养中使用乙酸，用来培养各种利用乙酸的甲烷生产菌，并获得了比此前培养高 18 倍的细胞得率。du Preez 等（1995）将该技术应用于单细胞油脂的生产，证明了乙酸在卷枝毛霉（*Mucor circinelloides*）和鲁氏毛霉（*Mucor rouxii*）两种菌发酵富含 γ-亚麻酸油脂中是一个极好的原料物质。南非沙索（Sasol）工业有限公司利用费-托（Fisher-Tropsch）工艺从毛油中获取石油的廉价副产物乙酸，使得利用乙酸作为发酵底物的研究热潮开始兴起，但在大规模使用上尚未得到满意的证实。关于这个过程的专利已经授权（Kock &Botha，1993；Kock & Botha，1995）。

因此，尽管初步研究不确定寇氏隐甲藻在乙酸盐中生长能否达到预期的目标（Vazhappily & Chen，1998），但乙酸盐可以作为碳源，并应用于合适的恒 pH 值培养系统来估算生产富含 DHA 单细胞油脂所需该底物的量。寇氏隐甲藻最先在含有 4～16g/L 乙酸钠的海盐酵母膏培养基中生长，添加乙酸（50%）将 pH 值维持为 6.5（Ratledge et al，2001）。乙酸盐初始浓度为 8g/L 时达到最大的生长速率（图 7-1）。当最初乙酸浓度达到 12g/L 时细胞的脂质含量（占生物量的 40%～50%）略有变化，而在这些浓度下没有真正改变 DHA 在油脂中的含量（40%～50%）。因此细胞为了能使用乙酸需要诱导合成新的酶（见后文的图 7-3），不足为奇的是使用乙酸的液体培养基比生长在葡萄糖培养基中获得了更高的生长速率（Ratledge et al，2001）。

总之，这个系统获得的结果优于那些使用葡萄糖为原料获得的结果（de Swaaf et al，1999，2001；Ratledge et al，2001），该系统使生长速率增长了 60%，脂质在细胞中的含量增长了 70%，DHA 在脂质中的含量增长了 50%（表 7-A）。这些增长也说明在细胞的三酰基甘油中 DHA 占有很高的比例（例如食用油中的分数）。其他方面，在两种类型细胞中提取的油脂中其他脂质成分相差不大（Ratledge et al，2001）。作者认为寇氏隐甲藻利用乙酸盐进行发酵可以达到最大的生长速率。

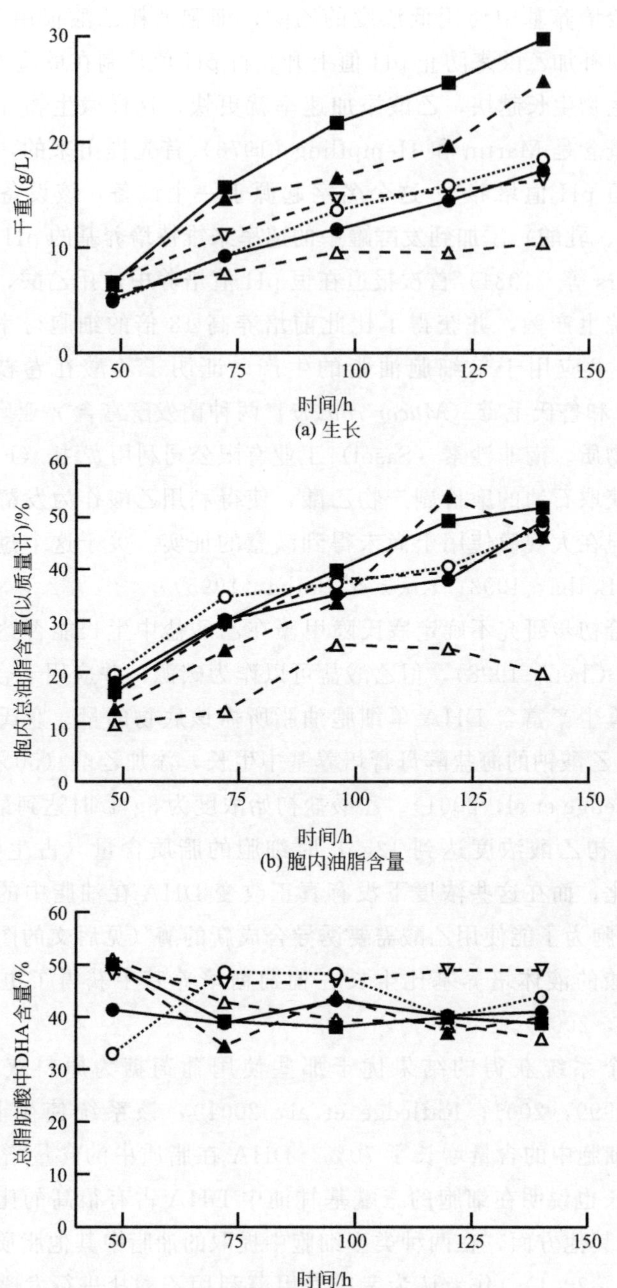

图 7-1 生长、胞内油脂含量和总脂肪酸中二十二碳六烯酸（DHA）含量

寇氏隐甲藻培养在 pH＝6.5，并向培养基中提供不同浓度的乙酸钠，根据需求添加乙酸。

乙酸钠浓度：● 4g/L；○ 6g/L；■8g/L；▲10g/L；▽12g/L；△16g/L

（来源：Ratledge et al，2001）

表 7-A　在葡萄糖的分批培养和乙酸的恒 pH 值培养中寇氏隐甲藻（*C. cohnii*）ATCC30772 总脂肪酸和中性脂质的脂肪酸（例如甘油三酯）分布

脂肪酸	葡萄糖（质量分数）/%		乙酸（质量分数）/%	
	总油脂	中性脂①	总油脂	中性脂①
10:0	7	7	tr②	tr②
12:0	24	19	7	8
14:0	26	22	21	16
16:0	8	9	18	16
16:1	1	2	2	2
18:0	1	1	2	1
18:1	7	9	11	10
22:6（DHA）③	26	31	39	47

① 代表每一个占总脂肪的 74%～75%。
② tr 代表“微量”（≤0.5%）。
③ DHA 为二十二碳六烯酸。
来源：Ratledge et al，2001。

de Swaaf 等（2003）通过延长培养时间（达到 400h）使生物量达到了 109g/L（图 7-2），这一结果已经证实了这些发现。然而，这样的高密度培养要求充分的混合来维持足够的溶氧水平，但供氧方式会使培养液的黏度上升。黏度增加是由于产生了有黏性的胞外多糖引起的（de Swaaf et al，2001）。在 DHA 大规模工业化生产中，多糖的产生也带来了很多困惑，需要在培养基中添加商业多糖水解酶来降低黏度。这样也可以降低用来维持固定溶氧水平的搅拌转速（de Swaaf et al，2003）。

在各种恒 pH 值培养装置中，乙酸向生物量转化的整个过程中每克乙酸约产生 0.13g 生物量（de Swaaf et al，2003）。然而这样的转化率并不高。从某种意义上来讲，发生这样的现象是因为乙酸中含有的能量少于葡萄糖（Linton & Rye，1989）。不过提高生物量得率还是可能的，因为以前的研究发现酵母和细菌的生长得率可以达到每克乙酸产生 0.35g 生物量（Ratledge et al，2006）。而微生物以葡萄糖为碳源通常是每克葡萄糖产生 0.45g 或 0.5g 生物量（Ratledge et al，2001）。

寇氏隐甲藻利用乙酸盐的生长得率如此低的另一个原因是细胞在培养基中分泌产生了琥珀酸的缘故（Hopkins 公布了这项研究工作）。在乙酸盐控制恒定 pH 值培养中作者还记录了在发酵罐中的乙酸盐浓度不会随时间的变化保持恒定。事实上，尽管在连续不断地加入新鲜的乙酸，但是乙酸浓度还是由最开始的 8g/L 降低到了 1g/L（Wynn 公布了此项研究）。这种降低现象与预期产生了一些分歧，乙酸盐进入了一些胞外代谢，已经证实这些代谢中琥珀酸积累到了 5g/L。这种积累是因为在三羧酸循环中存在琥珀酸向富马酸转化这样一个限速步骤（图 7-3）。乙

酸使细胞生长加剧，这就使得有两条途径产生琥珀酸：一个来源于异柠檬酸裂合

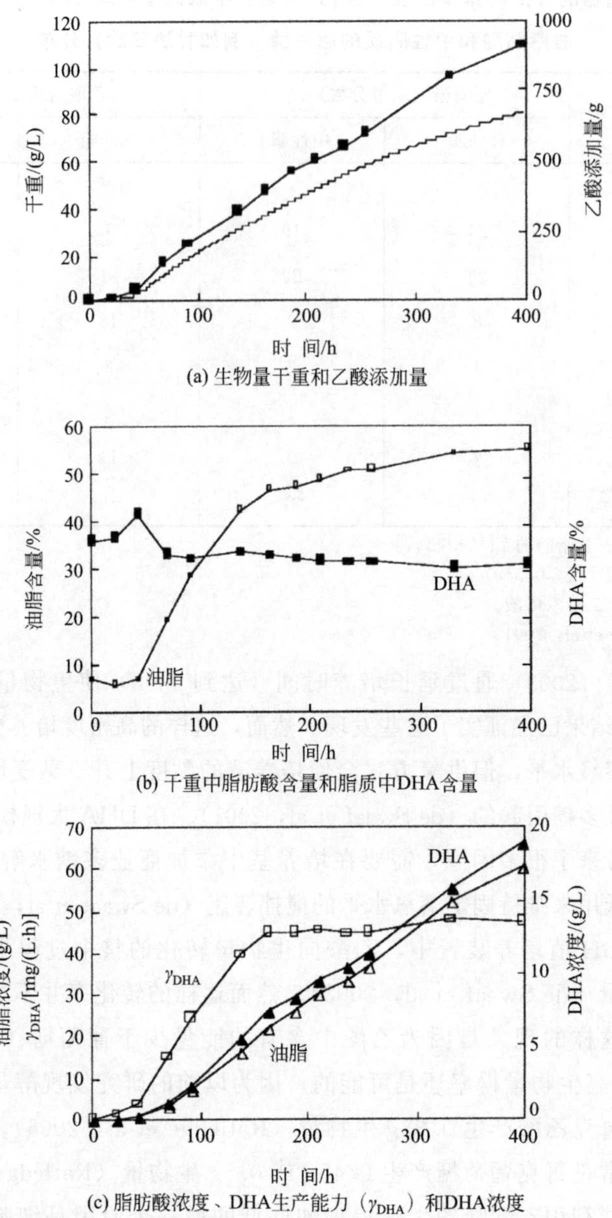

(a) 生物量干重和乙酸添加量

(b) 干重中脂肪酸含量和脂质中DHA含量

(c) 脂肪酸浓度、DHA生产能力（γ_{DHA}）和DHA浓度

图 7-2 分批补料培养中补加纯乙酸对寇氏隐甲藻的影响

初始培养基：酵母膏 10g/L，海盐 25g/L，接种量 10%（以体积计）

（来源：de Swaaf et al，2003a）

酶，另一个来自酮戊二酸。

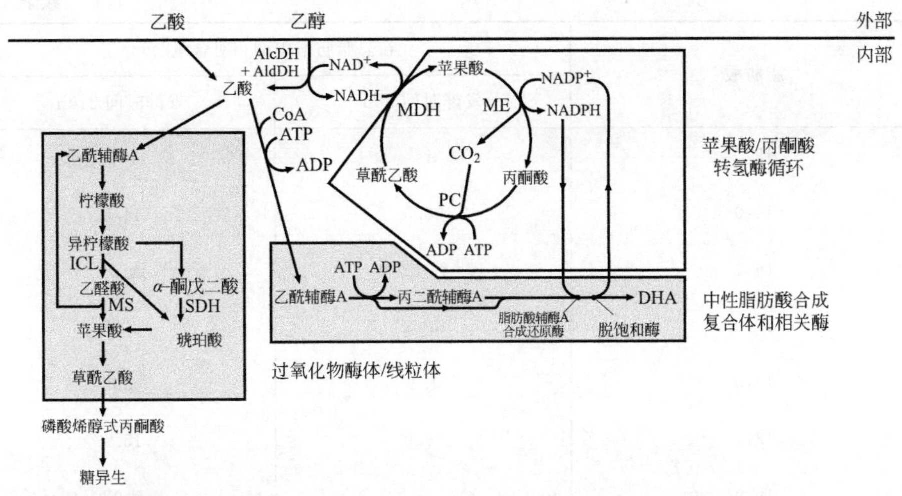

图 7-3 寇氏隐甲藻（*C. cohnii*）利用乙酸和乙醇的 DHA 合成途径

乙醇转化成乙酸根（乙酰辅酶 A）生成 2 摩尔 NADH：一个来自乙醇脱饱和酶（AlcDH）反应，另一个来自乙醛脱饱和酶（AldDH）反应。然后乙酸盐的代谢在线粒体或过氧化酶体中通过三羧酸循环产生 NADH。将乙酸盐转化成生物质前体（通过糖质新生）要求诱导合成两种酶：异柠檬酸裂合酶（ICL）和苹果酸合成酶（MS）。琥珀酸的产生是在 ICL 和琥珀酸脱饱和酶（SDH）作用下形成的，这可以推测琥珀酸转化成延胡索酸（没有标出，但它转化成了苹果酸）的利用速率小于它的合成速率。NADH 转化成了 NADPH，脂肪酸合成和脂肪酸脱饱和都需要 NADPH，这个过程通过苹果酸或丙酮酸转氢循环涉及的酶有苹果酸脱饱和酶（ME）、丙酮酸羧化酶（PC）和苹果酸酶（MDH）。这个循环已经在其他产油微生物中得到证实（Ratledge & Wynn，2004），但在寇氏隐甲藻中并未得到证实。

针对产生琥珀酸（很明显这个途径浪费了部分乙酸，使得产生的生物量得率降低）惯用的一个解决方案是在培养基中添加体积分数为 1% 的丙酸。图 7-4 表明在这样的条件下微生物的生物量得率会增长。在生长结束时生物量持续上升到了 50g/L 左右，总脂质达到了细胞生物量的 60%。DHA 占脂肪酸的量大约维持在 35%～40%（表 7-B）。

表 7-B 分析培养基中包含体积分数 1% 丙酸的乙酸恒 pH 值培养寇氏隐甲藻对所产脂肪酸分布的影响①

脂肪酸	在总脂肪酸中的相对含量/%	
	发酵时间 96h	发酵时间 240h
10:0	1	2.8
12:0	6.7	8.1
14:0	19.4	13.8
14:1	—	约 0.7②

续表

脂肪酸	在总脂肪酸中的相对含量/%	
	发酵时间 96h	发酵时间 240h
15:0	tr③	0.1
16:0	20.5	14.2
16:1	约 1②	约 2②
17:0	0.03	0.05
18:0	1.4	0.05
18:1	14.9	15.4
19:0	—	0.02
20:0	0.4	0.25
22:1	0.1	0.3
22:6	34.1	39.9
总的奇数链脂肪酸	0.03	0.17

① 这个发酵过程如图 7-4 所示。只有其中两个时间的样品在此展示，但其他样品保持不变。

② 为估计值，因为没有从 GC 得到准确值。

③ tr 代表“微量”（≤0.01%）。

（来源于 Kanagachandran，Anderson，& Ratledge，未公布的数据）

当使用乙酸盐时丙酸可以促进细胞的生长这一现象的原因还不清楚，但可能是丙酸提供了额外的草酰乙酸给细胞的缘故。它弥补了一个代谢瓶颈，正好证实了以前琥珀酸积累的原因。草酰乙酸的供应可以通过三羧酸循环将丙酸转化为丙酮酸，这已经在其他微生物中得到了证实（Doelle，1969）。丙酮酸脱羧酶的活性使得丙酮酸可以提供额外的草酰乙酸和其他在合成大量细胞成分时需要的前提物质（Ratledge，2006）。显然，在乙酸盐中细胞生长和代谢并不平衡；增加丙酸可以促进这种平衡，从而增加生物量形成的效率。

与预期相比，添加丙酸不会增加脂质中奇数碳原子脂肪酸的链长（表 7-B）。在乙酸盐中培养时添加丙酸直到生长结束时细胞的整个脂肪酸分布中这种底物的典型产物没有呈现出任何奇数碳原子脂肪酸链的迹象。但是它们的组成也不到总脂肪酸的 0.2%。通常，某个脂肪酸可能会达到总脂质的 10%，这种可能来源于丙酸的奇数碳原子链被脂肪酸合成酶利用了。因此，增加丙酸通常用于其他特点的细胞代谢，可以在使用乙酸盐这种特殊碳源时明显地促进这种性能。

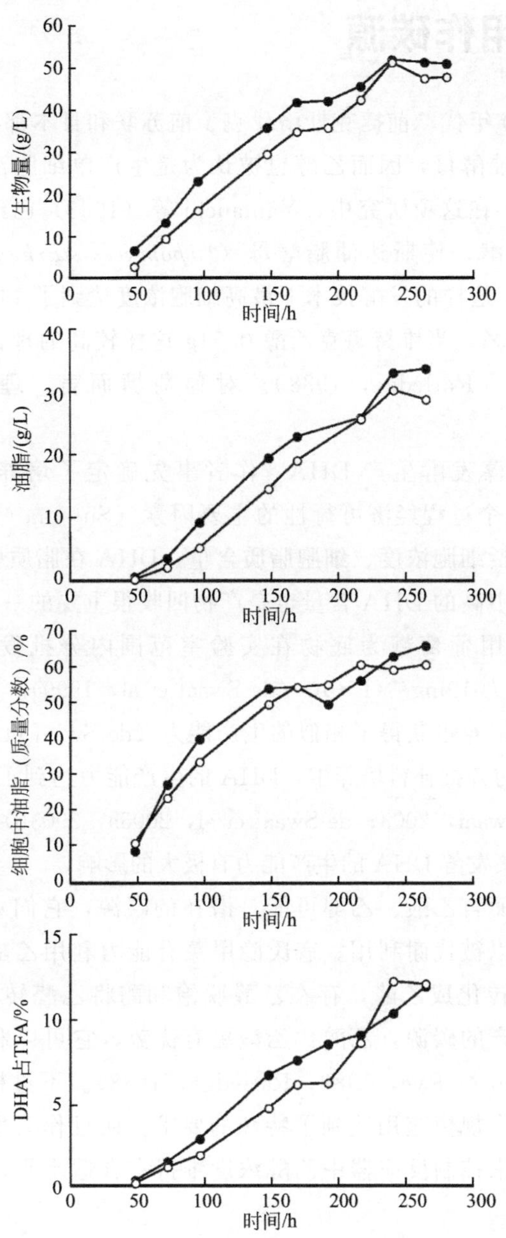

图 7-4　在 pH 值自动控制培养时利用乙酸补料（包括 10g/L 丙酸）对寇氏隐甲藻（*C. cohnii*）ATCC 30772 生长的影响研究。两个曲线是从两个 5L 发酵罐获得的数据

（来源于 Kanagachandran，Anderson，& Ratledge，未公布的数据）

7.4 乙醇用作碳源

20 世纪 70～80 年代，前捷克斯洛伐克、前苏联和日本都花费大量的时间研究用乙醇发酵多种产油酵母，因而乙醇也被认为是生产单细胞油脂的一个潜在资源（Ratledge，1988）。在这项研究中，Yamauchi 等（1983）已经实施了微型计算机控制的分批补料发酵，使斯达油脂酵母（*Lipomyces starkeyi*）在最优浓度 2.5 g/L的乙醇中生长。这样的发酵技术下最高细胞浓度达到了 140h 的 153g/L，胞内油脂含量超过了 50%。当维持每克乙醇 0.54g 这样较高的理论转化率时，整个转化系数为 0.23g/g（Ratledge，1988）。对葡萄糖而言，理论转化率为 0.32g（Ratledge，1988）。

关于寇氏隐甲藻发酵生产 DHA，作者事先确定了培养范围和体积生产力（r_{DHA}）作为判断这个过程经济可行性的主要因素（Sijtsma et al，1998）。r_{DHA}因子的决定性因素包括细胞浓度、细胞脂质含量、DHA 在脂质中的含量以及培养时间。显然，生物量中高的 DHA 含量也是产物回收很重要的一点。

有报道指出利用葡萄糖为底物在实验室范围内分批发酵培养寇氏隐甲藻 ATCC30772 的 r_{DHA}为 19mg/（L・h）（de Swaaf et al，1999）。葡萄糖浓度为体积分数 50%的分批补料培养也获得了相似的生产能力（de Swaaf et al，2003）。控制 pH 值利用乙酸为碳源的分批补料培养中，DHA 的生产能力达到了 48mg/（L・h）（图 7-2 和图 7-4）（de Swaaf，2003；de Swaaf et al，2003a，2003b）。这个结果清晰地指出碳源对寇氏隐甲藻发酵 DHA 的生产能力有极大的影响。

对寇氏隐甲藻而言乙酸、乙醇可能是潜在的碳源，它们对细胞没有毒性，可以进入细胞，也可以被代谢利用。寇氏隐甲藻有能力利用乙醇表明细胞中存在乙醇脱饱和酶将乙醇转化成乙醛，存在乙醛脱饱和酶将乙醛转换成乙酸（图 7-3）。作为大规模发酵生产的碳源，乙醇比乙酸更有优势，它可以利用碳底物得到高的生物量得率（Linton & Rye，1989；Ratledge，1988）。不过根据经验，乙醇的可燃属性使得储存和大规模应用受到了特殊的要求。而且作为发酵原料，乙醇的应用要求有特殊设备来控制反应器中乙醇浓度维持在合适水平，同时也要对补料系统加以控制。

在最初的摇瓶培养阶段研究了寇氏隐甲藻对乙醇可能的利用。微藻生长在含酵母膏、海盐、各种浓度的乙醇合成培养基中（de Swaaf et al，2003b）。当酵母膏单独用作碳源时微生物的生长是可以忽略的。而乙醇为 5g/L 或 10g/L 时，细胞生长良好（图 7-5）。在那些乙醇浓度下可以通过对数生长期的生长曲线计算得到比生长速率为 0.05h^{-1}。10g/L 乙醇比 5g/L 乙醇对寇氏隐甲藻生长的延滞期抑制明显。当乙醇浓度达到 15g/L 或更高时，很大程度上削弱了寇氏隐甲藻的生长。

那些数据清晰地证明，像乙酸一样，分批培养中直接使用乙醇并不能达到高的生物量浓度。

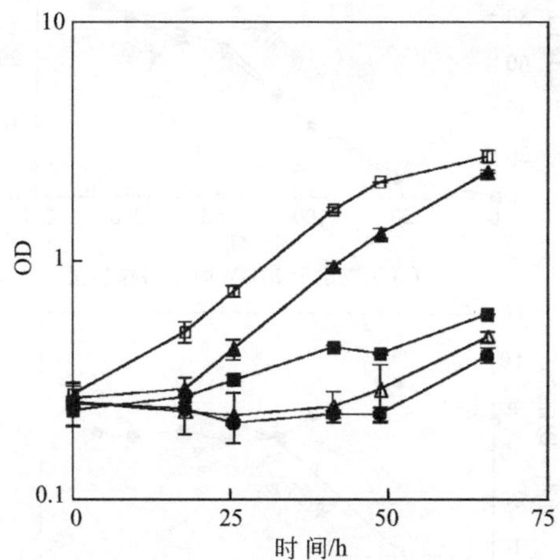

图 7-5 摇瓶培养时乙醇初始浓度对寇氏隐甲藻生长的影响

培养基包括：酵母膏 2g/L，海盐 25g/L，体积分数 10%接种量。乙醇浓度分别为 0，5g/L，10g/L，15g/L，25g/L。1 个 OD 大约相当于 1g/L 细胞干重。
（来源于 de Swaaf et al，2003b）

为了既避免对细胞的毒害又有足够的乙醇为生长和代谢活动提供能量，de Swaaf (2003b) 在实验室 2L 发酵罐中利用计算机控制开发了乙醇分批补料过程。当生长和脂质积累要求充足的供氧时，要保持超过 30%的空气饱和度来更好地增加溶解氧张力 (DOT)，这个目标可以通过自动控制搅拌转速（范围：200～1250 r/min）和对空气进行过滤除菌实现。而且，极高的细胞密度培养时黏度有极大上升，这样培养液中的多糖酶（Glucanex from Novo Nordisk，Neumatt，Switzerland）添加量达到了 0.5g/L。

起始培养基维持接入种子的生长需要 5.5g/L 乙醇。与以前描述过的乙酸过程相比，乙醇添加不会改变控制的 pH 值。因此，研究者开发了一个基于 DOT 改变的乙醇自动补料系统。并且，在培养基中使用灭菌乙醇传感器结合到乙醇补料系统中取得了相似的结果（Sijtsma & van der Wal，未出版工作）。

寇氏隐甲藻分批补料培养，发酵时间超过 220h 时发酵罐中添加的乙醇总量达到了 300g（图 7-6）。接种开始后 52h 估算比生长速率为 0.047h^{-1}，这与估算乙醇摇瓶培养的最大比生长速率能很好地吻合（图 7-5）。

与葡萄糖培养相比，发现利用乙醇发酵所得最大比生长速率稍微有点低，在 50～150h^{-1}之间，生物量浓度呈线性增长，这指出氧气供应和摄入不足会限制其生长。过了这个时期，生物量浓度的增长呈平衡状态（图 7-6）；超过这个时期，

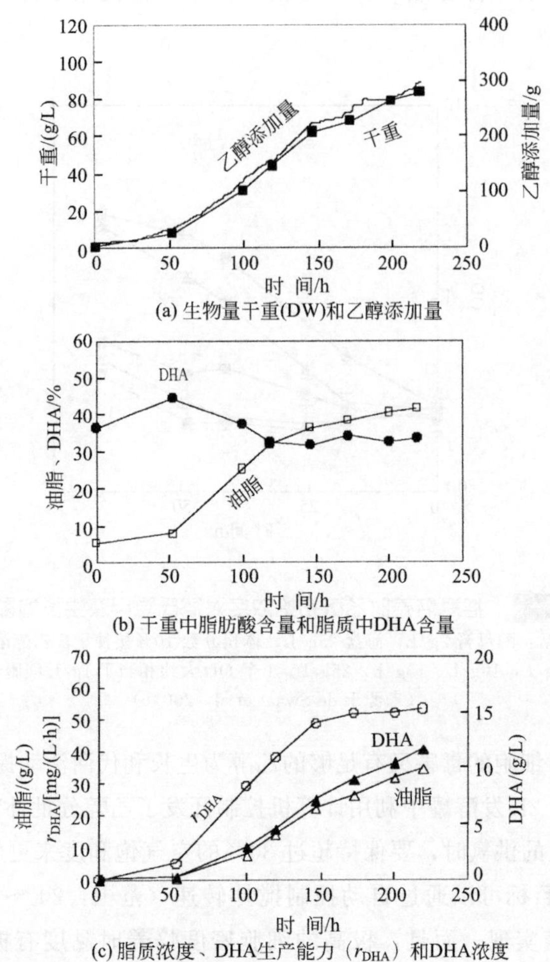

(a) 生物量干重(DW)和乙醇添加量

(b) 干重中脂肪酸含量和脂质中DHA含量

(c) 脂质浓度、DHA生产能力（r_{DHA}）和DHA浓度

图 7-6 补加纯乙醇对分批补料培养寇氏隐甲藻的影响

（来源于 de Swaaf et al，2003b）

脂质在生物量中所占比例从 9%增加到了 35%；发酵结束达到了 42%（图 7-6）。在这个过程开始的 120h 内，DHA 在脂质中的含量从 44%改变到了 32%；在发酵的最后 100h 仍然保持在 33%（图 7-6）。发酵结束后细胞干重、脂质和 DHA 浓度各为 83%、35%和 11.7g/L（图 7-6）。最后 DHA 单位体积生产率（r_{DHA}）为 53mg/（L·h）。计算乙醇培养时生物量得率为每克乙醇生成 0.31g 生物量（de Swaaf et al，2003c），这个值是在乙酸中培养值的 2.4 倍。

7.5 C_2为碳源生产脂肪酸

与葡萄糖相比，寇氏隐甲藻发酵产 DHA 中使用乙酸或乙醇作碳源都会明显地增加产DHA的能力（表7-C），这样能提高生产能力的主要原因在于脂质合成时乙酸或乙醇直接进入乙酰辅酶A进行代谢。因此，在这个关键代谢中它们能维持高的浓度，对寇氏隐甲藻脂质合成很重要，这个理论已经在很多地方得到证实(Sijtsma et al，1998；Verduyn et al，1991；Sijtsma & de Swaaf，2004)。

表7-C 比较使用葡萄糖（500g/L）、乙酸的恒pH值培养和乙醇分批补料培养对寇氏隐甲藻的影响

项　目	指标		
	葡萄糖为补料	醋酸为补料	乙醇为补料
时间/h	120	210	200
生物量/（g/L）	26	59	77
油脂含量（质量分数）/%	15	50	41
油脂浓度/（g/L）	3.8	30	31
油脂中DHA含量（质量分数）/%	46	32	33
DHA浓度/（g/L）	1.7	9.5	10.4
生物量生产率/［mg/（L·h）］	216	281	385
油脂生产率/［mg/（L·h）］	31.6	143	155
DHA生产率/［mg/（L·h）］	14	45	52

注：选择了120h（糖）、200h（酒精）、210h（醋酸）时间点的参数。
（来源于de Swaaf et al，2003b）

在葡萄糖中培养细胞，主要的碳通量涉及葡萄糖的吸收、糖酵解、转运丙酮酸进入线粒体、将丙酮酸转化成柠檬酸、转运柠檬酸进入细胞质、在ATP作用下裂解柠檬酸、在柠檬酸裂合酶作用下得到乙酰辅酶A。这个过程已经在酵母和真菌中探索过，并作为理解其他微生物脂质合成过程的基础。

假设寇氏隐甲藻DHA合成与其他微生物具有相似的代谢途径（这可能是一个非常大的假设），从图7-3可以看到乙醇比乙酸产生更高的细胞或DHA得率。这种现象的发生可能是因为乙醇比乙酸更能减少能量（减少了NADH形式的能量）消耗，大量的乙酸根需要转化成乙酰辅酶A进入脂肪酸合成。然而，NADH不是每秒都在使用，但是它的转化需要在转氢酶作用下利用NADPH进行，涉及的酶有苹果酸脱饱和酶（图7-3）、丙酮酸羧化酶、苹果酸酶。相同的系统可能还要为各种脱饱和提供NADPH来形成DHA。总之，每个DHA的合成需要消耗26个NADPH，以传统的脂肪酸合成途径来合成DHA：每2个用于10个缩合反应（用于减少β-酮脂酰和α,β-非饱和脂肪酸中间体），加上1个用于6个脱饱和（参阅第1章）。然而，乙醇产生的NADH可以比乙酸多50%（Heijnen，2006），这样我们就很容易知道乙醇为什么可以比乙酸产生更高的生物量得率。NADH除了用于脂肪酸的合成，在氧化磷酸化过程中是细胞主要的能源（ATP）来源（Ratledge，2006）。因此，乙醇并不是只产生乙酰辅酶A，更为重要的是它比乙酸产生更多的能量，使得能产生更高的细胞得率。

乙醇是否作为底物用于大规模生产DHA，而不是乙酸或者葡萄糖，我们都将很期待开发它适当的商业价值。它可能的相关性是乙醇转化为脂质的效率比葡萄糖和乙醇更高（Ratledge，1988；Yamauchi et al，1983），因此乙醇可能是单细胞油脂生产最经济的原料。

7.6 甘油作为碳源

由于从生物柴油生产过程中获得了大量廉价的粗甘油，人们对能否将它应用在各种发酵过程中（包括作为可替代碳源生产单细胞油脂）相当关注。Meesters等（1996）和Yokochi等（1998）用纯甘油作碳源来培养弯曲隐球菌（*Crytococcus curvatus*）和蛞蝓裂殖壶菌（*Schizochytrium limacinum*）两种菌，使其产单细胞油脂。最近，有人使用生物柴油废弃产品培养裂殖壶菌（*Schizochytrium* spp.）产富含DHA的单细胞油脂（Yokochi et al，1998；Chi et al，2007；Pyle et al，2008）。Papanikolaou和Aggelis（2009）也已经使用该底物培养解脂耶氏酵母（*Yarrowia lipolytica*）产单细胞油脂，并联产柠檬酸。虽然我们目前还没有数据证实寇氏隐甲藻能利用这种甘油作为碳源生长和产DHA，也还没有任何涵盖这方面主题的出版物，但我们相信甘油能像葡萄糖那样有效地用于微生物的生长和油脂的合成（de Swaaf et al，1999；Mendes et al，2007）。葡萄糖转化成生物量的得率系数是每克葡萄糖产0.4～0.5g细胞，希望甘油与葡萄糖的得率系数大致相同（Ratledge，2006）。这是因为甘油（$C_3H_8O_3$）只有葡萄糖（$C_6H_{12}O_6$）一半的有效性：它与葡萄糖一样经过糖酵解途径，同时也将开始转化成的3-磷酸甘油酸直接产生丙酮酸（Ratledge & Wynn，2002；以及Papanikolaou & Aggelis，2009的图解）。C_3为底物，就不需要诱导乙醛酸支路酶的活性（见图7-3）。从甘油合成丙酮酸再转化成乙酰辅酶A用于脂肪酸的合成，同时也转化为草酰乙酸，再转化成苹果酸（图7-3），然后依赖苹果酸酶活性产生NADPH——事实上这样脂肪酸合成途径就被削减了。脂肪酸包括DHA的得率与以葡萄糖为底物合成的脂肪酸的得率相似（见表7-C）。

然而，利用生物质柴油炼制获取的甘油生产单细胞油脂和富含DHA的油脂存在一个重要的问题：它达不到食品级质量要求。粗甘油中有很多杂质，包括残留的正己烷和各种皂化的脂肪酸。虽然那些物质可能不会影响DHA的生产能力，但正己烷的存在使得这种物质用于以人类（也可能是动物）消费为目的产品生产的可能性排除了。除此之外，用于生物柴油生产的脂肪酸可能包含各种致癌物质的废弃烹饪油。因此，在 DHA 生产中粗甘油并不是可行的原料物质。相同的观点也适用于任何以食品为目的的发酵产品生产，包括柠檬酸。当然，粗甘油可能用于生物燃料（见第 15 章）或食物链外任何产品的单细胞油脂的生产而言确实很好。

参 考 文 献

Albert, C.M.; C.H. Hennekens; C.J. O'Donnell; U.A. Ajani; V.C. Carey; W.C. Willett; J.N. Ruskin; J.E. Manson. Fish consumption and risk of sudden cardiac death. *J. Am. Med. Ass.* **1998,** *279,* 23–28.

Beach, D.H.; G.G. Holz. Environmental influences on the docosahexaenoate content of the triacylglycerols and phosphatidylcholine of a heterotrophic, marine dinoflagellate, *Crythecodinium cohnii. Biochim. Biophys. Acta,* **1973,** *316,* 56–65.

Chi, Z.; D. Pyle; Z. Wen; C. Frear; S. Chen. A laboratory study of producing docosahexaenoic acid from biodiesel-waste glycerol by microalgal fermentation. *Proc. Biochem.* **2007,** *42,* 1537–1545.

de Swaaf, M.E. Docosahexaenoic acid production by the marine alga *Crypthecodinium cohnii.* Ph.D. Thesis, TU Delft, The Netherlands, 2003, pp 61–98.

de Swaaf, M.E; T.C. de Rijk; G. Eggink; L. Sijtsma. Optimisation of docosahexaenoic acid production in batch cultivations by *Crypthecodimium cohnii. J. Biotechnol.* **1999,** *70,* 185–192.

de Swaaf, M.E.; G.J. Grobben; G. Eggink; T.C. de Rijk; P. van der Meer; L. Sijtsma. Characterisation of extracellular polysaccharides produced by *Crypthecodinium cohnii. Appl. Microbiol. Biotechnol.* **2001,** *57,* 395–400.

de Swaaf, M.E.; L. Sijtsma; J.T. Pronk. High-cell-density fed-batch cultivation of the docosahexaenoic-acid producing marine alga *Crypthecodinium cohnii. Biotechnol. Bioeng.* **2003a,** *81,* 666–672.

de Swaaf, M.E.; J.T. Pronk; L. Sijtsma. Fed-batch cultivation of the docosahexaenoic acid producing marine alga Crypthecodinium cohnii on ethanol. *Appl. Microbiol. Biotechnol.* **2003b,** *61,* 40–43.

de Swaaf, M.E.; T.C. de Rijk; P. van der Meer; G. Eggink; L. Sijtsma. Analysis of docosahexaenoic acid biosynthesis in Crypthecodinium cohnii by ^{13}C labelling and desaturase inhibitor experiments. *J. Biotechnol.* **2003c,** *103,* 21–29.

Doelle, H.W. Bacterial Metabolism. Academic Press: New York and London, 1969; pp 266–268.

du Preez, J.C.; M. Immelman; J.L.K. Kock; S.G. Kilian. Production of gamma-linolenic acid by Mucor circinelloides and Mucor rouxii with acetic acid as carbon substrate. *Biotech. Lett.* **1995,** *17,* 933–938.

Harrington, G.W.; G.G. Holz. The monoenoic and docosahexaenoic fatty acids of a heterotrophic dinoflagellate. *Biochim. Biophys. Acta* **1968,** *164,* 137–139.

Heijnen, J.J. Stoichiometry and kinetics of microbial growth from a thermodynamic perspective. *Basic Biotechnology,* 3rd edn.; Ratledge, C.; B. Kristiansen, Eds.; Cambridge University Press: Cambridge, UK, 2006; pp 55–71.

Horrocks, L.A.; Y.K Yeo. Health benefits of docosahexaenoic acid (DHA). *Pharmacol. Res.* **1999,** *40,* 211–225.

Kock, J.L.F.; A. Botha. South African Patent 91/9749, **1993.**

Kock, J.L.F.; A. Botha. U.S. Patent 5,429,942, **1995.**

Kromhout, D.; E.B. Bosschieter; C. de Lezenne Coulander. The inverse relation between fish consumption and 20-year mortality from coronary heart disease. *N. Engl. J. Med.* **1985,** *312,*

1205–1209.

Kyle, D.J. U.S. Patent 5,374,657, **1994**.

Kyle, D.J. Production and use of a single cell oil which is highly enriched in docosahexaenoic acid. *Lipid Technol.* **1996,** *8*, 107–110.

Linton, J.D.; A.J. Rye. The relationship between the energetic efficiency in different micro-organisms and the rate and type of metabolite overproduced. *J. Ind. Microbiol.* **1989,** *4*, 85–96.

Martin, G.A.; W.P. Hempfling. A method for the regulation of microbial population density during continuous culture at high growth rates. *Arch. Microbiol.* **1976,** *107*, 41–47.

Meesters, P.A.E.P.: G.N.M. Huijberts; G. Eggink. High-cell-density cultivation of the lipid accumulating yeast *Cryptococcus curvatus* using glycerol as a carbon source. *Appl. Microbiol. Biotech.* **1996,** *45*, 575–579.

Mendes, A.; P. Guerra; V. Madeira; F. Ruano; T. Lopes da Silva; A. Reis. Study of docosahexaenoic acid production by the heterotropjic microalgae *Crypthecodinium* cohnii CCMP 316 using carob pulp as a promising carbon source. *World J. Microbiol. Biotechnol.* **2007,** 1209–1215.

Nordøy, A.; R. Marchioli; H. Arnesen; J. Videbæk. n-3 Polyunsaturated fatty acids and cardiovascular diseases. *Lipids* **2001,** *36*, S127–S129.

Papanikolaou, S.; G. Aggelis. Biotechnological valorization of biodiesel dereived glycerol waste through production of single cell oil and citric acid by *Yarrowia lipolytica*. *Lipid Technol.* **2009,** *21*, 83–87.

Pyle, D.J.; R.A. Garcia; Z. Wen. Producing docosahexaenoic acid (DHA)-rich algae from biodiesel-derived crude glucerol: effects of impurities on dha production and algal biomass composition. *J. Agric. Food Chem.* **2008,** *56*, 3933–3939.

Ratledge, C. Biochemistry, stoichiometry, substrates and economics. *Single Cell Oil*; Moreton, R.S., Ed.; Longman Scientific and Technical: Harlow, UK, 1988; pp 33–70.

Ratledge, C. Biochemistry and physiology of growth and metabolism. *Basic Biotechnology*, 3rd edn,; Ratledge, C.; B. Kristiansen, Eds.; Cambridge University Press: Cambridge, UK, 2006; pp 25–71.

Ratledge, C.; J.P. Wynn. The biochemistry and molecular biology of lipid accumulation in oleaginous microorganisms. *Adv. App. Microbiol.* **2002,** *51*, 1–51.

Ratledge, C.; K. Kanagachandran; A.J. Anderson; D.J. Grantham; J.M. Stephenson. Production of docosahexaenoic acid by *Crypthecodinium cohnii* grown in a ph-auxostat culture with acetic acid as principal carbon source. *Lipids* **2001,** *36*, 1241–1246.

Sijtsma, L.; J. Springer; P.A.E.P. Meesters; M.E. de Swaaf; G. Eggink. Recent advances in fatty acid synthesis in oleaginous yeasts and microalgae. *Rec. Res. Dev. Microbiol.* **1998,** *2*, 219–232.

Sijtsma, L.; M.E. de Swaaf. Biotechnological production and applications of the omega-3 polyunsaturated fatty acid docosahexaenoic acid. *Appl. Microbiol. Biotechnol.* **2004,** *64*, 146–153.

Sowers, K.R.; M.J. Nelson; J.G. Ferry. Growth of acetotrophic, methane-producing bacteria in a pH auxostat. *Curr. Microbiol.* **1984,** *11*, 227–230.

Vazhappily, R.; F. Chen. Eicosapentaenoic acid and docosahexaenoic acid production potential of microalgae and their heterotrophic growth. *J. Am. Oil Chem. Soc.* **1998,** *75*, 393–397.

Verduyn, C.; A.H. Stouthamer; W.A. Scheffers; J.P. van Dijken. A theoretical evaluation of growth yields of yeasts. *Ant. van Leeuwenhoek Int. J. Gen. Mol. Microbiol.* **1991,** *59*, 49–63.

Yamauchi, H.; H. Mori; T. Kobayashi; S. Shimizu. Mass production of lipids by *Lipomyces starkeyi* in microcomputer-aided fed-batch culture, *J. Ferment. Technol.* **1983,** *61*, 275–280.

Yokochi, Y.; D. Honda; T. Higashihara; T. Nakahara. Optimization of docosahexaenoic acid production by *Schizochytrium limacinum* SR21. *Appl. Microbiol. Biotechnol.* **1998,** *49*, 72–76.

第8章

利用异养型微藻生产二十碳五烯酸

Zhiyou Wen[a] and Feng Chen[b]

([a]*Department of Biological Systerms Engineering, Virginia Polytechnic Institute and State University, Blacksburg, VA*24061, *USA*; [b]*School of Biological Sciences, The University of Hong Kong, Pokfulam Road, Hong Kong, P.R.China*)

8.1 引言

n-3 系列的多不饱和脂肪酸（PUFA），比如二十碳五烯酸（EPA，20:5n-3）和二十二碳六烯酸（DHA，22:6n-3），对于身体健康的重要性，已经在临床和流行病理学研究中得到明显的验证（Nettleton，1995）。EPA 在生物膜中有着非常重要的作用，在细胞的代谢中它可作为一些油脂的调节前体。总之，它对于治疗人类的一些疾病，比如风湿病、关节炎、心脏病、癌症、精神分裂症以及躁郁症，有着至关重要的作用（Gill & Valivety，1997；Emsley et al，2003；Ponizovsky et al，2003；Su et al，2003；Peet，2004）。这些发现使得人们对开发商业化生产 EPA 这个流程产生了极大的兴趣（Belarbi et al，2000；Grima et al，2003）。

海洋鱼油中有丰富的 EPA 资源，而且现在它也已经成为商业生产 EPA 的一种来源，但是从鱼油中获得和精制 EPA 的花费非常昂贵（Belarbi et al，2000）。

微生物，包括微藻、低级真菌和海洋细菌，是生产EPA的主要来源；鱼类通常通过食物链中的生物积累获得EPA（Barclay et al，1994；Yazawa，1996）。目前人们正在努力研究从微生物中生产EPA来应用于商业生产。这篇文章的目的是总结现在利用微生物特别是微藻生产EPA的优势。

8.2 EPA

8.2.1 结构、影响和重要性

EPA是重要的n-3系列不饱和脂肪酸。另一个重要的并且相关的n-3系列不饱和脂肪酸是DHA。图8-1显示了EPA和DHA的化学结构。在活细胞中EPA广泛分布于中性脂、糖脂和磷脂中（Chen et al，2007）。EPA在不同形式油脂中的分布与细胞所处的生长环境有关，比如温度、盐度（Chen et al，2008a，2008b）。

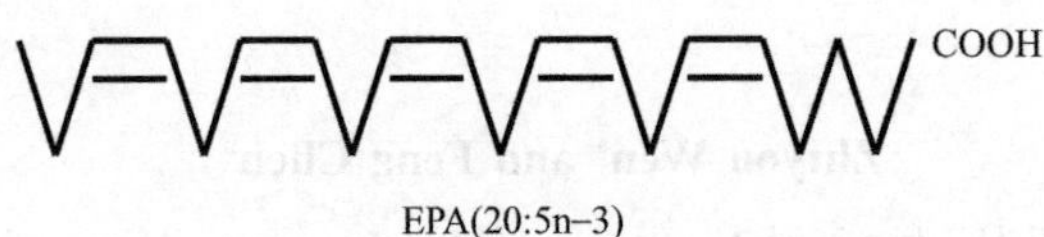

图8-1 二十碳五烯酸（EPA）和二十二碳六烯酸（DHA）的化学结构
（来源于Wen & Chen，2003）

EPA在高等动物和人类体内有着重要的作用，它是合成类花生酸（eicosanoid）系列的前体，类花生酸是调节发育和生理机能的重要物质。类花生酸是一种类似荷尔蒙的物质，包括前列腺素（PG）、血栓素（TX）和白细胞三烯（LT）。花生四烯酸（ARA，20:4n-6）和EPA是类花生酸合成的前体（图8-2）。但是，这两种脂肪酸（FA）合成的类花生酸在结构、功能上是不同的，甚至有的时候它们是相互对抗的。均衡地摄入EPA和ARA可以预防类花生酸功能紊乱，这可能对治疗一些疾病和代谢紊乱也有效果（Nettleton，1995；Gill & Valivety，1997）。

EPA是一种潜在的抗炎药（Calder，1997；Babcock et al，2000）。其中一种

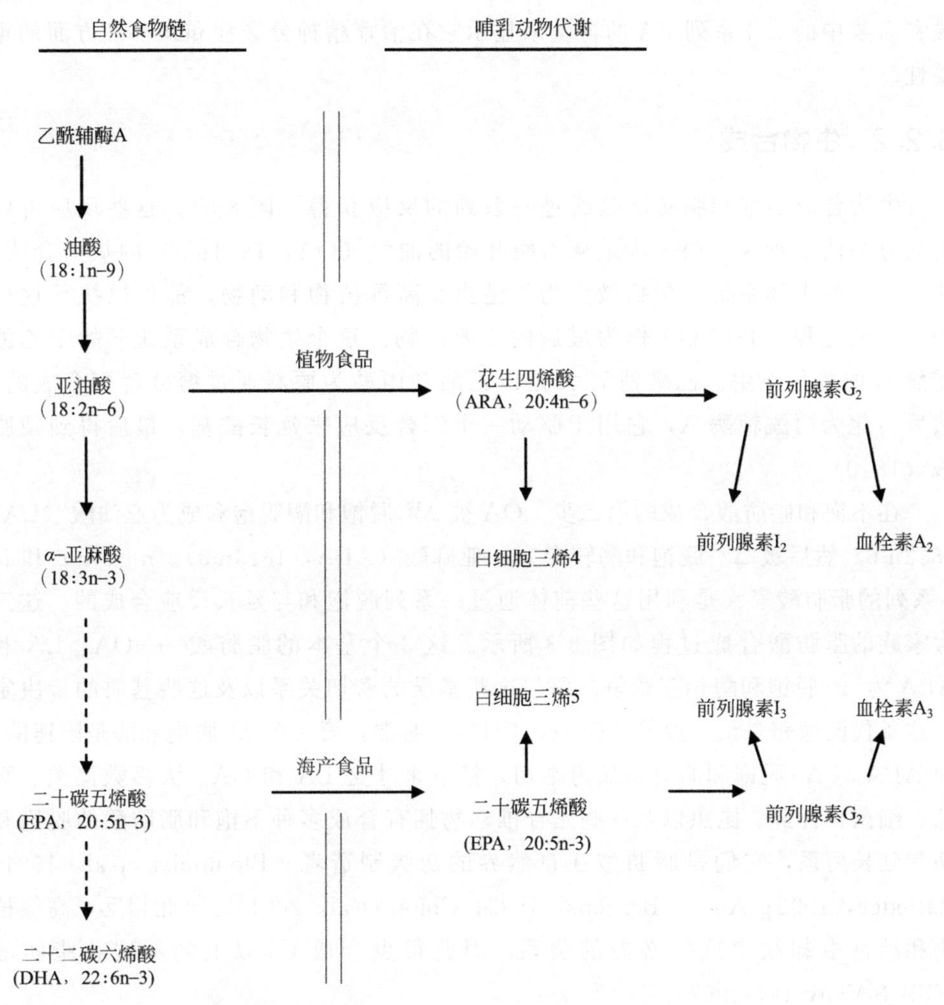

图 8-2 ARA 和 EPA 中 n-3 和 n-6 类花生酸代谢途径
(来源于 Braden & Carroll，1986)

可能的机理是 EPA 衍生的类花生酸和 ARA 衍生的类花生酸通过竞争形成白细胞三烯 5 (LT_5)，因此减少了白细胞三烯 4 (LT_4) 在风湿性关节炎病人体内的积累（图 8-2)。n-6 系列类花生酸对身体组织有很大的影响，而 n-3 系列类花生酸对于不同细胞的应答是不同的或比较弱的（Gurr，1999)。EPA 具有治疗心血管疾病的活性，比如 EPA 可以通过降低低密度的脂蛋白水平来预防动脉粥样硬化（Bonaa et al，1992)。EPA 会影响心脏的电流、跳动节奏和化学应激，因此它可以降低心脏病和心率失常（即心跳异常）的发病可能性。EPA 可以通过降低纤维蛋白的水平来减少血栓症发病的概率，纤维蛋白是一种引发血栓症的积极因素（Hostmark et al，1988）。目前的临床试验证明，EPA 通过增加红细胞膜和血浆中的 ω-3 系列 FA 的含量来显示它在治疗精神分裂症和躁郁症方面的重要性。

8.2.2 生物合成

生物合成不饱和脂肪酸是通过一系列的反应获得（图 8-3）。这些反应可以明显分为两个步骤。第一步是从乙酸开始的油酸（OA，18:1n-9）的从头合成。几乎所有的生物系统，包括微生物、昆虫、高等植物和动物，都可以执行这样一个合成过程，并以 OA 作为最后的主要产物。这个生物合成系统开始于乙酰辅酶 A 的羧化作用。乙酰辅酶 A 是以乙酸和丙酸为原料通过糖分解酶合成的，然后转化为丙酰辅酶 A，它用于驱动一个缩合反应来延长酰基，最后得到硬脂酸（18:0）。

在不饱和脂肪酸合成的第二步，OA 被 Δ^{12}-脱饱和酶脱饱和成为亚油酸（LA，18:2n-6）然后被 Δ^{15}-脱饱和酶转变为 α-亚麻酸（ALA，18:3n-3）。n-9、n-6 和 n-3 系列的脂肪酸家族是利用这些前体通过一系列脱饱和与延长反应合成的。这三大家族的脂肪酸合成过程如图 8-3 所示。这 3 个基本的脂肪酸——OA、LA 和 ALA 为 Δ^{6}-脱饱和酶相互竞争。酶与这些基质的密切关系以及这些基质的量决定了这条代谢通路是最主要的（Gurr，1985）。通常，第一个 Δ^{6}-脱饱和酶是限速酶，而 ALA 与 Δ^{6}-脱饱和酶关系最为密切，接下来才是 LA 和 OA。大多数藻类、真菌、细菌、苔藓、昆虫以及一些无脊椎动物拥有合成多种不饱和脂肪酸的脱饱和酶和延长酶系，它们是脂肪酸在自然界的初级制造者（Blomquist et al，1991；Ratledge，1993；Apt & Behrens，1999；Chiou et al，2001）。与此相反，高等植物和动物中却缺少这样必需的酶系，因此很少合成 C_{18} 以上的不饱和脂肪酸（Gill & Valivety，1997）。

总之，EPA 可以通过 n-6 途径（比如，从 LA 到 ARA，然后合成 EPA）或者 n-3 途径（比如，从 ALA 合成 EPA）合成（Shimizu et al，1989）。一些真菌种类，比如高山被孢霉（*Mortierella alpina*）和畸雌腐霉（*Pythium irregulare*），它们合成 EPA 主要是通过 n-6 途径而不是 n-3 途径，因为这些真菌拥有活性非常强的 Δ^{12}-脱饱和酶及 Δ^{17}-脱饱和酶，可以将 ARA 转变为 EPA（图 8-3）（Shimizu et al，1989；Jareonkitmongkol et al，1993）。在富含 ALA 亚麻仁油添加的培养基中，这些真菌可以利用这些外源的前体（ALA）合成 EPA（Shimizu et al，1989；Athalye et al，2009）。

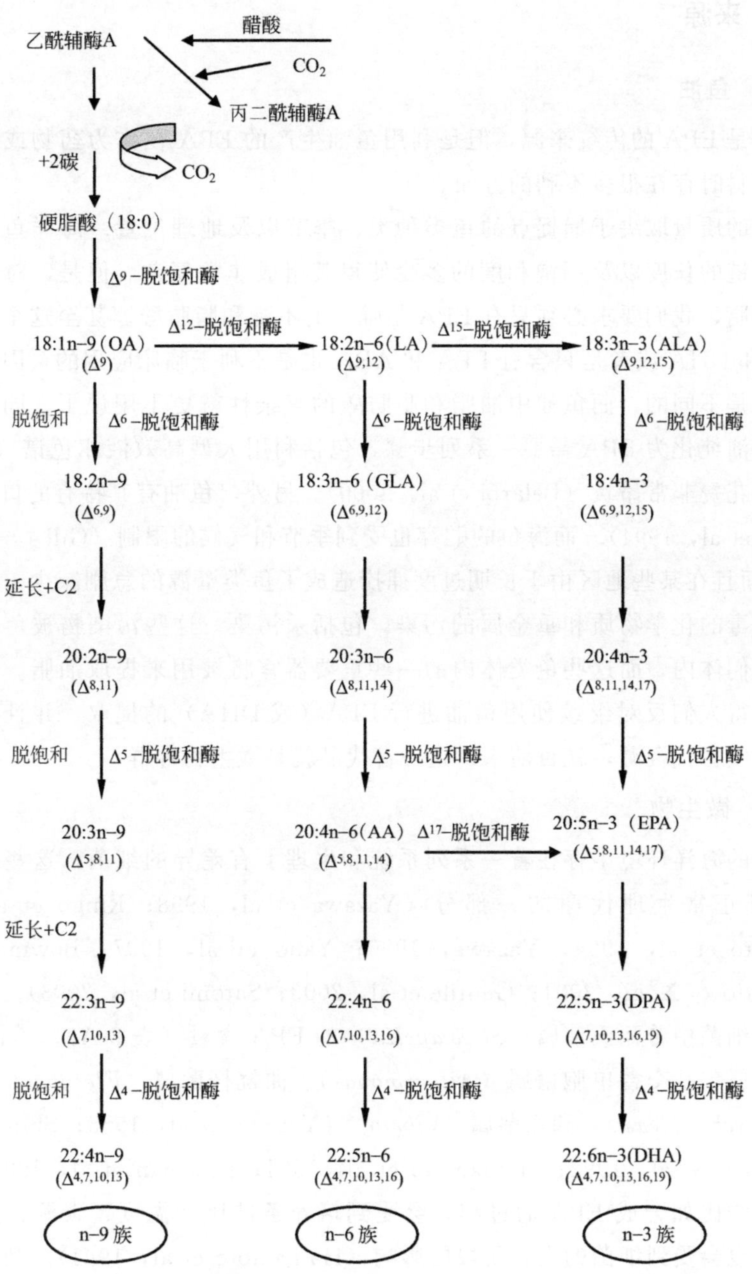

图 8-3　不饱和脂肪酸的生物合成

α-亚麻酸：ALA；γ-亚麻酸：GLA；花生四烯酸：ARA；二十二碳五烯酸：DPA；亚油酸：LA。

（来源于 Wen & Chen，2003）

8.2.3 来源

8.2.3.1 鱼油

鱼油是EPA的传统来源，但是利用鱼油生产的EPA在作为药物或临床等级的药品原料时存在很多不利的方面。

鱼油的质量取决于捕捉点的鱼类种类、季节以及地理位置。海洋鱼油的脂肪酸由于其链的长度以及不饱和度的多变使得其组成非常复杂。但是，对于临床上使用的油脂，我们要求必须只有EPA是唯一的不饱和脂肪酸。甚至这个油脂只含有EPA和DHA或者是只含有EPA和ARA也是不利于临床应用的，因为它们的药物功能是不同的，而鱼油中油脂和脂肪酸的复杂性就更不用说了。同时，将低品质的鱼油纯化为EPA需要一系列步骤，包括利用大型高效液相色谱（HPLC)，这一过程花费非常昂贵（Belarbi et al，2000）。另外，鱼油有其特有的口味和气味（Barclay et al，1994）。而海鱼的贮存也受到季节和气候的限制（Gill & Valivety，1997)，而且在某些地区由于长期过度捕捞造成了鱼类资源的急剧减少。并且鱼油受到了有毒的化学物质和重金属的污染，包括汞污染。这些污染物被鱼类吸收并集中于它们体内，而这些鱼类体内的一些重要器官将被用来提取油脂。以上所有的因素使得人们反对继续使用鱼油进行EPA（或DHA）的提取，并且人们开始鼓励用一些替代资源，就目前来讲这一替代品就是微生物种群。

8.2.3.2 微生物

冰冷的海洋环境中存在着一系列系统和生理上有差异的细菌，这些细菌产生EPA是其正常生理代谢的一部分（Yazawa et al，1998；Ringo et al，1992；Hamamoto et al，1994；Yazawa，1996；Yano et al，1997；Bowman et al，1998；Kato & Nogi，2001；Gentile et al，2003；Satomi et al，2003）。现已广泛研究海洋细菌中希瓦氏菌属（*Shewanella*）的EPA含量（表8-A)。其他的EPA生产细菌属包括交替单胞菌属（*Alteromonas*）、曲挠杆菌属（*Flexibacter*）、冷弯菌属（*Psychroflexus*）和弧菌属（*Vibrio*）（Yazawa et al，1988；Shimizu et al，1989；Ringo et al，1992；Hamamoto et al，1994；Bowman et al，1998）。细菌合成脂肪酸比如合成EPA的过程，会受到培养条件比如温度、碳源、能源的影响，同时也会受到细菌的生长阶段的影响（Hamamoto et al，1994）。利用细菌生产EPA有一个明显的不利，那就是只有当细菌在低温和高压条件下生长时EPA的含量才会在总脂肪酸（TFA）中占优势（Yazawa et al，1988；Shimizu et al，1989；Hamamoto et al，1994；Gentile et al，2003）。因此，将这些细菌实际开发应用于商业生产EPA是非常艰难的。

很多属于被孢霉属（*Mortierella*）、腐菌属（*Pythium*）和水霉属（*Saprolegnia*）

菌属的低级真菌可以产生大量的 EPA（Shimizu et al，1998a，1998b；Bajpai et al，1992；Shirasaka & Shimizu，1995；Cheng et al，1999；Stredansky et al，2000）。高山被孢霉因其具有生产 EPA 的潜力已广泛进行研究（表 8-A）。在这个真菌中温度是调节它合成不同种类脂肪酸的主要因素。当温度超过 20℃时，它会大量合成 ARA。但是，在较低温度（12℃）时，该真菌会大量合成 EPA（Shimizu et al，1998b）。在低温下 ARA 转换成为 EPA，我们认为是由 Δ^{17}-脱饱和酶催化进行的（图 8-3）(Shimizu et al，1989)。在高山被孢霉培养时，外源添加 α-亚麻酸可以使 EPA 的含量得到提高（Shirasaka & Shimizu，1995）。相似的结果也在长孢被孢霉（*M. elongata*）NRRL5513 的研究中报道过（Bajpai et al，1992）。

在各种微生物中，微藻是含有最丰富的 EPA 资源的菌种。研究发现在一系列野生海洋微藻中都含有 EPA，包括以下种类：硅藻纲（硅藻，Bacillariophyceae）、绿藻纲（Chlorophyceae）、金黄藻纲（Chrysophyceae）、隐藻纲（Cryptophyceae）、真眼点藻纲（Eustigamatophyceae）以及绿色鞭毛藻纲（Prasinophyceae）（表 8-B 和表 8-C）。对于紫背紫球藻（*Porphyridium cruentum*）的研究已经进展到可利用这种藻生产 EPA（Cohen，1990）。Ohta 等（Ohta et al，1993）也曾报道过紫背紫球藻中 EPA 的含量很高。大多数硅藻中 EPA 的含量都很高（表 8-C）。Lebeau 和 Robert (2003b) 研究过关于硅藻在生物技术方面的潜力。详细研究过硅藻中的三角褐指藻（*Phaeodactylum tricornutum*）和菱形藻（*Nitzschia laevis*）生产 EPA 的潜力（Ohta et al，1993；Garcia et al，2000；Wen & Chen，2000b）。金色奥杜藻 (*Odontella aurita*) 这种硅藻也曾报道过含有丰富的 EPA，同时也具有基本的微量元素，这种硅藻能在有简单的海水或含盐的地表水的户外池塘生长。在 2002 年 12 月，金色奥杜藻这种海洋硅藻也通过了欧盟新食品和过程咨询委员会的审查，将其认定为一种新的食品（Committee Paper for Discussion，2009）。金色奥杜藻的培养过程已由法国主管机构进行了详细鉴定，并且欧盟其他地区也对其进行了审核。虽然我们已经知道了大量含有 EPA 的微藻，但是只有其中一些种类的工业化生产潜力得到了验证（表 8-B 和表 8-C）。这主要是因为在一般的光合自养条件下这些藻类的生长速率很慢、细胞密度较低。比如，在一个开放式池塘系统中一个典型的细胞密度只有 0.5g/L（Chen，1996）。

表 8-A　细菌、真菌中不饱和脂肪酸含量

微生物		PUFA（占 TFA）/%		培养/分离方法	参考文献
		20:4 (ARA)	20:5 (EPA)		
细菌	海洋希瓦氏菌 (*Shewanella benthica*)	—	16	海参的肠内 南大西洋 4575m 深，4℃	Kato & Nogi，2001

续表

	微生物	PUFA（占 TFA）/%		培养/分离方法	参考文献
		20:4（ARA）	20:5（EPA）		
细菌	武氏希瓦氏菌（*Shewanella woodyi*）	—	16	Detritue 阿尔沃兰海 370m 深，25℃	Kato & Nogi，2001
	希瓦氏菌属（*Shewanella* sp.）	1.9	6.5	南极海水 4℃，30天	Gentile et al，2003
	海动物肠希瓦氏菌（*Shewanella marinintestina*）	1.1	17.5	横滨乌贼体内 日本，20℃	Satomi et al，2003
	真鲷希瓦氏菌（*Shewanella schlegellana*）	2.2	18.6	冻黑鲷体内，20℃	Satomi et al，2003
	竹刀鱼希瓦氏菌（*Shewanella sairae*）	0.7	15.2	秋刀鱼体内，太平洋，20℃	Satomi et al，2003
	Shewanella pealeana	1.6	19.1	海洋培养基，20℃，2天	Satomi et al，2003
	羽田希瓦氏菌（*Shewanella hanedai*）	1.4	23.1	海洋培养基，15℃，2天	Satomi et al，2003
	Shewanella gelidimarina	0.7	14.0	海洋培养基，15℃，2天	Satomi et al，2003
真菌	高山被孢霉 20-17	22.9	4.9	GY 培养基，28℃，6天	Shimizu et a，1989
	高山被孢霉 1-83	24.2	19.8	GY 培养基，12℃，7天	Shimizu et al，1988a
	高山被孢霉 2O-17	38.7	17.1	GY 培养基，12℃，7天	Shimizu et al，1988a
	高山被孢霉 1S-4	28.4	13.9	GY 培养基，12℃，7天	Shimizu et al，1988a
	微孢被孢霉（*Mortierella parvispora*）	14.4	10.9	YM 培养基，12℃，7天	Shimizu et al，1988a
	喜湿被孢霉（*Mortierella hygrophila*）	13.6	10.4	GY 培养基，12℃，7天	Shimizu et al，1988a
	水霉属（*Saprolegnia* sp.）28YTF-1	1.0	3.6	PYM 培养基，28℃，7天	Shirasaka & Shimizu. 1995
	终极腐霉（*Pythium uitimum*）	6.1	8.2	固体培养基（亚麻籽油，大麦），21℃	Stredansky et al，2000
	畸雌腐霉（*Pythium irregulare*）	24	27	1%葡萄糖（基本培养基），24℃，8天	Cheng et al，1999

注：PUFA—多不饱和脂肪酸；EPA—二十碳五烯酸；ARA—花生四烯酸；TFA—总脂肪酸。

表 8-B　海洋微藻中不饱和脂肪酸含量①

菌　体	PUFA（占 TFA）/%			参考文献
	20:4 (ARA)	20:5 (EPA)	22:6 (DHA)	
金藻纲（*Chrysophyceae*）				
陆兹单鞭金藻（*Monochrysis lutheri*）	1	19	—	Yongmanitchai & Ward，1989
伪柄钟藻属（*Pseudopedinella* sp.）	1	27	—	Yongmanitchai & Ward，1989
Coccolithus huxleyi	1	17	—	Yongmanitchai & Ward，1989
卡氏球钙板藻（*Cricosphaera carterae*）	3	20	—	Yongmanitchai & Ward，1989
Cricosphaera elongata	2	28	—	Yongmanitchai & Ward，1989
球等鞭金藻（*Isochrysis galbana*）	—	15	7.5	Grima et al，1992
真眼点藻纲（*Eustigamatophyceae*）				
地下蒜头藻（*Monodus subterraneus*）	4.7	33	—	Hu et al，1997
微拟球藻属（*Nannochloropsis* sp.）	—	35	—	Sukenik，1991
微球藻属（*Nannochloris* sp.）	—	27	—	Yongmanitchai & Ward，1989
盐生微球藻（*Nannochloris salina*）	1	15	—	Yongmanitchai & Ward，1989
绿藻纲（*Chlorophyceae*）				
微小小球藻（*Chlorella minutissima*）	5.7	45	—	Seto et al，1984
青绿藻纲（*Prasinophyceae*）				
Hetermastrix rotundra	1	28	7	Yongmanitchai & Ward，1989
隐藻纲（*Cryptophyceae*）				
蓝隐藻属（*Chromonas* sp.）	—	12.0	6.6	Renaud et al，1999
Cryptomonas moculata	2	17	—	Yongmanitchai & Ward，1989
隐藻属（*Cryptomonas* sp.）	—	16	10	Yongmanitchai & Ward，1989
红胞藻属（*Rhodomonas* sp.）	—	8.7	4.6	Renaud et al，1999

① 所有微藻为光照自养。

注：DHA—二十二碳六烯酸。其他缩写词见表 8-A。

表 8-C　微藻中不饱和脂肪酸的组成

菌　体	PUFA（占 TFA）/%			生长方式	参考文献
	20:4 (ARA)	20:5 (EPA)	22:6 (DHA)		
日本星杆藻（*Asterionella japonica*）	11	20	—	光合自养型	Yongmanitchai & Ward，1989
Amphora coffeaformis	4.9	1.4	0.3	光合自养型	Renaud et al，1999

续表

菌 体	PUFA（占 TFA）/%			生长方式	参考文献
	20:4 (ARA)	20:5 (EPA)	22:6 (DHA)		
中华盒形藻（*Biddulphia sinensis*）	—	24	1	光合自养型	Yongmanitchai & Ward，1989
角毛藻属（*Chaetoceros* sp.）	3.0	16.7	0.8	光合自养型	Renaud et al，1999
菱形筒柱藻（*Cylindrotheca fusiformis*）	—	18.8	—	异养型	Tan & Johns，1996
羽纹脆杆藻（*Fragilaria pinnata*）	8.7	6.8	1	光合自养型	Renaud et al，1999
硅藻舟形藻（*Navicula incerta*）	—	25.2	—	异养型	Tan & Johns，1996
具膜舟形藻（*Navicula pelliculosa*）	—	9.4	—	异养型	Tan & Johns，1996
腐生舟形藻（*Navicula saprophila*）	2.7	16.0	—	兼养微生物①	Kitano et al，1997
新月菱形藻（*Nitzschia closterium*）	—	15.2	—	光合自养型	Renaud et al，1994
碎片菱形藻（*Nitzschia frustulum*）	—	23.1	—	光合自养型	Renaud et al，1994
平滑菱形藻（*Nitzschia laevis*）	6.2	19.1	—	异养型	Wen & Chen，2000b
三角褐指藻（*Phaeodactylum tricornutum*）	—	34.5	—	光合自养型	Yongmanitchai & Ward，1991
中肋骨条藻（*Skeletonema costatum*）	—	29.2	—	光合自养型	Blanchemain & Grizeau，1999

① 所有微藻生长为光照，以乙酸作为碳源。
注：其他缩写词见表 8-A 和表 8-B。
（来源于 Wen & Chen，2003）

8.3 微藻生产 EPA

迄今为止，微藻被认为是最具有商业化生产 EPA 潜力的种类，因为它具有以下一些特性：①大多数微生物细胞内的 EPA 含量都较高；②微藻生长要求的营养相对比较简单，环境因素也比较适中；③它们的培养条件也比较容易控制；④一些微藻可以在非自养条件下生长，这为通过高密度培养技术增加细胞密度提供了可能。

8.3.1 EPA 生产的影响因素

8.3.1.1 培养时间

积累油脂的藻类在培养过程中倾向于将它们的能量以油脂的形式储存。不同的是细胞内不饱和脂肪酸（包括 EPA）的积累趋势依据 S 型曲线：在生长期的后期和稳定期的前期不饱和脂肪酸含量一直增加，然后在稳定期的后期以及细胞死亡期开始时下降（Yongmanitchai & Ward，1989）。在异养的海洋硅藻平滑菱形菌（*Nitzschia laevis*）胞内的 EPA 含量随培养时间增加，但是 EPA 的比例（占 TFA）基本保持稳定（Wen & Chen，2001b）。

8.3.1.2　营养因素

在微藻的生长过程中有一些主要的必需营养元素，包括碳源、氮源和磷元素。硅藻还需要有硅元素。另外，所有的藻类都需要一些盐类，比如钠盐、钾盐、钙盐和一些微量元素（Fe^{3+}、Cu^{2+}、Co^{2+}以及 Zn^{2+}）以模拟自然的海洋环境。在某些情况下，也需要一些维生素 B_{12} 和生物素。

在细胞生长过程中碳源是必需的营养元素，用来提供能量和碳骨架。在光合自养条件下，微藻利用 CO_2 作为碳源。但异养型微藻需要在黑暗条件下生长，因此它们至少需要从一种有机碳源中得到营养，这种有机碳源通常是乙酸或葡萄糖（Springer et al，1994；Vazhappilly & Chen，1998a，1998b）。一些微藻种类也利用其他物质作为碳源，包括单糖、二糖和多糖，比如果糖、蔗糖、乳糖和淀粉。一些专性光合自养的微藻可以通过基因工程改造为异养型，然后利用有机碳源（Zaslavskaia et al，2001）。植物油，比如亚麻籽油、玉米油和菜籽油，依据微藻种类的利用性，可能可以提高微藻的生长或者 EPA 的积累。

最近研究表明，畸雌腐霉（*P. irregulare*）有利用粗甘油生产 EPA 的潜力。粗甘油作为生物柴油制造过程中的一种主要副产物，由于难以处理，已成为生物柴油工业的一个巨大的挑战。以前的研究结果表明粗甘油对于细胞生长和 EPA 积累来说都是一种很好的碳源。粗甘油中主要的杂质即皂化物和甲醇会抑制细胞的生长。皂化物可以通过调节 pH 值而从液体培养基中沉淀出来，而甲醇通过将培养基高压浓缩可以分离出来（Athalye et al，2009）。而且，利用粗甘油培养的畸雌腐霉的化学特性显示它的细胞具有均衡的营养价值（蛋白质、油脂、碳水化合物），并且不含重金属，如汞、铅（Athalye et al，2009）。在未来，根据产品是否能通过 FDA 审查，可以判定细胞是否能作为食品级的产品或者用于 EPA 的纯化。

合成氮源，比如硝酸盐和尿素，能使微藻三角褐指藻（*P. tricornutum*）（Yongmanitchai & Ward，1991）和平滑菱形藻（*N. laevis*）（Wen & Chen，2001b）生长并积累 EPA。当氨基作为氮源时，我们发现培养基的 pH 值波动非常明显，最后这将影响硅藻的生长和 EPA 的积累（Wen & Chen，2001b）。比如，如果将一种铵盐如硫酸盐或氯化物用作氮源，那么它们的吸收都在硫酸和盐酸的吸收之后。这就是 pH 值变化大和细胞活性降低的原因。天然氮源，比如酵母膏、蛋白胨和玉米浆，可以通过其中含有的氨基酸、维生素和生长因子促进大多数微藻的生长（Aasen et al，2000；Wen & Chen，2001b）。但是，这些氮源的贡献与碳源比较起来就没有那么重要了，因为这些氮源的浓度是非常低的。

一般，培养基的碳氮比是通过控制蛋白质和油脂合成之间的转化影响最终细胞油脂的含量（Gordillo et al，1998）。一个高的C/N有利于油脂的积累，这是由于培养基中氮源的消耗引起的（Ratledge，1989）。但是，在小麦根腐小球藻（*Chlorella sorokiniana*）这种微藻中，高的C/N使不饱和脂肪酸的比例降低了（Chen & Johns，1991）。原因可能是因为氮源的短缺，使得甘油三酯（它是多不饱和脂肪酸中的主要成分）积累降低，最终使不饱和脂肪酸的含量降低。

磷酸盐在细胞能量转运中有着非常重要的作用。磷脂与核酸的合成都与磷酸盐有关，而且磷酸盐的水平也会影响细胞内n-3不饱和脂肪酸的含量。Yongmanitchai和Ward（1991）研究了三角褐指藻中磷酸盐浓度对EPA积累的影响情况，发现当磷酸盐浓度较高时EPA的含量也较高。但是，在培养畸雌腐霉时，较高的磷酸盐初浓度使EPA的含量降低了（Stinson et al，1991）。在淡色紫球藻（*Porphyridium purpureum*）的培养中，积累EPA最佳的磷酸盐浓度是3mmol/L（在0.3～30mmol/L的范围内进行了考察）（Ohta et al，1993）。

很多硅藻中都有可观含量的EPA（表8-C）。硅藻需要硅酸盐形成它们的细胞膜（细胞壁是由无定形硅组成的）。硅在硅藻中的代谢过程已经有人总结过（Martin-Jezequel et al，2000）。硅酸盐对于硅藻生长的影响通常遵循莫诺德（Monod）公式（Wen & Chen，2000a）。在硅酸盐缺少的环境下，硅藻细胞通常利用自身细胞内部的硅维持自身的生理活性（Werner，1977）。随着培养基中硅元素的减少，一些海洋硅藻的油脂含量开始增加（Enright et al，1986；Taguchi et al，1987）。相似地，平滑菱形藻中EPA含量随着硅成为营养限制因素而开始增加（Wen & Chen，2000a）。这些现象出现的原因是，在硅元素限制的条件下，细胞将改变它的代谢流向并转移能量，将摄取的硅用于油脂储存（Coombs et al，1967）。

8.3.1.3 环境因素

光合作用需要光照；高效的光合作用则需要对所有的细胞进行最充分的光照。光照的强度和光照/避光的循环对于微藻生长和n-3不饱和脂肪酸积累的影响得到了广泛的证明（Seto et al，1984；Ohta et al，1993；Cohen，1994；Akimoto et al，1998；Gordillo et al，1998）。很多微藻在异养的情况下EPA的含量低于光合自养的情况（Vazhappilly & Chen，1998a，1998b）；在光照条件下n-3不饱和脂肪酸的合成得到了加强，但在避光的情况下细胞生长更快（Chen，1996）。这么看来，在光照/避光的条件下进行兼性培养可以得到最佳的EPA产量。这一方法需要得到进一步的验证。

温度是影响细胞生长、油脂组成以及微藻n-3不饱和脂肪酸形成的一个重要的因素。低温下得到相对较高的n-3不饱和脂肪酸含量，这一结果的原因主要是

细胞内 O_2 的存在，因为不饱和脂肪酸的脱饱和酶与延长酶的活性主要受到 O_2 活性的影响（Chen & Johns，1991；Singh & Ward，1997）。但是，对于这一现象很难做出准确的解释，因为温度下降会降低细胞的生长速率，但同时又增加了培养基中 O_2 和 CO_2 的溶解度。因此，未来在解释温度的影响时就需要一个细胞培养恒化器，通过这个系统可以使得在研究温度影响时其他参数都恒定不变。

一种温度转换策略已经应用于加强 n-3 不饱和脂肪酸（包括 EPA）生产中，因为利于微藻生长的最佳温度通常高于 n-3 不饱和脂肪酸形成的最佳温度。这一现象已经在很多不同的微藻中观察到了，包括紫背紫球藻（*Porphyridium cruentum*）（Springer et al，1994）、微拟球藻属（*Nannochloropsis* sp.）（Sukenik，1991）和畸雌腐霉（*Pythium irregulare*）（Stinson et al，1991）。但是在淡色紫球藻（*Porphyridium purpureum*）中最佳的细胞生长条件也是 EPA 含量最高的时候（Ohta et al，1993）。这一结果说明温度对于细胞生长和 EPA 产量的影响研究需要针对个别微藻种类。

pH 值是另一个影响微藻 n-3 不饱和脂肪酸生产的理化因素。Stinson 等（Stinson et al，1991）研究了初始 pH 值对畸雌腐霉的 EPA 含量的影响。虽然初始 pH 值有所不同，但是在培养的最后 pH 值都是非常相似的。但在自养型的三角褐指藻（*Phaeodactylum tricornutum*）中，当初始 pH 值在 6.0～8.8 之间变化时，它的最终 pH 值变化非常大。虽然在不同的 pH 值下细胞最后的干重是一样的，但是当 pH 值为 7.6 时 EPA 的产量达到了最高（Yongmanitchai & Ward，1991）。

在很多海洋藻类中都检测到了较高的 EPA 含量。与此比较，淡水藻类中很少有藻类具有较高的 EPA 含量。适中的盐度可能会影响海藻的生理性质。在一种绿藻（杜氏藻属，*Dunaliella* sp.）中详细研究了盐度如何影响脂肪酸分布。当盐度增加时，n-3 不饱和脂肪酸含量降低（Xu & Beardall，1997）。与此相反，Seto 等（Seto et al，1984）将不同量的浓缩海水（SWC）或 NaCl 添加到无盐分的微小小球藻（*Chlorella minutissima*）培养基中，研究不同盐度对其细胞生长和脂肪酸组成的影响。研究结果表明，当细胞生长于富含 SWC 或 NaCl 的培养基中时 EPA 的含量更高。在培养海洋硅藻平滑菱形藻（*N. laevis*）时发现当盐度达到人工海水盐度一半时 EPA 的产量最高。

8.3.2 微藻的培养体系

一个大型有效的用于研究商业化生产 EPA 发展过程的培养体系是非常必要的（Lebeau & Robert，2003a）。虽然大多数微藻种类是属于光合自养型的，它们在生长过程中需要光照，但是有一些异养型的微藻，在给它们提供一种或多种有机物作为它们的唯一碳源或能源时，它们也能在黑暗中生长。对于这种微藻，可以在发酵技术上进行改良，并应用于大规模的微藻产品生产中。

8.3.2.1 光合自养型培养体系

微藻的大规模培养起源于开放式培养的发展，最古老、最简单的微藻培养系统是使微藻生长的环境与它们的自然环境相同。一般商业的大规模开放式培养非常难以实现，因为在这个过程中存在着被其他藻类、细菌及原生动物污染的危险（Chen，1996）。另外，在开放式培养中最佳的培养条件是难以达到的，并且在菌体较稀的培养条件下要恢复微藻的生物量也非常困难（Grima et al，2003）。因此，只有一些在特定的环境下生长的微藻可以成功地在开放式培养中进行培养。EPA 的生产菌株紫背紫球藻（*P. cruentum*）在开放式培养中冬天的生长速率是 0.5mg/（L·d），夏天的生长速率是 1mg/（L·d）（Cohen & Heimer，1992），因此估测在开放式培养中 EPA 的最佳生产量也只能达到 4～8mg/（L·d）（Ratledge，1997）。

封闭式微藻光照生物反应器已经应用于微藻培养，以克服在开放式培养中的一些问题（Grima et al，1999；Tredici，1999）。这个系统是用透明的塑料制成的，一般放置在室外，用自然光照射；这个反应器有一个较大的表面积/体积比（图8-4）。虽然封闭式系统可以减少污染的可能性，但是微藻的生长受温度和光照强度影响，所以依旧次于最佳状态。

图 8-4 一个典型的户外微拟球藻属（Nannochloropsis sp.）生产 EPA 的光照生物反应器

原则上，带有人工光照和分流式 CO_2 的封闭式光照生物反应器是与传统的发酵模式相同的。一些光照生物反应器还带有 O_2 去除装置来减少过高的氧气浓度在藻类的生长过程中带来的氧中毒现象（Tredici，1999；Fernandez et al，2001）。光照生物反应器已经应用于一些藻类的 EPA 生产中，比如微拟球藻属（*Nannochloropsis* sp.）（Zittelli et al，2000）、地下蒜头藻（*Monodus subterraneus*）（Hu et al，1997）和三角褐指藻（*P. tricornutum*）（Yongmanitchai & Ward，1991；Molina et al，2001）。在地下蒜头藻培养中最高的 EPA 产量是 60mg/（L·d）（Hu et al，1997）。封闭式光照生物反应器也存在一些弊端，比如难以实现规模化、在结构和构建中非常复杂，同时花费也很昂贵。而且光照限制的问题是不能完全克服的，因为光照透射进培养基的程度与细胞浓度是成反比的（Chen & Johns，1995）。在光照生物反应器塑料表面形成的生物膜可能会更进一步降低微藻细胞对光照的摄取量。

8.3.2.2 异养型培养体系

在微藻培养中，相对于光合自养生长的微藻，异养型的更具有成本效益（Chen，1996）。在异养培养中，有机碳源比如糖或有机酸可以作为唯一碳源和能量来源。这种培养模式消除了微藻对光照的要求，因此在分批培养中使得增加细胞密度和产品量的可能性变大。一些异养分批培养通过进一步改造可以成为高密度培养，比如分批补料培养、恒化器培养或灌流式培养。EPA 生产中高密度培养方式的发展将使对 EPA 的提取和纯化花费更低廉。

一些微藻可以在异养的情况下迅速生长（Vazhappilly & Chen，1998a，1998b）。一般地，用于自养生产的微生物必须具备以下能力：在黑暗条件下可以分裂并进行新陈代谢、可以在廉价且简单的无菌培养基中生长、能快速适应新的环境（当接入到新的培养基中时迟滞期很短或完全没有）、可以承受发酵和外界环境中的水压。一些硅藻也能在异养条件下生产 EPA（Tan & Johns，1996；Wen & Chen，2000b），这预示这种培养方式可以为大规模 EPA 生产提供一个有效且可行的方法。

8.3.2.3 兼养型培养体系

虽然对于生产较高产量的 EPA 来说异养型是一个具有经济价值的培养体系，但不是所有的藻类都适合异养培养，可能是因为一些光合色素（比如藻青蛋白、胡萝卜素和叶绿素）是微藻所必需的，但是它们又不能在异养的条件下合成。为了克服这个限制，发明了兼性培养方式，这种方式中微藻同时具有光合作用与氧化代谢，为非异养型微藻加强 EPA 生产强度提供了可能。平滑菱形藻（*N. leavis*）这种硅藻在含有葡萄糖的兼性培养中相比光合自养与异养的条件下展现出了最佳的 EPA 生产能力（Wen & Chen，2000b）。在乙酸盐存在的兼性培养条件下，腐生菱形藻（*Navicula saprophila*）也展现出了最佳的 EPA 生产状态

(Kitano et al，1997)。对于兼性培养三角褐指藻也研究了一系列的有机碳源（乙酸、淀粉、乳酸、甘氨酸、葡萄糖和甘油）（Garcia et al，2005)。藻类的生长情况关键取决于碳源以及碳源的用量。有报道指出，当使用甘油和果糖作为碳源兼性培养三角褐指藻时，它的生物量、总油脂含量以及 EPA 产量得到了最大程度的加强（Garcia et al，2005)。

8.3.3　微藻生产 EPA 的培养策略

与用鱼油生产 EPA 相比，利用微藻生产 EPA 的竞争力主要在于 EPA 的高产量和高生产力。常用的培养方式是分批式发酵。为了获得更高的细胞浓度、EPA 产量和生产力，一些其他发酵策略也应用到其中，比如分批补料式发酵、连续发酵、灌流式发酵。

8.3.3.1　分批补料式培养

补料式发酵在发酵工业中是一种常用的培养技术。这种培养模式可以避免底物限制或抑制而获得较高的细胞密度。一种分批补料式过程已经应用于平滑菱形藻生产 EPA 的细胞高密度培养中（Wen et al，2002)。分批补料式发酵最终的细胞干重为 22.1g/L，EPA 的产量为 695mg/L，这比在相同水平下分批培养得到的结果都高很多（Wen et al，2002)。

虽然补料式发酵可以避免底物抑制，但是它不能克服细胞有毒代谢物带来的抑制。当细胞密度达到一个很高水平时，细胞的有毒代谢物变得很多，结果会限制细胞的进一步生长。因此，为了加强 EPA 的产量和生产力，要发展其他更有效的培养技术。

8.3.3.2　连续培养

连续发酵较分批式发酵和补料发酵可以得到更高的EPA产量。它也是研究微藻细胞生理特性的一个重要工具，包括生长速率、细胞密度、生产力，作为动力学参数基本保持在一个稳定的状态。连续培养应用到了球等鞭金藻（*Isochrysis galbana*）获得更高 EPA 产率的研究（Grima et al，1993，1994；Otero et al，1997b)。同时，有报道指出连续培养可应用于三角褐指藻和平滑菱形藻的 EPA 生产（Miron et al，1999，2002；Molina et al，2001；Wen & Chen，2002a)。

从以往的研究可知，微藻大量胞外代谢产物已经得到了鉴定（Shimizu，1996；Srivastava et al，1999)，一些特殊的硅藻胞外代谢产物也得到了鉴定（Eppley，1977)。为了避免毒副产物和底物抑制对生长的影响，一种细胞再生（称为灌流培养）的连续培养方式应用于异养型微藻平滑菱形藻的培养中（Wen & Chen，2002b)。灌流式培养通过改进使得在灌流的操作中可以让细胞渗出（图 8-5)。这种策略可以连续收获微藻细胞，并且在培养过程中移除了抑制物质，因此通过收获含有 EPA 的微藻可以获得较高的 EPA 产量（Wen & Chen，2001c）。与简单的灌流式培养相比，灌流式细胞渗出培养方式可以获得更高的 EPA 产量。渗出式培养速率是 0.67d^{-1}，灌流式培养速率是 0.6d^{-1}，EPA 的生产速率达到了 175mg/（L·d）（表 8-D）。在微藻培养中，这个 EPA 的产率是在所见报道中最高的。

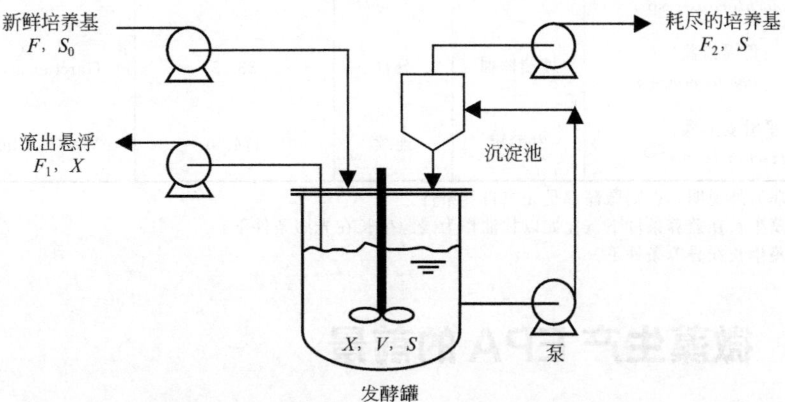

图 8-5　带有细胞渗出系统的灌流式培养示意图

X—细胞浓度；V—培养体积；S—培养基中葡萄糖浓度；S_0—补料的葡萄糖浓度；F—补料流速；F_1—渗出速率；F_2—灌流速率

表 8-D　在不同培养条件下比较微藻产 EPA 速率①

菌　体	培养罐	培养方式	EPA 生产率 /［mg/（L·d）］	参考文献
三角褐指藻（*Phaeodactylum tricornutum*）	玻璃管	分批	19.0	Yongmanitchai & Ward，1991
三角褐指藻（*Phaeodactylum tricornutum*）	玻璃管	连续	25.1	Yongmanitchai & Ward，1992
球等鞭金藻（*Isochrysis galbana*）	发酵罐	连续	7.2	Grima et al，1993
球等鞭金藻（*Isochrysis galbana*）	发酵罐	连续	15.3	Grima et al，1994
地下蒜头藻（*Monodus subterraneus*）	摇瓶	连续	25.7	Cohen，1994
地下蒜头藻（*Monodus subterraneus*）	平板反应器	半连续	58.9	Hu et al，1997
球等鞭金藻（*Isochrysis galbana*）	玻璃管	半连续	4.6	Otero et al，1997b
三角褐指藻（*Phaeodactylum tricornutum*）	玻璃管	半连续	5.2	Otero et al，1997a
紫背紫球藻（*Porphyridium cruentum*）	摇瓶	分批	3.6	Akimoto et al，1998

续表

菌 体	培养罐	培养方式	EPA 生产率 /[mg/(L·d)]	参考文献
球等鞭金藻 (*Isochrysis galbana*)	圆柱形发酵罐	连续	23.8	Sevilla et al, 1998
微拟球藻属 (*Nannochloropsis* sp.)	管状光反应器	连续	32.0	Zittelli et al, 1999
三角褐指藻 (*Phaeodactylum tricornutum*)②	玻璃器皿	分批	33.5	Garci et al, 2000
平滑菱形藻 (*Nitzschia laevis*)③	发酵罐	连续	174.6	Wen & Chen, 2001c

① 除非另外说明，否则微藻都是光照自养条件。
② 微藻生长在兼养条件下（比如以甘油作为碳源生长在光照条件下）。
③ 微藻生长在异养条件下。

8.4 微藻生产 EPA 的前景

EPA 和 DHA 的产品现在已被消费者熟知。迄今为止，微藻生产的 DHA 产品已经添加到婴幼儿食品和成人食品中。含有 DHA 的微藻也作为水产饲料。然而鱼油仍是唯一的 EPA 商业化生产的来源。阻碍微生物生产 EPA 商业化的原因主要是 EPA 的产量和产率依然低下，这使得微藻生产 EPA 的操作更加昂贵，并且收集和纯化花费也很大。比如，现在利用寇氏隐甲藻（*Crypthecodinium cohnii*）经过简单的补料培养生产 DHA 的产率已达到 50mg/(L·h)（见第 6 章）。相反，利用相对复杂的灌流细胞渗出技术生产 EPA 所达到的产率只有 7.25mg/(L·h)。利用微藻生产 EPA 和 DHA 的比较见表 8.E。EPA 产率低主要是因为细胞中 EPA 含量低，而且微藻的生长速率也较低（表 8-E），因此利用含有 EPA 的微藻进行商业化生产还不可行。另一个微生物生产 EPA 很少商业化的原因是，与 DHA 生产这种非光合作用合成微藻相比，生产 EPA 的微藻脂肪酸更复杂（Wen & Chen，2001a；de Swaaf et al，2003b）。较低的 EPA 生产速率和相对复杂的脂肪酸组成使得 EPA 的收集花费更加昂贵，这限制了微藻生产 EPA 的应用。

发展一些研究技术使微藻生产 EPA 能商业化显得尤为重要。

第一，研究必须专注于微藻的异养型培养。在光合自养条件下，微藻的生长速率是非常低的，而且光照限制也会进一步限制细胞的生长。如果选择的 EPA 生产微藻可以在异养条件下生长，那么 EPA 的生长速率会大幅度提高。另外，利用工业大规模反应器可以将高密度培养应用到其中。虽然异养培养反应器比光合自养反应器昂贵，但是增快的 EPA 生产速率可以弥补这一高花费。

第二，EPA 生产菌株可以通过突变和基因工程得到改善。比如，Cohen 等

(Cohen et al，1992）利用除草剂 Sandoz9785 筛选了钝顶螺旋藻（*Spirulina platensis*）和紫背紫球藻（*Porphyridium cruentum*）的细胞。除草剂筛选的紫背紫球藻细胞可以过量合成 EPA。Lopea-Alonso 等也筛选了三角褐指藻（*Phaeodactylum tricornutum*）生产 EPA 的突变菌株，其中一个菌株（II242）的 EPA 含量比野生菌株高 44%。

第一次在一种海洋藻青菌聚球藻属（*Synechococcus* sp.）中完成克隆和表达大量不同 EPA 合成基因簇（Takeyama et al，1997）。EPA 的合成基因簇(app. 38kb，基因库编码 U73935）是从一种海洋细菌腐败希瓦氏菌（*Shewanella putrefaciens*）(Yazawa，1996）中分离出来的，它包含 8 个开放阅读框，其中有 3 个开放阅读框包括编码碳链延长酶的基因，剩下的则包含脱饱和酶基因(Yazawa，1996)。另一个基因改造菌株聚球藻属可以生产的 EPA 最大产量为 3.9mg/L（Yu et al，2000)。虽然在这个研究中 EPA 的产量依然较低(Takeyama et al，1997；Yu et al，2000)，但是这证明了应用这个方法改进油脂组成是可行的，这也有可能能进一步改善 EPA 的产率。一些改造微藻基因来加强 EPA 合成的研究在近来已经有所报道（Zaslavskaia et al，2001)。这些研究者在严格光合自养的硅藻三角褐指藻中引入基因来编码葡萄糖转运基因（glut1 或者 hup1)，以加强微藻对外源葡萄糖的利用并在无光照条件下生产 EPA。杜邦公司(Du Pont）的研究者们通过克隆不同的基因来编码 Δ^6-脱饱和酶、$C_{18/20}$-延长酶、Δ^5-脱饱和酶以及 Δ^{17}-脱饱和酶到解脂耶氏酵母（*Yarrowia lipolytica*）中来改造该菌株，他们成功地使得 EPA 的产量达到总脂肪酸的 3%（见第 3 章)。

表 8-E　微藻生产 EPA 和 DHA 的比较

藻　类	产品	培养方式①	基质	EPA/DHA 生物量/(g/L)	含量(占 DW)/%	产量/(g/L)	生产强度/[mg/(L·h)]	参考文献
隐甲藻(*Crypthecodinium cohnii*)	DHA	分批补料	葡萄糖	26	6.9	1.7	14	de Swaaf et al，2003b
隐甲藻(*C. cohnii*)	DHA	分批补料	醋酸	61	15.7	9.5	45	de Swaaf et al，2003b
隐甲藻(*C. cohnii*)	DHA	分批补料	乙醇	83	14.1	11.7	53	de Swaaf et al，2003a
平滑菱形藻(*Nitzschia laevis*)	EPA	分批补料	葡萄糖	40	3.0	1.1	3.1	Wen et al，2002
平滑菱形藻(*N. laevis*)	EPA	连续	葡萄糖	10	2.6	0.3	7.3	Wen & Chen，2001c

① 所有的培养都采用异养式。

注：缩写词见表 8-A 和表 8-B。

8.5 结论

EPA是大量生物反应代谢物的前体，并且在人体中有着多样的生理功能。由于证明了EPA有很多益处，这种脂肪酸在全世界范围内食品和药品市场都得到了广泛的关注。EPA应用需求的增加以及通过传统来源（比如鱼油）方式的获取供不应求，使得关于选择生产资源的研究更加广泛，包括微藻、低等真菌和海洋细菌。

微藻生产EPA的潜力取决于藻类的特性以及培养策略的发展。异养的培养方式是大规模生产EPA的一个成本低廉的方法。但是，异养培养微藻生产EPA的研究还处于初级阶段。因此，对影响EPA生产的因素需要更深入的了解。在未来，利用基因工程改造微生物的方法是提高EPA生产的最有效的手段。

参 考 文 献

Aasen, I.M.; T. Moretro; T. Katla; L. Axelsson; I. Storro. Influence of Complex Nutrients, Temperature and pH on Bacteriocin Production by *lactobacillus sakei* CCUG 42687. *Appl. Microbiol. Biotechnol.* **2000,** *53,* 159–166.

Akimoto, M.; A. Shirai; K. Ohtaguchi; K. Koide. Carbon Dioxide Fixation and Polyunsaturated Fatty Acid Production by the Red Alga Porphyridium Cruentum. *Appl. Biochem. Biotechnol.* **1998,** *73,* 269–278.

Alonso, D.L.; C.I.S. del Castillo; E.M. Grima; Z. Cohen. First Insights into Improvement of Eicosapentaenoic Acid Content in *Phaeodactylum tricornutum* (bacillariophyceae) by Induced Mutagenesis. *J. Phycol.* **1996,** *32,* 339–345.

Apt, K.E.; P. W. Behrens. Commercial developments in microalgal biotechnology. *J. Phycol.* **1999,** *35,* 215–226.

Athalye, S. K.; R.A. Garcia; Z.Y. Wen. Use of Biodiesel-Derived Crude Glycerol for Producing Eicosapentaenoic Acid (EPA) by the Fungus *pythium irregulare. J. Agri. Food Chem.* **2009,** *57,* 2793–2744.

Babcock, T.; W.S. Helton; N.J. Espat. Eicosapentaenoic Acid (EPA): An Anti-inflammatory Omega-3 Fat with Potential Clinical Applications. *Nutrition* **2000,** *16,* 1116–1118.

Bajpai, P.K.; P. Bajpai; O.P. Ward. Optimization of Culture Conditions for Production of Eicosapentaenoic Acid by Mortierella-elongata NRRL-5513. *J. Ind. Microbiol.* **1992,** *9,* 11–17.

Barclay, W.R.; K.M. Meager; J.R. Abril. Heterotrophic Production of Long-Chain Omega-3-Fatty-Acids Utilizing Algae and Algae-like Microorganisms. *J. Appl. Phycol.* **1994,** *6,* 123–129.

Belarbi, E.H.; E. Molina; Y. Chisti. A Process for High Yield and Scaleable Recovery of High Purity Eicosapentaenoic Acid Esters from Microalgae and Fish Oil. *Enzyme Micro. Technol.* **2000,** *26,* 516–529.

Blanchemain, A.; D. Grizeau. Increased Production of Eicosapentaenoic Acid by Skeletonema Costatum Cells after Decantation at Low Temperature. *Biotechnol. Tech.* **1999,** *13,* 497–501.

Blomquist, G.J.; C.E. Borgeson; M. Vundla. Polyunsaturated Fatty-Acids and Eicosanoids in Insects. *Insect Biochem.* **1991,** *21,* 99–106.

Bonaa, K.H.; K.S. Bjerve; A. Nordoy. Habitual Fish Consumption, Plasma Phospholipid Fatty-Acids, and Serum-Lipids—The Tromso Study. *Am. J. Clinical Nutri.* **1992,** *55,* 1126–1134.

Bowman, J.P.; S.A. McCammon; T. Lewis; J.H. Skerratt; J.L. Brown; D.S. Nichols; T.A. McMeekin. Psychroflexus Torquis Gen. Nov., sp. Nov., a Psychrophilic Species from Antarctic Sea Ice, and Reclassification of Flavobacterium Gondwanense (Dobson et al., 1993) as Psychroflexus Gondwanense Gen. Nov., Comb. Nov. *Microbiology UK* **1998,** *144,* 1601–1609.

Braden, L.M.; K.K. Carroll. Dietary Polyunsaturated Fat in Relation to Mammary Carcinogenesis in Rats. *Lipids* **1986,** *21,* 285–288.

Calder, P.C. N-3 Polyunsaturated Fatty Acids and Cytokine Production in Health and Disease. *Annals Nutri. Metabol.* **1997,** *41,* 203–234.

Ceron Garcia, M.C.; F.G. Camacho; A.S. Miron; J.M.F. Sevilla; Y. Chisti; E.M. Grima. Mixotrophic Production of Marine Microalga *Phaeodactylum tricornutum* on Various Carbon Sources. *J. Microbiol. Biotechnol.* **2006,** *16,* 689–694.

Chen, F. High Cell Density Culture of Microalgae in Heterotrophic Growth. *Trends Biotechnol.* **1996,** *14,* 421–426.

Chen, F.; M.R. Johns. Effect of C/N Ratio and Aeration on the Fatty-Acid Composition of Heterotrophic Chlorella-Sorokiniana. *J. Appl. Phycol.* **1991,** *3,* 203–209.

Chen, F.; M.R. Johns. A Strategy for High Cell-Density Culture of Heterotrophic Microalgae with Inhibitory Substrates. *J. Appl. Phycol.* **1995,** *7,* 43–46.

Chen, G.Q.; Y. Jiang; F. Chen. Fatty Acid and Lipid Class Composition of the Eicosapentaenoic Acid-Producing Microalga, Nitzschia laevis. *Food Chem.* **2007,** *104,* 1580–1585.

Chen, G.Q.; Y. Jiang; F. Chen. Salt-Induced Alterations in Lipid Composition of Diatom *Nitzschia laevis* (bacillariophyceae) under Heterotrophic Culture Condition. *J. Phycol.* **2008a,** *44,* 1309–1314.

Chen, G.Q.; Y. Jiang; F. Chen. Variation of Lipid Class Composition in *Nitzschia laevis* as a Response to Growth Temperature Change. *Food Chem.* **2008b,** *109,* 88–94.

Cheng, M.H.; T.H. Walker; G.J. Hulbert; D.R. Raman. Fungal Production of Eicosapentaenoic and Arachidonic Acids from Industrial Waste Streams and Crude Soybean Oil. *Biores. Technol.* **1999,** *67,* 101–110.

Chiou, S.Y.; W.W. Su; Y.C. Su. Optimizing Production of Polyunsaturated Fatty Acids in *Marchantia polymorpha* Cell Suspension Culture. *J. Biotechnol.* **2001,** *85,* 247–257.

Cohen, Z. The Production Potential of Eicosapentaenoic and Arachidonic Acids by the Red Alga *Porphyridium cruentum*. *J. Am. Oil Chem. Soc.* **1990,** *67,* 916–920.

Cohen, Z. Production Potential of Eicosapentaenoic Acid by *Monodus subterraneus*. *J. Am. Oil Chem. Soc.* **1994,** *71,* 941–945.

Cohen, Z.; S. Didi; Y.M. Heimer. Overproduction of Gamma-Linolenic and Eicosapentaenoic Acids by Algae. *Plant Physiol.* **1992,** *98,* 569–572.

Cohen, Z.; Y.M. Heimer. Production of Polyunsaturated Fatty Acids (EPA, ARA, and GLA) by the Microalgae *Porphyridium* and *Spirulina*. *Industrial Applications of Single Cell Oils*; D.J. Kyle, C. Ratledge, Ed.; AOCS Press: Champaign, IL, 1992; pp 243–273.

Committee Paper for Discussion. Microalga (*odontella aurita*): A Notification under Article 5 of the Novel Food Regulation (ec) 258/97. Published online: http://www.foodstandards.gov.uk/multimedia/pdfs/acnfp593.pdf (accessed Jul 2009).

Coombs, J.; P.J. Halicki; O. Holm-Hansen; B.E. Volcani. Studies on the Biochemistry and Fine Structure of Silicate Shell Formation in Diatoms. II. Changes in Concentration of Nucleoside Triphosphates in Silicon-Starvation Synchrony of *Navicula pelliculosa* (breb.) hilse. *Exp. Cell Res.* **1967,** *47,* 315–328.

de Swaaf, M.E.; J.T. Pronk; L. Sijtsma. Fed-Batch Cultivation of the Docosahexaenoic-Acid-Producing Marine Alga *Crypthecodinium cohnii* on Ethanol. *Appl. Microbiol. Biotechnol.* **2003a,** *61,* 40–43.

de Swaaf, M.E.; L. Sijtsma; J.T. Pronk. High-Cell-Density Fed-Batch Cultivation of the Docosahexaenoic Acid-Producing Marine Alga *Crypthecodinium cohnii. Biotechnol. Bioeng.* **2003b,** *81,* 666–672.

Emsley, R.; P. Oosthuizen; S.J. van Rensburg. Clinical Potential of Omega-3 Fatty Acids in the Treatment of *Schizophrenia. CNS Drugs* **2003,** *17,* 1081–1091.

Enright, C.T.; G.F. Newkirk; J.S. Craigie; J.D. Castell. Growth of Juvenile Ostrea-Edulis l Fed *Chaetoceros gracilis* Schutt of Varied Chemical-Composition. *J. Exp. Marine Bio. Eco.* **1986,** *96,* 15–26.

Eppley, R.W. The Growth and Culture of Diatom. *The Biology of Diatoms*; D. Werner, Ed.; Blackwell Scientific: Oxford, 1977; pp 24–64.

Fernandez, F.G.A.; J.M.F. Sevilla; J.A.S. Perez; E.M. Grima; Y. Chisti. Airlift-Driven External-Loop Tubular Photobioreactors for Outdoor Production of Microalgae: Assessment of Design and Performance. *Chem. Eng. Sci.* **2001,** *56,* 2721–2732.

Garcia, M.C.C.; J.M.F. Sevilla; F.G.A. Fernandez; E.M. Grima; F.G. Camacho. Mixotrophic Growth of Phaeodactylum tricornutum on Glycerol: Growth Rate and Fatty Acid Profile. *J. Appl. Phycol.* **2000,** *12,* 239–248.

Garcia, M.C.C.; A.S. Miron; J.M.F. Sevilla; E.M. Grima; F.G. Camacho. Mixotrophic Growth of the Microalga Phaeodactylum tricornutum—Influence of Different Nitrogen and Organic Carbon Sources on Productivity and Biomass Composition. *Process Biochem.* **2005,** *40,* 297–305.

Gentile, G.; V. Bonasera; C. Amico; L. Giuliano; M.M. Yakimov. *Shewanella* sp ga-22, a Psychrophilic Hydrocarbonoclastic Antarctic Bacterium Producing Polyunsaturated Fatty Acids. *J. Appl. Microbiol.* **2003,** *95,* 1124–1133.

Gill, I.; R. Valivety. Polyunsaturated Fatty Acids. 1. Occurrence, Biological Activities and Applications. *Trends Biotechnol.* **1997,** *15,* 401–409.

Gordillo, F.J.L.; M. Goutx; F.L. Figueroa; F.X. Niell. Effects of Light Intensity, CO_2 and Nitrogen Supply on Lipid Class Composition of *Dunaliella viridis. J. Appl. Phycol.* **1998,** *10,* 135–144.

Grima, E.M.; J.A.S. Perez; J.L.G. Sanchez; F.G. Camacho; D.L. Alonso. EPA from *Isochrysis galbana*—Growth-Conditions and Productivity. *Process Biochem.* **1992,** *27,* 299–305.

Grima, E.M.; J.A.S. Perez; F.G. Camacho; J.L.G. Sanchez; D.L. Alonso. N-3 PUFA Productivity in Chemostat Cultures of Microalgae. *Appl. Microbiol. Biotechnol.* **1993,** *38,* 599–605.

Grima, E.M.; J.A.S. Perez; F.G. Camacho; J.M.F. Sevilla; F.G.A. Fernandez. Effect of Growth-Rate on the Eicosapentaenoic Acid and Docosahexaenoic Acid Content of *Isochrysis galbana* in Chemostat Culture. *Appl. Microbiol. Biotechnol.* **1994,** *41,* 23–27.

Grima, E.M.; F.G.A. Fernandez; F.G. Camacho; Y. Chisti. Photobioreactors: Light Regime, Mass Transfer, and Scaleup. *J. Biotechnol.* **1999,** *70,* 231–247.

Grima, E.M.; E.H. Belarbi; F.G.A. Fernandez; A.R. Medina; Y. Chisti. Recovery of Microalgal Biomass and Metabolites: Process Options and Economics. *Biotechnol. Adv.* **2003,** *20,* 491–515.

Gurr, M.I. Biosynthesis of Fats. *The Role of Fats in Human Nutrition*; F. B. Padley, J. Podmore, Ed.; Ellis Horwood Ltd.: Chichester, 1985; pp 24–28.

Gurr, M.I. The Nutritional and Biological Properties of the Polyunsaturated Fatty Acids. *Lipids in Nutrition and Health: A Reappraisal*; M.I. Gurr, Ed.; The Oily Press: Bridgewater, 1999; pp 119–160.

Hamamoto, T.; N. Takata; T. Kudo; K. Horikoshi. Effect of Temperature and Growth-Phase on Fatty-Acid Composition of the Psychrophilic *Vibrio* sp Strain No-5710. *FEMS Microbiol. Lett.* **1994,** *119,* 77–81.

Hostmark, A.T.; T. Bjerkedal; P. Kierulf; H. Flaten; K. Ulshagen. Fish Oil and Plasma-Fibrinogen. *Bri. Med. J.* **1988,** *297,* 180–181.

Hu, Q.; Z.Y. Hu; Z. Cohen; A. Richmond. Enhancement of Eicosapentaenoic Acid (EPA) and Gamma-Linolenic Acid (GLA) Production by Manipulating Algal Density of Outdoor Cultures of *Monodus subterraneus* (Eustigmatophyta) and *Spirulina platensis* (cyanobacteria). *Eur. J. Phycol.* **1997,** *32,* 81–86.

Jareonkitmongkol, S.; S. Shimizu; H. Yamada. Production of an Eicosapentaenoic Acid-Containing Oil by a Delta-12 Desaturase-Defective Mutant of *Mortierella alpina* 1S-4. *J. Am. Oil Chem. Soc.* **1993,** *70,* 119–123.

Kato, C.; Y. Nogi. Correlation between Phylogenetic Structure and Function: Examples from Deep-Sea Shewanella. *FEMS Microbiol. Eco.* **2001,** *35,* 223–230.

Kitano, M.; R. Matsukawa; I. Karube. Changes in Eicosapentaenoic Acid Content of Navicula saprophila, Rhodomonas salina and Nitzschia sp under Mixotrophic Conditions. *J. Appl. Phycol.* **1997,** *9,* 559–563.

Lebeau, T.; J.M. Robert. Diatom Cultivation and Biotechnologically Relevant Products. Part I: Cultivation at Various Scales. *Appl. Microbiol. Biotechnol.* **2003a,** *60,* 612–623.

Lebeau, T.; J.M. Robert. Diatom Cultivation and Biotechnologically Relevant Products. Part II: Current and Putative Products. *Appl. Microbiol. Biotechnol.* **2003b,** *60,* 624–632.

Kato,C.;Y.Nogi.Correlation between Phylogenetic Structure and Function:Examples from Deep−Sea Shewanella. FEMS Microbiol. Eco 2001,35.223−230.

Kitano,M.;R.Matsukawa;l,Karube.Changes in Eicosapencaenoic Acid Content of Navicula sapiophila,Rhodomonas salina and Nirzschia sp under Mixoccophic Conditions.j.*Appl Pbycol* 1997,*9*,559−563.

Lebeau.T.;J.M.Robert.Diatom Culcivation and Biotechnologically Relevant Products. Part Ⅰ: Cultivation at Various Scales,*Appl.Microbiol Biotecbnol* 2003a,60,612−623.

Lebean,T&J.M.Robert,Diatom Cultivation and Biorechnologically Relevant Pioducts.Part Ⅱ: Current and Purative Products.*Appl. Microbiol.* Bioucbnol.2003b,60,624−632.

Martin-Jezequel, V.; M. Hildebrand; M.A. Brzezinski. Silicon Metabolism in Diatoms: Implications for Growth. *J. Phycol.* **2000,** *36,* 821–840.

Miron, A.S.; A.C. Gomez; F.G. Camacho; E.M. Grima; Y. Chisti. Comparative Evaluation of Compact Photobioreactors for Large-Scale Monoculture of Microalgae. *J. Biotechnol.* **1999,** *70,* 249–270.

Miron, A.S.; M.C.C. Garcia; F.G. Camacho; E.M. Grima; Y. Chisti. Growth and Biochemical Characterization of Microalgal Biomass Produced in Bubble Column and Airlift Photobioreactors: Studies in Fed-Batch Culture. *Enzyme Micro. Technol.* **2002,** *31,* 1015–1023.

Molina, E.; J. Fernandez; F.G. Acien; Y. Chisti. Tubular Photobioreactor Design for Algal Cultures. *J. Biotechnol.* **2001,** *92,* 113–131.

Nettleton, J.A. *Omega-3 Fatty Acids and Health*. Chapman & Hall: New York, 1995.

Ohta, S.; T. Chang; O. Aozasa; N. Ikegami; H. Miyata. Alterations in Fatty-Acid Composition of Marine Red Alga *Porphyridium purpureum* by Environmental-Factors. *Botanica Marina* **1993,** *36,* 103–107.

Otero, A.; D. Garcia; J. Fabregas. Factors Controlling Eicosapentaenoic Acid Production in Semicontinuous Cultures of Marine Microalgae. *J. Appl. Phycol.* **1997a,** *9,* 465–469.

Otero, A.; D. Garcia; E.D. Morales; J. Aran; J. Fabregas. Manipulation of the Biochemical Composition of the Eicosapentaenoic Acid-Rich Microalga *Isochrysis galbana* in Semicontinuous Cultures. *Biotechnol. Appl. Biochem.* **1997b,** *26,* 171–177.

Peet, M. Nutrition and Schizophrenia: Beyond Omega-3 Fatty Acids. *Prostaglandins Leukotrienes Essen. Fatty Acids* **2004,** *70,* 417–422.

Ponizovsky, A.M.; G. Barshtein; L.D. Bergelson. Biochemical Alterations of Erythrocytes as an Indicator of Mental Disorders: An Overview. *Harvard Review Psychiatry* **2003,** *11,* 317–332.

Ratledge, C. Biotechnology of Oils and Fats. *Microbial Lipids;* C. Ratledge, S.G. Wilkinson, Ed.; Academic Press: London, 1989; Vol. 2, pp 567–668.

Ratledge, C. Single-Cell Oils—Have They a Biotechnological Future. *Trends Biotechnol.* **1993,** *11,* 278–284.

Ratledge, C. Microbial Lipid. *Biotechnology: Products of Second Metabolism,* 2nd edn.; H. Kleinkauf, H. Von Dohre. Eds.; VCH Press: Weinheim, 1997; Vol. 7, pp 133–197.

Renaud, S.M.; D.L. Parry; L.V. Thinh. Microalgae for Use in Tropical Aquaculture .1. Gross Chemical and Fatty-Acid Composition of 12 Species of Microalgae from the Northern-Territory, Australia. *J. Appl. Phycol.* **1994,** *6,* 337–345.

Renaud, S.M.; L.V. Thinh; D.L. Parry. The Gross Chemical Composition and Fatty Acid Composition of 18 Species of Tropical Australian Microalgae for Possible Use in Mariculture. *Aquaculture* **1999,** *170,* 147–159.

Ringo, E.; P.D. Sinclair; H. Birkbeck; A. Barbour. Production of Eicosapentaenoic Acid (20-5 n-3) by Vibrio pelagius Isolated from Turbot (Scophthalmus maximus) Larvae. *Appl. Environ. Microbiol.* **1992,** *58,* 3777–3778.

Satomi, M.; H. Oikawa; Y. Yano. *Shewanella marinintestina* sp nov., *Shewanella schlegeliana* sp nov and *Shewanella sairae* sp nov., Novel Eicosapentaenoic-Acid-Producing Marine Bacteria Isolated from Sea-Animal Intestines. *Inter. J. Sys. Evol. Microbiol.* **2003,** *53,* 491–499.

Seto, A.; H.L. Wang; C.W. Hesseltine. Culture Conditions Affect Eicosapentaenoic Acid Content of *Chlorella minutissima. J. Am. Oil Chem. Soc.* **1984,** *61,* 892–894.

Sevilla, J.M.F.; E.M. Grima; F.G. Camacho; F.G.A. Fernandez; J.A.S. Perez. Photolimitation and Photoinhibition as Factors Determining Optimal Dilution Rate to Produce Eicosapentaenoic Acid from Cultures of the Microalga *Isochrysis galbana. Appl. Microbiol. Biotechnol.* **1998,** *50,* 199–205.

Shimizu, Y. Microalgal Metabolites: A New Perspective. *Ann. Rev. Microbiol.* **1996,** *50,* 431–465.

Shimizu, S.; H. Kawashima; Y. Shinmen; K. Akimoto; H. Yamada. Production of Eicosapentaenoic Acid by *Mortierella* Fungi. *J. Am. Oil Chem. Soc.* **1988a,** *65,* 1455–1459.

Shimizu, S.; Y. Shinmen; H. Kawashima; K. Akimoto; H. Yamada. Fungal Mycelia as a Novel Source of Eicosapentaenoic Acid—Activation of Enzyme(s) Involved in Eicosapentaenoic Acid Production at Low-Temperature. *Biochem. Biophy. Res. Com.* **1988b,** *150,* 335–341.

Shimizu, S.; H. Kawashima; K. Akimoto; Y. Shinmen; H. Yamada. Microbial Conversion of an Oil Containing Alpha-Linolenic Acid to an Oil Containing Eicosapentaenoic Acid. *J. Am. Oil Chem. Soc.* **1989,** *66,* 342–347.

Shirasaka, N.; S. Shimizu. Production of Eicosapentaenoic Acid by *Saprolegnia* sp 28ytf-1. *J. Am. Oil Chem. Soc.* **1995,** *72,* 1545–1549.

Singh, A.; O.P. Ward. Microbial Production of Docosahexaenoic Acid (DHA, C22:6). *Advances in Appl. Microbiol.*; **1997,** *45,* 21–312.

Springer, M.; H. Franke; O. Pulz. Increase of the content of Polyunsaturated Fatty-Acids in Porphyridium-cruentum by Low-Temperature Stress and Acetate Supply. *J. Plant Physiol.* **1994,** *143,* 534–537.

Srivastava, V.C.; G.J. Manderson; R. Bhamidimarri. Inhibitory Metabolites Production by the Cyanobacterium *Fischerella muscicola. Microbiol. Res.* **1999,** *153,* 309–317.

Stinson, E. E.; R. Kwoczak; M. J. Kurantz. Effect of cultural conditions on production of eicosapentaenoic acid by *Pythium irregulare. J. Ind. Microbiol.* **1991,** *8,* 171–178.

Stredansky, M.; E. Conti; A. Salaris. Production of Polyunsaturated Fatty Acids by *Pythium ultimum* in Solid-State Cultivation. *Enzyme Micro. Technol.* **2000,** *26,* 304–307.

Su, K.P.; S.Y. Huang; C.C. Chiu; W.W. Shen. Omega-3 Fatty Acids in Major Depressive Disorder—A Preliminary Double-blind, Placebo-controlled Trial. *Eur. Neuropsychopharmacol.* **2003,** *13,* 267–271.

Sukenik, A. Ecophysiological Considerations in the Optimization of Eicosapentaenoic Acid Production by *Nannochloropsis* sp (Eustigmatophyceae). *Biores. Technol.* **1991,** *35,* 263–269.

Taguchi, S.; J.A. Hirata; E.A. Laws. Silicate Deficiency and Lipid-Synthesis of Marine Diatoms. *J. Phycol.* **1987,** *23,* 260–267.

Takeyama, H.; D. Takeda; K. Yazawa; A. Yamada; T. Matsunaga. Expression of the Eicosapentaenoic Acid Synthesis Gene Cluster from *Shewanella* sp. in a Transgenic Marine Cyanobacterium, *Synechococcus* sp. *Microbiol. UK* **1997,** *143,* 2725–2731.

Tan, C.K.; M.R. Johns. Screening of Diatoms for Heterotrophic Eicosapentaenoic Acid Production. *J. Appl. Phycol.* **1996,** *8,* 59–64.

Tredici, M.R. Bioreactors, Photo. *Encyclopedia of Bioprocess Technology: Fermentation, Biocatalysis, and Bioseparation*; M.C. Flickinger, S.W. Drew, Eds.; Wiley: New York, 1999; Vol. 1, pp 395–419.

Vazhappilly, R.; F. Chen. Eicosapentaenoic Acid and Docosahexaenoic Acid Production Potential of Microalgae and Their Heterotrophic Growth. *J. Am. Oil Chem. Soc.* **1998a,** *75,* 393–397.

Vazhappilly, R.; F. Chen. Heterotrophic Production Potential of Omega-3 Polyunsaturated Fatty Acids by Microalgae and Algae-like Microorganisms. *Botanica Marina* **1998b,** *41,* 553–558.

Wen, Z.Y.; F. Chen. Heterotrophic Production of Eicosapentaenoid Acid by the Diatom *Nitzschia laevis*: Effects of Silicate and Glucose. *J. Ind. Microbiol. & Biotechnol.* **2000a,** *25,* 218–224.

Wen, Z.Y.; F. Chen. Production Potential of Eicosapentaenoic Acid by the Diatom *Nitzschia laevis. Biotechnol. Lett.* **2000b,** *22,* 727–733.

Wen, Z.Y.; F. Chen. Application of Statistically-Based Experimental Designs for the Optimization of Eicosapentaenoic Acid Production by the Diatom *Nitzschia laevis. Biotechnol. Bioeng* **2001a,** *75,* 159–169.

Wen, Z.Y.; F. Chen. Optimization of Nitrogen Sources for Heterotrophic Production of Eicosapentaenoic Acid by the Diatom *Nitzschia laevis. Enzyme Micr. Technol.* **2001b,** *29,* 341–347.

Wen, Z.Y.; F. Chen. A Perfusion-Cell Bleeding Culture Strategy for Enhancing the Productivity of Eicosapentaenoic Acid by *Nitzschia laevis. Appl. Microbiol. Biotechnol.* **2001c,** *57,* 316–322.

Wen, Z.Y.; F. Chen. Continuous Cultivation of the Diatom *Nitzschia laevis* for Eicosapentaenoic Acid Production: Physiological Study and Process Optimization. *Biotechnol. Progress* **2002a,** *18,* 21–28.

Wen, Z.Y.; F. Chen. Perfusion Culture of the Diatom *Nitzschia laevis* for Ultra-high Yield of Eicosapentaenoic Acid. *Process Biochem.* **2002b,** *38,* 523–529.

Wen, Z.Y.; F. Chen. Heterotrophic Production of Eicosapentaenoic Acid by Microalgae. *Biotechnol. Adv.* **2003,** *21,* 273–294.

Wen, Z.Y.; Y. Jiang; F. Chen. High Cell Density Culture of the Diatom *Nitzschia laevis* for Eicosapentaenoic Acid Production: Fed-Batch Development. *Process Biochem.* **2002,** *37,* 1447–1453.

Werner, D. Silicate Metabolism. *The Biology of Diatom*; D. Werner, Ed.; Blackwell Scientific: Oxford, 1977; pp 111–149.

Xu, X.Q.; J. Beardall. Effect of Salinity on Fatty Acid Composition of a Green Microalga from an Antarctic Hypersaline Lake. *Phytochem.* **1997,** *45,* 655–658.

Yano, Y.; A. Nakayama; K. Yoshida. Distribution of Polyunsaturated Fatty Acids in Bacteria Present in Intestines of Deep-sea Fish and Shallow-sea Poikilothermic Animals. *Appl. Env. Microbiol.* **1997,** *63,* 2572–2577.

Yazawa, K. Production of Eicosapentaenoic Acid from Marine Bacteria. *Lipids* **1996,** *31,* S297–S300.

Yazawa, K.; K. Araki; N. Okazaki; K. Watanabe; C. Ishikawa; A. Inoue; N. Numao; K. Kondo. Production of Eicosapentaenoic Acid by Marine-Bacteria. *J. Biochem.* **1988,** *103,* 5–7.

Yongmanitchai, W.C.; O.P. Ward. Omega-3 Fatty-Acids—Alternative Sources of Production. *Process Biochem.* **1989,** *24,* 117–125.

Yongmanitchai, W.; O.P. Ward. Growth of and Omega-3-Fatty-Acid Production by *Phaeodactylum tricornutum* under Different Culture Conditions. *Appl. Env. Microbiol.* **1991,** *57,* 419–425.

Yongmanitchai, W.; O.P. Ward. Growth and Eicosapentaenoic Acid Production by *Phaeodactylum tricornutum* in Batch and Continuous Culture Systems. *J. Am. Oil Chem. Soc.* **1992,** *69,* 584–590.

Yu, R.; A. Yamada; K. Watanabe; K. Yazawa; H. Takeyama; T. Matsunaga; R. Kurane. Production of Eicosapentaenoic Acid by a Recombinant Marine Cyanobacterium, *Synechococcus* sp. *Lipids* **2000,** *35,* 1061–1064.

Zaslavskaia, L.A.; J.C. Lippmeier; C. Shih; D. Ehrhardt; A.R. Grossman; K.E. Apt. Trophic Obligate Conversion of an Photoautotrophic Organism through Metabolic Engineering. *Science* **2001,** *292,* 2073–2075.

Zittelli, G.C.; F. Lavista; A. Bastianini; L. Rodolfi; M. Vincenzini; M.R. Tredici. Production of Eicosapentaenoic Acid by *Nannochloropsis* sp. Cultures in Outdoor Tubular Photobioreactors. *J. Biotechnol.* **1999,** *70,* 299–312.

Zittelli, G.C.; R. Pastorelli; M.R. Tredici. A Modular Flat Panel Photobioreactor (MFPP) for Indoor Mass Cultivation of *Nannochloropsis* sp. under Artificial Illumination. *J. Appl. Phycol.* **2000,** *12,* 521–526.

第9章 单细胞油脂的下游处理、萃取与纯化

Colin Ratledge[a], Hugo Atreekstra[b], Zvi Cohen[c], and Jaouad Fichtali[d]

([a]*Deparment of Biological Science University of Hull, Hull, HU67RX, UK*; [b]*DSM Food Specialties, Po Box* 12600 *MA Delft, The Netherlands*; [c]*The Microalgal Biotechnology Laboratory, Albert Katz Deparment for Drylands Biotechnologies, Jacob Blaustein Institute for Desert Research, Ben Gurion University of the Negev, Sde-Boker Campus* 84900, *Israel*; [d] *Martek Bioscience Corp* 555 *Rolling Hills Lane*, *Winchester*, *Kentucky*, *KY* 40391, *USA*)

9.1 总论

总体来说，我们不论培养酵母菌、霉菌还是藻类，都面临着从发酵罐中获得菌体后油脂萃取的问题。这一章将介绍富含多不饱和脂肪酸的单细胞油脂，在萃取时我们需要避免持续的高温和其他任何造成油脂氧化和酸败的情况。另外，由于单细胞油脂最近才兴起，最初对萃取产生了一些担心，因为发展新的处理方式可能会增加生产的成本。事实上单细胞油脂的萃取十分简单，不需构建新的萃取设备来适应微生物细胞，没有必要发展新的溶剂萃取方法。事实上，在萃取的技术方面，微生物油脂的萃取并不比植物油的萃取困难。

在非光合成作用的微生物油脂的生产过程中，发酵罐的平均体积为 $100m^3$，生物量可达到每立方米 50～100kg。从而，4～6 天发酵周期结束后，有 $100m^3$ 发酵液需要处理，菌体通过离心，大多是旋转真空过滤和直接过滤从溶液中分离。废液虽然没有用，但为了满足当地的规定，在排进河水、地下水之前需要进行处理。湿菌体富含油脂，而且含有80%的水分，25t湿菌体会得到5t干菌体。为了保持油脂的稳定性，菌体必须迅速干燥。没有预处理的菌体内含有许多有活性的酶，比如脂肪酶、酯酶。细胞从发酵液中分离后，在某些条件下这些酶会被激活，细胞会分解已经积累的油脂。

通过加热的方法使酶失活并保持菌体的稳定性后，可采用加压过滤的方法去除水分。如果有必要的话，可以喷雾干燥菌体。为了提高萃取效率，可以将菌体粉碎。通过加热干燥使细胞内的酶失活后，在萃取前菌体可以保存几周。

用正己烷作为萃取剂获得油脂是优选的方法。因为微生物菌体同干燥的粉末状的植物材料接近，所以萃取设备通常可以采用小规模的植物油脂萃取装置。大规模的商品油（大豆油、葵花子油、菜籽油、玉米油等）萃取设备不适用于相对小数量的微生物油脂的萃取，一般来说每天产量10～50t的小规模设备就足够了。小规模的设备在油脂萃取过程中还没有出现本质上的困难。从图9-1，我们可以看到油脂通过进一步的精制可以去除磷脂和各种不皂化物，获得精制油。经过精制过程的油脂可以直接用于消费。因此，用于植物油提取的步骤和设备同样适用于单细胞油脂。

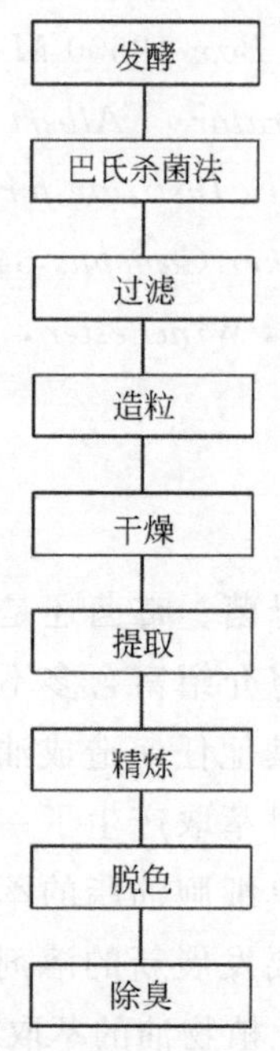

图9-1 提取单细胞油脂（SCO）工业生产过程总结

最后需要强调的是：许多微生物包含大量的抗氧化剂，单细胞油脂同植物油和动物油相比较稳定。这种特征在油脂初始萃取步骤中有特殊的意义。为了满足消费者的要求，需要在油脂中添加抗氧化剂来确保油脂的长期稳定性。

9.2 油脂的萃取过程

9.2.1 卷枝毛霉中 γ-亚麻酸的萃取

第一个具有商业价值的单细胞油脂是来自卷枝毛霉（*Mucor circinelloides*）的 γ-亚麻酸（Ratledge，2006；Sinden，1987）。英国北约克郡塞尔比的 J. & E. Sturge 创建了这个过程，其原先的核心商业是黑曲霉（*Aspergillus niger*）发酵产柠檬酸。从 1985 年到 1990 年，该油脂以“爪哇”（Janavicus）的名字售出。由于可供选择的更便宜的含有 γ-亚麻酸油脂即琉璃苣（borage）油和月见草（evening primrose）油的出现，该生产过程最终停产了。

γ-亚麻酸发酵来自之前用于柠檬酸发酵的 220m^3 的发酵罐，细胞干重达到了每立方米 50kg，在 72～90h 的发酵时间内油脂含量达到了 25%。发酵液中菌体的分离要花费 6h 多。

在卷枝毛霉的首次发酵中，游离脂肪酸的含量占总油脂的 3%～5%，这样会造成油脂产生不良特性。如果从实验室发酵罐中的菌体快速萃取油脂，游离脂肪酸将不会存在。微生物细胞的代谢将被激活：发酵结束后，培养基中的葡萄糖将会完全消耗。这个终点也是我们所希望的。但是，在发酵期间，由于葡萄糖的缺乏，细胞内的脂酶和磷脂酶将被激活，分解已经积累的油脂。毕竟，当细胞处于饥饿状态时，它们会消耗储存的油脂来维持自己的生存。

为了防止脂酶的激活导致的油脂减少和游离脂肪酸的形成，在发酵结束后需要加热发酵液。实际上，由于发酵过程中会产生热量，简单的方法是在富集发酵液之前关闭冷却系统，使发酵液的温度升高到 55～60℃，并保持 30min。当这一过程实施后，产品油脂中游离脂肪酸的量可以忽略，并且满足随后稳定性和安全性的测试。

加热后获得性质稳定的发酵液，通过过滤和干燥去除水分，然后经过专门研究植物中萜类化合物萃取的一个公司（Bush Boake & Allen，Long Melford，UK）萃取。该公司的设备同日常使用的一样，而且有可以处理相对较少体积生物量的优势。传统商业上植物种子中的油脂萃取采用巨大的批量萃取，每小时可以处理数百吨原材料。对于随时可以处理的且较小数量的霉菌生物量来说，这些装置是完全不合适的。在这个系统中存贮的油脂的体积达到 100t，结果每批会失去 5tγ-亚麻酸，或者会对这些体系的油脂造成严重的污染。

在一批萃取工艺中，卷枝毛霉细胞中超过98%的油脂可以用正己烷萃取得到。然而，毛油需要进一步处理来去除不皂化物，主要是磷脂、一些固醇类和非油脂成分。包括除臭在内的油脂精制的步骤成功应用到了毛油萃取中，因此可以生产出明亮、浅黄色的油脂。此外，小规模的设备已经发明，而且可以掌控油脂体积的减少。在这部分工作中，英国赫尔的 Simon Rosedown 公司（现在是 DeSmets 公司）尝试启用了用于小规模非常规植物油脂的萃取设备。再者，用未经改变的、现存的设备可以将毛油纯化到很高的水平。

无论从哪点来看，假设在一个适当大小的设备里，从干的真菌菌体中萃取油脂不会出现任何问题。同样，进一步的精制与纯化也不会有任何问题出现。

表 9-A 给出了油脂的性能参数。在萃取过程中，真菌本身具有的抗氧化剂也被萃取出来了，为了保持油脂的稳定性，在最终的油脂产物中也加入了抗氧化剂，但这只能起到预防的作用。

表 9-A 英国北约克郡塞尔比的 J. & E. Sturge 从卷枝毛霉中提取 GLA-SCO 的参数（商品名：爪哇油）

	项 目	指 标
油脂性质	外观	干净明亮的淡黄色
	相对密度（20℃）	0.92
	过氧化值	≤3
	熔点/℃	12～14
	添加抗氧化剂	维生素 E
	游离脂肪酸/%	≪1
	油脂中 TAG 含量/%	>97
	脂肪酰	相对含量（质量分数）/%
油脂中脂肪酰含量	14:0	1～1.5
	16:0	22～25
	16:1 (n-9)	0.5～1.5
	18:0	5～8
	18:1 (n-9)	38～41
	18:2 (n-6)	10～12
	18:3 (n-6)	15～19
	18:3 (n-3)	0.2

微生物产品与传统的发酵食品已经有很长久联系，比如豆豉。这个微生物最初被了解是在爪哇岛上发现的爪哇毛霉（*Mucor javanicus*），这是该产品被认为

是安全（GRAS）的一个重要的因素。附加的动物饲喂试验也已经完成。

1990 年，毛霉（*Mucor*）菌的产品在与玻璃苣油的竞争中停产了，这是由于后者在成本较低的情况下可以使 γ-亚麻酸的产量达到 22%的高水平。在 6 年间，大约生产了 50～60t 含有 γ-亚麻酸的单细胞油脂。即使不加入任何抗氧化剂，油脂也可以保持很长时间的稳定性。在常温下、空气中、光照下储存 10 年左右，γ-亚麻酸也不会出现降解的现象。

虽然该油脂的商业前景是短暂的，但是它是单细胞油脂生产可行性的第一次见证。同时，相对于植物油，单细胞油脂是更加安全的、无毒害的。在许多其他报道中，对该油脂的加工过程有更多的解释（Ratledge，2006）。

9.2.2 高山被孢霉中 ARA 油脂的萃取

在过去的 15 年中，用高山被孢霉（*Mortierella alpina*）生产的富含 ARA 的油脂在婴幼儿配方奶粉中的应用已经促进了数个商业产品加工过程的发展（Higashiyama et al，2002；Kyle，1997；参阅第 5 章）。之所以选择高山被孢霉，是因为其 ARA 的含量很高，可达到总油脂含量的 50%。此外，它是可积累高含量的安全甘油三酯的真菌。在极性脂和甘油三酯中均可以发现 ARA，其中甘油三酯部分可用作商业产品。

许多年来，ARA 油脂的生产可以完全通过发酵的方法，而且已经形成了成熟的下游加工过程。从事该商业产品的公司有日本的三得利（Suntory）、美国的马泰克（Martek）、荷兰的帝斯曼（DSM）和中国武汉的嘉吉烯王、韩国等。下面介绍一些帝斯曼的工艺：同 DHA 油脂一样，生产的 ARA 油脂也被添加进婴幼儿配方奶粉。该研究已经被包括美国食品药品监督管理局（FDA）（见第 15 章）在内的许多法定机构批准。

在第 5 章中详细介绍了该微生物的性质、菌种选育和油脂的脂肪酸成分。

9.2.3 工艺流程设计

图 9-1 已经给出了用于生产单细胞油脂的微生物的发酵及加工的过程。

9.2.3.1 发酵

从一个活的细胞（或者是孢子，或者是营养菌丝）开始，经过摇瓶振荡和发酵罐培养用于生物量生产。该阶段的目的并不是油脂的积累，而是获得具有肉眼可见形态的大量生物量的生长。

在主要的发酵阶段，氮源限制情况下，更容易产生包含 ARA 的甘油三酯（Ratledge，2001，2004）。在第 5 章中已经讨论了特殊的发酵条件。总的来说，在氮源限制和碳源适量的条件下更加有利于油脂的积累。

由于碳源是价格昂贵的原材料，在发酵结束时使碳源的浓度降到很低的水平是明智的。对于下游的加工过程来说，原材料的任何过剩都是一种浪费，不但会造成诸如油脂颜色加深等不利影响，同时也会增加发酵废液的生化需氧量。

微生物能够消耗已经积累的油脂，由于该过程可以增加油脂中 ARA 的含量，这一点有时被人们利用，但是会造成一定数量的油脂消耗。

9.2.3.2 生物量的稳定性

发酵结束后油脂的消耗成了一个问题，其会潜在影响产品的数量和质量。在这里可能发生两种相关的代谢过程：①脂肪酶的激活会降低油脂中甘油三酯的含量；②随后是脂肪酸的分解。为了避免这些过程发生，发酵结束后微生物菌体必须尽快灭活。为了研究这一过程，从小规模试验发酵罐中得到的湿菌体需要在−50℃、4℃、25℃或 63℃下储存 24h。菌体在 4℃和 25℃下储存一定的时间后，分别测定经过巴氏消毒和空白对照组的甘油三酯和脂肪酸含量。在−50℃和 63℃下储存的菌体，无论是否经过巴氏消毒，各成分前后均没有变化。这表明，在较低或较高温度下储存菌体都会影响酶活，继而可以保持油脂的稳定性。图 9-2 显示在 4℃和 25℃下储存油脂含量测定的数据，该图表明在这些中间温度条件下 63℃巴氏消毒能有效保持生物体中油脂和总脂肪酸的稳定性。

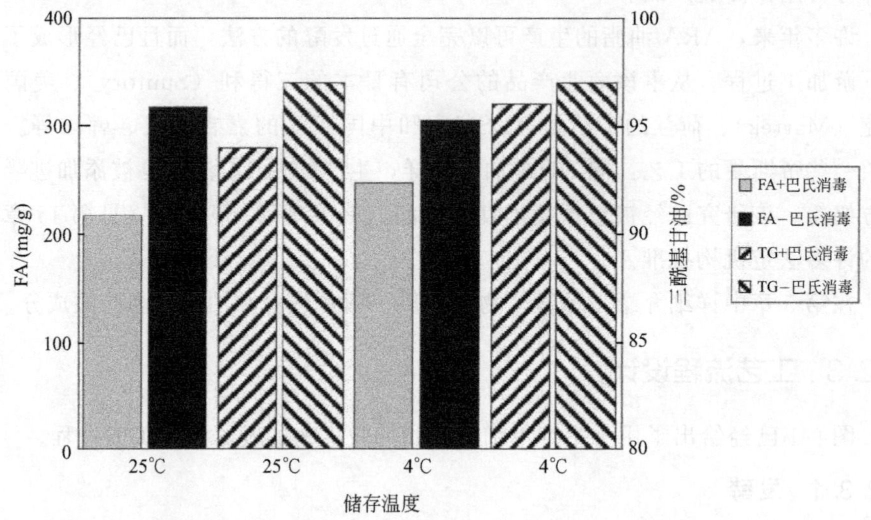

图 9-2 巴氏消毒高山被孢霉湿菌体对油脂稳定性影响

FA—干细胞中总脂肪酸；TG—正己烷中甘油三酯

在帝斯曼（DSM）的加工过程中，生物菌体通过造粒干燥法进行干燥。这种方法通过一个窄的粒径分布器得到非粉状的颗粒，方便后提取工艺。干燥使菌体失活，得到一种十分稳定的中间体。由于菌体容易氧化，在低温下通入氮气保存可以得到质量很好的菌体。当在常温保存数周后，不饱和脂肪酸的含量将减少。该发现同样可以用于解释样品的储存。

9.2.3.3 萃取、精制和产品

用正己烷（Kyle，1997；Zhu et al，2002）萃取干燥过的生物菌体颗粒可以获得稳定性很好的毛油。在该过程中许多溶入正己烷的细胞油脂成分被提取出来。油脂本身含有抗氧化剂，但是在随后的精制、脱色和脱臭过程中这些抗氧化成分将减少，因此通常加入天然的抗氧化剂生育酚和抗坏血酸棕榈酸酯来保护精制油。对于生产高质量的食用油这些精制步骤是必需的。唯一不同的是 ARA 油脂生产规模较小，而其中的 PUFA 对氧化很敏感。

商业油脂产品对不皂化物和游离脂肪酸的量是有限制的，所以油脂通常是清澈的、黄色的甘油三酯（表 9-B）。通过添加植物油，最终产品中 ARA 占总脂肪酸的含量为 40%。该油脂可以和 DHA 一起添加到婴幼儿配方奶粉中。

表 9-B 帝斯曼的高山被孢霉生产过程获得的商业 ARA-SCO 产品的特性

	项 目	指 标
油脂性质	花生四烯酸（ARA）/（g/kg）	≥350
	/%	≥38
	过氧化值/（mmol/kg）	<5
	不皂化物（质量分数）/%	≤3
	游离脂肪酸/%	<0.4
	外观	澄清的黄色液体
脂肪酸组成	脂肪酸	总脂肪酸中的相对含量/%
	14:0	1～3
	16:0	12～18
	18:0	10～14
	18:1	10～14
	18:2	5～8
	18:3	2～5
	20:0	0.5～2
	20:3	2～5
	20:4	35～43
	22:0	0.2～4
	24:0	1～4
稳定性	项 目	指 标
	混合自然生育酚	0.025%～0.050%
	维生素 C	0.025%

9.3　寇氏隐甲藻和裂殖壶菌中 DHA 油脂的萃取

9.3.1　发酵和富集

马泰克公司通过寇氏隐甲藻（*Crythecodinium cohnii*）和裂殖壶菌（*Schizohytrium* sp.）两种微生物生产多不饱和脂肪酸商业产品。第 6 章和第 3 章分别介绍了两种微生物的详细发酵过程。

裂殖壶菌属于异养的不等鞭毛门（Heterokonta）破囊壶菌目（Thraustochytriales）的微藻，其 DHA 在总脂肪酸中的含量可以达到 40%左右。寇氏隐甲藻是现在唯一异养的海洋甲藻，在所积累的油脂中 DHA 是唯一的多不饱和脂肪酸，而且在总油脂中的含量高达 65%（Kyle，1996）。表 9-C 列出了两种微生物通过发酵产生的典型脂肪酸的含量（混合处理前）。

表 9-C　寇氏隐甲藻和裂殖壶菌产生的油脂的脂肪酸组成。在最后的过程和混合之前（见表 9-D）

脂肪酸	含量/%	
	寇氏隐甲藻	裂殖壶菌
10:0	0～0.2	—
12:0	3～5	0～0.5
14:0	14～16	9～15
16:0	10～14	24～28
16:1	2～3	0.2～0.5
18:0	0～0.3	0.5～0.7
18:1	9～10	—
18:3 (n-3)	—	—
20:3 (n-6)	—	0～0.5
20:4 (n-3)	—	0.5～1.0
22:5 (n-6)	—	11～14
22:6 (n-3)	50～60	35～40

DHA 全部包含在细胞内，并且分布在结构性油脂（例如磷脂质）和脂滴中。由甘油三酯组成的脂滴具有热不稳定性，在随后的下游细胞富集和油脂萃取过程中需要注意。胞外多糖的产生会增加培养基的黏性（de Swaaf et al，2001）。此外，在发酵后期 pH 值容易迅速改变。所有这些因素都将增加产品回收的困难。为了确保在最优质量下更好地回收油脂，由于产品对污染物、细胞的自溶、多不饱和脂肪酸的氧化性是敏感的，迅速的操作是最重要的因素。加工的设备类型和尺寸必须合适，这样才能确保在合适的时间限制内完成收获过程。然而，可以通过加热培养基或加入保存剂稳定菌体来延长这个限制时间。通常用离心或过滤的方法收集菌体，目的是方便随后的干燥和减少干燥过程中的能耗。

为了使菌体可以储存更长的时间而没有任何微生物、化学、感官上的改变，干燥是必需的过程。通常菌体受时间和温度影响，在这一点上油脂处在暴露的情况下肯定会导致油脂的分解，因此可以选择在低温下长时间和在更加严格的条件下短时间的干燥。通常情况下的选择是采用短时间的喷雾干燥和气流干燥。喷雾干燥可以处理含水量大的体积，适合用于微藻类发酵罐规模的干燥。为了保持油脂的质量，与直接干燥相比，喷雾干燥可以减少细胞的自溶作用和其对于干燥机的黏性。为了减少产品、效能和营养价值的损失或风味的改变，对于热敏感的菌体需要优化干燥条件。在这方面，需要考虑培养基中菌体的浓度、温度、空气湿度、最终的含水率、喷口的设计和输送的压力。脱水和干燥对于油脂的萃取性能和产品的质量都有影响。干燥的菌体含水率通常在 4%～6% 之间。

我们应该清楚发酵和产品的获得是整个加工过程中主要的部分。由于两者之间相互影响，任何一个都不可以独立地存在。否则可能会导致一些不必要的成本问题。

9.3.2　预处理和细胞破碎

在这一部分中，我们需要考虑的是两种微生物（裂殖壶菌和寇氏隐甲藻）的细胞壁特别厚。为了得到细胞内的成分，已经研究了许多分解细胞的方法。主要包括 3 种方式：化学方法、生物方法、物理方法。许多方法在成本、大规模应用、产品的兼容性方面存在严格的限制。

在不破坏 DHA 油脂的情况下，为了优化化学的方法，从而实现细胞的溶解，我们对于细胞结构和成分的了解是非常重要的。对于机械的方法来说，细胞结构中聚合物的尺寸、形状和连接程度是着重考虑的方面。不过，机械方法（包括高速搅拌研磨机和高压均质机）对包含微藻类在内的具有坚硬细胞壁的微生物破壁是有效的。通过优化流速、压力、温度、仪器的尺寸和操作等变量实现细胞壁的完全分解是可以做到的。细胞破碎的一些变量已经得到总结（Sobus & Holmlund，1976）。该过程将严重影响下游的固液分离过程和萃取率。

细胞的破碎也与发酵条件有关。通常情况下，由于快速生长的菌体没有足够的时间合成细胞壁，从而具有相对较弱的细胞壁。与寇氏隐甲藻相比，生长较快的裂殖壶菌具有较弱的细胞壁，因此破壁所需的能耗会显著降低。

从这两种海洋微生物中发现的规律同样适用于其他微生物。例如，处在指数生长期的酵母细胞壁比处于稳定生长期更容易破壁（Sobus & Holmlund，1976）。与生长缓慢的细菌相比，快速生长的细菌拥有更弱的细胞壁，通过简单的处理即可破壁（Kula & Schütt，1987）。为了提升产油微生物的油脂积累，通常会使微生物在饥饿和营养限制的条件下生长，微生物的这种生理学信号会引发细胞强化细胞壁合成。在微藻类中存在同样的现象。微藻类的机械稳定性不是固定不变的，而是与张力、生长的条件相关，最重要的是菌种的历史来源。总的来说，生物学性质和上游的多种参数对下游的成本、分离速度和效率有重要的影响。

虽然发酵液的预处理和菌体的干燥是不必要的，但是在某些特殊的情况下是有益的，比如为了进一步处理后可以长时间储存和运输。虽然预处理的主要目的是更加稳定，但是预处理的方法和条件可以改善萃取性，例如通过弱化细胞壁。最普通的预处理方法是将培养基进行巴氏消毒。为了减少多不饱和脂肪酸的降解或由于其他化学反应造成油脂的酸败和造成下游分离的困难，我们需要认真对待灭菌的条件。

9.3.3 萃取和精制

在历史上，从植物的种子中获得油脂的 3 种常用的方法是液压法、榨油机榨取和溶剂萃取。溶剂萃取起源于 1870 年欧洲的批次处理。现在的萃取过程包括：预先破碎、切片、磨碎、压缩油脂原料，然后加入正己烷进行连续的逆流萃取。萃取的设备包括脱溶装置和干燥机等溶剂回收系统。正己烷通过脱溶装置从油脂中分离并被重新利用。

同样的过程可以应用于单细胞油脂微生物（用正己烷作为溶剂）。主要的不同是细胞的预处理和破壁的方法。

由于破碎细胞后碎片的大小不一，细胞破碎过程中产生的细胞残渣必须移除。为了处理在物理和化学方面不同于油籽的微生物，设备和操作条件的调整是必需的。

图 9-3 阐明了单细胞油脂萃取的主要操作步骤。该过程在成本、萃取效率和油脂质量方面存在优势。

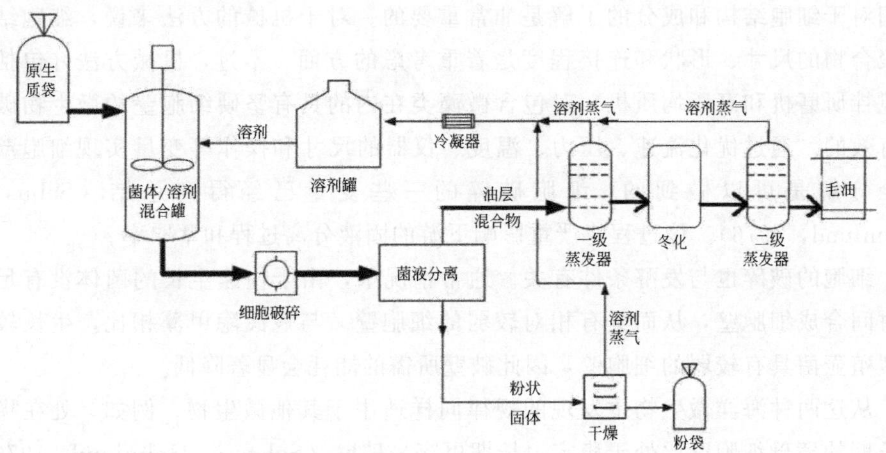

图 9-3 寇氏隐甲藻 SCO 反复萃取流程

一旦获得油脂，必须采用冬化处理来移除高熔点的甘油三酯（包括饱和脂酸酸残渣）和其他杂质。为了获得在常温下保持清澈的油脂，该过程是必需的。如果油脂被制成胶囊，为了保持油脂的色泽，需要在冰箱中冷冻储存。浑浊的油脂会令不了解油脂物理化学性质的消费者不愉快。

用正己烷从完整的细胞中萃取油脂只有有限的成功，通常限制在实验室水平。已经测试了不同的有机溶剂对完整微生物中的油脂和其他产品的萃取效率，例如甲醇和苯的混合物已经应用于酵母油脂萃取（Save et al，1997），但是这些过程对于单细胞油脂的大规模萃取来说应用是有限的。超临界流体萃取（SCE）是另一个可以选择但需要进一步优化的方法，需要考虑加工的成本和萃取效率。

DHA 毛油由于在杂质、气味、味道和色泽上的缺陷，并不适合消费。因此，可以采用植物油精制的方法实现进一步精制，包括脱胶、碱炼、脱色和脱臭。在精炼过程中去除和减少的杂质和微量成分包括游离脂肪酸、水、磷脂、矿物质、类胡萝卜素、固醇类、生育酚/生育三烯酚类、蜡质类和残留的细胞碎片。由于油脂易被氧化（脱色之前 DHA 含量达到 60%，见表 9-D），与植物油相比处理条件和操作速率更加关键。为了维持气味、味道和氧化的稳定性，马泰克公司已经优化了操作的条件。通过脱臭的油和高质量的葵花子油混合使 DHA 油脂达到标准，同时添加抗坏血酸棕榈酸酯和生育酚抗氧化剂使油脂保持稳定。

与得益于规模经济、经过数十年的优化和不断改善操作的植物油相比，单细胞油脂的萃取和精制的成本相当高。此外，单细胞油脂需要更高的药品生产质量管理规范（比食品工厂更接近药品的标准）和更严厉的氧化控制（该方面限制了设备的优化）。

表 9-D　寇氏隐甲藻产生的 DHA-SCO™ 的典型分析

	项　目	典型结果
油脂性质	游离脂肪酸/%	0.03～0.1
	过氧化值/（mmol/kg）	0～0.5
	茴香胺值	2～8
	不皂化物/%	1～2
	水分及挥发物/%	0～0.02
	不溶解物质	没有检测到
	反式脂肪酸	没有检测到
	重金属	没有检测到
	生育三烯酚类/%	0.04～0.05
脂肪酸组成	脂肪酸	含量（质量分数）/%
	10:0	0～0.5
	12:0	2～5
	14:0	10～15
	16:0	10～14
	16:1	1～3
	18:0	0～2
	18:1	10～30
	22:6（n-3）	40～45

9.3.4 品质特征

与来自油菜籽和鱼类的毛油不同，通过发酵法从裂殖壶菌和寇氏隐甲藻中提取的毛油没有受到农药、黄曲霉毒素、有机磷杀虫剂、有机氯杀虫剂、重金属和其他常在鱼油中发现的污染物（如多氯联苯）的污染（Shim et al，2003）。最后精炼过程的简化目的是去除同甘油三酯一起被萃取进来的杂质，因此不会影响最终油脂的品质。

同高质量的葵花子油混合后的精炼油、脱色油、脱臭油的典型分析给于表9-D。

马泰克公司实施严格的质量控制来确保稳定性和品质。操作过程中的热、空气、光和重金属的影响都被降低了。通过顶尖的分析工作和一个训练有素的团队来提高和维持食品和治疗应用方向更高的质量标准。

从微藻中提取的单细胞油脂拥有显著的氧化和风味的稳定性。图 9-4 说明了裂殖壶菌油脂典型的保质期。在 2 年时间内，处在冰冻条件下的油脂性质只发生了很小的变化。

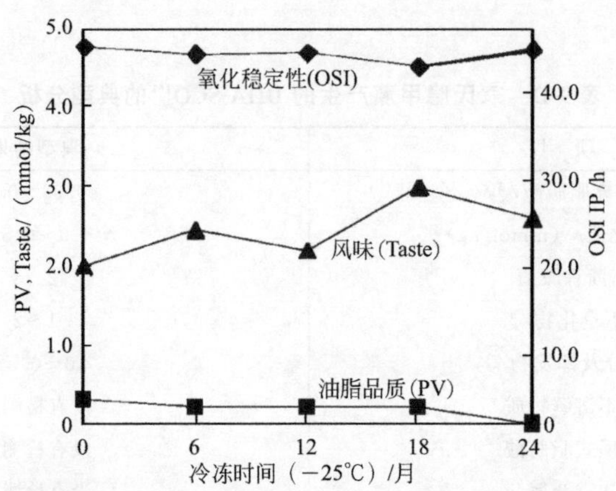

图 9-4　来源于裂殖壶菌的 SCO 的货架稳定性特征

更多的关于这些油脂和其他单细胞油脂的安全信息将在第 15 章介绍。

9.4 微藻中油脂的萃取

9.4.1 概述

研究证明光合自养的藻类可以合成几种长链多不饱和脂肪酸，主要是 EPA 和

ARA。EPA 的主要生产藻类是硅藻类中的三角褐指藻（*Phaeodactylum tricornutum*）（Yongmanitchai & Ward，1992；Molina Grima et al，1999）、红藻类中的紫背紫球藻（*Porphyridium cruentum*）（Cohen et al，1988）、黄绿藻（eustigmatophytes）中的微拟球藻（*Nannochloropsis* sp.）（Seto et al，1984；Sukenik，1999）和地下蒜头藻（*Monodus subterraneus*）（Cohen，1994）。这里提到的红藻最近才被发现是可以产 ARA 的唯一藻类（Cohen，1990）。

妨碍微藻类作为生产长链多不饱和脂肪酸的主要的障碍是相对较高的生物量生产成本。随后，与其他资源相比，在微藻类单细胞油脂后提取过程方面投入的研究很少。现在正在研究光生物反应器是否降低生产的成本。

在限制条件下（比如氮源饥饿条件下），许多微藻类被刺激积累大量的油脂。然而，积累的甘油三酯大部分含有饱和脂肪酸与单不饱和脂肪酸，多不饱和脂肪酸含量几乎为零。当多不饱和脂肪酸被提出后，其主要位于极性膜脂质中（Cohen，1999）。不幸的是膜脂质的含量和其脂肪酸成分是固定有限的。鱼油作为单一的多不饱和脂肪酸的来源具有局限性，其含有几种多不饱和脂肪酸，需要昂贵的高效液相色谱分离。在海藻中存在同样的局限。在生产最终产品过程中，高效液相色谱是唯一的设备。油脂纯化过程比油脂萃取本身成本高许多。

不同的脂质之间的区别是很明显的。因此，对于有前景的富含多不饱和脂肪酸的藻类的研究，我们不仅应该考虑多不饱和脂肪酸的绝对含量，而且要考虑是否某一特殊的油脂含量较高而其他油脂含量较小。其中一种可能的途径是寻找富含多不饱和脂肪酸甘油三酯的微藻。确实，某些藻类的生活环境变化很快，Cohen 猜测其可以通过动员甘油三酯转移和叶绿体油脂中的多不饱和脂肪酸来很快地适应环境变化。以这种猜测为依据，他们分离了一种微藻并判断其为缺刻缘绿藻（*Parietochloris incisa*）（Bigogno et al，2002），同时发现其含有丰富的 ARA。虽然这个藻类可以适应低温环境，但是它的最佳生长温度为 25℃。在氮源限制的条件下，ARA 占总脂肪酸的含量达到 60%，ARA 占干重的比例为 20%，超过 90% 的 ARA 储存在甘油三酯中（Khozin-Goldberg et al，2002）。然而，并没有研究从这个藻类中提取 ARA 的下游过程。

9.4.2　萃取

Molina Grima 等（1999）全面研究了微藻中多不饱和脂肪酸的富集与分离。这一部分只简要描述其他地方提到的几个方面。用 96% 的乙醇从冻干的微藻菌体中提取油脂可达到 96%，相比之下直接从湿的三角褐指藻的萃取只可以得到 90%（Molina Grima et al，1996）。然而，许多含有潜在价值油脂的藻类物种的细胞壁都是不可透过的，需要破壁的步骤［例如缺刻缘绿藻（*P. incisa*）和富含虾青素的雨生红球藻（*Haematococcus pluvialis*）］。球磨机已经成功应用于斜生栅藻（*Scenedesmus obliquus*）的破壁（Hedenskog & Ebbinghaus，1972）。植物油的典型萃取方法是利用氯仿、甲醇和水的混合。然而，这些溶剂具有毒性，不适合应用到营养和制药方面。在许多藻类物种中，发现EPA存在于极性油脂中，主要是半乳糖酯。不幸的是，这些油脂在许多溶剂中的溶解度不是很高，从而导致需要大量的萃取体积并萃取得不完全。然而，由于脂肪酸的最终纯化需要这些溶解物从油脂中释放出来，所以皂化/萃取过程对于油脂恢复是必要的。生物相容体系如96%的乙醇和正己烷/乙醇（2∶5）已经成功应用到冻干的三角褐指藻中脂肪酸的萃取，接着是皂化反应（Cartens et al，1996）。同样的过程可以用于球等鞭金藻（*Isochrysis galbana*）（Robles Modina，1995）和紫背紫球藻（*P. cruentum*）（Giménez Giménez et al，1998）中EPA的分离。然而产量十分低，分别只有43%和25%。

9.4.3 纯化

根据碳链的长度和不饱和程度，可以用反相色谱（reversed phase chromatography，RPC）分离脂肪酸（Gunstone et al，1984）。然而，这一技术对于大规模生产来说成本过高。富含多不饱和脂肪酸的半乳糖酯部分，初步分离是通过尿素包埋法，可以通过增加输出和减少每次操作的费用来减少成本。Cohen已证明用乙腈-水的混合液连续洗脱 C_{18} 柱上甲基化的油脂可以纯化紫球藻（*Porphyridium*）中的EPA。在3个部分中，大概80%的EPA被洗脱下来，它们的含量在85.4%～93.2%之间变化。然而，当在反相色谱分离之前先进行尿素包埋法，则会使纯度为85%的EPA达到97%。这些方法的应用使EPA的纯度达到了97%。同样的方法可以使ARA的纯度达到80%。

地下蒜头藻是含有EPA的主要的藻类之一。超过70%的EPA集中在单半乳糖基甘油二酯中，其含有46%的总脂肪酸。如上所述，根据脂质极性方面的不同可以有一个更简单的方法，该方法可以去除一些其他多不饱和脂肪酸。该法是洗脱通过硅胶的油脂。为了模拟这个方法，通过极性不断增强的洗脱剂洗脱，从地下蒜头藻中萃取油脂，后来的部分将会被分析（Cohen & Cohen，未公开的数据）。单半乳糖基甘油二酯的甲酯化和尿素包埋分离物的甲酯化测得EPA的纯度达到了88%（表9-E）。通过整合几个基因修饰，期待进一步的提高。例如，地下蒜头藻的半乳糖脂是由两种分子组成：类似真核的脂质，20:5大部分分布在*sn*-1和*sn*-2位置；类似原核的脂质，C_{14}～C_{16}短的脂肪酸分布在*sn*-1位置，而20:4和20:5分布在*sn*-2位置。这些分子的种类来源于两种不同的生物合成途径（Khozin-Goldberg et al，2002）。任何修饰都可以通过减少类似原核的分子类别来增加类似真核的分子类别的分布，这些都能增加EPA的含量并减少纯化的过程。

表 9-E　通过硅胶逐步洗脱法、甲酯化、尿素包埋法分离地下蒜头藻（*Monodus subterraneus*）的油脂

项　目	脂肪酸组成（占总脂肪酸含量）/%										
	14:0	16:0	16:1	16:3	18:0	18:1	18:2	18:3	20:3 n-6	20:4 n-6	20:5 n-3
提取的总油脂①	6	14	23	2	1	5	1	1	0.5	6	39
5%甲醇洗脱②	3	9	24	0.6	4	3	1	1	0.4	5	50
尿素包埋				0.5			1	1	0.6	7	90

① 油脂通过 Bligh 和 Dyer（1959）的方法提取得到，总脂肪酸和 EPA 的含量占细胞干重分别为 12% 和 4.7%。

② 中性脂由氯仿洗脱，含有脑苷脂的部分用体积分数 5% 的甲醇洗脱，用高浓度的甲醇会洗脱下来 EPA 含量很低的极性脂。

当前，多不饱和脂肪酸如 ARA、EPA 和 DHA 对于各种疾病的治疗是非常必要的。然而，多不饱和脂肪酸作为药物的一种成分，其纯度需要达到 95%。不同来源之间存在着竞争，不仅存在于产品的浓度、生产的成本，而且存在于类似的脂肪酸分离的难易程度。当我们考虑多不饱和脂肪酸的来源时，一方面考虑该多不饱和脂肪酸存在于何种油脂中，另一方面是该油脂中多不饱和脂肪酸的比例是多少。

参考文献

Bigogno, C.; I. Khozin-Goldberg; S. Boussiba; A. Vonshak; Z. Cohen. Lipid and Fatty Acid Composition of the Green Alga *Parietochloris incisa*. *Phytochemistry* **2002,** *60,* 497–503.

Bligh, E.G.; W.J. Dyer. A Rapid Method for Total Lipid Extraction and Purification. *Can. J. Biochem. Physiol.* **1959,** *37,* 911–917.

Cartens, M.; E. Molina Grima; A. Robles Medina; A. Giménez Giménez; M.J. Ibáñez González. Eicosapentaenoic Acid (20:5n-3) from the Marine Microalga *Phaeodactylum tricornutum*. *J. Am. Oil Chem. Soc.* **1996,** *73,* 1025–1031.

Cohen, Z. The Production Potential of Eicosapentaenoic Acid and Arachidonic Acid of the Red Alga *Porphyridium cruentum*. *J. Am. Oil Chem. Soc.* **1990,** *67,* 916–920.

Cohen, Z. Production Potential of Eicosapentaenoic Acid by *Monodus subterraneus*. *J. Am. Oil Chem. Soc.* **1994,** *71,* 941–945.

Cohen, Z. Production of Polyunsaturated Fatty Acids by the Microalga *Porphyridium cruentum*. *Chemicals from Microalgae*; Z. Cohen, Ed.; Taylor and Francis: London, 1999; pp 1–24.

Cohen, Z.; S. Cohen. Preparation of Eicosapentaenoic Acid (EPA) Concentrate from *Porphyridium cruentum*. *J. Am. Oil Chem. Soc.* **1991,** *68,* 16–19.

Cohen, Z.; A. Vonshak; A. Richmond. Effect of Environmental Conditions of Fatty Acid Composition of the Red Alga *Porphyridium cruentum*: Correlation to Growth Rate. *J. Phycol.* **1988,** *24,* 328–332.

Cohen, Z.; I. Khozin-Goldberg; D. Adlrestein; C. Bigogno. The Role of Triacylglycerols as a Reservoir of Polyunsaturated Fatty Acids for the Rapid Production of Chloroplastic Lipids in Certain Microalgae. *Biochem. Soc. Trans.* **2000,** *28,* 740–743.

de Swaaf M.E.; G. Grobben; G. Eggink; T.C. de Rijk; P. van de Meer; L. Sijtsma. Characterization of Extracellular Polysaccharides Produced by *Crypthecodinium cohnii*. *Appl. Microbiol. Biotechnol.* **2001,** *57,* 395–400.

Engler, C.R.; C.W. Robinson. Effects of Organism Type and Growth Conditions on Cell Disruption by Impingement. *Biotechnol. Lett.* **1981,** *3,* 83–88.

Giménez Giménez, A.; M.J. Ibáñez González; A. Robles Medina; E. Molina Grima; S. García Salas; L. Esteban Cerdán. Downstream Processing and Purification of Eicosapentaenoic (20:5n-3) and Arachidonic Acid (20:4n-6) from the Microalga *Porphyridium cruentum*. *Bioseparation* **1998,** *7,* 89–99.

Gunstone, F.D.; E. Bascetta; C.M. Scrimgeour. The Purification of Fatty Acid Methyl Esters by High Pressure Liquid Chromatography. *Lipids* **1984,** *19,* 801–803.

Hedenskog, G.; L. Ebbinghaus. Reduction of the Nucleic Acid Content of Single-Cell Protein Concentrates. *Biotechnol. Bioeng.* **1972,** *14,* 447–457.

Higashiyama, K.; S. Fujikawa; E.Y. Park; S. Shimizu. Production of Arachidonic Acid by *Mortierella* fungi. *Biotechnol. Bioproc. Eng.* **2002,** *7,* 252–262.

Khozin-Goldberg, I.; C. Bigogno; Z. Cohen. Nitrogen Starvation Induced Accumulation of Arachidonic Acid in the Freshwater Green Alga *Parietochloris incisa*. *J. Phycol.* **2002,** *38,* 991–994.

Khozin-Goldberg, I.; S. Didi-Cohen; Z. Cohen. Biosynthesis of Eicosapentaenoic Acid (EPA) in the Fresh Water Eustigmatophyte *Monodus subterraneus*. *J. Phycol.* **2002,** *38,* 745–756.

Kula, M.R.; H. Schütt. Purification of Proteins and the Disruption of Microbial Cells. *Biotechnol. Prog.* **1987,** *3,* 31–42.

Kyle, D.J. Production and Use of a Single Cell Oil Which is Highly Enriched in Docosahexaenoic Acid. *Lipid Technol.* **1996,** *8,* 107–110.

Kyle, D.J. Production and Use of a Single Cell Oil Highly Enriched in Arachidonic Acid. *Lipid Technol.* **1997,** *9,* 116–121.

Molina Grima, E.; A. Robles Medina; A. Giménez Giménez; M.J. Ibáñez González. Gram-Scale Purification of Eicosapentaenoic Acid (EPA, 20:5n-3) from Wet *Phaeodactylum tricornutum* UTEX 640 Biomass. *J. Appl. Phycol.* **1996,** *8,* 359–367.

Molina Grima, E.; F. Garcia Camacho; F.G. Acien Fernandez. Production of EPA from *Phaeodactylum tricornutum*. *Chemicals from Microalgae*; Z. Cohen, Ed., Taylor and Francis: London, 1999; pp 57–92.

Park, E.Y.; T. Hamanaka; K. Higashayama; S. Fujikawa. Monitoring of Morphological Development of the Arachidonic-Acid-Producing Filamentous Microorganism *Mortierella alpina*. *Appl. Microbiol. Biotechnol.* **2002,** *59,* 706–712.

Ratledge, C. Microorganisms as Sources of Polyunsaturated Fatty Acids. *Structured and Modified Lipids*; F.D. Gunstone, Ed.; Marcel Dekker: New York, 2001; pp 351–399.

Ratledge, C. Single Cell Oils—A Coming of Age. *Lipid Technol.* **2004,** *16,* 37–41.

Ratledge, C. Microbial Production of γ-Linolenic Acid. *Handbook of Functional Lipids*; C.C. Akoh, Ed.; CRC Press: Boca Raton, FL, 2006; pp 19–45.

Robles Medina, A.; A. Giménez Giménez; F. García Camacho; J.A. Sánchez Pérez; E. Molina Grima; A. Contreras Gómez. Concentration and Purification of Stearidonic, Eicosapentaenoic, and Docosahexaenoic Acids from Cod Liver Oil and the Marine Microalga *Isochrysis galbana*. *J. Am. Oil Chem. Soc.* **1995,** *72,* 575–583.

Save, S.S.; A.B. Pandit; J.B. Joshi. Use of Hydrodynamic Cavitaion for Large Scale Microbial Cell Disruption. *Trans. I. Chem. Eng.* **1997,** *75,* 41–49.

Seto A.; H.L. Wang; C.W. Hesseltine. Culture Conditions Affect Eicosapentaenoic Acid Content of *Chlorella minutissima*. *J. Am. Oil Chem. Soc.* **1984,** *61,* 892–894.

Shim, S.M.; C.R. Santerre; J.R. Burgess; D.C. Deardorff. Omega-3 Fatty Acids and Total Polychlorinated Biphenyls in 26 Dietary Supplements. *J. Food Sci.* **2003,** *69,* 2436–2440.

Sinden, K.W. The Production of Lipids by Fermentation within the EEC. *Enzyme Microbial Technol.* **1987,** *9,* 124–125.

Sobus, M.T.; C.E. Holmlund. Extraction of Lipids from Yeast. *Lipids* **1976,** *11,* 341–348.

Streekstra, H. On the Safety of *Mortierella alpina* for the Production of Food Ingredients, Such as Arachidonic Acid. *J. Biotechnol.* **1997,** *56,* 153–165.

Sukenik, A. Production of Eicosapentaenoic Acid by the Marine Eustigmatophyte *Nannochloropsis*. *Chemicals from Microalgae*; Z. Cohen, Ed.; Taylor and Francis: London, 1999; pp 41–56.

Yongmanitchai, W.; O.P. Ward. Growth and Eicosapentaenoic Acid Production by *Phaeodactylum tricornutum* in Batch and Continuous Culture System. *J. Am. Oil Chem. Soc.* **1992,** *69,* 584–590.

Yuan, C.; J. Wang; Y. Shang; G. Gong; J. Yao; Z. Yu. Production of Arachidonic Acid by *Mortierella alpina* I_{49}–N_{18}. *Food Technol. Biotechnol.* **2002,** *40,* 311–315.

Zhu, M.; P.P. Zhou; L.J. Yu. Extraction of Lipids from *Mortierella alpina* and Enrichment of Arachidonic Acid from the Fungal Lipids. *Biores. Technol.* **2002,** *84,* 93–95.

第三部分
利用光合自养生长微生物生产单细胞油脂

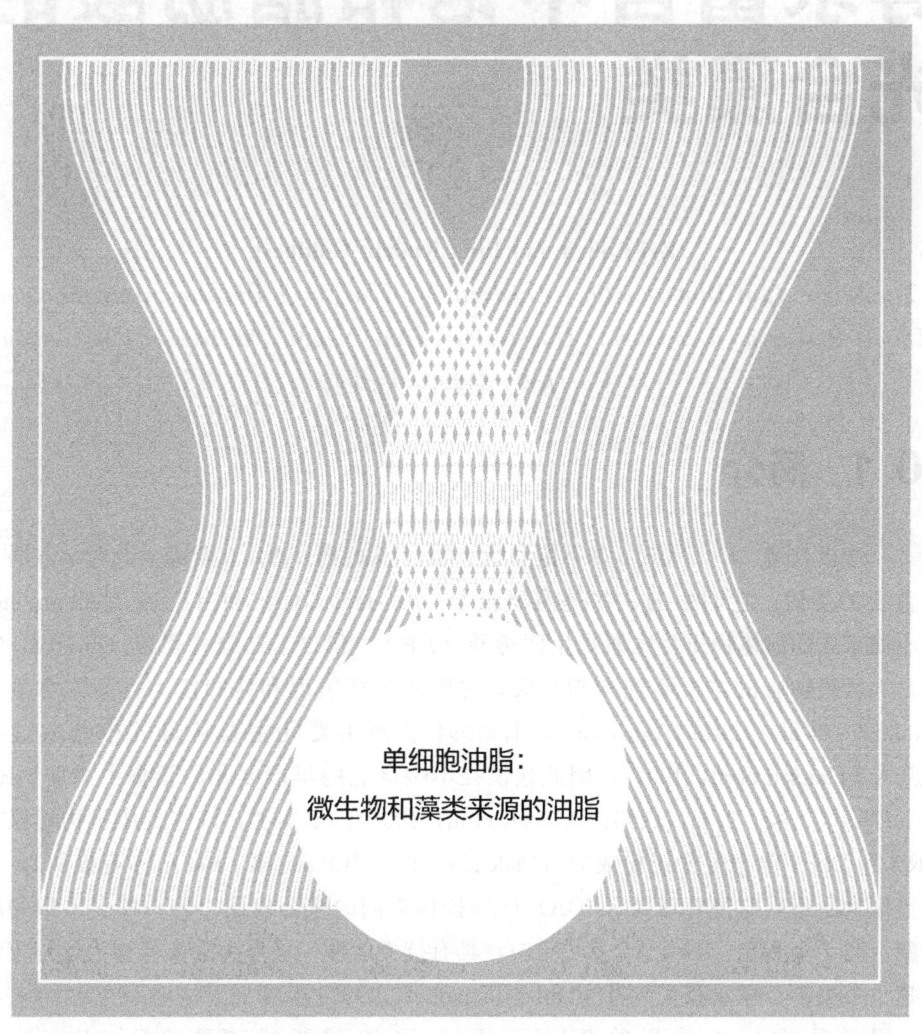

第10章

寻求富含不饱和脂肪酸的光合藻类

Zvi Cohen and Inna Khozin-Goldberg

(*The Microalgal Biotechnology Laboratory*, *The Jacob Blaustein Institutes for Desert Research*, *Ben Gurion University of the Negev*, *Midreshet Ben Gurion Campus*, 84990, *Israel*)

10.1 简介

一些极长链（C_{20}～C_{22}）多不饱和脂肪酸（VLC-PUFA）在营养学及药学方面具有重要的价值。它们中的一些是前列腺素（prostaglandin）和白三烯（leukotriene）等不同家族的前体物质，比如花生四烯酸（ARA）和二十二碳六烯酸（DHA），它们是大脑膜磷脂的主要不饱和脂肪酸，对婴儿的视敏度和认知能力提高非常重要（Koletzko et al，1991；Agostoni et al，1994）。新生婴儿主要从母乳中获取这些PUFA（Hansen et al，1997），因此建议在不喂母乳的早产婴儿的膳食中添加ARA和DHA（Carlson et al，1993；Boswell et al，1996）。事实上，许多健康机构建议将ARA和DHA作为配方奶粉成分（Makrides et al，1995；第16章中亦有说明），并且美国食品药品监督管理局（FDA）已经授权它们的联合使用。另一种多不饱和脂肪酸双高γ-亚麻酸（DGLA，20:3n-6），具有抗炎活性，可作为潜在药物治疗特应性湿疹、牛皮癣、哮喘和关节炎（Fan & Chapkin，1998）。

微藻富含n-3系列的VLC-PUFA。比如紫背紫球藻（*Porphyridium*

cruentum）（Cohen et al，1988）、微拟球藻（*Nannochloropsis* sp.）（Seto et al，1984；Sukenik & Carmeli，1989）、三角褐指藻（*Phaeodactylum tricornutum*）（Yongmanitchai & Ward，1992；Molina-Grima et al，1999）、地下蒜头藻（*Monodus subterraneus*）（Cohen，1994），由于其具有产二十碳五烯酸（EPA，20:5n-3）的能力而被研究。类似地，寇氏隐甲藻（*Crypthecodinium cohnii*）（Jiang et al，1999）、蓝隐藻属的 *Chroomonas salina*（Henderson et al，1992）含有 DHA。然而，产 n-6 系列极长链不饱和脂肪酸的菌株则相对较少，除非经过基因操作并没有发现高产 DGLA 的菌株（详见第 2 章）。在淡水藻类中产 ARA 的菌株几乎不存在，并且在海洋藻类中 ARA 在总脂肪酸（TFA）中的含量很低 [表 10-A（Thompson，1996）]。

表 10-A　相对富含 ARA 的藻类的主要脂肪酸组成

菌　种	主要脂肪酸/%									参考文献
	16:0	16:1	18:1	18:2	18:3 n-6	18:4 n-3	20:4 n-6	20:5 n-3	22:6 n-3	
硅藻纲（Bacillariophyceae）										
假微型海链藻（*Thalassiosira pseudonana*）	10	29		1			14	15		1
绿藻纲（*Chlorophyceae*）										
缺刻缘绿藻（*Parietochloris incisa*）	10	2	16	17	1		43	1		2
甲藻纲（*Dinophyceae*）										
卡特前沟藻（*Amphidinium carteri*）	12	1	2	1	3	19	20		24	1
褐藻纲（*Phaeophyceae*）										
刺酸藻（*Desmarestia aculeata*）	12	2	7	6	10	16	19	19		3
膜状网翼藻（*Dictyopteris membranacea*）	20	1	14	14	11	11	11	9		4
束枝水云（*Ectocarpus fasciculatus*）	17		13	4	15	23	11	13		5
绿枝藻纲（*Prasinophyceae*）										
丹麦棕鞭藻（*Ochromonas danica*）	4		7	26	12	7	8			6
红藻科（*Rhodophyceae*）										
菊花江蓠（*Gracilaria confervoides*）	18	3	16	2		1	46			3
Phycodrys sinuosa	22	5	5	1	1		44	2		3
紫背紫球藻（*Porphyridium cruentum*）	34	1	2	12			40	7		7

参考文献：1. Cobelas & Lechado，1988；2. Bigogno et al，2002b；3. Pohl & Zurheide，1979；4. Hoffman & Eichenberger，1997；5. Makewicz et al，1997；6. Vogel & Eichenberger，1992；7. Cohen，1990.

来源：Bigogno et al，2002b。

10.2 富含 PUFA-TAG 微藻的出现

许多微藻在其极性脂组成中都含有 VLC-PUFA，但是极性脂质含量受内在条件限制（Eichenberger & Gribi，1997；Cohen & Khozin-Goldberg，2005）。产油微藻可以积累中性脂，可以达到它们细胞干重的 86%，其中主要是甘油三酯（TAG），作为其对随时产生的环境压力的应急储备（比如限氮、高盐、高温）（Dubinsky et al，1978；Scragg & Leather，1988；Roessler，1990；Cohen，1999）。但是它们的 TAG 主要含饱和脂肪酸与单不饱和脂肪酸（Henderson et al，1990）。为了使微藻能够成为 VLC-PUFA 的经济来源，必须寻求能够在 TAG 中积累这些 PUFA 的藻类。

Cohen（1990）的研究发现，在氮饥饿下紫背紫球藻可以积累占其生物量干重的 2.5%的 ARA，并且占 TFA 的 41%。而且，是同时期发现的 ARA 含量最高的生物，并且是唯一的在 TAG 中积累 PUFA 的光合藻类。比较而言，一些真菌，尤其是被孢霉属（*Mortierella*），可以积累达到 TFA 的 60% 的 ARA（Higashiyama et al，1998；参阅第 2 章）。

10.2.1 微藻中油脂的积累

油脂在藻类中的积累是一个双相过程，只要生长条件不受限，细胞迅速分裂的情况就会一直持续。在油脂合成时期，过量的碳源和一种生长因素的限制（多数情况下是限氮）可以诱导油脂的积累（Leman，1997）。在光照过剩的条件下限氮可以导致细胞生长的停止。由于光合作用持续的固碳效应，胞内 C/N 增加（Mayzaud et al，1989），碳源流向了非氮储备物质的合成，比如 TAG（充当光合作用固碳效应的桥梁）。

依据公认的说法，当培养条件有利时，藻类积累 TAG 作为储存的碳源和能量来支持生长（Pohl & Zurheide，1979；Harwood & Jones，1989）。出于该目的，微藻更偏向于积累饱和脂肪酸的酰基，因为它们的生成比 PUFA 需要更少的能量，并且氧化后可以提供更多的能量。因此，从经济学角度说，它不具有生产并积累富含 PUFA 的 TAG 的意义。对紫背紫球藻的放射性标记研究发现，被标记 ARA 在 TAG 中积累，并被转化成构建叶绿体膜的主要脂质，其中大部分是单半乳糖基甘油二酯（MGDG）（Khozin et al，1997；Khozin-Goldberg et al，2000）。然而，紫背紫球藻的一株突变体 HZ3 将标记物从 TAG 中转移的能力受损，故在低温下生长减慢（Khozin-Goldberg et al，2000）。

虽然大部分藻类生长于水体温度改变很缓慢的大水体体系中，紫背紫球藻却生存在温度变化很迅速的浅沼泽和盐砂中。MGDG 中 EPA 的增加［尤其是在低温下观察到的类似真核成分的MGDG中（20:5/20:5）]，可以反映机体应对温度突然改变所采用的模式。可论证的是，TAG可用为含ARA及EPA的DAG的缓冲力，并可迅速利用生成类似真核成分的20/20 MGDG分子。HZ3突变体在真核生物途径存在缺陷，而且通过强化类似原核成分的生成的补偿方式受到内在限制。

生长于快速的短期波动下的生态龛位（比如温度、盐度和氮的获取能力）的微藻，需要叶绿体膜脂质的脂肪酸组成及分子组成也能有快速且有意义的变化。然而，在这样的条件下PUFA的从头合成速度会比较慢。我们因此假设，在这样的微藻体内，TAG还有其他功能，一种缓冲功能，使得在环境条件迅速改变后动员PUFA分子建成并调整叶绿体膜（Cohen & Khozin-Goldberg，2005）。

10.3　富含PUFA的TAG可用于叶绿体脂质修饰的PUFA储存池

在多数植物和低等生物中，膜的脂肪酸的不饱和程度随温度下降而上升（Patterson，1970）。因此，为适应温度的骤降，必须有一个可以促使膜中的PUFA迅速增加的机制。但是，在低温下生化过程的速率并不高。即使在室温下，紫背紫球藻的实验表明放射性标记的EPA醋酸盐是在脉冲发生的10h之后才出现在叶绿体中（Khozin et al，1997），说明处于温度骤变之下的藻类在低温下通过从头合成脂肪酸来增加其叶绿体中的PUFA是有难度的。PUFA对抗高强度光、UV放射线（尤其是低温环境下）的效果，可使得机体能够在极端环境下生存并适应环境（Whitelam & Codd，1986）。在TAG中储存PUFA的能力，可以使机体能够很快适应环境的改变。由于高水平的自由脂肪酸对细胞具有毒害作用，它们必须以脂质形式储存起来。而极性脂是细胞膜成分，其积累受到内在的限制，这使得中性脂（主要是TAG）的积累成为唯一的可行选择。因此我们假设，在经历环境迅速改变（比如高山环境）的藻类中，富含VLC-PUFA的TAG会作为提供PUFA的缓冲池（Bigogno et al，2002a）。

10.4　缺刻缘绿藻的分离及其特性

为了验证这些假设，从日本立山（Mt. Tateyama）御库里池里搜集了几种藻类（Watanabe et al，1996）。这种生态龛位会经历大范围的温度改变（从严寒到20℃以上）并且由于雪的反射作用光强从正常到很高。对这些菌株的筛选，分离出绿色植物四胞藻目（Trebouxiophyceae）的缺刻缘绿藻（*Parietochloris incisa*)，这是所知的 ARA 含量最高的植物（Bigogno et al，2002b)。该藻类是第一个也是唯一一个被报道的可积累大量 TAG 的藻类，并且其中富含任一种 PUFA。ARA 是其主要脂肪酸，在对数生长期大约占 TFA 的 34%，在稳定期占 43%（表 10-B)。其他主要脂肪酸有 16:0、18:1 和 18:2。在占少数的脂肪酸中，有 n-6 系列的 PUFA，如 18: 3n-6 和 20: 3n-6；也有 n-3 系列的 PUFA，如 16:3n-3、18:3n-3 和 20:5n-3。即使处于对数生长期，TAG 也是主要的脂质，占 TFA 的 43%（表 10-B)，而在稳定期它的比例甚至达到 77%以上。与大部分藻类（它们的 TAG 中主要是饱和脂肪酸与单不饱和脂肪酸）相比，缺刻缘绿藻中主要脂类 TAG 中的 ARA 含量很高，在稳定期可以达到 47%。不仅是 ARA，TAG 中也包含 16:0、18:1 和 18:2 脂肪酸。由于稳定期时 TAG 积累量的迅速增加，细胞内的 ARA（在 TAG 中）从对数期的 60%增加到稳定期的 90%。除 ARA 之外，叶绿体脂质中脂肪酸的组成并无大的改变，这与其他典型的绿藻不同，比如小球藻（*Chlorella*）中主要是 16:0、18:1 和 18:2 脂肪酸。

缺刻缘绿藻的脂质组成情况也与寻常不同。同时出现二半乳糖基三甲基高丝氨酸（DGTS)、磷脂酰胆碱（PC)、磷脂酰乙醇胺（PE）的情况并不常见。DGTS大量存在于很多绿藻中，比如盐生杜氏藻（*Dunaliella salina*)、莱茵衣藻（*Chlamydodmonas reinhardtii*)、强壮团藻（*Volvox carteri*）等，它应该位于非质体膜上（Thompson，1996；Harwood & Jones，1989)。DGTS 在一些方面与 PC 相似，并且在 PC 水平比较低或没有的时候出现（Vogel & Eichenberger，1992)。在产 EPA 的真眼点藻纲（Eustigmatophytes）微拟球藻属（*Nannochloropsis* sp.)（Schneider & Roessler，1994）和地下蒜头藻（*Monodus subterraneus*)（Nichols & Appleby，1969）中这 3 种脂质有共存现象。一般而言，DGTS 或者与 PC 同时出现或者与 PE 同时出现，但不会与二者一同出现。比如，莱茵衣藻（Giroud et al，1988）含有 PE 和 DGTS，巴夫杜氏藻（*D. parva*）和盐生杜氏藻（Norman & Thompson，1985）含有 PC 和 DGTS。我们推测在缺刻缘绿藻中这些脂质的共同出现与 ARA 的生成有关。

表 10-B 缺刻缘绿藻（*P. incisa*）在对数生长期和稳定期中主要脂质的脂肪酸组成

油脂分类		油脂分布(占 TFA)/%	脂肪酸含量/%												
			16:0	16:1 n-11	16:2 n-6	16:3 n-3	18:0	18:1 n-9	18:1 n-7	18:2 n-6	18:3 n-6	18:3 n-3	20:3 n-6	20:4 n-6	20:5 n-3
生物量	L		13.9	4.7	1.7	4.0	1.7	6.7	5.1	13.2	1.5	10.3	1.2	33.6	1.7
	S		10.1	1.8	1.3	0.9	2.5	12.2	4.2	17.2	0.8	2.0	1.0	42.5	0.7
MGDG	L	22.1	1.9	1.0	8.5	20.5	0.4	3.6	0.8	14.5	0.8	31.9	0.3	13.9	1.1
	S	4.9	3.4	1.2	20.8	11.0	0.5	4.3	0.0	31.4	0.7	18.5	0.2	6.1	0.6

续表

油脂分类		油脂分布(占 TFA)/%	脂肪酸含量/%											
			16:0	16:1 n-11	16:2 n-6	16:3 n-3	18:0	18:1 n-9	18:1 n-7	18:2 n-6	18:3 n-6	18:3 n-3	20:3 n-6	20:4 n-6	20:5 n-3
DGDG	L	14.2	16.0	1.1	1.4	1.7	1.9	5.8	4.0	26.0	1.5	18.6	0.7	18.1	1.4
	S	6.8	34.0	0.5	0.2	0.6	4.5	6.9	3.0	31.0	2.4	2.9	0.4	7.6	0.6
PC	L	5.7	29.5	2.7	0.2	0.5	4.2	11.8	2.0	16.0	4.5	2.3	1.9	21.0	1.8
	S	0.7	31.2	1.4	—	—	5.5	8.9	15.4	21.1	2.6	1.4	0.7	9.6	—
DGTS	L	4.0	47.1	1.8	0.3	0.5	7.4	2.0	7.4	9.4	3.6	1.9	0.9	15.2	0.8
	S	4.6	30.0	0.4	2.6	0.6	3.9	5.4	2.8	34.2	3.3	3.5	0.4	10.0	0.6
PE	L	2.9	11.1	1.4	0.2	1.3	3.9	4.2	18.2	4.8	1.2	3.0	4.1	43.2	1.7
	S	0.6	19.8	4.5	0.3	4.8	7.1	4.3	24.7	11.2	1.5	1.8	2.0	14.3	—
TAG	L	42.9	13.3	0.5	tr	0.4	3.7	15.3	6.8	10.4	1.1	1.0	1.5	43.0	1.0
	S	77.1	8.4	0.4	tr	tr	3.1	18.0	4.0	14.1	0.7	0.4	1.1	47.1	0.7

注：DGDG—二半乳糖基甘油二酯；DGTS—二半乳糖基三甲基高丝氨酸；MGDG—单半乳糖基甘油二酯；PE—磷脂酰乙醇胺；PC—磷脂酰胆碱；TAG—甘油三酯；tr—痕量（<1%）。

来源：Bigogno et al，2002b。

10.4.1　在缺刻缘绿藻中诱导 ARA 的积累

为引入氮饥饿效应，将缺刻缘绿藻在稳定期的初期悬浮并维持在无氮的培养基中（Khozin-Goldberg et al，2002）。电镜扫描发现 TAG 积累于大的油脂球里（图 10-1）。在 14 天后，在无氮的培养基中脂肪酸的产量从干菌体量的 17%增加到 36%，而对照为 25%（表 10-C）。对脂肪酸的组成分析表明 TFA 中 ARA 从 40%迅速增加到 59%，而对照仅为 46%。在所有脂类中 ARA 的比例均有增加，尤其是中性脂，它的比例可达到 64%，而对照为 51%。相应地，在无氮条件下 ARA 从占干菌体的 7%升到 21%，而对照仅为 11%。中性脂（主要是 TAG）占到 TFA 的 87%，而对照是 62%（表 10-D）。在氮饥饿条件下，超过 90%的胞内 ARA 存在于 TAG 中。在该条件下，ARA 产量的增加导致 TAG 的比例增加以及 ARA 在 TAG 中的比例增加。

TAG 中主要分子为甘油三花生四烯酸酯（3ARA），在 TAG 中的比例高达 40%，而对照为 21%（表 10-E）。其他 3 种含两个 ARA 的分子（含 18:2、18:1 或 16:0 脂肪酸）的总比例占到 54%，只含有一个 ARA 分子的甘油三酯几乎没有。

在限氮下的脂肪酸的积累，可由培养基中的 C/N 比推动。增加可利用的碳源可进一步强化脂肪酸的积累。因此我们考察了缺刻缘绿藻在限氮的培养条件下加入醋酸盐的情况（数据未给出）。虽然其对脂肪酸产量有影响，但对脂肪酸组成却是不利的。主要增加的是 18:1 脂肪酸的比例，以 ARA 为代价，它增加到 40%。放射性实验表明，过量的醋酸盐不仅用于脂肪酸的从头合成，也可被 C_{16}-延长酶利用。显然，可利用的油酸水平太高，导致与 ARA 进入 TAG 形成竞争，而非进入磷脂进行更进一步的脱饱和修饰。

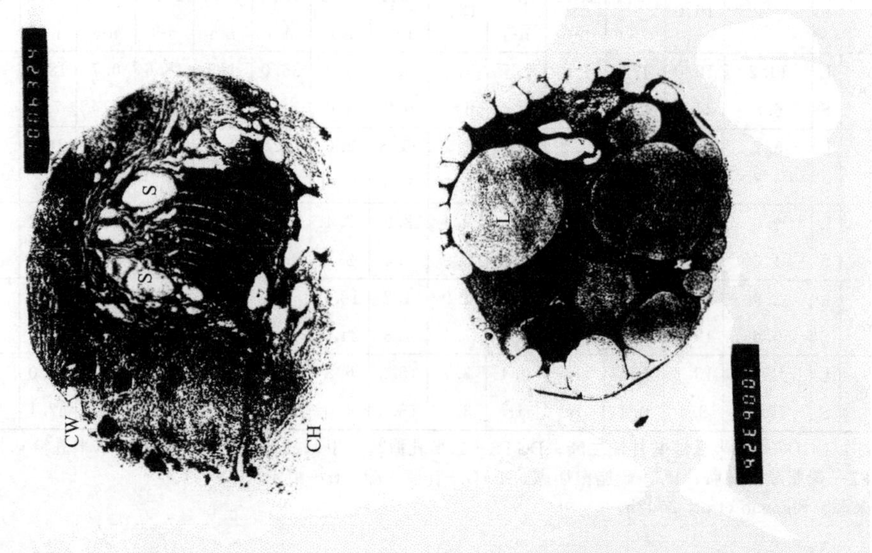

图 10-1 缺刻缘绿藻（*P. incisa*）的扫描电镜图。左图为最优条件下的细胞，右图为氮饥饿条件下生长 14 天的细胞。细胞的直径约为 20μm（左图）和 10μm（右图）

表 10-C 限氮条件下缺刻缘绿藻（*P. incisa*）脂肪酸组成和产量的变化

培养时间/d		含量（干重）/%		主要脂肪酸含量（占总脂肪酸）/%							
		TFA	ARA	16:0	18:0	18:1 n-9	18:1 n-7	18:2 n-6	18:3 n-6	18:3 n-3	20:4 n-6
对照	0	16.5	6.6	11	2	11	5	17	1	4	40
对照	14	24.7	11.4	9	2	14	4	17	1	2	46
—N	14	35.8	21.1	9	2	9	6	9	1	1	59

注：在无氮（—N）条件下培养；或控制培养基或培养时间。ARA—花生四烯酸；TFA—总脂肪酸。
来源：Khozin-Goldberg et al，2002。

表 10-D 限氮条件下缺刻缘绿藻（*P. incisa*）的主要脂质分布

培养	脂肪种类	脂肪含量（占总脂肪酸）/%	主要脂肪酸组成（占总脂肪酸）/%							
			16:0	18:0	18:1 n-9	18:1 n-7	18:2 n-6	18:3 n-6	18:3 n-3	20:4 n-6
—N	NL	87	8	2	9	4	9	tr	t	64
对照	NL	62	9	1	15	6	10	tr	2	51
—N	GL	10	12	2	5	4	11	1	12	30
对照	GL	19	9	1	5	3	21	tr	15	21
—N	PL	3	26	3	3	14	13	3	3	29

续表

培养	脂肪种类	脂肪含量（占总脂肪酸）/%	主要脂肪酸组成（占总脂肪酸）/%							
			16:0	18:0	18:1 n-9	18:1 n-7	18:2 n-6	18:3 n-6	18:3 n-3	20:4 n-6
对照	PL	19	17	1	6	11	19	1	7	25

注：具体培养条件见表 10-C

GL—半乳糖脂；NL—中性脂；PL—磷脂；tr—痕量（<1%）。

来源：Khozin-Goldberg et al，2002。

表 10-E 缺刻缘绿藻（*P. incisa*）在稳定期和限氮条件下 TAG 中主要的分子类型①

分子种类②	占总脂肪酸/%	
	对照	−N
20:4/20:4/20:4	21	40
20:4/20:4/18:2	17	16
20:4/20:4/18:1	18	20
20:4/20:4/16:0	11	18
20:4/18:2/16:0	15	2
20:4/18:2/18:1	11	—
20:4/18:1/18:1	2	1
20:4/18:1/18:0	3	—

① 用反相 HPLC 分离 TAG。通过紫外检测器辨别各峰并将其收集，甲酯化后由 GC 分析。由蒸发光检测器积算各组分含量，不需校正。

② 并未确定位置分布，给出的数据没有经过 TAG 位置的测定。

来源：Khozin-Goldberg et al，2002。

10.4.2 细胞密度对 ARA 含量的影响

在限氮条件下，将缺刻缘绿藻于不同光强下培养，表明低光强和高光强［光子量分别为 35μmol/（m^2・s）和 400μmol/（m^2・s）］的培养降低了脂肪酸产量（主要是 TAG）(Solovchenko et al，2007)。然而在中等光强下［200μmol/（m^2・s）］，脂肪酸的产量（占干菌体的 34%）和 ARA 含量（占 TFA 的 57%）都较高。因此，14 天后，该培养方式下的 ARA 产量可以达到干菌体的 19%（图10-2)。但是 ARA 的最高产量还是由全培养和高光强条件下获得，这得益于生物量的提高(图10-3)。

一般而言，细胞在相对高的光强下，藻类会积累更多的 TAG（Roessler，1990)。大多数 PUFA 生产藻类都会有类似情形，比如真眼点藻纲微拟球藻属(Sukenik，1999)、地下蒜头藻（Cohen，1994)、硅藻中的三角褐指藻和许多富含 EPA 的种类。相比之下，在氮源丰富尤其是氮源耗尽时，低光强会使缺刻缘绿藻的 TFA（多数作为 TAG）生产力下降。在另一种 ARA 生产菌紫背紫球藻（*P. cruentum*）中，也有类似情况（Cohen et al，1988)。有一种可能性，即处于低光

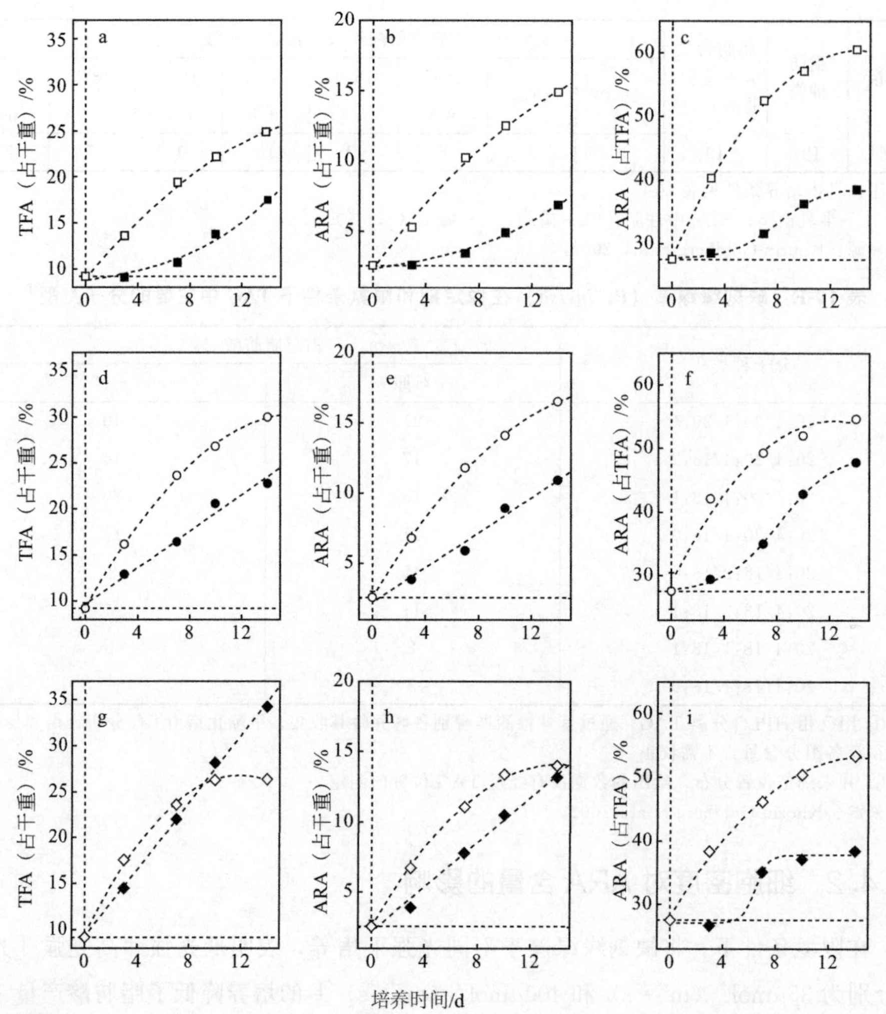

图 10-2 分别在有氮（实心符号）和无氮（空心符号）条件下缺刻缘绿藻（*P. incisa*）的 TFA 产量（a，d，g）、ARA 产量（b，e，h）及 ARA 比例（c，f，i）的动态。a～c 为低光强［光子量 35 mol/（m²·s）］，d～f 为中等光强［光子量 200 mol/（m²·s）］，g～i 为高光强［光子量 400 mol/（m²·s）］。在所有条件下初始细胞密度都为 1g/L

来源：Solovchenko et al，2007。

强下的单细胞预示指数期的结束及稳定期的开始，因此在高光强下藻类会积累 TAG 作为将过量光照转为储存能量的手段。这些 TAG 中脂肪酸的组成里饱和脂肪酸及单不饱和脂肪酸占优势。然而在 TAG 中富含 PUFA 的藻类，如紫背紫球藻和缺刻缘绿藻，它们可以利用 TAG 作为其叶绿体蛋白脂质的基本构建体（Bigogno et al，2002a）。这些 TAG 主要会在高生物量浓度或低光强下积累，导致生长速率放慢。

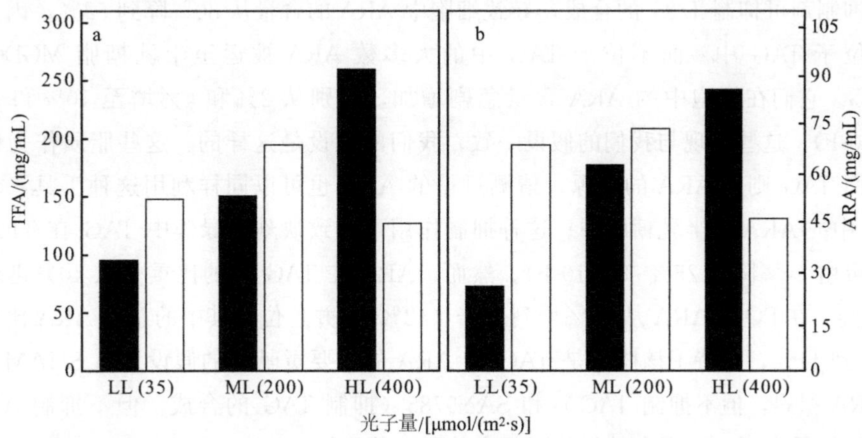

图 10-3　在含氮（实心）及无氮（空心）条件下不同光照强度对培养 14 天的缺刻缘绿藻（*P. incisa*）中 TFA（a）及 ARA（b）产量的影响

10.4.3　缺刻缘绿藻中 ARA 的生物合成

缺刻缘绿藻中 ARA 的生物合成过程主要由标记实验揭示。1-^{14}C 标记的油酸显示脂肪酸脱饱和酶的第一步利用的是胞内脂质（Bigogno et al，2002c）。PC 和 DGTS 作为 Δ^{12}-脱饱和酶和 Δ^{6}-脱饱和酶的主要酰基转运脂质，促成油酸到亚麻酸（18:2）和 γ-亚麻酸（GLA，18:3n-6）的合成。当 18:3 脂肪酸的延长酶作用于其羧基末端时，磷脂载体中的酰基将脱去，碳链延长，即形成 20:3 脂肪酸。由于标记的 20:3 脂肪酸首先出现于 PE，然后才是 PC，因此我们推论这些脂类（尤其是 PE）最有可能是 20:3 n-6 转变为 ARA 的 Δ^{5}-脱饱和酶的底物。而且 ARA/ARA、18:2/ARA、18:1/ARA 及 16:0/ARA 在 PC 及 PE 中很常见，进一步证实了这种假设。

半乳糖脂，主要是 MGDG，作为叶绿体蛋白 n-6/n-3 系列 Δ^{7}-脱饱和酶的底物，在高等植物和许多绿藻中很常见。与高等植物及一些绿藻中原核生物途径类似，18:1/16:0 依次脱饱和，转为 18:3n-3/16:3n-3。含 ARA 的类似真核分子（20/20）MGDG 和 DGDG 的出现，暗示在缺刻缘绿藻中 ARA 是由额外的叶绿体脂质运入的，这与紫背紫球藻中的情形类似。图示 10-1 大概列出了在缺刻缘绿藻中 PUFA 可能的生化合成途径。有趣的是，在许多藻类中 C_{18} 和 C_{20} 脂肪酸的脱饱和过程涉及 1 种或 2 种脂质，一般是 PC、PE 或 DGTS。在缺刻缘绿藻中，这 3 种脂质在不同的阶段参与脱饱和过程。

水杨基氧肟酸（SHAM）同时抑制 Δ^{12}-脱饱和酶和 Δ^{6}-脱饱和酶。在缺刻缘绿藻中，SHAM 导致了 18:1 脂肪酸的大量增加（尤其是 PC 和 DGTS 中），更进一步表明这些脂质为 C_{18}-脱饱和酶的底物。另一种抑制剂哒嗪酮 SAN9785，抑制巴夫藻中 TAG 的合成（Siljegovich & Eichenberger，1998）。Bigogno 等发现在缺刻缘绿藻中前一种抑制剂可抑制 TAG 的合成，导致细胞中 ARA 的含量从 80%降到 52%，因为其主要位于 TAG 中。而不位于 TAG 中的大多数 ARA 被运至半乳糖脂 MGDG 和 DGDG。它们在细胞中的 ARA 含量急剧增加，分别从 2%和 4%增至 10%和 17%（表 10-F）。这些发现与我们的假设一致，我们的假设是这样的：这些脂质作为储存器，而 TAG 则是 ARA 的来源。猜测过量的 ARA 也可以同样利用这种工具，动员 TAG 中的 ARA 到半乳糖脂中。这种抑制作用可导致缺刻缘绿藻中 TAG 在 TFA 中的比重由 54%降至 25%（表 10-F）。然而，ARA 在 TAG 中的比重由从 40%迅速增到 58%。在 PC 中 ARA 从 21%增到双倍（42%），并且位于其中的总的 ARA 比例从 6%升到 11%，支持了该脂质是 TAG 中 ARA 的主要贡献者的假设。由 SHAM（抑制 ARA 积累，但不抑制 TAG）和 SAN9785（抑制 TAG 的合成，但不抑制 ARA）处理的结果表明，这两个过程并不紧密关联，并且相互独立。

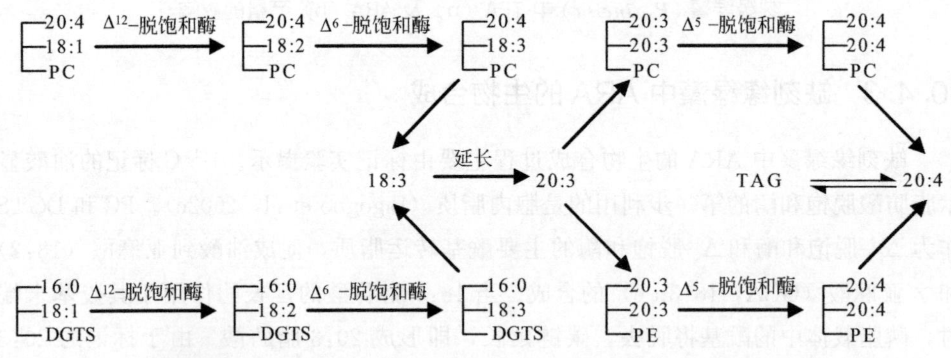

图示 10-1 缺刻缘绿藻（*P. incisa*）中 ARA 的生物合成过程。
PE 的 sn-1 位含相当高水平的 18:1n-7。所有的 PUFA 都为 n-6 系列

表 10-F 哒嗪酮 SAN9785 对缺刻缘绿藻（*P. incisa*）中脂质分布的影响

项目	SAN 9785	油脂							
		MGDG	DGDG	SQDG	PG	PC	DGTS	PE	TAG
油脂（占总脂肪）①/%	－	7	10	8	2	8	5	2	54
	＋	18	21	12	7	7	5	3	25
ARA（占总脂肪）②/%	－	9	12	4	4	21	17	37	40
	＋	15	23	1	0.3	43	26	34	58
ARA（占细胞）③/%	－	2	4	1	0.3	6	3	3	80
	＋	10	17	0.5	0.1	11	5	4	52

① 脂质在 TFA 中的比例。
② 特定脂质中 ARA 在 TFA 中的比例。
③ 占总细胞中 ARA 的比例。
注：DGDG—二半乳糖基甘油二酯；DGTS—二半乳糖基三甲基高丝氨酸；MGDG—单半乳糖基甘油二酯；SQDG—磺酸基异鼠李糖基二酯酰基甘油；PC—磷脂酰胆碱；PE—磷脂酰乙醇胺；PG—磷脂酰甘油；TAG—甘油三酯。
来源：Bigogno et al，2002a。

10.4.4 ARA在缺刻缘绿藻中的作用

我们提出一个假设用于富含PUFA藻类的筛选——富含PUFA的TAG的积累可作为小生物体系应对环境急速改变的策略。为验证该假设，我们研究了在24℃时从氮饥饿回复到正常条件下的脂质及脂肪酸组成的改变。利用放射性标记的油酸和在两种温度下氮饥饿回复到常态，我们追踪了在中性脂和极性脂中脂肪酸组成的变化（图10-4）。在这种回复过程中，标记的TAG持续下降，并且部分被转运到叶绿体蛋白脂质MGDG、DGDG和SQDG（磺酸基异鼠李糖基二酯酰基甘油）。类似地，在未标记的培养中TAG的消耗主要用于生长，但是叶绿体脂质中ARA产量有显著增加，主要是MGDG（表10-G）。MGDG分子中20/18和20/20的产量分别从1.4μg/mL升至11.8μg/mL、从0.2μg/mL升至2.8μg/mL（表10-H）。18/16系列主要参与脱饱和过程，所以产量并未增加。类似地，以1-^{14}C标记的缺刻缘绿藻在指数生长期的温度突然降到4℃时，标记的TAG——主要含ARA，转运至极性脂质中（Bigogno et al，2002a）。

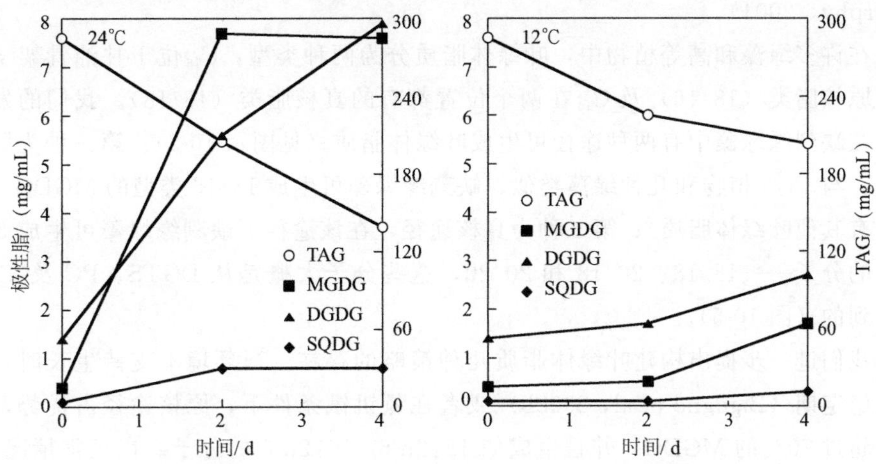

图10-4　24℃和12℃时从氮饥饿恢复到正常条件下ARA在TAG、MGDG、DGDG及SQDG中体积产量的改变

表10-G　从氮饥饿（Starv.）恢复正常（Rec）时缺刻缘绿藻（*P. incisa*）叶绿体脂质的主要脂肪酸组成

油脂	状态	温度/℃	占总脂肪酸/%	总脂肪酸/(μg/mL)	脂肪酸组成（占总脂肪酸）/%							
					16:0	16:2 n-6	16:3 n-3	18:1 n-9	18:0	18:2 n-6	18:3 n-3	20:4 n-6
MGDG	Starv.		1.8	16.0	3.6	23.6	14.6	3.2	0.3	28.9	20.4	2.7
	Rec.	24	4.3	30.5	2.1	4.4	13.3	6.2	0.7	22.5	21.9	22.9
	Rec.	12	2.7	18.3	2.1	1.7	23.2	2.2	0.6	6.7	42.0	16.1

续表

油脂	状态	温度/℃	占总脂肪酸/%	总脂肪酸/(μg/mL)	脂肪酸组成（占总脂肪酸）/%							
					16:0	16:2 n-6	16:3 n-3	18:1 n-9	18:0	18:2 n-6	18:3 n-3	20:4 n-6
DGDG	Starv.		1.6	14.1	16.7	6.3	1.2	5.8	0.5	42.7	10.5	11.3
	Rec.	24	3.8	26.6	7.1	1.8	0.9	8.8	2.3	37.0	13.9	20.9
	Rec.	12	3.2	21.5	7.3	2.4	3.0	2.4	1.2	12.6	44.5	20.2
SQDG	Starv.		3.2	28.8	62.3	—	—	2.7	0.7	21.1	3.3	0.4
	Rec.	24	4.9	34.8	54.2	—	—	5.7	2.5	17.4	7.9	1.8
	Rec.	12	5.5	37.5	56.8	—	—	1.2	1.6	4.7	16.2	1.4

注：在全培养基中培养，24℃生长 2 天或 12℃下生长 4 天。

来源：Khozin-Goldberg et al，2005。

这些发现支持了该假设——在缺刻缘绿藻中富含 ARA 的 TAG 的一个作用就是作为储存器迅速建立富含 PUFA 的叶绿体膜，尤其是在 PUFA 从头合成很缓慢的低温条件下。事实上，最近的研究推测脂质体这种亚细胞结构要比原先假设的复杂，它不仅是碳的惰性储存器，而且很有可能是极性脂的再构建单位（Murphy，2001）。

在许多绿藻和高等植物中，叶绿体脂质分为两种类型：C_{16} 位于甘油骨架 *sn*-2 位的原核脂类（18/16）及 C_{18} 在两个位置都有的真核脂类（18/18）。我们的发现表明在缺刻缘绿藻中有两种途径可生成叶绿体脂质（见图示 10-2）：第一种为原核途径，与 16:3 植物和几种绿藻类似，缺刻缘绿藻可生成 18/16 类型的 MGDG（可能也有其他叶绿体脂质）；第二种为真核途径，在该途径下缺刻缘绿藻可生成 3 种类型的分子——18/18、20/18 和 20/20，这些分子大概是从 DGTS、PC 及 TAG 中得到的（图 10-5）。

我们进一步提出构建叶绿体脂质几种策略的存在。当环境不支持生长时，比如在稳定期（Bigogno et al，2002b）或者在氮饥饿条件下，原核途径占优势，组成了超过 70%的 MGDG，并且生成如 18:2n-6/ 16:2n-6 的分子。在正常情况下，启用的是真核生物途径（真核Ⅰ），并且 n-3 脱饱和酶在这两个途径都会增强，在原核和真核途径各自生成 18:3n-3/16:3n-3 和 18:3n-3/18:3n-3。当突然需要强化脱饱和过程时，比如在最优的温度下从氮饥饿条件恢复，使用 DGTS 和 PC 来从头合成真核分子并不能满足需要。由于生长过程会比较短暂，TAG 会解体，释放的富含 ARA 的酰基分子会迅速进入叶绿体生成 20:4/20:4 系列分子（真核Ⅱ）（表 10-H）。ARA 分子的引入仅是暂时的，在最优条件下经过几天的生长期，叶绿体中 ARA 降至其正常水平，并且原核生物类物质再次占优势。

类似地，在另一种藻类紫背紫球藻（*P. cruentum*）（它的生物小环境的特征为迅速地浮动）中，伴随氮源的补充，真核类分子 MGDG 的比重（占 MGDG 总酰基）由 30℃下的 42%增至 20℃下的 58%，MGDG 中 20/20 系列是从 TAG 中

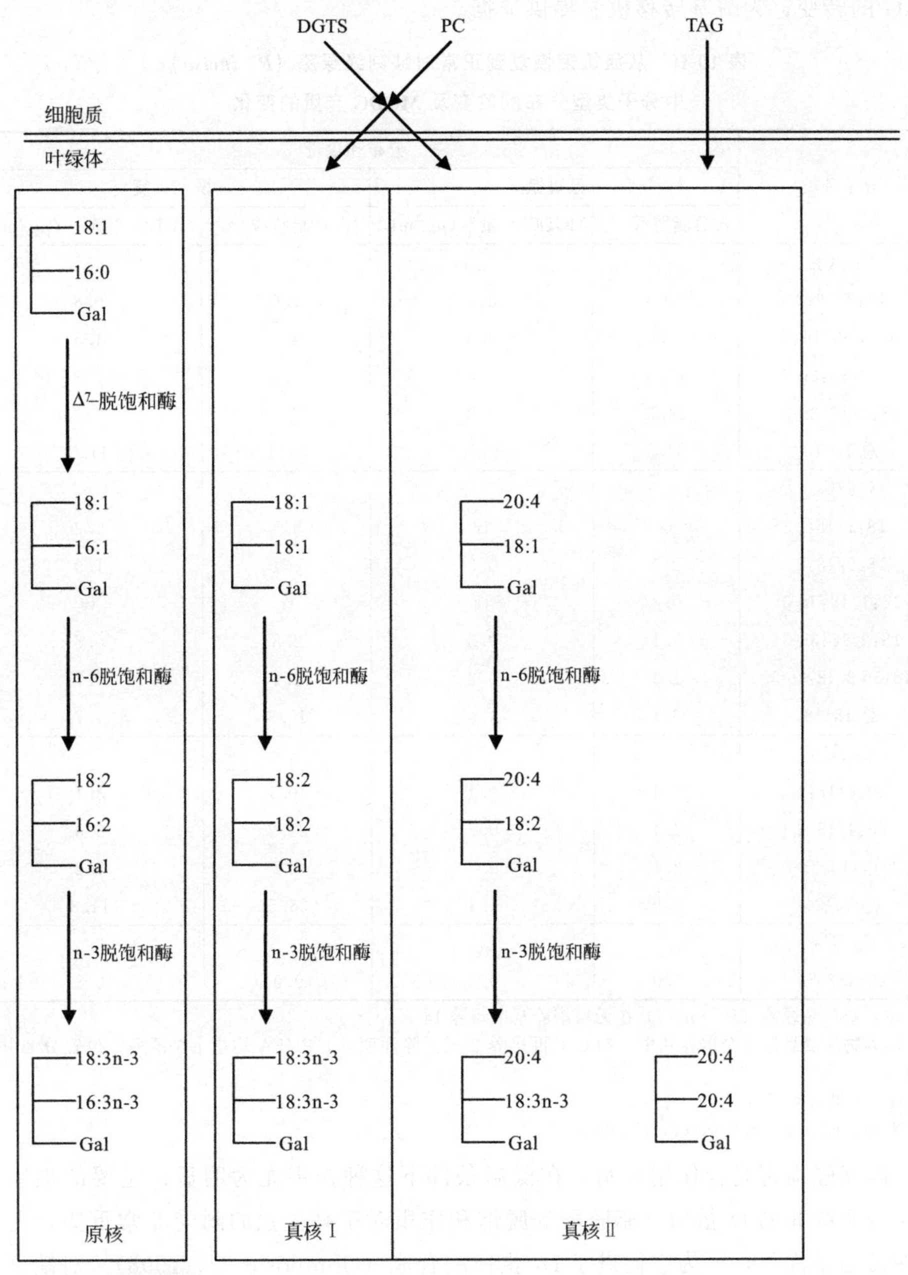

图示 10-2　缺刻缘绿藻（*P. incisa*）中 MGDG 各种分子的生物合成途径

除另注明外，PUFA 皆指 n-6 系列

引入 ARA 生成的（Khozin-Goldberg et al，2000）。最近的研究表明在高等植物里种子及其他植物器官中的脂质体具有代谢活性（Murphy，2001）。进一步地，Stobart 等（Stobart et al，1997）研究了生长的红花（safflower）种子微粒体膜中

TAG 的转变，为酰基转移机制提供证据。

表 10-H 从氮饥饿恢复到正常时缺刻缘绿藻（*P. incisa*）中分子类型分布的改变及 MGDG 产量的变化

分子种类	分布和含量			
	氮饥饿		恢复	
	占总脂肪酸/%	MGDG 产量/（μg/mL）	占总脂肪酸/%	MGDG 产量[①]（μg/mL）
C_{18}/C_{16}				
18:2/16:2	31.3	5.0	2.6	0.8
18:3n-3/16:2	16.0	2.6	4.9	1.5
18:2/16:3n-3	12.5	2.0	4.3	1.3
18:3/16:3n-3	24.2	3.9	25.4	7.7
总 18/16	83.9	13.4	37.1	11.3
C_{18}/C_{18}				
18:1/18:2	tr	tr	3.8	1.2
18:2/18:2	2.0	0.3	6.4	1.9
18:1/18:3n-3	0.8	tr	tr	tr
18:2/18:3n-3	2.1	0.3	2.8	0.8
18:3n-3/18:3n-3	1.3	0.2	2.4	0.7
总 18/18	6.1	1.0	15.3	4.7
C_{20}/C_{18}				
20:4/18:1	2.4	0.4	10.1	3.1
20:4/18:2	4.4	0.7	21.2	6.5
20:4/18:3n-3	2.1	0.3	7.2	2.2
总 20/20	8.9	1.4	38.5	11.8
C_{20}/C_{20}				
20:4/20:4	1.0	0.2	9.0	2.8

注：缺刻缘绿藻（*P. incisa*）在无氮培养基中培养 14 天。

培养物继续悬浮于全培养基中，24℃下再培养 2 天。除注明外，PUFA 均指 n-6 系列。位置分布并未检测。

tr—痕量（<1%）。

来源：Khozin-Goldberg et al，2005。

高光强损害光合作用机制，在低温条件下这种损害尤为明显；主要的损害位于光合系统Ⅱ的 D_1 蛋白。脂肪酸的脱饱和作用对于高光强的耐受非常重要，尤其是在低温条件下，因为它促进了 D_1 蛋白的合成（Gombos et al，1998）。对缺刻缘绿藻而言最优温度为 25℃，然而这种从日本的一个斜坡上分离出来的藻类可忍受的温度低达 4℃。通过测量 O_2 进化及荧光性变化，我们发现缺刻缘绿藻比绿藻更能忍受低温，它对低温的耐受性几乎可以与冰雪植物雪衣藻（*Chlamydomonas nivalis*）相媲美（尚未发表）。

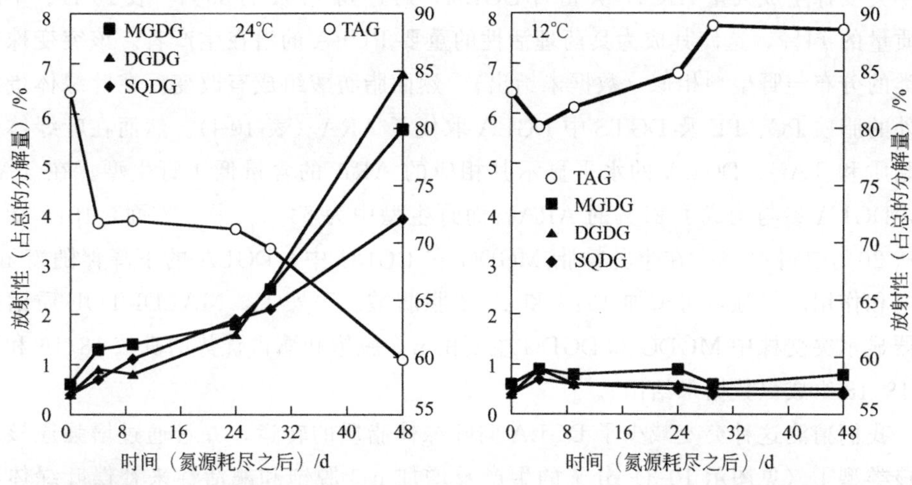

图 10-5　缺刻缘绿藻（*P. incisa*）在氮饥饿条件下生长 14 天后重新供给氮源，叶绿体脂质（左纵坐标）及 TAG（右纵坐标）中 1-^{14}C 标记的 18:1 放射性的再分布。左图为 24℃条件，右图为 12℃条件

10.5 DGLA 的生产

DGLA 是多种生物活性物质如前列腺素和白三烯的前体，因此具有重要的潜在药理活性，但是由于来源受限，妨碍了对其的研究，故应用也受限。虽然高等植物和真菌、藻类中也会积累其他 PUFA，但是 DGLA 一般作为 ARA 合成的中间体出现，并不会在其他器官中有显著的积累。并且生物体内 GLA 向 DGLA 的转移在特定条件（如低钙）下会显著下降，在这种条件下 GLA 并不被认为是 DGLA 的等价物。唯一被报道的 DGLA 的来源是真菌被孢霉类（*Mortierella*）的突变体（Higashiyama et al，1998，第 2 章中也有提及）。

缺刻缘绿藻中 ARA 的高产量暗示这种生物也可用于其他 PUFA 的生产。因此我们使用 *N*-甲基-*N*-硝基-*N*-亚硝基胍处理诱变细胞。由于在这种藻类中 ARA 的作用之一就是维持低温下细胞膜的高不饱和度，我们挑选在这种条件下其活性有缺陷的突变体。事实上，有一株（P127）为 Δ^5-脱饱和酶缺陷型突变体，它几乎不能使 DGLA 脱饱和转变为 ARA。比较其基因和野生型菌株中 Δ^5-脱饱和酶的 mRNA 序列，该菌株在编码色氨酸处有一个点突变，在各种克隆了 Δ^5-脱饱和酶、Δ^6-脱饱和酶菌株中，在 HPGC 上游大概 1/4 区域有细胞色素 b_5 高度保守区域。细胞色素 b_5 区域在 NADH 依赖型酰基基团脱饱和作用中作为实时电子供体（Napier et al，1999）。突变导致终止密码子的出现，因此消除了该酶的作用（见图示 10-3）。

突变株生成大量ARA，并富含DGLA，可达到TFA的39%（表10-I）、干菌体质量的14%，这使其成为具药理活性的重要PUFA的潜在生产者。该突变株中脂类的分布与野生型相似（数据未给出）。然而脂肪酸组成有改变。在叶绿体蛋白之外的脂质PC、PE及DGTS中DGLA取代了ARA（表10-I）。然而在叶绿体蛋白脂质和TAG、DGLA的水平显示其相应的ARA的含量低于野生型。在TAG中，DGLA参与构成了27%的ARA，而野生型中为54%。另一方面，18:1脂肪酸从20%增到43%。在半乳糖脂MGDG和DGDG中，DGLA的下降伴随着n-3脱饱和作用的增强，可增加16:3和18:3脂肪酸。事实上，MALDI-TOF质谱检测器显示突变株中MGDG和DGDG主要由n-3脱饱和酶占优势的真核18/16和原核18/18组成（数据未给出）。

我们猜测这种突变减少了DGLA向叶绿体脂质的转运，并且通过增强原核和真核类型Ⅰ（见图示10-3）分子的生产及增加n-3脱饱和酶活性来补偿叶绿体脂质中不饱和程度的下降。因此，该突变体在低温下的生长情况不如野生型。

WT: IRRRVYDVTAWVPQHPGGNLIFVKAGR
MUT: IRRRVYDVTA—VPQHPGGNLIFVKAGR

图示10-3 缺刻缘绿藻（*P. incisa*）野生型（WT）及突变体（MUT）中 ^{5}-脱饱和酶的部分氨基酸序列，图中表明突变位置

表10-I 在限氮3天后缺刻缘绿藻（*P. incisa*）野生型（WT）及突变体（P127）中主要脂质的脂肪酸组成

油脂种类	菌株	脂肪酸（占总脂肪酸）/%								
		16:0	16:2	16:3 n-3	18:1①	18:2	18:3 n-6	18:3 n-3	20:3 n-6	20:4 n-6
MGDG	WT	3.3	18.5	13.5	1.9	26.6	0.8	21.9	tr	11.4
	P127	3.2	8.7	27.8	2.4	14.6	1.9	36.4	3.5	—
DGDG	WT	14.8	3.0	1.0	5.2	39.3	1.1	10.4	0.4	21.4
	P127	15.2	5.0	5.0	5.4	30.2	2.4	25.7	8.6	—
PC	WT	23.0	0.3	1.3	15.1	15.8	6.6	0.8	2.5	28.8
	P127	26.9	0.7	0.2	13.0	12.6	5.5	2.4	30.0	tr
DGTS	WT	28.2	0.8	2.6	9.1	21.0	9.1	0.8	1.0	18.4
	P127	28.1	0.9	1.9	8.3	22.8	12.4	3.3	15.6	tr
PE	WT	8.6	0.3	0.6	25.0	5.2	4.4	0.5	8.3	39.4
	P127	11.1	0.3	0.7	24.1	7.8	3.7	2.0	41.4	tr
TAG	WT	7.5	tr	0.2	20.5	10.3	0.7	0.2	1.1	54.0
	P127	8.5	tr	tr	42.8	12.3	1.4	0.8	27.5	tr

① 指n-9系列及n-7系列18:1脂肪酸的总和。

来源：Cohen & Khozin-Goldberg，未出版。

10.5.1 DGLA 生产力

相比野生型中 ARA 含量，该突变体中 DGLA 比例下降，并且 C_{18}脂肪酸比例增加（主要为18:1 和 18:2）。这两种脂肪酸通过消耗 DGLA 而在 TAG 中积累，所以后者有其特殊重要性。这种转变使得我们考察环境条件对 DGLA 的影响以及 C_{18}/DGLA 的比例。虽然氮限制强化了 TFA 的生成，但磷限制也可带来一些脂肪酸产量的增加及 DGLA 比例的下降。另一方面，磷浓度提高 10 倍可促成生物量的增加，导致在生物量及培养物中更高的 DGLA 产量（表 10-J）。此外，(18:1＋18:2）/DGLA 的比例下降。缓冲物的添加可降低 pH 值的浮动，并进一步促进脂肪酸产量的增加，从 34%（在标准磷浓度下）增到 42%，DGLA 的比例从 28%增到 35%，因此产量从 10%增到 15%。18:1 和 18:2 脂肪酸比例略有下降，导致（18:1＋18:2）/DGLA 比例从 1.35 降到 0.96。

表 10-J 磷浓度对 TFA 及 DGLA 产量的影响①

磷浓度	脂肪酸含量（占干重）/%	DGLA 含量（占干重）/%	DGLA（占总脂肪酸）/%	18:1＋18:2（占 TFA）/%	比率②
X1	33.9	9.5	27.9	52.4	1.88
X5	35.7	10.3	29.6	51.4	1.74
X10	36.5	12.4	33.9	47.7	1.41
X10，pH 缓冲液	41.5	14.7	35.4	44.9	1.32

① 分别在 0.175mmol/L（X1）、0.0875mmol/L（X5）、1.75mmol/L（X10）条件下，在无氮 BG-11 培养基中培养 14 天。缓冲液为 20mmol/L Tris-HCl。

② （18:1＋18:2）/DGLA。

来源：Cohen & Khozin-Goldberg，未出版。

通过改变氮饥饿时期初始氮含量，我们发现当培养物进入无氮条件下时 18:1 脂肪酸通过消耗 DGLA 而显著增加。然而当这种限制是由培养物含 50%或 25%的氮源（与 BG11 培养基相比）启动时，（18:1＋18:2）/DGLA 的比例有显著增加，DGLA 的体积产量也变高，这是由高生物量的积累造成的（数据未给出）。

光强度和生物量浓度的联合作用会影响单个细胞的光强。高生物浓度和低光强［光子量 35μmol/（m^2·s）］有利于 DGLA 产量的提高（约 40%）；然而脂质生产能力及 DGLA 生产能力受负面影响。在光强为 180μmol/（m^2·s）、生物浓度为 1g/L、氮饥饿的条件下，14 天后在 1L 容器中的培养物可达到最高的 DGLA 产量（为生物量的 10%）。类似地，在氮饥饿、高光强［450μmol/（m^2·s）］、生物量浓度为 2g/L 时，DGLA 的最高产量可达到 775mg/L。我们期望能够通过生长条件和培养条件的联合作用实现 DGLA 的更高产量及生产力。

10.6 结论

根据目前流行的理论（Pohl & Zurheide，1979；Harwood & Jones，1989），植物通过积累TAG来储存能量。实际上，大多数藻类的TAG主要含饱和脂肪酸及单不饱和脂肪酸；这些脂肪酸产生较容易且提供更多的能量。我们对红微藻中紫背紫球藻（*P. cruentum*）的研究发现，尤其是在低温条件下，TAG中积累的VLC-PUFA可用于叶绿体脂质中真核分子的生物合成。我们假设处于环境经常改变下的藻类可利用其TAG中VLC-PUFA合成其叶绿体脂质。基于该假设，我们分离出一种绿色微藻缺刻缘绿藻（*P. incisa*）。该藻类是最富含具营养价值PUFA ARA的植物。虽然它可耐受很低的温度，但是其最佳生长温度却是25℃，在此温度及氮饥饿的条件下，在相对较高的生物浓度下ARA的积累可达到最高值。在这些条件下，ARA的比例可以达到TFA的60%，并且ARA超过了生物量干重的20%。这是我们所知的微藻中最高的PUFA产量，不仅仅是ARA。放射性研究表明，放射性标记的ARA在温度突然改变时从TAG中转移至极性脂质中，这种转移表明缺刻缘绿藻中的TAG可作为ARA进入细胞膜的储存库，使得机体迅速应对由低温导致的压力。对TAG中ARA的积累机制进一步的阐明，可帮助我们分离鉴定富含PUFA的其他藻类。

TAG是婴幼儿将ARA吸收进入体内的一个很好的媒价，所以缺刻缘绿藻中大部分ARA存在于TAG中的发现具有实际价值。缺刻缘绿藻对ARA的积累能力，使得其成为适合ARA大规模生产的最优菌株之一。同时缺刻缘绿藻也可用于医学目的的ARA高纯度生产。这种高产PUFA的体系促使我们寻找其Δ^5-脱饱和酶缺陷型突变体，因为该突变体可积累DGLA而非ARA。

（**致谢**：这个工作得到美国-以色列合作开发研究项目“经济增长，美国国际开发署.No. TA-MOU-00-C20-013”的支持，作者要感谢Ms. S. Didi-Cohen提供的技术支持。）

参考文献

Agostoni, C.; E. Riva; R. Bellu; S. Trojan; D. Luotti; M. Giovannini. Effects of diet on the lipid and fatty acid status of full term infants at 4 months. *J. Am. Clin. Nutr.* **1994**, *13*, 658–664.

Bigogno, C.; I. Khozin-Goldberg; Z. Cohen. Accumulation of arachidonic acid and triacylglycerols in the microalga *Parietochloris incisa* (Chlorophyceae). *Phytochemistry* **2002a**, *60*, 135–143.

Bigogno, C.; I. Khozin-Goldberg; S. Boussiba; A. Vonshak; Z. Cohen. Lipid and fatty acid composition of the green alga *Parietochloris incisa*. *Phytochemistry* **2002b**, *60*, 497–503.

Bigogno, C.; I. Khozin-Goldberg; D. Adlerstein; Z. Cohen. Biosynthesis of arachidonic acid in the oleaginous microalga *Parietochloris incisa* (Chlorophyceae): Radiolabeling studies. *Lipids* **2002c**, *37*, 209–216.

Boswell, K.; E.K. Koskelo; L. Carl; S. Galza; D.J. Hensen; K.D. Williams; D.J. Kyle. Preclinical evaluation of single cell oils that are highly enriched with arachidonic acid and docosahexaenoic acid. *Food Chem. Toxicol.* **1996**, *34*, 585–593.

Browse, J.; C. Somerville. Glycerolipid synthesis: Biochemistry and regulation. *Ann. Rev. Plant Physiol. Plant Mol. Biol.* **1991**, *42*, 467–506.

Carlson, S.E.; S.H. Werkman; J.M. Peeples; R.J. Cooke; E.A. Tolley. Arachidonic acid status correlates with first year growth in preterm infants. *Proc. Natl. Acad. Sci.* **1993**, *90*, 1073–1077.

Cobelas, M.A.; J.Z. Lechado. Lipids in microalgae. A review. I. Biochemistry, *Grasas y Aceites* **1988,** *40*, 118–145.

Cohen, Z. The production potential of eicosapentaenoic and arachidonic acids by the red alga *Porphyridium cruentum*. *J. Am. Oil Chem. Soc.* **1990**, *67*, 916–920.

Cohen, Z. Production of eicosapentaenoic acid by the alga *Monodus subterraneus*. *J. Am. Oil Chem. Soc.* **1994**, *71*, 941–946.

Cohen, Z. Production of polyunsaturated fatty acids by the microalga *Porphyridium cruentum*. *Production of Chemicals by Microalgae*; Z. Cohen, Ed.; Taylor and Francis: London, 1999; pp 1–24.

Cohen, Z.; A. Vonshak; A. Richmond. Effect of environmental conditions of fatty acid composition of the red alga *Porphyridium cruentum*: Correlation to growth rate. *J. Phycol.* **1988,** *24*, 328–332.

Cohen, Z.; I. Khozin-Goldberg. Searching for PUFA-rich microalgae. *Single Cell Oils*, 1st edn.; Z. Cohen C. Ratledge, Eds.; American Oil Chemists' Society: Champaign, IL, 2005; 53–72.

Dubinsky, Z.; T. Berner; S. Aaronson. Potential of large-scale algal culture for biomass and lipid production in arid lands. *Biotech. Bioeng. Symp*. **1978**, *8*, 51–68.

Eichenberger, W.; C. Gribi. Lipids of *Pavlova lutheri*: Cellular site and metabolic role of DGCC. *Phytochemistry* **1997**, *45*, 1561–1567.

Evans, R.W.; M. Kates; M. Ginzburg; B.Z. Ginzburg. Lipid composition of the halotolerant algae, *Dunaliella parva* Lerche and *Dunaliella tertiolecta*. *Biochim. Biophys. Acta* **1982**, *712*, 186–195.

Fan, Y-Y.; R.S. Chapkin. Importance of dietary γ-linolenic acid in human health and nutrition. *J. Nut.* **1998**, *128*, 1411–1414.

Giroud, C.; A. Gerber; W. Eichenberger. Lipids of *Chlamydomonas reinhardtii*. Analysis of molecular species and intracellular sites of biosynthesis. *Plant Cell Physiol.* **1988**, *29*, 587–595.

Gombos, Z.; E. Kanervo; N. Tsvetkova; T. Sakamoto; E.M. Aro; N. Murata. Genetic enhancement of the ability to tolerate photoinhibition by introduction of unsaturated bonds into membrane glycerolipids. *Plant Phys.* **1998**, *115*, 551–559.

Hansen, J.; D. Schade; C. Harris; K. Merkel; D. Adamkin; R. Hall; M. Lim; F. Moya; D. Stevens; P. Twist. Docosahexaenoic acid plus arachidonic acid enhance preterm infant growth. *Prostaglandins, Leukotriens, Essential Fatty Acids* **1997**, *57*, 196.

Harwood, J.; L. Jones. Lipid metabolism in algae. *Adv. Bot. Res.* **1989**, *16*, 2–52.

Henderson, R.J.; E.E. Mackinlay. Radiolabeling studies of lipids in the marine cryptomonad *Chroomonas salina* in relation to fatty acid desaturation. *Plant Cell Physiol.* **1992**, *33*, 395–406.

Henderson, R.J.; E.E. Mackinaly; P. Hodgson; J.L. Harwood. Differential effects of the substituted pyridazinone herbicide Sandoz 9785 on lipid composition and biosynthesis in photosynthetic and non-photosynthetic marine microalgae. II. Fatty acid composition. *J. Exp. Bot.* **1990**, *41*, 729–736.

Higashiyama, K.; T. Yaguchi; K. Akimoto; S. Fujikawa; S. Shimizu. Enhancement of arachidonic acid production by *Mortierella alpina* 1S-4. *J. Am. Oil Chem. Soc.* **1998**, *75*, 1501–1505.

Hoffman, M.; W. Eichenberger. Lipid and fatty acid composition of the marine brown alga *Dictyopteris membranacea. Plant Cell Physiol.* **1997**, *389*, 1046–1052.

Jiang, Y.; F. Chen; S.Z. Liang. Production potential of docosahexaenoic acid by the heterotrophic marine dinoflagellate *Crypthecodinium cohnii. Proc. Biochem.* **1999**, *34*, 633–637.

Khozin, I.; D. Adlerstein; C. Bigogno; Y.M. Heimer; Z. Cohen. Elucidation of the biosynthesis of EPA in the microalga *Porphyridium cruentum* II: Radiolabeling studies. *Plant Physiol.* **1997**, *114*, 223–230.

Khozin-Goldberg, I.; Z.Y. Hu; D. Adlerstein; S. Didi Cohen; Y.M. Heimer; Z. Cohen. Triacylglycerols of the red microalga *Porphyridium cruentum* participate in the biosynthesis of eukaryotic galactolipids. *Lipids* **2000**, *5*, 881–889.

Khozin-Goldberg, I.; C. Bigogno; Z. Cohen. Nitrogen starvation induced accumulation of arachidonic acid in the freshwater green alga *Parietochloris incisa. J. Phycol.* **2002**, *38*, 991–994.

Khozin-Goldberg, I.; P. Shrestha; Z. Cohen. Mobilization of arachidonyl moieties from triacylglycerols into chloroplastic lipids following recovery from nitrogen starvation of the microalga *Parietochloris incisa. Biochim. Biophys. Acta* **2005**, 1738, 63–71.

Koletzko, B.; M. Braun. Arachidonic acid and early human growth: Is there a relation? *Ann. Nutr. Metabol.* **1991**, *35*, 128–131.

Kyle, D.J. Specialty oils from microorganisms. *Biotechnology of Plant Fats and Oils*; J. Rattray, Ed.; American Oil Chemists' Society: Champaign, IL, 1991; pp 130–143.

Leman, J. Oleaginous microorganisms: An assessment of the potential. *Adv. Appl. Microbiol.* **1997**, *43*, 195–243.

Makewicz, A.; C. Gribi; W. Eichenberger. Lipids of *Ectocarpus fasciculatus* (Phaeophyceae). Incorporation of [1–^{14}c]oleate and the role of TAG and MGDG in lipid metabolism. *Plant Cell Physiol.* **1997**, *38*, 952–960.

Makrides, M.; M. Neumann; K. Simmer; J. Pater; R. Gibson. Are long-chain polyunsaturated fatty acids essential in infancy? *Lancet* **1995**, *345*, 1463–1468.

Mayzaud, P.; J.P. Chanut; R.G. Ackman. Seasonal changes of the biochemical composition of marine particulate matter with special reference to fatty acids and sterols. *Mar. Ecol. Prog. Ser.* **1989**, *56*, 189–204.

Molina-Grima, E.; F. Garcia Camacho; F.G. Acien Fernandez. Production of EPA from *Phaeodactylum tricornutum. Chemicals from Microalgae*; Z. Cohen, Ed.; Taylor and Francis: London, 1999; pp 57–92.

Murphy, D.J. The biogenesis and functions of lipid bodies in animals, plants and microorganisms. *Prog. Lipid Res.* **2001**, *40*, 325–438.

Napier, J.A.; O. Sayanova; P. Sperling; E. Heinz. A growing family of cytochrome b5-domain fusion proteins. *Trends Plant Sci.* **1999**, *4*, 2–4.

Nichols, B.W.; R.S. Appleby. The distribution of arachidonic acid in algae. *Phytochemistry* **1969**, *8*, 1907–1915.

Norman, H.; G.A. Thompson Jr. Quantitative analysis of *Dunaliella salina* diacylglyceroltrimethylhomoserine and its individual molecular species by high performance liquid chromatography. *Plant Sci.* **1985**, *42*, 83–87.

Patterson, G.W. Effect of culture temperature on fatty acid composition of *Chlorella sorokiniana. Lipids* **1970**, *5*, 597–600.

Pohl, P.; F. Zurheide. Fatty acids and lipids of marine algae and the control of their biosynthesis by environmental factors. *Marine Algae in Pharmaceutical Science*; H.A. Hoppe, T. Levring, Y. Tanaka, Eds.; Walter de Gruyter: Berlin, 1979; pp 473–523.

Roessler, P.G. Environmental control of glycerolipid metabolism in microalgae: Commercial implications and future research directions. *J. Phycol.* **1990**, *26*, 393–399.

Safford, R.; B.W. Nichols. Positional distribution of fatty acids in monogalactosyldiglyceride fractions from leaves and algae. *Biochim. Biophys. Acta* **1970**, *210*, 57–64.

Schneider, J.C.; Roessler, P. Radiolabeling studies of lipids and fatty acids in *Nannochloropsis* (Eustigmatophyceae), an oleaginous marine alga. *J. Phycol.* **1994**, *30*, 594–598.

Scragg, A.H.; R.R. Leather. Production of fats and oils by plant and algal cell cultures. *Single Cell Oil*; R.S. Moreton, Ed.; Longman: UK, 1988; pp 71–98.

Seto, A.; H.L. Wang; C.W. Hesseltine. Culture conditions affect eicosapentaenoic acid content of *Chlorella minutissima*. *J. Am. Oil Chem. Soc.* **1984**, *61*, 892–894.

Siljegovich-Hänggi, N.; W. Eichenberger. Effect of the substituted pyridazinone san 9785 on the lipid and fatty acid biosynthesis in *Pavlova lutheri* (Haptophyceae). *Advances in Plant Lipid Research*; J. Sanchez, E. Cerda-Olmedo, E. Martinez-Force, Eds.; Universidad de Sevilla: Seville, 1998; pp 259–261.

Solovchenko, A.E.; I. Khozin-Goldberg; S. Didi-Cohen; Z. Cohen; M.N. Merzlyak. Effects of light intensity and nitrogen starvation on growth, total fatty acids and arachidonic acid in the green microalga *Parietochloris incisa*. *J. Appl. Phycol.* **2007**, *20*, 245–251.

Stobart, K.; M., Mancha; M. Lenman; A. Dahlqvist; S. Stymne. Triacylglycerols are synthesized and utilized by transacylation reactions in microsomal preparations of developing sunflower (*Carthamus tinctorius* l.) seeds. *Planta* **1997**, *203*, 58–56.

Sukenik, A. Production of eicosapentaenoic acid by the marine eustigmatophyte *Nannochloropsis*. *Chemicals from Microalgae*; Z. Cohen, Ed.; Taylor and Francis: London, 1999; pp 41–56.

Sukenik, A.; Y. Carmeli. Regulation of fatty acid composition by irradiance level in the eustigmatophyte *Nannochloropsis sp*. *J. Phycol.* **1989**, *25*, 686–692.

Thompson, G.A. Lipids and membrane function in green algae. *Biochim. Biophys. Acta* **1996**, *1302*, 17–45.

Vogel, G.; W. Eichenberger. Betaine lipids in lower plants. biosynthesis of DGTS and dgta in *Ochromonas danica* (Chrysophyceae) and the possible role of DGTS in lipid metabolism. *Plant Cell Physiol.* **1992**, *33*, 427–436.

Watanabe, S.; S. Hirabashi; S. Boussiba; Z. Cohen; A. Vonshak; A. Richmond. *Parietochloris incisa* comb. nov. (Trebuxiophyceae, Chlorophyta). *Physiol. Res.* **1996**, *44*, 107–108.

Whitelam G.C.; G.A. Codd. Damaging effects of light on microorganisms. *Microbes in Extreme Environments*; R.A. Herbert, G.A. Codd, Eds.; Academic Press: London, 1986; pp 129–169.

Yongmanitchai, W.; O.P. Ward. Growth and eicosapentaenoic acid production by *Phaeodactylum tricornutum* in batch and continuous culture system. *J. Am. Oil Chem. Soc.* **1992**, *69*, 584–590.

第11章

用微生物生产类胡萝卜素

Michael A. Borowitzka

(*Algae R & D Center, School of Biological and Sciences and Biotechnology, Murdoch University, Murdoch WA 6150 Australia*)

11.1 引言

目前，用植物、藻类、真菌和细菌生物合成的类胡萝卜素（carotenoid）已经大量出现（Goodwin，1980；Liaaen-Jensen & Egeland，1999）。它们在这些生物体中扮演多种重要角色，尤其是在植物细胞中捕捉光能，保护细胞抵抗氧化伤害方面，多种类胡萝卜素（例如β-胡萝卜素、虾青素、叶黄素和番茄红素）是很好的抗氧化剂，能够清除自由基和单线态氧。单线态氧（$^1O_2$）可以损伤DNA，类胡萝卜素能够将单线态氧的能量吸收进入类胡萝卜素链，自身降解，从而保护其他分子或者组织免受伤害（Woodall et al，1997）。类胡萝卜素同时也能阻止多不饱和脂肪酸降解产生自由基而引起的连锁反应，从而阻止类脂膜的加速降解。这些现象解释了流行病学和实验研究所指出的饮食中的类胡萝卜素降低诸如白内障、老年性黄斑病变、多发性硬化、动脉硬化、一些癌症等一系疾病的发病率（Osganian，2003；Tapiero et al，2004；Hosokawa et al，2009）。饮食中的类胡萝卜素同时在动物的色素积淀和营养中也扮演了重要角色（Liñán-Cabello，2002）。大马哈鱼的颜色特点主要是虾青素和角黄素的共同作用（Schiedt，1986）。同样的某些甲壳类动物如对虾和螃蟹色素积淀也是虾青素的作用。β-胡萝卜素已经显示出能够增强牛（Aréchiga，1998）和猪（Kyrakis，2000）以及甲壳类动物

(Liñán-Cabello，2002) 的生长发育。

用于人类和动物营养的天然类胡萝卜素是从大量天然植物中提取出来的，在过去的25年时间中多种藻类、真菌和酵母资源用作商业生产β-胡萝卜素和虾青素的资源。微生物资源生产其他类胡萝卜素，例如番茄红素、叶黄素、玉米黄质、角黄素，都不断发展起来。

11.2 β-胡萝卜素

11.2.1 杜氏盐藻

杜氏盐藻（又名盐生杜氏藻，Dunal，*Dunaliella salina*）[有时候也称为巴氏杜氏藻（*D. bardawil*）]，这种嗜盐的、单细胞双鞭毛绿藻，是世界上类胡萝卜素中β-胡萝卜素（β-carotene）含量最丰富的资源，含有高达细胞干重（DCW）14%的β-胡萝卜素。其他种类的杜氏藻属（*Dunaliella*）类胡萝卜素的产量很小[例如巴夫杜氏藻（*D. parva*）]或者极其小[例如特氏杜氏藻（*D. tertiolecta*）]（Borowitzka & Siva，2007）。在高温、高盐、强光照、低氮环境下，β-胡萝卜素在藻类的叶绿体基质中以小液滴的形式积累。在杜氏盐藻细胞内，β-胡萝卜素主要是以顺式异构体和反式异构体的混合物形式存在（主要是9-顺式），然而合成的β-胡萝卜素仅仅是反式的形式。在低光照下，杜氏藻中的反式β-胡萝卜素更容易存在（Ben-Amotz et al，1988；Orset & Young，2000）；同时在不同的菌株中也存在差异（Jimenez & Pick，1994）。

20世纪80年代工业化生产已经在澳大利亚、以色列、美国开始，从那时起，杜氏藻产品工厂也陆续在印度和中国内蒙古建立（Borowitzka & Borowitzka，1988b；Schlipalius，1991；Borowitzka，1994；Ben-Amotz，2004）。科宁营养和健康公司（Cognis Nutrition and Health）在澳大利亚的赫特潟湖（Hutt Lagoon）、西澳大利亚州、怀阿拉（whyalla）市、南澳大利亚州生产了大量的天然β-胡萝卜素。

杜氏盐藻是光合自养型，在一定光照强度下，它同时能利用有机C源，如甘油和醋酸盐（Suárez et ah，1998；Mojaat et al，2008）。类胡萝卜素的积累速率与细胞接受的总的光照强度呈函数关系（Ben-Amotz & Shaish，1992），类胡萝卜素生产的最大值与盐浓度呈函数关系（Borowitzka et al，1990）。

杜氏藻属的所有菌株对钠盐有特别的要求，在所有报道的有机体中杜氏盐藻有很宽的NaCl溶液承受度：从100g/L到350g/L NaCl溶液（一饱和度）（Borowitzka & Siva，2007）。最适宜的盐浓度是22% NaCl溶液，然而促进类胡萝卜素形成的最佳的盐浓度大于30%（Borowitzka et al，1990）。真正用于商业化生产的最适盐浓度大于30%——也就是10倍海水盐度——因为这样的浓度可以阻止捕食者的生长，例如丰年虾（brine shrimp）和变形虫（amoeba）盐田蚕豆虫（*Fabrea salina*）（Post et al，1983），避免绿色杜氏藻（*D. viridis*）非胡萝卜素的过度生长（Borowitzka & Borowitzka，1989）。

杜氏盐藻最理想的生长温度是21～40℃，主要依据菌株和光强改变（Gibor，1956；Borowitzka，1981）。然而，其生长温度介于低于0°C到超过40°C的范围内（Wegmann et al，1980；Siegel et al，1984）。高温能刺激类胡萝卜素的形成，经历了夏季的高温（>35°C）和强光照，对于赫特潟湖、西澳大利亚州的生产杜氏盐藻工厂来说是一年中β-胡萝卜素产量最高的时候。

用来培养藻类的高浓度的盐水中的CO_2的溶解度非常低，在高温和高pH值条件下CO_2的溶解度会更低。在15°C的2mol/L NaCl溶液中，CO_2的溶解度是1.02g/L，在40°C时仅仅是0.53g/L（Lazar et al，1983）。因此，添加无机碳，不管是CO_2还是HCO_3^-，都能刺激生长，并且没有碳酸盐析出。

对于杜氏盐藻最好的氮源是硝酸盐，如硝酸铵，而尿素、亚硝酸盐效果低很多（Borowitzka & Borowitzka，1988a）。必须关注并控制培养基的pH值，因为摄取亚硝酸盐会导致培养基变为碱性，而摄取铵盐会导致培养基变为酸性，如果这样可能导致细胞死亡。最适合生长的磷酸盐浓度是约0.02g/L K_2HPO_4，更高的浓度会抑制生长（Gibor，1956）。与其他藻类一样，杜氏盐藻生长需要Mg^{2+}、Ca^{2+}、K^+，螯合铁和其他各种各样的微量元素——尤其是Zn、Co和Cu。细胞分裂的最适硫酸盐浓度为2mmol/L，而且高浓度能促进胡萝卜素的形成（Ben-Amotz & Avron，1989）。不需要提供维生素，最适的生长pH值是7～9（Borowitzka & Borowitzka，1988b）。

无论是在非常大（几个数百公顷的区域）的开放式池塘，（如澳大利亚），或者在更小更集中的桨轮混合的水沟池（如以色列），杜氏盐藻产β-胡萝卜素的商业生产已经开始。一直尝试在一个封闭的系统（如管状光生物反应器）中进行培养，至今这些系统并没有产生商业价值（Borowitzka & Borowitzka，1989；Ben-Amotz，2004）。

与农业相比，因为开放式池塘培养环境受每天的天气变化和季节的变迁（例如温度、光照、降雨量、风力的变化），还有潜在的来自自然的污染物的影响。因此可以用分批培养或者连续培养的操作方式，后者更经济、更值得关注。也可以考虑采用双阶段培养方式，在这个过程中藻类可以先培养在低盐度的环境下获得最大的生物量，随后的高盐度阶段可以获得最大浓度的类胡萝卜素的积累，但是这个过程不经济（Borowitzka et al，1984）。Ben Amotz（1995）描述了另一种可替代的两阶段培养过程，如下：首先在含氮量丰富的培养基中培养藻类获得最大的生物量，然后用含氮较少的培养基稀释，积累β-胡萝卜素。最终这种培养方式使β-胡萝卜素产量增加了50%。

目前，已出版关于杜氏盐藻的真实商业生产率的信息非常少。据Ben Amotz (1999) 报道，在20cm深的水沟池获得的β-胡萝卜素年平均生产率达到200mg/ (m^2·d)，因此一个50000m^2的工厂每天可生产10kg β-胡萝卜素。细胞中β-胡萝卜素的平均含量大约占细胞干重的5%，池塘中平均菌体浓度以干重计是0.1g/L，而在水沟池则是1.0g/L。

藻类β-胡萝卜素的收获、提取、纯化工艺占其产品投入成本的绝大部分，因此生产过程中的各种细节需要精确的指导。杜氏盐藻的收获比其他的都要困难。杜氏盐藻是单细胞，尺寸大约20μm×10μm，在高密度、高盐度中活动较积极。在池塘中培养细胞密度相对较低，以干重计为0.1～0.5g/L，需要处理大体积的培养基。因此，在使用传统的收获方式之前要进行浓缩处理，包括以硅藻土作为过滤介质的高压过滤方法（Ruane，1974b）、在固定和渐变浓度里根据盐度沉浮的性质筛选的方法（Bloch et al，1982）、探索藻类趋光和趋旋（gyrotactic）反应（Kessler，1982，1985）、杜氏藻细胞的疏水黏附性、絮凝（Sammy，1987）、深层过滤或泡塔反应器（Guelcher & Kanel，1999）的浓缩方法。当前用于商业生产的方法还有离心、絮凝和浮选。

此外，获得β-胡萝卜素提取物的方法还有很多。传统的溶剂提取是有效的手段（Ruane，1974a；Ohishi et al，1999；Bailey et al，2002）。然而，市场无法接受最终产品中存在的溶剂残留。可接受的提取方法包括使用热植物油（Nonomura，1987）或者超临界二氧化碳（Cygnarowicz & Seider，1990；Mendes，2003）。另外，藻类生物质鼓干，稳定后可以当作富含β-胡萝卜素的产品出售，作为人类营养的补充品或作为动物如对虾的饲料添加剂。不像其他合成产品，藻类产品同时含有少量的其他类胡萝卜素，例如玉米黄素。在最终产品中，顺式异构体和反式异构体的相对含量可以通过提取和形成过程调控（Schlipalius，1997）。

我们介绍一个新的可替代的培养过程，在这个过程中细胞生长在一个由水相和与生物相容的（十二烷）有机相（Hejazi et al，2002）所组成的两相光生物反应器中。在这个系统里，β-胡萝卜素在不损伤其活性的基础上不断远离藻类细胞，获得β-胡萝卜素的生产率高达2.45mg/ (m^2·d)。尽管这个生产率是目前报道的商业开放式池塘环境生产率的2～3倍，但是仍然需要看这个过程是否具有商业价值。

11.2.2 三孢布拉霉菌

毛霉目（Mucorales）的一些真菌同样能够合成β-胡萝卜素，包括布拉克须霉（*Phycomyces blakesleeanus*）、*Choaneophora curcurbitarum*、三孢布拉霉菌（*Blakeslea trispora*）。因为三孢布拉霉菌拥有高产β-胡萝卜素的内在特质以及在标准培养基中生长良好的特性，工业集中使用三孢布拉霉菌作为β-胡萝卜素的生产菌株。目前的工业生产的公司有帝斯曼（DSM）和Vitaene。工业生产使用三孢布拉霉菌包括单独培养（+）菌株和（−）菌株相结合，随后将两菌株在富含烃类（煤油）、糖类、植物油、化学添加剂的培养基中进行联合发酵培养（Ciegler，1965；Ninet & Renaut，1979）。这个过程使得β-胡萝卜素的产率达到干重的0.3%或者达到3g/L。该过程显著地提高类胡萝卜素含量，达到细胞干重的20%（Finkelstein，1995）。β-胡萝卜素在菌丝体内积累，三孢子酸如β-紫罗酮通过正反馈调节刺激其合成（Lampila，1985）。三孢布拉霉菌的一个突变株在添加β-紫罗酮后通过控制氧气通入量，并经过5～6天的营养生长时间段，可以获得30mg/g DCW的β-胡萝卜素（Costa Perez，2003）。研究表明，光照同时也能刺激类胡萝卜素的合成，胡萝卜素形成所需的光感应强度随光波长和曝光时间长短而变化（Lampila，1985）。Jeong等（Jeong et al，1999）认为这种光的影响作用是氧自由基的氧化压力引起的，他们同时证实了过氧化氢可以增加β-胡萝卜素产量。

布拉霉属（*Blakeslea*）在毛霉目中是不同寻常的，胡萝卜素的合成不会被β-胡萝卜素终产品抑制。在布拉克须霉中通常也是这样（Murillo，1976；Mehta & Cerdá-Olmedo，1995）。布拉霉属和须霉属（*Phycomyces*）在蓝光和许多化学品中的反应也是不同的（Lampila，1985；Cerdá-Olmedo，2001），而且须霉属在固体培养基或纯液体培养基中类胡萝卜素含量最高。

11.3 虾青素

11.3.1 雨生红球藻

淡水绿色鞭毛虫藻类雨生红球藻（*Haematococcus pluvialis*）能积累6%（在商业环境接近2%～4%）DCW的虾青素（*astaxanthin*），这使得它成为生产类胡萝卜素最佳的天然资源。在自然和培养环境下，这种藻类以3种形式存在：①运动的、裸露的双鞭毛状态；②不能运动、裸露的不定群体状态；③不能运动的、厚壁的静孢子状态。在它生命周期的静孢子阶段，在细胞核周围的细胞质中以（3*S*，3′*S*）异构体的形式积累虾青素，同时以单酯或双酯的形式连接到C 16:0、C 18:0、C 20:0、C 18:1脂肪酸上（Grung et al，1992）。在20世纪90年代中期，美国（夏威夷）和瑞典出现商业产品，随后也在以色列和印度出现。

这种藻类最适的生长温度是15～20℃，在分批培养阶段的对数生长期运动阶段占支配地位，然而在稳定生长阶段能形成合成类胡萝卜素的静孢子。细胞形态上的变化——迅速地分裂，剪切敏感的鞭毛细胞到非常强健、不运动的静孢子——意味着其一般更偏向于一种双阶段的分批生长过程（Cysewski & Lorenz，2004；García-Melea et al，2008）。在这个过程中，优先合成无胡萝卜素的鞭毛细胞，以此获得最大的生物量，随后细胞被迫减少鞭毛的形成并最大程度地积累虾青素。

雨生红球藻能够光合自养、兼养或者异养生长，利用有机碳源如醋酸盐(Droop，1955；Borowitzka et al，1991；Gong & Chen，1997)。异养生长细胞生长缓慢，并且在黑暗条件下只产生少量的虾青素（Kobayashi et al，1997)。在兼性自养生长中，添加醋酸盐和丙酮酸盐可以促进细胞生长和虾青素的形成(Borowitzka et al，1991；Harker et al，1996)。然而，菌株间对醋酸盐以及其他碳源如葡萄糖、甘油、甘氨酸的使用情况差异很大（Borowitzka，1992)。虾青素含量的最大值因菌株而异（Lee & Soh，1991)，因此菌株筛选对于这种藻类的商业生产来说是一个很重要的因素。通过诱导突变和基因工程（Steinbrenner & Sandmann，2006）技术已经获得了多个虾青素产量增加的菌株（Chen et al，2003)，但是通过分离和筛选可以获得更好的菌株（Borowitzka，未出版)。

大量"压力"因素，例如营养元素限制（尤其是限制氮源)、强光照、高温或添加 NaCl（Borowitzka et al，1991；Boussiba & Vonshak，1991；Fan et al，1994；Cordero et al，1996)，促进胡萝卜素合成作用。事实上，许多因素抑制细胞生长。Boussiba 和 Vonshak 证明添加抑制细胞分裂的长春花碱（Vinblastin，一种抗肿瘤药）能促进虾青素的积累。其他研究同时表明活性氧（ROS）增强了虾青素的合成，至今机理不明（Kobayashi et al，1993；Lu，1998；Boussiba，2000)。雨生红球藻胡萝卜素合成明显受光合作用和氧化还原作用控制。质体醌池作为氧化还原传感器的功能区，质体醌池的减少导致了大多数（即使不是全部）与虾青素合成有关的基因的活化（Steinbrenner，2003)。

目前，闭合的光生物反应器完成了其商业生产过程。例如，在充满营养物质的泡塔反应器、平板反应器、管状光生物反应器、水沟池或管状光生物反应器中给予强光照并减少氮、磷源，可以大量积累类胡萝卜素。这整个生长周期大概需要好几周（Boussiba et al，1997；Olaizola，2000；Cysewski & Lorenz，2004)。最终经过酶解、机械破碎、固定和喷雾干燥获得产品，其中富含虾青素的静孢子可用于大马哈鱼的色素积淀（Sommer et al，1991，1992）或作为人类的营养物质(Guerin et al，2003)。

11.3.2 红法夫酵母/*Xanthophyllomyces dendrorhous*

红法夫酵母（*Phaffia rhodozyma*）/*Xanthophyllomyces dendrorhous* 是担子菌门（Basidomycetous）酵母，因为其活跃的发酵糖类的能力，使得其在生产类胡萝卜素的酵母中不同寻常。在对生活史研究的基础上以及 rDNA IGS 和 ITS 区域的分析表明红法夫酵母是一个明显的无性菌株，*X. dendrorhous* 是一个兼性（产生有性和无性孢子）的菌株（Kuscera，1998；Fell，1999)。这种菌株产生未酯化的虾青素，主要是（3*R*，3′*R*）形式，因为在发酵罐中密度高（>50g/L DCW）而广泛用于类胡萝卜素的商业生产和研究（Echavarri-Erasun，2002）。生物量和类胡萝卜素产量在高糖浓度下迅速减少，因此分批补料发酵被用于生产率最大化（Ho，1999）。与植物提取物一样，由其他大量真菌制备的诱导子同样能增加其生物量和类胡萝卜素产量（Wang et al，2006；Kim et al，2007）。

商业化利用的主要限制因素是野生型菌株虾青素含量水平低以及酵母的囊状厚壁。为确保虾青素的产量，必须进行破壁。然而，多家公司通过化学诱变和筛选获得虾青素高产菌株（虾青素大于1%DCW），同时也使用基因工程技术提升虾青素产量（Chun，1992；Visser，2003；Kim et al，2005）。我们获得了一个三羧酸循环中间体物质含量丰富，并且能提高生长和类胡萝卜素形成的高产类胡萝卜素突变菌株2A2N。这些发现表明，使用含糖蜜（Haard，1988）、玉米浆（Kesava，1998）或玉米湿磨副产品（Hayman，1995）的基质可与葡萄汁（Myers，1994）协同作为TCA循环中间体物质来源，以此增加生物量和提高类胡萝卜素含量。Frengova和Beshkova（2009）最近的一个综述里详细描述了影响红法夫酵母/*Xanthophyllomyces dendrorhous*中类胡萝卜素形成和生物量的因素。

已经开发出大量机械的、酶的和化学的方法来破坏酵母的细胞壁，提升虾青素的产量（An & Choi，2003；Storebakken et al，2004）。主要包括两个阶段，在第二个阶段酵母与环状芽孢杆菌混合培养，环状芽孢杆菌具有高活性的细胞壁溶解能力（Fang & Wang，2002），以此实现生物破壁的方法。

11.4 叶黄素

最近几年，叶黄素（lutein）在健康方面体现出重要的作用，如延缓与年龄相关的白内障和黄斑病变（Chiew & Taylor，2007），因此对这种产品展开了大量的研究。叶黄素的主要商业生产来源是万寿菊（*Tagetes* spp.），万寿菊仅含有0.03%叶黄素（Piccaglia et al，1998）。

潜在微生物资源包括绿藻*Muriellopsis* sp.若夫小球藻（*Chlorella zofingiensis*）（Del Campo，2000）、原始小球藻（*C. protothecoides*）（Shi et al，2000）、嗜酸小球藻（*C. acidophila*）（Garbayo et al，2008）和*Scenedesmus almeriensis*（Sánchez et al，2008）（见表11-A），比万寿菊中叶黄素含量更高。*Muriellopsis* sp.已经成功地在室外管光生物反应器和开放式池塘中培养，并且叶黄素的含量为5～6mg/g DCW（Del Campo et al，2001；Blanco et al，2007）。

表 11-A　筛选出的微生物中类胡萝卜素的含量①

	微生物	主要积累的类胡萝卜素	已报道的最大的类胡萝卜素含量（干重）/（mg/g）	类胡萝卜素产量/（mg/L）
藻类	杜氏盐藻（*Dunaliella salina*）	β-胡萝卜素	约 500（～1400）	5～50
	雨生红球藻（*Haematococcus pluvialis*）	（3*S*，3′*S*）-虾青素	约 300（～600）	
	绿球藻（*Chlorococcum* sp.）	虾青素（胡萝卜色素） 金盏花红素 4′-羟基海胆酮	8	45
藻类	*Neochloris wimmeri*	虾青素	19.3	
	原管藻（*Protosiphon botryoides*）	虾青素	14.3	
	若夫小球藻（*Chlorella zofingiensis*）	虾青素	6.8	24.8
	Coeloastrella striolata	虾青素	47.5	
	Trentepohlia aurea	β-胡萝卜素	21	
	小麦根腐小球藻（*Chlorella sorokiniana*）	叶黄素 β-胡萝卜素	4.3	730
	原始小球藻（*Chlorella protothecoides*）	叶黄素	6.5	136
	嗜酸小球藻（*Chlorella acidophila*）	叶黄素 β-胡萝卜素	20.2	
	Murelliopsis sp.	叶黄素	5.5	35
	Chlorococcum citriforme	叶黄素	7.4	38
	Scenedesmus almeriensis	叶黄素	5.3	
真菌和酵母	*Xanthophyllomyces dendrorhous*/红法夫酵母（*Phaffia rhodozyma*）	（3*S*，3′*S*）-虾青素	>10	约 5
	三孢布拉霉菌（*Blakeslea trispora*）	β-胡萝卜素	17	
		番茄红素	41	
	布拉克须霉（*Phycomyces blakesleeanus*）	β-胡萝卜素		
	金色分枝杆菌（突变）［*Mycobacterium aurum*（*mutant*）］	番茄红素	7.4	16.2
细菌	短杆菌属（*Brevibacterium*）KY－4313	裸藻酮	0.6	1～2

① 一些数据是从文章提供的数据换算而来。

对食品酵母白色念珠菌（*Candida albicans*）进行基因工程改造，其可以积累高达 7.8mg/g DCW 叶黄素。

11.5 其他类胡萝卜素和其他生物体

类胡萝卜素广泛存在于微生物体中，大量菌种作为潜在的工业化生产类胡萝卜素新资源正在进行大量研究。另外，类胡萝卜素的克隆途径为高产工程菌提供了一个潜在的工具，或者使非类胡萝卜素生产菌株产生类胡萝卜素成为可能（Schmidt-Dannert，2000）。

除了著名的雨生红球藻，还有很多绿藻，包括绿球藻属（*Chlorococcum* sp.）、温氏新绿藻（*Neochloris wimmeri*）、若夫小球藻（*Chlorella zofingiensis*）和原管藻（*Protosiphon botryoides*）（表 11-A）都可以积累虾青素。最近，一个能积累 0.13mg/g（3*S*，3′*S*）-虾青素细菌的基因被分离出来（Tsubokura，1999）。同时产生 6mg/g 玉米黄质素的杜氏盐藻的一个突变菌株也被分离出来（Jin et al，2003）。黏红酵母（*Rhodotorula glutinis*）能生产不同比例的胡萝卜素、圆酵母素、黏红酵母素、γ-胡萝卜素、β-胡萝卜素（Frengova & Beshkova，2009）。Bhosale 和 Gadre（2001）已经分离出其高产 β-胡萝卜素菌株突变体，β-胡萝卜素含量高达 2mg/g DCW（类胡萝卜素总量的 80%）。Ninet 和 Renaut（1979）报道黄杆菌属（*Flavobacterium* sp.）玉米黄质产量达到 10～40mg/L，放射菌类梅久兰链霉菌（*Streptomyces mediolani*）的叶黄素产量高达 0.9g/L，其中异胡萝卜素（isorenieratene，一种芳香胡萝卜素）占大多数。这些潜在的非光合细菌作为生产类胡萝卜素的商业资源有待进一步研究。大量的代谢工程途径同时用来培育新的类胡萝卜素生产菌株或者提高类胡萝卜素的产量，例如用工程途径使大肠杆菌（*Escherichia coli*）产生番茄红素（Alper et al，2006），用工程途径使酵酒酵母（*Saccharomyces cereviceae*）产生 β-胡萝卜素。但是，至今类胡萝卜素的商业化生产产量还是非常低。

11.6 结论

在过去的 25 年里，作为类胡萝卜素、β-胡萝卜素和虾青素潜在的自然资源，多种微生物成功地应用于商业生产。与叶黄素和番茄红素一样，这些类胡萝卜素的新资源研究正处于发展阶段。基因工程同时为类胡萝卜素的生物合成途径提供了强有力的工具，这些信息可以用于优化生产体系。基因工程已经用于生产，使无类胡萝卜素菌株转化为类胡萝卜素高产菌株（Das et al，2007）。在这个阶段，因为任何基因改造产品都对天然类胡萝卜素市场有不利影响，这个信息限制了商业利益。然而，这些影响在未来会发生改变，我们清楚地明白用微生物作为类胡萝卜素生物的商业生产有一个伟大的和多彩的未来。

参考文献

Abe, K.; H. Hattori; M. Hirano. Accumulation and Antioxidant Activity of Secondary Carotenoids in the Aerial Microalga *Coelastrella striolata* Var. *multistrata*. *Food Chem.* **2007**, *100*, 656–661.

Abe, K.; N. Nishimura; M. Hirano. Simultaneous Production of ß-Carotene, Vitamin E and Vitamin C by the Aerial Microalga *Trentepohlia aurea*. *J. Appl. Phycol.* **1999**, *11*, 331–336.

Alper, H.; K. Miyaoku; G. Stephanopoulus. Characterization of Lycopene-Overproducing *E. coli* Strains in High Cell Density Fermentations. *Appl. Microbiol. Biotechnol.* **2006**, *72*, 968–974.

An, G.H. Improved Growth of the Red Yeast, *Phaffia rhodozyma\Xanthophyllomyces dendrorhous*, in the Presence of Tricarboxylic Acid Cycle Intermediates. *Biotech. Lett.* **2001**, *23*, 1005–1009.

An, G.H.; E.S. Choi. Preparation of the Red Yeast, *Xanthophyllomyces dendrorhodus*, as Feed Additive with Increased Availability of Astaxanthin. *Biotech. Lett.* **2003**, *25*, 767–771.

Aréchiga, C.F. Effect of Injection of ß-Carotene or Vitamin E and Selenium on Fertility of Lactating Dairy Cows. *Theriogenology* **1998**, *50*, 65–76.

Bailey, D.T.; R.J. Daughenbauh; R. Arslanian; L.A. Kaufmann; S.L. Richheimer; Z.Z. Liu; J.M. Piffarerio; C.J. Kurtz. High Purity Beta-Carotene and Process for Obtaining the Same. U.S. Patent 0082459, 2002.

Ben-Amotz, A. New Mode of *Dunaliella* Diotechnology: Two-Phase Growth for ß-Carotene Production. *J. Appl. Phycol.* **1995**, *7*, 65–68.

Ben-Amotz, A. Production of Beta-Carotene from *Dunaliella*. *Chemicals from Microalgae*; Z. Cohen, Ed.; Taylor & Francis: London, 1999; pp 196–204.

Ben-Amotz, A. Industrial Production of Microalgal Cell-Mass and Secondary Products—Major Industrial Species: *Dunaliella*. *Microalgal Culture: Biotechnology and Applied Phycology*; A. Richmond, Ed.; Blackwell Science: Oxford, 2004; pp 273–280.

Ben-Amotz, A.; A. Lers; M. Avron. Stereoisomers of ß-Carotene and Phytoene in the Alga *Dunaliella bardawil*. *Pl. Physiol.* **1988**, *86*, 1286–1291.

Ben-Amotz, A.; M. Avron. The Biotechnology of Mass Culturing *Dunaliella* for Products of Commercial Interest. *Algal and Cyanobacterial Biotechnology*; R.C. Cresswell; T.A.V. Rees; N. Shah, Eds.; Longman Scientific & Technical: Harlow, 1989; pp 91–114.

Ben-Amotz, A.; A. Shaish. ß-Carotene Diosynthesis. *Dunaliella*: *Physiology, Biochemistry, and Biotechnology*; M. Avron, A. Ben-Amotz, Eds.; CRC Press: Boca Raton, 1992; pp 205–216

Beutner, S.B. Quantitative Assessment of Antioxidant Properties of Natural Colourants and Phytochemicals: Carotenoids, Flavenoids, Phenols and Indigoids. The Role of ß-Carotene in Antioxidant Function. *J. Sci. Food. Agric.* **2001**, *81*, 559–568.

Bhosale, P.; R.V. Gadre. Optimization of Carotenoid Production from Hyper-Producing *Rhodotorula glutinis* Mutant 32 by a Factorial Approach. *Lett. Appl. Microbiol.* **2001**, *33*, 12–16.

Blanco, A.M.; J. Moreno; J.A. Del Campo; J. Rivas; M.G. Guerrero. Outdoor Cultivation of Lutein-Rich Cells of *Muriellopsis* sp. in Open Ponds. *Appl. Microbiol. Biotechnol.* **2007**, *73*, 1259–1266.

Bloch, M.R.; J. Sasson; M.E. Ginzburg; Z. Goldman; B.Z. Ginzburg; N. Garti; A. Perath. Oil Products from Algae. U.S. Patent 4,341,038, 1982.

Borowitzka, L.J. The Microflora. Adaptations to Life in Extremely Saline Lakes. *Hydrobiologia* **1981**, *81*, 33–46.

Borowitzka, L.J. Commercial Pigment Production from Algae. *Algal Biotechnology in the Asia-Pacific Region*; S.M. Phang, K. Lee, M.A. Borowitzka, B. Whitton, Eds.; Institute of Advanced

Studies, University of Malaya: Kuala Lumpur, 1994; pp 82–84.

Borowitzka, L.J.; M.A. Borowitzka; T. Moulton. The Mass Culture of *Dunaliella*: From Laboratory to Pilot Plant. *Hydrobiologia*, **1984,** *116/117,* 115–121.

Borowitzka, L.J.; M.A. Borowitzka. Industrial Production: Methods and Economics. *Algal and Cyanobacterial Biotechnology*; R.C. Cresswell, T.A.V. Rees, N. Shah, Eds.; Longman Scientific: London, 1989; pp 294–316.

Borowitzka, M.A. Comparing Carotenogenesis in *Dunaliella* and *Haematococcus*: Implications for Commercial Production Strategies. *Profiles on Biotechnology*; T.G. Villa, J. Abalde, Eds.; Universidade de Santiago de Compostela: Santiago de Compostela, 1992; pp 301–310.

Borowitzka, M.A.; L.J. Borowitzka. Limits to Growth and Carotenogenesis in Laboratory and Large-Scale Outdoor Cultures of *Dunaliella salina*. *Algal Biotechnology*; T. Stadler, J. Mollion, M.C. Verdus, Y. Karamanos, H. Morvan, D. Christiaen, Eds.; Elsevier Applied Science: Barking, 1988a; pp 371–381.

Borowitzka, M.A.; L.J. Borowitzka. *Dunaliella*. *Micro-algal Biotechnology*; M.A. Borowitzka, L.J. Borowitzka, Eds.; Cambridge University Press: Cambridge, 1988b; pp 27–58.

Borowitzka, M.A.; L.J. Borowitzka; D. Kessly. Effects of Salinity Increase on Carotenoid Accumulation in the Green Alga *Dunaliella salina*. *J. Appl. Phycol.* **1990,** *2,* 111–119.

Borowitzka, M.A.; J.M. Huisman; A. Osborn. Culture of the Astaxanthin-Producing Green Alga *Haematococcus pluvialis* 1. Effects of Nutrients on Growth and Cell Type. *J. Appl. Phycol.* **1991,** *3,* 295–304.

Borowitzka, M.A.; C.J. Siva. The Taxonomy of the Genus *Dunaliella* (Chlorophyta, Dunaliellales) with Emphasis on the Marine and Halophilic Species. *J. Appl. Phycol.* **2007,** *19,* 567–590.

Boussiba, S. Carotenogenesis in the Green Alga *Haematococcus pluvialis*: Cellular Physiology and Stress Response. *Physiol. Plant.* **2000,** *108,* 111–117.

Boussiba, S.; A. Vonshak. Astaxanthin Accumulation in the Green Alga *Haematococcus pluvialis*. *Pl. Cell. Physiol.* **1991,** *32,* 1077–1082.

Boussiba, S.; A.Vonshak; Z. Cohen; A. Richmond. A Procedure for Large-Scale Production of Astaxanthin from *Haematococcus*. PCT Patent 9,728,274, 1997.

Bubrick, P. Production of Astaxanthin from *Haematococcus*. *Biores. Technol.* **1991,** *38,* 237–239.

Cerdá-Olmedo, E. Production of Carotenoids with Fungi. *Biotechnology of Vitamins, Pigments and Growth Factors*; E.J. Vandamme, Ed.; Elsevier Applied Science: London, 1989; pp 27–42.

Cerdá-Olmedo, E. *Phycomyces* and the Biology of Fight and Colour. *FEMS Microbiol. Rev.* **2001,** *25,* 503–512.

Chen, Y.; D. Li; W. Lu; J. Xing; B. Hui; Y. Han. Screening and Characterization of Astaxanthin-Hyperproducing Mutants of *Haematococcus pluvialis*. *Biotech. Lett.* **2003,** *25,* 527–529.

Chiew, C.J.; A. Taylor. Nutritional Antioxidants and Age-Related Cataract and Macular Degeneration. *Exp. Eye Res.* **2007,** *84,* 229–245.

Chun, S.B. Strain Improvement of *Phaffia rhodozyma* by Protoplast Fusion. *FEMS Microbiology Letters* **1992,** *93,* 221–226.

Ciegler, A. Microbial Carotenogenesis. *Adv Appl Microbiol,* **1965,** *7,* 1–34.

Cordero, B.; A. Otero; M. Patino; B.O. Arredondo; J. Fabregas. Astaxanthin Production from the Green Alga *Haematococcus pluvialis* with Different Stress Conditions. *Biotech. Lett.* **1996,** *18,* 213–218.

Costa Perez, J. Method of Producing Beta-Carotene by Means of Mixed Culture Fermentation Using (+) and (-) Strains of *Blakeslea trispora*. European Patent Application 1,367,131, 2003.

Cygnarowicz, M.L.; W.D. Seider. Design and Control of a Process to Extract Beta-Carotene with Supercritical Carbon Dioxide. *Biotech. Prog.* **1990,** *6,* 82–91.

Cysewski, G.R.; R.T. Lorenz. Industrial Production of Microalgal Cell-Mass and Secondary Products—Species of High Potential: *Haematococcus. Microalgal Culture: Biotechnology and Applied Phycology*; A. Richmond, Ed.; Blackwell Science: Oxford, 2004; pp 281–288.

Das, A.; S.H. Yoon; S.H. Lee; J.Y. Kim; D.K. Oh; S.W. Kim. An Update on Microbial Carotenoid Production: Application of Recent Metabolic Engineering Tools. *Appl. Microbiol. Biotechnol.* **2007,** *77,* 505–512.

Del Campo, J.A. Carotenoid Content of Chlorophycean Microalgae: Factors Determining Lutein Accumulation in *Muriellopsis* sp. (Chlorophyta). *J. Biotech.* **2000,** *76,* 51–59.

Del Campo, J.A.; H. Rodríguez; J. Moreno; M.A. Vargas; J. Rivas; M.G. Guerrero. Lutein Production by *Muriellopsis* sp. in an Outdoor Tubular Photobioreactor. *J. Biotech.* **2001,** *85,* 289–295.

Droop, M.R. Carotogenesis in *Haematococcus pluvialis. Nature* **1955,** *175,* 42.

Echavarri-Erasun, C. Fungal Carotenoids. *Applied Mycology and Biotechnology*; G.G. Khachtourians, Ed.; Agriculture and Food Production; Elsevier: Amsterdam, 2002; Vol. 2, 45–85

Fan, L.; A. Vonshak; S. Boussiba. Effect of Temperature and Irradiance on Growth of *Haematococcus pluvialis* (Chlorophyceae). *J. Phycol.* **1994,** *30,* 829–833.

Fang, T.J.; J.M. Wang. Extractibility of Astaxanthin in a Mixed Culture of an Overproducing Mutant of *Xanthophyllomyces dedrorhous* and *Bacillus circulans* in Two-Stage Batch Fermentation. *Proc. Biochem.* **2002,** *37,* 1235–1245.

Fell, J.W. Separation of Strains of the Yeasts *Xanthophyllomyces dedrorhous* and *Phaffia rhodozyma* Based on rDNA IGS and ITS Sequence Analysis. *J. Indust. Microbiol. Biotechnol.* **1999,** *23,* 677–681.

Finkelstein, M. *Blakeslea trispora* Mated Culture Capable of Increased Beta-Carotene Production. U.S. Patent 5,422,247, 1995.

Frengova, G.I.; D.M. Beshkova. Carotenoids from *Rhodotorula* and *Phaffia*: Yeast of Biotechnological Importance. *J. Indust. Microbiol. Biotechnol.* **2009,** *36,* 163–180.

Garbayo, I.; M. Cuaresma; C. Vílchez; J.M. Vega. Effect of Abiotic Stress on the Production of Lutein and ß-Carotene by *Chlamydomonas acidophila. Proc. Biochem.* **2008,** *43,* 1158–1161.

García-González, M.; J. Moreno; J.C. Manzano; F.J. Florencio; M.G. Guerrero. Production of *Dunaliella salina* Biomass Rich in 9-*cis*-ß-Carotene and Lutein in a Closed Tubular Photobioreactor. *J. Biotech.* **2005,** *115,* 81–90.

García-Malea, M.; F.G. Acíen; E. Del Río; J.M. Fernández; M.C. Cerón; M.G. Guerrero; E. Molina-Grima. Production of Astaxanthin by *Haematococcus pluvialis*: Taking the One-Step System Outdoors. *Biotech. Bioeng.* **2008,** *102,* 651–657.

Gibor, A. The Culture of Brine Algae. *Biol. Bull.* **1956,** *3,* 223–229.

Gong, X.; F. Chen. Optimisation of Culture Medium for Growth of *Haematococcus pluvialis. J. Appl. Phycol.* **1997,** *9,* 437–444.

Goodwin, T.W. *Biochemistry of Carotenoids.* Plants; Chapman and Hall: London, 1980; Vol.1.

Grung, M.; F.M.L. D'Souza; M.A. Borowitzka; S. Liaaen-Jensen. Algal Carotenoids 51. Secondary Carotenoids 2. *Haematococcus pluvialis* Aplanospores as a Source of (3*S*,3'*S*)-Astaxanthin Esters. *J. Appl. Phycol.* **1992,** *4,* 165–171.

Guelcher, S.A.; J.S. Kanel. Method for Deep Bed Filtration of Microalgae. W.O. Patent 9,828,404, 1998.

Guelcher, S.A.; J.S. Kanel. Method for Dewatering Microalgae with a Bubble Column. U.S. Patent 5,910,254, 1999.

Guerin, M.; M.E. Huntley; M. Olaizola. *Haematococcus* Astaxanthin: Applications for Human Health and Nutrition. *Trends in Biotechnology,* **2003,** *21,* 210–216.

Haard, N.F. Astaxanthin Formation by the Yeast {\i Phaffia rhodozyma} on Molasses. *Biotech. Lett.* **1988,** *10,* 609–614.

Harker, M.; A.J. Tsavalos; A.J. Young. Factors Responsible for Astaxanthin Formation in the Chlorophyte *Haematococcus pluvialis. Biores. Technol.* **1996,** *55,* 207–214.

Hayman, G.T. Production of Carotenoids by *Phaffia rhodozyma* Grown on a Medium Composed of Corn Wet-Milling Co-products. *J. Indust. Microbiol.* **1995,** *14,* 389–395.

Hejazi, M.A.; C. de Lamaliere; J.M.S. Rocha; M. Vermue; J. Tramper; R.H. Wijffels. Selective Extraction of Carotenoids from the Microalga *Dunaliella salina* with Retention of Viability. *Biotech. Bioeng.* **2002,** *79,* 29–36.

Ho, K.P. Growth and Carotenoid Production of *Phaffia rhodozyma* in Fed-Batch Cultures with Different Feeding Methods. *Biotech. Lett.* **1999,** *21,* 175–178.

Hosokawa, M.; T. Okada; N. Mikami; I. Konishi; K. Miyashita. Bio-Functions of Marine Carotenoids. *Food Sci. Biotech.* **2009,** *18,* 1–11.

Jeong, J.C.; I.Y. Lee; S.W. Kim; Y.H. Park. Stimulation of ß-Carotene Synthesis by Hydrogen Peroxide in *Blakeslea trispora. Biotech. Lett.* **1999,** *21,* 683–686.

Jimenez, C.; U. Pick. Differential Stereoisomer Compositions of ß,ß-Carotene in Thylakoids and in Pigment Globules in *Dunaliella. J. Plant Physiol.* **1994,** *143,* 257–263.

Jin, E.; B. Feth; A. Melis. A Mutant of the Green Alga *Dunaliella salina* Constitutively Accumulates Zeaxanthin under All Growth Conditions. *Biotech. Bioeng.* **2003,** *81,* 115–124.

Johnson, E.A. *Phaffia rhodozyma*: Colorful Odyssey. *Internat. Microbiol.* **2003,** *6,* 169–174.

Kerr, S.C. Factors Enhancing Lycopene Production by a New *Mycobacterium aurum* Mutant. *Biotech. Lett.* **2004,** *26,* 103–108.

Kesava, S.S. An Industrial Medium for Improved Production of Carotenoids from a Mutant Strain of *Phaffia rhodozyma. Bioproc. Eng.* **1998,** *19,* 165–170.

Kessler, J.O. Algal Cell Harvesting. U.S. Patent 4,324,067, 1982.

Kessler, J.O. Hydrodynamic Focusing of Motile Algal Cells. *Nature* **1985,** *313,* 208–210.

Kim, J.H.; S.W. Kang; S.W. Kim; H.I. Chang. High-Level Production of Astaxanthin by *Xanthophyllomyces dendrorhous* Mutant JH1 Using Statistical Experimental Designs. *Biosci. Biotech. Biochem.* **2005,** *69,* 1743–1748.

Kim, S.K.; J.H. Lee; C.H. Lee; Y.C. Yoon. Increased Carotenoid Production in *Xanthophyllomyces dendrorhous* G267 Using Plant Extracts. *J. Microbiol.* **2007,** *45,* 128–132.

Kobayashi, M.; T. Kakizono; S. Nagai. Enhanced Carotenoid Diosynthesis by Oxidative Stress in Acetate-Induced Cyst Cells of a Green Unicellular Alga, *Haematococcus pluvialis. Appl. Env. Microbiol.* **1993,** *59,* 867–873.

Kobayashi, M.; Y. Kurimura; Y. Tsuji. Light-Independent, Astaxanthin Production by the Green Microalga *Haematococcus pluvialis* under Salt Stress. *Biotech. Lett.* **1997,** *19,* 507–509.

Kuscera, J. Homothallic Life Cycle in the Diploid Red Yeast *Xanthophyllomyces dendrorhous. Antonie Van Leeuwenhoek* **1998,** *73,* 163–168.

Kyrakis, S.C. Effect of ß-Carotene on Health Status and Performance of Sows and Their Litter. *J. Anim. Physiol. Anim. Nutr.* **2000,** *83,* 150–157.

Lampila, L.E. A Review of Factors Affecting Biosynthesis of Carotenoids by the Order Mucorales. *Mycopathologica* **1985,** *90,* 65–80.

Lazar, B.; A. Starinsky; A. Katz; E. Sass; S. Ben-Yaakov. The Carbonate System in Hypersaline Solutions: Alkalinity and $CaCO_3$ Solubility of Evaporated Seawater. *Limnol. Oceanogr.* **1983,** *28,*

978–986.

Lee, Y.K.; C.W. Soh. Accumulation of Astaxanthin in *Haematococcus lacustris* (Chlorophyta). *J. Phycol.* **1991,** *27,* 575–577.

Liaaen-Jensen, S.; E.S. Egeland. Microalgal Carotenoids. *Chemicals from Microalgae*; Z. Cohen, Ed.; Taylor & Francis: London, 1999; pp 145–172

Liñán-Cabello, M.A. Bioactive Roles of Carotenoids and Retinoids in Crustaceans. *Aquacult. Nutr.* **2002,** *8,* 299–309.

Liu, B.H. Secondary Carotenoids Formation by the Green Alga *Chlorococcum* sp. *J. Appl. Phycol.* **2000,** *12,* 301–307.

Lu, F.V. Does Astaxanthin Protect *Haematococcus* against Light Damage? *Z. Naturforsch.* **1998,** *53c,* 93–100.

Marcos, A.T. Lycopene Production Method. European Patent Application 1,184,464, 1920.

Matsukawa, R. Antioxidants from Carbon Dioxide Fixing *Chlorella sorokiniana. J. Appl. Phycol.* **2000,** *12,* 263–267.

Mehta, B.J.; E. Cerdá-Olmedo. Mutants of Carotene Production in *Blakeslea trispora. Appl. Microbiol. Biotechnol.* **1995,** *42,* 836–838.

Mendes, R.L. Supercritical Carbon Dioxide Extraction of Compounds with Pharmaceutical Importance from Microalgae. *Inorganica Chimica Acta* **2003,** *356,* 328–334.

Mojaat, M.; J. Pruvost; A. Foucault; J. Legrand. Effect of Organic Carbon Sources and Fe^{2+} Ions on Growth and ß-Carotene Accumulation by *Dunaliella salina. Biochem. Eng. J.* **2008,** *39,* 177–184.

Murillo, F.J. Regulation of Carotene Synthesis in *Phycomyces. Mol. Gen. Genet.* **1976,** *148,* 19–24.

Myers, P.S. Astaxanthin Production by a *Phaffia rhodozyma* Mutant on Grape Juice. *World J. Microbiol. Biotech.* **1994,** *16,* 178–183.

Ninet, L.; J. Renaut. Carotenoids. *Microbial Technology*; H.J. Peppler, Ed.; Academic Press: NY, 1979; pp 529–544.

Nonomura, A.M. Process for Producing a Naturally Derived Carotene-Oil Composition by Direct Extraction from Algae. U.S. Patent 4,680,314, 1987.

Ohishi, N.; T. Suzuki; K. Yagi. Composition Containing 9-cis Beta-Carotene in High Purity and Method of Obtaining the Same. Canada Patent 2,234,332, 1999.

Olaizola, M. Commercial Production of Astaxanthin from *Haematococcus pluvialis* Using 25,000-liter Outdoor Photobioreactors. *J. Appl. Phycol.* **2000,** *12,* 499–506.

Orosa, M.; J.F. Valero; C. Herrero; J. Abalde. Comparison of the Accumulation of Astaxanthin in *Haematococcus pluvialis* and Other Green Microalgae under N-Starvation and High Light Conditions. *Biotech. Lett.* **2001,** *23,* 1079–1085.

Orset, S.; A.J. Young. Exposure to Low Irradiances Favors the Synthesis of 9-*cis*-ß,ß-Carotene in *Dunaliella salina* (Teod.). *Pl. Physiol.* **2000,** *122,* 609–617.

Osganian, S.K. Dietary Carotenoids and Risk of Coronary Artery Disease in Women. *Am. Jf. Clin. Nutr.* **2003,** *77,* 1390–1399.

Piccaglia, R.; M. Marotti; S. Grandi. Lutein and Lutein Ester Content in Different Types of *Tagetes patula* and *T. erecta. Industrial Crops Production* **1998,** *8,* 45–51.

Post, F.J.; L.J. Borowitzka; M.A. Borowitzka; B. Mackay; T. Moulton. The Protozoa of a Western Australian Hypersaline Lagoon. *Hydrobiologia* **1983,** *105,* 95–113.

Ruane, M. Extraction of Caroteiniferous Material from Algae. Australian Patent 487,018, 1974a.

Ruane, M. Recovery of Algae from Brine Suspensions. Australian Patent 486,999, 1974b.

Sammy, N. Method for Harvesting Algae. Australian Patent 70,924, 1987.

Sánchez, J.F.; J.M. Fernández; F.G. Acíen; A. Rueda; J. Pèrez-Parra; E. Molina. Influence of Culture Conditions on the Productivity and Lutein Content of the New Strain *Scenedesmus almeriensis*. *Proc. Biochem.* **2008,** *43(3981987)*, 405.

Schiedt, K.V. Astaxanthin and Its Metabolites in Wild Rainbow Trout (*Salmo gairdneri* R.). *Comp. Biochem. Physiol. B - Comp. Biochem* . **1986,** *83,* 9–12.

Schlipalius, L. The Extensive Commercial Cultivation of *Dunaliella salina*. *Biores. Technol.* **1991,** *38,* 241–243.

Schlipalius, L.E. High *cis* Beta-Carotene Composition. U.S. Patent 5,612,485, 1997.

Schmidt-Dannert, C. Engineering Novel Carotenoids in Microorganisms. *Curr. Op. Biotech.* **2000,** *11,* 255–261.

Shi, X.M.; Z.H. Zhang; F. Chen. Heterotrophic Production of Biomass and Lutein by *Chlorella protothecoides* on Various Nitrogen Sources. *Enz. Microb. Technol.* **2000,** *27,* 312–318.

Shi, X.M.; Y. Jiang; F. Chen. High-Yield Production of Lutein by the Green Microalga *Chlorella protothecoides* in Heterotrophic Fed-Batch Culture. *Biotech. Prog.* **2002,** *18(7231997)*, 727.

Shimada, H. Increased Carotenoid Production by the Food Yeast *Candida utilis* through Metabolic Engineering of the Isoprenoid Pathway. *Appl. Env. Microbiol.* **1998,** *64,* 2676–2680.

Siegel, B.Z.; S.M. Siegel; T. Speitel; J. Waber; R. Stoeker. Brine Organisms and the Question of Habitat-Specific Adaptation. *Origins of Life* **1984,** *14,* 757–770.

Sommer, T.R.; F.M.L. D'Souza; N.M. Morrissy. Pigmentation of Adult Rainbow Trout, *Oncorhynchus mykiss*, Using the Green Alga *Haematococcus pluvialis*. *Aquaculture* **1992,** *106,* 63–74.

Sommer, T.R.; W.T. Potts; N.M. Morrissy. Utilization of Microalgal Astaxanthin by Rainbow Trout (*Oncorhynchus mykiss*). *Aquaculture* **1991,** *94,* 79–88.

Steinbrenner, J. Light Induction of Carotenoid Biosynthesis Genes in the Green Alga *Haematococcus pluvialis*: Regulation by Photosynthetic Redox Potential. *Pl. Mol. Biol.* **2003,** *52,* 343–356.

Steinbrenner, J.; G. Sandmann. Transformation of the Green Alga *Haematococcus pluvialis* with a Phytoene Desaturase for Accelerated Astaxanthin Biosynthesis. *Appl. Env. Microbiol.* **2006,** *72,* 7477–7484.

Storebakken, T.; M. Sørensen; B. Bjerkeng; J. Harris; P. Monahan; S. Hiu. Stability of Astaxanthin from Red Yeast, *Xanthophyllomyces dedrorhous*, during Feed Processing: Effects of Enzymatic Cell Wall Disruption and Extrusion Temperature. *Aquaculture* **2004,** *231,* 489–500.

Suárez, G.; T. Romero; M.A. Borowitzka. Cultivo de la Microalga {\i Dunaliella salina} en Medio Orgánico. *Anais do IV Congresso Latino-Americano, II Reuniao Iberio-Americana, VII Reuniao Brasileira de Ficologia*; E.J. de Paula, M. Corediro-Marino, D.P. Santos, E.M. Plastino, M.T. Fujii, N.S. Yokoya, Eds.; Sociedade Ficologica de America Latina e Caribe & Sociatade Brasiliera de Ficologia: Caxambu, 1998; pp 371–382.

Tapiero, H.; D.M. Townsend; K.D. Tew. The Role of Carotenoids in the Prevention of Human Pathologies. *Biomed. Pharmacol.* **2004,** *58,* 100–110.

Tsubokura, A. Bacteria for Production of Carotenoids. U.S. Patent 5,858,761, 1999.

Verwaal, R.; J. Wang; J. Meijnen; H. Visser; G. Sandmann; J.A. van den Berg; A.J.J. van Ooyen. High-Level Production of Beta-Carotene in *Saccharomyces cerevisiae* by Successive Transformation with Carotenogenic Genes from *Xanthophyllomyces dendrorhous*. *Appl. Env. Microbiol.* **2007,** *73,* 4342–4350.

Visser, H. Metabolic Engineering of the Astaxanthin-Biosynthetic Pathway of *Xanthophyllomyces dedrorhous*. *FEMS Yeast Research* **2003,** *4,* 221–231.

Wang, W.; L. Yu; P. Zhou. Effects of Different Fungal Elicitors on Growth, Total Carotenoids and

Astaxanthin Formation by *Xanthophyllomyces dendrorhous*. *Biores. Technol.* **2006,** *97,* 26–31.

Wegmann, K.; A. Ben-Amotz; M. Avron. Effect of Temperature on Glycerol Retention in the Halotolerant Algae *Dunaliella* and *Asteromonas*. *Pl. Physiol.* **1980,** *66,* 1196–1197.

Woodall, A.A.; S.W. Lee; R.J. Weesie; M.J. Jackson; G.Britton. Oxidation of Carotenoids by Free Radicals: Relationship between Structure and Reactivity. *Biochim. Biophys. Acta* **1997,** *1336,* 33–42.

Zhang, D.H. Two-Step Process for Ketocarotenoid Production by a Green Alga, *Chlorococcum* sp. Strain MA-1. *Appl. Microbiol. Biotechnol.* **2001,** *55,* 537–540.

Zhang, D.H.; Y.-K. Lee. Ketocarotenoid Production by a Mutant of *Chlorococcum* sp. in an Outdoor Tubular Photobioreactor. *Biotech. Lett.* **1999,** *21,* 7–10.

第四部分

利用单细胞油脂生产生物燃料

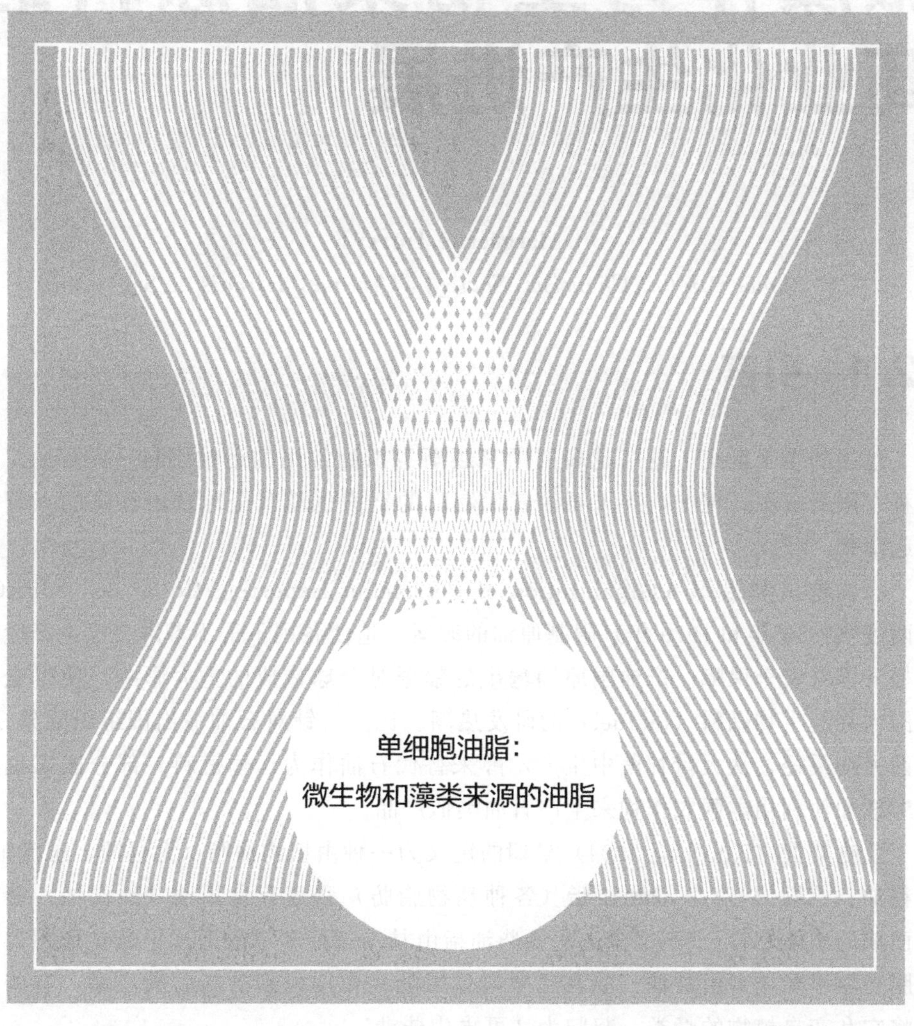

第12章 微藻作为生物柴油原料的商业化生产进展

Marguerite Torrey

(*American Oil Chemists' Society, Urbana, Illinois, USA*)

12.1 引言

过去的半个世纪，越来越多的国家逐渐意识到常用的运输燃料——石油，是一种有限的资源。现在，寻求石油替代燃料的努力也随着全球政治经济的兴衰而起起落落。

石油输出国组织（Organization of Petroleum Exporting Countries，OPEC）曾两度（1913年和1979年）限制原油的装运，迫使各国不得不考虑自己生产燃料来提升国家安全保障。产油国原油输出的禁令对全球造成的重大影响，使得全球范围内兴起生物燃料（biofuel）的研发热潮。比如，针对石油输出国组织的禁令，巴西另辟蹊径，从大量甘蔗中生产乙醇来替代石油作为运输燃料。部分国家也开始考虑如何利用本国农作物来生产石油类似产品。

生物柴油（Knothe，2004）早期的定义为一种由植物油脂（大豆油、玉米油、菜籽油、棕榈油等）、动物油脂（各种动物脂肪）和废弃食用油（地沟油）等加工而成的液体燃料。（本文中的生物柴油指由甘油三酯和甲醇通过甲酯化作用得到的脂肪酸甲酯或者由甘油三酯和乙醇通过甲酯化作用得到的脂肪酸乙酯，有些人也将它和产自植物的烃类一起归为“可再生柴油”）。

50 年前，微藻（microalgae），一种污染游泳池和鱼塘、能在富营养化水体中疯狂生长的单细胞微型植物，已经可作为替代石油的燃料的潜在来源（Sheehan，1998）。但是当时石油成本低，所以在那个时期很少有针对微藻生物能源系统研究的报道。过去 10 年，不断攀升的石油价格迫使燃料生产商将兴趣转移到由农作物（玉米、大豆、油菜和棕榈树）加工而得的生物燃料。2008 年全球粮食价格大幅上涨，阻碍了刚刚兴起的以粮食为原料生产生物燃料的进程。新兴企业和一些跨国公司发现了以微藻为原料生产生物燃料的可能性，主要是利用微藻可以巧妙地避开生产生物燃料导致的世界粮食供应问题。此外，吸引各公司极大兴趣的是它们可能成为第一批以微藻为原料生产燃油的企业。

12.2　藻类：利与弊

支持者已经列举出一串支持微藻能源的理由（表 12-A），胡强是其中重要的一员（Hu，2008）。以微藻为原料生产生物燃油等液体燃料的优势在于：① 除个别种类外，通常微藻并非人类的食物，以微藻为原料生产燃料不会造成与人类争粮的问题；② 一些微藻菌株出油率比油料种子如大豆高 10 倍；③ 一些微藻菌株在限定条件下，油脂含量可占整个细胞干重的 50%以上；④ 微藻生长要求简单，二氧化碳、养分、光照和能够保证细胞分裂的 0℃以上的温度；⑤ 微藻可在滩涂、盐碱地进行大规模培养，也可利用海水、盐碱水、工业废水等非农用水培养，不与农作物争地、争水；⑥ 微藻可以在不适宜的土地上生长，如沙漠和工业场地附近，那里不适合农作物生长；⑦ 在合适的生长条件下，藻细胞的代时可以缩短至 3.5h（Chisti，2007）。

表 12-A　开放式池塘和水沟光生物反应器的比较

参数与问题	开放式池塘	光生物反应器
空间要求	高	低
水流失	非常高，可能会引起盐析	低
CO_2 流失	可能会高	低
O_2 浓度	非常高，可能会引起盐析	在封闭系统中会增加，必须移除氧气来防止光合作用和光氧化
温度	非常多变，与开放式池塘深度相关	通常通过对光生物反应器水化喷雾或者将培养管放在冷浴中来实现低温
剪切	低（温和的混合）	高（为了更好地混合，采用快速和湍流的流速，通过气体交换来泵压）
清洗	没有特殊注意事项	有要求（藻类附壁生长降低了光密度，但是清洗会引起磨损，降低光生物反应器的使用寿命）

续表

参数与问题	开放式池塘	光生物反应器
污染的风险	高	低
生物量质量	可变	可再生
生物量浓度	低：0.1～0.5g/L	高：2～8g/L
产物适应性	只有一些物种可能，很难转换	高：可以转换
进程控制和重复性	有限：流速、混合，温度（受池塘深度影响）	可能性有限
天气依赖性	高（光密度，温度，冰雹）	中等（光密度，冷）
持续时间	6～8周	2～4周

来源：Carlsson et al，2007。

然而，以微藻作为生物燃料的原料也有其弊端：① 在黑暗条件下，藻细胞会因持续呼吸作用消耗25%由光合作用产生的生物质（Ratledge & Cohen，2008），净产量远小于毛产量；② 低温影响微藻产量，当藻细胞生长在外界环境中，适合其生长的地域仅限制于亚热带和温带，来源于地热的微藻或许可以缓解这种低温抑制效应；③ 利用生长在亚适合环境（比如沙漠）下的微藻产油将会引出新的问题——二氧化碳的供应和所产藻油的运输问题；④ 生长于户外培养池的微藻会产生其他微生物污染，或者产生低产油生长优势藻种的污染问题；⑤ 高的细胞密度会严重影响整个生长体系的光合效率；⑥ 二氧化碳在水-空气界面的传递效率影响细胞生长；⑦ 高产油微藻往往生长较慢（Sheehan et al，1998；Ratledge & Cohen，2008），油脂积累只有在营养限制条件件，比如限氮或限磷下才会出现，过多的碳会被转化为油脂储存起来。

12.3 微藻能源研究历史

利用微藻生产生物能源并不是一个新的研究方向。1978～1996年，美国能源部资助了一项旨在从自然界中寻找可替代石油成本可行的燃油项目。利用微藻生产生物燃油的项目“水生生物种计划——藻类生物柴油”（Aquatic Species Program——Biodiesel from Algae，简称ASP）即为该努力的一部分，该想法缘自20世纪50年代（Sheehan et al，1998）。在该计划的后期，ASP主攻以火电厂的CO_2为原料在户外大池培养富含油脂微藻。

ASP项目从恶劣环境（如pH值，温度、营养等）中分离得到约3000株含油量各异的微藻藻株。进一步的实验又从这约3000株藻株中筛选出300株性状优良的，其中绝大多数归属于为绿藻门（Chlorophyceae）和硅藻门（Bacillariophyceae）。

ASP在夏威夷和加利福尼亚进行这些藻株的户外养殖实验，之后将户外养殖转移到罗斯维尔和新墨西哥。在罗斯维尔和新墨西哥，研究者通过优化pH值和其他物理条件实现了二氧化碳的最大化吸收。尽管前期有颇多很好的实验结果，但 ASP 的能源计划在 1996 年终止。在项目终结报告中，Sheehan（1998）略带惋惜地说：尽管微藻生物技术目前拥有许多积极的假设，但藻基生物燃油的成本是石油燃料成本的 2 倍多，而且在通货膨胀被调节之后微藻生物技术成本比 2009 年要高出许多。

然而时隔 10 年，微藻所产燃料替代化石燃料这一观点在 2005 年又被重新提上议程。原因如下：① 化石燃料燃烧排放大量二氧化碳，导致并不断加剧温室效应；② 国家能源安全战略的需要；③ 粮食基生物燃料引发国家粮食问题。藻基生物燃料不会面对以上问题，所以许多企业纷纷投入利用微藻生产生物燃油的行列（详见表 12-B）。许多大企业［Chevron，Royal Dutch Shell，Boeing，Raytheon，UOP（a Honeywell Company），and General Electric］也采取合作的方式生产藻基生物燃料。

表 12-B　目前微藻作为生物柴油原料的比较①

公司名称（主公司＋其他）②	位置③	网　址	培养方式④
Abpe Pty Ltd	Perth，Australia	www.apbe.com.au	PBR
Algae @ Work A2BE Carbon Capare LLC	Boulder，Colorado	www.algaeatwork.com	PBR
Algaecake Technologies Corp.	Tempe，Arizona	www.algaecake.com	PBR
Algae Floating Systems	South San Francisco，California	www.algaefloatingsystems.com	PBR
AlgaeLink N. V.	Roosendaal，The Netherlands	www.algaelink.com	PBR
AlgaeVenture Systems	Marysville，Ohio	www.algaevs.com	PBR
Algaewheel	Indianapolis，Indiana	www.algaewheel.com	O/PBR
Aquaflow Bionomic Corp.	Nelson，New Zealand	www.aquaflowgroup.com	O
Aquatic Energy LLC	Lake Charles，Louisiana	www.aquaticenergy.com	O
Aurora Biofuels	Alameda，California	www.aurorabiofuels.com	O
BARD（Biofuel Advance Research and Development）Algae	Philadelphia，Pennsylvania/Painesville Township，Ohio	www.bardalgae.com	PBR
Bayer Technology Services	Leverkusen，Germany	www.bayertechnology.com	F
BFS Biopetróleo	San Vicente del Raaspeig（Alicante），Spain	www.biopetroleo.com	PBR
BioAlgene	Seattle，Washington	www.bioalgene.com	O
BioCentric Energy Inc.	Huntington Beach，California	www.biocentricenergy.com	PBR
BioMax Fuels	Laverton，North Victoria，Australia	www.energetix.com.au/fuelalgae.html	PBR
Bionavitas	Redmond，Washington	www.bionavitas.com	O，PBR

续表

公司名称（主公司＋其他）②	位置③	网　址	培养方式④
Blue Marble Energy	Seattle，Washington	www. bluemarbleenergy. net	O
Bodega Algae，LLC	Jamaica Plain，Massachusetts	www. bodegaalgae. com	PBR
Canadian Pacific Algae	Nanaimo，British Columbia，Canada	http://canadianpacificalgae. com	O
Carbon Capture Corporation	La Jolla，California	www. carbcc. com	O
Carbon Trust	London，United Kingdom	www. carbontrust. co. uk	
Cellana Royal Dutch Shell	Hawaii	www. cellana. com	O
Circle Biodiesel and Ethanol Corp.	San Marcos，California	www. circlebio. com	PBR
Culturing Solutions Inc.	St. Petersburg，Florida	www. culturingsolutions. com	PBR
Diversified Energy XL Renewables	Gilbert，Arizona	www. diversified-energy. com www. xlrenewables. com	Hybrid PBR
Dynamic Biogenics	Sacramento，California	www. dynamicbiogenics. com	PBR
ExxonMobil Research & Engineering	Clinton，New Jersey Fairfax，Virginia	www. exxonmobil. com/algae	GE/O/PBR/F
Galp Energia	Lisbon，Portugal	www. galpenergia. com	
General Atomics	San Diego，California	www. ga. com	
Global Green Solutions JV with Valcent Vertigro System	Vancouver，Canada	www. globalgreensolutionsinc. com	PBR
GreenFuel Technologies	Cambridge，Massachusetts	www. greenfuelonline. com	O，PBR
Greenshift Corporation Veridium Corp.	New York，New York	www. greenshift. com	PBR
Green Star Products	Chula Vista，California	www. greenstarusa. com	Hybrid PBR
HR Biopetroleum	Hawaii	www. hrbp. com	PBR，O
Ingrepro B. V.	Borculo，Netherlands	www. ingrepro. nl	O，PBR
International Energy	Newark，New Jersey	www. internationalenergyinc. com	PBR
Inventure Chemical	Tacoma，Washington	www. inventurechem. com	PBR
Kai BioEnergy	Del Mar，California	www. kaibioenergy. com	O
Kent BioEnergy Corporation	San Diego，California	http://kentbioenergy. com	O
Live Fuels Inc.	Menlo Park，California	www. livefuels. com	O
OriginOil	Los Angeles，California	www. originoil. com	PBR
PetroAlgae LLC	Melbourne，Florida	www. petroalgae. com	O
Petrosun Inc. Petrosun Biofuels	Scottsdale，Arizona	www. petrosuninc. com	O
Phycal LLC	Highland Heights，Ohio	www. phycal. com	O

续表

公司名称（主公司+其他）②	位置③	网 址	培养方式④
Phyco2	Santa Maria，California	http://phyco2. us/home. html	PBR
Plankton Power	Wellfleet ，Massachusetts	www. planktonpower. com	Modified O，PBR
Primafuel Inc.	Signal Hill，California	www. primafuel. com	PBR
Royal Dutch Shell	The Hague，The Netherlands	http://royaldutchshellplc. com/=2algae	O，PBR
RWE （Renewed World Energies) Corp.	Georgetown，South Carolina	www. rwenergies	PBR
Sapphire	San Diego，California	www. sapphireenergy. com www. greencrudeproduction. com	O
SarTec	Anoka，Minnesota	www. sartec. com	PBR
SBAE Industries NV/SA	Waarschoot，Belgium	www. sbae-industries. com	PBR
Seambiotic	Tel Aviv，Israel	www. seambiotic. com	O
Solazyme Inc.	San Francisco，California	www. solazyme. com	F
Solena	Washington，DC	www. solenagroup. com	PBR
Solix Biofuels Inc.	Fort Collins，Colorado	www. solixbiofuels. com	PBR
Solray Energy	Christchurch，New Zealand	www. solrayenergy. co. nz	
SunEco Energy	Chino，California	www. sunecoenergy. com	O
Sunrise Ridge Algae，Inc.	Katy，Texas	www. sunrise-ridge. com	O
Synthetic Genomics	LaJolla，California	www. syntheticgenomics/com	GE/O/PBR/F
Valcent Products Inc. Global Green Solutions	El Paso，Texas	www. valcent. net	PBR
W^2 Energy Corp.	Carson City，Nevada	www. w2energy. com	PBR
XL Renewables	Phoenix，Arizona	www. xlbiorefinery. com	Hybrid PBR

① 来源于 Torrey，2008。
② “其他”代表公司合资，合作管理附属关系等。
③ 除了注明的，其他所有公司都来自美国。
④ F—发酵；GE—基因工程；O—开放池；PBR—光生物反应器。

2009 年，研究者探索出 3 条主要的甘油三酯的制备方法：方法一是用开放式池塘或环礁湖来培养微藻，这是最原始也是成本最大的方法；方法二是利用光生物反应器，光生物反应器可以避免开放式培养池的缺点，不管是开放式池塘还是光生物反应器都是利用微藻吸收光能、二氧化碳和水生成碳水化合物、蛋白质和油脂，然后油脂被加工成燃料；第三种利用微藻生产甘油三酯的方法是在黑暗条件下通过微藻发酵有机物质产油。

12.4 开放式池塘

ASP是最早利用开放式跑道池（raceway pond）（图12-1）规模化培养微藻的机构之一。封闭式环形培养管道由混凝土搭建而成，管道的顶部或周围会装置一些白色塑料来提高光的反射。管道深约0.3m，容许微藻细胞接受足够的光照。一些管道还配备搅拌桨，可以为藻细胞提供均匀的营养环境并防止细胞沉降。在ASP实验中，营养源源不断地加入培养池，而藻细胞也被定期收集，用于提油和生产其他副产品。目前最大的跑道池培养系统是Earthrise Nutritionals公司所拥有［美国加州尔湾（Irvine），www.earthrise.com］。该跑道池占地40万平方米，用来生产膳食补充品的螺旋藻（*Spirulina*，一种蓝绿藻）。本章的相关小节将会介绍用微藻生产生物燃料的7家公司。而关于生产细节，则由于商业机密问题，不便过多透漏。

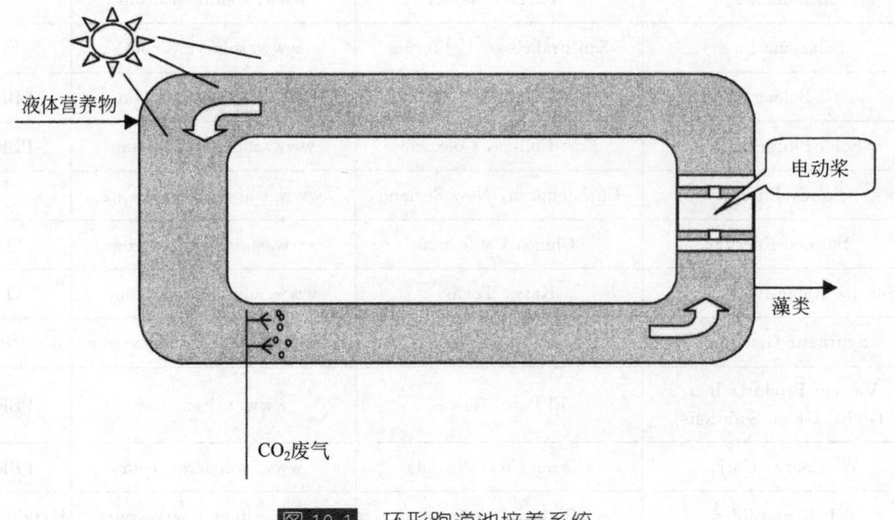

图12-1 环形跑道池培养系统

图片由Sheehan等提供

12.4.1 Aquaflow Bionomic Corporation Ltd.

位于新西兰纳尔逊（Nelson）的Aquaflow Bionomic Corporation Ltd.创建于2005年，是全球第一家通过户外培养野生藻类生产生物燃料的公司。该公司通过收集污水处理池中富营养化水培养的藻泥，将其脱水并加工转化成生物柴油。Aquaflow公司只以野生微藻生产生物柴油，即藻种并非纯种，这样可以避免纯种培养所需高昂成本。

2006年，新西兰能源部长宣布Aquaflow公司所产生物柴油符合燃油标准，可以通过与石化油混合作为交通燃油。该结论是基于混合燃料的试燃结果而得到。通过将 5%的藻油和 95%的石油混合，然后在普通路虎（Land Rover）车中进行试燃，发现混合燃料的燃烧性能与纯石油燃料没有区别。在尾气排放方面，混合油要优于石油，因此混合油可减轻环境污染。

Aquaflow 公司一直在位于布伦海姆（Blenheim）的废水处理厂培养并收获微藻，该废水处理厂占地 $60hm^2$，处理 27000 人生活所产的废水。2008 年 3 月，该公司对外宣称已经实现藻体采收商业化（Aquaflow Bionomic Corporation Ltd.，2008），之后又宣称可以在新西兰南半岛（南纬 41°～42°）实现藻体连续采收。

Aquaflow 公司与 UOP-Honeywell 公司于 2008 年 10 月签署备忘录，同意合作实现微藻产油商业化，并实现微藻固定燃油发电厂二氧化碳的商业化。之后 UOP-Honeywell 公司又宣布于 2008 年 12 月起该公司的加氢处理专利已经用于微藻生物质转化技术，该技术通过处理微藻生物质，将其转化成石蜡油，然后与石油混合，可以作为航空燃油。

12.4.2 PetroSun Inc.

PetroSun Inc. 位于亚利桑那州斯科茨代尔（Scottsdale），和其子公司 PetroSun Biofuels Inc. 位于同一地区。该公司在美国的温带养藻，包括路易斯安那、得克萨斯、密西西比，以及墨西哥和中美洲。公司在得克萨斯州哈林根（Harlingen）地区拥有一个 $450hm^2$（1100 英亩）的海水养殖场，距离墨西哥湾有几公里。该养殖场计划利用非生活和灌溉水源养殖微藻。公司决定只培养野生型藻种，这样如果公司藻种意外泄漏到环境中也不会破坏生态平衡。2008 年 3 月有媒体报道，PetroSun 公司每年至少可以产 160 万升（440 万加仑）的藻油，同时可以生产 11 亿吨生物质，而后者可以通过加工产生乙醇、动物饲料、肥料和其他有用副产品。

在 2008 年年底，PetroSun 公司宣布将位于密西西比州、阿拉巴马州、路易斯安那州和阿肯色州的 $32000hm^2$（80000 英亩）商业鲶鱼池塘用来培养微藻（PetroSun，2008）。池塘业主除了得到基本租金外，还将获得藻油和藻类生物质生产收益以及从碳信贷计划中获益。参与的公司需要在同一区域内拥有 $130hm^2$（320 英亩）土地；个人加入该项目，对土地数量要求更少（Biodiesel，2009）。PetroSun 公司声称：在其管理的墨西哥湾沿岸地区的池塘具备每英亩年产 2000 加仑海藻油（每年 $19000L/hm^2$）的潜力（LeBlanc，2009）。

该公司宣布打算把藻油运输到炼油厂去加工。截至 2009 年 2 月，该公司并没有公布有关它成功生产海藻油的消息，即使是实验室规模。

12.4.3 Seambiotic Ltd.

与 Aquaflow 公司一样，总部位于以色列特拉维夫（Tel Aviv）的 Seambiotic

Ltd. 正在努力发展以开放式池塘培养藻类生产相关的产品。该公司的目标是降低空气污染，减缓全球变暖，利用藻类生产油脂和碳水化合物，可分别加工成生物柴油和生物乙醇（Seambiotic Ltd.，2009）。

自2003年以来，Seambiotic公司在靠近阿什克伦（Ashkelon）、位于地中海沿岸的以色列电力公司（IEC）火电厂附近，发展利用跑道池培养海洋微藻的技术（Seambiotic Ltd.，2009）。从燃煤发电站烟囱出来的烟气通过脱硫洗涤系统（浓缩CO_2），经管道通入到Seambiotic公司的开放式池塘中，通过分布器将气体溶解在水中，并轻微混合使微藻细胞悬浮。

迄今为止，该公司已成功培养所筛选的微拟球藻（*Nannochloropsis*）和中肋骨条藻（*Skeletonema*）。国家可再生能源实验室［美国科罗拉多州博尔德（Boulder）］分析了生长在这个系统中的微拟球藻，发现细胞油脂含量为37%（数据来自发布于2008年12月的公司网站的消息）。该公司在其1000m^2的中试基地，其中包括8个跑道池，藻产率达到23g/（m^2·d）。Seambiotic公司科学顾问、藻类专家Ami Ben Amotz表示，该公司在2008年运送了30kt微拟球藻到生物燃料制造厂（Grant，2009），油脂含量约为30%，3t藻可得到约816kg油，可转换成400～800L（100～200gal）生物燃料。

2008年6月，Seambiotic公司和Inventure Chemical Technology［美国华盛顿州吉格港（Gig Harbor）］合资建立了一个商业化生产生物柴油、可发酵的糖溶液和浓缩的蛋白质溶液的工厂（Inventure Chemical，2009）。Inventure公司被认为是Seambiotic公司的良好合作伙伴，因为它已经能够以藻类生产符合ASTM标准的生物柴油。

Seambiotic公司（Seambiotic Ltd.，2009）2009年1月宣布：它与IEC合作开展中试，建立5hm^2开放式池塘养殖藻类的农场。在2009年下半年产量预计将增加。计划将所产的油脂送至生物柴油工厂、碳水化合物送至生物乙醇工厂、蛋白质送至保健品制造工厂（Grant，2009）。

该公司声称它的专长是养殖藻类，而不是制造生物柴油，它计划与战略燃料公司和电厂合作建立完全集成的微藻炼油系统。由于以色列土地的稀缺性及养殖藻类需要大量的人工水，Seambiotic公司期望向以色列以外的市场推出这些业务（Grant，2009）。

12.4.4 PetroAlgae

另一家公司PetroAlgae计划将藻类养殖池塘建立在美国佛罗里达州墨尔本（Melbourne）化石燃料发电厂附近。他们使用的是1.5m×61m（约5ft宽、200ft长）的塑料管敞开式“池塘”。首先为每个地方选择相应的藻种，其次这些藻先在实验室中培养，然后连营养液一起转移到池塘中并通入CO_2（Lane，2009）。不仅为公司声称的"微农作物"提供营养物质（PetroAlgae，2009），而且还帮助培养液混合。此外，桨轮使搅拌更均匀（Stephens，2009）。

该公司一直在试验 12 株藻，其中一些购自亚利桑那州立大学。它们均不是工程微藻（Lane，2009）。这些藻细胞的油脂含量为 30%～40%。

在 2008 年的大部分时间里，该公司声称（Anderson，2008；Garner，2008；Kanellos，2008）：它的系统藻油年产量将达 100000～130000L/hm^2（10000～14000 加仑每英亩）。2009 年年初，PetroAlgae 公司已经接近完成并推广一个规模化的藻类生产系统，据说该系统年产藻油 50000～60000L/hm^2（5000～6000 加仑每英亩）。2009 年 5 月，该公司声称其系统能够产生物量 40g/（m^2·d），或 400kg/（hm^2·d）(Lane，2009)。

该公司发言人说：藻类在接种到 PetroAlgae 系统后短短两天内就可以收获（Garner，2008），此后每天可收获，甚至更频繁（PetroAlgae，2009）。Lane（2009）首次报道，PetroAlgae 公司将藻液浓缩至 50%，然后用正己烷提取所得藻泥以分离藻油。在后期的报告中（Lane，2009），行政总裁约翰·斯科特（John Scott）宣称：该公司从藻中分离的蛋白作为动物饲料，从剩余物质中提炼的油脂和碳水化合物用于炼油厂炼制生物柴油。该公司仍在测试提取参数，以优化成本、产量和流速。

2009 年 2 月，Lane（2009）报道：每一个 PetroAlgaes 单元扩大到 0.2hm^2（0.5 英亩），整个生产系统由多个单元构成。据估计，生产一定数量的藻油最少需要几百英亩的土地，理想的是 5000hm^2（12500 英亩）。

在距离化石燃料电厂不到 16km（10 英里）处建一个 PetroAlgae 公司授权的培养系统可经济地运输 CO_2 到微藻培养池中（Lane，2009）。该公司已开发出一种浓缩发电厂排放气体中的 CO_2 的方法，可将排放气体中的 CO_2 含量从 12%提高到 50%以上，再将它们通到培养池中；同时二氧化硫和汞被去除。

PetroAlgae 公司于 2009 年 3 月与 GTB Power Enterprise Ltd. ［美国加利福尼亚州洛杉矶（Los Angeles）］签订了第一份许可协议。GTB 公司将使用 PetroAlgaes 公司的技术建造及运营 10 家生产藻生物质和藻油工厂。这些工厂位于中国大陆和台湾以及与那国岛（日本岛）。每个设施将包括 5000hm^2 的土地和占地 500hm^2 的建筑（Yahoo！财经，2009）。PetroAlgae 不期望在 2010 年即达到年产 400 万升（100 万加仑）燃料的目标（Lane，2009），但它预期在项目启动的未来几个月内将能够生产出藻类。

12.4.5 HR Biopetroleum

位于夏威夷（Hawaii）的 HR Biopetroleum 已开发出两阶段培养系统，包括 PBR（光生物反应器）和开放式池塘，以及用于在商业规模上培养的专有藻株。

这家公司声称其技术消除了在本章前面列举的开放式池塘的一些弊端，特别是快速增长的需要，从而在经济上可行和避免其他藻的污染（HR Biopetroleum，2009）。

该公司采用独特的自然界筛选的藻种，该藻种购自夏威夷大学，生长迅速，在其培养条件下能高产油。藻类最初在PBR中生长，其由温度和pH值控制的较大管子并行组成，置于太阳光下和悬浮在培养液中。HR Biopetroleum系统很大程度上与Huntley和Redalge（2006）所描述的一样。

在第二阶段中，藻类从PBR转移到开放式池塘（一个循环跑道，内衬塑料）中，细胞置于营养缺陷的培养基中。营养物质只够维持所转移的新鲜培养液中的细胞继续分裂一天（HR Biopetroleum，2009）。Huntley和Redalge（2006）表明：接种后的第二天，细胞油脂含量可达干重的25%。这样的限制促进油脂积累。该公司表示（HR Biopetroleum，2009），依据所要获得的目标产品收获、清洗，并准备接种后的第二或第三天开始一个新的生产周期。HR Biopetroleum通过重力作用收获的藻类沉降成浆，除去过量的水，然后离心，用于进一步浓缩藻类。其他技术在本章的后面进行讨论，可能比离心更经济。所得到的生物质干燥，并且由专有程序可以提取油和其他副产物。

公司总结其方法如下（HR Biopetroleum，2009）：“耦合系统最大限度地降低成本。在耦合系统中，光生物反应器可实现大规模连续纯种培养，为开放式池塘提供充足数量的纯正藻种，使在开放式池塘中分批培养短时间内耗尽营养物质，从而避免其他物种污染的危险。”

HR Biopetroleum和Royal Dutch Shell成立了一家合资公司，在2008年建立了一个试验工厂，以证明前者的藻类生产技术及其商业上的可行性（HR Biopetroleum，2009）。

12.4.6 Green Star Products Inc.

这家总部设在美国加利福尼亚州圣迭戈（San Diego）的公司，2007年在美国蒙大拿州汉密尔顿（Hamilton）的示范工厂对藻类生长进行了田间试验，并声称获得了更大规模的藻类示范项目数据（Green Star Products，2008）。该公司介绍了其混合动力培养系统：藻类生长在一个封闭的、可控的环境中，类似PBR，但是在该环境中它们置于池塘中，通过水车进行搅拌。密闭系统有以下优点：① 遮蔽部分光照，从而防止氧化和因过强光照导致藻类色素降解；② 降低水分蒸发速率和避免因雨雪造成盐度的变动；③ 减少其他有害生物和风吹起的颗粒污染。

在蒙大拿州示范的第一阶段，建立了藻类生产所需的变量——温度、盐度、蒸发、pH值，也进行了池塘建造成本的控制。人工水来自井水，通入藻液的CO_2来自发电机供电循环泵（Stella，2009）。“微量营养素助推器增长公式”使藻类增长速率提高了数倍（Green Star Products，2008）。第一阶段还考察了流速和搅拌速率。

第二阶段提高了实验室培养过的藻细胞密度，使其油脂含量达到 21%（此百分比低于许多藻类企业家认为的可获利的阈值）。没想到的是，所选的藻株能够耐受高达 46℃ 的高温持续几小时。收获大于 2μm 的细胞，较小的细胞返回到生长培养基中继续生长和繁殖。关于采收，该公司宣称，对处于稳定期藻类的采收还没有合适的方法，需要改善抽水系统以避免破坏藻细胞。

在第三阶段，Green Star 公司于冬季条件下在蒙大拿州的示范点［温度低于 18℃，降雪量达到 360mm/14in］培养了藻类。除了向藻类培养系统加入来自发电厂的 CO_2 作为营养物质，同时将发电机产生的热通到藻液中为其供暖，促进生长。在数个月的试验中，反应器内的温度为 15.6～18.3℃（60～65℉），能够提供足够的热量以融化飘落在反应器外壳上的雪花（Stella，2009）。尽管光线较弱、白天较短和温度较低，藻类还是可以持续增长。该公司声称煤燃烧产生的 CO_2 可用作藻类生长系统中的碳源。

Sims（2009）声称 Green Star 公司已获得相关技术，使得藻提油前无需干燥。相反，油被连续地从藻中分离出来，剩余生物质被分解成碳水化合物、蛋白质和其他成分。

虽然生产数据没有公布，但该公司预测将于 2009 年 8 月在西北太平洋地区一个没公开的设施中商业化生产（Stella，2009）。

12.4.7 Sapphire Energy

风险资本家已向位于美国加利福尼亚州拉霍亚（La Jolla）的 Sapphire Energy 投入超过 1 亿美元的资金（Sapphire Energy，2009b）。该公司利用藻类生产烃类化合物，即所谓的“绿色毛油”（Sapphire Energy，2009a）。严格来说，此产品不是来自单细胞生物。相反，产自藻类的绿色毛油可炼制汽油、柴油和航空燃料，所有这些都可以用在现有的管道、炼油厂、汽车和飞机，只需将其中的脂肪酸转化成生物柴油。

2009 年 3 月 Sapphire 公司收到了美国联邦多项拨款条例草案（American Fuels，2009）用于藻类燃料示范项目的近 100 万美元资金，该项目在新墨西哥州波塔莱斯（Portales）占地 $8hm^2$（20 英亩）。能产生碳氢化合物的工程藻在开放式跑道池中用海水培养（Kanellos，2009a）。基因组研究有助于找出最适合当地培养的藻类。据 Kanellos（2009a），Sapphire 公司事务副总裁 Tim Zenk 表示：该公司已经将藻类的培养条件优化，所以足以防备所培养的藻污染周边地区以及被当地其他菌株污染。Sapphire 公司已经使用藻类制备达到燃料质量标准的汽油，其辛烷值达到 91（Blumenthal，2009）。2009 年 4 月，该公司宣布到 2011 年柴油和航空燃料产量将达到每年400万升（100万加仑）；该公司预计到2018年燃料产量将达每年4亿升（1亿加仑），到2025年燃料产量将高达每年40亿升（10亿加仑）(Sapphire Energy，2009c)。

12.5 光生物反应器

因为开放式池塘存在很多问题（表12-A），生产者正在寻找使用PBR培养藻类的方法，希望PBR较开放式池塘可在更多的地方使用。Benemann（2008）指出，到目前为止开放式池塘和PBR的详细设计、操作参数、产量和其他重要的参数均没有披露，而这些参数对于评估藻类商业化生产的潜力极其重要。另一方面，学术界和政府实验室已经用小规模的PBR培养藻类并发表了大量的论文，导致"一种看法认为后者是更好、更具前景的培养系统"（Benemann，2008）的出现。以下的段落将展示：投资PBR系统的风险肯定比开放式池塘高。

PBR常见形式为密闭的管状，藻类生长在其中。密闭系统可实现长时间持续的藻纯种培养。管状PBR的太阳能集热器通常是一个阵列的透明管，垂直或水平放置。研究过的另一种PBR是管状螺旋，这似乎有点像一个螺旋弹簧或Slinky（机灵鬼）玩具。管直径设计得可以让充足的光线透过管中高浓度的藻液，以使藻的产率最大。管内藻液须保持流动，以防止藻沉降。

12.5.1 GreenFuel Technologies Corporation

成立于2001年，总部设在美国马萨诸塞州剑桥（Cambridge）的GreenFuel Technologies Corporation，利用来自废气、烟道和发酵尾气的CO_2生产藻生物质，加工成生物燃料和饲料。

该公司已在可移动的类似温室结构的、其中包含一系列支架支撑的1.5m（5ft）长的塑料管中对藻产油进行了测试（GreenFuel Technologies Corporation，2009），从它们自身的生长速率、耐CO_2浓度、细胞成分（脂肪、碳水化合物、蛋白质）、对培养条件的要求等方面对拟接种到管中的藻种进行筛选。

据该公司的网站介绍（2009）：气体通入到PBR中，以使藻悬浮在营养液中。一旦藻开始生长，其中一部分培养液连续地取出，两步法脱水收集藻体，在第一步中藻生物质浓缩了10～30倍，在第二步中多余的水被除去而形成一个"藻饼"。GreenFuel公司要求将藻饼加工成油，去残渣，然后干燥藻粉。该公司并不计划自己生产生物柴油，而是计划向已经利用脂肪酸甲酯生产燃料的公司提供原料。

该公司网站称：GreenFuel公司已经成功地在6个工厂安装了该系统，这些工厂烧气、煤或石油，它们排放的气体中含5%～30% CO_2。这些系统已经小规模运营生产藻油，尚未商业化盈利。事实上，在2007年对早期的1060MW Arizona

Public Service Redhawk 测试点［美国亚利桑那州凤凰城（Phoenix）］放大 100 倍，藻类在亚利桑那州的增长比 GreenFuel 公司的预期更好。但因为微生物堵塞系统而导致藻体死亡，迫使运营商将其关闭（Stipp，2009）。公司总结称是因为试图一次性将一个小测试系统扩展 100 倍而导致了故障（Waltz，2009）。

公司从中积累了经验，并于 2008 年 10 月宣布与 Aurantia，SA（西班牙马德里）联合项目进入第二阶段，在伊比利亚半岛发展和扩大藻类的养殖技术（GreenFuel Technologies，2008）。第一阶段始于 2007 年 12 月，在西班牙赫雷斯（Jerez）附近的 Holcim 水泥厂，GreenFuel 公司成功地利用水泥厂的尾气培养了藻。在第二阶段中，藻类接种 $100m^2$ 的圆形、垂直的薄膜 PBR 后生长、采收。在征用到土地后，Aurantia-GreenFuel 公司计划在水泥厂相邻的地方建造一个 $1000m^2$ 的藻生长温室和采收设施，同时继续评估烟气对藻类生长的影响。最终，该公司预测他们可以将生产规模扩大为 $100hm^2$ 的温室，年产藻生物质 25000t。

也许因为 GreenFuel 公司是最早试图开发 PBR 技术商业化生产藻类燃料的公司，其经营比后来的企业受到更加严格的审查。Dimitrov（2009a）认为 GreenFuels 公司的方法在经济上是不可行的，从基本的热力学角度看，当燃料价格为每桶 800 美元以下时，此方法不可能商业化盈利。该公司很快就抗议说他们的方法是没有问题的（Dimitrov，2009b），但 Dimitrov 仍坚持 GreenFuel 公司的做法在经济上不可行。John Benemann，国家可再生能源实验室和 ASP（Sheehan et al，1998）最后报告的共同作者之一，也对 GreenFuels 公司的技术表示疑虑（Sheehan，1998）。

2009 年 5 月 13 日，已投资 GreenFuels 公司的 Polaris Venture Partners 的发言人 Duncan Mclntyre 宣布公司因资金短缺而关闭（LaMonica，2009）。他还表示投资者正在探索出售 GreenFuels 公司知识产权和资产的方式。

12.5.2 AlgaeLink N. V.

在荷兰罗森达尔（Roosendaal）的制造商 AlgaeLink N. V. 是培养藻类加工成生物柴油的非常具有影响的企业，93％透明的聚甲基丙烯酸甲酯管含有紫外线抑制剂。管是 480m 或 2000m 长，直径为 250mm（AlgaeLink，2009），管壁厚度为 200～400μm（AlgaeLink，2008）。无论是直线形管还是 U 形管，管水平安装在温室内（图 12-2）。因为系统是模块化的，若需要，更多的管可以添加到系统中。

系统中的养分和酸度水平是通过泵入 CO_2 和营养物质调控的。该公司表示其专利技术已经克服了这些管中照不到光的问题。该公司还指出：它已获得关于管内部清洁技术相关的专利，该技术可以防止管道堵塞，并允许持续采收（Henley，2009）。2008 年 3 月，AlgaeLink 公司指出：它通过过滤或离心收获藻体。但该公司没有详细说明是如何分离细胞中的相关物质的。该公司还表示：它有一个正在

图 12-2 荷兰罗森达尔的制造商 AlgaeLink N. V. 利用光反应器生产微藻

申请的专利涉及油脂提取，不使用化学物质，藻体不需要干燥，不使用榨油机提取油脂。

该公司建议：油脂提取后的剩余物质可以出售给鱼和牡蛎养殖场作饲料。此外，油脂提取后的剩余物质也可以生产维生素、营养补充剂、抗氧化剂，如 α-胡萝卜素、虾青素或在医药产品中使用的甾醇。

AlgaeLink 公司生产藻类培养的设备出售给感兴趣的第三方。目前在西班牙南部和中国均有该公司安装在户外没有遮蔽的藻类生长管（Henley，2009）。该公司声称：它可以建立藻类日产量为 1～250t 干藻的工厂。不过该公司的培养系统尚未商业化（Deckers，2009）。

12.5.3 Valcent Products

Valcent Products 是一个与 Global Green Solutions［加拿大温哥华（Vancouver）］合营的公司，在美国得克萨斯州埃尔帕索（EL Paso）用 3.3m（10ft）长的密闭垂直放置的分段塑料袋培养藻类。Vertigro 是一种垂直光生物反应器系统的名称，该反应器的目的是增加表面积，以使藻细胞充分受光。

在 Vertigro 系统中，藻液最初置于地下罐中，以便保持一个相对恒定的温度（Jones，2008）。该过程从泵将藻液泵至塑料袋的顶部 3m 高的水槽开始（图 12-3）。藻液在重力作用下流经透明塑料板的横向路径（在备用端连接垂直的管状空间)。当藻液通过管时照射到光，藻类光合作用发生。在底部，一个收集室将其收集到地下罐中，光合作用产生的 O_2 排出，更多的 CO_2 添加进去，开始新的一个循环。

图 12-3　美国得克萨斯州埃尔帕索 Valcent Products 的 Vertigro 微藻生物柴油体系

Jones（2008）研究表明：一旦藻液浓度达到预定水平，例如 1.5g/L，就可以收获了。在 24h 内，有一半流体中的藻被移除，剩余的水返回到水槽。让藻类生长的速率与采收速率一致，该系统即成为一个连续的生产系统，因此只要有光和 CO_2 就可用来培养藻类产油。

关于藻种，Valcent 公司只涉及当地自然界筛选的，也就是说该公司是藻养殖场（Mitra，2009）。目前该公司没有计划通过构建工程藻以增加油产量。一旦从收获的细胞中提取到油，公司的商业计划是将油卖给炼油厂制备生物柴油。

Valcent 公司已经实现了藻生产的商业化。2008 年 11 月（Mitra，2009），Valcent 公司的首席执行官和总裁 Glen Kertz 接受采访时表示：该公司用由 30 块面板组成的反应器进行实验，并计划进一步扩大到设置 100 块面板组成的反应器，该反应器占地 0.05hm²（0.125 英亩）。更进一步地，有计划在未来建立 0.4～2.0hm²（1～5 英亩）的试验设施。

2009 年 1 月 13 日，Valcent 公司在埃尔帕索的工厂裁员 19 名员工，占其员工的一半左右（Kolenc，2009)。维护人员留下来，继续从事藻类研究和开发设施

(Valcent，2009)。

公司总裁 Glen Kertz 4 月下台（路透社，2009)，Valcent/Global Green Solutions 仍然在考虑如何继续进行它们的藻类业务（Johnston，2009)。

12.5.4 Solix Biofuels

同 Valcent 一样，Solix Biofuels［美国科罗拉多州柯林斯堡（Fort Collins)］正在开发一个基于在悬浮袋中培养藻的 PBR 系统。Solix 公司从一些结构方面着手，尝试优化照射到传统玻璃箱式生物反应器上及照射到水平玻璃管与跑道池上的光（Willson，2009)。公司的实验表明：以漫射光的形式照射到管状阵列的生物量较直射光照射到跑道池系统更高。他们选择优化的系统是一系列袋状结构，主要目的是优化其中的 CO_2 和营养物质流通。袋浸渍在水中并由水支撑，这有助于控制温度。

Solix 是科罗拉多州立大学（CSU，美国柯林斯堡）的分拆和技术合作伙伴。Solix 用资金资助 CSU 教师和研究生的研究，以确定哪些藻最有潜力规模化地培养，生产高产量的燃料和化工原料，并开发商业化技术（Solix Biofuels，2009)。

2008 年 11 月上，Solix 宣布：它已筹集到 1050 万美元外部资金，用以在科罗拉多州杜兰戈（Durango）附近建立一个藻类生物燃料工厂（RedOrbit.com，2009)。该工厂占地 $4hm^2$（10 英亩)，将分两期建成：第一阶段于 2010 年 5 月完成，将包括占地 4 英亩的培养藻的 PBR 和 1 英亩的实验室；第二阶段是将规模扩大到 5 英亩，实现商业化。投资者已承诺出资 500 万美元用于工厂的建设。

2008 年 9 月，该公司首席技术官 Bryan Willson 预计：2009 年第二季度藻产率将能达到 30～40g/（m^2·d)（Willson，2009)。在 2009 年 6 月底，Willson 修订预测称：在未来 3～4 年，该公司产量将达到 23000L/hm^2（每英亩约 2500gal）和油成本将达到 80 美元/桶（Lane，2009)。

12.5.5 OriginOil

在探索利用 PBR 生产藻如何盈利时，OriginOil 公司（美国加利福尼亚州洛杉矶）正致力于优化藻生长的光源，而不是只依靠太阳光。在藻快速生长的池塘中，因藻细胞的自我遮光，阳光只能到达藻液中几厘米厚的深度，即藻只生长在表层。为了解决这个问题，OriginOil 公司开发了 Helix 生物反应器，其特点是旋转，垂直轴具有非常低的能源灯，排列成螺旋或螺旋模式，旋转轴产生频闪效果以使光能通过藻液，因此不再是单一的生长层，其结果是在理论上能形成多个生长层（OriginOil，2009a)。而且该公司也对光质进行了优化，不只采用单一的白光，也采用红光和蓝光，从而提高光合作用效率（Kram，2009)。该公司声称：在这个系统中藻生物量几个小时就可以增加 1 倍。

OriginOil 公司正在推广在藻生长过程中使用两阶段量子压裂方法增加含油量。在初始阶段，量子压裂打破水、二氧化碳和其他营养物质在非常高的压力形成微米尺寸的营养泡沫浆，然后排出到藻液中，在常压下置于 Helix 生物反应器中（OriginOil，2009b）。此步不用通气就可提高养分分布的均匀性。

量子压裂的另一个应用是采收。创建微米级的气泡，与低功率微波炉相结合，破碎藻细胞壁，释放出油。公司主页提供了一个超过 1h 的视频，视频中显示了通过量子压裂破碎微拟球藻细胞，在重力作用下获得藻油（油浮到顶部，生物质沉降到水槽的底部）的分离过程（OriginOil，2009）。然后提取油，从底部收集剩余的生物质转化成其他产品，整个过程无需添加化学品、使用重型机械或干燥。

据 Schill（2009）报道：OriginOil 公司打算将藻采收和提油技术与仍然在改善的藻培养技术分开。2009 年 5 月，OriginOil 公司和 Desmet Ballestra 公司宣布建立合作伙伴关系，开始商业化运作 OriginOil 提油系统（Environmental Protection，2009）。在某些设施中，该合作可能提高能源回收效率达到 90%（The Bioenergy Site，2009）。一旦公司建立试验工厂，并开始出售明确的提油设备和提油专利技术，OriginOil 公司计划完善其 PBR 系统（Kanellos，2009b）。

在 2008 年 10 月的新闻稿中，OriginOil 公司称：根据公司原来工作经验，预计在一个周期 24～36h 内微藻生物质产量将能达到 20～25g/L（OriginOil，2008）。OriginOil 公司随后与美国能源部爱达荷（Idaho）国家实验室签署了一项合作研究和开发协议来验证公司的技术及推进其商业化进程（Sims，2009）。

12.6 发酵

把户外池塘培养的自养藻类移到封闭的 PBR 中，大大增加了培养成本和过程的复杂性。一个关键问题是为藻提供充足的光线，使其生长最快。一些公司试图通过不依赖太阳光来规避这些问题。

12.6.1 Solazyme

总部位于加州的 Solazyme 公司开发了基于一些微藻能够切换依赖光的自养生长到不依赖光的异养生长的工艺。这家公司声称，藻在黑暗条件以葡萄糖或其他碳源异养生长，可迫使它们比光照条件下生产更多的油（Bullis，2008）。藻不进行光合作用，能形成其他代谢过程，提高糖转化成油的效率。此外，藻在黑暗条件下较光照条件可以得到更高浓度，因为它们不再受光照和日长限制而影响其光合作用。

Solazyme 公司已构建工程海藻，并在不锈钢发酵罐中培养。该公司已在捕光色素基因、叶绿素合成基因、信号基因以及含非原始密码子的合成基因等方面做了研究，以最大限度地提高甘油三酯产量（Waltz，2009）。

采用Solazyme工艺培养藻并提取了得到的藻油，进一步加工成一系列燃料，包括生物柴油、可再生柴油和航空燃料。美国雪佛龙（Chevron）公司旗下的雪佛龙科技风险投资公司已与Solazyme公司合作开发和测试藻类生物柴油（Solazyme，2008）。到目前为止，Solazyme公司已经宣布获得了一种生物柴油Soladiesel BD™，据说该柴油超过了ASTM生物柴油标准D6751及欧洲标准EN14214的要求。2008年6月，该公司还宣布获得了一种可再生柴油Soladiesel RD™，同时符合ASTM D975的规格和ASTM超低硫柴油标准（Solazyme，2008）。根据公司的新闻稿（Solazyme，2008），两种燃料已经成功地进行道路测试，以未经修改的柴油发动机、未混合的其他柴油（100%的藻类柴油）实现行驶数千英里。该公司还宣布：它已经从藻中生产出航空燃料，该燃料符合航空燃料A-1标准的所有11个测试指标（ASTM D1655）。

Solazyme公司提高藻培养生产生物柴油经济性的另一方面，是将甘油（甘油三酯制备生物柴油的副产物）单独或与其他原料组合作为其他微生物如产油酵母、真菌或其他藻类生长的原料。这可用于发酵产油，所产油被加工成生物柴油（Trimbur et al，2009）。

该公司预计2009年底藻类生物燃料的年产量可达数十至数千加仑（1us gal=3.785L）（Grant，2009）；到2012年或2013年年产量将达到数百万加仑（Lane，2009）。

12.6.2 Bayer Technology

在德国，Bayer Technology Services正在考查“深暗箱”（DDT）系统培养藻的经济性，箱中藻将糖（糖、淀粉、纤维素）转化成生物质，用于提油和动物饲料。这样的工厂土地需求比开放式池塘更少，投入远远低于目前的PBR（Steiner，2009）。

在原料的选择和避免季节波动性方面，DDT比PBR更具灵活性。计算表明：DDT系统比生产生物乙醇的工厂效率更高。此外，该技术可以形成分散式生产。另一方面，利用该技术培养光合微藻尚不能盈利。

12.7 合成基因

由从事人类基因组研究的著名科学家J. Craig Venter于2005年成立的Synthetic Genomics Inc. [SGI，美国加利福尼亚州拉霍亚（La Jolla）]，是利用基因和基因组技术构建工程藻生产燃料。该公司正在构建基因，合成新的代谢途径，使藻可以连续排出合成的油，从而使油分离更容易（Waltz，2009）。2008

年，Venter 说：该公司已构建能利用太阳光和 CO_2 合成 C_8、C_{10} 和较大油脂的工程藻，（Ladd，2009）。因为藻是不断分泌这些分子，它们可视为化学工厂。Venter 指出：用浓 CO_2 培养藻，该过程将 CO_2 转化成化学品，对环境有利。

当被问及何时 SGI 将藻类燃料商业化，Venter 说：SGI 有一个目标，在 5 年内实现商业化（Ladd，2009）。2009 年 1 月，仍然在寻求建立试验工厂的资本（Zimmer，2009）。

12.8 前景

人们对藻类脂肪酸生产生物柴油/可再生柴油的兴趣很高，关于这方面进展的新闻报道层出不穷（表 12-C）。但事实依然是没有人敢说它们可以规模化地廉价且可靠地将“塘泥”转化成燃料，该燃料将显著影响石油基燃料的消耗。如 Benemann（2008）指出，一方面不能保证可以开发出一个足够低成本的生产工艺，另一方面也没有明确显示生物或工程研究不能最终取得成功。

表 12-C　微藻作为生物柴油原料的商业新闻来源

组　织	网　址	评　论
Algal Biomass Organization	www. algalbiomass. org	Many backers in aviation industry
European Algal Biomass Association	www. eaba-association. eu	
National Algae Organization	www. nationalalgaeassociation. org	Predominantly, small entrepreneurs
National Biodiesel Board	www. biodiesel. org	
Biobased News	www. biobasednews. com	Bi-weekly e-newsletter
Biodiesel Magazine	www. biodieselmagazine. com/	Published monthly
Biodiesel News	www. biobasednews. com/news/biodiesel	
World Grain's Biofuels Business e-newsletter	www. biofuelsbusiness. com	Available print and digital
Biofuels Digest	www. biofuelsdigest. com	Updated Monday-Friday
Biofuels International	www. biofuels-news. com	Hard copy published 10 times per year
Biofuels Journal	www. biofuelsjournal. com	
Checkbiotech	http://checkbiotech. org	Updated Monday-Friday
Greentech Media	www. greentechmedia. com	Weekly e-newsletter
LexisNexis	www. lexis. com	Aggregates news from around the world Monday-Friday
National Renewable Energy Laboratory	www. nrel. gov	
Oilgae	www. oilgae. com	

参 考 文 献

AlgaeLink. http://www.algaelink.com/commercial-cultivation-plants.htm (accessed Feb 2009).

AlgaeLink Home Page. http://www.algaelink.com (accessed Jun 2008).

American Fuels. Sapphire Energy Algae to Fuel Demonstration Project Receives Funding. [Online] Mar 15, 2009. http://www.americanfuels.info/2009/03/sapphire-energy-algae-to-fuel.html (accessed May 2009).

Anderson, S. Biofuels Profile: PetroAlgae. *Biofuels Bus.* Sept **2008,** 46–50.

Aquaflow Bionomic Corporation Home Page. http://www.aquaflowgroup.com (accessed Jun 2008a).

Aquaflow Bionomic Corporation. Aquaflow Makes Crucial Algae Biofuel Breakthroughs. Press Release [Online] Mar 31, 2008. http://www.aquaflowgroup.com (accessed Jun 2008b).

Aquaflow Bionomic Corporation. Aquaflow and US Refinery Leader (UOP) Join Forces on Renewable Fuels. Press Release [Online] Oct 30, 2008. http://www.aquaflowgroup.com (accessed Nov 2008).

Aquaflow Bionomic Corporation. Prospectus and Investment Statement. [Online] Oct 30, 2008. http://www.aquaflowgroup.com (accessed Jan 2009a).

Aquaflow Bionomic Corporation. Aquaflow Wild Algae Converted to Key Jet Fuel Component. Press Release [Online] Dec 15, 2008. http://www.aquaflowgroup.com (accessed Jan 2009b).

Aquaflow Bionomic Corp. World First Wild Algae Bio-diesel Test Drive. Press Release [Online] Dec 15, 2006. http://www.aquaflowgroup.com/ScoopWorld1stwildalgaebio-dieseltestdrive151206.htm (accessed May 2009).

Benemann, J.R. Opportunities and Challenges in Algae Biofuels Production. Prepared for Algae World 2008, Singapore, November 17–18, 2008. [Online] http://www.futureenergyevents.com/algae/whitepaper (accessed Nov 2008).

Biodiesel Now. Weary Catfish Farmers Becoming Landlords of Algae. [Online] http://www.biodieselnow.com/forums/t/24247.aspx (accessed Mar 2009).

The Bioenergy Site. OriginOil in Partnership with Desmet Ballestra. [Online] May 5, 2009. http://www.thebioenergysite.com/news/3645/originoil-in-partnership-with-desmet-ballestra (accessed May 2009).

Blumenthal, L. Boeing Brews Up Algae, a Promising Fuel of the Future. *The News Tribune* [Online] http://www.thenewstribune.com/news/local/story/560281.html (accessed May 2009).

Bullis, K. Fuel from Algae. *Technol. Rev.* [Online] Feb 22, **2008.** http://www.technologyreview.com/business/20319/page2 (accessed Jun 2008).

Carlsson, A.S.; J.B. van Beilen; R. Möller; D. Clayton. *Micro- and Macro-algae: Utility for Industrial Application*; CPL Press: Newburg, Berkshire, UK, 2007, pp. 1–87.

Chisti, Y. Biodiesel from Algae. *Biotechnol. Adv.* **2007,** *25,* 294–306.

Deckers, S. AlgaeLink, Roosendaal, The Netherlands. Personal communication, 2009.

Dimitrov, K. GreenFuel Technologies: A Case Study for Industrial Photosynthetic Energy Capture. [Online] March 2007. http://www.nanostring.net/Algae/CaseStudy.pdf (accessed Feb 2009a).

Dimitrov, K. GreenFuel Technologies: A Case Study for Industrial Photosynthetic Capture—Follow-up Discussion. [Online] 2007. http://www.nanostring.net/Algae/CaseStudyFollowup.pdf (accessed Feb 2009b).

Environmental Protection. OriginOil Teams Up with Desmet Ballestra for Algae Market. [Online] May 12, 2009. http://www.eponline.com/articles/72010 (accessed May 2009).

Garner, B. Turning Algae into Oil. [Online] http://www.wptv.com/mostpopular/story.aspx?content_id=ed49a7ea-a5a5-40de-be86-d28361fcce63 (accessed Jun 2008).

Grant, B. Future Oil. *The Scientist* **2009,** *23 (2),* 36–41.

GreenFuel Technologies Corporation. GreenFuel Algae CO_2 Recycling Project with Aurantia Enters Second Phase at Spanish Cement Plant. Press Release [Online] Oct 21, 2008. http://www.greenfuelonline.com (accessed Oct 2008).

GreenFuel Technologies Corporation Home Page. http://www.greenfuelonline.com (accessed Jan 2009).

Green Star Products. Complete Algae Demonstration Report. [Online] May 2008. http://www.greenstarusa.com/news/08-05-09.html (accessed Jun 2008).

Green Star Products. Green Star One Step Closer to Marketing Algae Booster: GSPI Receives Independent Test Confirmation of Algae Booster Effectiveness. Press Release [Online] Oct 13, 2008. http://www.greenstarusa.com/news/08-10-13.html (accessed Oct 2008).

Henley, P. In Bloom: Growing Algae for Fuel. *BBC News* [Online] Oct 9, 2008. http://news.bbc.co.uk/2/hi/science/nature/7661975.stm (accessed Feb 2009).

HR Biopetroleum Home Page. http://www.hrbp.com (accessed Jan 2009).

Hu, Q.; M. Sommerfeld; E. Jarvis; M. Ghiradi; M. Posewitz; M. Seibert; A. Darzins. Microalgal Triacylglycerols as Feedstocks for Biofuel Production: Perspectives and Advances. *Plant J.* **2008,** *54,* 621–639.

Huntley, M.E.; D.G. Redalge. CO_2 Mitigation and Renewable Oil from Photosynthetic Microbes: A New Appraisal. *Mitigation and Adaptation Strategies for Global Change* **2006,** *12,* 573–608.

Inventure Chemical Technology. Inventure Chemical and Seambiotic Enter Joint Venture to Build Commercial Algae to Biofuel Plant in Israel. Press Release [Online] Jun 18, 2008. http://www.inventurechem.com/news5.html (accessed Jan 2009).

Johnston, H. Global Green Solutions, Vancouver, Canada. Personal communication, 2009.

Jones, W.D. The Power of Pond Scum: Biodiesel and Hydrogen from Algae. *IEEE Spectrum Online* [Online] April 2008. http://www.spectrum.ieee.org/apr08/6175 (accessed Jun 2008).

Kanellos, M. Life on Mars: The Secret Ingredient for Biofuel? Greentech Media. [Online] May 26, 2008. http://www.greentechmedia.com/articles/life-on-mars-the-secret-ingredient-for-biofuel-935.html (accessed Jun 2008).

Kanellos, M. Inside Sapphire's Algae-Fuel Plans. Greentech Media. [Online] Oct 13, 2008. http://www.greentechmedia.com/green-light/post/inside-sapphires-algae-fuel-plans-646 (accessed May 2009a).

Kanellos, M. A Tool Kit for Algae Growers to Demo Soon. Greentech Media. [Online] May 27, 2009. http://www.greentechmedia.com/green-light/post/a-tool-kit-for-algae-growers (accessed May 2009b).

Knothe, G. The History of Vegetable Oil-Based Diesel Fuels. *The Biodiesel Handbook*; G. Knothe, J. Van Gerpen, J. Krahl, Eds.; AOCS Press: Urbana, IL, 2004; pp 4–16.

Kolenc, V. Valcent Restructures, Lays Off 19: More Layoffs Could Follow. *El Paso Times* [Online] Jan 13, 2009. http://www.elpasotimes.com/business/ci_11438333 (accessed Feb 2009).

Kram, J.W. OriginOil Presents at Algae Conference. *Biodiesel Magazine* [Online] Aug 23, 2008. http://biodieselmagazine.com/article.jsp?article_id=2585 (accessed Feb 2009).

Ladd, C. 10 Big Questions for Maverick Geneticist J. Craig Venter on America's Energy Future. *Popular Mechanics* [Online] Jul 30, 2008. http://www.popularmechanics.com/blogs/science_news/4275738.html (accessed Jan 2009).

LaMonica, M. Algae Front-Runner GreenFuel Shuts Down. CNET News [Online] http://news.cnet.com/8301-11128_3-10239916-54.html (accessed May 2009).

Lane, J. "A Vertically Integrated, Scaleable, 5,000 Gallon/Acre Algae Fuel System": A Biofuels

Digest Special Report on PetroAlgae. *Biofuels Digest* [Online] Feb 25, 2009. http://biofuelsdigest.com/blog2/2009/02/25/a-vertically-integrated-scaleable-licensable-5-6000-gallon-per-acre-algae-to-energy-production-system-a-biofuels-digest-special-report-on-petroalgae (accessed Feb 2009).

Lane, J. Coskata, Qteros and Cobalt Biofuels Project "100 Mgy Production by 2012"; Solazyme Says It Will Reach the 100 Mgy Mark by "2012 or 2013." *Biofuels Digest* [Online] Apr 21, 2009. http://biofuelsdigest.com/blog2/2009/04/21/coskata-qteros-and-cobalt-biofuels-project-100-mgy-production-by-2012-solazyme-says-it-will-reach-the-100-mgy-mark-by-2012-or-2013 (accessed Apr 2009).

Lane, J. PetroAlgae Debuts New Drop-in Fuel Process for Green Diesel from Algae; Revenues This Year: Digest Exclusive Update. *Biofuels Digest* [Online] May 18, 2009. http://biofuelsdigest.com/blog2/2009/05/18/petroalgae-debuts-new-drop-in-fuel-process-for-green-diesel-from-algae-revenues-this-year-doubles-algal-production-rate-digest-exclusive-update (accessed May 2009).

Lane, J. Algae Pioneer Solix Closes $16.8 Million Series A Financing with New Chinese Investor. *Biofuels Digest* [Online] Jul 1, 2009. http://biofuelsdigest.com/blog2/2009/07/01/algae-pioneer-solix-closes-168-million-series-a-financing-with-new-chinese-investor (accessed Jul 2009).

LeBlanc Jr, G.M. PetroSun Inc., Scottsdale, Arizona, USA. Personal communication, 2009.

Mitra, S. Engineering Algae-Based Bio Fuel: Valcent CEO Glen Kertz (Part 3). [Online] Nov 21, 2008. http://www.sramanamitra.com/2008/11/21/engineering-renewable-energy-valcent-ceo-glen-kertz-part-3 (accessed Feb 2009).

OriginOil. Veteran Algae Scientist Praises OriginOil's Technology Results. Press Release [Online] Oct 1, 2008. http://www.originoil.com/company-news/veteran-algae-scientist-praises-originoils-technology-results.html (accessed Oct 2008).

OriginOil Home Page. http://www.originoil.com (accessed May 2009).

OriginOil. Helix BioReactor™. http://www.originoil.com/technology/helix-bioreactor.html (accessed May 2009a).

OriginOil. Quantum Fracturing™. http://www.originoil.com/technology/quantum-fracturing.html (accessed May 2009b).

PetroAlgae. PetroAlgae Chairman Issues Special Letter to Shareholders. Press Release [Online] Mar 14, 2009. http://www.petroalgae.com/press.php (accessed May 2009).

PetroSun, Inc. PetroSun Issues Algae-to-Biofuels Corporate Updates. Press Release [Online] Mar 25, 2008. http://biz.yahoo.com/iw/080324/0378475.html (accessed Jun 2008).

PetroSun, Inc. PetroSun Biofuels Proposes New Crop to Catfish Farmers at the Mississippi Biomass Council Meeting. Press Release [Online] Nov 14, 2008. http://www.marketwire.com/press-release/Petrosun-Inc-920681.html (accessed Nov 2008).

Rapier, Robert. The Man Who Wrote the Book on Algal Biodiesel. *The Oil Drum* [Online] May 17, 2007. http://www.theoildrum.com/node/2541 (accessed Feb 2009).

Ratledge, C.; Z. Cohen. Microbial and Algal Oils: Do They Have a Future for Biodiesel or As Commodity Oils? *Lipid Technol.* **2008,** *20,* 155–160.

RedOrbit.com. Solix Biofuels Completes $10.5 Million Series A Funding Round, Receives Commitment for Additional $5 Million to Build Biofuels Pilot Plant in Southwest Colorado. [Online] Nov 11, 2008. http://www.redorbit.com/news/business/1599409/solix_biofuels_completes_105_million_series_a_funding_round_receives/ (accessed May 2009).

Reuters News Agency. Valcent Products Inc.: Progress Report. [Online] http://www.reuters.com/article/pressRelease/idUS197487+09-Apr-2009+MW20090409 (accessed Apr 2009)

Sapphire Energy. Company Backgrounder. 2008. [Online] http://www.sapphireenergy.com/pdfs/sapphire%20Company%20Backgrounder.pdf (accessed May 2009a).

Sapphire Energy. Sapphire Energy Builds Investment Syndicate to Fund Commercialization of Green Crude Production. Press Release [Online] Sept 17, 2008. http://www.sapphireenergy.com/press_release/4 (accessed May 2009b).

Sapphire Energy. Algae-Based Fuel Projected to be Commercial-Ready in Three Years. Press Release [Online] Apr 16, 2009. http://www.sapphireenergy.com/press_release/11 (accessed May 2009c).

Schill, S.R. OriginOil Achieves Rapid Algae Oil Extraction. *Biodiesel Magazine* [Online] May 2009. http://www.biodieselmagazine.com/article.jsp?article_id=3417 (accessed May 2009).

Seambiotic Ltd. Home Page. http://www.seambiotic.com (accessed Jan 2009).

Sheehan, J.; T. Dunahay; J. Benemann; P. Roessler. A Look Back at the U.S. Department of Energy's Aquatic Species Program: Biodiesel from Algae. National Renewable Energy Laboratory: Golden, Colorado, USA, 1998; Report #NREL/TP-580-24190.

Sims, B. Green Star Products Acquires Algae License. *Biodiesel Magazine* [Online] Apr 2008. http://www.biodieselmagazine.com/article.jsp?article_id=2189 (accessed Feb 2009).

Sims, B. OriginOil Signs Agreement with U.S. DOE. *Biodiesel Magazine* [Online] Mar 2009. http://www.biodieselmagazine.com/article.jsp?article_id=3253 (accessed May 2009).

Solazyme. Solazyme and Chevron Technology Ventures Enter into Biodiesel Feedstock Development and Testing Agreement. Press Release [Online] Jan 22, 2008. http://www.solazyme.com/news080122_2.shtml (accessed Jun 2008).

Solazyme. Solazyme Produces First Algal-Based Renewable Diesel to Pass American Society for Testing and Materials D-975 Specifications. Press Release [Online] Jun 11, 2008. http://www.solazyme.com/news080611.html (accessed Aug 2008).

Solazyme. Solazyme Showcases World's First Algal-Based Renewable Diesel at Governor's Global Climate Summit. Press Release [Online] Nov 19, 2008. http://www.solazyme.com/news081119.shtml (accessed Nov 2008).

Solix Biofuels Home Page. http://www.solixbiofuels.com (accessed May 2009).

Spolaore, P.; C. Joannis-Cassan; E. Duran; A. Isambert. Commercial Applications of Microalgae. *J. Biosci. Bioeng.* **2006,** *101,* 87–96.

Steiner, U. Biofuels' Cost Explosion Necessitates Adaptation of Process Concepts. Presented at the European White Biotechnology Summit, Frankfurt, Germany, May 21–22, 2008. [Online] http://www.mstonline.de/mikrosystemtechnik/mst-fuer-energie/algen/SteinerWhiteBiotechSummit08.pdf (accessed Feb 2009).

Stella, J. Green Star Products, Chula Vista, California, USA. Personal communication, 2009.

Stephens, H.A. Fellsmere Farm's Algae May Help Bring Diesel Fuel Prices Down. *TC Palm* [Online] Feb 6, 2009. http://www.tcpalm.com/news/2009/feb/06/fellsmere-farms-algae-may-help-bring-diesel-fuel-p/ (accessed Feb 2009).

Stipp, D. The Next Big Thing in Energy: Pond Scum? *Fortune* [Online] **2008,** *157(8),* 142. http://money.cnn.com/2008/04/14/technology/perfect_fuel.fortune/index.htm (accessed Jan 2009).

Torrey, M. Algae in the Tank. *inform* **2008,** *19,* 432–437.

Trimbur, D.E.; C.-S. Im; H.F. Dillon; A.G. Day; S. Franklin; A. Coragliotti. Glycerol Feedstock Utilization for Oil-Based Fuel Manufacturing. U.S. Patent Application 20090004715, January 1, 2009.

Valcent Products Inc. Valcent Announces Moving Verticrop™ High Density Growing System to Its U.K. Subsidiary. Press Release [Online] Jan 27, 2009. http://www.valcent.net/s/NewsReleases.asp?ReportID=336047 (accessed Feb 2009).

Waltz, E. Biotech's Green Gold? *Nat. Biotechnol.* **2009,** *27,* 15–18.

Willson, B. Low Cost Photobioreactors for Algal Biofuel Production & Carbon Capture. [Online] Presented Sept 18, 2008. http://www.netl.doe.gov/publications/proceedings/08/H2/pdfs/Solix%20Carbon%20Recycling,%209-18-08.pdf (accessed May 2009).

Yahoo! Finance. Form 8-K for PetroAlgae Inc. 11-Mar-2009, Entry into a Material Definitive Agreement. [Online] http://biz.yahoo.com/e/090311/palg.ob8-k.html (accessed Mar 2009).

Zimmer, C. The High-Tech Search for a Cleaner Biofuel Alternative. *Environment 360* [Online] Jan 5, 2009. http://www.e360.yale.edu/content/feature.msp?id=2106 (accessed Jan 2009).

第13章

利用微藻油脂制备生物燃料：化学、生理学和生产

Michael A. Borowitzka

(*Algae R & D Center*, *School of Biotechnology*, *Murdoch*, *University*, *Murdoch*, *WA* 6150, *Australia*)

13.1 引言

众所周知，微藻含有大量的油脂和糖类物质，是一种潜在的可再生生物柴油和生物乙醇原料。20 世纪 70 年代，为应对石油危机，美国科罗拉多州的太阳能研究所（Sheehan et al，1998）对利用藻类制备生物柴油进行了广泛的研究，他们认为尽管从技术上来说微藻生物柴油是可行的，但在当时经济上却是不可行的。近年来，由于石油价格的升高和全球变暖要求减排 CO_2，藻类作为可再生生物能源的原料又开始受到公众的广泛关注。

微藻作为一种可再生生物燃料（如生物柴油、生物乙醇和氢气）原料具有很强的吸引力，这不仅是由于其细胞具有较高的油脂、糖含量和较高的单位面积产率，更重要的是它们能在盐碱地上和其他一些不适于生产农作物的土地上生长。藻类生物燃料也有希望降低 CO_2 的排放。此外，微藻种类众多，因此就可以挑选出能生产某些特殊脂肪酸类型的藻株来生产某些特殊领域所需要的生物燃料，这些将会在本章中得以阐述。从长远来看，可以对微藻进行基因修饰来提高油脂的产率和/或改变其脂肪酸组成（Courchesne et al，2009）。

13.2 油脂和脂肪酸

微藻细胞油脂含量分布于1%～70%，尽管很少观察到细胞总油脂含量超过40%的微藻，并且高的油脂含量只出现在稳定期里的藻细胞中（Borowitzka，1988）。微藻的油脂主要是由甘油和C_{14}～C_{22}饱和脂肪酸以及不饱和脂肪酸组成的酯类。在真核藻类中，甘油三酯是最常见的储存性油脂，可占总油脂的80%（Tornabene et al，1983）。其他主要的藻类膜脂有磺基鸡纳糖甘油二酯（SL）、单半乳糖甘油二酯（MGDG），主要存在于叶绿体中的双半乳糖甘油二酯（DGDG），主要存在于原生质体膜和内质网膜系统上的磷脂酰甘油（PG）和磷脂酰乙醇胺（PE）（Guschina & Harwood，2006）。

13.3 烃类

通常微藻烃类物质含量低于其干重的5%，但属于绿藻的布朗葡萄藻（*Botryococcus braunii*）除外，其烃类物质含量可达其干重的61%（Metzger et al，1985）。而烃类含量最多的藻株只存在于野生的葡萄藻，人工培养条件下的含量则会降低（Wake & Hillen，1981；Templier et al，1984）。大部分葡萄藻的烃类（95%）分布于培养池中细胞和密闭球体的外面。已经鉴定出葡萄藻的3种化学"种族"：① A族，从本质上生产n-二烯烃和三烯烃，C_{23}～C_{33}奇数碳原子的烃类；② B族，生产C_{30}～C_{37}的三萜烃类和C_{34}的甲基化鲨烯；③ L族，生产单四聚类萜烯烃。目前已对60种葡萄藻的烃类含量进行了分析（Metzger & Largeau，1999局部列表），A族的烃含量分布为干重的0.4%～61%，B族为9%～40%，L族为0.1%～8%（Metzger & Largeau，2005）。葡萄藻中的"伯克利菌株"中的葡萄烃（botryococcene）含有10种不同的烃类成分（C_nH_{2n-10}，n=30-34），占干重的25%～40%。大约70%的葡萄烃，其主要的C_{30}～C_{32}烃类都存在于细胞中。培养池中含有大于99%的C_{33}和C_{34}的组分，同时也含有较少量的长链葡萄烃（Wolf et al，1985）。

除了葡萄藻外，其他藻类不会在胞外积累油脂和烃类，相反，它们会作为细胞膜系统的一部分或以油滴的形式存在于细胞质和叶绿体中。

13.4 甘油三酯、脂肪酸和生物柴油制备

生物柴油是藻类中的游离脂肪酸与醇类通过酯化反应或甘油三酯与醇类通过转酯作用生成的。醇类通常指甲醇或乙醇；也可以是其他醇类，如丙醇、丁醇、

异丙醇、叔丁醇、支链醇和辛醇。考虑成本问题，与其他昂贵的醇类相比，甲醇是应用最广的醇类。甲醇也更利于反应的进行，并且脂肪酸甲酯（FAME）比脂肪酸乙酯（FAEE）的挥发性强。与 FAME 相比，FAEE 有较高的黏度、较低的浊点和流动点（Bozbas，2008）。但是，应当指出甲醇大部分来源于非可再生的化石燃料，而乙醇可以通过发酵可再生原料得到。

4 种主要的生物柴油制备方法如下。

（1）碱催化的转酯化反应（因为该方法成本低，是目前应用最广泛的生产方法），在低温条件下以一个相对较高的反应速率进行（Demirbas，2003）。催化剂为常见的碱类，如 NaOH 或 KOH 等。尽管醇盐如甲醇钠（NaOMe）的催化效率更高，但对这些碱的使用变得更为普遍。

（2）酸催化的游离脂肪酸转酯化反应（Fukuda et al，2001；Meher et al，2006）。催化使用的酸包括硫酸、磷酸、盐酸，而硫酸是几种酸中最常用的。这种方法的使用较少，主要是由于该方法的反应速度较慢，并且酸具有较强的腐蚀性等原因。

（3）超临界醇条件下的非催化转酯和酯化反应（Kudsiana & Saka，2001；Demirbas，2003）。

（4）脂肪酶催化转酯化反应（Ranganathan et al，2008；Robles-Medina et al，2009）。尽管脂肪酶具有众多优势，但由于脂肪酶的成本过高，阻碍了其工业化应用。

最近，开发出了一种在高压高温条件下利用金属氧化物催化剂（多孔氧化锆、二氧化钛和氧化铝微粒）进行催化转化的方法（McNeff et al，2008）。

藻油的脂肪酸组成对转酯化反应效率有重要的影响。例如，游离脂肪酸的存在会导致在碱催化的转酯化反应过程中脂肪酸盐的形成，该反应与转酯化反应同时进行，在下游过程中会有所增多，需要用水去清除这些脂肪酸盐。因此，游离脂肪酸含量较高的藻油更适于用酸进行催化转化。有建议说，对于游离脂肪酸含量较高的藻油可以采取两步法进行催化转化（Robles-Medina et al，2009）：第一步，利用酸催化将游离脂肪酸转化成脂肪酸甲酯；第二步，通过碱催化将剩下的甘油三酯转化成脂肪酸甲酯。Nagle 和 Lemke（1990）以硅藻牟氏角毛藻（*Chaetoceros muelleri*）油脂比较了酸催化法和碱催化法，在相同条件下，250mg 油脂经酸催化最高可获得 10mg FAME，而在 NaOH 催化下仅获得 3.3mg FAME。在油脂提取物中含有相对较高的游离脂肪酸有可能只是油脂萃取的一个假象。Berge 等（1995）以硅藻中肋骨条藻（*Skeletonema costatum*）为研究对象，发现当采收后的细胞在油脂萃取之前先用沸水快速处理以使脂肪酶失活，其萃取后的油脂中没有游离脂肪酸存在，而未经沸水处理的中肋骨条藻细胞经 Bligh-Dyer 法萃取可提取到游离的脂肪酸（Bligh & Dyer 1959）。

将油脂提取与酯化反应两种方法混合应用也得到了较好的发展。例如，Belarbi等（2000）开发了一种油脂提取与酯化反应同时进行的方法：将硅藻三角褐指藻（*Phaeodactylum tricornutum*）或绿藻地下蒜头藻（*Monodus subterraneus*）的藻浆（含质量分数82%的水）与甲醇和乙酰氯在0.25Mpa（2.5atm）下共沸水浴120min，FAME的得率可达到77.55%。

脂肪酸酯的天然组成在很大程度上决定了生物柴油的性能（Knothe，2005）。因此，由不饱和脂肪酸含量较高的油脂转化成的生物柴油黏度较低、浊点较高（浊点是燃料由于凝固，变浑浊时的温度）、流点较高（流点是燃料失去流动性时的温度）。这些性质使得生物柴油更适于在寒冷的条件下应用。然而，这种生物柴油容易氧化，并且十六烷值（与燃料的点火延迟时间和燃烧性质相关）较低。相反，长链脂肪酸（$>C_{18}$）含量较高的油脂有较高的十六烷值、较低的浊点和流点，更加富有黏性（Knothe，2005）。不饱和脂肪酸中双键的位置也同样影响生物柴油的氧化稳定性。因此，亚油酸酯（双键位于Δ^9和Δ^{12}）的氧化速度慢于亚麻酸酯（双键位于Δ^9、Δ^{12}和Δ^{15}）的氧化速度（Frankel，1998）。同时，不饱和也会增强生物柴油的稳定性，有助于在引擎中形成胶质。

来自不同门的藻，甚至是品种不同，其油脂的脂肪酸组成具有显著的差异（表13-A），这样就为选取不同的具有特殊优势脂肪酸类型的藻株来生产不同性质的燃料提供了机会。尽管如此，我们应该知道许多产油藻种，尤其是硅藻、隐藻、黄绿藻，它们都含有较多的长链多不饱和脂肪酸（Brown et al，1997），将会影响其油脂在转酯化生产生物燃料上的应用。欧洲车用生物柴油标准（EN 14214）和欧洲燃料用生物柴油标准（EN 14213）严格限定了生物柴油中含4个或以上双键的脂肪酸甲酯的含量不能超过1%（Knothe，2006）。许多产油微藻的油脂含有较多的多不饱和脂肪酸，如二十碳五烯酸（20:5n-3）和二十二碳六烯酸（22:6n-3），它们很可能不满足欧洲生物柴油标准。然而，含4个以上双键的脂肪酸仍可以通过对油脂进行催化加氢的方式来减少双键的数量（Dijkstra，2006）。

表13-A 能用作生物柴油的微藻种类的相对脂肪酸组成①②③

脂肪酸	双键位置	不同种类微藻的脂肪酸组成							
		CY	RHO	CRY	BAC	CHR	HAP	DIN	CHL
14:0		4	1	2	2	2	1	2	1
16:0		6	3	3	3	2	2	4	3
16:1	9	5	1	2	5	3	3	3	2
16:2	6，9	2	·	tr	1	1	1	1	1
16:2	9，12	(5)④	·	1	1	1	1	1	1
16:3	6，9，12	·	·	1	2	2	2	2	2

续表

脂肪酸	双键位置	不同种类微藻的脂肪酸组成							
		CY	RHO	CRY	BAC	CHR	HAP	DIN	CHL
16:4	6，9，12，15	·	·	1	1	·	·	·	2
17:1		1	·	·	·	·	·	·	·
18:0		3	·	1	1	1	1	1	1
18:1	9	4	2	1	1	2	3	2	5
18:2	9，12	4	3	2	1	3	2	1	4
18:3	6，9，12	3	2	1	1	2	tr	1	3
18:3	9，12，15	4	1	3	·	1	2	1	4
18:4	6，9，12，15	3	1	5	1	1	2	2	2
20:0		·	·	1	·	·	·	1	1
20:1	11	1	·	2	·	1	·	·	2
20:2	8，11	·	·	·	1	tr	tr	1	1
20:3	8，11，14	·	1	·	1	1	1	·	1
20:4	5，8，11，14	·	4	1	1	1	1	1	1
20:4	8，11，14，17	·	·	1	1	1	1	2	·
20:5	5，8，11，14，17	·	2	2	3	3	3	·	1
22:0		·	·	·	·	·	·	·	1
22:1	1	·	·	·	1	·	1	1	1
22:5	4，7，10，13，16	·	·	1	tr	·	·	·	1
22:5	7，10，13，16，19	·	·	·	·	·	2	1	1
22:6	4，7，10，13，16，19	·	·	·	·	·	1	3	·

① 来源于 Borowitzka，1998。

② 图表中的符号意义：·—没有报道；tr—微量；1—达到总脂肪酸的 10%；2—达到总脂肪酸的 20%，以此类推。

③ 微藻种类（带有数字的菌种是测定过的）：CY＝Cyanobacteria（蓝藻门） (53)；RHO＝Rhodophyceae（红藻门）(23)；CRY＝Cryptophyceae（隐藻纲）(10)；BAC＝Bacillariophyceae（硅藻纲）(13)；CHR＝Chrysophyceae（金藻纲）(6)；HAP＝Haptophyceae（定鞭藻纲）(5)；DIN＝Dinophyceae（沟鞭藻纲）(8)；CHL＝Chlorophyceae（绿藻纲）(21)。

④ 只有一些被测定。

13.5 藻类生理学、油脂含量和脂肪酸组成

在不同种属间甚至藻种间，其细胞中总油脂的含量、油脂和脂肪酸的组成都随生长条件的不同而不同。对于多数藻类，不利于其生长的条件［如氮缺乏、不

适宜的光照、温度或盐度——通常被称作是“胁迫”（stress）条件］可以促进其油脂含量的增加，尤其是作为贮藏脂质的甘油三酯（Borowitzka，1988；Roessler，1990）。同样，在批培养中发现许多藻类在生长期“终结”，到达稳定期后开始积累大量油脂（表13-B）。然而，营养不足会引起生长速率的下降，这使得油脂的产率下降。另一方面，一些藻类如盐生杜氏藻（*Dunaliella tertiolecta*）、扁藻（*Tetraselmis* sp.）、长耳盒形藻（*Biddulphia aurita*）、肘状针杆藻（*Synedra ulna*）和 *Nannochloris atomus* 在营养限制条件下的油脂含量反而降低（Shifrin & Chisholm，1981；Reitan et al，1994）。

表 13-B 微藻培养指数生长和稳定期培养时间与总脂肪酸含量的变化

菌种	转变到油脂（占菌体干重）/%	参考文献
普通小球藻（*Chlorella vulgaris*）	22～28	Collyer & Fogg，1955
斜生栅藻（*Scenedesmus obliquus*）	19～32	Piorreck et al，1984
布朗葡萄藻（*Botryococcus braunii*）	23～34	Belcher，1968
细小裸藻（*Euglena gracilis*）	24～65	Piorreck & Pohl，1984
月形藻（*Amphora* sp.）	11.7～15.7	Barclay et al，1985
具膜舟形藻（*Navicula pelliculosa*）	14.5～19.0	Piorreck & Pohl，1984
三角褐指藻（*Phaeodactylum tricornutum*）	24～29	Piorreck & Pohl，1984
	23～35	Chrismadha & Borowitzka，1994
假微型海链藻（*Thalassiosira pseudonana*）	7.8～21.6	Fisher & Schwarzenbach，1978
球等鞭金藻（*Isochrysis galbana*）	10～20	Fidalgo et al，1998

生长条件的不同（如光照、温度、盐度）也会影响细胞的脂肪酸组成。此外，在海洋微藻细胞中，脂肪酸的含量可占总油脂的40%左右（32%～53%）（Cohen，1986；Reitan et al，1994）。出现这种脂肪酸含量相对较低的原因是这些藻类含有大量的非常见脂肪酸，并且含有较多的非脂肪酸油脂（Kayama et al，1989）（表13-C）。

表 13-C 三角褐指藻（*Phaeodactylum tricornutum*）氮源供应充足情况下脂肪酸组成①

油脂分类	含量/（pg/cell）	占总油脂/%
脂肪烃	0.09	3.5
固醇酯和蜡酯	0.04	1.6
甲基酯和其他短链酯	0.02	0.8
甘油三酯	0.11	4.3
游离脂肪酸	0.21	8.2
游离脂肪醇	0.06	2.4

续表

油脂分类	含量/（pg/cell）	占总油脂/%
游离甾醇	0.06	2.4
甘油二酯	0.03	1.2
丙酮流动相极性脂②	0.95	37.3
磷脂和其他丙酮非流动相脂	0.98	38.3
总　计	2.55	100

① 来源于 Parrish & Wangersky，1987。
② 包括 α-叶绿素。

13.5.1 营养元素（N，P，Si）

正如前面所提到的，氮元素缺乏会使大部分微藻的生长速率降低，但同时又会促进总油脂含量的增多（Borowitzka，1988；Takagi et al，2000；Tonon et al，2002；Rodolfi et al，2009；Griffiths & Harrison，2009）。同样，对于硅藻，硅的缺乏会降低其生长速率，但会增加油脂的含量（Coombs et al，1967；Taguchi et al，1987）。对于一些藻类，不同的氮源也会影响油脂的含量和脂肪酸的分布。例如，Li 等（2008）发现淡水藻富油新绿藻（*Neochloris oleoabundans*）在硝基氮培养条件下的油脂含量（干重）是尿素或铵基氮条件下的 2 倍左右。他们同时还发现，在硝酸盐浓度为 0.5mmol/L 时，同时通入 CO_2 含量为 5%的气体，可获得油脂产率高达 0.133g/（L·d）。Fidalgo 等（Fidalgo et al，1998）也发现，以尿素（与硝酸盐和亚硝酸盐相比）培养球等鞭金藻（*Isochrysis galbana*），在稳定期早期油脂的含量较高，并且在此培养条件下得到的 PUFA 最多。

对于一些藻株，限磷也会促进油脂含量的增加，如地下蒜头藻（*Monodus subterraneus*）（Khozin-Goldberg & Cohen，2006）、球等鞭金藻、路氏巴夫藻（*Parlova lutheri*）、三角褐指藻（*Phaeodactylum tricornutum*）和角毛藻（*Chaetoceros* sp.）。其油脂含量的增加主要是由于甘油三酯（TAG）的合成增多（Lombardi &Wangersky，1991；Reitan et al，1994）。然而对于 *Nannochloris atomus*、扁藻、盐生杜氏藻，限磷会降低油脂的含量（Siron et al，1989；Reitan et al，1994）。Reitan 等（1994）的研究发现，对于海藻限磷，16:0 和 18:1 脂肪酸的相对含量会增加，而 18:4n-3、20:5n-3 和 22:6n-3 则降低。有趣的是，海洋普通小球藻（*Chlorella vulgaris*）在补充铁元素后经尼罗红（Nile Red）染色检测分析，发现其中性油脂的含量增加（Liu et al，2008）。

13.5.2 碳供给

大多数微藻在高密度培养下都会受到碳缺乏限制，补充 CO_2 会提高生长速率和生物量产率；如果CO_2或与CO_2相关的pH值的变化不会影响油脂的含量，油脂的产率也会得到提高。Becker和Venkataraman（1982）研究了CO_2对油脂含量的影响，发现增加CO_2的供应量对增加尖头栅藻（*Scenedesmus acutus*）总油脂含量的作用不明显。Hu和Gao（2003）以微拟球藻（*Nannochloropsis* sp.）为研究对象得到了相似的结果。而Widjaja等（2009）的研究发现增加CO_2量普通小球藻（*Chlorella vulgaris*）可以获得更高的油脂产率。在培养基中添加碳酸氢盐也可以增加指数生长期的路氏巴夫藻总脂肪酸的含量（Guihéneuf et al，2009）。对于绿色杜氏藻（*Dunaliella viridis*），通过添加CO_2来提高总油脂的含量只发生在氮限制条件下（Gordillo et al，1988）。另一方面，一天的CO_2增加量（CO_2含量从2%增加至10%）可使盐生杜氏藻（*D. salina*）的总脂肪酸含量增加30%（干重）（Muradyan et al，2004），这主要是由于在高浓度CO_2条件下从头合成脂肪酸增多，而脂肪酸的延长和脱饱和则受到了抑制，使得饱和脂肪酸的相对含量增多。然而，CO_2的添加并不一定能使所有藻类的油脂含量增多（Raghavan et al，2008）。

也有一些工作研究了光照（混合营养生长）条件下有机碳源（通常是醋酸盐）的添加作用。对于一些藻类，在光照条件下添加醋酸盐对其油脂的含量没有影响，如路氏巴夫藻（Guihéneuf et al，2009）；而对另一些藻类表现出轻微的抑制作用，如普通菱形藻（*Nitzschia communis*）（Dempster & Sommerfeld，1998）。不幸的是，很少有人在做这些研究之前首先确定是否这些藻类能够使用醋酸盐，这一失误可能是导致产生众多结论的一个原因。

13.5.3 光照

光照对微藻的油脂含量和脂肪酸组成具有重要影响。硅藻和普通菱形藻在高碳浓度条件下，光照强度从光子量20μmol/（m^2·s）增加至340μmol/（m^2·s），细胞的油脂含量可以增加50%（Guihéneuf et al，2009）。同样，光照强度的增强也能增加地下蒜头藻（Lu et al，2011）和微拟球藻（Sukenik et al，1989）的总脂肪酸含量。

一般来说，光照强度弱时有利于极性油脂的合成，尤其是与类囊体（thylakoid）膜相关的油脂，而高光强可导致极性油脂的减少和中性贮藏油脂的增多，主要为甘油三酯（Sukenik et al，1989；Fabregas et al，2004）。另外，白昼时长也会影响脂肪酸的组成和总油脂的生产率（Tzovenis et al，2003）。增加紫外线照射也会影响硅藻脂肪酸的组成（Liang et al，2006）。

13.5.4 盐度

盐度过高或过低（“盐胁迫”，salt stress）能够增加希朗葡萄藻（*Botryococcus*

braunii）中甘油三酯和游离脂肪酸的含量，但是会降低球等鞭金藻的油脂含量（Ben-Amotz et al，1985）。Chelf（1990）也发现盐度的增加会减少硅藻牟氏角毛藻（*Chaetoceros muelleri*）和腐生舟形藻（*Navicula saprophila*）细胞中的中性油脂的积累。对于地下蒜头藻，增加盐度会使细胞油脂的含量从34%增加至46%（Iwamoto & Sato，1986）；对于A族中的布朗葡萄藻，增加盐度（NaCl浓度从34mmol/L增至85mmol/L）使细胞中的软脂酸和油酸的相对含量增加2倍左右（Ranga Rao et al，2007）。显然，盐度不会影响总油脂的含量（Vasquez-Duhalt & Arrendondo-Vega，2001）。

13.5.5　温度

降低温度通常会导致脂肪酸不饱和度的增加（Morgan-Kiss et al，2006），升高温度可增加脂肪酸的饱和度（Renaud et al，1995）。很难解释温度对总油脂含量的影响，例如，对于丹麦棕鞭藻（*Ochromonas danica*）和盐生微拟球藻（*Nannochloropsis salina*），温度的升高能够增加油脂的含量（Boussiba et al，1987），而对于麦根腐小球藻（*Chlorella sorokiniana*）则几乎没有影响（Patterson，1970）。

13.5.6　生物化学

尽管在微藻的油脂含量和脂肪酸组成方面已经有大量的研究，但在生物化学基础上还未有对营养条件和其他环境条件下油脂的积累的相关探讨。一些研究只专注于长链多不饱和脂肪酸的合成，而对主要包含饱和脂肪酸和单不饱和脂肪酸的甘油三酯的合成研究较少。最近，Riekhof等（Riekhof et al，2005）对莱茵衣藻（*Chlamydomonas reinhardtii*）的基因组进行了分析，并在此基础上建立了甘油酯生物合成的大致模型。之后有越来越多的藻得到了部分或全部的基因测序（Grossman，2007），并以代谢组学和蛋白质组学为辅对其进行基因注释（May et al，2008）。这些都会有助于建立完整的代谢途径，以帮助研究者探求更好的油脂积累的方法。

在限氮条件下油脂的积累，其原因部分要归于贮藏性油脂和大多数膜脂不含氮，因此可以在缺氮的条件下继续合成，而一些含氮的物质如蛋白质和核酸等的合成则明显受到了抑制。

Roessler（Roessler，1988a，1988b）利用放射性示踪剂对硅藻隐秘小环藻（*Cyclotella cryptica*）进行了研究，发现在硅缺乏的4h内，C流向油脂的量增加了2倍，而流向碳水化合物（金藻昆布多糖）的C量减少了50%。同时，他还发现在该条件下还伴随着非油脂成分向油脂的缓慢转化过程。他计算得出大约有55%～68%的油脂是在限硅12h之内合成。大多数油脂是甘油三酯。催化脂肪酸合成的关键酶乙酰辅酶A羧化酶在限硅4h之内其酶活增加了2倍。

甘油三酯的合成需要大量的ATP和NADPH（例如合成1mol C_{18}脂肪酸大约需要24mol NADPH），在高光条件和/或营养限制条件下光合磷酸化生成的能量超过细胞生长和分裂所需的能量，多余的能量则流向甘油三酯的合成。在椭圆小球藻（*Chlorella ellipsoidea*）的同步培养中（Otsuka & Morimura 1966），油脂主要是在光照条件下的生长期合成，而在黑暗条件下细胞分裂时消耗。如果由于营养限制或高pH值导致细胞的分裂受到抑制，那么就会有油脂的积累，如同Guckert和Cooksey所观察到的（Guckert & Cooksey，1990）。有趣的是，在具膜舟形藻（*Navicula pelliculosa*）或多形卵囊藻（*Oocystis polymorph*）的同步培养中，油脂的积累并没有表现出周期变化（Darley，1976；Shifrin & Chisholm，1981）。

13.6 藻种筛选

在筛选适于生物燃料的藻株时需要考虑许多方面。显然，高油脂产率（油脂含量×生长速率）和合适的脂肪酸组成是其中两个重要方面。然而，要想在开放式池塘或封闭式光生物反应器条件下培养产率较高，还应当考虑微藻在大规模培养时与其相关的生物和物理学性质，包括温度耐受力、氧化敏感性、耐盐度范围和剪切力敏感性等（Borowitzka，1998）。最后，考虑经济性等因素，在筛选藻种时还应当注意减少微藻的采收、脱水和油脂的转化等成本。

选择正确的藻种固然重要，但同时也可以通过藻种的筛选获得较高的油脂产率和油脂质量。例如，Liang等（Liang et al，2005）从单一培养的硅藻棱形筒柱藻（*Cylindrotheca fusiformis*）中分离得到60个克隆，发现在同样的生长条件下其总油脂的含量具有较大的差距，从7.3%到23.4%，而油脂的脂肪酸分布相似。Alonso等（Alonso et al，1992a，1992b）也发现球等鞭金藻（*Isochrysis galbana*）的油脂和脂肪酸具有显著的变化。显然，这些变化是由于不同克隆间的基因差异，但尚未揭示这些变化在微藻长时间培养中出现还是因为最初得到的藻株并不是从单一的细胞而是从一些细胞中分离得到的（Alonso et al，1994）。从相同的藻种中分离得到的藻株具有明显的不同（如Shaw et al，1989；Borowitzka，1992；Rodolfi et al，2009）。这些发现更加强调了藻种筛选的重要性。

13.7 微藻生产

为制备生物燃料进行的微藻生产对商业化的微藻生产提供了一个相当新的示范模式——其所期望的生产规模至少比用于生产精细化学品、营养品或水产养殖饲料的大 1 个数量级。这一不同就对商业化的藻类生产工业提出相当大的挑战，以减少生产成本。关于生物燃料微藻的培养是在“开放”系统（如跑道池）还是在“封闭”系统（如管式或平板式光生物反应器）中，必将是一个长久的讨论话题。将“封闭”系统和“开放”系统给合起来的混合系统是可行的（Pushparaj et al，1997）。当前，几乎所有的产业化微藻培养装置是跑道池型的，但也有例外，如澳大利亚采用广阔的开放式池塘系统生产盐生杜氏藻（*D. salina*），以色列和德国分别采用管式光生物反应器生产雨生红球藻（*H. pluvialis*）和小球藻（*Chlorella*）（Borowitzka，2005）。开放式池塘比较流行的原因是开放式池塘培养的成本明显比封闭式光生物反应器低（Borowitzka，1999b）。研究表明，许多藻类在开放式池塘中最小污染的情况下能够较好地长时间生长。同样，许多藻类可以在封闭式光生物反应器中生长，而其他藻类不行，这主要是由于光生物反应器内表面的湍流或污染等问题。然而，开放式池塘培养装置比光生物反应器系统占用更多的土地面积，并且通常由于蒸发损失量大需要更多的水。另一方面，封闭式光生物反应器搭建成本高，在循环培养中需要更高的能源输入，并且在高光照条件下需要冷却（Borowitzka，1999a）。

为了能进行产业化规模的培养，其操作过程必须是简单易行的，并且在一年中都有较高的油脂产率。然而，几乎所有建议使用的培养系统必须是建在户外，以使用阳光作为能量来源。但这一选择会使微藻的培养暴露在一个光照、温度和 O_2 浓度连续变化的动态的环境条件中，所有这一切都会影响微藻产率、油脂含量和脂肪酸组成。通过实验室规模的结果或短时间的户外培养实验直接推断是非常困难的或不可能的。另外，微藻培养必须在连续的培养模式下操作，因为批培养过于昂贵。

科学文献中关于微藻产率尤其是油脂产率的数据主要来源于短期的、小规模的实验，通常是在实验室中进行的，并且由于使用的单位不同，很难加以比较和解释。Griffiths 和 Harrison（Griffiths & Harrison，2009）尝试对这些数据做出总结。很少有在户外长时间（>3 个月）培养的微藻产率的数据。然而，从这些可得到的数据中也可以得到一些一般的结论。目前，年平均生物量产率最高的是在户外跑道池中，该跑道池深度为 20～30cm，其生物质产率可达 20～23g/（m^2 · d）［相当于 0.1g/（L · d）］。夏季高光强和高温条件下产率通常会超过 30～35g/（m^2 · d）。但是在冬季，由于白昼时间短，光照弱，温度低，其生产率急剧下降，甚至在温和的气候条件下也会发生，例如在西澳大利亚的珀斯（Perth）（图 13-1）。生物质产率为 20g/（m^2 · d），细胞油脂含量为干重的 30%，那么可计算得出年油脂产率为 21.9t/hm^2。因此，要想得到最好的年平均生产率，天气条件就是其中一个重要的微藻生产地选择的标准。微藻生产工厂应该位于具有最高的年平均太阳光照时数的地方（也就是赤道附近，云层少），并且有适宜的温度范围。此外，微藻生产工厂必须靠近适宜的水源，并且为获得更高的生产率需要有廉价的 CO_2 源，例如发电厂或水泥厂。

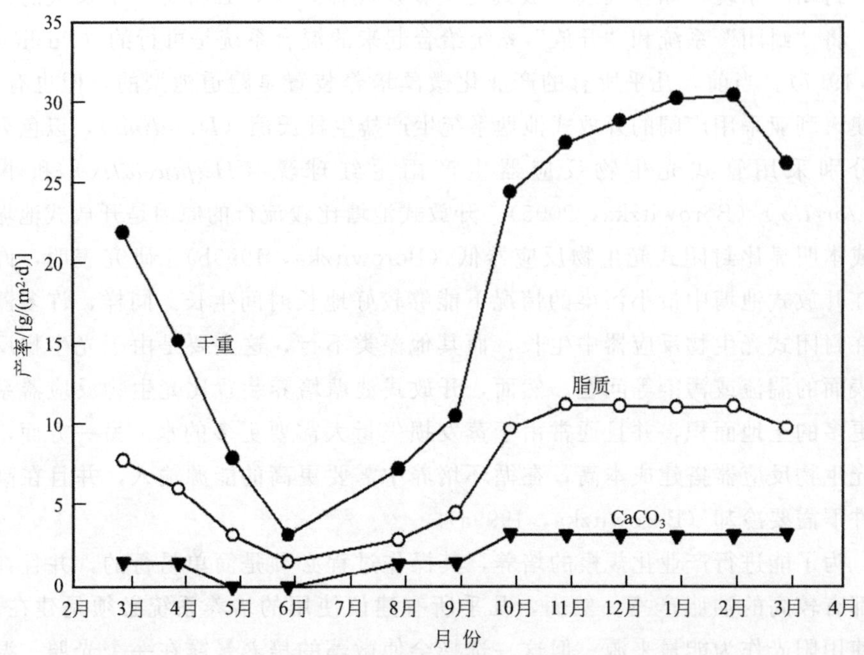

图 13-1　石灰质黏着植物颗石藻（*Pleurochrysis carterae*）的产率。
颗石藻户外生长在西澳大利亚的珀斯的 20cm 深跑道池中，半连续式培养一整年
数据来源：Moheimani & Borowitzka，2006

微藻生产的各个环节中，采收、脱水和下游加工过程的成本是微藻总生产成本的重要组成部分（Borowitzka，1999b；Molina Grima et al，2003）。微藻的采收因藻种而异，并且受所用培养系统影响。不幸的是，所生产的大多数微藻细胞太小，不能进行简单的过滤分离。因此，采收过程成本最低方法最有可能是絮凝，其次是浮选或沉淀。由于需要对采收的细胞进行油脂提取，还需进一步进行脱水。

为了进一步降低生物柴油的生产成本，提出了一些微藻油脂经济生产的方法（参照“Chisti，2007”对其中一些选项的讨论）：首先，在微藻生物柴油的生产中，除油脂外，其糖类物质可以进行提取和发酵来生产生物乙醇。对于油脂提取后的生物质残渣（主要是蛋白质），可以作为动物饲料或厌氧消化产甲烷，也可以进行热解来生产类油型燃料和炭。其他可应用的途径包括所谓的“生物炼制”和提取高附加值产品，如类胡萝卜素、长链多不饱和脂肪酸、固醇或活性多肽（Borowitzka，1995，1999c），同时也可以利用残留的油脂生产生物柴油。这些操作是否具有可行性和经济性需要做进一步的研究。

13.8 结论

微藻生物柴油的提出已经有很长时间，并且在过去的 20 年已开展了广泛的研究。然而，微藻生产的成本过高，也就是说，目前只实现了与微藻高值产品相关的工业化生产，没有实现低值产品的工业化生产，如利用油脂生产生物燃料。由于微藻具有众多的优势，在过去的几年里，人们在微藻低成本的生产过程中付出了很多努力，以达到微藻生物柴油生产的经济可行性。这项工作仍然极具挑战性，利用微藻生物燃料的经济可行性还需要较长的时间来实现。

参考文献

Alonso, D.L.; E.M. Grima; J.A.S. Perez; J.L.G. Sanchez; F.G. Camacho. Isolation of Clones of *Isochrysis galbana* Rich in Eicosapentaenoic Acid. *Aquaculture* **1992a,** *102,* 363–371.

Alonso, L.; E.M. Grima; J.A.S. Perez; J.L.G. Sanchez; F.G. Camacho. Fatty Acid Variation among Different Isolates of a Single Strain of *Isochrysis galbana. Phytochemistry* **1992b,** *31,* 3901–3904.

Alonso, D.L.; C.I.S. Delcastillo; J.L.G. Sanchez; J.A.S. Perez; F.G. Camacho. Quantitative Genetics of Fatty Acid Variation in *Isochrysis galbana* (Prymnesiophyceae) and *Phaeodactylum tricornutum* (Bacillariophyceae). *J. Phycol.* **1994,** *30,* 553–558.

Barclay, B.; N. Nagle; K. Terry; P. Roessler. Collecting and Screening Microalgae from Shallow, Inland Saline Habitats. SERI/CP-23-2700, **1985,** 52–68. SERI Aquatic Species Review.

Becker, E.W.; L.V. Venkataraman. *Biotechnology and Exploitation of Algae—The Indian Approach*; German Agency for Tech. Co-op.: Eschborn, 1982.

Belarbi, E.H.; E. Molina; Y. Chisti. A Process for High Yield and Scalable Recovery of High Purity Eicosapentaenoic Acid Esters from Microalgae and Fish Oil. *Enz. Microb. Technol.* **2000,** *26,* 516–529.

Belcher, J.H. Notes on the Physiology of *Botryococcus braunii. Kützing. Arch. Mikrobiol.* **1968,** *61,* 335–346.

Ben-Amotz, A.; T.G. Tornabene; W.H. Thomas. Chemical Profiles of Selected Species of Microalgae with Emphasis on Lipids. *J. Phycol.* **1985,** *21,* 72–81.

Berge, J.P.; J.P. Gouygou; J.P. Dubacq; P. Durand. Reassessment of Lipid Composition of the Diatom, *Skeletonema costatum. Phytochemistry* **1995,** *39,* 1017–1021.

Bligh, E.G. ; W.J. Dyer. A Rapid Method of Total Lipid Extraction and Purification. *Can. J. Biochem. Physiol.* **1959,** *37,* 911–917.

Borowitzka, M.A. Fats, Oils and Hydrocarbons. *Micro-algal Biotechnology*; M.A. Borowitzka; L.J. Borowitzka, Eds.; Cambridge University Press: Cambridge, 1988; pp 257–287.

Borowitzka, M.A. Comparing Carotenogenesis in *Dunaliella* and *Haematococcus*: Implications for Commercial Production Strategies. *Profiles on Biotechnology*; T.G. Villa; J. Abalde, Eds.; Universidade de Santiago de Compostela: Santiago de Compostela, 1992; pp 301–310.

Borowitzka, M.A. Microalgae as Sources of Pharmaceuticals and Other Biologically Active Compounds. *J. Appl. Phycol.* **1995,** *7,* 3–15.

Borowitzka, M.A. Limits to Growth. *Wastewater Treatment with Algae*; Y.S. Wong; N.F.Y. Tam, Eds.; Springer-Verlag: Berlin, 1998; pp 203-226.

Borowitzka, M.A. Commercial Production of Microalgae: Ponds, Tanks, Tubes and Fermenters. *J. Biotech.* **1999a,** *70,* 313–321.

Borowitzka, M.A. Economic Evaluation of Microalgal Processes and Products. *Chemicals from Microalgae*; Z. Cohen, Ed.; Taylor & Francis: London, 1999b; pp 387–409.

Borowitzka, M.A. Pharmaceuticals and Agrochemicals from Microalgae. *Chemicals from Microalgae*; Z. Cohen, Ed.; Taylor & Francis: London, 1999c; pp 313–352.

Borowitzka, M.A. Culturing Microalgae in Outdoor Ponds. *Algal Culturing Techniques*; R.A. Anderson, Ed.; Elsevier Academic Press: London, 2005; pp 205–218. CP;T.G. J.

Boussiba, S.; A. Vonshak; Z. Cohen; Y. Avissar; A. Richmond. Lipid and Biomass Production by the Halotolerant Microalga *Nannochloropsis salina*. *Biomass* **1987,** *12,* 37–47.

Bozbas, K. Biodiesel as an Alternative Motor Fuel: Production and Policies in the European Union. *Ren. Sust. Energy Rev.* **2008,** *12,* 542–552.

Brown, M.R.; S. W. Jeffrery; J.K. Volkman; G.A. Dunstan. Nutritional Properties of Microalgae for Mariculture. *Aquaculture* **1997,** *151,* 315–331.

Chelf, P. Environmental Control of Lipid and Biomass Production in Two Diatom Species. *J. Appl. Phycol.* **1990,** *2,* 121–129.

Chisti, Y. Biodiesel from Microalgae. *Biotech. Adv.* **2007,** *25,* 294–306.

Chrismadha, T.; M.A. Borowitzka. Growth and Lipid Production of *Phaeodactylum tricornutum* in a Tubular Photobioreactor. *Algal Biotechnology in the Asia-Pacific Region*; S.M. Phang ; Y.K. Lee; M.A. Borowitzka ; B.A. Whitton, Eds.; Institute of Advanced Studies, University of Malaya: Kuala Lumpur, 1994; pp 122–129.

Cohen, Z. Products from Microalgae. *CRC Handbook of Microalgal Mass Culture*; A. Richmond, Ed.; CRC Press: Boca Raton, 1986; pp 421–454.

Collyer, D.M.; G.E. Fogg. Studies on Fat Accumulation by Algae. *J. Exp. Bot.* **1955,** *6,* 256–275.

Coombs, J.; W.M. Darley; O. Holm-Hansen; B.E. Volcani. Studies on the Biochemistry and Fine Structure of Silica Shell Formation in Diatoms. Chemical Composition of *Navicula pelliculosa* during Silicon-Starvation Synchrony. *Pl. Physiol.* **1967,** *42,* 1601–1606.

Courchesne, N.M.D.; A. Parisien; B. Wang; C.Q. Lan. Enhancement of Lipid Production using Biochemical, Genetic and Transcription Factor Engineering Approaches. *J. Biotech.* **2009,**

Darley, W.M. Studies on the Biochemistry and Fine Structure of Silica Shell Formation in Diatoms. Division Cycle and Chemical Composition of *Navicula pelliculosa* during Light-Dark Synchronized Growth. *Planta* **1976,** *130,* 159–167.

Demirbas, A. Biodiesel Fuels from Vegetable Oils via Catalytic and Non-catalytic Supercritical Alcohol Transesterifications and Other Methods: A Survey. *Energy Conversion & Management* **2003,** *44,* 2093–2109.

Dempster, T.A.; M. Sommerfeld. Effects of Environmental Conditions on Growth and Lipid Accumulation in *Nitzschia communis* (Bacillariophyceae). *J. Phycol.* **1998,** *34,* 712–721.

Dijkstra, A.J. Revisiting the Formation of *Trans* Isomers during Partial Hydrogenation of Triacylglycerol Oils. *Eur. J. Lipid Sci. Technol.* **2006,** *108,* 249–264.

Fabregas, J.; A. Maseda; A. Dominguez; A. Otero. The Cell Composition of *Nannochloropsis* sp. Changes under Different Irradiances in Semicontinuous Culture. *World Journal of Microbiology & Biotechnology* **2004,** *20,* 31–35.

Fidalgo, J.P.; A. Cid; E. Torres; A. Sukenik; C. Herrero. Effect of Nitrogen Source and Growth Phase on Proximate Biochemical Composition, Lipid Classes and Fatty Acid Profile of the Marine Microalga *Isochrysis galbana*. *Aquaculture*, **1998,** 105–116.

Fisher, N.S.; R.P. Schwarzenbach. Fatty Acid Dynamics in *Thalassiosira pseudonana* (Bacillariophyceae). Implications for Physiological Ecology. *J. Phycol.* **1978,** *34,* 143–150.

Frankel, E.N. *Lipid Oxidation*; The Oily Press: Dundee, 1998.

Fukuda, H.; A. Kondo; H. Noda. Biodiesel Fuel Production by Transesterification of Oils. *J. Biosci. Bioeng.* **2001,** *92,* 405–416.

Gordillo, F.J.L.; M. Goutx; F.L. Figueroa; F.X. Niell. Effect of Light Intensity, CO_2 and Nitrogen Supply on Lipid Class Composition of *Dunaliella viridis*. *J. Appl. Phycol.* **1998,** *10,* 135–144.

Griffiths, M.J.; S.T.L. Harrison. Lipid Productivity as a Key Characteristic for Choosing Algal Species for Biodiesel Production. *J. Appl. Phycol.* **2009,**

Grossman, A.R. In the Grip of Algal Genomics. *Adv. Exp. Med. Biol.* **2007,** *616,* 54–76.

Guckert, J.B.; K.E. Cooksey. Triglyceride Accumulation and Fatty Acid Profile Changes in *Chlorella* (Chlorophyta) during High pH-induced Cell Cycle Inhibition. *J. Phycol.* **1990,** *26,* 72–79.

Guihéneuf, F.; V. Mimouni; L. Ulmann; G. Tremblin. Combined Effects of Irradiance Level and Carbon Source on Fatty Acid and Lipid Class Composition in the Microalgae *Pavlova lutheri* Commonly Used in Aquaculture. *J. Exp. Mar. Biol. Ecol.* **2009,** *369,* 136–143.

Guschina, I.A.; J.L. Harwood. Lipids and Lipid Metabolism in Eukaryotic Algae. *Prog. Lipid Res.* **2006,** *45,* 160–186.

Hu, H.; K. Gao. Optimisation of Growth and Fatty Acid Composition of a Unicellular Marine Picoplankton, *Nannochloropsis* sp., with Enriched Carbon Sources. *Biotech. Lett.* **2003,** 25, 421–425.

Iwamoto, H.; S. Sato. Production of EPA by Freshwater Unicellular Algae. *JAOCS* **1986,** *63,* 434–438.

Kayama, M.; S. Araki; S. Sato. Lipids of Marine Plants. *Marine Biogenic Lipids, Fats, and Oils*; R.G. Ackman, Ed.; CRC Press: Boca Raton, 1989; pp 3–48.

Khozin-Goldberg, I.; Z. Cohen. The Effect of Phosphate Starvation on the Lipid and Fatty Acid Composition of the Fresh Water Eustigmatophyte *Monodus subterraneus*. *Phytochemistry* **2006,** *67,* 696–701.

Knothe, G. Dependence of Biodiesel Fuel Properties on the Structure of Fatty Acid Alkyl Esters. *Fuel Proc. Technol.* **2005,** *86,* 1059–1070.

Knothe, G. Analyzing Biodiesel: Standards and Other Methods. *JAOCS* **2006,** *83,* 823–833.

Kudsiana, D.; S. Saka. Methyl Esterification of Free Fatty Acids of Rapeseed Oil as Treated in Supercritical Methanol. *Fuel* **2001,** *80,* 225–231.

Li, Y.; M. Horsman; B. Wang; N. Wu; C.Q. Lan. Effect of Nitrogen Sources on Cell Growth and Lipid Accumulation of Green Alga *Neochloris oleoabundans*. *Appl. Microbiol. Biotechnol.* **2008,** *81,* 629–636.

Liang, Y.; J. Beardall; P. Heraud. Effect of UV Radiation on Growth, Chlorophyll Fluorescence and Fatty Acid Composition of *Phaeodactylum tricornutum* and *Chaetoceros muelleri* (Bacillariophyceae). *Phycologia* **2006,** *45,* 605–615.

Liang, Y.; K. Mai; S. Sun. Differences in Growth, Total Lipid Content and Fatty Acid Composition among 60 Clones of *Cylindritheca fusiformis*. *J. Appl. Phycol.* **2005,** *17,* 61–65.

Liu, Z.Y.; G.C. Wang; B.C. Zhou. Effect of Iron on Growth and Lipid Accumulation in *Chlorella vulgaris*. *Biores. Technol.* **2008,** *99,* 4717–4722.

Lombardi, A.T.; P.J. Wangersky. Influence of Phosphorus and Silicon on Lipid Class Production by the Marine Diatom *Chaetoceros gracilis* Grown in Turbidostat Cage Cultures. *Mar. Ecol. Prog. Ser.* **1991,** *77,* 39–47.

Lu, C.; K. Rao; D. Hall; A. Vonshak. Production of Eicosapentaenoic Acid (EPA) in *Monodus subterraneus* Grown in a Helical Tubular Photobioreactor as Affected by Cells Density and Light Intensity. *J. Appl. Phycol.* **2001,** *13,* 517–522.

May, P.; S. Wienkoop; S. Kempa; B .Usadel; N. Christian; J. Ruprecht; J. Weiss; L. Recuenco-Munoz; O. Ebenhöh; W. Weckwerth; et al. Metabolomics- and Proteomics-Assisted Genome Annotation and Analysis of the Draft Metabolic Network of *Chlamydomonas reinhardtii*. *Genetics* **2008,** *179,* 157–166.

McNeff, C.V.; L.C. McNeff; B .Yan; D.T. Nowlan; M. Rasmussen; A.E. Gyberg; B.J. Krohn; R.L. Fedie; T.R. Hoye. A Continuous Catalytic System for Biodiesel Production. *Appl. Catalysis A* **2008,** *343,* 39–48.

Meher, L.C.; D. Vidya Sagar; S.N. Naik. Technical Aspects of Biodiesel Production by Transesterification—A Review. *Ren. Sust. Energy Rev.* **2006,** *10,* 248–268.

Metzger, P.; C. Berkaloff; E. Casadevall; A. Coute. Alkadiene- and Botryococcene-Producing Races of Wild Strains of *Botryococcus braunii*. *Phytochemistry* **1985,** *24,* 2305–2312.

Metzger, P.; C. Largeau. Chemicals from *Botryococcus braunii*. *Chemicals from Microalgae*; Z. Cohen, Ed.; Taylor & Francis: London, 1999; pp 205–260.

Metzger, P.; C. Largeau. *Botryococcus braunii*: A Rich Source for Hydrocarbons and Related Ether Lipids. *Appl. Microbiol. Biotechnol.* **2005,** *66,* 486–496.

Moheimani, N.R.; M.A. Borowitzka. The Long-tTerm Culture of the Coccolithophore *Pleurochrysis carterae* (Haptophyta) in Outdoor Raceway Ponds. *J. Appl. Phycol.* **2006,** *18,* 703–712.

Molina Grima, E.; E.H. Belarbi; F.G. Ácién Fernandez; A. Robles Medina; Y. Chisti. Recovery of Microalgal Biomass and Metabolites: Process Options and Economics. *Biotech. Adv.* **2003,** *20,* 491–515.

Morgan-Kiss, R.M.; J.C. Priscu; T. Pocock; L. Gudynaite-Savitch; N.P.A. Huner. Adaptation and Acclimation of Photosynthetic Microorganisms to Permanently Cold Environments. *Microbiol. Mol. Biol. Rev.* **2006,** *70,* 222–252.

Muradyan, E.A.; G.L. Klyachko-Gurvich; L.N. Tsoglin; T.V. Sergeyenko; N.A. Pronina Changes in Lipid Metabolism during Adaptation of the *Dunaliella salina* Photosynthetic Apparatus to High CO_2 Concentration. *Russ. J. Pl. Physiol.* **2004,** *51,* 53–62.

Nagle, N.; P. Lemke. Production of Methyl Ester Fuel from Microalgae. *Appl. Biochem. Biotechnol.* **1990,** *24/25,* 355–361.

Otsuka, H.; Y. Morimura Changes in Fatty Acid Composition of *Chlorella ellipsoidea* during Its Cell Cycle. *Plant Cell. Physiol.* **1966,** *7,* 663–670.

Parrish, C.C.; P.J. Wangersky. Particulate and Dissolved Lipid Classes in Cultures of *Phaeodactylum tricornutum* Grown in Cage Culture Turbidostats with a Range of Nitrogen Supply Rates. *Mar. Ecol. Prog. Ser.* **1987,** *35,* 119–128.

Patterson, G.W. Effect of Culture Temperature on Fatty Acid Composition of *Chlorella sorokiniana*. *Lipids* **1970,** *5,* 579–600.

Piorreck, M.; K.-H. Baasch; P. Pohl. Biomass Production, Total Protein, Chlorophylls, Lipids and Fatty Acids of Freshwater Green and Blue-green Algae under Different Nitrogen Regimes. *Phytochemistry* **1984,** *23,* 207–216.

Piorreck, M.; P. Pohl. Formation of Biomass, Total Protein, Chlorophylls, Lipids and Fatty Acids in Green and Blue-green Algae during One Growth Phase. *Phytochemistry* **1984,** *23,* 217–223.

Pushparaj, B.; E. Pelosi; M.R. Tredici; E. Pinzani; R. Materassi. An Integrated Culture System for Outdoor Production of Microalgae and Cyanobacteria. *J. Appl. Phycol.* **1997,** *9,* 113–119.

Raghavan, G.; C.K. Haridevi; C.P. Gopinathan. Growth and Proximate Composition of the *Chaetoceros calcitrans* f. *pumilus* under Different Temperature, Salinity and Carbon Dioxide Levels. *Aquacult. Res.* **2008,** *39,* 1053–1058.

Ranga Rao, A.; C. Dayanandra; R. Sarada; T.R. Shamala; G.A. Ravishankar. Effect of Salinity on Growth of Green Alga *Botryococcus braunii* and Its Constituents. *Biores. Technol.* **2007,** *98,* 560–564.

Ranganathan, S.V.; S.L. Narasimhan; K. Muthukumar. An Overview of Enzymatic Production of Biodiesel. *Biores. Technol.* **2008,** *99,* 3975–3981.

Reitan, K.I.; J.R. Rainuzzo; Y. Olsen. Effect of Nutrient Limitation on Fatty Acid and Lipid Content of Marine Microalgae. *J. Phycol.* **1994,** *30,* 972–979.

Renaud, S.M.; H.C. Zhou; D.L. Parry; L.V. Thinh; K.C. Woo. Effect of Temperature on the Growth, Total Lipid Content and Fatty Acid Composition of Recently Isolated Tropical Microalgae *Isochrysis* sp, *Nitzschia closterium, Nitzschia paleacea,* and Commercial Species *Isochrysis* sp (clone T iso). *J. Appl. Phycol.* **1995,** *7,* 595–602.

Riekhof, W.R.; B.B. Sears; C. Benning. Annotation of Genes Involved in Glycerolipid Biosynthesis in *Chlamydomonas reinhardtii:* Discovery of the Betaine Lipid Synthase $BTA1_{Cr}$. *Eukaryotic Cell* **2005,** *4,* 242–252.

Robles-Medina, A.; P.A. González-Moreno; L. Esteban-Cerdan; E. Molina-Grima. Biocatalysis: Towards Even Greener Biodiesel Production. *Biotech. Adv.* **2009,** 398—408.

Rodolfi, L.; G.C. Zitelli; N. Bassi; G. Padovani; N. Biondi; G. Bonini; M.R. Tredeci. Microalgae for Oil: Strain Selection, Induction of Lipid Synthesis and Outdoor Mass Cultivation in a Low-Cost Photobioreactor. *Biotech. Bioeng.* **2009,** *102,* 100–112.

Roessler, P.G. Changes in the Activities of Various Lipid and Carbohydrate Biosynthetic Enzymes in the Diatom *Cyclotella cryptica* in Response to Silicon Deficiency. *Arch. Biochem. Biophys.* **1988a,** *267,* 521–528.

Roessler, P.G. Effects of Silicon Deficiency on Lipid Composition and Metabolism in the Diatom *Cyclotella cryptica. J. Phycol.,* **1988b,** *24,* 394–400.

Roessler, P.G. Environmental Control of Glycerolipid Metabolism in Microalgae—Commercial Implications and Future Research Directions. *J. Phycol.* **1990,** *26,* 393–399.

Shaw, P.M.; G.J. Jones; J.D. Smith; R.B. Johns. Intraspecific Variations in the Fatty Acids of the Diatom *Skeletonema costatum. Phytochemistry* **1989,** *28,* 8111 –8115.

Sheehan, J.; T. Dunahay; J. Benemann; P. Roessler. A Look Back at the U.S. Department of Energy's Aquatic Species Program—Biodiesel from Algae; National Renewable Energy Laboratory:, Golden, Colorado, 1998.

Shifrin, N.S.; S.W. Chisholm. Phytoplankton Lipids: Interspecific Differences and Effects of Nitrate, Silicate and Light-Dark Cycles. *J. Phycol.* **1981,** *17,* 374–384.

Siron, R.; G. Giusti; B. Berland. Changes in the Fatty Acid Composition of *Phaeodactylum tricornutum* and *Dunaliella tertiolecta* during Growth and under Phosphorous Deficiency. *Mar. Ecol. Prog. Ser.* **1989,** *55,* 95–100.

Sukenik, A.; Y. Carmeli; T. Berner. Regulation of Fatty Acid Composition by Irradiance Level in the Eustigmatophyte *Nannochloropsis* sp. *J. Phycol.* **1989,** *25,* 686–692.

Taguchi, S.; J.A. Hirata; E.A. Laws. Silicate Deficiency and Lipid Synthesis in Marine Diatoms. *J. Phycol.* **1987,** *23,* 260–267.

Takagi, M.; K. Watanabe; K. Yamaberi; T. Yoshida. Limited Feeding of Potassium Nitrate for Intracellular Lipid and Triglyceride Accumulation of *Nannochloris* sp. UTEX LB1999. *Appl. Microbiol. Biotechnol.* **2000,** *54,* 112–117.

Templier, J.; C. Largeau; E. Casadevall. Mechanism on Non-isoprenoid Hydrocarbon Biosynthesis in *Botryococcus braunii. Phytochemistry* **1984,** *23,* 1017–1028.

Tonon, T.; D. Harvey; T.R. Larson; I.A. Graham. Long Chain Polyunsaturated Fatty Acid Production and Partitioning to Triacylglycerols in Four Microalgae. *Phytochemistry* **2002,** *61,* 15–24.

Tornabene, T.G.; G. Holzer; S. Lien; N. Burris. Lipid Composition of the Nitrogen Starved Green Alga *Neochloris oleoabundans*. *Enz. Microb. Technol.* **1983,** *5,* 435–440.

Tzovenis, I.; N. De Pauw; P. Sorgeloos. Optimisation of T-TSO Biomass Production Rich in Essential Fatty Acids II. Effect of Different Light Regimes on the Production of Fatty Acids. *Aquaculture* **2003,** *216,* 223–242.

Vasquez-Duhalt, R.; B.O. Arrendondo-Vega. Haloadaptation in the Green Alga *Botryococcus braunii* (Race A). *Phytochemistry* **2001,** *30,* 2919–2925.

Wake, L.V.; L.W. Hillen. Nature and Hydrocarbon Content of Blooms of the Alga *Botryococcus braunii* Occurring in Australian Freshwater Lakes. *Aust. J. Mar. Freshwat. Res.* **1981,** *32,* 353–367.

Widjaja, A.; C.C. Chien; Y.H. Ju. Study of Increasing Lipid Production from Freshwater Microalgae *Chlorella vulgaris*. *Journal of the Taiwan Institute of Chemical Engineers* **2009,** *40,* 13–20.

Wolf, F.R.; A.M. Nonomura; J.A. Bassham. Growth and Branched Hydrocarbon Production in a Strain of *Botryococcus braunii* (Chlorophyta). *J. Phycol.* **1985,** *21,* 388–396.

第14章

利用细菌油脂制备生物燃料

Daniel Bröker[a], Yasser Elbahloul[b], Alexander, Steinbüchel[a]

([a]*Institut für Molekuare Mikrobiologie und Biotechnologie, Westfälische Wilhelms-Universität Münster, D-48149 Münster, Germany*; [b]*Faculty of Science-Botany Dept., Alexandria University, 21511-Moharam Bey, Alexandria, Egypt.*)

当前，在化石能源短缺而造成的原油涨价和环境问题越来越严重的情形下，对可再生能源中的生物燃料的需求不断增加。人们既想利用能源使他们的生活运转下去，又不想造成巨大的环境、经济和社会问题。因此，生物燃料的生产是一个有希望解决以上问题的途径。本章主要介绍由细菌油脂生产的生物燃料。脂类物质，如脂肪酸甲酯和乙酯，即通常认为的生物柴油。生物柴油具有如下优点：生物降解，无毒，低硫含量，而且不含芳香族化合物。现在，大量的菜油被作为可再生资源，通过化学催化或酶催化制备生物柴油。细菌细胞中储存的油脂化合物可以代替菜油作为生物柴油的原料。本章主要介绍细菌油脂的生物合成，也介绍细菌酰基转移酶——甘油三酯和蜡酯生物合成的关键酶。我们试图在重组大肠杆菌（*Escherichia coli*）中生物合成脂肪酸乙酯和讨论“微生物柴油”的前景。

14.1 引言

生物法生产制备细菌胞内储存的化合物如PHA在持续增长，特别是由于这些PHA是可生物降解的（Steinbüchel，1996，2001；Steinbüchel & Hein，2001）。一个突出的例子就是3-羟基丁酸酯和3-羟基戊酸酯共聚物［聚（3HB-co-

3HV）]，在帝国化学工业公司（ICI）实现了产业化，并且以 Biopol 的商标名销售。除了这些熟知的细菌胞内储存化合物外，其他胞内储存化合物如虾青素、甘油三酯（TAG）和蜡酯（含氧脂类的长链脂肪酸和主要的长链脂肪醇）也引起了研究和产业化生产的兴趣。随着石油的储存量逐渐减少而引起价格上涨和石油使用后的环境污染问题，替代燃料的生产受到了广泛的关注。因此，在生物燃料尤其是生物柴油方面已经开展了大量的研究。生物柴油有几方面优势——可生物降解性，无毒，含硫量低，不存在芳香族化合物，环境友好，而且属于可再生能源。通常，生物柴油是由甘油三酯的酯交换（图 14-1 中 A）或自由脂肪酸与短链醇类如甲醇的酯化（图 14-1 中 B）生成脂肪酸甲酯和副产物甘油。酸根的长度取决于甘油三酯等油脂的来源。在多个研究中，不同来源的甘油三酯制备得到的生物柴油已应用在柴油机上。

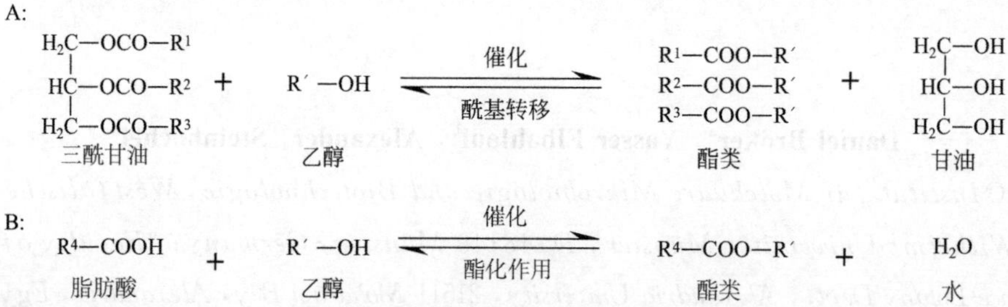

A:

$H_2C—OCO—R^1$ $HC—OCO—R^2$ $H_2C—OCO—R^3$	+	$R'—OH$	催化 ⇌ 酰基转移	$R^1—COO—R'$ $R^2—COO—R'$ $R^3—COO—R'$	+	$H_2C—OH$ $HC—OH$ $H_2C—OH$
三酰甘油		乙醇		酯类		甘油

B:

$R^4—COOH$	+	$R'—OH$	催化 ⇌ 酯化作用	$R^4—COO—R'$	+	H_2O
脂肪酸		乙醇		酯类		水

图 4-1 通过短链的醇与 TAG 的酰基转移（A）反应和游离脂肪酸的酯化（B）反应生产生物柴油

R^1～R^4 代表脂肪酸端的链，R′代表醇端的链

除了蜡酯和酯类，甘油三酯以中性贮存油脂形式存在于植物、动物、酵母、真菌、细菌中（Alvarez & Steinbüchel，2002）。在植物中，甘油三酯存在于种子中，是细胞内主要的贮存油脂（Murphy & Vance，1999）。令人感兴趣的是，希蒙得木（jojoba）种子内贮存了长链蜡酯（Yermanos，1975）。动物细胞内的脂体主要由甘油三酯和酯类组成，主要存在于肝细胞和脂肪细胞中（Murphy & Vance，1999）。真菌和丝状真菌中的脂体与植物、动物的相似（Holdsworth & Ratledge，1991；Zweytick et al，2000）。细菌中也存储了大量的油脂，如甘油三酯和蜡酯（Alvarez et al，2000；Kalscheuer et al，2007）。

因此，根据生物柴油原料来源和转化为生物柴油的催化过程的不同可将其细分为：① 以植物油、动物油、微生物油或废弃油为原料，经甲醇催化转化成生物柴油（图 14-2 中 A）。② 以植物油、动物油、微生物油或废弃油为原料，经脂肪酶（Du et al，2007；Iso et al，2001；Orcaire et al，2006）或全细胞（Li et al，2007a）与甲醇催化转化成生物柴油（图 14-2 中 B）；③ 微生物柴油生产，包括酯交换合成乙醇（图 14-2 中 C）。后面那一类现在被认为是微生物柴油，自从 Kalscheuer 等（Kalscheuer et al，2006）报道以后引起了人们极大的兴趣。

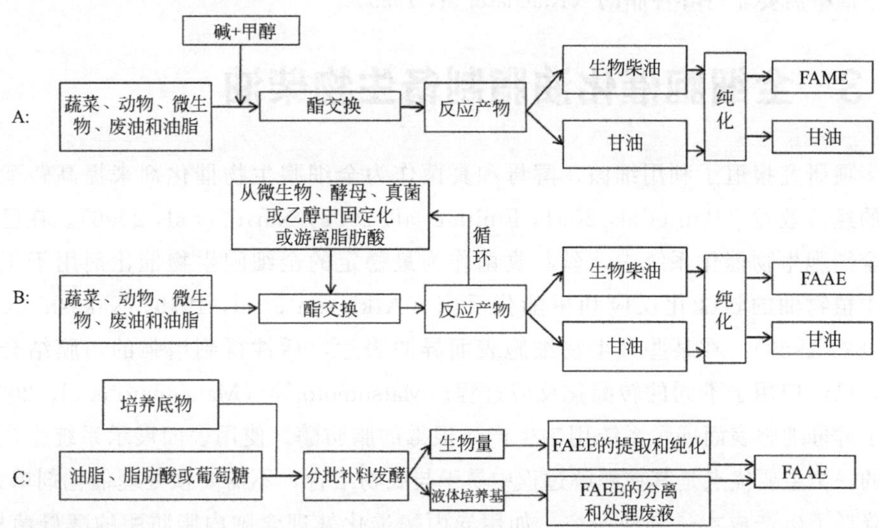

图 14-2　根据酯交换反应中油脂和醇类的来源将生物柴油分成不同类别。我们区分了：（A）植物油、动物油、微生物油、废油和脂肪制成的生物柴油以及甲醇参与的化学酯交换反应；（B）植物油、动物油、微生物油、废油和脂肪制成的生物柴油以及生物催化的酯交换反应过程，使用了脂肪酶或整个细胞和生物或化学醇类；（C）微生物的生物柴油生产，包括乙醇合成的酯交换反应过程

14.2　酶法催化油脂制备生物柴油

大量的研究集中在使用胞外脂肪酶催化转化生物柴油，以减轻碱催化引起的大量甘油产生和生物柴油需纯化等问题。研究了不同来源的脂肪酶催化甘油三酯与短链甲醇的酯交换反应，以产生脂肪酸甲酯（Adamczak & Bednarski，2004；Hama et al，2006；Nakashima et al，1988，1990；Shimada et al，1999；Tamalampudi et al，2007）。Shimada 等（Shimada et al，1999）报道，逐步向油中加入甲醇，利用从固定在丙烯酸树脂上的南极假丝酵母（*Candida antarctica*）（诺维信 435）获得的脂肪酶进行催化。由于这一措施可避免脂肪酶受到甲醇的抑制，这种固定体系用于超过 50 个循环，催化成脂肪酸酯的转化率达到 95%。在另一项研究中，Watanabe 等（2000）利用诺维信 435 在连续反应系统中反应超过 100 天的产率没有显著减少，而脂肪酸甲酯产率约为 93%。与米根霉（*Rhizopus oryzae*）产的特异性脂肪酶相比，产自皱褶假丝酵母（*Candida rugosa*）、洋葱假单胞菌（*Pseudomonas cepacia*）和荧光假单胞菌（*Pseudomonas fluorescens*）的非特异性脂酶表现出相对较高的催化转化效率。当应用产自米根霉的对甘油酯的 1、3 号位置有区域特异性的脂肪酶时，产生 *sn*-1 位和 *sn*-3 位的脂肪酸甲酯，但不是 *sn*-2 位的脂肪酸甲酯。该结果显示在生物柴

油的生产中需要非特异性脂酶（Kaieda et al，1999）。

14.3 全细胞催化油脂制备生物柴油

多项研究报道了利用细菌、酵母和真菌作为全细胞生物催化剂来提高转酯化过程的经济效益（Ban et al，2001；Fujita et al，2002；Narita et al，2006）。在已建立的全细胞生物催化系统中，丝状真菌作为最稳定的全细胞生物催化剂用于工业生产中植物油的转酯化反应和甲酯化反应（Atkinson et al，1979；Nakashima et al，1988，1989）。在某些微生物细胞表面异源表达，活性得到增强的与膜结合脂肪酶，已经应用于不同的转酯化反应过程。Matsumoto 等（Matsumoto et al，2002）开发了酵母细胞表面展示系统用来生产米根霉的脂肪酶。使用表面展示系统生产脂肪酶的一个主要优点是其在醇解过程中易于与底物结合，不需要预处理催化剂单元，因此降低了生产成本。其他研究，如用异丙醇透化处理含胞内脂肪酶的酵母菌株，可以进一步提高全细胞生物催化剂的催化效率（Kondo et al，2000）。

然而，与体外固定化脂肪酶催化相比，全细胞催化的转酯化反应被认为耗时更长。Watanabe 等（2000）和 Samukawa 等（Samukawa et al，2000）报道，诺维信 435 在连续反应（7h，92％～94％的脂肪酸甲酯含量）和补料分批反应（3.5h，油酸甲酯预处理，87％的脂肪酸甲酯）中，固定化脂肪酶催化的酯交换反应速率非常高。与此相反，分批反应中全细胞生物催化剂催化的反应速率非常低，耗时分别超过 72h（Matsumoto et al，2002）或 165h（Matsumoto et al，2001）。寻找更高效的全细胞生物催化剂的工作正在进行中。Tamalampudi 等（Tamalampudi et al，2007）报道，含有克隆自南极假丝酵母的脂肪酶编码基因重组丝状米曲霉作为一个高效的全细胞生物催化剂，将其固定在生物质载体颗粒（BSP）上，无论在水介质还是非水介质中都大大促进其在工业生物催化反应中的应用。此外，在非特异性脂肪酶异源表达的进展方面，如南极假丝酵母和洋葱假单胞菌的脂肪酶以及耐甲醇的脂肪酶，可能促进重组全细胞生物催化剂的发展，并提高植物油的酯交换反应效率（Fukuda et al，2001）。

尽管如此，各种各样可再生的植物油已主要通过碱催化或酶催化的转酯化反应生成生物柴油（Vasudevan & Briggs，2008）。商业生产中的碱催化转酯化反应需要高温（160～180℃）。然而脂肪酶成本较高，最常用的酶催化剂可节省能耗（Metzger & Bornscheuer，2006）。生物柴油生产的成本主要来自原料（Shah et al，2004；Tamalampudi et al，2008）。此外，使用可再生的植物油会引发社会问题，因为生物柴油原料的生产往往与粮食作物的生产竞争土地。微生物柴油生产的第一个挑战是要找到合适的微生物菌株，能够高产甘油三酯或蜡酯（Stöveken & Steinbüchel，2008）。近年来，许多富含油脂的微生物已经广泛用于单细胞油脂

(SCO) 的生产，尤其是用于生物柴油的生产。大量报道了许多富含油脂的细菌、真菌、酵母菌、微藻的生长和油脂积累情况，这些油脂与植物油相似（Aggelis et al，1995；Aggelis & Sourdis，1997；Li et al，2007b；Papanikolaou et al，2002，2004；Ratledge，2004）。脂肪酸甲酯和脂肪酸盐（Metzger & Largeau，2005）可用作唯一碳源和能源。在这方面，细菌以非粮产品为碳源将其转化成 TAG 的工艺路线有可能用于生产生物柴油。

14.4　微生物中性油脂及其功效

大量积累 TAG 的细菌主要属于放线菌（actinomyces），特别是分枝杆菌（*Mycobacterium* sp.）（Akao & Kusaka，1976；Barksdale & Kim，1977）、诺卡氏菌（*Nocardia* sp.）（Alvarez et al，1997a）、红球菌（*Rhodococcus* sp.）（Alvarez et al，1996）、迪茨氏菌（*Dietzia* sp.）（Alvarez & Steinbüchel，2002）、戈登氏菌（*Gordonia* sp.）（Alvarez & Steinbüchel，2002）、小单孢菌（*Micromonospora* sp.）（Hoskisson et al，2001）、链霉菌（*Streptomyces* sp.）（Olukoshi & Packter，1994）。与累积的蜡酯相比较，TAG 积累虽然量小，也被描述为革兰阴性不动杆菌属（*Acinetobater*）的成员（Makula et al，1975；Scott & Finnerty，1976；Singer et al，1985）。TAG 存储在这些细菌的脂质体中，它们的含量和大小因菌种、生长阶段和培养条件而异（表 14-A）。在这些菌种中，红球菌 PD630 能够积累 TAG 高达细胞总干重的 89%，并且它的细胞几乎完全充满了几个直径范围从 50 nm 至 400 nm 的脂质体（图 14-3）（Alvarez et al，1996）。这些脂质体主要由 TAG（87%）、甘油二酯（大约 5%）、游离脂肪酸（大约 5%）、磷脂（1.2%）和蛋白质（0.8%）组成。TAG 主要含十六烷酸（占总脂肪酸含量的 36.4%）、十八烯酸（19.1%）以及相当数量的奇数脂肪酸如十七烷酸（11.4%）和 10-十七烯酸（10.6%）（Alvarez et al，1996）。

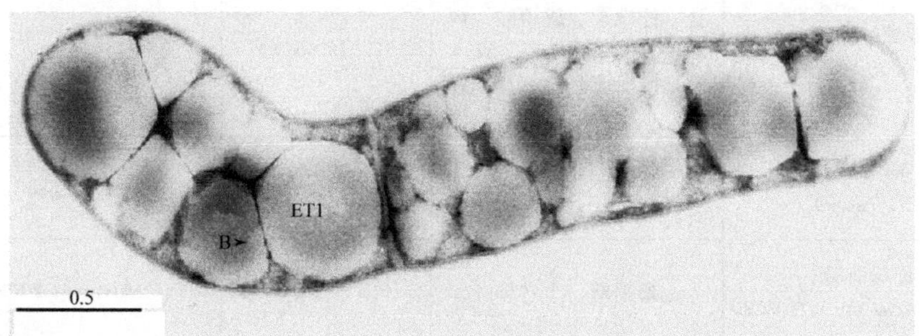

图 14-3　混浊红球菌（*Rhodococcus opacus*）PD630 细胞脂质体的电镜照片。细胞中含有几个透明的脂质体（ET1），展现出一个很薄的边线层（B）。短线代表长度 0.5μm。

图片来源于 Alvarez et al，1996

表 14-A　细菌中的甘油三酯（TAG）。表中列出了每一个细菌中可能转化为 TAG 的碳源以及 TAG 的浓度。可能存在不同碳源的情形下，利用这种碳源培养产生的 TAG 含量用黑体标出

（来源于 Alvarez & Steinbüchel，**2002**）

细　菌	碳　源	TAG 含量	参考文献
	革兰氏阳性菌		
Dietza maris	醋酸盐，十六烷	19.2%（cdw）	Alvarez，2003
污泥戈登氏菌（*Gordonia amarae*）	葡糖酸盐，十六烷	6.1%（cdw）	Alvarez，2003
棘孢小单胞菌（*Micromonospora echinospora*）	葡萄糖	8.0%（cdw）	Hoskisson et al，2001
鸟分枝杆菌（*Mycobacterium avium*）	软脂酸	5.0%（cdw）	Barksdale & Kim，1977
M. ratisbonense	鲨烯	n. r.	M. Berekaa & A. Steinbüchel，未出版数据
包皮垢分枝杆菌（*M. smegmatis*）	复杂培养基	n. r.	Akao & Kusaka，1976
结核分枝杆菌（*M. tuberculosis*）	含甘油培养基	n. r.	Barksdale & Kim，1977
星形诺卡氏菌（*Nocardia asteroides*）	葡糖酸、十五烷、十六烷、汽油	12.2%（cdw）	Alvarez，2003
珊瑚诺卡氏菌（*N. corallina*）	葡萄糖、十六烷、戊酸盐	23.9%（cdw）	Alvarez et al，1997a
小球诺卡氏菌（*N. globerula*）	葡糖酸、十六烷、姥鲛烷	18.6%（cdw）	Alvarez et al，2001；Alvarez，2003
限定诺卡氏菌（*N. restricta*）	葡糖酸、十六烷	19.3%（cdw）	Alvarez，2003
红平红球菌（*Rhodococcus erythropolis*）	葡糖酸、十五烷、十六烷、戊酸盐	21.0%（cdw）	Alvarez et al，1997a；Alvarez，2003
缠绕红球菌（*R. fascians*）	葡萄糖、十五烷、十六烷、戊酸盐	18.1%（cdw）	Alvarez et al，1997a；Alvarez，2003
混浊红球菌（*R. opacus*）	葡糖酸、果糖、醋酸盐、柠檬素、琥珀酸、丙酸酯、戊酸盐、乙酸苯酯、橄榄油、去氧肾上腺素、正烷类	87.0%（cdw）	Alvarez et al，1996，1997a，2003
赤红球菌（*R. ruber*）	葡萄糖、乙酸盐、柠檬酸、戊酸盐、十五烷、十六烷	26.0%（cdw）	Alvarez et al，1997a
红球菌属（*Rhodococcus* sp.）菌株 20	葡糖酸、十六烷	8.1%（cdw）	Alvarez，2003
天蓝色链霉菌（*Streptomyces coelicolor*）	复杂培养基	84 mg/mL 培养基①	Olukoshi & Packter，1994；Karandikar et al，1997

续表

细菌	碳源	TAG含量	参考文献
变铅青链霉菌（*S. lividans*）	复杂培养基	125mg/mL 培养基①	Olukoshi & Packter，1994
白色链霉菌（*S. albulus*）	复杂培养基	56mg/mL 培养基①	Olukoshi & Packter，1994
灰色链霉菌（*S. griseus*）	复杂培养基	93mg/mL 培养基①	Olukoshi & Packter，1994
革兰氏阴性菌			
醋酸钙不动杆菌（*Acinetobacter calcoaceticus*）strain BD413	十六烷	4.0%（cdw）	Reiser & Somerville，1997
鲁氏不动杆菌（*A. lwoffi*）	十六烷＋乙醇	16ug/mg 蛋白质①	Vachon et al，1982
不动杆菌属（*Acinetobacter* sp.）菌株 H01-N	十六烷＋十六醇	1.9%（cdw）	Makula et al，1975；Scott & Finnerty，1976；Singer et al，1985
不动杆菌属（*Acinetobacter* sp.）菌株211	乙酸、乙醇、橄榄油、十六醇、十六烷	25.0%（cdw）	Alvarez et al，1997b
绿脓杆菌（*Pseudomonas aeruginosa*）菌株 44T1	葡萄糖、正烷类、橄榄油	38.0%（cdw）	De Andrès et al，1991
其他菌			
普通念珠藻（*Nostoc commune*）	复杂培养基	n. r.	Taranto et al，1993

① TAG总量。

注：cdw—细胞干重；n. r. —未报告。

用烷烃和芳烃培养不动杆菌积累的主要是蜡酯（Fixter & Fewson，1974；Fixter & McCormack，1976；Gallagher，1971；Scott & Finnerty，1976）。卡他双球菌（*Moraxella* sp.）（Bryn et al，1977）、微球菌（*Micrococcus* sp.）（Russell & Volkman，1980）、食烷菌（*Alcanivorax* sp.）（Bredemeier et al，2003）也积累蜡酯，但含量稍低。属于棒状杆菌属（*Corynebacterium*）的放线菌（actinomycetes）（Bacchin et al，1974）、分枝杆菌（*Mycobacterium*）（Wang et al，1972）和诺卡氏菌（*Nocardia*）（Raymond & Davis，1960）也被证实积累蜡酯。已经确定了异戊二烯蜡酯存在于海杆菌（*Marinobacter*）中，如除烃海杆菌（*M. hydrocarbonoclasticus*）DSM8798，生长在海洋沉积物中。这些沉积物有丰富的无环类异戊二烯醇，如金合欢醇和叶绿醇等，它们来自叶绿素分子（Holtzapple & Schmidt-Dannert，2007；Rontani et al，1997，1999，2003）。

在这些菌种中，不动杆菌ADP1和醋酸钙不动杆菌HO1-N能够积累约占细胞干重25%的蜡酯，但可以观察到每个细胞中只有一个或几个蜡酯体，其平均直径为200nm（Scott & Finnerty，1976；Stöveken et al，2005；Wältermann et al，2005）。化学分析结果显示：这些蜡酯体由棕榈酸十六酯（85.6%）、棕榈醇（4.8%）和磷脂（9.6%）组成（Singer et al，1985）。有趣的是，一些不动杆菌

(Dewitt et al，1982；Makula et al，1975；Singer et al，1985）和食烷菌(Bredemeier et al，2003；Kalscheuer et al，2007）利用烷烃产胞外的蜡酯，在这些胞外蜡酯合成和释放的机制方面的研究已取得了进展（Manilla-Perez et al，未发表）。

在细菌中，贮藏的中性油脂作为碳源和能源存储的化合物，当碳源缺乏时作为可调动的碳源和其他必要的补充剂（Alvarez et al，2000）。例如，TAG可被脂肪酶水解为甘油和脂肪酸。甘油然后磷酸化，氧化成磷酸二羟丙酮，并进一步在糖酵解途径中分解代谢。一般情况下，脂肪酸被转换为辅酶A（CoA）酯和在β-氧化途径中氧化，得到乙酰CoA。后者在三羧酸循环（TCA）中进一步分解，或用在合成代谢中。因此，油脂积累对营养缺乏的自然界个体是有利的。有人认为，游离脂肪酸具有膜破坏势，它们作为掺入无毒存储化合物保护这些细胞免受高浓度游离脂肪酸的影响（Alvarez et al，2001；Wältermann & Steinbüchel，2005）。此外提出了干旱适应性，在脱水条件下脂质烃链氧化会产生相当大量的水，有助于细胞生存（Alvarez et al，2004）。由于致病细菌如结核分枝杆菌(*Mycobacterium tuberculosis*）也能积累TAG，讨论了TAG代谢可能引起发病的机制（Daniel et al，2004；Garton et al，2002）。

14.5 中性油脂的生物合成及其相关的酶

细菌和真核生物能积累中性脂类作为碳源和能源，如TAG和蜡酯，由甘油酯转化成三脂肪酸（图14-4中A）或脂肪酸醇酯化组成（图14-4中B）。脂肪酸从头合成由脂肪酸合成酶复合催化乙酰CoA和丙二酰辅酶A，使用NADPH作为还原剂。当乙酸乙酯和丙二酸二乙酯从辅酶A转移到巯基酰基载体蛋白（ACP）时，脂肪酸的从头合成发生。在这两个阶段中，两个碳原子添加到由合成酶复合物催化的增长中的脂肪酸链的羧基末端。合成不断重复，直到ACP脂肪酸达到适当的链长，合成终止，形成特定链长的脂肪酸（Magnuson et al，1993）。这些脂肪酸与糖酵解中间磷酸二羟丙酮产生的甘油或酰基CoA和烃类化合物作为前体氧化还原形成的脂肪醇结合，分别得到TAG或蜡酯。

与真核生物中不同特定酶类专门催化转移长链的酰基残基，产生TAG和蜡酯相比（Athenstaedt & Daum，2006；Yen et al，2008），无论是TAG还是蜡酯合成，细菌中的酰基转移酶主要催化最后一步（Alvarez et al，2008；Arabolaza et al，2008；Daniel et al，2004；Holtzapple & Schmidt-Dannert，2007；Kalscheuer & Steinbüchel，2003；Kalscheuer et al，2003，2007；Wältermann et al，2006）。这类酶具有低的底物特异性，而且较多的物质可作为其受体分子，允许将这些物质合成TAG和蜡酯。根据所催化的反应，这些酶被定义为蜡酯合成酶/辅酶A转移酶

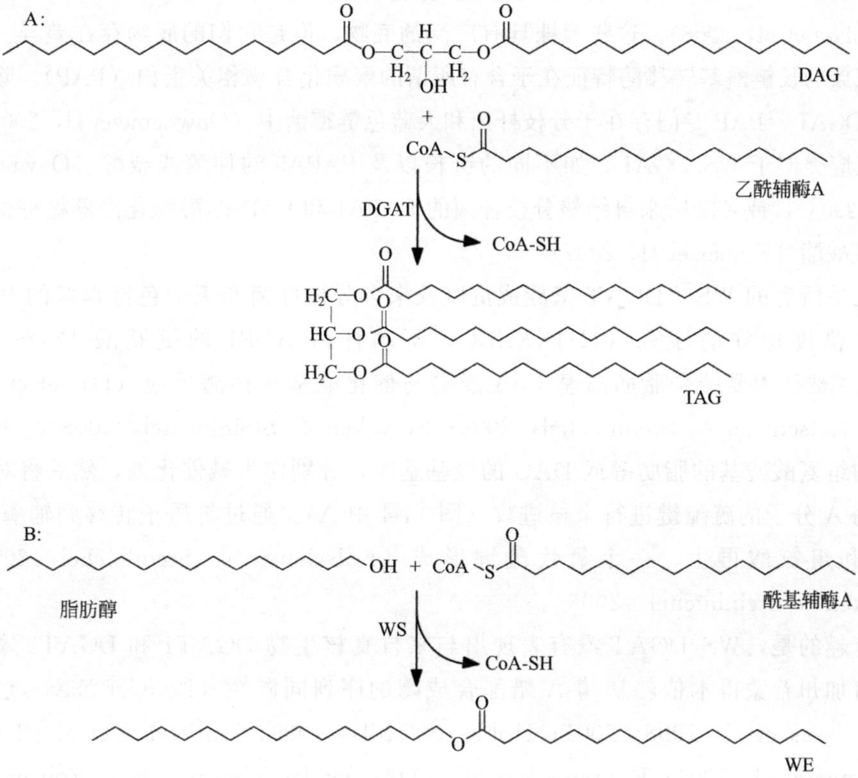

A:
DAG
CoA
乙酰辅酶A
DGAT
CoA-SH
TAG
B:
脂肪醇
酰基辅酶A
WS
CoA-SH
WE

图 14-4　细菌蜡酯合成酶/酰基辅酶 A：甘油二酯酰基转移酶（WS/DGAT）催化的体内反应：（A）甘油二酯酰基转移酶反应；（B）蜡酯合成酶反应

DAG—甘油二酯；DGAT—甘油二酯酰基转移酶；TAG—甘油三酯；WS—蜡酯合成酶

（WS / DGAT）（图 14-4）（Kalscheuer & Steinbüchel，2003；Stöveken et al，2005；Uthoff et al，2005）。体外实验表明，纯化自不动杆菌 ADP1 的 WS / DGAT 表现出酰基辅酶 A：甘油单酯酰基转移酶（MGAT）活性，在甘油酯的 *sn*-1、*sn*-2 和 *sn*-3 位置中羟基优选 *sn*-2 位。WS / DGAT 酰化直链醇，从乙醇到三十烷醇，表现出对中度长链醇的活性最高，即从十四烷醇到十八烷醇。链长增加，酶的活性降低。与仲醇相比，优选伯醇。为检测 WS 的特异性，测试了酰基部分碳链长度为 $C_2 \sim C_{20}$ 的酰基辅酶 A。碳链长度为 $C_{14} \sim C_{18}$ 的活性最高。酰化反应的环状和芳族醇，如环己醇或苯乙醇，也由 WS / DGAT 催化，确认了 WS / DGAT 的特异性（Stöveken et al，2005）。

进一步确定了细菌脂酰转移酶 WS/DGAT 系列，如来自结核分枝杆菌菌株 H37Rv（Daniel et al，2004）、泊库岛食烷菌（*Alcanivorax borkumensis*）菌株 SK2（Kalscheuer et al，2007）、除烃海杆菌（*Marinobacter hydrocarbonoclasticus*）菌株 DSM8798（Holtzapple & Schmidt-Dannert，2007；Rontani et al，1999）、浑浊红球菌

菌株 PD630（Alvarez et al，2008）和天蓝色链霉菌（*Streptomyces coelicolor*）菌株（Arabolaza et al，2008）。这些菌株具有广泛的底物，但是它们的底物存在差异。另一个家族的长链酰基转移酶特征在于含有所谓的聚酮化合物相关蛋白（PAP）。除了 WS / DGAT，PAP 专门存在于分枝杆菌和天蓝色链霉菌中（Onwueme et al，2004）。催化反应类似于 WS/DGAT，如不同的链长以及 PAPA5 的仲醇或叔醇（Onwueme et al，2004），或者随后来自结核分枝杆菌的 PAPA1 和 PAPA2 醇酰化海藻糖棕榈酰化 2-硫酸酯（Kumar et al，2007）。

几乎所有的 WS / DGAT 家族成员以及来自分枝杆菌和天蓝色链霉菌的 PAP 含有一高度保守的序列（HHXXXDG，不动杆菌 ADP1 的氨基酸 133～138 AtfA），被认为要结合脂肪酰基 CoA 或参与催化酰基转移酶反应（Daniel et al，2004；Kalscheuer & Steinbüchel，2003；Stöveken & Steinbüchel，2008）。去除保守的组氨酸残基的脂肪醇或 DAG 的羟基基团，分别作为碱催化剂，然后将对脂酰辅酶 A 分子的硫酯键进行亲核进攻（图 14-4 中 A）。通过将质子转移到辅酶 A-S^- 上和组氨酸再生，一个氧代酯键形成（Kalscheuer & Steinbüchel，2003；Stöveken & Steinbüchel，2008）。

有趣的是，WS/DGAT 没有表现出与来自真核生物 DGAT1 和 DGAT2 家族或来自加州希蒙得木依赖辅酶 A 蜡酯合成酶的序列同源性（Bouvier-Navé et al，2000；Cases et al，1998，2001；Hobbs & Hills，1999；Lardizabal et al，2000；Onwueme et al，2004；Routaboul et al，1999；Sandager et al，2002；Zou et al，1999）。与真核专门代表膜蛋白的 WS 和 DGAT 酶相比，原核 WS/ DGAT 具有两亲特性，仅通过静电相互作用松散地附着在膜上（Cao et al，2003；Cases et al，1998；Lardizabal et al，2000；Kamisaka et al，1997；Stöveken et al，2005；Wältermann & Steinbüchel，2005）。

14.6 微生物中性油脂生产的研究

在细菌中，中性贮藏油脂作为碳和能量贮藏化合物，在一定的培养条件下积累。在高 C、N 含量的合成培养基中生长，混浊红球菌（*Rhodococcus opacus*）和变铅青链霉菌（*Streptomyces lividans*）中 TAG 含量低。细胞在低氮碳比的矿物盐培养基中生长，脂质体数量和 TAG 含量均显著增加，在稳定期油脂产率最大（Packter & Olukoshi，1995；Wältermann et al，2005）。Voss 和 Steinbüchel（Voss & Steinbüchel，2001）研究了不动杆菌菌株 PD630 利用低成本碳源糖甜菜和蔗糖糖蜜发酵生产 TAG。在 30L 和 500L 搅拌式反应器中补料分批发酵，30℃下分别得到约 37.5g/L 细胞干物质与 52% TAG、18.4g/L 细胞干物质与 38.4% TAG（Voss & Steinbüchel，2001）。Mona 等（Mona et al，2008）比较了戈登氏菌（*Gordonia* sp.）DC 与不动杆菌菌株 PD630 脂质的积累，使用不同的农产品加工业的残余物或废物，如甘蔗糖蜜、长豆角和橘子的废物作为碳源。橘子的废物作为碳源使这两个菌株的最大脂质含量和脂质不饱和度增加，不动杆菌主要含 18∶3脂肪酸作为主要的不饱和脂肪酸，戈登氏菌 DC 主要含 22∶0 和 6∶0 脂肪酸作为优势脂肪酸（Mona et al，2008）。然而，没有考虑这项工作原料中可能包含的脂质或脂肪酸。此外，作者报道油脂含量高达 95%，如果属实，将是有史以来的最高值。因此，野生型菌株的脂质生产取决于所使用的菌株、培养条件、碳源和氮碳比。为建立生物技术产业化，对不同的合适生产菌株和培养条件进行了优化研究。另一种方法是探索使用相应基因编码的酶参与脂质生物合成的细菌代谢工程（Kalscheuer et al，2006）。

14.7　基因工程改造大肠杆菌制备生物柴油

在其他发酵产品中，厌氧混合酸发酵过程中大肠杆菌（*E. coli*）本来不产生脂肪酸乙酯（FAEE），只形成乙醇。乙酰 CoA 合成乙醇是通过两次连续 NADH 减少，该反应由多功能乙醇脱饱和酶（adhE 基因产物）催化（Goodlove et al，1989；Kessler et al，1992）。然而，在厌氧条件下，原始状态下大肠杆菌中的乙醇含量可能不能合成足够的脂肪酸酯以支持酯交换反应。运动发酵单胞菌（*Zymomonas mobilis*）编码 NADH 氧化途径的基因已经在大肠杆菌中实现异源表达（Ingram et al，1987；Alterthum & Ingram，1989；Kalscheuer et al，2006）。运动发酵单胞菌 NADH 氧化途径包括两个由两种不同酶催化的反应。丙酮酸脱羧酶（PDC，EC4.1.1.1）催化丙酮酸高产乙醛和 CO_2。在发酵过程中，乙醇脱饱和酶同工酶（ADH，EC1.1.1.1）催化还原乙醛成乙醇，伴随着氧化 NADH 成 NAD（Wills et al，1981；Neale et al，1986）。在有氧条件下产生大量的乙醇，这足够用于酯基转移过程和形成脂肪酸乙酯。正如我们所提及，微生物合成用于生物柴油生产的脂肪酸乙酯以不动杆菌菌株 ADP1 低底物特异性的 WS/DGAT（*atfA* 基因产物）为基础。

因此，Kalscheuer 等（Kalscheuer et al，2006）构建了一个载体，定义为 pMicrodiesel，其中包含 *atfA*、*pdc* 和 *adhB* 3 个基因，受两个 *lacZ* 启动子控制，以确保来自不动杆菌 ADP1 的 WS/DGAT、运动发酵单孢菌丙酮酸脱羧酶和乙醇脱饱和酶分别在大肠杆菌中有效地转录和表达。这些代谢工程菌株产生大量的乙醇，并同时表达 WS/DGAT，提供一个不寻常的酰基转移底物。后者使用乙醇作为酰基受体，虽然它的转化效率比天然底物甘油低，但最终形成了大量的脂肪酸乙酯。图 14-5 描述了体外从糖生物合成脂肪酸乙酯的方法。

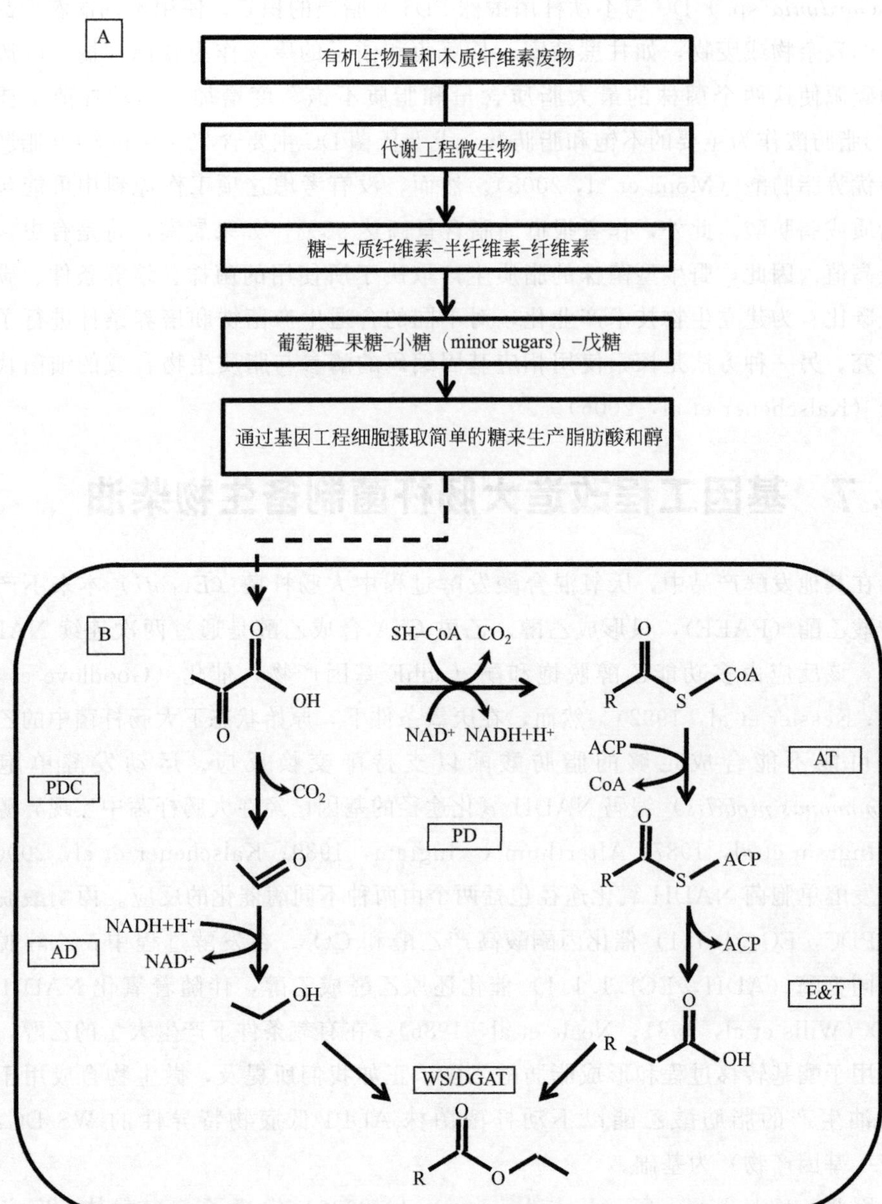

图14-5 利用木质纤维素水解废液和有机生物量生产脂肪酸乙酯（FAEE）的策略。A部分：把废液转变为单糖，B部分：工程菌能将单糖代谢成脂肪醇和乙醇，并通过异源性表达的WS/DGAT将其转化为FAEE

PDC—丙酮酸脱羧酶；AD—乙醇脱饱和酶；PD—丙酮酸脱饱和酶；
ACP—酰基载体蛋白；AT—酰基转移酶；E&T—延长循环直到脂肪酸最终合成；
WS/DGAT—蜡酯合成酶/酰基辅酶A：甘油二酯酰基转移酶

14.8 规模化培养用于制备生物柴油的细菌

使用大肠杆菌工程菌生物合成脂肪酸乙酯，它严格依赖培养基中油酸钠的存在（Kalscheuer et al，2006）。因此，该培养基中 0.2%油酸钠用于脂肪酸合成和 2%葡萄糖用于生成乙醇。在有氧条件下，大肠杆菌工程菌补料分批发酵过程中脂肪酸乙酯不断增加，72h 后脂肪酸乙酯达到 1.3g/L，最终细胞干生物量为 4.9g/L。其对应脂肪酸乙酯含量为 26%。所形成的脂肪酸乙酯积累在细胞内，在无细胞的上清液中并没有检测到显著的胞外脂肪酸乙酯（Kalscheuer et al，2006）。

最近，Elbahloul 和 Steinbüchel（未发表的数据）在 20 L 分批补料生物反应器中培养了含 pMicrodiesel 的大肠杆菌，细胞密度约 60g/L，脂肪酸乙酯含量达 25%。这项研究令人感兴趣的方面是使用甘油作为碳源。由于甘油是生物柴油生产的副产品，对它的有效利用对将来的微生物柴油产生意义重大。在发酵过程中菌体适量增长后，添加葡萄糖、油酸和油酸钠到矿物盐培养基，诱导脂肪酸乙酯的积累。乙醇脱饱和酶将葡萄糖转化为乙醇，WS/DGAT 将酯基转移至油酸。微生物柴油下游加工开始于细胞的离心收集，之后细胞干燥，用有机溶剂如丙酮萃取得到微生物柴油，随后去除丙酮。微生物柴油生产仍在开发中，将得到进一步简化（Elbahloul & Steinbüchel，未发表的数据）。GC 和 GC-MS 分析显示：16:0、16:1、18:0 和 18:1 脂肪酸酯在复杂培养基中培养并添加葡萄糖和油酸时存在（Kalscheuer et al，2006）。然而，如果在添加甘油的同时添加葡萄糖和油酸，微生物柴油除了含 16:0、16: 1、18:0 和 18:1 脂肪酸外，还含 10:0、11:0、12:0 和 14:0 脂肪酸（Elbahloul & Steinbüchel，未发表的数据）。

14.9 前景与展望

目前生物柴油的研究主要集中在使用的原料、过程的设计以及所生产柴油的质量方面。生物法的主要成本来自原料（60%以上），其次是生产过程的支出。

因此，生物柴油生产方面，我们必须继续研究的是产油的原料。微生物柴油生产的一个重要特性，是可能不需要为细菌产油提供底物。通过基因工程手段使脂肪酸过量生物合成和减少降解，对生物柴油、微生物柴油和其他脂质的生产至关重要。Lu 等（Lu et al，2008）报告了用基因工程手段通过改变大肠杆菌中 4 个不同基因实现脂肪酸的过量生产。敲除内源性 *fadD* 基因，其编码一个乙酰辅酶 A 合成酶，可阻止脂肪酸的降解。此外，异源表达植物硫酯酶可增加短链脂肪酸的丰度，提高燃料质量。其次是乙酰 CoA 羧化酶的异源表达，以增加丙二酰辅酶 A 的供应。最后是异源表达内源性硫酯酶，解除反馈抑制（Davis et al，2000；Lu et al，2008；Voelker & Davies，1994；Yuan et al，1995）。

生物柴油生产的另一个重要方面是廉价且可再生催化剂制备的原料。已知的细菌、酵母菌和真菌工业基因工程菌株表达一组可利用复杂的纤维素、半纤维素、多糖废物和可再生资源所需的基因，使微生物柴油生产过程可持续。同时，利用木质纤维素不会与生产食品和饲料的油料作物和其他蔬菜产生竞争（Antoni et al，2007）。基因工程微生物利用木质纤维材料生产油脂（图 14-5）是很有前景的。一般而言，与用作食品的含淀粉原料相比，使用含有蔗糖的废物资源，如甘蔗糖蜜或甜菜，使我们可以低成本生产微生物生物质。Voss 和 Steinbüchel（Voss & Steinbüchel，2001）利用甜菜和蔗糖糖蜜工厂化培养浑浊红球菌，TAG 含量约 39%。因此，木素纤维素原料的量大和低成本为微生物柴油的发展提供了许多可能性。木质纤维素生物质约占全球生物质的 50%，其年产量估计为 100 亿至 500 亿吨（Claassen et al，1999）。此外，木质纤维素生物质是一种资源，以不同的方式进行处理可产生许多其他产品，如合成气、甲醇、氢气和电力（Chum & Overend，2001）。

（**致谢**：感谢 H. M. Alvarez 授权使用其不动杆菌菌株 PD630 细胞中脂质体的电子显微镜照片。）

参考文献

Adamczak, M.; W. Bednarski. Enhanced Activity of Intracellular Lipases from *Rhizomucor meihi* and *Yarrowia lipolytica* by Immobilization on Biomass Support Particles. *Process Biochem.* **2004,** *39,* 1347–1361.

Aggelis, G.; J. Sourdis. Prediction of Lipid Accumulation Degradation in Oleaginous Microorganisms Growing on Vegetable Oils. *Antonie van Leeuwenhock* **1997,** *72,* 159–165.

Aggelis, G.; M. Komaitis; S. Papanikolaou; G. Papadopoulos. A Mathematical Model for the Study of Lipid Accumulation in Oleaginous Microorganisms. Lipid Accumulation during Growth of *Mucor circinelloides* CBS172-27 on a Vegetable Oil. *Gracas y Aceites* **1995,** *46,* 169–173.

Akao, T.; T. Kusaka. Solubilization of Diglyceride Acyltransferase from Membrane of *Mycobacterium smegmatis*. *J. Biochem. (Tokyo)* **1976,** *80,* 723–728.

Alterthum, F.; L.O. Ingram. Efficient Ethanol Production from Glucose, Lactose, and Xylose by Recombinant *Escherichia coli*. *Appl. Environ. Microbiol.* **1989,** *55,* 1943–1948.

Alvarez, H.M. Relationship between β-oxidation Pathway and the Hydrocarbon-Degrading Profile in Actinomycetes Bacteria. *Int. Biodeterior. Biodegrad.* **2003,** *52,* 35–42.

Alvarez, H.M.; A. Steinbüchel. Triacylglycerols in Prokaryotic Microorganisms. *Appl. Microbiol. Biotechnol.* **2002,** *60,* 367–376.

Alvarez, H.M.; F. Mayer; D. Fabritius; A. Steinbüchel. Formation of Intracytoplasmic Lipid Inclusions by *Rhodococcus opacus* Strain PD630. *Arch. Microbiol.* **1996,** *165,* 377–386.

Alvarez, H.M.; R. Kalscheuer; A. Steinbüchel. Accumulation of Storage Lipids in Species of *Rhodococcus* and *Nocardia* and Effect of Inhibitors and Polyethylene Glycol. *Fett. Lipid* **1997a,** *99,* 239–246.

Alvarez, H.M.; O.H. Pucci; A. Steinbüchel. Lipid Storage Compounds in Marine Bacteria. *Appl. Microbiol. Biotechnol.* **1997b,** *47,* 132–139.

Alvarez, H.M.; R. Kalscheuer; A. Steinbüchel. Accumulation and Mobilization of Storage Lipids by *Rhodococcus opacus* PD630 and *Rhodococcus ruber* NCIMB 40126. *Appl. Microbiol. Biotechnol.* **2000,** *54,* 218–223.

Alvarez, H.M.; M.F. Souto; A. Viale; O.H. Pucci. Biosynthesis of Fatty Acids and Triacylglycerols by 2,6,10,14-Tetramethyl Pentadecane Grown Cells of *Nocardia globerula* 432. *FEMS Microbiol. Lett.* **2001,** *200,* 195–200.

Alvarez, H.M.; R.A. Silva; A.C. Cesari; A.L. Zamit; S.R. Peressutti; R. Reichelt; U. Keller; U. Malkus; C. Rasch; T. Maskow; et al. Physiological and Morphological Responses of the Soil Bacterium *Rhodococcus opacus* PD630 to Water Stress. *FEMS Microbiol. Ecol.* **2004,** *50,* 75–86.

Alvarez, A.F.; H.M. Alvarez; R. Kalscheuer; M. Wältermann; A. Steinbüchel. Cloning and Characterization of a Gene Involved in Triacylglycerol Biosynthesis and Identification of Additional Homologous Genes in the Oleaginous Bacterium *Rhodococcus opacus* PD630. *Microbiology* **2008,** *154,* 2327–2335.

Antoni, D.; W. Zverlov; W.H. Schwarz. Biofuels from Microbes. *Appl Microbiol Biotechnol.* **2007,** *77,* 23–35.

Arabolaza, A.; E. Rodriguez; S. Altabe; H. Alvarez; H. Gramajo. Multiple Pathways for Triacylglycerol Biosynthesis in *Streptomyces coelicolor*. *Appl. Environ. Microbiol.* **2008,** *74,* 2573–2582.

Athenstaedt, K.; G. Daum. The Life Cycle of Neutral Lipids: Synthesis, Storage and Degradation. *Cell. Mol. Life Sci.* **2006,** *63,* 1355–1369.

Atkinson, B.; G.M. Black; P.J.S. Lewis; A. Pinches. Biological Particles of Given Size, Shape, and Density for Use in Biological Reactors. *Biotechnol. Bioeng.* **1979,** *21,* 193–200.

Bacchin, P.; A. Robertiello; A. Viglia. Identification of *N*-decane Oxidation Products in *Corynebacterium* Cultures by Combined Gas Chromatography Mass Spectrometry. *Appl. Microbiol.* **1974,** *28,* 737–741.

Ban, K.; M. Kaieda; T. Matsumoto; A. Kondo; H. Fukuda. Whole-cell Biocatalyst for Biodiesel Fuel Production Utilizing *Rhizopus oryzae* Cells Immobilized within Biomass Support Particles. *Biochem. Eng. J.* **2001,** *8,* 39–43.

Barksdale, L.; K.-S. Kim. Mycobacterium. *Bacteriol. Rev.* **1977,** *41,* 217–372.

Bouvier-Navé, P.; P. Benveniste; P. Oelkers; S.L. Sturley; H. Schaller. Expression in Yeast and Tobacco of Plant cDNAs Encoding Acyl CoA: Diacylglycerol Acyltransferase. *Eur. J. Biochem.* **2000,** *267,* 85–96.

Bredemeier, R.; R. Hulsch; J.O. Metzger; L. Berthe-Corti. Submersed Culture Production of Extracellular Wax Esters by the Marine Bacterium *Fundibacter jadensis*. *Mar. Biotechnol.* **2003,** *5,* 579–583.

Bryn, K.; E. Jantzen; K. Bovre. Occurrence and Patterns of Waxes in Neisseriaceae. *J. Gen. Microbiol.* **1977,** *102,* 33–43.

Cao, J.; P. Burn; Y. Shi. Properties of the Mouse Intestinal Acyl-CoA:monoacylglycerol Acyltransferase, MGAT2. *J. Biol. Chem.* **2003,** *278,* 25657–25663.

Cases, S.; S.J. Smith; Y.W. Zheng; H.M. Myers; S.R. Lear; E. Sande; S. Novak, C. Collins; C.B. Welch; A.J. Lusis; et al. Identification of a Gene Encoding an Acyl CoA:diacylglycerol Acyltransferase, a Key Enzyme in Triacylglycerol Synthesis. *Proc. Natl. Acad. Sci. USA* **1998,** *95,* 13018–3023.

Cases, S.; S.J. Stone; P. Zhou; E. Yen; B. Tow; K.D. Lardizabal; T. Voelker; R.V. Farese. Cloning of DGAT2, a Second Mammalian Diacylglycerol Acyltransferase, and Related Family Members. *J. Biol. Chem.* **2001,** *276,* 38870–38876.

Chum, H.L.; R.P. Overend. Biomass and Renewable Fuels. *Fuel Processing Technol.* **2001,** *71,* 187–195.

Claassen, P.A.M.; J.B. van Lier; A.M. López Contreras; E.W.J. van Niel; L. Sijtsma; A.J.M. Stams; S.S. de Vries; R.A. Weusthuis. Utilisation of Biomass for the Supply of Energy Carriers. *Appl. Microbiol. Biotechnol.* **1999,** *52,* 741–755.

Daniel, J.; C. Deb; V.S. Dubey; T.D. Sirakova; B. Abomoelak; H.R. Morbidoni; P.E. Kolattakudy. Induction of a Novel Class of Diacylglycerol Acyltransferases in *Mycobacterium tuberculosis* as It Goes into a Dormancy-like State in Culture. *J. Bacteriol.* **2004,** *186,* 5017–5030.

Davis, M.S.; J. Solbiati; J.E. Cronan. Overproduction of Acetyl-CoA Carboxylase Activity Increases the Rate of Fatty Acid Biosynthesis in *Escherichia coli*. *J. Biol. Chem.* **2000,** *275,* 28593–28598.

De Andrès, C.; M.J. Espuny; M. Robert; M.E. Mercade; A. Manresa; J. Guinea. Cellular Lipid Accumulation by *Pseudomonas aeruginosa* 44T1. *Appl. Microbiol. Biotechnol.* **1991,** *35,* 813–816.

Dewitt, S.; J.L. Ervin; D. Howesorchison; D. Dalietos; S.L. Neidleman; J. Geigert. Saturated and Unsaturated Wax Esters Produced by *Acinetobacter* sp. HO1-N Grown on C16-C20 n-alkanes. *J. Am. Oil Chem. Soc.* **1982,** *59,* 69–74.

Du, W.; D.H. Liu; L.L. Li; L.M. Dai. Mechanism Exploration during Lipase-mediated Methanolysis of Renewable Oils for Biodiesel Production in a Tert-Butanol System. *Biotechnol. Prog.* **2007,** *23,* 1087–1090.

Fixter, L.M.; C.A. Fewson. Accumulation of Waxes by *Acinetobacter calcoaceticus* NCIB-8250. *Biochem. Soc. Trans.* **1974,** *2,* 944–945.

Fixter, L.M.; J.G. McCormack. Effect of Growth-Conditions on Wax Content of Various Strains of *Acinetobacter*. *Biochem. Soc. Trans.* **1976,** *4,* 504–505.

Fujita, Y.; S. Takahashi; M. Ueda; A. Tanaka; H. Okada; Y. Morikawa; T. Kawaguchi; M. Arai; H. Fukuda; A. Kondo. Direct and Efficient Production of Ethanol from Cellulosic Material with a Yeast Strain Displaying Cellulolytic Enzymes. *Appl. Environ. Microbiol.* **2002,** *68,* 5136–5141.

Fukuda, H.; A. Kondo; H. Noda. Biodiesel Fuel Production by Transesterification of Oils. *J. Biosci. Bioeng.* **2001,** *92,* 405–416.

Gallagher, I.H.C. Occurrence of Waxes in *Acinetobacter*. *J. Gen. Microbiol.* **1971,** *68,* 245–247.

Garton, N.J.; H. Christensen; D.E. Minnikin; R.A. Adegbola; M.R. Barer. Intracellular Lipophilic Inclusions of Mycobacteria *in vitro* and *in sputum*. *Microbiology* **2002,** *148,* 2951–2958.

Goodlove, P.E.; P.R. Cunningham; J. Parker; D.P. Clark. Cloning and Sequence Analysis of the Fermentative Alcoholdehydrogenase-encoding Gene of *Escherichia coli*. *Gene* **1989,** *85,* 209–214.

Hama, S.; S. Tamalampudi; T. Fukumizu; K. Miura; H. Yamaji; A. Kondo; H. Fukuda. Lipase Localization in *Rhizopus oryzae* Cells Immobilized within Biomass Support Particles for Use as Whole-Cell Biocatalysts in Biodiesel-Fuel Production. *J. Biosci. Bioeng.* **2006,** *101,* 328–333.

Hobbs, D.H.; M.J. Hills. Expression and Characterization of Diacylglycerol Acyltransferase from *Arabidopsis thaliana* in Insect Cell Cultures. *FEBS Lett.* **1999,** *452,* 145–149.

Holdsworth, J.E.; C. Ratledge. Triacylglycerol Synthesis in the Oleaginous Yeast *Candida curvata* D. *Lipids* **1991,** *26,* 111–118.

Holtzapple, E.; C. Schmidt-Dannert. Biosynthesis of Isoprenoid Wax Ester in *Marinobacter hydrocarbonoclasticus* DSM 8798: Identification and Characterization of Isoprenoid Coenzyme A Synthetase and Wax Ester Synthases. *J. Bacteriol.* **2007,** *189,* 3804–3812

Hoskisson, P.A.; G. Hobbs; G. P. Sharples. Antibiotic Production, Accumulation of Intracellular Carbon Reserves, and Sporulation in *Micromonospora echinospora* (ATCC 15837). *Can. J. Microbiol.* **2001,** *47,* 148–152.

Ingram, L.O.; T. Conway; D.P. Clark; G.W. Sewell; J.F. Preston. Genetic Engineering of Ethanol Production in *Escherichia coli*. *Appl. Environ. Microbiol.* **1987,** *53,* 2420–2425.

Iso, M.; B. Chen; M. Eguchi; T. Kudo; S. Shrestha. Production of Biodiesel Fuel from Triglycerides and Alcohol using Immobilized Lipase. *J. Mol. Catal. B: Enzyme* **2001,** *16,* 53–58.

Kaieda, M.; T. Samukawa; T. Matsumoto; K. Ban; A. Kondo; Y. Shimada; H. Noda; F. Nomoto; K. Ohtsuka; E. Izumoto; et al. Biodiesel Fuel Production from Plant Oil Catalyzed by *Rhizopus oryzae* Lipase in a Water-Containing System without an Organic Solvent. *J. Biosci. Bioeng.* **1999,** *88,* 627–631.

Kalscheuer, R.; A. Steinbüchel. A Novel Bifunctional Wax Ester Synthase/Acyl-CoA:diacylglycerol Acyltransferase Mediates Wax Ester and Triacylglycerol Biosynthesis in *Acinetobacter calcoaceticus* ADP1. *J. Biol. Chem.* **2003,** *287,* 8075–8082.

Kalscheuer, R.; T. Stölting; A. Steinbüchel. Microdiesel: *Escherichia coli* Engineered for Fuel Production. *Microbiology* **2006,** *152,* 2529–2536.

Kalscheuer, R.; S. Uthoff; H. Luftmann; A. Steinbüchel. In vitro and in vivo Biosynthesis of Wax Diesters by an Unspecific Bifunctional Wax Ester Synthase/Acyl-CoA: Diacylglycerol Acyltransferase from *Acinetobacter calcoaceticus* ADP1. *Eur. J. Lipid Sci. Technol.* **2003,** *105,* 578–584.

Kalscheuer, R.; T. Stöveken; U. Malkus; R. Reichelt; P.N. Golyshin; J.S. Sabirova; M. Ferrer; K.N. Timmis; A. Steinbüchel. Analysis of Storage Lipid Accumulation in *Alcanivorax borkumensis*: Evidence for Alternative Triacylglycerol Biosynthesis Routes in Bacteria. *J. Bacteriol.* **2007,** *189,* 918–928.

Kamisaka, Y.; S. Mishra; T. Nakahara. Purification and Characterization of Diacylglycerol Acyltransferase from the Lipid Body Fraction of an Oleaginous Fungus. *J. Biochem.* **1997,** *121,* 1107–1114.

Karandikar, A.; G.P. Sharples; G. Hobbs. Differentiation of *Streptomyces coelicolor* A3(2) under Nitrate-limited Conditions. *Microbiology* **1997,** *143,* 3581–3590.

Kessler, D.; W. Herth; J. Knappe. Ultrastructure and Pyruvate Formate-Lyase Radical Quenching Property of the Multienzymic AdhE Protein of *Escherichia coli. J. Biol. Chem.* **1992,** *267,* 18073–18079.

Kondo, A.; Y. Liu; M. Furuta; Y. Fujita; T. Matsumoto; H. Fukuda. Preparation of High-Activity Whole-Cell Biocatalyst by Permeabilization of Recombinant Yeasts with Alcohol. *J. Biosci. Bioeng.* **2000,** *89,* 554–558.

Kumar, P.; M.W. Schelle; M. Jain; F.L. Lin; C.J. Petzhold; M.D. Leavell; J.A. Leary; J.S. Cox; C.R. Bertozzi. PapA1 and PapA2 Are Acyltransferases Essential for the Biosynthesis of the *Mycobacterium tuberculosis* Virulence Factor Sulfolipid-1. *Proc. Natl. Acad. Sci. USA* **2007,** *104,* 11221–11226.

Lardizabal, K.D.; J.G. Metz; T. Sakamoto; W.C. Hutton; M.R. Pollard; M.W. Lassner. Purification of a Jojoba Embryo Wax Synthase, Cloning of Its cDNA, and Production of High Levels of Wax in Seeds of Transgenic *Arabidopsis. Plant Physiol.* **2000,** *122,* 645–655.

Li, W.; W. Du; D.H. Liu. *Rhizopus oryzae* IFO 4697 Whole Cell Catalyzed Methanolysis of Crude and Acidified Rapeseed Oils for Biodiesel Production in Tert-Butanol System. *Process Biochem.* **2007a,** *42,* 1481–1485.

Li, Y.H.; Z.B. Zhao; F.W. Bai. High-Density Cultivation of Oleaginous Yeast *Rhodosporidium toruloides* Y4 in Fed-Batch Culture. *Enzyme Microb. Technol.* **2007b,** *41,* 312–317.

Lu, X.; V. Harmit; C. Khosla. Overproduction of Free Fatty Acids in *E. coli*: Implications for Biodiesel Production. *Metab. Eng.* **2008,** *10,* 333–339.

Ma, F.R.; M.A. Hanna. Biodiesel Production: A Review. *Bioresour. Technol.* **1999,** *70,* 1–15.

Magnuson, K.; S. Jackowski; C.O. Rock; J.E. Cronan Jr. Regulation of Fatty Acid Biosynthesis in *Escherichia coli. Microbiol. Rev.* **1993,** *57,* 522–542.

Makula, R.A.; P.J. Lockwood; W.R. Finnerty. Comparative Analysis of Lipids of *Acinetobacter* Species Grown on Hexadecane. *J. Bacteriol.* **1975,** *121,* 250–258.

Matsumoto, T.; S. Takahashi; M. Kaieda; M. Ueda; A. Tanaka; H. Fukuda; A. Kondo. Yeast Whole-Cell Biocatalyst Constructed by Intracellular Overproduction of *Rhyzopus oryzae* Lipase is Applicable to Biodiesel Fuel Production. *Appl. Microbiol. Biotechnol.* **2001,** *57,* 515–520.

Matsumoto, T.; H. Fukuda; M. Ueda; A. Tanaka; A. Kondo. Construction of Yeast Strains with High Cell Surface Lipase Activity by Using Novel Display Systems Based on the Flo1p Flocculation Functional Domain. *Appl. Environ. Microbiol.* **2002,** *68,* 4517–4522.

Metzger, J.O.; U. Bornscheuer. Lipids as Renewable Resources: Current State of Chemical and Biotechnological Conversion and Diversification. *Appl. Microbiol. Biotechnol.* **2006,** *71,* 13–22.

Metzger, P.; C. Largeau. *Botryococcus braunii* a Rich Source for Hydrocarbons and Related Ether Lipids. *Appl. Microbiol. Biotechnol.* **2005,** *66,* 486–496.

Mona, K.G.; H.O. Sanaa; M.A. Linda. Single Cell Oil Production by *Gordonia* sp. DG Using Agro-industrial Wastes. *World J. Microbiol. Biotechnol.* **2008,** *24,* 1703–1711.

Murphy, D.J.; J. Vance. Mechanism of Lipid-Body Formation. *Trends Biol. Sci.* **1999,** *24,* 109–115.

Nakashima, T.; H. Fukuda; S. Kyotani; H. Morikawa. Culture Conditions for Intracellular Lipase Production by *Rhizopus chinensis* and Its Immobilization within Biomass Support Particles. *J. Ferment. Technol.* **1988,** *66,* 441–448.

Nakashima, T.; H. Fukuda; Y. Nojima; S. Nagai. Intracellular Lipase Production by *Rhizopus chinensis* Using Biomass Support Particles in a Circulated Bed Fermentor. *J. Ferment. Bioeng.* **1989,** *68,* 19–24.

Nakashima, T.; S. Kyotani; E. Izumoto; H. Fukuda. Cell Aggregation as a Trigger for Enhancement of Intracellular Lipase Production by a *Rhizopus* Species. *J. Ferment. Bioeng.* **1990,** *70,* 83–89.

Narita, J.; K. Okano; T. Tateno; T. Tanino; T. Sewaki; M.H. Sung; H. Fukuda; A. Kondo. Display of Active Enzymes on the Cell Surface of *Escherichia coli* Using PgsA Anchor Protein and Their Application to Bioconversion. *Appl. Microbiol. Biotechnol.* **2006,** *70,* 564–572.

Neale, A.D.; R.K. Scopes; J.M. Kelly; R.E.H. Wettenhall. The Two Alcohol Dehydrogenases of *Zymomonas mobilis*: Purification by Differential Dye Ligand Chromatography, Molecular Characterization and Physiological Role. *Eur. J. Biochem.* **1986,** *154,* 119–124.

Olukoshi, E.R.; N.M. Packter. Importance of Stored Triacylglycerols in *Streptomyces*-Possible Carbon Source for Antibiotics. *Microbiology* **1994,** *140,* 931–943.

Onwueme, K.C.; J.A. Ferreras; J. Buglino; C.D. Lima; L.E.N. Quari. Mycobacterial Polyketide-associated Proteins Are Acyltransferases: Proof of Principle with *Mycobacterium tuberculosis* PapA5. *Proc. Natl. Acad. Sci. USA* **2004,** *101,* 4608–4613.

Orcaire, O.; P. Buisson; A.C. Pierre. Application of Silica Aerogel Encapsulated Lipases in the Synthesis of Biodiesel by Transesterification Reactions. *J. Mol. Catal. B: Enzym.* **2006,** *42,* 106–113.

Packter, N.M.; E.R. Olukoshi. Ultrastructural Studies of Neutral Lipid Localisation in *Streptomyces. Arch. Microbiol.* **1995,** *164,* 420–427.

Papanikolaou, S.; I. Chevalot; M. Komaitis; I. Marc; G. Aggelis. Single Cell Oil Production by *Yarrowia lipolytica* Growing on an Industrial Derivative of Animal Fat in Batch Cultures. *Appl. Microbiol. Biotechnol.* **2002,** *58,* 308–312.

Papanikolaou, S.; M. Komaitis; G. Aggelis. Single Cell Oil (SCO) Production by *Mortierella isabellina* Grown on High-Sugar Content Media. *Bioresour. Technol.* **2004,** *95,* 287–291.

Ratledge, C. Fatty Acid Biosynthesis in Microorganisms Being Used for Single Cell Oil Production. *Biochimie* **2004,** *4,* 1–9.

Raymond, R.L.; J.B. Davis. *n*-Alkane Utilization and Lipid Formation by a *Nocardia*. *Appl. Microbiol.* **1960,** *8,* 329–334.

Reiser, S.; C. Somerville. Isolation of Mutants of *Acinetobacter calcoaceticus* Deficient in Wax Ester Synthesis and Complementation of One Mutation with a Gene Encoding a Fatty Acyl Coenzyme A Reductase. *J. Bacteriol.* **1997,** *179,* 2969–2975.

Rontani, J.F.; M.J. Gilewicz; V. Michotey, T.L. Zheng; P.C. Bonin; J.C. Bertrand. Aerobic and Anaerobic Metabolism of 6,10,14-trimethylpentadecan-2-one by a Denitrifying Bacterium Isolated from Marine Sediments. *Appl. Environ. Microbiol.* **1997,** *63,* 636–643.

Rontani, J.F.; P.C. Bonin; J.K. Volkman. Biodegradation of Free Phytol by Bacterial Communities Isolated from Marine Sediments under Aerobic and Denitrifying Conditions. *Appl. Environ. Microbiol.* **1999,** *65,* 5484–5492.

Rontani, J.F.; A. Mouzdahir; V. Michotey; P. Caumette; P. Bonin. Production of a Polyunsaturated Isoprenoid Wax Ester during Aerobic Metabolism of Squalene by *Marinobacter squalenivorans* sp. nov. *Appl. Environ. Microbiol.* **2003,** *69,* 4167–4176.

Routaboul, J.M.; C. Benning; N. Bechtold; M. Caboche; L. Lepiniec. The TAG1 Locus of *Arabidopsis* Encodes for a Diacylglycerol Acyltransferase. *Plant Physiol. Biochem.* **1999,** *37,* 831–840.

Russell, N.J.; J.K. Volkman. The Effect of Growth Temperature and Wax Ester Composition in the Psychrophilic Bacterium *Micrococcus cryophilus* ATCC 15174. *J. Gen. Microbiol.* **1980,** *118,* 131–141.

Sallam, A.; A. Steinle; A. Steinbüchel. Cyanophycin: Biosynthesis and Applications. *Microbial Production of Biopolymers and Polymer Precursors—Application and Perspectives*; B.A.H. Rehm, Ed.; Caister Academic Press: Norfolk UK, 2009; pp 79–99.

Samukawa, T.; M. Kaieda; T. Matsumoto; K. Ban; A. Kondo; Y. Shimada; H. Noda; H. Fukuda. Pretreatment of Immobilized *Candida antarctica* Lipase for Biodiesel Fuel Production from Plant Oil. *J. Am. Oil Chem. Soc.* **2000,** *90,* 180–183.

Sandager, L.; M.H. Gustavsson; U. Stahl; A. Dahlqvist; E. Wiberg; A. Banas; M. Lenman; H. Ronne; S. Stymne. Storage Lipid Synthesis is Non-Essential in Yeast. *J. Biol. Chem.* **2002,** *277,* 6478–6482.

Scott, C.C.L.; W.R. Finnerty. Characterization of Intracytoplasmic Hydrocarbon Inclusions from Hydrocarbon-Oxidizing *Acinetobacter* species HO1-N. *J. Bacteriol.* **1976,** *127,* 481–489.

Shah, S.; S. Sharma; M.N. Gupta. Biodiesel Preparation by Lipase-Catalyzed transesterification of Jatropha Oil. *Energy Fuels* **2004,** *18,* 154–159.

Shimada, Y.; Y. Watanabe; T. Samukawa1; A. Sugihara; H. Noda; H. Fukuda; Y. Tominaga. Conversion of Vegetable Oil to Biodiesel Using Immobilized *Candida antarctica* Lipase. *J. Am. Oil Chem. Soc.* **1999,** *77,* 789–793.

Singer, M.E.; S.M. Tyler; W.R. Finnerty. Growth of *Acinetobacter* sp. Strain HO1-N on *n*-Hexadecanol: Physiological and Ultrastructural Characteristics. *J. Bacteriol.* **1985,** *162,* 162–169.

Srivastava, A.; R. Prasad. Triglyceride Based Diesel Fuels. *Renew. Sust. Ener. Rev.* **2000,** *4,* 111–133.

Steinbüchel, A. PHB and Other Polyhydroxyalkanoic Acids. *Biotechnology*, 2nd edn.; H.J. Rehm, G. Reed, A. Pühler, P. Stadler, Eds.; Wiley-VCH: Weinheim, 1996; Vol. 6, pp 403–464.

Steinbüchel, A. Perspectives for Biotechnological Production and Utilization of Biopolymers: Metabolic Engineering of Polyhydroxyalkanoate Biosynthesis Pathways as a Successful Example. *Macromol. Biosci.* **2001,** *1,* 1–24.

Steinbüchel, A.; S. Hein. Biochemical and Molecular Basis of Polyhydroxyalkanoic Acids in Microorganisms. *Biopolyesters*; A. Steinbüchel, W. Babel, Eds.; Adv. Biochem. Eng./Biotechnol. 2001, 71, 81–123.

Stöveken, T.; A. Steinbüchel. Bacterial Acyltransferases as an Alternative for Lipase-Catalyzed Acylation for the Production of Oleochemicals and Fuels. *Angew. Chem. Int. Ed. Engl.* **2008,** *47,* 3688–3694.

Stöveken, T.; R. Kalscheuer; U. Malkus; R. Reichelt; and A. Steinbüchel. The Wax Ester Synthase/Acyl-coenzyme A:diacylglycerol Acyltransferase from *Acinetobacter* sp. Strain ADP1: Characterization of a Novel Type of Acyltransferase. *J. Bacteriol.* **2005,** *187,* 1869–1376.

Tamalampudi, S.; M.M. Talukder; S. Hama; T. Tanino; Y. Suzuki; A. Kondo; H. Fukuda. Development of Recombinant *Aspergillus oryzae* Whole-Cell Biocatalyst Expressing Lipase-Encoding Gene from *Candida antarctica*. *Appl. Microbiol. Biotechnol.* **2007,** *75,* 387–395.

Tamalampudi, S.; M.R. Talukder; S. Hama; T. Numata; A. Kondob; H. Fukuda. Enzymatic Production of Biodiesel from Jatropha Oil: A Comparative Study of Immobilized Whole-Cell and Commercial Lipases as a Biocatalyst. *Biochem. Eng. J.* **2008,** *39,* 185–189.

Taranto, P.A.; T.W. Keenan; M. Potts. Rehydration Induces Rapid Onset of Lipid Biosynthesis in Desiccated *Nostoc commune* (Cyanobacteria). *Biochim. Biophys. Acta.* **1993,** *1168,* 228–237.

Uthoff, S.; T. Stöveken; N. Weber; K. Vosmann; E. Klein; R. Kalscheuer; A. Steinbüchel. Thio Wax Ester Biosynthesis Utilizing the Unspecific Bifunctional Wax Ester Synthase/Acyl- CoA: diacylglycerol Acyltransferase of *Acinetobacter* sp. Strain ADP1. *Appl. Environ. Microbiol.* **2005,** *71,* 790–796.

Vachon, V.; J.T. McGarrity; C. Breuil; J.B. Armstrong; D.J. Kushner. Cellular and Extracellular Lipids of *Acinetobacter lwoffi* during Growth on Hexadecane. *Can. J. Microbiol.* **1982,** *28,* 660–666.

Vasudevan, P. T.; M. Briggs. Biodiesel Production—Current State of the Art and Challenges. *J. Ind. Microbiol. Biotechnol.* **2008,** *35,* 421–430.

Voelker, T.A.; H.M. Davies. Alteration of the Specificity and Regulation of Fatty Acid Synthesis of *Escherichia coli* by Expression of Plant Medium-Chain Acyl-Acyl Carrier Protein Thioesterase. *J. Bacteriol.* **1994,** *176,* 7320–7327.

Voss, I.; A. Steinbüchel. High Cell Density Cultivation of *Rhodococcus opacus* for Lipid Production at a Pilot-Plant Scale. *Appl. Microbiol. Biotechnol.* **2001,** *55,* 547–555.

Wältermann, M.; A. Steinbüchel. Neutral Lipid Bodies in Prokaryotes: Recent Insights into Structure, Formation, and Relationship to Eukaryotic Lipid Depots. *J. Bacteriol.* **2005,** *187,* 3607–3619.

Wältermann, M.; A. Hinz; H. Robenek; D. Troyer; R. Reichelt; U. Malkus; H.J. Galla; R. Kalscheuer; T. Stöveken; P. von Landenberg; et al. Mechanism of Lipid Body Formation in Bacteria: How Bacteria Fatten Up. *Mol. Microbiol.* **2005,** *55,* 750–763.

Wältermann, M.; T. Stöveken; A. Steinbüchel. Key Enzymes for Biosynthesis of Neutral Lipid Storage Compounds in Prokaryotes: Properties, Function and Occurrence of Wax Ester Synthase/Acyl-CoA:diacylglycerol Acyltransferases. *Biochimie* **2006,** *89,* 230–242.

Wang, L.; H.K. Schnoes; K. Takayama; D.S. Goldman. Synthesis of Alcohol and Wax Ester by a Cell-Free System in *Mycobacterium tuberculosis. Biochim. Biophys. Acta* **1972,** ***260,*** 41–48.

Watanabe, Y.; Y. Shimada; A. Sugihara; H. Noda; H. Fukuda; Y. Tominaga. Continuous Production of Biodiesel Fuel from Vegetable Oil Using Immobilized *Candida antarctica* Lipase. *J. Am. Oil Chem. Soc.* **2000,** *77,* 355–360.

Wills, C.; P. Kratofil; D. Londo; T. Martin. Characterization of the Two Alcohol Dehydrogenases of *Zymomonas mobilis. Arch. Biochem. Biophys.* **1981,** *210,* 775–785.

Yen, C.L.; S.J. Stone; S. Koliwad; C. Harris; R.V. Farese Jr. Thematic Review Series: Glycerolipids. DGAT Enzymes and Triacylglycerol Biosynthesis. *J. Lipid Res.* **2008,** *49,* 2283–2301.

Yermanos, D.M. Composition of Jojoba Seed during Development. *J. Am. Oil Chem. Soc.* **1975,** *52,* 115–117.

Yuan, L.; T.A. Voelker; D.J. Hawkins. Modification of the Substrate Specificity of an Acyl-Acyl Carrier Protein Thioesterase by Protein Engineering. *Proc. Natl. Acad. Sci. USA.* **1995,** *92,* 10639–10643.

Zou, J.T.; Y.D. Wie; C. Jako; A. Kumar; G. Selvaraj; D.C. Taylor. The *Arabidopsis thaliana* TAG1 Mutant Has a Mutation in a Diacylglycerol Acyltransferase Gene. *Plant J.* **1999,** *19,* 645–653.

Zweytick, D.; K. Athenstaedt; G. Daum. Intracellular Lipid Particles of Eukaryotic Cells. *Biochim. Biophys. Acta Rev. Biomembranes* **2000,** *1469,* 101–120.

第五部分
单细胞油脂的安全性和营养

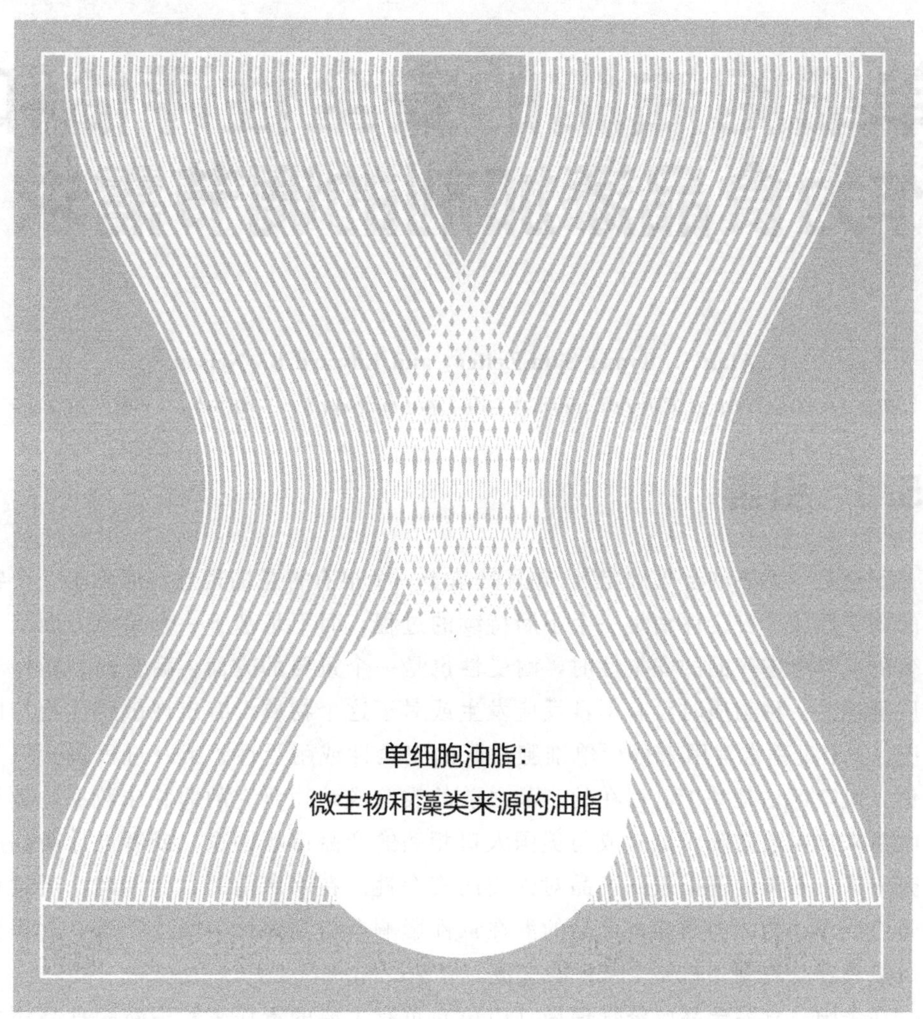

第15章

单细胞油脂的安全性评估和作为食品添加剂的调节需求

Alan S. Ryan, Sam Zeller, and Edward B. Nelson

(*Martek Biosciences Corporation*, 6480 *Dobbin Road*, *Columbia*, *MD* 21045)

15.1 引言

安全是“无害的合理确定”，并且是基于一个很有智慧的理念，而不是一个物质的固有性质。安全评估是一个不断持续的过程，而不是基于一个单一方面绝对不变的。当考虑产品的安全性时，耐受性也是一个重要的方面。耐受性是指一种物质消耗另一种物质时没有不良反应发生或对于这个物质没有出现敏感性增加的情况。3个过程常常用来分析单细胞油脂的安全性或耐受性。第一过程包括风险评估。风险评估是基于已存在的产品之前的实验或动物研究的非临床数据，数据的收集来自以前的临床试验或与美国人口相关的产品市场国家，或者设计新临床研究来提供必需的证据表明产品对人类的安全性。在临床前的试验期间，通过在试管中或在动物体内试验，产品的潜在毒性影响会得到评估。第二和第三过程包括风险管理（规则和控制）及风险交流。

在美国，食品药品监督管理局（FDA）负有主要的责任来管理新的食品添加剂。在美国，制造商可以通过申请新的食品添加剂来提议 FDA 形成一个前期的市场，或者制作一个“公认是安全的”(generally recognized as safa，GRAS) 标准。认识到这是物质的应用而不仅仅是物质本身是非常重要的，有了这个认识才够资格获得 GRAS 通过。在欧盟、澳大利亚和新西兰“新食品”的概念已经发展，并且整合到现存的管理体系中。制造商希望获得新食品添加剂的授权（如新食品的应用），以获得前期市场空间。

单细胞油脂的安全性在过去 10 年的大量讨论会中已经得到评估和讨论，包括在出版的论文中、在科学会议的描述中，通过他们的培养和试验、通过授权个体来评估食品添加剂的安全性，并且通过世界范围内的身体调查。大量的非临床和临床研究已经证明 DHA 单细胞油脂（从隐甲藻中获得的 DHA 油脂）和 ARA 单细胞油脂（从高山被孢霉中获得的 ARA 油脂，用于婴幼儿配方奶粉）的应用是安全的。这些油脂已经成功运用在婴幼儿配方奶粉中商业化生产，并出售到超过 75 个国家。已经公布的大量非临床研究也证明了来自裂殖壶菌（*Schizochytrium* sp.）（DHASCO-S）、吾肯氏壶藻（*Ulkenia* sp.）（DHA45-oil）的 DHA 油脂和来自高山被孢霉（*Mortierella alpina*）（SUNTGA40S）的 ARA 油脂的安全性。Zeller（2005）描述的这些非临床和临床的研究，被用来支持单细胞油脂在食物、饮料和婴幼儿配方奶粉中使用的安全性。

值得注意的是许多研究已经评估了单细胞油脂的营养和临床效果。然而在这其中的一些并没有提到安全性和耐受性。定义为 GRAS 的食品是安全的，因此缺乏安全性和耐受性的临床效果研究数据是可以理解的。同时当一个研究不包括对照产品或空白作为比较，任何不良反应的评估都是困难的。由于这些原因，在那些单细胞油脂营养和临床效果的研究中常常缺少安全性和耐受性的信息。然而在美国将会改善这种状态，因为自 2008 年起 FDA 现在要求公布严重的不良反应时提交食品添加剂的附件，再开始实施。FDA 要求所有供应经销商在产品标签上要包括明确的地址和电话号码，以至于客户和健康专家能公布一系列不良的反应。

本章的目的是综述单细胞油脂安全性和耐受性方面的一般情况，特别是来自 DHASCO、DHASCO-S 和 DHA45 油脂的 DHA 以及来自 ARASCO 和 SUTGA40S 的 ARA。目前那些描述 DHA（Lien，in press）和 ARA（Calder，2007）安全性的综述和评论仍然是有效的。这些我们以前出版章节（Zeller，2005）中的更新的内容详细描述了集中在人类的婴幼儿和成人的研究的前期临床数据。一个将单细胞油脂在美国作为食品添加剂，以及在欧盟，在澳大利亚、新西兰和加拿大作为新食品添加剂的管理方法的讨论也被提出来，其引用一些最新出版的对于这些油脂的批准文件。

15.2 安全性评估

食品添加剂的安全性评估，是基于包括单细胞油脂在内的这些成分不造成伤害的合理假设。食品、药品和化妆品联盟（the Federal Food，Drug，and

Cosmetic Act，FDCA）中的 201（s）、201（z）、409 和 412 部分以及 FDA 的毒理原则对于直接食品添加和用在食品中的颜色添加进行评估，在红皮书中也提到（食品添加安全管理，2001，2004），构成了评估食品添加剂安全性的基础。FDA 红皮书被用来帮助设计用于动物研究并指导食品添加剂测试的条款，包括详细的规定来测试食品添加剂的影响。

在美国对于获得食品添加剂的监督部门的批准有两条途径。要求前期市场的评估和 FDA 的评估来完成食品添加剂申请过程。然而，在 GRAS 的通告中提出了规则，如果一个物质符合科学专家在一定条件下安全的使用剂量，制造商可以认定其是 GRAS。制造商那时可能会通知 FDA，并且如果代理商没有问题，一封没有异议的信件将被发行。在食品添加申请和 GRAS 通知中的主要不同点是食品添加剂申请表明对物质是安全性进行负责和提供在一定条件下使用的管理代理，然而 GRAS 通告负责证明物质是 GRAS，因此，制造商在一定条件下使用是安全的。在添加剂提议中，GRAS 通告和食品添加剂申请的程序都是为了确保安全，而不是效力。大部分单细胞油脂都是用来作为食品添加剂，在美国可能是通过遵守 GRAS 程序来确保市场。

15.2.1 安全性评估方法

非传统的自然资源微生物用于生产和某些成分属性导致 SCO 是相对独特的。因此，当决定在给定的范围内是否安全时，适用性是非常重要的。然而，只有常见的技术问题需要考虑。考虑安全性时，产品的化学和物理性质是非常重要的，并常常用于了解产品及产品独有的成分。除了描述大多数主要成分的特征，从单细胞油脂中获得的混合产品中的次要成分将被检测其潜在的毒性，包括可能对自然界造成的潜在影响（来自物种资源）、重金属和病原微生物的危险水平以及降解途径或在生产过程中产生潜在的副产品。在给定一个适当水平的毒性评估中，化学组成和结构的知识以及产品的预期用途和曝光程度是非常重要的。对于评估食品添加剂安全性所必需的最小毒性实验，FDA 已经基于关注程度提出了建议性的指导文件。关注程度，由机构的决定，是“衡量使用添加剂存在危害人类的健康的相对水平”（食品添加剂安全办公室，2004），关注程度是基于人类可承受的范围和毒性对生物系统的影响。国外有 3 个水平的关注程度，第三程度代表对人类最高的风险可能，第一程度代表最低的风险可能，第二程度代表中间水平。

15.2.2 微生物菌种安全性

单细胞油脂的使用对于人类的消化吸收，包括它们在婴幼儿配方奶粉中的使用，只有很短的历史，但是拥有明确的组成成分的属性，可以认为单细胞油脂与许多种植物油脂相似。单细胞油脂和植物油脂最主要的区别，也是它们在司法管理部门“新奇”的来源，在于微生物资源被用来生产产品。接下来的部分讨论单细胞油脂的商业价值，同时也对微生物资源做一些描述，引用了一些支持单细胞油脂安全性的文献。

DHASCO 是马泰克（Martek）生物科技公司用来描述隐甲藻（*Crypthecodinium cohnii*）生产的二十二碳六烯酸单细胞油脂的商品名。已经在实验室和商业化尺度广泛研究了非自养的海洋微藻。隐甲藻是甲藻门（Dinophyta）成员，是一个不同的单细胞真核微藻门，由将近 2000 个物种组成（Van den Hoek et al，1995）。隐甲藻对于人和动物是非病原性的，并且这个微生物不产生任何有毒物质。隐甲门中只有很少一部分光合作用的物种被认为产生一些接近有毒性的物质（Steidinger & Baden，1984），这些物质可以通过浮游生物的食物链污染鱼类和无脊椎动物。然而，这些产生毒性物质的种类是非常少的，并且还没有甲藻门的光合作用物种被确认为有毒物质的生产者。在过去 30 年的许多隐甲藻的报道中，既没有隐甲藻会产生毒素暗示，也没有任何相关的毒素种类（Dodge，1984）。

ARASCO 是马泰克公司用来描述用油脂真菌高山被孢霉发酵法生产的 ARA 单细胞油脂的商品名（见第 5 章）。长期的研究证明，高山被孢霉对人类既没有致病性，也不产生对人类和动物有害的真菌毒素（Streekstra，1997）。高山被孢霉已经在实验室和商业尺度进行了很好的研究，并且它们的形态学、生物化学和生理学方面都有很好的资料文件。高山被孢霉已经被日本的出版物和专利描述作为 ARA 潜在的来源，并且由于其重要性，现在已经作为一个主题进行研究（见第 2 章）。在目前、包括以前的研究还没有报道高山被孢霉对人类和动物是有致病性或有毒性的（Domsch et al，1980；Scholer et al，1983）。SUNTGA40S 是三得利（Suntory）公司使用的 ARA 油脂的商品名。SUNTGA40S 从真菌高山被孢霉发酵获得。这个真菌对于人类没有致病性，并且也没有报道其产生真菌毒素。

DHASCO-S 是马泰克发酵海洋非自养的微藻裂殖壶菌获得的 DHA 油脂的商品名。裂殖壶菌是破囊壶菌属（*thraustochytrid*），并且是原藻界（the Chromista kinydom）的一个成员，包括金藻类、硅藻类、黄绿藻类、黏藻类、隐牙藻类和卵菌类。没有报道说这种微生物会产生有毒性的化学物质，也没有报道说其是致病性的。发现在原藻界（裂殖壶菌属于其中）的产物中有两种有毒的复合物，被严格确定在两个属中［拟菱形藻（*Pseudonitzschia*）中的软骨藻酸（domoic acid）和定鞭金藻属（*Prymnesium* spp.）中的普林藻素（prymnesin）］，破囊壶菌在种和属与其分开。应用化学和生物学试验方法，没有证据证明在原藻界产生的这两个有毒性的复合物（软骨藻酸和定鞭金藻属的藻素）在裂殖壶菌中发现。生产菌株的化学和生物学分析确定了这种生产是没有毒性的（Food and Drug Administration，2004）。

DHA45 油脂是精制油，通过海洋原生生物吾肯氏壶藻发酵生产。这个微生物是破囊壶菌科中非致病性和没有毒性的一员（Kroes et al，2003）。

15.2.3 单细胞油脂成分的安全性

单细胞油脂安全性的全面评估包括油脂潜在成分的安全回顾。单细胞油脂中被酯化了的甘油是脂肪酸中代表性的成分（如甘油三酯），以及可能包含少量的其他油脂种类（如甾酯类、自由固醇类或类胡萝卜素类）。目前在商业化单细胞油脂中得到鉴定的脂肪酸已经被描述为人类饮食或脂肪酸代谢中正常的组成成分。单细胞油脂中的固醇在一些传统食物中普遍存在，包括动物脂肪、植物油和母乳以及人类正常的胆固醇生物合成途径中。在食物中大量存在，很少能被消耗，在哺乳动物中吸收、分布、代谢和排泄的大量知识，特殊脂肪酸、固醇类和相似复合物的安全信息的公布，进一步支持了脂肪酸和固醇类的安全使用历史。

15.2.4 单细胞油脂的婴幼儿配方奶粉和人类牛奶的临床研究

从1995年起单细胞油脂已经被加到商业化生产的婴幼儿配方奶粉中，并且建立了很好的安全规范。这些配方奶粉现在超过75个国家中提供，其中美国开始于2002年2月，加拿大开始于2003年1月。据估算有5千万婴幼儿接受单细胞油脂配方奶粉，并没有接到关于这些配方奶粉存在消化吸收不良反应的报道。几乎所有的早产婴儿和90%的婴幼儿在美国是喂养含有单细胞油脂的配方奶粉。美国小儿科学院营养委员会宣布“长链多不饱和脂肪酸，如DHA和ARA，对于婴幼儿的生长发育是非常重要的”。这个委员会同时宣布长链多不饱和脂肪酸是安全的（American Academy of Pediatrics，Committee on Nutrition，2009）。设计关于DHA和ARA在婴幼儿奶粉配方中的安全规范是非常重要的，因为发育迟缓将导致一系列不良后果。世界产期医药协会、早期营养学院以及儿童健康基金达成了一致的结论，建议使用婴幼儿奶粉配方DHA水平在总脂肪酸重量的0.2～0.5倍之间，ARA的最小值与DHA保持一致（Koletzko et al，2008）。美国饮食协会和加拿大饮食协会出版了相似的规定（Kris-Etherson & Innis，2007）。一些商业的婴幼儿配方奶粉提供35mg DHASCO/100kcal和70mg ARASCO/100kcal（1cal=4.182J）。一个7kg体重的婴儿每天大概消耗800～900kcal的配方奶粉，或者是超过315mg DHA和630mg ARA。这个量等价于一个70kg体重的成年人每天消耗3000mgDHA和6300mg ARA。

考虑到最脆弱的人群——早产婴儿，目前两个研究机构证明单细胞油脂添加到婴幼儿配方奶粉中是有效和安全的。在361个早产婴儿的研究中，这些早产婴儿被随机地分配到3个喂养组（对照组；17mg DHASCO/100kcal＋34mg ARASCO/100kcal；17mg 鱼油 DHA/100kcal＋34mg ARASCO/100kcal），直到92个星期胎龄和随后的118个星期胎龄，微藻DHA组的体重明显高于对照组和鱼油 DHA 组在 118 个星期胎龄时（Clandinin et al，2005）。另外，在 92 个星期胎龄时微藻 DHA 组明显比鱼油 DHA 组身长更长（Clandinin et al，2005）。补充不会增加发病率或诱发不良反应。最近，对 114 个出生时体重小于 1500g 的早产婴儿的研究证明了 DHASCO 和 ARASCO 的安全性，提供他们每 100L 母乳中 32mgDHA 和 31mgARA，直接加到母乳中，与此相反的作为对照组（Henriksen et al，2008）。添加从第一个星期开始，直到第九个星期。在 6 个月的年龄时各组间的生长没有不同。接受 DHA 和 ARA 的早产婴儿在解决问题和问卷调查中表现得更好（Henriksen et al，2008）。在这两组中没有明显不同的不良反应。在附录Ⅰ中提供了早产婴儿中添加 DHASCO 和 ARASCO 的研究数据。

DHA 也存在于母乳中，但是它的浓度受母亲的饮食习惯影响（Yuhas et al，2006）。由于这个原因，现在要求孕妇和哺乳期妇女应该每天平均获得来自食物或添加的 200mg DHA（Koletzko et al，2007）。有临床数据表明孕妇和哺乳期妇女每天摄取 1g 以上的 DHA 没有不良反应。然而 ARA 的摄入含量还没有被清晰地定义或建议，每天 400mg ARA、320mg DHA 和 80mg EPA，执行 8 个星期，没有不良反应的报道（Wesler et al，2008）。

15.2.5　儿童和特殊人口研究

为了评估 DHA 对健康的学前儿童认知功能的影响，给 175 个 4 岁的儿童每天添加 400mg，共 4 个月（Ryan & Nelson，2008）。面积回归分析统计学系数（$p<0.018$）显示在血液中 DHA 的含量与词汇图片测试、听力理解测试和词汇学习之间有很强的关系。这个产品调查是很可信的。在每一个训练组中没有一系列不良反应发生。在不间断的每天接受 400mg 微藻 DHA 油脂或安慰剂条件下，对 44 个年轻人（平均年龄为 16 岁）中 X 染色体视网膜炎的长期研究提供了 4 年的安全数据（Wheaton et al，2003）。微藻 DHA 和安慰剂小组所有的不良反应都很小，并且分布是相等的。长期研究表明微藻 DHA 添加不会危害胞质抗氧化能力、血小板聚集、酶生物活性功能或血浆蛋白质含量。

36 个成年人（18～65 岁），没有精神病的特征，符合医学标准的重度抑郁症患者，被提供 6 周的每天 2g 微藻 DHA 或安慰剂（Marangell et al，2003）。不同的小组之间的抑郁程度并没有改变多少。在微藻 DHA 小组中几乎一半人（$n=14$）表示有鱼腥味。然而，在另外一个小组中没有严重的不良反应的报道。另一个试验研究选择患有双相情感障碍女性，在 4 个月中，10 个妇女中有 4 人每天补充 3.4g 微藻 DHA（Marangell et al，2006）。这个研究表明微藻 DHA 对于双相情感障碍没有有效的作用，但是微藻 DHA 作为治疗物有良好的耐受性。在另外一个测试研究中，35 个患有重度抑郁症的成年人在 12 星期内随机接受每天 1g、2g、或 4g 的微藻 DHA（Mischoulon et al，2008）。微藻 DHA 在低剂量下（每天 1g）

对抑郁症是有效的。微藻 DHA 作为治疗物是可以接受的，并且没有相关不良反应的报道。

在 6 个月内，给 19 个胆囊纤维化病人提供每天 50mg/kg 的微藻 DHA 或安慰剂（Lloyd-Still et al，2001）。微藻 DHA 作为治疗物，既没有影响血浆抗氧化水平，也没有任何与治疗相关的包括酶生物活性的改变，或者影响肺部功能的不良反应发生。在一个小规模的对胆囊纤维化病人的研究中，6 个星期内，病人接受每天 70mg/kg 的微藻 DHA 进行治疗，没有不良反应发生（Brown et al，2001）。微藻 DHA 在降低甘油三酯水平和心血管疾病风险方面的作用已经得到总结（Ryan et al，2009）。16 项研究认为那些有持续的高甘油三酯血症（HTG）治疗和有 3-羟基-3-甲基辅酶 A（β）还原酶抑制剂（HMG-CoA）治疗的受试者甘油三酯水平同时伴有正常的和升高的情况。在剂量为每天 1～2g 时，当与他丁（statin）类药物一起服用或单独服用时，微藻 DHA 明显地降低甘油三酯水平（达到 26%）。甘油三酯的降低水平，高甘油三酯症的受试者明显高于正常的受试者。微藻 DHA 能适当增加血浆中高密度脂蛋白（HDL）和低密度脂蛋白（LDL）水平。血浆中 LDL 水平的增加关联并导致磷脂蛋白部分变多，动脉粥样化程度更低。在一些受试者中血压和心率都会明显降低。微藻 DHA 具有很好的耐受性，并且没有严重不良反应的报道。

15.2.6 潜在出血

虽然早期的 ω-3 脂肪酸研究中报道过使用鱼油会延长出血时间，但没有重要的临床出血证据表明其会导致接受冠状动脉搭桥或冠状动脉形成术的病人大出血（Harris，2007）。在健康的人中，已经评估了鱼富集的食谱、提供鱼油的食谱或微藻 DHA 对血小板聚集和稳态条件因素的作用（Agren et al，1996，1997）。结果暗示鱼食谱和鱼油但不是微藻 DHA 在体外血小板聚集中会起抑制作用，但是稳态因素没有因添加 ω-3 脂肪酸受到影响。Sanders 等（Sanders et al，2006）也报道了微藻 DHA 组和安慰剂组在血浆Ⅶ抗原、FⅦ激活、白纤维蛋白和血管性血友病因子中的作用没有明显的不同。在健康的素食主义者中，每天增补 1.62g 微藻 DHA 也不能减少胶原和 ADP 诱导聚集或胶原凝血二烷 A_2 释放（Conquer & Holub，1996）。参照基线值，更高的微藻 DHA 剂量（每天 6g）增补到健康的人体中，90 天后血栓素的排泄降低（Ferretti et al，1998）。然而，凝血酶原时间、凝血活素激活时间和抗凝血酶Ⅲ水平在增补每天 6g 微藻 DHA 之前与之后没有显著的区别（Nelson et al，1997a）。另外，在微藻 DHA 增补期间与之后活体出血时间并没有表现任何明显的不同（Nelson et al，1997a）。很明显，即使单独的高剂量 DHA 补充也不会明显影响临床出血。基于出血时间评估研究的考虑，FDA 的在食品中添加 DHA 和 EPA 的安全标准为每天 3g（Food and Drug Administration，1997a）。

15.2.7 耐受性

鱼油的使用常常伴随“可疑”的打嗝和其他温和的肠道不适。在一个研究中，Schwellenbach 等（Schwellenbach et al，2006）比较了患有冠状动脉疾病和高甘油三酯水平的病人每天补充 1000mg DHA（DHASCO-S）和鱼油（每天 1252mg DHA+EPA）的安全性和耐受性。使用鱼油的受试者中一个显著的高比例表示有可疑的味道。Arterburn 等（2007）28 天内在健康的个体中比较了剂量为每天 200mg、600mg 和 1000mg DHASCO-S 和 DHASCO 的生物等效性。血浆磷脂和红细胞中，两种单细胞油脂产生等同的 DHA。在每个剂量中，相比之下，接受 DHASCO-S 的受试者的打嗝频率明显高于接受 DHASCO 的受试者。

15.2.8 ARA

与 DHA 不同，ARA 主要用于婴幼儿奶粉的配方。Calder（Calder，2007）建议 ARA 作为婴幼儿奶粉的配方的重要成分，并且这个方法的应用可能有助于其生长和发展。

Calder（Calder，2007）的一篇综述文献显示，关于血液油脂、血小板反应和出血时间的研究表明健康的成年人 ARA 的吸收显著增加，高达每天 1.5g，没有任何不良反应发生，但是对患病者的吸收的影响不清楚。最近 Kusumoto 等（Kusumoto et al，2007）的一项研究表明，补充 ARA（ARASCO）（每天 838mg）对血压、血脂和血糖浓度或肝功能的血清标志物没有影响。这些研究结果与早期的 Nelson 等（Nelson et al，1997b）的研究表明，健康的成年人每天补充 1.5g ARASCO，50 天后没有观察到凝血变化和血栓性倾向存在。然而，大剂量的 ARA（每天 6g）（Seyberth et al，1975）增加了血小板聚集，这产生了对不良前血栓形成的担心。这个研究进行了 3 周后停止。然而，在血压、钠平衡、肾肌酐清除率或其他实验室尺度的相关报道没有发生改变。

15.2.9 DHA 和 ARA 的过敏性评估

DHASCO、DHASCO-S、DHA45-oil、SUNTGA40S 和 ARASCO 通过微藻发酵生产，并且肯定不含任何鱼的成分。这些单细胞油脂被 FDA 认为是“高精制油”，而不会造成过敏反应（The Threshold Working Group of the FDA，2005）。一般来说，食用油可能主要来自如大豆和花生，可能包含多种蛋白质的食品性过敏原。FDA 指出“对于原食物过敏的人消化吸收来自过敏性食物制作而成的高精制油而不会出现相关的过敏性反应”（The Threshold Working Group of the FDA，2005）。

15.2.10 市场和临床数据

DHA 以 DHASCO-S 的形式添加于婴幼儿配方奶粉，已经作为成分添加到多种食品生产和营养补充剂中。在美国，从 1997 年起，DHASCO-S 油脂已经商业化生产，并且作为天然产品生产销售到国外市场，而且 DHASCO-S 添加到食谱中供给成年人，包括孕妇和哺乳期妇女。使用了包括“生命的 DHA”（Life’s DHA™）、“纽曼斯”（Neuromins®）、“纽曼斯 PL 黄金欧米茄”（Neuromins PL Omega Gold®）和“油脂美赞臣”（Expecta Lipil®）胶囊等多种商品名。数据显示，马泰克公司已经对消费者销售了 5400 万胶囊。

在选择和完全对照的临床试验中公布的使用 DHASCO 的数据列于表 15-A。根据规范临床实践（Good Clinical Practice，GCP）规则检测，马泰克公司发起的研究做了标记。其他数据包括发起者研究机构（Investigator-Initiated Studies，IIS）、通过或不通过马泰克公司的监测、油脂或胶囊中使用 DHASCO 或 DHASCO-S。对于这些临床研究，马泰克公司在收到临床实验审查委员会（Investigational Review Board，IRB）和伦理机构委员会（Institutional Ethics Committee，IEC）提供的研究协议之后才发行产品。对于一些研究，在没有马泰克公司的知识的条件下调查人员购买产品并进行了他们的研究，直到研究结果出版。虽然马泰克公司努力获取信息，尤其是安全数据，从这样的研究中不太可能获得完整性或准确性的数据，其中大多数是不符合 GCP 规则的。

表 15-A 公开的 DHASCO（DHA）选择性研究

	调查者/第一作者	科目	条件	DHASCO 胶囊 DHA/d	保存期
健康志愿者	Agren（1996，1997）；Vidgren（1997）	55	健康成年男性	1.68g	15 周
	Theobald（2004，2007）	38	40～65 岁健康男女	700mg	90 天
	Nelson（1997）；Kelley（1998，1999）；Ferretti（1998）	11	健康男性	6g	90 天
	Arterburn（2008）	32	健康成年人	600mg	14 天
	Innis（1996）	32	健康成年人	600mg；1700mg；2900mg	14 天
	Conquer（1998）	19	健康亚洲印度人	750mg；1500mg	42 天
	Otto（2000a）	86	健康女性	285mg；570mg	4 周
	Arterburn（2007）①	96	健康成年人	200mg；600mg；1000mg	4 周
	Lindsay（2000）	10	健康成年人	45mg DHA/kg	3 期 10h
	Conquer（1997a）	24 8	健康的素食和不偏食的人	1620mg	42 天
	Benton（1998）	140	健康女性	400 mg	50 天
	Johnson（2008a，2008b）	49	60～80 岁女性	320mg	4 月

续表

	调查者/第一作者	科　目	条　件	DHASCO 胶囊 DHA/d	保存期
病人	小的眼疾				
	Berson (2004a, 2004b)	221	视网膜色点	1200mg	5 年
	Wheaton (2003)	44	视网膜色点	400mg	4 年
	妊娠和生殖				
	Conquer (1997b)	1	素食孕妇	540mg	9 月
	Innis (2008)	135	素食妇女	400mg	从怀孕 14～16 周到分娩
	Otto (2000b)	24	健康、妊娠 6 个月的妇女	570mg	4 周
	Jensen (1999, 2000, 2001)	147	哺乳期妇女	200mg	120 天
	Makrides (1996) Gibson (1997)	52	哺乳期妇女	200mg 400mg 900mg 1300 mg	12 周
	Jensen (2000)	24	哺乳期妇女	230mg 170mg 260mg	6 周
	Fidler (2000)	10	哺乳期妇女	200mg	14 天
	Stark (2004)	32	绝经后妇女	2.8g	4 周
	Conquer (1997)	28	精子成活率低的男性	400mg 800mg	3 月
	代谢和营养				
	Kelley (2007, 2008)	34	高血脂	3g	3 月
	Engler (2004, 2005)	20	高血脂儿童	1.2g	6 周
	Davidson (1997)	27	高血脂 高甘油三酯血症	1250mg 2500mg	6 周
	Keller (2007)	40	他汀类治疗，有风险的心脏病科目	2g	6 周
	Lloyd-Still (2001)	19	囊的纤维变性	50mg	6 月
	Brown (2001)	5	囊的纤维变性	70mg/kg	6 周
	Denkins (2002)	12	超重成年人	1.8g	12 周
	Harding (1999) Gillingham (1999)	14	体重/代谢缺陷儿童	65 或 130mg/kg	2～5 年
	精神病学				
	Marangell (2006)	10	双极性混乱	2g	1 年
	Mischoulon (2008)	35	主要抑郁混乱	1g 2g 4g	12 周
	Marangell (2003)	36	主要抑郁混乱	2g	6 周
	Martek-MIDAS (2009)	245	记忆力丧失	900mg	6 月
	NIA (2009)	200	老年痴呆症	2g	18 月

① 马泰克公司发起的研究，根据规范临床实践（GCP）规则检测。

在已出版和未出版的研究中，包括 IIS，受试者接受中等水平到高水平的来自 DHASCO 油脂的 DHA 胶囊。安全结果被检测，并且没有任何不良反应记录。超过 500 个健康志愿者接受了高达 6g 的 DHA 达 90 天。超过 1400 例受试者接受每天 12g DHA，并且参与研究长达 5 年。

15.3 适用于单细胞油脂的法规

欧盟、澳大利亚、新西兰、加拿大和世界其他一些国家建立了新食品和新食品添加剂的法规。在美国，FDA 食品规范将被考虑在世界其他地区作为食品添加剂现存的法规。所有的新型食品成分和食品添加剂需要在上市前通过主管机构批准才能被引入到食物供应中。在美国，被 GRAS 认定的食品添加剂可以排除食品添加剂的界定和避开上市前的协议要求。在欧盟、澳大利亚、新西兰、加拿大的新食品和新食品添加剂的法规和在美国的 GRAS 规范，被应用到单细胞油脂中时将被描述得更加详细。

15.3.1 美国——食品成分

在食品和食品处理中增加化学物质的使用引起了公众的担忧。国会在 1958 年对于联邦食品、药品和化妆品（FDCA）通过了食品修正案。修正案的基本目的是要求在新的添加剂应用在食品中之前制造商必须保证添加剂是符合 FDA 安全规定的。修正案定义的条目有“食品添加剂”［FDCA §201（s）］、“不安全的食品添加剂”［FDCA §409（a）］和建立食品添加剂市场前期审批过程［FDCA §409（b）through（h）］。修正案通过后，国会认识到许多物质被蓄意添加到食品中，而没有通过 FDA 对其市场前期的审批来保证它们的安全。例如，一些物质的安全性将通过很长的食品使用历史建立，或者通过物质自然属性的效果建立，它们习惯性或计划性地使用，并且这些信息通常可从科学家那里得到。因此，国会颁布了“食品添加剂”的两步的定义［FDCA §201（s）］：第一步，大体包括任何物质，刻意使用的结果或将被期望的结果，直接或间接地，成为一个成分或以其他方式影响食品的特性；第二步，然而，不包括违抗“食品添加剂”的物质，这些物质被普遍认为需要专家通过科学验证和实验来评估它们的安全性，已经充分展示通过科学过程来确定其安全性，在它们刻意使用的条件下。这个异常的食品添加剂定义后来被称为“GRAS 特例”。在美国 GRAS 特例条件下，许多物质今天广泛应用在食品领域，这是合法的市场。

GRAS 特例的一个关键因素是没有 FDA 审批或批准的个别项目，GRAS 物质进入市场是合法的。然而，许多制造商已经发现拥有 GRAS 批文对于获得 FDA 审批同意是很有帮助的。最初，FDA 发布了关于 GRAS 的物质状态非正式的“意见信”。然而，意见信仅仅是特定人发出的请求信，因此没有在全行业推广代理的 GRAS 通告决定。为了解决这个问题和其他担忧，FDA 采用 GRAS 确定的申请程序，一个管理程序制造商可以自愿凭此申请 FDA 确认的一种是在 GRAS 特定条件下使用的物质。如果 FDA 同意申请者的 GRAS 决定，在已经出版的联邦法规中的一个法规肯定了 GRAS 在物质方面的地位。GRAS 确定的申请程序打算提供一个可以法律法规的机制来施行 GRAS 的决定。GRAS 确定的申请程序不仅促进了 FDA 在美国的批准，而且强化了在欧洲和世界其他国家中食品工业的批准。

然而，GRAS 确定的申请程序是极其资源密集型的，涉及每个申请的综合评估，并且对于要被确定为 GRAS 的每个物质需要这些申请接受法规程序。因此，GRAS 申请机构停滞了数年，甚至十年，没有出版最终的法规。由于 GRAS 申请过程中遇到的问题，FDA 在 1997 年提出“GRAS 通告”程序。这个程序趋向于代替 GRAS 确定的申请程序。在 GRAS 通告的程序下，FDA 评估制造商是否提供 GRAS 通告，为 GRAS 的决定提供足够的基础和信息、信息是否通告中，这些资料可能导致该机构质疑使用的物质是不是 GRAS。在接到这些信息的 90 天内，FDA 将书面回应其在信息中是否存在问题。为了在 GRAS 通告之前提供工业信息，在 FDA 官网上列出了 GRAS 所有通告清单。尽管 GRAS 的法规从来就没有敲定过，FDA 已经采用一个程序来替代 GRAS 确定的申请过程。

如果一个新的申请成分不能被确定为 GRAS，制造商必须提供申请书，在法律文件中公布在什么样的条件下添加剂可以安全地使用。制造商向 FDA 提供所有的病例数据，特别是安全性数据。该机构将全面考察这些安全性数据，并将决定这些成分在使用时是否安全。

15.3.1.1 GRAS 通告的内容

GRAS 程序是严谨、灵活、可靠、透明的。单细胞油脂制造商已经遵循 GRAS 程序来构建安全性，单细胞油脂拥有多种可以胜任这个程序的特征。单细胞油脂常常从新的来源和过程中获得，并且这种多样性要求安全性条件清楚明白，而不是过于死板，因为获得的每一种油脂和菌种的多样性。

任何人都可能会注意到，FDA 要求，当申请人认定使用单细胞油脂是 GRAS 时，可以使其免除法定的市场前期审批要求。30 天内将收到通知，FDA 将告知申请人收到其书面的通知，并且在接到通知的 90 天内 FDA 将以书面形式回应。要求 GRAS 检查的副本提交给机构，同时证书签发给申请人，确认收到通知。就通知而言，后来通过该机构签发的证书可以接受公众审查。

FDA 对于怎样遵循 GRAS 通告已经提供了指导。这个通告的内容包括以下的信息：(a) 因为申请人已经确定这种物质是 GRAS，申请人的申明、数据和签名表明一个物质的特殊应用免除 FDCA 的市场前期审批；(b) 关于物质属性的详细信息，包括制造方法（不包括任何商业机密。商业机密包括：物质的生物学特性；来源信息，比如属和种）、性能特征、任何对人类有毒的潜在物质、特定的食品等级材料；（c）使用中任何自身限制性的信息；（d）对于申请人决定的详细总结，从而此物质的特殊应用免除 FDCA 的市场前期审批。这个决定可能要么取决于科学实验，要么取决于在食品中的普遍使用。基于科学实验的 GRAS 决定，其内容总结包括：（a）全面讨论，可引用的以及基本可利用和接受一个科学数据、信息、方法或原则的，并且申请者基于这些方面建立安全评估；（b）全面讨论任何报告、调查或其他信息，这可能出现不符合 GRAS 决定的情况；（c）专家的共识是做出结论的基础，通过合理的科学方法和流程来评估添加到食品中的物质的安全性，并可以确定在特定条件下使用该物质是无害的。

15.3.2 欧洲

在欧共体（欧盟的前身之一。——译者注），新的食品是 1997 年之前很大程度上没有被人类消费使用的食物、食品添加剂和食品生产方法。法规第 258/97 号文件《新食品和新食品添加剂》列出了对于授权新食品和新食品添加剂的详细的法规。目前建立了有关基因食品和饲料法规 1829/2003，此项法规把新食品和基因食品与饲料分开，并且成立了欧盟系统来追踪转基因微生物，引入转基因饲料进行标记方法，加强现有的转基因食品标记规则，并且对于在食品和饲料中使用转基因微生物以及它们对环境的排放建立一个权威的程序。

在欧共体市场下的“共识原则”条件中，新商业化食品在进入欧共体市场之前至少应在一个成员国中生效。新食品在进入欧共体市场之前必须遵守安全评估。只有这些被确定人类可以安全使用的食品才能被授权进入市场。

公司需要提交申请，才能让一个新食品进入欧共体市场。根据委员会第 97/618/EC 号建议，需要相关的科学信息和安全性评估的报告。新食品或新食品添加剂可能通过简单的程序，仅仅要求来自公司的通告，当它们被国际食品评估体系考虑作为已存在食品或食品添加剂的“等价物质”时。

15.3.2.1 新食品申请程序

在成员国提交申请书后，根据指导方针并经常与主管部门商讨之后来确定食品、食品添加剂和生产方法是否是新的。如果产品被确定是新食品，要准备申请的档案，并将其提交给成员国。成员国有 90 天的时间来审查这些档案，并且提供“意见”。可能会花比 90 天审查期更长的时间，基于成员国审查时提出的问题和申请者提供的回应。成员国在审查后同意通过，这个档案将被传递到欧洲委员会和其他成员国，这些机构有 60 天的时间提出“合情合理的反对意见”。如果在成员国审查的 60 天周期中合理的反对意见没有被解决，欧洲食品安全授权机构

(EFSA) 可能会支持这种意见。EFSA 作为独立部分提供科学观点参考，不仅委员会，而且欧洲议会和成员国可能会要求其提供意见。如成员国没有提出反对意见、反对意见被申请者满意地解决或者 EFSA 提供有利的意见来反驳这些反对意见，这时产品是被认可通过了，食品链和动物健康机构通过了委员会的决定，并且已经在欧洲委员会官方文件上出版。

委员会第 1852/2001 号法规指出以下信息必须公开：(a) 申请者的姓名和地址；(b) 食品和食品添加剂鉴定的描述；(c) 食品和食品添加剂的应用目的；(d) 档案的总结，除了需要保密的机密部分；(e) 完整要求接受的数据。该机构也指出，除了任何被鉴定为机密的信息，委员会必须将安全有效的原始评估报告公布。

在新食品法规下，法规 1852/2001 也对申请者要求授权的信息保护做了规定。依据法规 1852/2001，成员国不会泄露被鉴定为机密的信息，除了那些必须被公布、用来保护人类健康的信息。当提交一个新食品的申请时，申请者可能会指出那些相关制造过程中应该保持隐藏的信息，因为这些信息的公开可能会影响公司的竞争地位。这些信息必须适当地调整，在进行授权时可与申请者进行商讨，决定哪些信息将保持机密。

15.3.2.2　"物质等价"的概念

新食品法规第 3 条提出了"物质等价"的概念及对于食品和食品添加剂简化的通告程序。基于主管机构的观点，"物质等价"是指"同已存在的食品或食品添加剂相关的它们的有价值的营养成分、新陈代谢、预期用途以及其中含有有害物质的水平"。当评估已经改进的或者是新食品或食品添加剂的安全性和营养价值时，物质等价的概念体现了已存在的微生物或产品被作为食品或食品资源能提供对照的思想。新食品法规第 5 条宣布，在食品或食品添加剂已经被确定为物质等价的情况下，当这种食品或食品添加剂进入市场时，申请者应该通知委员会。在委员会发布通告后，申请者可能会立即开发物质等价的食品或食品添加剂的市场，他们没必要必须等待批准。委员会需要寄送通告的复印件和向成员国提供有关的细节。成员国可能反对这种产品在他们的领土上开拓市场，如果他们对这种食品或食品添加剂的使用危害人类健康或环境健康的考虑有"详细的理由"(见规定的第 12 条)。委员会会在欧洲委员会的"C 系列"官方文件上出版这些通知的一个总结。

15.3.2.3　欧洲食品安全机构 (EFSA)

在 20 世纪 90 年代发生了一系列食品恐慌事件，降低了人们对食品安全的信心，欧共体提议建立一个科学机构负责对相关食品链的食品安全问题提供独立的客观的意见。最初的目标像"……食品安全领域保护高水平的消费者健康做出贡献，修复并保持消费者的信心"。这个结果是 EFSA 创造的。在 2003 年 5 个科学组织向委员会提供的在食品安全方面的建议被转交给 EFSA。EFSA 在所有关于食品和饲料安全的问题上提供了独立的科学建议，并且在它的缓冲期通过公开和透明的方式与公众进行了交流。

15.3.3 澳大利亚和新西兰

新食品和新食品添加剂通过澳大利亚新西兰食品标准准则 1.5.1 标准《新食品》进行规范。这个标准抑制了新食品的出售，除非它们被列于标准中且遵循任何特殊条件规定。对食品新应用要求进行授权的机构被称为“澳大利亚新西兰食品标准”（FSANZ）。在审批之前 FSANZ 对于每一种申请的新食品评估其对人类消化吸收的安全性。一种食品添加剂是否是新的取决于“非传统”和“新”的定义的复合程度。根据目前修订的（第 95－2007 修订案），非传统的意思是：(a) 一种食品在澳大利亚或新西兰没有人们消费的历史；(b) 一种物质从食品中获得，这种物质在澳大利亚或新西兰没有人们消费的历史，除了作为食品的成分；或 (c) 其他任何物质，这些物质本身或以此为原料提取的物质在澳大利亚或新西兰没有人们消费的历史。单细胞油脂被确定为新食品（即非传统物质），要求鉴定公众健康和安全关于：(a) 在人类中潜在的不利影响；(b) 这种食品的组成和结构；(c) 这种食品已经形成的生产过程；(d) 它们分离得到的来源；(e) 这种食品消化吸收水平和形式；或 (f) 任何其他相关的事件。

公司想开拓单细胞油脂在澳大利亚新西兰的市场，必须提交符合 1.5.1 标准《新食品》的申请书，并且提供在特定条件下的单细胞油脂使用情况。单细胞油脂需要经历市场前期的安全评估，评估的目的是决定其是否符合食品标准准则和批准单细胞油脂作为新食品。澳大利亚新西兰食品标准准则的修改过程被记录在 1991 年的澳大利亚新西兰食品标准法律中。这个过程中包括几个阶段。根据申请和 FSANZ 的审批得到最初的评估报告，其大纲可能包括主题、观点、鉴定影响部分和问题部分。这个最初的评估报告被发布给公众讨论。根据收集和分析的公众讨论建议得到评估草案报告，申请者、股东和其他开发者需要提供有用的信息。接下来要准备科学的风险评估，风险评估是全面的，风险管理方案是先进的，并且评估草案发布给公众进行讨论。评论机构接到草案进行分析；确立修正案，并且最终产生评估报告。FSANZ 董事会提供或拒绝最终的评估报告，并且通知内阁委员。根据内阁委员会的批准制定食品标准准则的修正案，在联邦公报和新西兰公报上出版，并且授权单细胞油脂的使用。

15.3.4 加拿大

食品药品条例提供“新食品”的定义，刊登在加拿大公报第二部分（1999 年 10 月 27 日），包括：(a) 一种物质，包括微生物，作为食物没有使用的历史；(b)

一种已经被制造、精制、保藏或一定过程包装的食品，这种包装过程包括①以前在食品中没有使用和②造成食品经历很大的改变；（c）从植物、动物或微生物中分离得到的食品，是已经转基因的，包括①植物、动物或微生物展现出以前没有的形状，②植物、动物或微生物不再展现以前的形状，或③植物、动物或微生物的一个或多个形状不再完全出现在预期范围内。在加拿大单细胞油脂完全符合新食品的定义，以此进行管理，并要求市场前期审批。

法规要求申请者在市场或在加拿大推广新单细胞油脂之前通知加拿大健康食品董事会新食品部门。前期市场调查允许加拿大健康机构进行新食品的安全评估，在它被允许在加拿大市场之前确定其是安全的。新食品部门负责与申请者交流和接受新食品通告以及提交材料和最初的审批过程。新食品部门将提交的材料分配到相关的食品主管部门（如化学安全局、营养科学局和微生物监督局）进行各自的审查，评估审查新食品通告程序和决定是否考虑产品为新食品。如果决定为新食品，将建立安全性评估。如果相关数据没有包括在最初的通告或提交的材料里面，评估者可能会要求增加信息。安全性评估的结果——如果所有评估小组的成员同意新食品消化吸收没有健康风险——将起草一个提议，并提交到食品管理委员会。如果委员发现草案被接受，将会书面通知申请者，在信中指出：基于提交数据的评估结果，加拿大健康机构对于在加拿大出售新食品将没有异议。

15.4　单细胞油脂目前的法规状态

表 15-B 总结了目前在选择监管辖区中单细胞油脂的法规状态。

表 15-B　选择监管辖区中单细胞油脂的法规状态

交易名称	单细胞微生物	美　国	欧　盟	澳大利亚和新西兰	加拿大
DHASCO	寇氏隐甲藻（*C. cohnii*）	GRAS，2001	使用历史	使用历史	新食品，2002，2006
DHASCO-S	裂殖壶菌（*Schizochytrium* sp.）	GRAS，2004	新食品，2003	新食品，2002	新食品，2006
DHA-45 油脂	吾肯氏壶菌（*Ulkenia* sp.）	GRAS，Withdrawn	新食品，2003	新食品，2005	未经授权
ARASCO	高山被孢霉（*M. alpina*）	GRAS，2001	使用历史	使用历史	新食品，2002
SUNTGA40S	高山被孢霉（*M. alpina*）	GRAS，2006	新食品，2008	未经授权	新食品，2003

注：1. DHASCO、ARASCO 和 SUNTGA405 GRAS 用于美国婴幼儿配方奶粉。
2. DHASCO-S GRAS 在美国用于食品和饮料。
3. DHASCO 和 ARASCO 在欧洲、澳大利亚和新西兰的使用建立了历史，但是没有被认定为新食品。
4. DHASCO-S 在欧盟被批准为新食品并用于食品。
5. DHA-45 油脂在欧盟被认定为 DHASCO-S 的物质等价。
6. SUNTGA405 被批准为新食品并用于婴幼儿配方奶粉。
7. DHASCO-S 和 DHA-45 油脂在澳大利亚和美国被批准为新食品并应用于食品和饮料。
8. DHASCO-S、ARASCO 和 SUNTGA405 在加拿大被批准为新食品并用于婴幼儿配方奶粉。
9. DHASCO-S 和 DHASCO 在加拿大被批准为新食品并用于食品和饮料

15.4.1 美国

几份单细胞油脂GRAS通告已经在FDA网站上公布，公布时已经有4个产品被这个机构审批（http://www.cfsan.fda.gov/~rdb/opa-gras.html，accessed March 14，2009）。

在2001年FDA回应马泰克公司的GRAS通告GRN000041称从隐甲藻（*C. cohnii*）中分离获得的DHASCO和从真菌高山被孢霉（*M. alpina*）中分离得到的ARASCO作为DHA和ARA的来源是GRAS，通过科学的程序加到婴幼儿配方奶粉中。基于马泰克公司提供的信息，同样对于FDA还有其他可利用的信息，这个机构对于在特定条件下使用的ARA和DHA的来源ARASCO和DHASCO是GRAS的结论没有异议——也就是说加到婴幼儿配方奶粉中进行消化吸收且水平高达总脂肪量的1.25%，并且DHA和ARA的比例在1∶1到1∶2之间的是健康配方（Food and Drug Administration，2001a）。

对GRAS通告GRN000080的回应（Food and Drug Administration，2001b）基于美赞臣（Mead Johnson™）营养提供的信息，同样结合其他获得的信息，FDA对于ARASCO是GRAS的结论没有异议，在特定条件下使用时，也就是说与DHASCO联合使用和增加了50%，通过马泰克在GRN000041中提供的相关信息。

在2006年，FDA回应了一个提案，在罗氏（Ross）产品部门，包括雅培（Abbott）公司（罗氏），关于来自高山被孢霉含有ARA的单细胞油脂的使用是没有异议的（GRAS Notice No. GRN 000094）。对于单细胞油脂使用的特定条件是，以早产婴儿配方奶粉为目标的添加量是0.4%的ARA和0.25%的DHA，以婴幼儿配方奶粉为目标的添加量是0.4%的ARA和0.15%的DHA（Food and Drug Administration，2006）。

因为新的婴幼儿配方奶粉包含单细胞油脂（比如DHASCO，ARASCO或SUNTGA40S），这些婴幼儿配方奶粉的制造商必须向FDA提交申请，提出关于配方审批的要求，在FDCA的412法规下在这些配方奶粉进入市场之前至少需要90天的时间。婴幼儿配方奶粉制造商打算进入婴幼儿配方奶粉市场，这种奶粉中包括一种新的成分，而这种成分不是制造商自己的成分，根据412法规制造商有责任提交申请书。

GRAS通告的GRN000137文件（Food and Drug Administration，2004）关于在特定的食品分类、特定的使用水平使用DHASCO-S［DHA油脂来自裂殖壶菌（*Schizochytrium* sp.）］作为直接的食品成分是基于科学程序的。根据马泰克公司提供的信息以及其他提供给FDA的信息，该机构对在特定条件使用单细胞油脂是GRAS的结论没有异议。根据膳食补充健康和教育法案（DSHEA）的通告，

DHASCO-S 在美国被允许作为食谱增加剂和贸易商品。依据这个法律和与此一致的被 FDA 颁布的最终法律，从裂殖壶菌中提取的 DHASCO 的一个新的食品添加剂申请书被提交到 FDA。FDA 承认接收了新食品添加剂通告并没有做有评论性的回应。申请书被公布于众（Food and Drug Administration，1997b）。

15.4.2 欧盟

在欧盟目前有许多单细胞油脂被批准使用。通过进入欧盟市场之前至少需要在一个成员国内商业化的“原则共识下的”下，马泰克公司生产的 DHASCO 和 ARASCO 于 1997 年 5 月 15 日的新食品法规生效之前已经进入欧盟市场，获得了荷兰卫生、福利和体育部在早产和学前儿童奶粉配方中添加 ARASCO 和 DHASCO 的免税。这个免税被刊登在 1995 年 3 月 8 日的国家杂志上（Netherlands State Journal，1995）。

马泰克公司收到了从裂殖壶菌中分离提取富集 DHA 油脂的批准（DHASCO-S）。批准了附件中列出的决定单细胞油脂作为新食品并且作为选择性食品应用目前已经市场化。这个决定发布在欧洲委员会官方文件上（Official Journal of the European Communities，2003）。

诺维（Nutrinova）公司在 2003 年通知委员会关于打算将从微藻吾肯氏壶菌（*Ulkenia* sp.）中获得的新单细胞油脂产品（DHA45 油脂）进行市场化，与新食品法规（EC）258/97 第 5 条具有一致性。德国主管授权部门同意这个公司宣称的从裂殖壶菌中获得的油脂产品是“物质等价”的。根据物质等价的决定，欧洲委员会被通知，诺维公司将油脂市场化作为对相同食品类别的食品添加剂，并且使用水平等同的来自裂殖壶菌的富集 DHA 油脂。诺维公司的生产过程已经被瑞士龙沙（Lonza）集团接管。在 2002 年一个申请者（Innovalg—S. A. R. L，Bouin，France）通知委员会打算将海洋微藻长耳齿状藻（*Odontella aurita*）作为新食品市场化，获得了来自法国主管部门授权的“物质等价”。长耳齿状藻可以生产高含量的多不饱和脂肪酸 EPA。这种产品由干燥的藻体组成，准备用在一系列食品的生产中。对于长耳齿状藻和来自吾肯氏壶菌的 DHA45 油脂的通告，该通告在新食品法案（EC）258/97 第 5 条法规下制定，被粘贴在委员会的官方网站上［见欧洲国会和委员会法规（EC）258/97 第 5 条通告，http://www.europa.eu.int/comm/food/food/biotechnology/novelfood/notif_list_en.pdf March 14，2009］。

雅培公司［现在三得利（Suntory）旗下］在 1999 年向荷兰主管授权单位要求确定来自高山被孢霉的富集 ARA 的油脂在市场上作为新食品。在 2005 年，荷兰的食品主管评估体系发布他最初的评估报告，在那个报告中得出的结论是来自高山被孢霉的 ARA 富集油脂可以安全地用在早产婴儿奶粉和学前儿童奶粉配方中。委员会将这份最初的评估报告转发给所有的成员国，在 60 天的时间内对于产品市场可以提出理由充分的反对意见。因此欧洲食品安全委员会授权机构（EFSA）被征求意见。在 2008 年 EFSA 采纳了关于“来自高山被孢霉真菌油脂”的安全性建议。在这个意见中 EFSA 提出了这样一个结论：来自高山被孢霉的真菌油脂用在婴幼儿奶粉和其他配方中的 ARA 的来源是安全的。基于科学的评论，来自高山被孢霉的真菌油脂将被投放到市场作为新食品添加剂用在奶粉和其他配方中（Official Journal of the European Union，2008）。

15.4.3 澳大利亚和新西兰

在澳大利亚和新西兰目前有大量的单细胞油脂被批准使用。在澳大利亚和新西兰，从 1998 年开始马泰克公司生产的 DHASCO（来自隐甲藻）和 ARASCO（来自高山被孢霉）被添加到婴幼儿配方奶粉中，是在澳大利亚新西兰食品标准规则 1.5.1 标准《新食品》之前。基于 DHASCO 和 ARASCO 进入市场早于新食品法规和有充分的证据支持 DHASCO 和 ARASCO 用在婴幼儿配方奶粉中是安全的，FSANZ 表示存在充足的知识保证当它们添加到奶粉中是安全的；这种新食品申请不是必需的。不管怎么样，马泰克公司向 FSANZ 提交了数据和信息，允许安全性审查，并最终发布在安全报告上（Food Standards Australia New Zealand，2003）。

FSANZ 批准了马泰克公司的来自裂殖壶菌的 DHASCO-S 油脂在食品生产和使用中作为食品添加剂存在。FSANZ 得出结论：裂殖壶菌微藻的组成成分和从裂殖壶菌中分离提取的油脂与传统来源的 DHA 具有可比性，并且裂殖壶菌微藻和油脂提供了食品中 ω-3 脂肪酸可选择性的来源（ANZFA，2002）。在 2002 年，批准发布在澳大利亚联邦公报上（Commonwealth of Australia，2002）。

诺维（瑞士龙沙集团）在 2005 年接到关于市场化来自吾肯氏壶菌的富含 DHA 的油脂（DHA45 油脂）作为新食品的批准（Food Standards Australia New Zealand，2005）。FSANZ 得出结论：当这种油脂作为食品添加剂时对 ω-3 脂肪酸的来源提供了可替代的来源。在 2005 年这个批准被发布在澳大利亚联邦公告上（Commonwealth of Australia，2005）。

15.4.4 加拿大

在加拿大，使用 DHASCO（来自隐甲藻）和 ARASCO（来自高山被孢霉）作为人类牛奶添加剂（婴幼儿配方奶粉）的 DHA 和 ARA 的来源被市场接受。加拿大健康机构通知马泰克公司使用 DHASCO 和 ARASCO 作为婴幼儿配方奶粉中的 DHA 和 ARA 的来源已经没有异议。

三得利公司提交关于使用来自高山被孢霉 ARA 油脂的市场前期调查报告到加拿大健康机构。加拿大健康机构（Health Canada，2003）在其网站上粘贴了一份关于新食品的决定。

DHASCO 和 DHASCO-S 油脂（分别来自隐甲藻和裂殖壶菌）被要求接受大量食品和饮料上的应用新食品市场前期调查。加拿大健康机构（Health Canada，2006）对于这些 DHASCO 作为大众食品添加剂没有异议。

15.5 结论

基于以下几行证据，单细胞油脂的安全性已经被评估，包括：(a) 脂肪酸和这些油脂的其他成分固有的安全性，它们在食品中的存在（包括人类母乳中），少量的消耗并且它们的代谢知识；(b) 没有致病性或有毒性的菌株被报道用于这些产品的生产；(c) 非临床安全研究结果表明在啮齿动物和非啮齿动物中证明没有意外的、治疗相关性的、计量依赖性的和不良的毒理学结果；(d) 在目标人群中临床研究表明检测结果是安全的和没有与治疗相关的严重事件的发生；(e) 使用这些产品的历史是安全的，包括作为作为膳食补充剂在婴幼儿配方奶粉中的使用和作为食品添加剂的使用。

在欧盟、澳大利亚和新西兰、加拿大以及世界上其他国家建立了新食品和新食品添加剂的法规。通常单细胞油脂在新食品法规以前就有明显的使用历史，被认为是传统食品而不作为新食品进行管理。这些 DHASCO（来自隐甲藻）和 ARA（来自高山被孢霉）的应用先例是在欧盟、澳大利亚和新西兰。单细胞油脂作为新食品使用、进入市场前的审查和批准过程历史阶段很短。制造商希望在欧盟、澳大利亚和新西兰获得对一个新成分使用的授权，加拿大传统的做法是主管授权的机构提供一个适当的方法（如新食品使用程序）来获得前期市场的空隙。欧盟的新食品法规提供两条路线来授权新食品：一个完整的程序和一个简单的程序，基于“物质等价”的概念。在第 4 条（完整的程序中）规定下，一个成员国制定的一个最初的评估要传到其他成员国的主管机构进行正式的评估。如果在这个阶段各成员国之间并不一致，则通过多数表决的方式决定。在表决开始前欧洲食品安全授权机构（EFAS）可能被要求对关于科学风险评估提供观点。在第 5 条规定下（简单的程序中），一个申请者可以向一个成员国申请“物质等价”，然后转发到欧洲委员会，同时提交一个申请者的打算开拓产品市场的通告。

在美国 FDA 主要负责新食品添加剂的管理，包括单细胞油脂作为食品添加剂的使用。制造商可以通过填写一个 FDA 的食品添加剂申请书提议增加新食品添加剂，要求做一个前期市场的调查报告或做一个“普遍公认安全的”（GRAS）决定。GRAS 通告程序已经变成被采纳的途径，不仅是对于引进新食品添加剂，而且特别是对于几种用于婴幼儿配方奶粉和食品添加剂的新的单细胞油脂的情况。

在美国 DHASCO（来自隐甲藻的 DHA 油脂）、ARASCO（来自高山被孢霉的 ARA 油脂）和 SUNTGA40S（来自高山被孢霉的 ARA 油脂）在婴幼儿配方奶粉中的使用被认为是 GRAS，基于资深专家的鉴定。这些结论被 FDA 审批作为 GRAS 通告没有异议的一部分。DHASCO-S（来自裂殖壶菌）在食品和饮料中的使用是 GRAS，并且已经被 FDA 批准作为 GRAS 通告程序的一部分。DHASCO 和 DHASCO-S 也被作为膳食添加剂销售。在膳食补充剂健康机构和教育法案（DSHEA）的规定下，DHASCO-S 油脂是新型食品成分的报告已经提交给 FDA。

DHASCO（来自隐甲藻）和 ARASCO（来自高山被孢霉）在欧盟不被认为是新食品，基于它们在 1997 年（这一年新食品法规建立）以前就有很长的使用历史。DHASCO-S（来自裂殖壶菌）、DHA-45（来自吾肯氏壶菌）和 SUNTGA40S（来自高山被孢霉）在欧盟被认为是新食品。DHASCO-S 和 SUNTGA40S 在完整的授权程序下分别被认定可用于食品和婴幼儿配方奶粉中。在简单的程序下的通告表明 DHA-45 油脂被认为本质上与 DHASCO-S 油脂是一样的，并随后投放市场，应用于食品。

在澳大利亚和新西兰，DHASCO（来自隐甲藻）和 ARASCO（来自高山被孢霉）不被认为是新食品，基于它们的使用历史可追溯到 1998 年。在澳大利亚和新西兰 DHASCO-S（来自裂殖壶菌）和 DHA-45 油脂（来自吾肯氏壶菌）被认为是新食品，并且审查和批准了其在食品添加剂和饮料中的应用。

加拿大健康机构已经对 DHASCO（来自隐甲藻）、ARASCO（来自高山被孢霉）和 SUNTGA40S（来自高山被孢霉）作为新食品在婴幼儿配方奶粉中的应用进行了评估，并且发布了新食品决定，允许这种应用。根据加拿大健康机构发布的新食品决定，DHASCO 和 DHASCO-S（来自裂殖壶菌）在食品和饮料中的使用也被认为是新食品。

对大量的早产婴儿、足月婴儿、儿童、孕妇、哺乳期妇女和许多其他人群的研究结果支持了单细胞油脂是安全的。从 1995 年起单细胞油脂已经被加在商业化的婴幼儿配方奶粉中，并且它们的安全性描述也建立起来了。现在这些配方奶粉提供给世界上超过 75 个国家。据估计有 5000 万婴儿已经接受包含单细胞油脂的配方奶粉，并且没有任何与消化吸收配方奶粉有关的不良反应报道。在美国几乎所有的早产婴儿（弱势群体）和 90%的足月婴儿喂养含单细胞油脂的婴幼儿配方奶粉。

参考文献

Agren, J.J.; O. Hanninen; A. Julkunen; L. Fogelholm; H. Vidgren; U. Schwab; O. Pynnonen; M. Uusitupa. Fish Diet, Fish Oil, and Docosahexaenoic Acid Rich Oil Lower Fasting and Postprandial Plasma Lipid Levels. *Eur. J. Clin. Nutr.* **1996,** *50,* 765–771.

Agren, J.J.; S. Vaisanen; O. Hanninen; A.D. Muller; G. Hornstra. Hemostatic Factors and Platelet Aggregation After a Fish-Enriched Diet of Fish Oil or Docosahexaenoic Acid Supplementation. *Prostaglandins Leukot. Essent. Fatty Acids* **1997,** *57,* 419–421.

American Academy of Pediatrics, Committee on Nutrition. *Pediatric Nutrition Handbook*, 6th edn.; American Academy of Pediatrics: Elk Grove Village, IL, 2009; pp 17, 85.

ANZFA. *Final Assessment Report (Inquiry-Section 17) for Application A428: DHA-Rich Dried Marine Micro Algae (Schizochytrium sp.) and DHA-Rich Oil Derived from Schizochytrium sp. as Novel Food Ingredients.* Australia New Zealand Food Authority 09/028 May 8, 2002 .

Arterburn, L.M.; H.A. Oken; E. Bailey Hall; J. Hammersley; C.N. Kuratko; J.P. Hoffman. Algal-Oil Capsules and Cooked Salmon: Nutritionally Equivalent Sources of Docosahexaenoic Acid. *J. Am. Diet. Assoc.* **2008,** *108,* 1204–1209.

Arterburn, L.M.; H.A. Oken; J.P. Hoffman; E. Bailey-Hall; G. Chung; D. Rom; J. Hamersley; D. McCarthy. Bioequivalence of Docosahexaenoic Acid from Different Algal Oils in Capsules and in a DHA-Fortified Food. *Lipids* **2007,** *42,* 1011–1024.

Benton, D., Ed. *Fatty Acid Intake and Cognition in Healthy Volunteers. NIH Workshop on Omega-3 Essential Fatty Acids and Psychiatric Disorders,* Bethesda, MD; 1998.

Berson, E.L.; B. Rosner; M.A. Sandberg; C. Weigel-DiFranco; A. Moser; R.J. Brockhurst; K.C. Hayes; C.A. Johnson; E.J. Anderson; A.R. Gaudio; et al. Clinical Trial of Docosahexaenoic Acid in Patients with Retinitis Pigmentosa Receiving Vitamin A Treatment. *Arch Ophthalmol.* **2004a,** *122,* 1297–1305.

Berson, E.L.; B. Rosner; M.A. Sandberg; C. Weigel-DiFranco; A. Moser; R.J. Brockhurst; K.C. Hayes; C.A. Johnson; E.J. Anderson; A.R. Gaudio; et al. Further Evaluation of Docosahexaenoic Acid in Patients with Retinitis Pigmentosa Receiving Vitamin A Treatment: Subgroup Analyses. *Arch Ophthalmol.* **2004b,** *122,* 1306–1314.

Brown, N.E.; M.T. Clandinin; S.P. Man; A.B. Thomson; Y.K. Goh; J. Jumpsen. Docosahexaenoic Acid (DHA) Feeding in Cystic Fibrosis Patients. *Pediatr. Pulmonol.* **2001,** *22,* 492A.

Calder, P.C. Dietary Arachidonic Acid: Harmful, Harmless or Helpful? *Br. J. Nutr.* **2007,** *98,* 451–453.

Clandinin, M.T.; J.E. Van Aerde; K.L. Merkel; C.L. Harris; M.A. Springer; J.W. Hansen; D.A. Dersen-Schade. Growth and Development of Preterm Infants Fed Infant Formulas Containing Docosahexaenoic Acid and Arachidonic Acid. *J. Pediatr.* **2005**, *146,* 461-468.

Commonwealth of Australia. *Amendment No. 60 to the Food Standards Code. Australia New Zealand Food Authority.* Gazette No. FSC 2, June 20, 2002.

Commonwealth of Australia. *Amendment No. 78 to the Food Standards Code. Australia New Zealand Food Authority.* Gazette No. FSC 20, May 26, 2005.

Conquer, J.A.; B.J. Holub. Supplementation with an Algae Source of Docosahexaenoic Acid Increases (n-3) Fatty Acid Status and Alters Selected Risk Factors for Heart Disease in Vegetarian Subjects. *J. Nutr.* **1996,** *126,* 3032–3039.

Conquer, J.A.; B.J. Holub. Dietary Docosahexaenoic Acid as a Source of Eicosapentaenoic Acid in Vegetarians and Omnivores. *Lipids* **1997a,** *32,* 341–345.

Conquer, J.A.; B.J. Holub. Docosahexaenoic Acid (Omega-3) and Vegetarian Nutrition. *Veget. Nutr.* **1997b,** *1-2,* 42–49.

Conquer, J.A.; B.J. Holub. Effect of Supplementation with Different Doses of DHA on the Levels of Circulating DHA as Non-Esterified Fatty Acids in Subjects of Asian Indian Background. *J. Lipid Res.* **1998,** *39,* 286–292.

Davidson, M.H.; K.C. Maki; J. Kalkowski; E.J. Schaefer; S.A. Torri; K.B. Drennan. Effect of Docosahexaenoic Acid on Serum Lipoproteins in Patients with Combined Hyperlipidemia: A Randomized, Double-blind, Placebo-controlled Trial. *J. Am. Coll. Nutr.* **1997,** *16,* 236–243.

Denkins, Y.M.; J.C. Lovejoy; S.R. Smith. Omega-3 PUFA Supplementation and Insulin Sensitivity. *FASEB* **2002,** *16,* A24.

Dodge, J.D. Dinoflagellate Taxonomy. *Dinoflagellates*; D.L. Spector, Ed.; Academic Press: Orlando, 1984; pp 17–42.

Domsch, K.H.; W. Gams; T. Anderson, Eds. Mortierella. *Compendium of Soil Fungi;* Academic Press: Orlando, 1980; pp 431–460.

Engler, M.M.; M.B. Engler; L.M. Arterburn; E. Bailey; E.Y. Chiu; M. Malloy; M.L. Mietus-Snyder. Docosahexaenoic Acid Supplementation Alters Plasma Phospholipid Fatty Acid Composition in Hyperlipidemic Children: Results from the Endothelial Assessment of Risk from Lipids in Youth (EARLY) Study. *Nutr. Res.* **2004,** *24,* 721–729.

Engler, M.M.; M.B. Engler; M.J. Malloy; S.M. Paul; K.R. Kulkarni; M.L. Mietus-Snyder. Effect of Docosahexaenoic Acid on Lipoprotein Subclasses in Hyperlipidemic Children (the EARLY Study). *Am. J. Cardiol.* **2005,** *95,* 869–871.

Ferretti, A.; G.J. Nelson; P.C. Schmidt; G. Bartolini; D.S. Kelley; V.P. Flanagan. Dietary Docosahexaenoic Acid Reduces the Thromboxane/Prostacyclin Synthetic Ratio in Humans. *J. Nutr.* **1998,** *9,* 88–92.

Fidler, N.; T. Sauerwald; A. Pohl; H. Demmelmair; B. Koletzko. Docosahexaenoic Acid Transfer into Human Milk after Dietary Supplementation: A Randomized Clinical Trial. *J. Lipid Res.* **2000,** *41,* 1376–1383.

Food and Drug Administration, Department of Health and Human Services. Substances Affirmed as Generally Recognized as Safe: Menhaden Oil. *Fed. Reg.* **1997a,** *62,* 30751–30752.

Food and Drug Administration. *Notification of a New Dietary Ingredient.* Submitted by Monsanto Company to Office of Special Nutritionals (HFS-450), Center for Food Safety and Applied Nutrition, U.S Food and Drug Administration, Washington, D.C., December 19, 1997b. Published online: http://www.fda.gov/ohrms /dockets/dockets/ 95s0316/rpt0017_01.pd, (accessed March 24, 2004).

Food and Drug Administration, Agency Response Letter. *GRAS Notice No. GRN 000041.* U.S. Food and Drug Administration. Department of Health and Human Services. May 17, 2001a.

Food and Drug Administration, Agency Response Letter. *GRAS Notice No. GRN 000080.* U.S. Food and Drug Administration. Department of Health and Human Services, 2001b.

Food and Drug Administration, Agency Response Letter. *GRAS Notice No. GRN 000137.* U.S. Food and Drug Administration. Department of Health and Human Services, 2004.

Food and Drug Administration, Agency Response Letter. *GRAS Notice No. GRN 000094.* U.S. Food and Drug Administration. Department of Health and Human Services. April 18, 2006.

Food Standards Australia New Zealand. *DHASCO and ARASCO Oils as Sources of Long-Chain Polyunsaturated Fatty Acids in Infant Formula: A Safety Assessment.* Technical Report Series No. 22, 2003. Published online: http://www.foodstandards.gov.au (accessed July 20, 2009).

Food Standards Australia New Zealand. *Final Assessment Report for Application A522: DHA-Rich Micro-Algal Oil from* Ulkenia *sp. as a Novel Food.* Food Standards Australia New Zealand 02/05, March 23, 2000.

Gibson, R.A.; M.A. Neumann; M. Makrides. Effect of Increasing Breast Milk Docosahexaenoic Acid on Plasma and Erythrocyte Phospholipid Fatty Acids and Neural Indices Of Exclusively Breast Fed Infants. *Eur. J. Clin. Nutr.* **1997,** *51,* 578-584.

Gillingham, M.; S. van Calcar; D. Ney; J. Wolff; C. Harding Dietary Management of Long-Chain 3-Hydroxyacyl-CoA Dehydrogenase Deficiency (LCHADD) A Case Report and Survey. *J. Inherit. Metab. Dis.* **1999,** *22,* 123-131.

Harding, C.O.; M.B. Gillingham; S.C. van Calcar; J.A. Wolff; J.N. Verhoeve; M.D. Mills. Docosahexaenoic Acid and Retinal Function in Children with Long Chain 3-Hydroxyacyl-CoA Dehydrogenase Deficiency. *J. Inherit. Metab. Dis.* **1999,** *22,* 276-280.

Harris, W.S. Expert Opinion: Omega-3 Fatty Acids and Bleeding—Cause for Concern? *Am. J. Cardiol.* **2007**, *99*, S44-S46.

Health Canada. *Novel Food Decision: DHASCO and ARASCO Oils as Sources of Docosahexaenoic Acid (DHA) and Arachidonic Acid (ARA) in Human Milk Substitutes, 2002.* Published online: http://www.novelfoods.gc.ca (accessed July 20, 2009).

Health Canada. *Novel Food Decision: SUN-TGA40S as a Source of Arachidonic Acid in Infants Formulas, 2003.* Published online: http://www.novelfoods.gc.ca (accessed July 20, 2009).

Health Canada. *Novel Food Decision: DHASCO Oil as a Source of Docosahexaenoic Acid (DHA) in Foods, 2006.* Published online: http://www.novelfoods.gc.ca (accessed July 20, 2009).

Henriksen, C.; K. Haugholt; M. Lindgren; A.K. Aurvag; A. Ronnestad; M. Gronn; R. Solberg; A. Moen; B. Nakstad; R.K. Berge; et al. Improved Cognitive Development Among Preterm Infants Attributable to Early Supplementation of Human Milk with Docosahexaenoic Acid and Arachidonic Acid. *Pediatrics* **2008,** *121,* 1137-1145.

Innis, S.M.; J.W. Hansen. Plasma Fatty Acid Responses, Metabolic Effects, and Safety of Microalgal and Fungal Oils Rich in Arachidonic and Docosahexaenoic Acids in Healthy Adults. *Am. J. Clin. Nutr.* **1996,** *64,* 159-167.

Innis, S.M.; R.W. Friesen. Essential n-3 Fatty Acids in Pregnant Women and Early Visual Acuity Maturation in Term Infants. *Am. J. Clin. Nutr.* **2008,** *87,* 548-557.

Johnson, E.J.; H.Y. Chung; S.M. Caldarella; D.M. Snodderly. The Influence of Supplemental Lutein and Docosahexaenoic Acid on Serum Lipoproteins, and Macular Pigmentation. *Am. J. Clin. Nutr.* **2008a,** *87,* 1521-1529.

Johnson, E.J.; K. McDonald; S.M. Caldarella; H.Y. Chung; A.M. Troen; D.M. Snodderly. Cognitive Findings of an Exploratory Trial of Docosahexaenoic Acid and Lutein Supplementation in Older Women *Nutr. Neurosci.* **2008b,** *11,* 75-83.

Jensen, C.; A. Llorente; R. Voigt; T. Prager; J. Fraley; Y. Zou; M. Berretta, W. Heird. Effects of Maternal Docosahexaenoic Acid (DHA) Supplementation on Visual and Neurodevelopmental Function of Breast-fed Infants and Indices of Maternal Depression and Cognitive Interference. *Pediatr. Res.* **1999,** *45,* 284A.

Jensen, C.L.; M. Maude; R.E. Anderson; W.C. Heird. Effect of Docosahexaenoic Acid Supplementation of Lactating Women on the Fatty Acid Composition of Breast Milk Lipids and Maternal and Infant Plasma Phospholipids. *Am. J. Clin. Nutr.* **2000,** *71,* 292S-299S.

Jensen, C.L.; R.G. Voigt; T.C. Prager; Y.L. Zou; J.K. Fraley; J.C. Rozelle; M.R. Turcich; A.M. Llorente; R.E. Andersen; W.C. Heird. Effects of Maternal Docosahexaenoic Acid Intake on Visual Function and Neurodevelopment in Breast Fed Term Infants. *Am J. Clin. Nutr.* **2005,** *82,* 125-132.

Jensen, C.L.; R.G. Voigt; T.C. Prager; Y.L. Zou; J.K. Fraley; J. Rozelle; M. Tureich; A.M. Llorente; W.C. Heird. Effects of Maternal Docosahexaenoic Acid (DHA) Supplementation on Visual Function and Neurodevelopment of Breast-fed Infants. *Pediatr. Res.* **2001,** *49,* 448A.

Keller, D.D.; S. Jurgilas; B. Perry; J. Blum; B. Farino; J. Reynolds; L. Keilson. Docosahexaenoic Acid (DHA) Lowers Triglycerides and Improves Low Density Lipoprotein Particle Size in a Statin-treated Cardiac Risk Population. *J. Clin. Lipidol.* **2007,** *1,* 151A.

Kelley, D.S.; P.C. Taylor; G.J. Nelson; B.E. Mackey. Dietary Docosahexaenoic Acid and Immunocompetence in Young Healthy Men. *Lipids* **1998,** *33,* 559-566.

Kelley, D.S.; P.C. Taylor; G.J. Nelson; P.C. Schmidt; A. Ferretti; K.L. Erickson; R.Yu; R.K. Chandra; B.E. Mackey Docosahexaenoic Acid Ingestion Inhibits Natural Killer Cell Activity and Production of Inflammatory Mediators in Young Healthy Men. *Lipids* **1999,** *34,* 317-324.

Kelley, D.S.; D. Siegel; M. Vemuri; B.E. Mackey. Docosahexaenoic Acid Supplementation Improves Fasting and Postprandial Lipid Profiles in Hypertriglyceridemic Men. *Am. J. Clin. Nutr.* **2007,** *86,* 324-333.

Kelley, D.S.; D. Siegel; M. Vemuri; G.H. Chung; B.E. Mackey. Docosahexaenoic Acid Supplementation Decreases Remnant-like Particle-cholesterol and Increases the (n-3) Index in Hypertriglyceridemic Men. *J. Nutr.* **2008,** *138,* 30-35.

Kiy, T.; M. Rusing; D. Fabritius. Production of Docoahexaenoic Acid by the Marine Microalga, *Ulkenia* sp. *Single Cell Oils,* 1st edn.; Z. Cohen; C. Ratledge, Eds.; AOCS Press: Champaign, IL, 2005, pp 99-106.

Koletzko, B.; I. Cetin; J.T. Brenna for the Perinatal Lipid Intake Working Group. Dietary Fat Intakes for Pregnant and Lactating Women. *Br. J. Nutr.* **2007,** *98,* 873-877.

Koletzko B.; E. Lien; C. Agostini; H. Bohles; C. Campoy; I. Cetin; T. Decsi; J. Dudenhausen; C. Dupont; S. Forsyth; et al. The Roles of Long-chain Polyunsaturated Fatty Acids in Pregnancy, Lactation and Infancy: Review of Current Knowledge and Consensus Recommendations. *J. Perinat. Med.* **2008,** *36,* 5-14.

Kris-Etherson, P.M.; S. Innis. Position of the American Dietetic Association and Dietitians of Canada: Dietary Fatty Acid . *J. Am. Diet. Assoc.* **2007,** *107,* 1599-1611.

Kroes, R.; E.J. Schaefer; R.A. Squire; G.M. Williams. A Review of the Safety of DHA45-Oil. *Food Chem. Toxicol.* **2003,** *41,* 1433-1446.

Kusumoto, A.; Y. Ishikura; H. Kawashima; Y. Kiso; S. Takai; M. Miyazaki. Effects of Arachidonate-Enriched Triacylglycerol Supplementation on Serum Fatty Acids and Platelet Aggregation in Healthy Male Subjects with a Fish Diet. *Br. J. Nutr.* **2007,** *98,* 626-635.

Lien, E.L. Toxicology and Safety of DHA. *Lipids* **2009**, in press.

Lindsay, C.; K. Boswell; C. Becker; H. Oken; D. Kyle; L. Arterburn. Kinetics of Absorption of DHA from DHASO Oil. *Inform* **2000,** *11,* S110-S111.

Lloyd-Still, J.D.; C.A. Powers; D.R. Hoffman; K. Boyd-Trull; L.M. Arterburn; D.C. Benisek; L.A. Lester. Blood and Tissue Essential Fatty Acids after Docosahexaenoic Acid Supplementation in Cystic Fibrosis, *Pediatr. Pulmonol.* **2001,** *22,* 263A.

Makrides, M.; M.A. Neumann; R.A. Gibson. Effect of Maternal Docosahexaenoic Acid (DHA) Supplementation on Breast Milk Composition. *Eur. J. Clin. Nutr.* **1996,** *50,* 352-357.

Marangell, L.B.; J.M. Martinez; H.A. Zboyan B. Kertz; H.F.S. Kim; L.J. Puryear. A Double-blind, Placebo-controlled Study of the Omega-3 Fatty Acid Docosahexaenoic Acid in the Treatment of Major Depression. *Am. J. Psychiatry* **2003,** *160,* 996-998.

Marangell, L.B.; T. Suppes; T.A. Ketter; E.B. Dennehy; H. Zboyan; B. Kertz; A. Nierenberg; J. Calabrese; S.R. Wisniewski; G. Sachs. Ω-3 Fatty Acids in Bipolar Disorder: Clinical and Research Implications. *Prostaglandins Leukot. Essent. Fatty Acid* **2006,** *75,* 315—21.

Martek Biosciences Corporation. *Memory Improvement with Docosahexaenoic Acid Study (MIDAS).* Published online: http://clinicaltrials.gov/ct2/show/NCT00278135?term= Martek&rank=4 (accessed April 2009).

Mischoulon, D.; C. Best-Popescu; M. Laposata; W. Merens; J.L. Murakami; S.L. Wu; G.I. Papakostas; C.M. Dording; S.B. Sonawalla; A.A. Nierenberg, et al. A Double-blind Dose-finding Pilot Study of Docosahexaenoic Acid (DHA) for Major Depressive Disorder. *Eur. Neuropsychopharmacol.* **2008,** *18,* 639-645.

National Institute on Aging. *DHA (Docosahexaenoic Acid), an Omega-3 Fatty Acid, in Slowing the Progression of Alzheimer's Disease.* Published online http://clinicaltrials.gov/ ct2/show/ NCT00440050?term=Martel&rank=10 (accessed April 2009).

Nelson, G.J.; P.S. Schmidt; G.L. Bartolini; D.S. Kelley; D. Kyle. The Effect of Dietary Docosahexaenoic Acid on Platelet Function, Platelet Fatty Acid Composition, and Blood Coagulation in Humans. *Lipids* **1997a,** *32,* 1129-1136.

Nelson, G.J.; P.C. Schmidt; G. Bartolini; D.S. Kelley; S.D. Phinney; D. Kyle; S. Silbermann; E.J. Schaefer. The Effect of Dietary Arachidonic Acid on Plasma Lipoprotein Distributions, Blood Lipid Levels, and Tissue Fatty Acid Composition in Humans. *Lipids* **1997b,** *32,* 427-433. *Exemption of Novel Food.* March 8, 1995, page 4.

Office of Food Additive Safety. *Toxicological Principles for the Safety Assessment of Direct Food Additives and Color Additives Used in Food Redbook II-Draft.* Center for Food Safety and Applied Nutrition, Food and Drug Administration: Washington, D.C., 2001.

Office of Food Additive Safety. *Redbook 2000, Toxicological Principles for the Safety of Food Ingredients.* Online Center for Food Safety and Applied Nutrition, Food and Drug Administration. Published online: http://www.cfsan.fda.gov/~redbook/red-toca.htm (accessed March 24, 2004).

Official Journal of the European Communities. *Commission Decision of 5 June 2003 Authorising the Placing on the Market of Oil Rich in DHA (Docosahexaenoic Acid) from the Microalgae Schizochytrium* sp. *as a Novel Food Ingredient under Regulation (EC) No. 258/97 of the European Parliament and of the Council (2003/427/EC).* OJ L 144/13, 12.6.03, 2003.

Official Journal of the European Union. *Commission Decision of 12 December 2008 Authorising the Placing on the Market of Arachidonic Acid Rich Oil from* Mortierella alpina *as a Novel Food Ingredient under Regulation (EC) No. 258/97 of the European Parliament and of the Council (2008/968/EC).* OJ L 344/123, 20.12.08, 2008.

Otto, S.J.; A.C. van Houwelingen; G. Hornstra. The Effect of Different Supplements Containing Docosahexaenoic Acid on Plasma and Erythrocyte Fatty Acids of Healthy Non-Pregnant Women. *Nutr. Res.* **2000a,** *20,* 917-927.

Otto, S.J.; A.C. van Houwelingen; G. Hornstra. The Effect of Supplementation with Docosahexaenoic and Arachidonic Acid Derived from Single Cell Oils on Plasma and Erythrocyte Fatty Acids of Pregnant Women in the Second Trimester. *Prostoglandins Leukot. Essent. Fatty Acids* **2000b,** *63,* 323-328.

Ryan, A.S.; M.A. Keske; J.P. Hoffman; E.B. Nelson. Clinical Overview of Algal Docosahexaenoic Acid: Effects on Triglyceride Levels and Other Cardiovascular Risk Factors. *Am. J. Ther,* **2009,** *16,* 183-192.

Ryan, A.S.; E.B. Nelson. Assessing the Effect of Docosahexaenoic Acid on Cognitive Functions in Healthy, Preschool Children: A Randomized, Placebo-controlled, Double-blind Study. *Clin. Pediatr.* **2008,** *47,* 355–362.

Sanders, T.A.B.; K. Gleason; B. Griffin; G.J. Miller. Influence of a Triacylglycerol Containing Docosahexaenoic Acid (22:6n-3) and Docosapentaenoic Acid (22:5n-6) on Cardiovascular Risk Factors in Healthy Men and Women. *Br. J. Nutr.* **2006,** *95,* 525-531.

Scholer, H.; E.N. Mueller; M. Schipper. Mucorales. *Fungi Pathogenic for Humans and Animals,* D. Howard, Ed.; Marcel Dekker, New York, 1983; 9.

Schwellenbach, L.J.; K.L. Olson; K.J. McConnell; R.S. Stolcpart; J.D. Nash; J.A. Merenich for the Clinical Pharmacy Cardiac Risk Services Study Group. The Triglyceride-lowering Effects of a Modest Dose of Docosahexaenoic Acid Alone Versus in Combination with Low Dose Eicosapentaenoic Acid in Patients with Coronary Artery Disease and Elevated Triglycerides. *J. Am. Coll. Nutr.* **2006,** *25,* 480-485.

Seyberth, H.W.; O. Oelz T. Kennedy; B.J. Sweetman; A. Danon; J.C. Frolich; M. Heimberg; J.A. Oates. Increased Arachidonate in Lipids after Administration to Man: Effects on Prostaglandin Synthesis. *Clin. Pharmacol. Ther.* **1975,** *18,* 521-529.

Stark, K.D.; B.J. Holub. Differential Eicosapentaenoic Acid Elevations and Altered Cardiovascular Disease Risk Factor Responses after Supplementation with Docosahexaenoic Acid in Postmenopausal Women Receiving and Not Receiving Hormone Replacement Therapy. *Am. J. Clin. Nutr.* **2004,** *79,* 765-773.

Steidinger, K.A.; D.G. Baden. Toxic Marine Dinoflagellates. *Dinoflagellate*; D.L. Spector, Ed.; Academic Press; Orlando, 1984; p. 201-262.

Streekstra, H. On the Safety of *Mortierella alpina* for the Production of Food Ingredients, such as Arachidonic Acid. *J. Biotechnol.* **1997,** *56,* 153-165.

Theobald, H.E.; P.J. Chowiencyk; R. Whittall; S.E. Humphries; T.A. Sanders. LDL Cholesterol-Raising Effect of Low Dose Docosahexaenoic Acid in Middle-aged Men and Women. *Am. J. Clin. Nutr.* **2004,** *79,* 558-563.

Theobald, H.E.; A.H. Goodall; N. Sattar; D.C. Talbot; P.J. Chowienczyk; T.A. Sanders. Low-dose Docosahexaenoic Acid Lowers Diastolic Blood Pressure in Middle-aged Men and Women. *J. Nutr.* **2007,** *137,* 973-978.

The Threshold Working Group of the FDA. *Approaches to Establish Thresholds for Major Food Allergens and for Gluten in Food,* U.S. Food and Drug Administration, June 2005. Published online: http://www.cfsan.fda.gov/~dms/alrgn.html (accessed Jan 2009).

Van den Hoek, C.; D.G. Mann; H.M. Jahns. *Algae: An Introduction to Phycology*, Cambridge University Press: Cambridge, 1995.

Vidgren, H.M.; J.J. Agren; U. Schwab; T. Rissanen; O. Hanninen; M.I.J. Uusitupa. Incorporation of n-3 Fatty Acids into Plasma Lipid Fractions, and Erythrocyte Membranes, and Platelets During Dietary Supplementation with Fish Oil, and Docosahexaenoic Acid Rich Oil Among Healthy Young Men. *Lipids* **1997**, *32,* 697-705.

Wesler, A.R.; C.E.H. Dirix; M.J. Bruins; G. Hornstra. Dietary Arachidonic Acid Dose-dependently Increases the Arachidonic Acid Concentration in Human Milk. *J. Nutr.* **2008,** *138,* 2190-2197.

Wheaton, D.H.; D.R. Hoffman; K.G. Locke; R.B. Watkins; D.G. Birch. Biological Safety Assessment of Docosahexaenoic Acid Supplementation in a Randomized Clinical Trial for X Linked Retinitis Pigmentosa. *Arch. Ophthalmol.* **2003,** *121,* 1269-1278.

Yuhas, R.; K. Pramuk; E.L. Lien. Human Milk Fatty Acid Composition from Nine Countries Varies Most in DHA. *Lipids* **2006,** *41,* 851–858.

Zeller, S. Safety Evaluation of Single Cell Oils and the Regulatory Requirements as Food Ingredients. *Single Cell Oils,* Z. Cohen; C. Ratledge, Eds.; AOCS Press: Champaign, IL, 2005; pp.161-181.

Appendix I: Clinical Studies of Infants Supplemented with DHA and ARA SCOs

Agostoni, C.; G.V. Zuccotti; G. Radaelli; R. Besana; A. Podestà; A. Sterpa; A. Rottoli; E. Riva; M. Giovannini. Docosahexaenoic Acid Supplementation and Time at Achievement of Gross Motor Milestones in Healthy Infants: A Randomized, Prospective, Double-blind, Placebo-controlled Trial. *Am. J. Clin. Nutr.* **2009,** *89,* 64–70.

Birch, E.E.; D.R. Hoffman; R. Uauy; D.G. Birch; C. Prestidge. Visual Acuity and the Essentiality of Docosahexaenoic Acid and Arachidonic Acid in the Diet of Term Infants. *Pediatr. Res.* **1998,** *44,* 201–209.

Birch, E.E.; S. Garfield; D.R. Hoffman; R. Uauy; D.G. Birch. A Randomized Controlled Trial of Early Dietary Supply of Long-Chain Polyunsaturated Fatty Acids and Mental Development in Term Infants. *Dev. Med. Child Neurol.* **2000**, *42,* 174–181.

Birch, E.E.; D.R. Hoffman; Y.S. Castaneda; S.L. Fawcett; D.G. Birch; R.D. Uauy. A Randomized Controlled Trial of Long-Chain Polyunsaturated Fatty Acid Supplementation of Formula in Term Infants after Weaning at 6 wk of Age. *Am. J. Clin. Nutr.* **2002,** *75,* 570–580.

Birch, E.E.; Y.S. Castaneda; D.H. Wheaton; D.G. Birch; R.D. Uauy; D.R. Hoffman. Visual Maturation of Term Infants Fed Long-Chain Polyunsaturated Fatty Acid-Supplemented or Control Formula for 12 mo. *Am. J. Clin. Nutr.* **2005,** *81,* 871–879.

Burks, W.; S. M. Jones; C.L. Berseth; C. Harris; H.A. Sampson; D.M. Scalabrin. Hypoallergenicity and Effects on Growth and Tolerance of a New Amino Acid-based Formula with Docosahexaenoic Acid and Arachidonic Acid. *J. Pediatr.* **2008,** *153,* 266–271.

Clandinin, M.T.; J.E. Van Aerde; A. Parrott; C.J. Field; A.R. Euler; E.L. Lien. Assessment of the Efficacious Dose of Arachidonic and Docosahexaenoic Acids in Preterm Infant Formulas: Fatty Acid Composition of Erythrocyte Membrane Lipids. *Pediatr. Res.* **1997,** *42,* 819–825.

Clandinin, M.T.; J.E. Van Aerde; A. Parrott; C.J. Field; A.R. Euler; E. Lien. Assessment of Feeding Different Amounts of Arachidonic and Docosahexaenoic Acids in Preterm Infant Formulas on the Fatty Acid Content of Lipoprotein Lipids. *Acta Paediatr.* **1999,** *88,* 890–896.

Clandinin, M.T.; J.E. Van Aerde; K.L. Merkel; C.L. Harris; M.A. Springer; J.W. Hansen; D.A. Diersen-Schade. Growth and Development of Preterm Infants Fed Infant Formulas Containing Docosahexaenoic Acid and Arachidonic Acid. *J. Pediatr.* **2005,** *146,* 461–468.

Field, C.J.; C.A. Thomson; J.E. Van Aerde; A. Parrott; A. Euler; E. Lien; M.T. Clandinin. Lower Proportion of CD45R0+ Cells and Deficient Interleukin-10 Production by Formula-Fed Infants, Compared with Human-Fed, Is Corrected with Supplementation of Long-Chain Polyunsaturated Fatty Acids. *J. Pediatr. Gastroenterol. Nutr.* **2009,** *31,* 291–299.

Florendo, K.N.; B. Bellflower; A. van Zwol; R.J. Cooke. Growth in Preterm Infants Fed Either a Partially Hydrolyzed Whey or an Intact Casein/Whey Preterm Infant Formula. *J. Perinatol.* **2009,** *29,* 106–111.

Foreman-van Drongelen, M.M.; A.C. van Houwelingen; A.D. Kester; C.E. Blanco; T.H. Hasaart; G. Hornstra. Influence of Feeding Artificial-Formula Milks Containing Docosahexaenoic and Arachidonic Acids on the Postnatal Long-Chain Polyunsaturated Fatty Acid Status of Healthy Preterm Infants. *Br. J. Nutr.* **1997,** *76,* 649–667.

Gibson, R.A.; D. Barclay; H. Marshall; J. Moulin; J.C. Maire; M. Makrides. Safety of Supplementing Infant Formula with Long-Chain Polyunsaturated Fatty Acids and Bifidobacterium lactis in Term Infants: A Randomised Controlled Trial. *Br J Nutr.* **2009,** *1-8.*

Henriksen, C.; K. Haugholt; M. Lindgren; A.K. Aurvag; A. Ronnestad; M. Gronn; R. Solberg; A. Moen; B. Nakstad; R.K. Berge; et al. Improved Cognitive Development among Preterm Infants Attributable to Early Supplementation of Human Milk with Docosahexaenoic Acid and Arachidonic Acid. *Pediatrics* **2008,** *121,* 1137–1145.

Hoffman, D.R.; E.E. Birch; D.G. Birch; R. Uauy; Y.S. Castaneda; M.G. Lapus; D.H. Wheaton. Impact of Early Dietary Intake and Blood Lipid Composition of Long-Chain Polyunsaturated Fatty Acids on Later Visual Development. *J. Pediatr. Gastroenterol. Nutr.* **2000,** *31,* 540–553.

Hoffman, D.R.; E. Birch; Y.S. Castañeda; S.L. Fawcett; D.G. Birch, D.G; R. Uauy. Dietary Docosahexaenoic Acid (DHA) and Visual Maturation in the Post-weaning Term Infant. *Invest Ophthalmol Vis Sci.* **2001,** *42,* S122A.

Hoffman, D.; E. Ziegler; S.H. Mitmesser; C.L. Harris; D.A. Diersen-Schade. Soy-based Infant Formula Supplemented with DHA and ARA Supports Growth and Increases Circulating Levels of These Fatty Acids in Infants. *Lipids* **2008,** *43,* 29–35.

Innis, S.M.; D.H. Adamkin; R.T. Hall; S.C. Kalhan; C. Lair; M. Lim; D.C. Stevens; P.F. Twist; D.A. Diersen-Schade; C.L. Harris; et al. Docosahexaenoic Acid and Arachidonic Acid Enhance Growth with No Adverse Effects in Preterm Infants Fed Formula. *J. Pediatr.* **2002,** *140,* 547–554.

Makrides, M.; R.A. Gibson; A.J. McPhee; C.T. Collins; P.G. Davis; L.W. Doyle; K. Simmer; P.B. Colditz; S. Morris; L.G. Smithers; et al. Neurodevelopmental Outcomes of Preterm Infants

Fed High-Dose Docosahexaenoic Acid: A Randomized Controlled Trial. *JAMA* **2009,** *301,* 175–182.

Morris, G.; J. Moorcraft; A. Mountjoy; J.C. Wells. A Novel Infant Formula Milk with Added Long-Chain Polyunsaturated Fatty Acids from Single-Cell Sources: A Study of Growth, Satisfaction and Health. *Eur. J. Clin. Nutr.* **2000,** *54,* 883–886.

Siahanidou, T.; A. Margeli; C. Lazaropoulou; E. Karavitakis; I. Papassotiriou; H. Mandyla. Circulating Adiponectin in Preterm Infants Fed Long-Chain Polyunsaturated Fatty Acids (LCPUFA)-supplemented Formula—A Randomized Controlled Study. *Pediatr Res.* **2008,** *63,* 428–432.

Smithers, L.G.; R.A. Gibson; A. McPhee; M. Makrides. Effect of Two Doses of Docosahexaenoic Acid (DHA) in the Diet of Preterm Infants on Infant Fatty Acid Status: Results from the DINO trial. *Prostaglandins Leukot. Essent. Fatty Acids* **2008,** *79,* 141–146. Epub Oct 23, 2008.

Smithers, L.G.; R.A. Gibson; A. McPhee; M. Makrides. Higher Dose of Docosahexaenoic Acid in the Neonatal Period Improves Visual Acuity of Preterm Infants: Results of a Randomized Controlled Trial. *Am. J. Clin. Nutr.* **2008,** *88,* 1049–1056.

Van Wezel-Meijler, G.; M.S. van der Knaap; J. Huisman; E.J. Jonkman; J. Valk; H.N. Lafeber. Dietary Supplementation of Long-Chain Polyunsaturated Fatty Acids in Preterm Infants: Effects on Cerebral Maturation. *Acta Paediatr.* **2002,** *91,* 942–950.

Vanderhoof, J.A. Hypoallergenicity and Effects on Growth and Tolerance of a New Amino Acid-based Formula with DHA and ARA. *J. Pediatr. Gastroenterol. Nutr.* **2008,** *47 Suppl 2,* S60–261.

Vanderhoof, J.; S. Gross; T. Hegyi. A Multicenter Long-Term Safety and Efficacy Trial of Preterm Formula Supplemented with Long-Chain Polyunsaturated Fatty Acids. *J. Pediatr. Gastroenterol. Nutr.* **2000,** *31,* 121–127.

Vanderhoof, J.; S. Gross; T. Hegyi; T. Clandinin; P. Porcelli; J. DeCristofaro; T. Rhodes; R. Tsang; K. Shattuck; R. Cowett; et al. Evaluation of a Long-Chain Polyunsaturated Fatty Acid Supplemented Formula on Growth, Tolerance, and Plasma Lipids in Preterm Infants up to 48 Weeks Postconceptional Age. *J. Pediatr. Gastroenterol. Nutr.* **1999,** *29,* 318–326.

第16章

单细胞油脂的营养方面：花生四烯酸和二十二碳六烯酸油脂的应用

Andrew J. Sinclai[a] and Jayasooriya[b]

([a]*School of Exercise & Nutrition Sciences, Deakin University, Burwood, Victoria*;
[b]*Department of Food Science, RMIT University, Melbourne, Victoria, Australia*)

16.1 引言

对于单细胞油脂（SCO）发展的关注主要是其含有母乳中独有的两种长链多不饱和脂肪酸（LC-PUFA）——二十二碳六烯酸（DHA）和花生四烯酸（ARA）。直到最近，这些多不饱和脂肪酸（PUFA）才添加到婴幼儿配方奶粉中。这两种多不饱和脂肪酸对大脑功能发育起着重要作用，人们试图从天然资源如鱼油和蛋黄卵磷脂中提取。从某些油（如金枪鱼油）中获得DHA相对简单（Hawkes et al，2002），而获取ARA要困难得多。人们发现某些土壤真菌生产富含ARA的油脂（Wynn & Ratledge，2000），商业化规模获取这种油脂的研究很快开展起来。同样，一种生产DHA油脂的海洋真菌也被用于生产商业品质的DHA（De Swaaf et al，2003）。

大脑中脂质含量比例仅次于脂肪组织，在人体中位居第二，其中神经组织含有36%～60%的脂质成分（Svennerholm，1968）。大脑中的脂质构成复杂，含有甘油磷脂（GPL）、鞘脂类（神经鞘磷脂和脑苷脂）、神经节甘脂，附带少量或不含甘油三酯的胆固醇和胆甾醇酯（Sastry，1985）。大脑甘油磷脂含有高比例的长链不饱和脂肪酸，大部分是DHA、ARA和二十二碳四烯酸（C22:4，n-6），微量的γ-亚麻酸（ALA）和亚油酸（LA）。脑部灰色神经组织的甘油磷脂中DHA和ARA比例高于脑部白质组织（Svennerholm，1968；Pullarkat & Reha，1978），其中磷脂酰乙醇胺（PE）和磷脂酰丝氨酸（PS）含有最多的DHA，同时PE和PI中ARA比例最高。成年人大脑皮层的DHA和ARA总量约分别占干重和白质的6%和2%（Svennerholm，1968）。大脑皮层的ω-3族系列脂肪酸（C20:4加上C22:4）含量接近DHA含量，大脑白质中ω-6族脂肪酸比例高于ω-3族（Svennerholm，1968）。视网膜中感光器细胞外节盘膜上的DHA比例是所有膜脂中比例最高的（Fliesler & Anderson，1983；Boesze-Battaglia & Albert，1989）。Carrie等（Carrie et al，2000）发现小鼠脑部11个不同区域的DHA含量不同，脑下垂体含有7%的甘油磷脂脂肪酸，前额叶含有22%的甘油磷脂脂肪酸。ARA的含量范围差异较大，从脑桥髓质中的5%到脑下垂体中的18%。这个腺体是唯一一个ARA比例超过DHA的区域。

DHA和ARA也存在于体内的其他组织，但含量都较低。例如对于豚鼠，所有组织（除了神经组织）中的DHA比例小于所有组织脂肪酸的0.5%，而整个脑部的DHA比例占总脂肪酸的6%～7%（Fu et al，2001）。在整个身体基础上，脑部的DHA含量接近体内全部DHA的22%～25%，约占躯体（肌肉和脂肪组织）DHA含量的50%。同样的研究表明ARA大多数分布在躯体中（70%），脑部仅占2%。

根据超过30种哺乳类动物大脑灰质中含有高比例的DHA和ARA含量推测（Sinclair，1975）：多不饱和脂肪酸在神经系统中有着重要的作用。在1970年代ω-6族脂肪酸就被认为是人类的必需脂肪酸，而ω-3族脂肪酸仅仅被认为是鱼类和其他海洋物种的必需脂肪酸。首次了解到ω-3族脂肪酸对哺乳动物的生理作用是当用ω-3族脂肪酸喂养小鼠与喂养了ω-6族脂肪酸的小鼠反应相比时，小鼠的视觉刺激引起了视网膜将近1倍的回应（Wheeler et al，1975）。自此之后，开始集中研究关于DHA对大脑的作用，并揭示了DHA在大脑许多不同区域有着至关重要的作用，包括：（a）膜相关的区域（膜秩序能影响膜受体如视网膜紫质的结构）（Litman et al，2001；Feller et al，2002），调节多巴胺能和含血清素的神经传递（Zimmer et al，2000），调节膜范围上的酶（依赖Na/K泵的ATP合酶）（Bowen & Clandinin，2002）；（b）代谢区域（调节类花生酸向ARA合成）（Kurlack & Stephenson，1999），作为二十二烷类的前体和从DHA获得的17*S*消退素（新型抗炎药）（Hong et al，2003）；（c）基因表达（短期、长期研究调节鼠脑中许多不同基因的表达）（Urquiza et al，2000；Puskas et al，2003）；（d）细胞内区域，如调节磷脂酰丝氨酸水平（Garcia et al，1998），可用于保护神经细胞免受凋亡（Akbar & Kim，2002），刺激 PC-12 大脑或神经细胞的神经营养因子（Ikmoto et al，1997；Martin，1998），在神经元发展中通过突触生长锥选择性积累 DHA（Ikmoto et al，1997；Martin，1998），调节神经元大小（Ahmad et al，2002），调节神经生长因子（Ikmoto et al，2000）。另外，DHA 是神经激素的前体，它是 DHA 的氧化产物（Roberts et al，1998；Fam et al，2002）。

ARA 是哺乳动物大脑和神经组织中最主要的 ω-6 族脂肪酸，它同 DHA 一样位于膜 GPL 甘油骨架 *sn*-2 位上，因此 ARA 在膜结构上具有重要的意义。从膜 GPL 上释放出来的 ARA 取决于磷脂酶 A、磷脂酶 C 和甘油酯酶的接受转化活力（Jones et al，1996）。一旦释放，ARA 可以变为氧化酶如环氧酶（COX-1，COX-2）、脂肪氧合酶或细胞色素 P450 单氧酶的底物，可以将其转换为一定数量具有生物活性的类十二烷酸，如前列腺素、环前列腺素、凝血噁烷和白三烯（Tapiero et al，2002；Herschman，1996）。ARA 在代谢中扮演一个功能调节的角色，主要表现为调节脂肪酸自身或氧化反应生成的生物活性代谢物。例如，ARA 在乙酰胆碱接受体上发挥不同的活性，如通过封闭接受体造成短期的抑制和激活蛋白激酶 C 途径造成长期的增强作用（Nishizaki et al，1998）。此外，据报道谷氨酸盐受体突触激活会释放 ARA，这说明 ARA 在突触传递过程中起着一定的作用（Dumuis et al，1990）。

异常的 ARA 代谢通常与一些大脑功能紊乱联系起来，如躁郁症（Rapoport & Bosetti，2002）、老年痴呆症（Breitner et al，1995）、精神分裂症（Peet et al，2002）和局部缺血（Nogawa et al，1997）。COX-2 是把 ARA 转化为类十二烷酸的酶，在大脑的不同区域高度表达，如海马、皮质和杏仁体（Yamagata et al，1993）。据报道，对上了年龄有认知缺陷和神经细胞凋亡的老鼠进行 COX-2 的过表达后，脑中前列腺素水平有所增加（Andresson et al，2001）。这个发现说明了神经 COX-2 会造成与年龄相关疾病的病理生理学。精神病患者服用烟酸造成皮肤潮红症状得到减轻已有些年头，这个过程的主要机制是将 ARA 转换为前列腺素 D2，能正常进行 ARA 代谢的物种同样建议添加烟酸（Skosnik & Yao，2003）。实验的精神病患者服用 2g 剂量的二十碳五烯酸（EPA，20:5n-3）后病情有了显著改善，并且红细胞脂肪酸中的 ARA 水平有所提高（Peet et al，2002）。这种改善可能是由 EPA 对磷脂酶 A2 的抑制引起的（Peet et al，2002）。

婴儿在两岁后脑部的质量快速增长，与这个增长相关的，出生后第一年婴儿脑部的 DHA 和 ARA 也快速累积（Martinez，1992）。这表明供脑部生长的 DHA 和 ARA 来自母乳。通过母乳喂养，每天只向婴儿提供 49mg DHA 和 92 mg ARA（Mitoulas et al，2003）。众所周知饮食会影响母乳中 LC-PUFA 水平，通常母乳总脂肪酸中 LC-PUFA 范围为 0.2%～1.0%（Makrides et al，1996）。

胎儿脑部能够将 ALA 合成有限数量的 DHA，肝脏同样可以合成一些 DHA (Salem et al，1996)，然而这些数量不足以使其达到最佳的发育状态（Horrocks & Yeo，1999)。一些人认为，鉴于人脑 DHA 积累速率，在出生后的前 6 个月需要通过母乳或婴儿配方奶粉提供 DHA（Cunnane et al，2000)。关于新生儿合成足够 ARA 的能力以供脑部生长的争论较少。这种有限的 LC-PUFA 合成能力使得更有必要在婴幼儿食品中添加脂肪酸。

需要向婴幼儿配方奶粉中添加 LC-PUFA 的另一个原因是基于出生后血液中 LC-PUFA 水平的降低。喂养了标准配方奶粉的婴儿血液中 DHA 和 ARA 水平低于母乳喂养的婴儿（Sander & Naismith，1979；Innis et al，2002)。含有 LC-PUFA 的配方奶粉能提高血液中的 LC-PUFA 水平，使得它们更类似于母乳喂养 (Makrides et al，1995；Auestad et al，2001)。两项研究检查了配方奶粉喂养和母乳喂养的婴儿脑部的 PUFA 水平，都发现明显的较低含量的 DHA，而主要喂食婴幼儿配方奶粉（缺乏 DHA 和 ARA）的孩子的脑部组织中没有 ARA 成分 (Gibson et al，1994；Farquharson et al，1995)。

这些研究支持了全世界实施向婴幼儿配方奶粉中添加 DHA 和 ARA 的措施。在这项行动开始前，在动物和灵长类中进行了许多研究。

16.2 单细胞油脂对动物的研究：组织中的 PUFA 水平和功能研究

动物中关于单细胞油脂开展的许多研究，包括观察提供 PUFA 对动物组织的影响，尤其是 PUFA 对大脑功能的影响。本节主要通过几篇文献讨论几个从单细胞油脂（SCO）中获得的 LC-PUFA 对生理上的影响的例子。另外关于该油脂的安全性，我们将在接下来的一章进行讨论。

Ward 等（Ward et al，1998）研究了添加源于 SCO 的 LC-PUFA 对大脑和红细胞脂肪酸组成的影响。新生大鼠从产后第 5 天到第 18 天开始使用外科胃管人为喂养。这项研究利用析因设计比较了 3 种水平的 DHA 和 3 种水平的 ARA。基础饲料中包含了脂肪酸和 ALA，没有 LC-PUFA。结果显示在脑部发育阶段补充含有 ARA 或 DHA 的配方奶粉增加了脑部和红细胞 PUFA 的积累。此外也发现每种 PUFA 的增长水平会影响其他 PUFA 的水平（饲料中 ARA 含量的降低会影响组织中的 DHA 的含量，反之亦然)。

Abedin 等（Abedin et al，1999）比较了豚鼠添加 ALA 和 DHA 对 DHA 在不同组织（肝脏、心、视网膜和大脑）的分布变化。在这项研究中，豚鼠从第 3 周到第 15 周喂养来自 SCO 的 LC-PUFA。日粮中脂肪酸含量不变（17% TFA)；ALA 含量不同，有 0.05%（日粮 S)、1%（日粮 A）和 7%（日粮 C)。日粮 A 的

LA∶ALA 比率是 17.5∶1，组织中主要的 LC-PUFA 含量（0.9% ARA 和 0.6% DHA）接近母乳。与日粮 S（低 ALA 日粮）比较，ALA 含量高的日粮（日粮 C）或补充 DHA 的日粮促进了视网膜和脑部磷脂中 DHA 水平的稳步增长。当日粮补充 ALA 时，视网膜和脑部 ARA 没有变化。这种停滞与肝脏和心脏中的 ARA 水平形成对比，日粮中 DHA 和 ALA 补充导致组织中这些 PUFA 的大幅度增加（至 10 倍）。数据证实日粮补充 DHA 比补充 ALA（在 g/g 的基础上）对增加组织中的 DHA 水平更有效，并且组织对外源 DHA 和 ARA 的反应差别很大；视网膜和脑部中一些长链代谢水平相比肝脏和心脏而言改变更小。

最近关于猕猴幼仔的一项研究观察了喂养包括 DHA 和 ARA 的婴儿配方奶粉对神经发育的影响（Champoux et al，2002）。这项研究在中国进行，28 个喂养的猕猴幼仔被分为两组，其中一组喂食含有来自 SCO 的 DHA（占脂肪的 1%）和 ARA（占脂肪的 1%）的配方奶粉；另一组喂食标准配方奶粉，缺少 LC-PUFA。从出生后第 7 天到第 30 天每周进行神经行为学测试。4 周的年龄中配方组的血浆 DHA 和 ARA 浓度显著高于标准组。喂食补充配方奶粉的猕猴比喂食标准奶粉的猕猴显示出强烈的方向感和动作技能，最显著的差异出现于第 7 天和第 14 天。在配方奶粉中补充 LC-PUFA 对性情没有影响，这些数据支持了在配方奶粉中添加 LC-PUFA 可达到最佳发育状态。

一些研究比较了只含有 DHA 与同时含有 DHA 和 ARA 的饮食的影响。Auestad 等（Auestad et al，2003）对听性脑干反应（ABR）进行了研究。在之前的研究中，在妊娠期和哺乳期喂养了高浓度 DHA 的老鼠后代大脑中有较高的 DHA 浓度和较低的 ARA 浓度，具有更长的听性脑干反应（Stockard et al，2000）。Auestad 等（Auestad et al，2003）的研究中，比较喂养高含量 DHA 日粮与同时添加 DHA 和 ARA 日粮下的出生后幼年期的老鼠听性脑干反应评估，发现随着同时添加小鼠脑部的 DHA 和 ARA 水平同时增长。Auetad 等发现高 DHA 组相比 DHA 加 ARA 组听性脑干反应较短，与不添加组和普通培养哺乳组相同，这与先前 Champoux 等的研究（Champoux et al，2002）形成对比。显然，在未来的研究中我们需要了解每天过量的 DHA 摄入对听力系统发展的影响和在不同离散时间段的影响。

Blanaru 等（Blanaru et al，2004）考察了增加 SCO 的 ARA 剂量（0.3%～0.75%脂肪）和恒定 DHA（0.1%脂肪）对小猪骨骼的影响，研究从出生后第 5 天开始、第 20 天结束。这个实验的开展是由于 PUFA 会对骨骼生物学产生影响（Warkins & Seifert，2001）。不同处理对骨骼模型不造成影响，然而喂养了 0.60%～0.75%的 ARA 的猪的整个身体骨骼矿物质含量提升。不过在这个实验中对日粮中 DHA 如何进行改变从而产生的影响还不清楚。

一些研究也比较了不同来源的 LC-PUFA 对动物的各种结果。例如，

Mathews 等（Mathews et al，2002）比较了 SCO 来源、蛋黄磷脂中的 DHA 和 ARA，这些并不会影响动物整体健康和安全，可以作为这些 PUFA 的来源。在这项研究中，小猪自出生后第 1 天至第 16 天喂养脱脂配方牛奶，配方奶粉中分别提供 0.3 g/100gLC-PUFA 和 0.6g/100gTFA（DHA 和 ARA）。对照组没有添加 DHA 或 ARA。各组之间的总肝脏组织学没有差异，表面上 SCO 组和对照组中干物质消化率比喂养蛋黄磷脂 PUFA 组高 10%。SCO 组中血浆 DHA 比例高于蛋黄磷脂组。总的来说，这些研究揭示来自 SCO 来源的 LC-PUFA 是可以被生物利用的，它们在小型动物和灵长类动物中拥有改变生理机能的能力。

16.3 SCO 的安全性方面

在世界各地没有关于利用来自藻类和真菌的 SCO 添加到婴儿食品原料的安全使用历史，因此关于这种新型食品得到了质疑。这个问题意味着这些油脂要在多种动物体内进行大量的毒理学实验。这些实验结果是良好的（Boswell et al，1996；Merritt et al，2003），因此许多国家当局都允许将 SCO 用于婴幼儿配方奶粉。在美国，食品药品监督管理局（FDA）给予 SCO 安全状态，允许它们应用于婴幼儿配方奶粉（U.S. Food and Drug Administration，2001）（见第 15 和 17 章）。

16.4 SCO 应用于婴幼儿的研究

根据在动物和灵长目动物体内 SCO 生物利用性和安全性的成功实验，开展了一些对足月婴儿和早产婴儿喂养 SCO 来源不同的婴幼儿配方奶粉的实验。作者曾经设计了 12 组随机对照实验（RCT）以检验添加 ω-3 LC-PUFA（DHA 和 EPA）的效率和安全性，或是在足月婴儿的配方奶粉中同时添加 DHA 和 ARA，这些研究结果都已全部发表。4 项是关于使用 SCO 的研究（Auestad et al，2001；Birch et al，1998；Gibson et al，1998；Morris et al，2000），其余的人使用其他脂质来源（Agostoni et al，1995；Auestad et al，1997；Carlson et al，1996a；Horby et al，1998；Lucas et al，1999；Makrides et al，1999，2000；Willatts et al，1998）。对于不同来源的 LC-PUFA 是否会影响婴幼儿体内的 LC-PUFA 水平仍然存在质疑（Sala-Vila et al，2004）。

16.4.1 实验设计和处理

4 个实验包括：

所有新生后的健康足月婴儿喂养配方奶粉，一个对照组母乳喂养。保证大多数实验的随机性和程序隐秘性，大多数都用标准计算来检测他们的结果指标。因此，实验中包含的足月婴儿在方法学上是没有问题的。

用于实验的 ω-3 LC-PUFA 水平范围为总脂的 0.1%～1%，ARA 的范围为占 TFA 的 0.4%～0.7%。4 组实验评估了添加 ω-3 LC-PUFA（不包括 ARA）的影响（Makrides et al，1995；Auestad et al，1997；Makrides et al，1999；Horby et al，1998）。

16.4.2 结果

一些研究已有报道，通过评估视觉激发潜力发现向配方奶粉中添加 LC-PUFA 对视力有益处（Birch et al，1998），同时也有其他研究表明喂养添加 LC-PUFA 和未添加 LC-PUFA 配方奶粉的婴儿并无差异（Auestad et al，1997）。一项关于 3 组实验中足月婴儿视力的系统评价指出仅在两个月时喂食 LC-PUFA 可以引起智力改善（San Giovanni et al，2000a）。同样有其他证据支持膳食 LC-PUFA 对越来越多的全球指标发展具有影响（Bayley Scales of Infant Development）。Birch 等（Birch et al，2000）报道了膳食 LC-PUFA 的一些益处；然而 Scott 等（Scott et al，1998）和 Auestad 等（Auestad et al，2001）进行了更多的研究，表明添加 LC-PUFA 对足月婴儿并无影响。这些数据可能的解释包括细微的单一效应——仅对一部分婴儿是有益的，或者又存在混淆变量。这需要未来的研究来阐述这个问题。

当前还没有对添加 LC-PUFA 的婴幼儿配方奶粉涉及足月婴儿生长方面的负面发现，尽管 4 组实验中都只在配方中添加了 DHA，未添加 ARA，而婴儿的 ARA 直到 1 岁才消耗殆尽。因此，没有证据证明对足月婴儿添加 ω-3 LC-PUFA 会引起对生长的干扰。

16.5 早产婴儿中 LC-PUFA 实验

孕期的最后 3 个月是 DHA 以最大的速率蓄积在大脑和神经系统中的时期。因此，许多早产婴儿，特别是不足 30 周就出生的，出生时体内的 DHA 储存是很少的，后来用不含 DHA 或低于这些婴儿在子宫内吸收的 DHA 水平的牛奶喂养他们。由于 DHA 的积累，早产婴儿比足月婴儿更易受环境干扰，可能需要更多的 DHA 添加来维持其生长。

作者发现 13 组 RCT（临床试验）报道了至少有 20 篇对立的文章。其中 4 项研究使用了 SCO（Clandinin et al，1997；Innis et al，2002；O’Connor et al，2001；Vanderhoof et al，2000），其余的使用了其他来源的脂类（Birch et al，1992；Bougle et al，1999；Carlson et al，1993，1996a，1996b；Faldella et al，1996；

Fewtrell et al，2002，2004；Lapillonne et al，2000；Ryan et al，1999；Werkman & Carlson，1996；Uauy et al，1994）。这些实验设计用来测试早产婴儿饮食中不同水平的 DHA、EPA 和 ARA 的功效和安全性。

16.5.1 实验设计和处理

所有的试验报告足够隐蔽地分配，总的来说，他们发现这种方法学的质量比早期试验更加具有可靠性。

16.5.2 结果

原始实验显示了补充鱼油对视网膜电图仪反应和视觉有好处。O' Connor 等（O' Connor et al，2001）研究了视觉功能，并揭示了补充 SCO 实验对视觉诱发电位（VEP）敏锐度有好处，除了 Teller card 敏锐度。3 组实验评估了全球发展，1 个报道了补充 LC-PUFA 对轻于 1250 g 新生儿的智力发育的优势（O' Connor et al，2001）。O' Connor 等（O' Connor et al，2001）的数据显示发育不成熟和患病的婴儿需要补充更多的 LC-PUFA，这个发现突出了一些小范围群体对 LC-PUFA 更加敏感的事实。Smithers 等（Smithers et al，2008）评估了分别用母乳（HM）和含一定 DHA 浓度配方奶粉喂养的早产婴儿的视觉反应，比较喂食 HM 和当前浓度 DHA 配方奶粉的婴儿来预计与子宫内相当的代谢速度（高 DHA 组）。一个双盲随机对照实验研究了孕育时间小于 33 周出生的早产婴儿，对其分别喂养母乳、含 1% DHA 的配方奶粉和约 0.3% DHA 的配方奶粉（现行方法，对照组），直至这些婴儿达到预产期（EDD）。所有组中 ARA 浓度都达到相似浓度，据报道 4 个月（矫正年龄）的高浓度 DHA 组显示出高于对照组 1.4 cpd 的敏锐度[高 DHA 组：(9.6 ± 3.7) cpd，$n=44$；对照组：(8.2±1.8) cpd；$n=51$；$p=0.025$]。因此，早产婴儿对 DHA 的需求量高于当前早产配方奶粉中或美国妇女母乳中的 DHA 含量。需要未来的研究来证明 DHA 对幼儿期发育的好处最大化。

虽然大多数研究显示添加 LC-PUFA 对生长没有影响，最近实验证实了其对生长有提高作用（Innis et al，2002）。两个单独系统显示和元分析，结合所有已发布的 RCT 的生长数据，显示添加和未添加的婴儿之间的任何生长参数没有差异（Simmer at al，2008）。尽管个别的 LC-PUFA 随机试验中的视觉效果数据始终表明添加 LC-PUFA 的益处，对这些数据的两个有效的系统审查和元分析并不完整（San Giovanni et al，2000b；Simmer et al，2008）。因为不同的评估、方法学和评估时间，一个审查可能没有结合视觉效果（Simmer et al，2008）。另一个审查包含来自 3 个随机试验和 1 个对照研究的数据，推断出在 2 个月到 4 个月（矫正年龄）食用 LC-PUFA 对视力有益处（San Giovanni et al，2000b）。因此，尽管保证早产婴儿添加 DHA 对神经疗效的好处，但是标准方法学的实验和跟进超过 12 个月（矫正年龄）的婴儿，对更精确评估添加 LC-PUFA 的有益程度是有必要的。

16.6 成人中 SCO 研究

除了 Nelson 和他的同事，成人中 SCO 的研究较少。他们进行了两项研究，涉及对小群体的志愿者喂食来自 SCO 的 DHA 或 ARA，并在 1997～1999 年发表了一定数量的论文（Emken et al，1998；Kelly et al，1998a，1998b，1999；Nelson et al，1997a，1997b，1997c，1997d）。

研究 DHA 意在调查喂食富含 DHA 的 TAG 对人外周血单核细胞和血浆脂蛋白的脂肪酸组成，类花生酸生成和血脂、脂肪组织的脂肪酸组成。对 11 个健康男性在西方人类营养研究中心的代谢研究组进行 120 天的研究。整个研究中 4 个小组（空白组）喂食稳定饮食或基础饮食（能量分别从 15%、30%和 55%的蛋白质、脂肪和碳水化合物中获得）；剩余的 7 个组在前 30 天喂食基础饮食，随后 90 天每日添加 6g DHA。用相同数量的 DHA 代替了 LA；两种饮食在总脂肪和剩余总营养中比较。饱和反式脂肪酸、单一不饱和脂肪酸和 PUFA 在饮食中的比例是 10∶10∶10。所有的饮食中都添加了 20mg/d 的 D-维生素 E 乙酸酯。

在第 30 天和第 120 天检查了白细胞的脂肪酸组成、类花生酸生成、免疫细胞结构和血脂浓度、血浆和脂肪组织脂肪酸构成。白细胞的 DHA 从 2.3%增长到 7.4%，ARA 比例从 19.8%降到 10.7%。这项研究同时也发现，由于脂多糖的影响，前列腺素 E_2（PGE_2）和白三烯 B_4（LTB_4）的产量下降了 60%～75%。喂食了 DHA 后自然杀伤细胞活力在试管中分泌白介素-1β 和肿瘤坏死因子 α 水平显著下降（Kelly et al，1998a，1999）。血脂胆固醇、低密度脂蛋白和载脂蛋白［A、B 和脂蛋白（a）］在 90 天后没有变化，但是 TAG 水平显著减少。高水平 DHA 饮食组在 90 天后血脂 DHA 比例从 1.8%升至 8.1%。令人感兴趣的是，除了饮食中缺乏 EPA 的组，高水平 DHA 组血脂 EPA 水平从 0.4 %上升至 3.4%。脂肪组织中 DHA 比例显著地从 0.1%上升至 0.3%，但是 EPA 数量没有变化（Nelson et al，1997a）。同时在这项实验中也研究了高 DHA 饮食组对血小板聚集的影响；然而，对血液凝固参数、血小板结构和血栓形成没有显著影响（Nelson et al，1997c）。

作者同时研究了富含 DHA 饮食对氘标记的 18:2n-6 和 18:3n-3 的 LC-PUFA 转换的影响。在食用 DHA 的后期，TAG 作为标记化合物，在随后的 72h 内进行了血液样本采集。补充 DHA 显著减少了血脂中大多数氘标记的 n-6 和 n-3 LC-PUFA 的代谢。例如，氘标记的 20:5n-3 和 22:6n-3 累积分别降低到 76%和 88%。氘标记的 20:3n-3 和 20:4n-6 两种 PUFA 累积同样降低到 72%（Emken et al，1999）。作者计算过，若补充 6.5g DHA/d，从 18:3n-3 代谢合成积累的 n-3 LC-

PUFA 可能从 120mg/d 降至 30mg/d，从 18:2n-6 代谢合成积累的 n-6 LC-PUFA 可能从 800mg/d 降至 180mg/d。作者建议健康效益与补充 DHA 水平相关联，可能会导致 n-6 长链 LC-PUFA 增加量的减少和增加组织脂质中的 n-3 LC-PUFA。

关于 ARA 的研究在相同的组中进行，10 个健康男性在一组代谢研究中生活 130 天（Nelson et al，1997d）。在研究中的第 1 天和最后 15 天，所有组都食用的每日基础饮食包含 27%的热量的脂肪、57%的热量的碳水化合物、16%的热量的蛋白质和 200mg ARA。6 位男性的第 16 天至第 65 天的饮食中加入额外的 ARA（1.5g/d），其他剩余 4 组继续食用基础饮食。饮食中饱和反式脂肪酸、单一不饱和脂肪酸和 PUFA 的比例为 7∶10∶7。两组饮食从第 66 天延至第 115 天。饮食中的 ARA 对血液胆固醇水平、脂蛋白分布和脱辅基蛋白水平没有明显影响。

50 天后血浆 TFA 组成中 ARA 显著增加（$P<0.005$）。血浆 PL 中 ARA 比例从基础饮食的 10.3%增加到富含 ARA 饮食中的 19.0%。血液红细胞中 ARA 比例显著上升，大体上替代了 LA。脂肪组织中脂肪酸组成并不受富含 ARA 饮食的影响（Nelson et al，1997d）。富含血小板的血浆中血小板聚集由 ADP、胶原和 ARA 决定。服用了富含 ARA 饮食前后的血小板聚集并没有显著差异（Nelson et al，1997d），各个饮食组之间血液凝结的指标（凝血时间、部分凝血酶时间、抗凝血酶水平和体内出血时间）也无明显改变。出人意外地，在服用 ARA 期间血小板 ARA 比例仅有微小变化。在食用富含 ARA 的饮食后，体外分泌 LTB_4 和 PGE_2，从体外刺激血液白细胞显著增加，但是这种饮食并没有改变肿瘤坏死因子 α，白介素-1 β、白介素-2、白介素-6 和白介素-2 受体的分泌（Kelly et al，1998a）。在每种饮食的最后阶段，每个组都添加约 3.5g 氘标记的 18:2n-6 和 18:3n-3 的 TAG。与低 ARA 饮食组相比，氘标记的 20:3n-6 和 20:4n-6 都占 48%（$P<0.05$），低于富含 ARA 组中的血浆脂质（Emken et al，1998）。

16.7 结论

将源于 SCO 的 LC-PUFA 添加到婴幼儿配方奶粉中并应用到商业中得到批准后。婴幼儿配方奶粉的组成更接近母乳，这项研究成果是所有婴幼儿奶粉公司和父母共同的追求。未来对 SCO 的研究主要致力于 SCO 对成人的营养益处。

（**致谢**：Sri Lanka 毕业生 Anura Jayasooriya，初稿在 RMIT 大学完成，当前在 Peradeniya 大学工作。对 Ms Gunveen Kaur、Derkin 大学、Anupama Pasam、Roshan Wimalasinghe 和 T. Chandrasiri 在初稿准备时的帮助表示衷心感谢！）

参考文献

Abedin, L.; E.L. Lien; A.J. Vingrys; A.J. Sinclair. The Effects of Dietary Alpha-Linolenic Acid Compared with Docosahexaenoic Acid on Brain, Retina, Liver, and Heart in the Guinea Pig. *Lipids* **1999,** *34,* 475–482.

Agostoni, C.; S. Trojan; R. Bellu; E. Riva; M. Giovannini. Neurodevelopmental Quotient of Healthy Term Infants at 4 Months and Feeding Practice: The Role of Long-Chain Polyunsaturated Fatty Acids. *Pediatr. Res.* **1995,** *38,* 262–266.

Ahmad, A.; T. Moriguchi; N. Salem. Decrease in Neuron Size in Docosahexaenoic Acid-Deficient Brain. *Pediatr. Neurol.* **2002,** *26,* 210–218.

Akbar, M.; H.Y .Kim. Protective Effects of Docosahexaenoic Acid in Staurosporine-Induced Apoptosis: Involvement of Phosphatidyl-3-kinase Pathway. *J. Neurochem.* **2002,** *82,* 655–665.

Andreasson, K.I.; A. Savonenko; S. Vidensky; J.J. Goellner; Y.A. Zhang; W.E. Shaffer Kaufmann; P.F. Worley; P. Isakson; A.L. Markowska. Age-Dependent Cognitive Deficits and Neuronal Apoptosis in Cyclooxygenase-2 Transgenic Mice. *J. Neuroscii* **2001,** *21,* 8198–8209.

Auestad, N.; J. Stockard-Sullivan; S.M. Innis; R. Korsak; J. Edmond. Auditory Brainstem Evoked Response in Juvenile Rats Fed Rat Milk Formulas with High Docosahexaenoic Acid. *Nutr. Neuroscii* **2003,** *6,* 335–341.

Auestad, N.; M.B. Montalto; R.T. Hall; K.M. Fitzgerald; R.E. Wheeler; W.E. Connor; M. Neuringer; S.L. Connor; J.A. Taylor; E.E. Hartmann. Visual Acuity, Erythrocyte Fatty Acid Composition, and Growth in Term Infants Fed Formulas with Long Chain Polyunsaturated Fatty Acids for One Year. Ross Pediatric Lipid Study. *Pediatr. Res* **1997,** *41,* 1–10.

Auestad, N.; R. Halter; R.T. Hall; M. Blatter; M.L. Bogle; W. Burks; J.R. Erickson; K.M. Fitzgerald; V.Dobson; S.M. Innis; et al. Growth and Development in Term Infants Fed Long-chain Polyunsaturated Fatty Acids: A Double-masked, Randomized, Parallel, Prospective, Multivariate Study. *Pediatrics* **2001,** *108,* 372–381.

Birch, D.G.; E.E. Birch; D.R. Hoffman; R.D. Uauy. Retinal Development in Very-low-birthweight Infants Fed Diets Differing in Omega-3 Fatty Acids. *Invest. Ophthalmol. Vis. Sci.* **1992,** *33,* 2365–2376.

Birch, E.E.; D.R. Hoffman; R. Uauy; D.G. Birch; C. Prestidge. Visual Acuity and the Essentiality of Docosahexaenoic Acid and Arachidonic Acid in the Diet of Term Infants. *Pediatr. Res.* **1998,** *44,* 201–209.

Birch, E.E.; S. Garfield; D.R. Hoffman; R. Uauy; D.G. Birch. A Randomized Controlled Trial of Early Dietary Supply of Long-Chain Polyunsaturated Fatty Acids and Mental Development in Term Infants. *Dev. Med. Child Neurol.* **2000,** *42,* 174–181.

Blanaru, J.L.; J.R. Kohut; S.C. Fitzpatrick-Wong; H.A. Weiler. Dose Response of Bone Mass to Dietary Arachidonic Acid in Piglets Fed Cow Milk-Based Formula. *Am. J. Clin. Nutr.* **2004,** *79,* 139–147.

Boesze-Battaglia, K; A.D. Albert. Fatty Acid Composition of Bovine Rod Outer Segment Plasma Membrane. *Exp. Eye Res.* **1989,** *49,* 699–701.

Boswell, K.; E.K. Koskelo; L. Carl; S. Glaza; D.J. Hensen; K.D. Williams; D.J. Kyle. Preclinical Evaluation of Single-Cell Oils that Are Highly Enriched with Arachidonic Acid and Docosahexaenoic Acid. *Food Chem. Toxicol.* **1996,** *34,* 585–593.

Bougle, D.; P. Denise; F. Vimard; A. Nouvelot; M.J. Penneillo; B. Guillois. Early Neurological and Neuropsychological Development of the Preterm Infant and Polyunsaturated Fatty Acids Supply. *Clin. Neurophysiol.* **1999,** *110,* 1363–1370.

Bowen, R.A.; M.T. Clandinin. Dietary Low Linolenic Acid Compared with Docosahexaenoic Acid Alter Synaptic Plasma Membrane Phospholipids Fatty Acid Composition and Sodium-Potassium Atpase Kinetics in Developing Rats. *J. Neurochem.* **2002,** *83*, 764–774.

Breitner, J.C.; K.A. Welsh; M.J. Helms; P.C. Gaskell; B.A. Gau; A.D. Roses, M.A. Pericak-Vance; A.M. Saunders. Delayed Onset of Alzheimer's Disease with Nonsteroidal Anti-inflammatory and Histamine h2 Blocking Drugs. *Neurobiol. Aging* **1995,** *16*, 523–530.

Carlson, S.; A. Ford; S. Werkman; J. Peeples; W. Koo. Visual Acuity and Fatty Acid Status of Term Infants Fed Human Milk and Formulas with and without Docosahexaenoate and Arachidonate from Egg Yolk Lecithin. *Pediatr. Res.* **1996,** *39*, 882–888.

Carlson, S.E; S.H. Werkman. A Randomized Trial of Visual Attention of Preterm Infants Fed Docosahexaenoic Acid until Two Months. *Lipids* **1996a,** *31*, 85–90.

Carlson, S.E.; S.H. Werkman; E.A. Tolley. Effect of Long-Chain n-3 Fatty Acid Supplementation on Visual Acuity and Growth of Preterm Infants with and without Bronchopulmonary Dysplasia. *Am. J. Clin. Nutr.* **1996b,** *63*, 687–697.

Carlson, S.E.; S.H. Werkman; P.G. Rhodes; E.A. Tolley. Visual-Acuity Development in Healthy Preterm Infants: Effect of Marine-Oil Supplementation. *Am. J. Clin. Nutr.* **1993,** *58*, 35–42.

Carrie, I.; M. Clement; D. de Javel; H. Frances ; J.M. Bourre. Specific Phospholipid Fatty Acid Composition of Brain Regions in Mice. Effects of n-3 Polyunsaturated Fatty Acid Deficiency and Phospholipid Supplementation. *J. Lipid Res.* **2000,** *41*, 465–472.

Champoux, M.; J.R. Hibbeln; C. Shannon; S. Majchrzak; S.J. Suomi; N. Salem; J.D. Higley. Fatty Acid Formula Supplementation and Neuromotor Development in Rhesus Monkey Neonates. *Pediatr Res.* **2002,** *51*, 273–281.

Clandinin, M.T.; J.E. Van Aerde ; A. Parrott; C.J. Field; A.R. Euler; E.L. Lien. Assessment of the Efficacious Dose of Arachidonic and Docosahexaenoic Acids in Preterm Infant Formulas: Fatty Acid Composition of Erythrocyte Membrane Lipids. *Pediatr. Res.* **1997,** *42*, 819–825.

Cunnane, S.C.; V. Francescutti; J.T. Brenna; M.A. Crawford. Breast-Fed Infants Achieve a Higher Rate of Brain and Whole Body Docosahexaenoate Accumulation than Formula-Fed Infants Not Consuming Dietary Docosahexaenoate. *Lipids* **2000,** *35*, 105–111.

De Swaaf, M.E; L. Sijtsma; J.T. Pronk. High-Cell-Density Fed-Batch Cultivation of the Docosahexaenoic Acid Producing Marine Alga *Crypthecodinium cohnii. Biotechnol. Bioeng.* **2003,** *81*, 666–672.

Dumuis, A.; J.P. Pin; K. Oomagari; M. Sebben; J. Bockaert. Arachidonic Acid Released from Striatal Neurons by Joint Stimulation of Ionotropic and Metabotropic Quisqualate Receptors. *Nature* **1990,** *347*, 182–184.

Emken, E.A.; R.O. Adlof; S.M. Duval; G.J. Nelson. Effect of Dietary Arachidonic Acid on Metabolism of Deuterated Linoleic Acid by Adult Male Subjects. *Lipids* **1998,** *33*, 471–480.

Emken, E.A.; R.O. Adlof; S.M. Duval; G.J. Nelson. Effect of Dietary Docosahexaenoic Acid on Desaturation and Uptake *in vivo* of Isotope-labeled Oleic, Linoleic, and Linolenic Acids by Male Subjects. *Lipids* **1999,** *34*, 785–791.

Faldella, G.; M.R. Govoni Alessandroni; E. Marchiani; G.P. Salvioli; P.L. Biagi; C. Spano. Visual Evoked Potentials and Dietary Long Chain Polyunsaturated Fatty Acids in Preterm Infants. *Arch. Dis. Child. Fetal. Neonatal Ed.* **1996,** *75*, F 108-112.

Fam, S.S.; L.J. Murphey; E.S. Terry; W.E. Zackert; Y. Chen; L. Gao; S. Pandalai; G.L. Milne; L.J. Roberts; N.A. Porter; T.J. Montine; J.D. Morrow. Formation of Highly Reactive A-Ring and J-Ring Isoprostane-like Compounds (a4/j4-neuroprostanes) *in vivo* from Docosahexaenoic Acid. *J. Biol. Chem.* **2002,** *277*, 36076–36084.

Farquharson, J.; E.C. Jamieson; K.A. Abbasi; W.J. Patrick; R.W. Logan; F. Cockburn. Effect of Diet on the Fatty Acid Composition of the Major Phospholipids of Infant Cerebral Cortex. *Arch. Dis. Child.* **1995,** *72*, 198–203.

Feller, S.E.; K. Gawrisch; A.D. Mackerell. Polyunsaturated Fatty Acids in Lipid Bilayers: Intrinsic and Environmental Contributions to Their Unique Physical Properties. *J. Am. Chem. Soc.* **2002,** *124*, 318–326.

Fewtrell, M.S.; R. Morley; R.A. Abbott; A. Singhal; E.B. Isaacs; T. Stephenson; U. MacFadyen; A. Lucas. Double-blind, Randomized Rrial of Long-Chain Polyunsaturated Fatty Acid Supplementation in Formula Fed to Pre-term Infants. *Pediatrics* **2002,** *110*, 73–82.

Fewtrell, M.S.; R.A. Abbott; K. Kennedy; A. Singhal; R. Morley; E. Caine; C. Jamieson; F. Cockburn; A. Lucas. Randomized, Double-blind Trial of Long-Chain Polyunsaturated Fatty Acid Supplementation with Fish Oil and Borage Oil in Preterm Infants. *J. Pediatr.* **2004**, *144*, 471–479.

Fliesler, S.J., R.E. Anderson. Chemistry and Metabolism of Lipids in the Vertebrate Retina. *Prog. Lipid Res.* **1983**, *22*, 79–131.

Fu, Z.; N.M. Attar-Bashi; A.J. Sinclair. 1-14c-Linoleic Acid Distribution in Various Tissue Lipids of Guinea Pigs Following an Oral Dose. *Lipids* **2001**, *36*, 255–260.

Garcia M. C.; G. Ward; Y.C. Ma; N. Salem; H.Y. Kim. Effect of Docosahexaenoic Acid on the Synthesis of Phosphatidylserine in Rat Brain in Microsomes and c6 Glioma Cells. *J. Neurochem.* **1998**, *70*, 24–30.

Gibson, R.A.; M. Makrides; M.A. Neumann; K. Simmer; E. Mantzioris; M.J. James. Ratios of Linoleic Acid to Alpha-Linolenic Acid in Formulas for Term Infants. *J. Pediatr.* **1994,** *125*, S48–55.

Gibson, R.A.; M. Makrides; J.S. Hawkes; M.A. Neumannand; A.R. Euler. A Randomized Trial of Arachidonic Acid Dose in Formulas Containing Docosahexaenoic Acid in Term Infants. *Essential Fatty Acids and Eicosanoids: Invited Papers from the Fourth International Congress*; R.A. Riemersma, R. Wilson, Eds.; American Oil Chemists' Society: Champaign, IL, **1998**; pp 147–153.

Hawkes, J.S.; D.L. Bryan; M. Makrides; M.A. Neumann; R.A. Gibson. A Randomized Trial of Supplementation with Docosahexaenoic Acid-Rich Tuna Oil and Its Effects on the Human Milk Cytokines Interleukin 1 Beta, Interleukin 6, and Tumor Necrosis Factor Alpha. *Am. J. Clin. Nutr.* **2002,** *75*, 754–760.

Herschman, H.R. Prostaglandin Synthase 2. *Biochim. Biophys. Acta* **1996,** *1299*, 125–140.

Hong, S.; K. Gronert; P.R. Devchand; R.L. Moussignac; C.N. Serhan. Novel Docosatrienes and 17s-Resolvins Generated from Docosahexaenoic Acid in Murine Brain, Human Blood, and Glial Cells. Autocoids in Inflammation. *J. Biol. Chem.* **2003,** *278*, 14677–14687.

Horby Jorgensen, M; G. Holmer; P. Lund; O. Hernell; K.F. Michaelsen. Effect of Formula Supplemented with Docosahexaenoic Acid and Gamma-Linolenic Acid on Fatty Acid Status and Visual Acuity in Term Infants. *J. Pediatr. Gastroenterol. Nutr.* **1998,** *26*, 412–421.

Horrocks, L.A.; Y.K. Yeo. Health Benefits of Docosahexaenoic Acid (DHA). *Pharmacol. Res.* **1999,** *40*, 211–225.

Ikemoto, A.; T. Kobayashi; S. Watanabe; H. Okuyama. Membrane Fatty Acid Modifications of pc12 Cells by Arachidonate or Docosahexaenoate Affect Neurite Outgrowth but Not Norepinephrine Release. *Neurochem. Res.* **1997,** *22*, 671–678.

Ikemoto, A.; A. Nitta; S. Furukawa; M. Ohishi; A. Nakamura; Y. Fujii; H. Okuyama. Dietary n-3 Fatty Acid Deficiency Decreases Nerve Growth Factor Content in Rat Hippocampus. *Neurosci. Lett.* **2000,** *285*, 99–102.

Innis, S.; D.H. Adamkin; R.T. Hall; S.C. Kalhan; C. Lair; M. Lim; D.C. Stevens; P.F. Twist; D.A. Diersen-Schade; C.L. Harris; et al. Docosahexaenoic Acid and Arachidonic Acid Enhance Growth with No Adverse Effects in Preterm Infants Fed Formula. *J. Pediatr.* **2002**, *140*, 547–554.

Jones, C.R.; T. Arai; J.M. Bell; S.I. Rapoport. Preferential *in vivo* Incorporation of [3H]Arachidonic Acid from Blood in Rat Brain Synaptosomal Fractions Before and After Cholinergic Stimulation. *J. Neurochem.* **1996**, *67*, 822–829.

Kelley, D.; P.C. Taylor; G.J. Nelson; B.E. Mackey. Arachidonic Acid Supplementation Enhances Synthesis of Eicosanoids without Suppressing Immune Functions in Young Healthy Men. *Lipids* **1998a**, *33*, 125–130.

Kelley, D.S.; P.C. Taylor; G.J. Nelson; B.E. Mackey. Dietary Docosahexaenoic Acid and Immunocompetence in Young Healthy Men. *Lipids* **1998b**, *33*, 559–566.

Kelley, D.S.; P.C. Taylor; G.J. Nelson; P.C. Schmidt; A. Ferretti; K.L. Yu; R. Erickson; R.K. Chandra; B.E. Mackey. Docosahexaenoic Acid Ingestion Inhibits Natural Killer Cell Activity and Production of Inflammatory Mediators in Young Healthy Men. *Lipids* **1999**, *34*, 317–324.

Kurlack, L.O.; T.J. Stephenson. Plausible Explanations for Effects of Long Chain Polyunsaturated Fatty Acids on Neonates. *Arch. Dis. Child Fetal Neonatal Ed.* **1999**, *80*, 148–154.

Lapillonne, A.; J.C. Picaud; V. Chirouze; J. Goudable; B. Reygrobellet; O. Claris; B.L. Salle. The Use of Low-EPA Fish Oil for Long-Chain Polyunsaturated Fatty Acid Supplementation of Preterm Infants. *Pediatr. Res.* **2000**, *48*, 835–841.

Leaf, A.; Y.F. Xiao; J.X. Kang. Interactions of n-3 Fatty Acids with Ion Channels in Excitable Tissues. *Prostaglandins Leukot. Essent. Fatty Acids* **2002**, *67*, 113–120.

Litman, B.J.; S.L. Niu; A. Polozova; D.C. Mitchell. The Role of Docosahexaenoic Acid Containing Phospholipids in Modulating g Protein-Coupled Signalling Pathways: Visual Transduction. *J. Mol. Neurosci.* **2001**, *16*, 237–242.

Lucas, A.; M. Stafford; R. Morley; R. Abbott; T. Stephenson; U. MacFadyen; A. Elias-Jones; H. Clements. Efficacy and Safety of Long-Chain Polyunsaturated Fatty Acid Supplementation of Infant-Formula Milk: A Randomised Trial. *Lancet* **1999**, *354*, 1948–1954.

Makrides, M.; M. Neumann; K. Simmer; J. Pater; R. Gibson. Are Long-Chain Polyunsaturated Fatty Acids Essential Nutrients in Infancy? *Lancet* **1995**, *345*, 1463–1468.

Makrides, M.; M.A. Neumann; R.A. Gibson. Effect of Maternal Docosahexaenoic Acid (DHA) Supplementation on Breast Milk Composition. *Eur. J. Clin. Nutr.* **1996**, *50*, 352–357.

Makrides, M.; M.A. Neumann; K. Simmer; R.A. Gibson. Dietary Long-Chain Polyunsaturated Fatty Acids Do Not Influence Growth of Term Infants: A Randomized Clinical Trial. *Pediatrics* **1999**, *104*, 468–475.

Makrides, M.; M.A. Neumann; K.Simmer; R.A. Gibson. A Critical Appraisal of the Role of Dietary Long-Chain Polyunsaturated Fatty Acids on Neural Indices of Term Infants: A Randomized, Controlled Trial. *Pediatrics* **2000**, *105*, 32–38.

Martin, R.E. Docosahexaenoic Acid Decreases Phospholipase A2 Activity in the Neurites/Nerve Growth Cones of PC12 Cells. *J. Neurosci. Res.* **1998**, *54*. 805–813.

Martinez, M. Tissue Levels of Polyunsaturated Fatty Acids during Early Human Development. *J. Pediatr* **1992**, *120*, S129–138.

Mathews, S.; W.T. Oliver; O.T. Phillips ; J. Odle; D.A. Diersen-Schade; R.J. Harrell. Comparison of Triglycerides and Phospholipids as Supplemental Sources of Dietary Long-Chain Polyunsaturated Fatty Acids in Piglets. *J. Nutr.* **2002**, *132*, 3081–3089.

Merritt, R.; N. Auestad; C. Kruger; S. Buchanan. Safety Evaluation of Sources of Docosahexaenoic Acid and Arachidonic Acid for Use in Infant Formulas in Newborn Piglets. *Food Chem. Toxicol.* **2003**, *41*, 897–904.

Mitoulas, L.R.; L.C. Gurrin; D.A. Doherty; J.L. Sherriff; P.E. Hartmann. Infant Intake of Fatty Acids from Human Milk over the First Year of Lactation. *Br. J. Nutr.* **2003,** *90,* 979–986.

Morris, G.; J. Moorcraft; A. Mountjoy; J.C. Wells. A Novel Infant Formula Milk with Added Long-Chain Polyunsaturated Fatty Acids from Single-Cell Sources: A Study of Growth, Satisfaction and Health. *Eur. J. Clin. Nutr.* **2000,** *54,* 883–886.

Nelson, G.J.; P.C. Schmidt; G.L. Bartolini; D.S. Kelley; D. Kyle. The Effect of Dietary Docosahexaenoic Acid on Plasma Lipoproteins and Tissue Fatty Acid Composition in Humans. *Lipids* **1997a,** *32,* 1137–1146.

Nelson, G.J.; P.C. Schmidt; G. Bartolini; D.S. Kelley; D. Kyle. The Effect of Dietary Arachidonic Acid on Platelet Function, Platelet Fatty Acid Composition, and Blood Coagulation in Humans. *Lipids* **1997b**, *32,* 421–425.

Nelson, G.J.; P.S. Schmidt; G.L. Bartolini; D.S. Kelley; D. Kyle. The Effect of Dietary Docosahexaenoic Acid on Platelet Function, Platelet Fatty Acid Composition, and Blood Coagulation in Humans. *Lipids* **1997c,** *32,* 1129–1136.

Nelson, G.J.; P.C. Schmidt; G. Bartolini; D.S. Kelley; S.D. Phinney; D. Kyle; S. Silbermann; E.J. Schaefer. The Effect of Dietary Arachidonic Acid on Plasma Lipoprotein Distributions, Apoproteins, Blood Lipid Levels, and Tissue Fatty Acid Composition in Humans. *Lipids* **1997d,** *32,* 427–433.

Nishizaki, T.; T. Matsuoka; T. Nomura; K. Sumikawa. Modulation of Ach Receptor Currents by Arachidonic Acid. *Brain Res. Mol. Brain Res.* **1998,** *57,* 173–179.

Nogawa, S.; F. Zhang; M.E. Ross; C. Iadecola. Cyclo-oxygenase-2 Gene Expression in Neurons Contributes to Ischemic Brain Damage. *J. Neurosci.* **1997,** *17,* 2746–2755.

O'Connor, D.; R. Hall; D. Adamkin; N. Auestad; M. Castillo; S.L. Connor; W.E. Connor; K.Fitzgerald; S. Groh-Wargo; E.E. Hartmann; et al. Ross Preterm Lipid Study. Growth and Development in Preterm Infants Fed Long-Chain Polyunsaturated Fatty Acids: A Prospective, Randomized Controlled Trial. *Pediatrics* **2001**, *108,* 359–371.

Peet, M.; D.F. Horrobin; Group, E.-E. Multicentre Study Group. A Dose-Ranging Exploratory Study of the Effects of Ethyl-Eicosapentaenoate in Patients with Persistent Schizophrenic Symptoms. *J. Psychiatr. Res.* **2002,** *36,* 7–18.

Pullarkat, R.K; H. Reha. Acyl and Alk-1'-enyl Group Composition of Ethanolamine Phosphoglycerides of Human Brain. *J. Neurochem.* **1978,** *31,* 707–711.

Puskas, L.G.; K. Kitajka; C. Nyakas; G. Barcelo-Coblijn; T. Farkas. Short-Term Administration of Omega 3 Fatty Acids from Fish Oil Results in Increased Transthyretin Transcription in Old Rat Hippocampus. *Proc. Natl. Acad. Sci.* **2003**, *100,* 1580–1585.

Rapoport, S.I.; F. Bosetti. Do Lithium and Anticonvulsants Target the Brain Arachidonic Acid Cascade in Bipolar Disorder? *Arch. Gen. Psychiatry* **2002,** *59,* 592–596.

Roberts, L.J.; T.J. Montine; W.R. Markesbery; A.R. Tapper; P. Hardy; S. Chemtob; W.D. Dettbarn; J.D. Morrow. Formation of Isoprostane-like Compounds (Neuroprostanes) *in vivo* from Docosahexaenoic Acid. *J. Biol. Chem.* **1998,** *273,* 13605–13612.

Ryan, A.S.; M.B. Montalto; S. Groh-Wargo; F. Mimouni; J. Sentipal-Walerius; J. Doyle; J.S. Siegman; A.J. Thomas. Effect of DHA-Containing Formula on Growth of Preterm Infants to 59 Weeks Postmenstrual Age. *Am. J. Human Biol.* **1999,** *11,* 457–467.

Sala-Vila, A.; A.I. Castellote; C. Campoy; M. Rivero; M. Rodriguez-Palmero; M.C. Lopez-Sabater. The Source of Long-Chain PUFA in Formula Supplements Does Not Affect the Fatty Acid Composition of Plasma Lipids in Full-Term Infants. *J. Nutr.* **2004,** *134,* 868–873.

Salem, N.; B. Wegher; P. Mena; R. Uauy. Arachidonic and Docosahexaenoic Acids are Biosynthesized from Their 18-Carbon Precursors in Human Infants. *Proc. Natl. Acad. Sci.* **1996,** *93,* 49–54.

Sanders, T.A.; D.J. Naismith. A Comparison of the Influence of Breast-Feeding and Bottle-Feeding on the Fatty Acid Composition of the Erythrocytes. *Br. J. Nutr.* **1979,** *41*, 619–623.

San Giovanni, J.P.; C.S. Berkey; J.T. Dwyer; G.A. Colditz. Dietary Essential Fatty Acids, Long-Chain Polyunsaturated Fatty Acids, and Visual Resolution Acuity in Healthy Full-Term Infants: A Systematic Review. *Early Hum. Dev.* **2000a,** *57*, 165–188.

San Giovanni, J.P.; S. Parra-Cabrera; G.A. Colditz; C.S. Berkey; J.T. Dwyer. Meta-Analysis of Dietary Essential Fatty Acids and Long-Chain Polyunsaturated Fatty Acids as They Relate to Visual Resolution Acuity in Healthy Preterm Infants. *Pediatrics* **2000b**, *105*, 1292–1298.

Sastry, R.S. Lipids of Nervous Tissue: Composition and Metabolism. *Prog. Lipid Res.* **1985**, *24*, 69–176.

Scott, D.; J.S. Janowsky; R.E. Carroll; J.A. Taylor; N. Auestad; M.B. Montalto. Formula Supplementation with Long-Chain Polyunsaturated Fatty Acids: Are There Developmental Benefits? *Pediatrics* **1998**, *102*, E59 .

Seebungkert, B.; J.W. Lynch. Effects of Polyunsaturated Fatty Acids on Voltage-Gated K^+ and Na^+ Channels in Rat Olfactory Receptor Neurons. *Eur. J. Neurosci.* **2002,** *16*, 2085–2094.

Simmer, K.; S.M. Schulzke; S. Patole. Long Chain Polyunsaturated Fatty Acid Supplementation in Preterm Infants. *Cochrane Database Syst. Rev* **2008**, Jan 23. CD000375.

Sinclair, A.J. Long-Chain Polyunsaturated Fatty Acids in the Mammalian Brain. *Proc. Nutr. Soc.* **1975**, *34*, 287–291.

Skosnik, P.; J.K. Yao. From Membrane Phospholipid Defects to Altered Neurotransmission: Is Arachidonic Acid a Nexus in the Pathophysiology of Schizophrenia? *Prostaglandins Leukot. Essent. Fatty Acids* **2003**, *69*, 367–384.

Smithers, L.; R. Gibson; A. McPhee; M. Makrides. Higher Dose of Docosahexaenoic Acid in Neonatal Period Improves Visual Acuity of Preterm Infants: Results of a Randomized Controlled Trial. *Am. J. Clin. Nutr.* **2008,** *88*, 1049–1056.

Stockard, J.E.; M.D. Saste; V.J. Benford; L. Barness; N. Auestad; J.D. Carver. Effect of Docosahexaenoic Acid Content of Maternal Diet on Auditory Brainstem Conduction Times in Rat Pups. *Dev. Neurosci.* **2000**, *22*, 494–499.

Svennerholm, L. Distribution and Fatty Acid Composition of Phosphoglycerides in Normal Human Brain. *J. Lipid Res.* **1968**, *9*, 570–579.

Tapiero, H.; G.N. Ba; P. Couvreur; K.D. Tew. Polyunsaturated Fatty Acids (PUFA) and Eicosanoids in Human Health and Pathologies. *Biomed. Pharmacother.* **2002,** *56*, 215–222.

U.S. Food and Drug Administration. Agency Response Letter, GRAS Notice No. Grn 000041, Addressed to Henry Linsert Jr, Martek Biosciences Corporation International, May 21, 2001.

Uauy, R.; D.R. Hoffman; E.E. Birch; D.G. Birch; D.M. Jameson; J. Tyson. Safety and Efficacy of Omega-3 Fatty Acids in the Nutrition of Very Low Birth Weight Infants: Soy Oil and Marine Oil Supplementation of Formula. *J. Pediatr.* **1994**, *124*, 612–620.

Urquiza, A.M.D.; S. Liu; M. Sjoberg; R.H. Zetterstrom; W. Griffiths; J. Sjovall; T. Perlmann. Docosahexaenoic Acid, A Ligand for the Retinoid X Receptor in Mouse Brain. *Science* **2000**, *290*, 2140–2144.

Vaidyanathan, V.V.; K.V. Rao; P.S. Sastry. Regulation of Diacylglycerol Kinase in Rat Brain Membranes by Docosahexaenoic Acid. *Neurosci. Lett.* **1994**, *179*, 171–174.

Vanderhoof, J.; S. Gross; T. Hegyi. A Multicenter Long-Term Safety and Efficacy Trial of Preterm Formula Supplemented with Long-Chain Polyunsaturated Fatty Acids. *J. Pediatr. Gastroenterol. Nutr.* **2000,** *31*, 121–127.

Ward, G.R.; Y.S. Huang; E. Bobik; H.C. Xing; L. Mutsaers; N. Auestad; M. Montalto; P. Wainwright. Long-Chain Polyunsaturated Fatty Acid Levels in Formulae Influence Deposition of

Docosahexaenoic Acid and Arachidonic Acid in Brain and Red Blood Cells of Artificially Reared Neonatal Rats. *J. Nutr.* **1998,** *128*, 2473–2487.

Watkins, B.; Y. Li; M.F. Seifert. Nutraceutical Fatty Acids as Biochemical and Molecular Modulators of Skeletal Biology. *J. Am. Coll. Nutr.* **2001,** *20,* 410S–416S.

Werkman, S.H.; S.E. Carlson. A Randomized Trial of Visual Attention of Preterm Infants Fed Docosahexaenoic Acid until Nine Months. *Lipids* **1996**, *31*, 91–97.

Wheeler, T.G.; R.M. Benolken; R.E. Anderson. Visual Membranes: Specificity of Fatty Acid Precursors for the Electrical Response to Illumination. *Science* **1975,** *188*, 1312–1314.

Willatts, P.; J.S. Forsyth; M.K. DiModugno; S. Varma; M. Colvin. Effect of Long-Chain Polyunsaturated Fatty Acids in Infant Formula on Problem Solving at 10 Months of Age. *Lancet* **1998,** *352*, 688–691.

Wynn, J.; C. Ratledge. Evidence that the Rate-Limiting Step for the Biosynthesis of Arachidonic Acid in *Mortierella alpina* Is at the Level of the 18:3 to 20:3 Elongase. *Microbiology* **2000,** *146*, 2325–2331.

Yamagata, K.; K.I. Andreasson; W.E. Kaufmann; C.A. Barnes; P.F. Worley. Expression of a Mitogen-Inducible Cyclooxygenase in Brain Neurons: Regulation by Synaptic Activity and Glucocorticoids. *Neuron* **1993,** *11,* 371–386.

Zimmer, L.; S. Delion-Vancassel; G. Durand; D. Guilloteau; S. Bodard; J.C. Besnard; S. Chalon. Modification of Dopamine Neurotransmission in the Nucleus Accumbens of Rats Deficient in n-3 Polyunsaturated Fatty Acids. *J. Lipid Res.* **2000,** *41*, 32–40.

第17章

单细胞油脂中的多不饱和脂肪酸在人体营养中的最新发展

Connye N. Kuratko，James P. Hoffman，Mary E. Van Eiswyk，and Norman Salem，Jr
（*Martek Biosciences Corporation*，6480 *Road*，*Columbia*，*MD* 21054）

17.1 引言

有关单细胞油脂（SCO）健康功效的文献书籍越来越多。藻油（algal oil）是二十二碳六烯酸(DHA；22:6n-3)的重要来源，故其可用于婴幼儿发育、中老年心血管和健康认知能力的特殊营养功能的研究。根据多篇关于DHA和健康的权威性文件出版物（Food and Nutrition Board 2005；Koletzko ct al，2007a，2008），公众和医疗服务提供者越来越重视人体饮食中该类营养报道的重要性。

单细胞油脂也是二十碳四烯酸(ARA，20:4n-6)的重要来源。ARA是含DHA婴幼儿配方食品中必需的补充物质，这在婴幼儿营养部分将进行讨论。许多婴幼儿食品配方的国际准则已批准含DHA婴幼儿配方食品中添加ARA含量比例至少为1∶1（Codex Alimentarius Commission，2007；The Commission of the European Communities，2006）。

本章主要总结了自2005年以来利用单细胞油脂的临床研究。大部分这类研究选用藻油作为DHA的来源，关于DHA摄入量的数据也已根据具体健康功能做出评估。由于藻油具有已确定的脂肪酸成分、经过验证的安全性、生产的可持续性，研究者常选用藻油作为 DHA 的来源。综述中临床研究报告了 DHA 单细胞油脂［来自寇氏隐甲藻（*Crypthecodinium cohnii*）的二十二碳六烯酸油脂 DHASCO］和 ARA 单细胞油脂［来自高山被孢霉（*Mortierella alpina*）的二十碳四烯酸单细胞油脂 ARASCO］的应用，尤其是在婴幼儿配方食品中。其他的油脂包括从裂殖壶菌（*Schizochytrium* sp.）和吾肯氏壶藻（*Ulkenia* sp.）中提取出的二十二碳六烯酸单细胞油脂（DHASCO-S；Ulkenia DHA）。

17.2 单细胞油脂在婴幼儿配方食品中的应用

妊娠后期到 4 岁的阶段是婴幼儿的中枢神经系统快速生长的关键时期，尤其是大脑和眼睛。在这期间，DHA 的增加是最快速的，对结构和功能发育均有贡献（Dobbing & Sands，1973），同时大脑体积也增长近 3 倍。在妊娠期 DHA 通过孕妇的胎盘供给胎儿，而在哺乳期则通过母乳获得（Clandinin et al，1980；Dutta-Roy，2000；Putnam et al，1982；Koletzko et al，2007b）。长链多不饱和脂肪酸（LC-PUFA）二十二碳六烯酸（DHA）和花生四烯酸（ARA）常用于牛奶中，但是 LC-PUFA 水平尤其是 DHA 水平取决于孕妇摄入量（Yuhas et al，2006）。因此，LC-PUFA 摄入量对预产期的孕妇和婴儿都很重要。

自从 1998 年将 DHA 和 ARA 结合添加到婴幼儿配方食品中后，在 70 多个国家近 4500 万新生儿消费都发现其是安全性非常好的单细胞油脂添加配方（Data on file：Martek Biosciences Corp. Columbia，MD，USA）。临床研究已证实，这样地使用藻油作为添加剂不仅安全，而且能优化生长和神经认知能力，尤其是对早产婴儿。最初 DHA 和 ARA 配方食品添加试验的各地区婴儿现在已处于儿童早期，在多数情况下，在孩子生长发育中添加这些配方成分的与未添加组儿童有明显差异。

下面是关于从 2005 年到 2009 年 1 月出版的临床文献综述。很明显，在对足月婴儿和早产婴儿的配方食品研究中共同添加 DHA 和 ARA 已有较高的关注。目前的研究不仅与设计方案保持一致，而且避免了早期研究中出现的生长相关问题。一些早期研究表明婴儿摄入仅添加 DHA 的奶粉，ARA 水平会降低；在一些早产婴儿研究中，ARA 摄入过低导致生长缺陷（Carlson et al，1996；Ryan et al，1999）。在之后的综合添加 DHA 和 ARA 的所有研究中并没有影响生长，针对早产婴儿的研究证明了综合添加剂在生长和其他方面的功效。此外，早期研究得到不一致的结果，有可能与研究方案不同有关。早期研究有的补充配方中 LC-PUFA 含量极低；有的使用补充配方食品的时间过于简短，没有表现出任何临床效果；有的选择的端点和测量时间缺乏灵敏度。以下评论强调目前的研究方案具有极少的例外，配方食品中有更高含量的 DHA 和 ARA，评价更长时间的添加功效，在某些情况下会贯穿新生儿出生后的 1 年。

17.2.1 早产婴儿的单细胞油脂添加

Clandinin 等（Clandinin et al，2005）报告了双盲的、随机的、多尺寸预期的、两相的控制试验，比较添加来自鱼油和 ARASCO 的 DHA、ARA，添加来自 DHASCO、ARASCO 的 DHA、ARA 与对照配方的临床结果。该设计研究用于评价含有多种来源的 DHA 和 ARA 的配方食品安全性及功效，361 个早产婴儿食用婴幼儿配方食品直到 92 孕周（PMA），随后一直服用到 118 孕周，超过 4 个月纯母乳喂养的足月婴儿（$n=105$）作为对照组。在 66～118 孕周，食用藻油 DHA 组的婴儿体重明显重于鱼油 DHA 组，而鱼油 DHA 组在 118 孕周与足月婴儿不存在差异。藻油 DHA 组的婴儿在 48 孕周、79 孕周、92 孕周身高明显高于对照组，在 57 孕周、79 孕周、92 孕周也明显高于鱼油 DHA 组，但是在 79～118 孕周与足月婴儿并没有差异。补充组在 118 孕周比对照组具有较高的 Bayley 心理和精神运动发育指数。添加剂并未增加发病率和不良反应。作者总结出“含有来自藻类和真菌油脂的 DHA 和 ARA 的食品配方能够促进生长。这两种添加配方食品的提供比未添加配方具有更好的发育结果”（Clandinin et al，2005）。

澳大利亚研究者进行了随机、双盲的空白对照试验，测试了牛奶和配方食品中增加 DHA 含量对早产婴儿循环脂肪酸、神经系统发育和视觉反应的影响，从而得到 DHA 能改善神经发育（DINO）的研究结果（Smithers et al，2008a；Makrides et al，2009；Smithers et al，2008b）。提供母乳喂养的孕妇每天提供 900mg DHA 作为补充组。对照组的母乳中 DHA 水平约占总脂肪酸的 0.25%，补充 DHA 组的母乳中 DHA 含量达到 0.85%。婴儿通过食用富含 DHA 的婴儿配方食品（DHA 占总脂肪酸约 1.1%，来自 DHASCO）或早产婴儿配方食品（DHA 占总脂肪酸约 0.42%，来自 DHASCO）获得 DHA。这些 DHA 配方食品供应给婴儿，直至足月分娩日期（大概出生后 9 周）。在这期间婴儿哺乳分为仅母乳喂养、母乳和配方奶粉结合以及仅配方奶粉喂养。在 18 个月时对 657 个婴儿进行标准发育检测评估，与事先计划的性别分析发现，早产的女婴在高 DHA 含量的饮食下，在心理发育测试中平均分比标准 DHA 饮食下的女婴高 5%，与对照组相比智力发展迟缓也降低了 55%，明显的智力发展迟缓降低了 80%，这项数据统计显示其具有显著的改善。然而，同样的功效并没有在男婴中发现，在服用高剂量 DHA 和对照的配方食品后并没有明显的统计学差异。造成性别差异的原因尚不明确，作者推测男婴可能比女婴需要更多的 DHA 以实现功效，并注意到该组婴儿缺乏认知迟缓的代替疗法和现有 DHA 剂量的安全性评估，以后的研究需要注意这些。相同的研究者分析了 143 个早产婴儿的脂肪酸水平，比较他们吸收 1%高含量的 DHA 和吸收 0.2%～0.3%标准 DHA 含量的牛奶或配方奶粉的区别，发现高 DHA 含量的人乳或配方奶粉提高了，但含有 DHA 的饱和红细胞磷脂未增加，并表明足月婴儿中 DHA 水平的增加可能需要 DHA 含量超过 1%的牛奶。在 2 个月的矫正时期内，高 DHA 组（$n=54$）的视力并未与对照组（$n=61$）存在差异，但到 4 个月矫正期，高 DHA 组展现出敏锐性，每个阶段比对照组高 1.4 周期。这两组间 VEP 延迟和人体测量不存在差异。这表明一般人乳和配方奶粉喂养早产婴儿的 DHA 含量可能并不足以促进视觉发育。

挪威的 Henriksen 等（Henriksen et al，2008）通过随机、双盲对照研究评价 DHASCO 和 ARASCO 的补充对母乳喂养的 141 名早产婴儿在 6 个月时认知发展的影响。SCO 通过超声融入母乳后喂服，不同小组间的不良反应和生长发育并未出现差异。在 6 个月的后续研究中，补充组表现出更好的解决问题的能力。作者总结出，在新生儿早期对早产婴儿喂食补充 DHA/ARA 的母乳，可以在 6 个月时表现出更好的认知记忆和更高的解决问题能力。

Siahanidou 等（Siahanidou et al，2008）利用 104 名健康的早产婴儿比较了添加 DHASCO 和 ARASCO 配方食品以及未添加的配方食品对氧化的影响，结果表明添加 LC-PUFA 的婴儿配方食品并不影响脂质过氧化或增加健康早产婴儿体内营养物质的氧化。同一个研究组还对 60 名早产婴儿进行实验，比较了添加 DHA/ARA SCO 配方食品和未添加的配方食品对血清脂联素和脂质浓度的作用，含有 LC-PUFA 的配方食品具有较高的循环脂联素浓度，这与良好的脂质轮廓有关。

17.2.2　足月婴儿的单细胞油脂添加

Agostoni 等（Agostoni et al，2009）开展了可预期、多中心、随机、双盲对照试验，考察 DHA 添加对婴儿实现 4 种运动里程碑的作用（即不依靠支撑坐立、手和膝盖爬行、独自站立和独自行走），这些健康的婴儿分为两组，一组在 1 周岁前每天口服 20mg 液态 DHA（$n=580$），一组不服用作为对照（$n=580$）。回归分析表明，DHA 的补充能有效改善多个发育里程碑，补充 DHA 的婴儿能在相当短的时间内不依靠支撑坐立（$P<0.0001$）。尽管补充 DHA 的婴儿独自坐立能力提前 1 周，但是 DHA 的补充并未表现出对后期运动发展里程碑的持续作用，从而独自坐立提早 1 周的变化是否具有长期的临床意义还未考证。在多个次要端点也有明显的改善作用，包括伸出手触摸物体、拿玩具到嘴边和第一次说出他们能理解的词的能力（$P<0.0001$）。补充的 DHA 可发挥促进这些次要端点尤其是语言能力发展的作用。

Birch 等（2005）开展了双盲、随机、对照临床试验，通过扫描视觉诱发电位检测视力。试验中的 103 名足月婴儿随机分配为两组，一组服用添加了 DHASCO 和 ARASCO（含量分别为总脂肪酸的 0.36%、0.72%）的配方食品，另一组服用正常配方食品作为对照。在 17 周时，补充 LC-PUFA 组的婴儿立体清晰度明显更好，但在 39 周和 52 周时并没有出现优势。到 17 周和 39 周，补充 LC-PUFA 组婴儿的红血细胞 DHA 浓度比对照组分别高出 2 倍和 3 倍。补充 LC-PUFA 组和对照组的婴儿的生长发育并没有太大区别，两种饮食的耐受性均良好。作者推断在 1 周岁前给足月婴儿补充 LC-PUFA 能够有效改变视觉功能和总红血细胞的脂质成分。

Burks 等（Burks et al，2008）对健康的足月婴儿进行了两项研究。第一个研究是比较两种饮食对 165 名健康足月婴儿生长的影响，一种饮食是新型的基于氨基酸的配方食品（AAF），另一种饮食采用完全水解配方食品（EHF）作为对照组，其中含有与全世界母乳中类似浓度的 DHA 和 ARA。第二个研究评价了新型 AAF 配方对 32 名确诊牛奶过敏的婴儿和儿童的低过敏性影响。研究者断定新型添加 DHASCO 和 ARASCO 的 AAF 配方是低过敏性的、安全的，而且促进健康足月婴儿的生长。

Hoffman 等（Hoffman et al，2008）也比较了豆奶配方和添加了来自 DHASCO、ARASCO 的 DHA 和 ARA 配方的豆奶配方的双盲、平行组试验，从 14 天到 120 天，观察 244 名健康足月婴儿，评价其安全性、功效和生长发育情况。作者总结出，给健康的足月婴儿喂食的豆奶配方中添加与人乳中浓度相似的来自单细胞油脂的 DHA 和 ARA，与对照组相比明显提高了 DHA 和 ARA 的循环水平。两种配方均促进正常的生长，具有较好的耐受性。Vanderhoof（Vanderhoof，2008）同样利用健康足月婴儿进行了随机试验，测试了添加 DHASCO 和 ARASCO 的新型氨基酸配方的低过敏性和其对生长、耐受性的影响。在双盲、安慰剂对照的食品添加剂实验中，喂食加热调配好的 Nutramigen ARA 或安慰剂均未观察到过敏反应。Vanderhoof 分析出，Nutramigen ARA 可促进生长，对有牛奶过敏的婴儿具有较好的耐受性。

Gibson 等（Gibson et al，2009）对 142 名足月婴儿进行了一组单中心、随机、双盲、对照的平行试验，测试服用添加或未添加长链多不饱和脂肪酸和乳双歧杆菌的婴儿配方食品 7 个月对婴儿的影响。两组婴儿的生长、平均身高和头围均未出现明显的区别，补充剂对疫苗的反应也未观察到影响。从而，作者推断足月婴儿在喂食含有添加 LC-PUFA 益生菌的配方后，其生长特性与喂食标准配方食品相似。

17.3 哺乳期产妇的单细胞油脂添加

母乳喂哺是婴儿哺乳的最佳方式，而且母乳通常含有 DHA 和 ARA。母乳中 DHA 的含量变化极大，然而这也是与产妇的饮食直接相关的。因此，许多研究者开展了确定产妇补充 DHA 对哺乳期婴儿健康结果影响的试验。一个研究将 DHASCO 作为 DHA 补充剂提供给哺乳期的产妇。在这个研究中，Jensen 等（Jensen et al，2005）进行了双盲、安慰剂对照试验，通过给哺乳期产妇（$n=115$）4 个月内每天补充 200mg DHASCO，来观察对她们的足月婴儿的神经系统发育和视觉状态产生的影响。结果显示，在 30 个月时，这些婴儿拥有较高的 Bayley 精神运动发展指数（手眼协调能力）（$P<0.01$）。

在对这些研究总结后发现，对婴儿补充 DHASCO 和 ARASCO 的研究是有意义的，在特定的婴儿群体中它们对健康和发育结果的影响是有益的。Birch 等（2005）在婴儿的 4～12 个月期间喂食添加 DHA 和 ARA 的配方食品，这些婴儿现在已进入童年，仍会表现出早期补充剂产生的视觉和认知发育优势。此外，近期对早产婴儿的研究显示 DHA 和 ARA 对这一特殊群体的生长具有重要意义，结果也表明目前早产婴儿配方食品中 DHA 和 ARA 的水平可能并不足以使其比那些母乳喂养的婴儿发育得更好。

基于这些和早期的研究，专家组目前建议，如果添加 LC-PUFA，DHA 水平至少占总脂肪酸的 0.2%，ARA 应占有相同的水平甚至更高，二十碳五烯酸（EPA）的水平不会高于 DHA（Codex Alimentarius 2007；Koletzko et al，2007b；The Commission of the European Communities，2006）。根据专家呼吁对早产婴儿补充 LC-PUFA 的需求，对于早产婴儿建议 DHA 和 ARA 补充量甚至更高（ESPGHAN，2007）。专家还指出产妇饮食中 DHA 的重要性，并建议孕妇和哺乳期女性每天至少需补充 200mg DHA（Koletzko et al，2007）。

17.4　单细胞油脂对心血管健康的作用

鱼和鱼油在治疗因患心血管疾病导致的死亡、心肌梗死、心肌猝死中所起的作用已显而易见（Wang，et al，2006）。相关研究还进一步支持鱼类摄入和鱼油添加对心血管疾病初步预防所起的作用（Wang et al，2006）。鱼和鱼油中有益的生物活性物质主要是 ω-3 系列长链脂肪酸、EPA 和 DHA。从单细胞微藻中分离出的油，为鱼和鱼油提供了能够摄入这些重要营养的可持续替代。两种商业化的单细胞油脂分别为来自寇氏隐甲藻（DHASCO）和裂殖壶菌（DHASCO-S）的油脂，它们均富含 DHA，占总质量的 40%，经验证其已成为同鱼类一样的 DHA 来源（Arterburn et al，2008）。由于鱼和鱼油同时提供 EPA 和 DHA，而 DHASCO 中不含 EPA，DHASCO-S 中 EPA 也仅占重量的 1.5%，添加这些或其他单细胞油脂对心血管的益处已得到证实。下面的讨论将总结自 2005 年以来出版的临床文献，有关单细胞油脂中 n-3 系列和 n-6 系列 LC-PUFA 对心血管结果的作用。

17.4.1 单细胞油脂对脂蛋白的影响

文献报道鱼和鱼油的消耗对总胆固醇没有影响，但会导致低密度脂蛋白（LDL）和高密度脂蛋白（HDL）颗粒传输的胆固醇含量和分布发生极大的变化。在补充鱼油后，LDL 胆固醇会平均增加 6%，同时 HDL 胆固醇会平均增加 1.6%（Balk et al，2006）。LDL 胆固醇的增加会引发肝脂肪生成的减少。将降低甘油三酯的产量、极低密度脂蛋白（VLDL）的分配、肝脏的分泌和分泌出的 VLDL 转换为 LDL 的速率、促进 LDL 的增加产生的效果同其他有效的甘油三酯降低剂［如贝特类药物（fibrate drugs）］的影响相符（Jacobson，2008）。LDL 经常变化，但并不是一直发生变化（参见 Hartweg et al，2007；Lu et al，1999），伴随着 LDL 的再分配、从小的、稠密的、导致动脉粥样硬化的 LDL 颗粒（sdLDL）转化为大的、较轻的、导致动脉粥样硬化较弱的 LDL 颗粒（Minihane et al，2000；Griffin et al，2006）。

自 2005 年以来发表的关于富含 DHA 单细胞油脂的文献也已证实，不论是单独补充 DHA 还是补充含有最少剂量 EPA 的 DHA，这些油都具有促进 HDL、有利影响 LDL 颗粒组成的作用。4 项随机、对照试验（RCT）考察了富含 DHA 的单细胞油脂对轻度高脂血症患者的缓和作用（Engler et al，2005；Maki et al，2005；Schwellenbach et al，2006；Kelley et al，2007）。Maki 等开展了一项为期 6 周、双盲、橄榄油作为对照的试验，试验中 57 名健康的中年人 HDL 水平低于男性平均水平（男性≤44mg/dL；女性≤54mg/dL），他们每天食用 DHASCO-S 以补充 1.52g DHA，同时仍保持一般的饮食。试验期间禁止服用他汀（statin）类药物，但那些稳定的降血压药物可以服用。LDL 胆固醇明显增加 12%以上（$P<0.001$），但 sdLDL 携带的胆固醇却降低近 10%（$P<0.025$），并未观察到 HDL 的变化。类似地，Kelley 等（Kelley et al，2007）报告，在轻度高甘油三酯血症患者（150～400mg/dL）中，LDL 胆固醇和 LDL 颗粒大小再分配有所增加，但 HDL 没有变化。在另一项 90 天的随机、对照试验中，34 名成年男性每天食用 DHASCO 以补充 3gDHA，他们不可服用降脂药物。试验第 45 天，观察到 LDL 增加 12.6%（$P<0.05$），直到试验结束未有进一步提高。大而蓬松的 LDL 颗粒增加 120%（$P<0.007$），中间大小的 LDL 颗粒减少近一半（$P<0.02$），sdLDL 颗粒平均减少了 312nmol/L。此外，Kelley 等（Kelley et al，2008）报告残粒样颗粒的胆固醇（RLP-C）减少了 21%。Engler 等（Engler et al，2005）也做了相关报告，以 20 名 9～19 岁、患有高脂血症的孩子（LDL≥130mg/dL）为实验对象，连续 6 周食用 DHASCO，每天补充 1.2g DHA，观察对 LDL 胆固醇水平的影响，这些孩子还参加了 6 个月的交叉研究。这些孩子以国家胆固醇教育计划Ⅱ中的饮食为标准，而且不服用降脂药物。DHASCO 对 LDL 胆固醇并没有影响，可

能因为基本的饮食降低了 LDL 胆固醇水平的作用，但会对 LDL 颗粒分布产生有益的影响。尤其是 sdLDL 颗粒与玉米/大豆油对照增加了 48%（$P=0.002$），大而蓬松的 LDL 也增加了 91%（$P=0.004$）。HDL 胆固醇并未变化，但 HDL 大而蓬松的次类别（HDL_2）比对照组增加了 14%（$P=0.01$）。

Schwellenbach 等（Schwellenbach et al，2006）比较了 DHASCO-S（每天 1g DHA）和鱼油（每天 1.2g DHA 和 EPA）对 116 名轻度高甘油三酯血症（200mg/dL<甘油三酯<750mg/dL）并伴有冠状动脉疾病的患者的血脂缓和作用。这些人没有糖尿病控制不佳或食用鱼油补充的情况，不过可以服用其他药物，如近 50%的人服用他汀类药物。可能是因为他汀类药物的服用，两组都未观察到 LDL 有所增加，而意外的是 DHASCO-S 引起 HDL 从基线增加 5.5%（$P<0.5$），比鱼油的效果明显很多（$P<0.4$）。

脂质改性研究大多是在血脂异常的人群中开展，然而自 2005 年以来有两项 RCT 报告是关于 SCO 对血脂正常的成年人体内脂蛋白的影响（Sanders et al，2006；Oe et al，2008）。Sanders 等在 4 周的试验中，给 79 名平均年龄 30 岁、血脂正常的成年人服用 DHASCO-S，以每天补充 1.5 g DHA。在研究期间，他们不可服用降脂或降血压的药物，可以保持他们正常的饮食，但油性鱼类除外。DHASCO-S 使 LDL 提高 10%（$P<0.01$），这大大补充了 HDL9%的含量增加（$P<0.001$），而对 LDL 颗粒分布没有明显的影响。Oe 等（Oe et al，2008）也进行了 3 个月的 RCT，考察 240mg DHA+240mg ARA、1mg 虾青素与橄榄油对照相比对 28 名健康、年长的日本人的联合影响。生物活性来自未指定的单细胞油脂，研究对象不能患有不具对照性的高血压、糖尿病、肥胖症等疾病，但保持他们正常的饮食。由于一般日本人的饮食中含有大量的 DHA 和 EPA，并未观察到补充的少量 DHA 对血脂产生影响。

这些有限的数据表明单细胞油脂可促进血脂正常的成人和服用他汀类药物的高脂血症患者体内的 HDL 合成，比早期报道的鱼油功效（1.6%）平均提高了 3.6%。这些数据指出在提升 LDL 胆固醇方面的功效单细胞油脂与鱼油相似。这项研究虽然有些不可能，但是由于研究的数量有限，并且 LDL 颗粒（颗粒大小、颗粒数目和胆固醇含量）经常发生变化，通过 LDL 颗粒变化来充分比较单细胞油脂和鱼油。然而，目前的文献表明富含 DHA 的单细胞油脂极大地降低了 sdLDL 的浓度，单细胞油脂对 LDL 胆固醇的改变可能是因为对肝脏脂质代谢的影响引起的，这最终导致甘油三酯水平的降低。

17.4.2　单细胞油脂对甘油三酯水平的影响

鱼油中 EPA 和 DHA 对血脂最深远的影响就是平均降低了高甘油三酯血症患者体内 15%的甘油三酯浓度（Balk，2006）。与这一发现相同的是美国心脏病协会也建议每天提供 2～4 g EPA 和 DHA 用于甘油三酯的减少（Kris-Etherton et al，2002）。Ryan 等（Ryan et al，2008）最近回顾了关于 DHASCO 和 DHASCO-S 中单细胞油脂对正常人体和高脂血症患者体内甘油三酯水平降低影响的研究。综述中总结了 16 项研究，其中 11 项关于 DHASCO，另 5 项关于 DHASCO-S。血脂异常的成年人每天从任一单细胞油脂中吸收 2g DHA 后，甘油三酯水平会平均降低 21%，血脂正常的成年人甘油三酯也会降低 17%，而降幅最大的是那些基本甘油三酯水平接近 150mg/dL 的成年人。在研究总结中，Schwellenbach 等（Schwellenbach et al，2006）进行的一项研究相当有趣，他们将 DHASCO-S 同鱼油进行了直接比较，该研究中每天 DHASCO-S 的需求通过提供 1g DHA 得到满足，而鱼油每天提供 1g DHA 的同时还有 252mg EPA。尽管每天多补充 25% 的 n-3 系列 LC-PUFA，但两组将甘油三酯降低的作用并没有明显的不同。与鱼油组（10.2%）的甘油三酯＜150mg/dL 的变化相比，DHASCO-S 组中更多比例（24.6%）的成员实现体内的甘油三酯＜150mg/dL 的变化。此外，基于 Ryan 等（Ryan et al，2008）的研究综述，DHASCO 和 DHASCO-S 的耐受性会好很多。事实上，Schwellenbach 等（Schwellenbach et al，2006）的报告中，与 DHASCO-S 组（$n=12$）相比，鱼油组（$n=33$）中更多成员会抱怨鱼腥味。这一现象很重要，因为它指出了使人们接受鱼油补充用于降脂的首要障碍是腥异味（Bays，2008）。这些数据均表明富含 DHA 的 SCO 是替代鱼油促进甘油三酯水平降低的有效替代品。

17.4.3 单细胞油脂对心脏和血管功能的影响

美国大约 7300 万 20 岁以上的成年人患有高血压(American Heart Association and American Stroke Association，2007)。69%的首次心脏病发作人群、77%的首次中风发作人群、74%的充血性心脏衰竭人群血压都高于 140/90mmHg (American Heart Association and American Stroke Association，2007)。甚至那些正常血压较高的人群(130～139mmHg 收缩压/ 85～89mmHg 舒张压)的风险也在增加，研究表明这些人 10 年内出现心脏病发作、中风或心脏衰竭的概率是那些血压正常人群的 1.5 倍(Vasan et al,2001)。近期对 8 项轻度和中度高血压 RCT 的元分析已证实鱼油对适度降低血压有益，每天服用 4g 鱼油，可使血压收缩压降低 2.3mmHg，舒张压降低 2.1mmHg (Dickinson et al，2006)。最新的 4 项研究报道了富含 DHA 的 SCO 对血压正常的成年人心率和血压的影响。上文提到的 Kelley 等（Kelley et al，2007）也报告，在每天补充 3g DHASCO 后，在研究的中点人体的收缩压和舒张压明显分别降低 7mmHg 和 3mmHg（$P<0.05$），但到研究的终点舒张压未再明显变化，仅收缩压降低了 2.8mmHg。此外，心率在研究的中点减少跳动 5.8 次每分钟（bpm）（$P<0.05$），在终点 90 天时减少 3.4bpm（$P<0.07$）。

相反，Theobald 等（Theobald et al，2007）对 40 名 45～65 岁、健康、血压正常的男性（126/81mmHg）和女性（117/77mmHg）进行随机交叉实验，每天补充 DHASCO（700mg DHA）或精炼的橄榄油作为对照。补充 DHA 后他们的舒张压均降低近 3.3mmHg（$P<0.01$）。这些结果比早期补充更多剂量鱼油的高血压患者报道的高 1mmHg。Theobald 等还发现，与安慰剂空白组相比，补充 DHA 后心率出现 2.1bpm 的轻微减少。该研究还检测了响应于沙丁胺醇和硝酸甘油的内皮细胞功能，但是未发现对血管舒张或动脉僵硬化的影响，因此只有极少的证据能解释观察到的血压降低机理。

针对血脂正常的成年人的两项研究发现，尽管在第一个研究中 DHASCO-S 使血压平均降低 3.1mmHg，但 DHASCO 或低剂量未指定的单细胞油脂对血压和心率并没有明显的影响（Sanders et al，2006；Oe et al，2008）。在这两个研究中，基准血压已视为最佳的。Oe 等（Oe et al，2008）的研究中，非常低剂量的 DHA（240mg/d）存在影响血压的缺陷。例如，研究中的舒张压平均 74mmHg，与 Kelley 等（Kelley et al，2007）和 Theobald 等（Theobald et al，2007）研究中基准血压为≥79mmHg 相比已存在优势。因为最优血压为<120/80mmHg（Kannel et al，2008），所以响应于单细胞油脂的血压和心率降低可能仅在那些典型的或轻微高血压的人群中观察到，在血压最佳人群中的研究可能需要更大的统计学强度以测出明显的降低。

最终，Oe 等（Oe et al，2008）调查了低剂量单细胞油脂 DHA、ARA 和虾青素对冠状动脉血流速度储备（CFVR）的影响。CFVR 可利用经颅多普勒超声心动图检测，作为冠状动脉循环的有效指数，伴有亚临床冠状动脉粥样硬化的受损血流提示。正如上文提到的，低剂量的饮食补充不足以影响血脂或血压、心率，作者在这些健康、年长的日本人研究中观察到 CFVR 显著提高。在 3 个月补充后，与对照组相比，CFVR 明显提高了 15%（$P<0.01$）。这些结果都验证了典型的日本饮食中对 EPA 和 DHA 的高摄入量（Iso，2008），但是这对摄入相当低量的 EPA 和 DHA 的西方人口的意义还不清楚。

17.4.4　单细胞油脂对动脉粥样硬化危险因素的影响

炎症是动脉粥样硬化斑块发展的重要诱导因子。大量炎症标记已用于预测心血管疾病的风险，尽管它们并不被大家认为是心血管疾病的替代标记。从 2005 年以来发表的研究已证实富含 DHA 的单细胞油脂对 C-反应蛋白（CRP）和其他炎症标记如 E-选择蛋白和白细胞介素-6（IL-6）产生的影响。在上文提到的 Kelley 等（Kelley et al，2009）进行的人口研究中，轻度高甘油三酯血症男性患者在每天从 DHASCO 中补充 3 g DHA 约 90 天后，与对照组相比，CRP 明显降低 15%（$P<0.05$）。作者发现这些观察到的 CRP 降低与那些服用他汀类药物的病人是类

似的，并推测若继续使用 DHA 降低的趋势将减弱。Kelley 等（Kelley et al，2009）也报告了 DHA 补充引起循环中性粒细胞降低 11.7%（$P<0.05$）、白细胞介素-6 降低 23%、粒单核细胞集落刺激因子降低 21%的变化，但是对 E-选择蛋白没有影响，然而消炎的基质金属蛋白酶-2 提高了 7%。

相反，Theobald 等（Theobald et al，2007）发现富含 DHA 的单细胞油脂对他们验证的炎症标记没有影响。尤其是每天从 DHASCO 中补充 700mg DHA 对 CRP 和 IL-6 并没有影响。与 Kelley 等（Kelley et al，2009）的研究结果一致，DHASCO 对 E-选择蛋白也没有影响。Sanders 等（Sanders et al，2006）报告每天从 DHASCO-S 补充 1.5g DHA 对健康志愿者的 CRP 也未产生影响。可能的结论是，两个相反的研究结果提供的剂量仅为 Kelley 等（Kelley et al，2009）研究中剂量的 1/4～1/2，影响炎症的标记需要更高的剂量。

过多的血小板活化和聚集对动脉粥样硬化有关键的作用，使血小板治疗成为预防动脉粥样硬化性心脏疾病的中流砥柱（Krotz，2008）。在多不饱和脂肪酸中，n-3 系列 LC-PUFA 通常认为具有微弱的反凝集性能，而 n-6 系列脂肪酸的传统假设是有利于聚集的。Kusumoto 等（Kusumoto et al，2007）检验 ARASCO 补充对健康、不吸烟的日本男性（$n=24$）体内血小板聚集的影响。该研究包括 1 周磨合期，之后 4 周每天补充 838mg ARA，以橄榄油作为对照。在 4 周试验结束时，利用 ADP、胶原蛋白和 ARA 的刺激来测量富含血小板的血浆中血小板聚集情况。在响应任何兴奋剂测试中，补充 ARA 并未影响血小板聚集。作者推测这些结果将被广泛应用，这些研究对象的基准 ARA 水平与早期报道中美国和欧洲人口的水平相似。作者也汇报，每天平均摄入 882mg EPA 和 DHA 的研究对象，每 7 天一次称重比较，美国典型的饮食每天摄入的 n-3 系列 LC-PUFA 大约为该研究中数量的 1/5（Food and Nutrition Board，2005）。在该群体中并没有发现 ARA 有利于血小板聚集，可能是因为提供的 n-3 系列 LC-PUFA 数量几乎相同，从而保持了血小板的平衡。这些是关于具有生理缺陷的人群对 n-3 系列 LC-PUFA 摄入量的需求实验重复。

新的证据表明较高剂量的富含 DHA 的单细胞油脂对多种炎症标记减少的影响可能会减少动脉粥样硬化。目前的研究也表明富含 DHA 的单细胞油脂在提升 HDL、降低甘油三酯、将 LDL 重分配为动脉粥样硬化较弱的颗粒等方面的有益作用。当前的研究进一步证实，为实现期望的脂质结果和更低的血压，所需富含 DHA 的单细胞油脂剂量比鱼油稍低。尽管单细胞油脂提供的 EPA 极少甚至没有，目前的研究指出了富含 DHA 的单细胞油脂对提升心血管健康的作用。

17.5 单细胞油脂的补充及认知

在婴儿的生长发育后期饮食中的 DHA 对其仍然具有认知益处。尽管对婴儿和儿童的临床试验是有限的，但是 DHA 的补充在最近的随机、安慰剂对照、双盲研究中仍有很好体现。在为期 4 个月的研究中，4 岁的健康儿童每天从藻油中补充 400mg DHA 或补充相应的对照剂。在回归分析中，血液中 DHA 水平和皮博迪图片词汇测验（the Peabody Picture Vocabulary Test，关于听力理解和词汇的测试）获得更高的得分在统计学上具有显著的正相关（Ryan & Nelson，2008）。

大脑健康包括记忆力的优化并需要深度的调控，这经常列为美国和其他国家老龄化人口最关注的健康因素之一。认知功能中一定程度上的记忆丧失和下降已经被认为是老龄化正常的一部分，然而人们更加认识到健康生活方式的某些方面可预防或推迟负面症状的表现。n-3 系列 LC-PUFA 中的 DHA 是所有哺乳动物的有机组成部分，它是整个生命中大脑和视网膜里主要的结构和功能，因而神经组织中含有适当水平的 DHA 是老龄化和生长阶段优化大脑功能所必需的。

一篇使用鱼油的观察性研究和随机对照试验的文献表明了 DHA 的重要性，尤其是对大多数哺乳动物的大脑健康和认知功能的保持。美国卫生保健研究与质量管理处(AHRQ)进行了一项广泛的以证据为基础的审查和元分析，认为 DHA 是一种特定的 ω-3 系列脂肪酸，与老年痴呆症和阿尔茨海默病(Alzheimer)的较低风险密切相关。报告明确提出 ω-3 系列脂肪酸的总体消耗和 DHA 的消耗(不包括 ALA 和 EPA)是与阿尔茨海默病的发病率显著降低有关联的(Maclean et al,2005)。

目前一组来自费明翰世代研究（the Framingham cohort）的研究数据也表明 DHA 与痴呆症风险降低的关联，该研究中，Schaefer 等（Schaefer et al，2006）显示当血浆检测发现 DHA 降低了 1/4 时痴呆症病情有了 47%的减弱，但是相反地，EPA 水平与痴呆症减弱并无关联。本研究随后的评论中，Morris 预计每天补充 180mg DHA 是适当的保护剂（Schaefer et al，2006）。

Johnson 等（2008）发表了一项小型、随机、双盲、对照研究的结果，检测来自 DHASCO 的 DHA 和叶黄素的补充对认知能力和眼睛健康的作用，该研究中 49 名 60～80 岁的女性随机性地每天补充 800mg DHA、12mg 叶黄素，DHA 和叶黄素结合补充或者对照剂量。在 4 个月后，补充 DHA、叶黄素和两者结合补充的组别成员言语流畅性得分明显改善（$P<0.03$），记忆得分和学习率在两者结合补充的组别中也显著改善（$P<0.03$）。DHA 和叶黄素结合补充的对象也表现出更有效的研究趋势（$P=0.07$）。精神处理速度、准确性和情绪的衡量并未受补充剂影响。

此外，最近完成的两个重要的随机、双盲的安慰剂对照平行的分配干扰性研究，通过该实验判断高水平 DHA 对年长者神经认知功能的影响。这两个研究都使用单细胞油脂作为 DHA 的来源，这些即将进行的试验设计中，前者证实 DHA 可帮助具有记忆困扰但简易智能测试正常的年长者改善认知功能。该研究为研究对象每天补充 900mg 藻类 DHA，评价工作记忆、记忆保持时间、注意力和执行能力，以验证 DHA 对改善年长者认知能力下降症状的潜力（MIDAS, clinicaltrials. gov）。结果表明，在一种情景记忆测试——配对联想学习中，持续 6 个月每天补充 900mg 藻类 DHA 与对照组相比都有显著的改善。此外，还观察到心率明显降低（Yurko-Mauro，2009）。第二个试验由国家保健研究所赞助，为阿尔茨海默病患者每天补充 2 种藻类 DHA，以确定 DHA 推迟阿尔茨海默病恶化的潜力。患者可接受常规的阿尔茨海默病的治疗，研究包括患有轻度至中度阿尔茨海默病的 400 个体，通过评估认知、行动、功能状态和整体痴呆严重程度寻求认知和功能退化速率的衡量变化（DHA，National Inst. Aging，clinical trials. gov）。初步结果在 2009 年 6 月全球阿尔茨海默年会上公布，报告中并未在主要的端点证实 DHA 表现出益处。然而，在计划的二次分析中，APOE4 状态不佳的病人补充藻类 DHA 的治疗与正常对比相比会有明显的改善（Alz. org Press Release，2009）。该领域需要做进一步研究，阐明 DHA 对认知下降和早期补充的全面功效。

17.6 结论

该综述中报道的研究强调了越来越多与单细胞油脂作用相关的数据，表明 DHA 和 ARA 对胎儿和婴儿发育及 DHA 对成年人的健康益处。此外，目前的证据表明 DHA 补充不受年龄限制，不仅对孕妇和哺乳期妇女很重要，对所有成年人也很重要。因为 DHA 的食品来源是有限的，主要来源于捕食性和富含脂肪的鱼类，优化食品变得越来越重要，所以我们尝试优化 DHA 的摄入量。很多人不能或不会摄取足够量的鱼来满足他们对 DHA 的需求，其他人正对全球鱼类供应的可持续性表达有效的关注。单细胞油脂为必需脂肪酸提供了可再生资源，可免受海洋的污染，并对人类的健康做出显著的贡献。

参考文献

Aggett, P.J.; C. Agostoni; I. Axelsson; M. De Curtis; O. Goulet; O. Hernell; B. Koletzko; H.N. Lafeber; K.F. Michaelsen; et al; ESPGHAN Committee on Nutrition. Feeding Preterm Infants after Hospital Discharge: A Commentary by the ESPGHAN Committee on Nutrition. *J. Pediatr. Gastroenterol. Nutr.* **2006**, *42*, 596–603.

Agostoni, C.; G.V. Zuccotti; G. Radaelli; R. Besana; A. Podestà; A. Sterpa; A. Rottoli; E. Riva; M. Giovannini. Docosahexaenoic Acid Supplementation and Time at Achievement of Gross Motor Milestones in Healthy Infants: A Randomized, Prospective, Double-blind, Placebo-controlled Trial. *Am. J. Clin. Nutr.* **2009**, *89*, 64–70.

Alz.org Press Release. Results from Trials of DHA in Alzheimer's Disease and Age-Related Cognitive Decline. Vienna, Austria. International Conference on Alzheimer's Disease (ICAD), July 12, 2009. http://www.alz.org/icad/2010 _release_071209

American Heart Association. Common Misconceptions About High Blood Pressure. Published online: http://www.americanheart.org/presenter.jhtml;jsessionid=CPAUCL00ZTCWSCQFCXPSCZQ?identifier=3008517 (Accessed Apr 15, 2009).

American Heart Association and American Stroke Association. Know the Facts, Get the Stats, 2007. Published online: http://www.americanheart.org/downloadable/heart/116861545709855-1041%20KnowTheFactsStats07_loRes.pdf (Accessed Apr 15, 2009).

Arterburn, L.M.; H.A. Oken; E. Bailey Hall; J. Hamersley; C.N. Kuratko; J.P. Hoffman. Algal-Oil Capsules and Cooked Salmon: Nutritionally Equivalent Sources of Docosahexaenoic Acid. *J. Am. Diet. Assoc.,* **2008,** *108,* 1204–1209.

Balk, E.M.; A.H. Lichtenstein; M. Chung; B. Kupelnic; P. Chew; J. Lau. Effects of Omega-3 Fatty Acids on Serum Markers of Cardiovascular Disease Risk: A Systematic Review. *Atherosclerosis* **2006,** *18,* 19–30.

Bays, H. Rationale for Prescription Omega-3-acid Ethyl Ester Therapy for Hypertriglyceridemia: A Primer for Clinicians. *Drugs Today (Barc).* **2008,** *44,* 205–246.

Birch, E.E.; Y.S. Castaneda; D.H. Wheaton; D.G. Birch; R.D. Uauy; D.R. Hoffman. Visual Maturation of Term Infants Fed Long-Chain Polyunsaturated Fatty Acid-Supplemented or Control Formula for 12 Mo. *Am. J. Clin. Nutr.* **2005,** *81,* 871–879.

Burks, W.; S.M. Jones; C.L. Berseth; C. Harris; H.A. Sampson; D.M. Scalabrin. Hypoallergenicity and Effects on Growth and Tolerance of a New Amino Acid-Based Formula with Docosahexaenoic Acid and Arachidonic Acid. *J. Pediatr.* **2008,** *153,* 266–271.

Carlson, S.E.; S.H. Werkman; E.A. Tolley. Effect of Long-Chain n-3 Fatty Acid Supplementation on Visual Acuity and Growth of Preterm Infants with and without Bronchopulmonary Dysplasia. *Am. J. Clin. Nutr.* **1996,** *63,* 687–697.

Clandinin, M.T.; J.E. Chappell; S. Leong; T. Heim; P.R. Swyer; G.W. Chance. Intrauterine Fatty Acid Accretion Rates in Human Brain: Implications for Fatty Acid Requirements. *Early Hum. Dev.* **1980,** *4,* 121–129.

Clandinin, M.T.; J.E. Van Aerde; K.L. Merkel; C.L. Harris; M.A. Springer; J.W. Hansen; D.A. Diersen-Schade. Growth and Development of Preterm Infants Fed Infant Formulas Containing Docosahexaenoic Acid and Arachidonic Acid. *J Pediatr.* **2005,** *146,* 461–468.

Codex Alimentarius Commission. *Report of the 28th Session of the CODEX Committee on Nutrition and Foods For Special Dietary Uses.* Codex Alimentarius Commission, Revised July 2007. Published online: http://www.codexalimentarius.net/download/standards/288/CXS_072e.pdf (accessed Apr 2, 2009).

The Commission of the European Communities. Commission Directive 2006/141/EC of 22 December 2006 on Infant Formulae and Amending Directive 1999/21/EC. *Official Journal of the European Union.* 30.12.2006:L401/1401/33. Published online: http://eur-lex.europa.eu/LexUriServ/LexUriServ.do?uri=OJ:L:2006:401:0001:0033:EN:PDF (accessed Apr 2, 2009).

DHA (Docosahexaenoic Acid), an Omega 3 Fatty Acid, in Slowing the Progression of Alzheimer's Disease. National Institute on Aging, Martek Biosciences Corp. Published online: http://clinicaltrials.gov/ct2/show/NCT00440050?term=dha+AND+alzheimers&rank=1 (accessed Apr 2, 2009).

Dickinson, H.A.; J.M. Mason; D.J. Nicolson; F. Campbell; F. Beyer; J. Cook; B. Williams; G.A. Ford. Lifestyle Interventions to Reduce Raised Blood Pressure: A Systematic Review of Randomized Controlled Trials. *J. Hypertens.* **2006,** *24,* 215–233.

Dobbing, J.; J. Sands. Quantitative Growth and Development of Human Brain. *Arch. Dis. Child.* **1973,** *48,* 757–767.

Dutta-Roy, A.K. Transport Mechanisms for Long-Chain Polyunsaturated Fatty Acids in the Human Placenta. *Am. J. Clin. Nutr.* **2000,** *71*(1Suppl), 315S–22S.

Engler, M.M.; M.B. Engler; M.J. Malloy; S.M. Paul; K.R. Kulkarni; M.L. Mietus-Snyder. Effect of Docosahexaenoic Acid on Lipoprotein Subclasses in Hyperlipidemic Children (The EARLY Study). *Am. J. Cardiol.* **2005,** *95*, 869–871.

Food and Nutrition Board, Institute of Medicine of the National Academies. *Dietary Reference Intakes for Energy, Carbohydrate, Fiber, Fat, Fatty Acids, Cholesterol, Protein, and Amino Acids.* Washington, DC: National Academies Press; 2005.

Gibson, R.A.; D. Barclay; H. Marshall; J. Moulin; J.C. Maire; M. Makrides. Safety of Supplementing Infant Formula with Long-Chain Polyunsaturated Fatty Acids and *Bifidobacterium lactis* in Term Infants: A Randomised Controlled Trial. *Br. J. Nutr.* **2009,** *Jan 12,* 1–8. [Epub ahead of print]

Griffin, M.D.; T.A. Sanders; I.G. Davis; L.M. Morgan; D.J. Millward; F. Lewis; S. Slaughter; J.A. Cooper; G.J. Miller; B. A. Griffin. Effects of Altering the Ratio of Dietary n-6 to n-3 Fatty Acids on Insulin Sensitivity; Lipoprotein Size; and Postprandial Lipemia in Men and Postmenopausal Women Aged 45-70 y: The OPTILIP Study. *Am. J. Clin. Nutr.* **2006,** *84*, 1290–1298.

Hartweg, J.; A.J. Farmer; R. Perera; R.R. Holman; H.A. Neil. Meta-analysis of the Effects on n-3 Polyunsaturated Fatty Acids on Lipoproteins and Other Emerging Lipid Cardiovascular Risk Markers in Patients with Type 2 Diabetes. *Diabetologia.* **2007,** *50*, 1593–1602.

Henriksen, C.; K. Haugholt; M. Lindgren; A.K. Aurvag; A. Ronnestad; M. Gronn; R. Solberg; A. Moen; B. Nakstad; R.K. Berge; et al. Improved Cognitive Development among Preterm Infants Attributable to Early Supplementation of Human Milk with Docosahexaenoic Acid and Arachidonic Acid. *Pediatrics.* **2008,** *121*, 1137–1145.

Hoffman, D.; E. Ziegler; S.H. Mitmesser; C.L. Harris; D.A. Diersen-Schade. Soy-based Infant Formula Supplemented with DHA and ARA Supports Growth and Increases Circulating Levels of These Fatty Acids in Infants. *Lipids.* **2008,** *43*, 29–35.

Innis, S.M.; R.W. Friesen. Essential n-3 Fatty Acids in Pregnant Women and Early Visual Acuity Maturation in Term Infants. *Am. J. Clin. Nutr.* **2008,** *87*, 548–557.

Iso, H. Changes in Coronary Heart Disease Risk among Japanese. *Circulation.* **2008,** *118*, 2725–2729.

Jacobson, T.A. Role of n-3 Fatty Acids in the Treatment of Hypertriglyceridemia and Cardiovascular Disease. *Am. J. Clin. Nutr.* **2008,** *87*, 1981S–1990S.

Jensen, C.L.; R.G. Voigt; T.C. Prager; Y.L. Zou; J.K. Fraley; J.C. Rozelle; M.R. Turcich; A.M. Llorente; R.E. Anderson; W.C. Heird. Effects of Maternal Docosahexaenoic Acid Intake on Visual Function and Neurodevelopment in Breastfed Term Infants. *Am. J. Clin. Nutr.* **2005,** *82*, 125–132.

Kannel, W.B.; P.A. Wolf; J. Verter; P.M. McNamara. Framingham Study Insights on Hazards of Elevated Blood Pressure. *JAMA* **2008,** *300*, 2545–2547.

Kelley, D.S.; D. Siegel; M. Vemuri; B.E. Mackey. Docosahexaenoic Acid Supplementation Improves Fasting and Postprandial Lipid Profiles in Hypertriglyceridemic Men. *Am. J. Clin. Nutr.* **2007,** *86*, 324–333.

Kelley, D.S.; D. Siegel; M. Vemuri; G.H. Chung; B.E. Mackey. Docosahexaenoic Acid Supplementation Decreases Remnant-like Particle-Cholesterol and Increases the (n-3) Index in Hypertriglyceridemic Men. *J. Nutr.* **2008,** *138*, 30–35.

Kelley, D.S.; D. Siegel; D.M. Fedor; Y. Adkins; B.E. Mackey. DHA Supplementation Decreases Serum C-Reactive Protein and Other Markers of Inflammation in Hypertriglyceridemic Men. *J. Nutr.* **2009** [Epub ahead of print]

Koletzko, B.; I. Cetin; J.T. Brenna; Perinatal Lipid Intake Working Group; Child Health Foundation; Diabetic Pregnancy Study Group; European Association of Perinatal Medicine; European Association of Perinatal Medicine; European Society for Clinical Nutrition and Metabolism;

European Society for Paediatric Gastroenterology; Hepatology and Nutrition; Committee on Nutrition; International Federation of Placenta Associations; International Society for the Study of Fatty Acids and Lipids. Dietary Fat Intakes for Pregnant and Lactating Women. *Br. J. Nutr.* **2007a,** *98,* 873–877.

Koletzko, B.; E. Larqué; H. Demmelmair. Placental Transfer of Long-Chain Polyunsaturated Fatty Acids (LC-PUFA). *J. Perinat. Med.* **2007b,** *35,* S5–S11.

Koletzko, B.; E. Lien; C. Agostoni; H. Böhles; C. Campoy; I. Cetin; T. Decsi; J.W. Dudenhausen; C. Dupont; S. Forsyth; et al; World Association of Perinatal Medicine Dietary Guidelines Working Group. The Roles of Long-Chain Polyunsaturated Fatty Acids in Pregnancy; Lactation and Infancy: Review of Current Knowledge and Consensus Recommendations. *J. Perinat. Med.* **2008,** *36,* 5–14.

Kris-Etherton, P.M.; W.S. Harris; L.J. Appel; American Heart Association, Nutrition Committee. Fish Consumption; Fish Oil; Omega-3 Fatty Acids; and Cardiovascular Disease. *Circulation* **2002,** *106,* 2747–2757.

Krotz, F.; H.Y. Sohn; V. Klauss. Antiplatelet Drugs in Cardiological Pactice: Established Strategies and New Developments. *Vasc. Health Risk Manage.* **2008,** *4,* 637–645.

Kusumoto, A.; Y. Ishikura; H. Kawashima; Y. Kiso; S. Takai. Effects of Arachidonate-Enriched Triacylglycerol Supplementation on Serum Fatty Acids and Platelet Aggregation in Healthy Male Subjects with a Fish Diet. *Br. J. Nutr.* **2007,** *98,* 626–635.

Lu, G.; S.L. Windsor; W.S. Harris. Omega-3 Fatty Acids Alter Lipoprotein Subfraction Distributions and the in vitro Conversion of Very Low Density Lipoproteins to Low Density Lipoproteins. *J. Nutr. Biochem.* **1999,** *10,* 151–158.

Maclean, C.H.; A.M. Issa; S.J. Newberry; W.A. Mojica; S.C. Morton; R.H. Garland; L.G. Hilton; S.B. Traina; P.G. Shekelle. Effects of Omega-3 Fatty Acids on Cognitive Function with Aging; Dementia; and Neurological Diseases. *Evid. Rep. Technol. Assess. (Summ.)* **2005,** *114,* 1 –3.

Maki, K.C.; M.E. Van Elswyk; D. McCarthy; S.P. Hess; P.E. Veith; M. Bell; P. Subbaiah; M.H. Davidson. Lipid Responses to a Dietary Docosahexaenoic Acid Supplement in Men and Women with Below Average Levels of High Density Lipoprotein Cholesterol. *J. Am. Coll. Nutr.* **2005,** *24,* 189–199.

Makrides, M.; R.A. Gibson; A.J. McPhee; C.T. Collins CT; P.G. Davis; L.W. Doyle; K. Simmer; P.B. Colditz; S. Morris; L.G. Smithers; et al. Neurodevelopmental Outcomes of Preterm Infants Fed High-Dose Docosahexaenoic Acid: A Randomized Controlled Trial. *JAMA.* **2009,** *301,* 175–182.

Memory Improvement with Docosahexaenoic Acid Study (MIDAS). Martek Biosciences Corp. Published online: http://clinicaltrials.gov/ct2/show/NCT00278135?term=midas&rank=2 (accessed Apr 2, 2009).

Minihane, A.M.; S. Kahn; E.C. Leigh-Firbank; P.Talmud; J.W. Wright; M.C. Murphy; B.A. Griffin; C.M. Williams. ApoE Polymorphism and Fish Oil Supplementation in Subjects with an Atherogenic Lipoprotein Phenotype. *Arterioscler. Thromb. Vasc. Biol.* **2000,** *20,* 1990–1997.

Oe, H.; T. Hozumi; E. Murata; H. Matsuura; K. Negishi; Y. Matsumura; S. Iwata; K. Ogawa; K. Sugioka; Y. Takemoto; et al. Arachidonic Acid and Docosahexaenoic Acid Supplementation Increases Coronary Flow Velocity Reserve in Japanese Elderly Subjects. *Heart.* **2008,** *94,* 316–321.

Putnam, J.; Carlson S.; DeVoe P.; Barness L. The Effect of Variations in Dietary Fatty Acids on the Fatty Acid Composition of Erythrocyte Phosphatidylcholine and Phosphatidylethanolamine in Human Infants. *Am J Clin Nutr.* **1982,** *36,* 106–114.

Ryan, A.S.; M.B. Montalto; S. Groh-Wargo; F. Mimouni; J. Sentipal-Walerius; J. Doyle; J.S. Siegman; A.J. Thomas. Effect of DHA-Containing Formula on Growth of Preterm Infants to 59 Weeks Postmenstrual Age. *Am. J. Hum. Biol.* **1999,** *11,* 457–467.

Ryan, A.S. and E.B. Nelson. Assessing the effect of docosahexaenoic acid on cognitive functions in healthy, preschool children: a randomized, placebo-controlled, double-blind study. *Clin Pedi,* **2008**, 47, 355-362.

Ryan, A.S.; M.A. Keske; J.P. Hoffman; E.B. Nelson. Clinical Overview of Algal-Docosahexaenoic Acid: Effects on Triglyceride Levels and Other Cardiovascular Risk Factors. *Am. J. Ther.* **2009,** *16,* 183–192.

Sanders, T.A.; K. Gleason; B. Griffin; G.J. Miller. Influence of an Algal Triacylglycerol Containing Docosahexaenoic acid (22 : 6n-3) and Docosapentaenoic Acid (22 : 5n-6) on Cardiovascular Risk Factors in Healthy Men and Women. *Br. J. Nutr.* **2006,** *95,* 525–531.

Schaefer, E.J.; V. Bongard; A.S. Beiser; S. Lamon-Fava; S.J. Robins; R. Au; K.L. Tucker; D.J. Kyle; P.W. Wilson; P.A. Wolf. Plasma Phosphatidylcholine Docosahexaenoic Acid Content and Risk of Dementia and Alzheimer disease: The Framingham Heart Study. *Arch. Neurol.* **2006,** *63,* 1545–1550.

Schwellenbach, L.J.; K.L. Olson; K.J. McConnell; R.S. Stolcpart; J.D. Nash; J.A. Merenich. The Triglyceride-Lowering Effects of a Modest Dose of Docosahexaenoic Acid Alone versus in Combination with Low Dose Eicosapentaenoic Acid in Patients with Coronary Artery Disease and Elevated Triglycerides. *J. Am. Coll. Nutr.* **2006,** *25,* 480–485.

Siahanidou, T.; C. Lazaropoulou; K. Michalakakou; I. Papassotiriou; C. Bacoula; H. Mandyla. Oxidative Stress in Preterm Infants Fed a Formula Containing Long-Chain Polyunsaturated Fatty Acids (LCPUFA). *Am. J. Perinatol.* **2007,** *24,* 475–479.

Siahanidou, T.; A. Margeli; C. Lazaropoulou; E. Karavitakis; I. Papassotiriou; H. Mandyla. Circulating Adiponectin in Preterm Infants Fed Long-Chain Polyunsaturated Fatty Acids (LCPUFA)-Supplemented Formula—A Randomized Controlled Study. *Pediatr. Res.* **2008,** *63,* 428–432.

Smithers, L.G.; R.A. Gibson; A. McPhee; M. Makrides. Effect of Two Doses of Docosahexaenoic Acid (DHA) in the Diet of Preterm Infants on Infant Fatty Acid Status: Results from the DINO trial. *Prostaglandins Leukot. Essent. Fatty Acids.* **2008a,** *79,* 141–146.

Smithers, L.G.; R.A. Gibson; A. McPhee; M. Makrides. Higher Dose of Docosahexaenoic Acid in the Neonatal Period Improves Visual Acuity of Preterm Infants: Results of a Randomized Controlled Trial. *Am. J. Clin. Nutr*. **2008b,** *88(4),* 1049–1056.

Theobald, H.E.; A.H. Goodall; N. Sattar; D.C. Talbot; P.J. Chowienczyk; T.A. Sanders. Low-Dose Docosahexaenoic Acid Lowers Diastolic Blood Pressure in Middle-aged Men and Women. *J. Nutr.* **2007,** *137,* 973–978.

Vanderhoof, J.A. Hypoallergenicity and Effects on Growth and Tolerance of a New Amino Acid-based Formula with DHA and ARA. *J. Pediatr. Gastroenterol. Nutr.* **2008,** *47,* S60–S61.

Vasan, R.S.; M.G. Larson; E.P. Leip; J.C. Evans; C.J. O'Donnell; W.B. Kannel; D. Levy. Impact of High-Normal Blood Pressure on the Risk of Cardiovascular Disease. *N Engl J Med.* **2001,** *345,* 1291–1297.

Wang, C.; W.S. Harris; M. Chung; A.H. Lichtenstein; E.M. Balk; B. Kupelnick; H.S. Jordan; J. Lau. N-3 Fatty Acids from Fish or Fish-Oil Supplements; But Not ⊠ -Linolenic Acid; Benefit Cardiovascular Disease Outcomes in Primary- and Secondary-Prevention Studies: A Systematic Review. *Am. J. Clin. Nutr.* **2006,** *84,* 5–17.

Yuhas, R.; K. Pramuk; E. L. Lien. Human Milk Fatty Acid Composition from Nine Countries Varies Most in DHA. *Lipids* **2006,** *41,* 851–858.

Yurko-Mauro K. et al. Results of the MIDAS Trial: Effects of Docosahexaenoic Acid on Physiological and Safety Parameters in Age-related Cognitive Decline. Abstract 09-A-2137-ALZ presented 7/12/09 at International Conference on Alzheimer's Disease (ICAD 2009) Vienna. http://www.alz.org/icad/documents/abstracts/abstracts_dha_ICAD09.pdf

第18章

单细胞油脂在动物营养中的应用

Jesus R. Abril, Todd Wills, and Flint Harding

(*Martek Biosciences*, 4909 *Nautilus Court North*, *Suite* 208, *Boulder Colorado*, *USA*. 80301)

18.1 引言

随着我们步入21世纪，我们摄入的食物对保持健康的生活方式起着越来越重要的作用。均衡的饮食和适度的锻炼在某种意义上能满足这种需要。对于关注健康的消费者而言，脂类食品是最需要重视的饮食之一。在过去，虽然我们见过各种对饮食的癖好，但是含脂质这种营养物质在人们的观念里是必不可少的。食品行业对消费者有关脂类食品的反馈都有积极的改变，现在有很多这方面的改变趋势，包括由“部分氢化脂”到“全氢化脂，没有反式脂肪”的趋势。除了这些变化，科学界对多不饱和脂肪及脂肪酸的重要性和对健康饮食的贡献的理解也更加深入。近年来，人们对整个多不饱和脂肪酸家族的关注慢慢转移到对特定的不饱和脂肪酸即n-3系列不饱和脂肪酸的关注。此外，对这些脂肪酸的健康益处的特别关注使得我们对短链和长链多不饱和脂肪酸的区别更加了解，并且对长链不饱和脂肪酸二十碳五烯酸（EPA，20:5n-3）和二十二碳六烯酸（DHA，22:6n-3）的差异更加了解。

EPA和DHA的营养价值现在已经得到了很好的定义，但是对它们的消费需求并没有达到预期的水平。由于西方目前的饮食习惯不能够仅仅通过食用鱼类来达到建议的对 n-3 系列脂肪酸的摄入量，对这些脂肪酸摄入量不足需要通过其他途径补充。这些途径包括一些含 n-3 脂肪酸量高的动物产品、直接食用含有 n-3 脂肪酸的食物或者直接补充含鱼油或藻油的胶囊。

尽管 EPA 和 DHA 是家畜的细胞膜的天然组成成分，但是过去的 150 多年以来家畜体内含有的 n-3 脂肪组分在逐渐减少。这些减少主要是因为驯化的结果以及动物饲料成分的变化。现代农业的发展使得家畜的饮食从野生的自然喂养环境（可以提供一系列富含短链 n-3 脂肪酸前体及长链多不饱和脂肪酸的自然植物）变为限定的可以提高产量和产率的喂养流程。这种喂养流程主要使用谷类及种子油作为饲料。这种由自然的植物为主的饮食结构转变为谷物为主的饮食结构使得家畜肉中不需要的 ω-6 脂肪酸的含量逐级提高，而 n-3 脂肪酸含量逐渐减少。野生动物的肉奶及蛋中的 n-3 脂肪酸的含量都要多于驯化动物的 n-3 脂肪酸的含量。

驯化动物的肌肉组织成分因物种、饲养、性别、年龄、活力及营养的不同而有明显的区别。成分的变化主要受食物中油脂积累影响。脂类是一种由极性和非极性成分组成的含有多种组分的生物物质。中性脂（非极性脂）是由脂肪酸和甘油（甘油三酯）或脂肪醇酯化而成的，在细胞中作为肌肉组织储存脂肪和油脂的成分。磷脂（极性脂）是生物膜中的主要脂类组分。磷脂的极性主要来自它们含有的含磷酸盐的基团，这些基团连接在甘油分子的第三个碳原子上。这一组分给磷脂的物理特性带来巨大的改变（Sigfusson，2000）。此外，磷脂在肉食的生加工和烹调过程中对肉质的质量控制起到很重要的作用，并且是重要的调料物质，因为其含有高含量的长链多不饱和脂肪酸。磷脂中高含量的多不饱和脂肪酸（磷脂中脂肪酸含量的 20%～50%）主要是包括 18、20、22 个碳原子及 2～6 个双键的长链脂肪酸。由于磷脂是细胞膜的组成成分，其在肌肉组织中的含量比较恒定，很少受物质、饲养、年龄和营养条件影响。肌肉中磷脂含量的差异主要受肌肉纤维类型影响。红肌肉组织比白肌肉组织中的磷脂含量更高，因此红肌肉组织中的多不饱和脂肪酸的百分比更高。细胞膜中的脂肪酸组成的变化会改变细胞膜的特性及生理功能。由于这个原因，磷脂中的多不饱和脂肪酸比例受到一个复合酶系统的严格控制，该酶系统由延长酶和脱饱和酶组成，这些酶负责催化亚油酸和亚麻酸向它们的长链代谢物转化。这些酶对 n-3 脂肪酸和 n-6 脂肪酸都有作用，但是对 n-3 脂肪酸更具选择性（Brenner，1989）。此外，磷脂中 n-3 脂肪酸和 n-6 脂肪酸组成有一种竞争性机制（Raes et al，2004）。

有人对不同物种、不同繁殖品种的家畜进行了多种喂养试验，旨在获得接近推荐值（大于 0.7）的多不饱和脂肪酸/饱和脂肪酸（P/S）比例的肉质，同时减少肉质中 n-6/n-3 比例（Raes et al，2004）。该研究通过在动物饲料中添加特定的油脂或油脂种子、海产品和不同类型的草料改变动物组织中的脂肪酸组成。该研究表明 P/S 比例主要受食物中的脂肪酸、动物物种影响，受动物繁殖方式影响较少。

在过去，动物肉或其他产品中的 n-3 脂肪酸和 n-6 脂肪酸的比例更高（1∶2 到 1∶3），而现在这种比例降低到 1∶10、1∶5 甚至更低。这种降低主要是由于人们广泛食用这些动物产品带来的不利影响。由于有些肉本身的 P/S 比例就在 0.1 左右，这些肉是导致目前脂肪酸摄入不均衡的原因（Wood et al，2003）。正如我们之前讨论的，这种不均衡是提高饲料中的亚油酸含量的结果，这主要是由于用谷物作饲料引起的，导致了 n-6/n-3 的不平衡。

在驯化动物中富集多不饱和脂肪酸这一领域的许多原创性工作主要集中在对鱼类长链 n-3 成分（鱼油及鱼肉）和更容易获得的短链 α-亚油酸方面的研究，因为它们是目前仅有的较容易获得的物质。在 20 世纪 80 年代后期，生物技术公司开始研发鱼油的替代产品，并且通过富含长链多不饱和脂肪酸的单细胞油脂的大规模生产得以实现。该领域的两大先驱分别是：马泰克（Martek）生物科技公司，该公司通过一种单细胞生物寇氏隐甲藻（*Crypthecodinium cohnii*）生产 DHA；欧米茄（Omega Tech）公司，通过单细胞生物裂殖壶菌（*Schizochytrium* sp.）生产 DHA。此后，马泰克公司主要致力于为婴幼儿配方奶粉企业、主流食品企业和动物饲料产业提供单细胞油脂。

食品产业利用 n-3 脂肪酸的优点开发出富含 n-3 油脂的新型功能性食品。日益增长的对富含 n-3 多不饱和脂肪酸的需求使得人们开始意识到可以通过驯化动物增加人们饮食中的 n-3 脂肪酸。这一章主要介绍通过在驯化动物的饲料中加入富含 n-3 脂肪酸的单细胞微生物增加鸡蛋、牛奶及肉制品中 n-3 脂肪酸含量的方法及结果。因为单细胞油脂饲料添加是目前所知道的养殖业喂养过程的转化效率最高并且方便的方法，所以单细胞油脂的饲料添加应该是最能达到这一目的。该章还将介绍动物饲料中添加长链 n-3 多不饱和脂肪酸对动物健康和行为表现的益处以及其对宠物及马的营养作用。

18.2　动物产品中长链 ω-3 多不饱和脂肪酸富集

在动物产品（如肉、蛋、奶等）中长链 n-3 多不饱和脂肪酸——主要是 EPA 和 DHA——的含量在一个很低的水平。越来越多的证据证明摄入这些健康的脂肪的益处并推动了动物饲料产业对寻找可行有效的增加食物链中这些“有益脂肪”方法的研究。动物强化长链不饱和脂肪酸给该产业带来一系列挑战，总的来说包括以下几类：饲料类型、动物品种和 n-3 脂肪来源。饲料中用得最普遍的 n-3 脂肪来源是亚麻籽、鱼油和单细胞微生物。表 18-A 列出了家禽饲料中使用的各种成分的比较。n-3 脂肪酸的利用效率变化很大，并且很大程度上取决于动物种类、饲料中 n-3 脂肪酸来源和碳链长度。Bourre（Bourre，2005）指出，当用亚麻提取物或油菜籽作为饲料时牛肉、猪肉和鸡肉中的 n-3 脂肪酸含量分别有 2 倍、6 倍和 10 倍的增加，当用鱼油和藻油作为饲料时牛肉、鸡蛋、鸡肉和鱼肉的 DHA 含量分别增加了 2 倍、6 倍、7 倍和 20 倍。

表 18-A 主要的 ω-3 脂肪酸来源用作饲料时带来的主要产物效益比较

标准产品	n-3 脂肪酸构成			
	鱼油	鱼食	亚麻仁	裂殖壶菌
使用限量（每个鸡蛋）	90～120mg DHA	60～80mg DHA	80mg DHA	＞200mg DHA
品尝/气味问题	高	高	低	无
所有权技术	无	无	无	有
价格	低	低	低	高
DHA 吸收效率%	40	40	3～6	55～65
稳定性	低	中等	高	高
减轻使用	困难	简单	简单	简单
健康问题	脂肪肝综合征	无	在两个蛋黄中增加	无
环境污染	二噁英	无	无	无

越大的动物，n-3 脂肪酸利用和转化的效率越低，尤其是反刍动物。考虑到这个原因，n-3 脂肪酸的来源及其形式（如种子或油）对其利用效率、转化百分比和沉积脂肪酸类型有决定性影响。全细胞干藻具有一系列独特的特性，使得其能克服目前其他所有来源存在的问题。这种优势在油脂氢化特别明显的反刍动物饲养中尤其显著。单细胞微生物（如全细胞干藻）为反刍动物这一情况提供了一种"脂肪旁路效应"，因此它们能保护长链多不饱和脂肪酸免受瘤胃菌群和酶的影响。对于简单的胃系统而言，单细胞微生物可以提供一种更稳定的运送方式和一种更具使用亲和性、更易于控制的成分。这种优点主要是因为在整个细胞中脂质体是一个整体，所以它们具有最小的表面油脂，并且可以借助天然的细胞壁获得有价值的氧化保护作用。

18.2.1 家禽中富集

多不饱和脂肪酸的消耗和吸收比例及效率受到越来越多的关注。总的来说，最有效的转移和沉积长链多不饱和脂肪酸的动物是产蛋母鸡，其次是雏鸡。在产蛋母鸡中，转移的比率在 50%～60%之间，取决于饲料的成分；而对于雏鸡，这一比例接近 25%（Abril & Barclay，1998）。

18.2.2　产蛋鸡

从营养学角度看，鸡蛋是营养最全面的食物之一。尽管具有较高的营养价值和低的价格，但鸡蛋具有相对高的胆固醇含量（蛋黄中有 250mg 的含量），而胆固醇丰富的食物会导致冠心病和动脉硬化症的观点，因此鸡蛋并不受欢迎。使用富含 ALA、EPA 和 DHA 的饲料喂养可以获得含有高含量 n-3 脂肪酸的鸡蛋和禽肉。很多研究致力于在母鸡的饲料中加入 n-3 脂肪酸来改变鸡蛋的脂肪酸组成。

近来，Kralik 等（Kralik et al，2008）研究在产蛋母鸡的饲料（“产蛋饲料”）中加入混合的油菜籽和鱼油，用来替代大豆油。这些研究者对产蛋母鸡的表现和它们所产鸡蛋的脂肪酸组成，尤其是 n-3 多不饱和脂肪酸组成，特别感兴趣。产蛋饲料添加了 3.5%或 1.5%的鱼油或油菜籽。他们的研究发现产蛋母鸡的表现有很重要的差别，并且在蛋黄脂肪组成上有显著的区别。ALA、EPA 和 DHA 的含量有所提高，并且有较少的 ARA（ARA，20:4n6）沉积。研究结果还表明在油菜籽添加水平较低时 ALA 含量有更显著的增加，这可以用饲料中鱼油的比例更高这一原因解释。这些研究发现与类似的添加含 ALA 来源的饲料的研究相反（Van Elswyk，1997）。Scheideler 和 Froning（Scheideler & Froning，1996）也报道了饲料中添加 5%、10%和 15%的亚麻籽对蛋黄中 ALA 沉积的线性作用，ALA 含量的增加分别为 2.31%、4.18%和 6.83%。在饲料中增加鱼油的实验组的鸡蛋中 DHA 含量有所增加——相比于对照组的 0.5%增加了 2.87%。报道中没有关于 EPA 增加的内容，表明即使在饲料中添加含有高水平 EPA 鱼油的情况下鸡蛋中 EPA 的含量也没有显著增加（Van Elswyk，1997；Abril & Barclay，1998；Hargis et al，1991；Damiani et al，1994；Herber & Van Elswyk，1996）。

Basmacioğlu 等（Basmacioğlu et al，2003）的一项研究很清楚地表明产蛋母鸡的饲料中添加鱼油和亚麻籽的混合物对 ALA 的吸收和 DHA 的吸收有竞争性作用。对照组鸡蛋中含有 0.65%的 DHA（总脂肪酸的百分比），而在饲料中添加 1.5%的鱼油后这一含量增加到 3.29%。当鱼油中混合了 4.32%的亚麻籽后，这一含量出现明显的下降（下降到 2.9%）。加亚麻籽含量增加 1 倍，从 4.32%增加到 8.64%，DHA 的沉积量没有显著区别。同时值得注意的是在这些饲料的试验中胆固醇含量没有受影响，这与其他研究一样。

具有氧化稳定性的鲱鱼油（饲料中含量 1.5%）与一种单细胞海洋藻类裂殖壶菌（饲料中含量 2.4%和 4.8%）作为长链多不饱和脂肪酸 EPA 和 DHA 的来源进行了比较（Herber & Van Elswyk，1996）。结果表明，在 4 周以后，鸡蛋黄脂肪中分别含有 8.1mg/g、8.8mg/g 和 11.5mg/g 的 DHA，添加 2.4%海洋藻类的饲料的结果与添加 1.5%鲱鱼油的结果类似。同时发现，EPA 的沉积量不超过 12mg/g 蛋黄，这一数值仅占饲料中 EPA 总量的 5%不到。该文章的作者还推测海洋藻类中含有的天然的类胡萝卜素为饲料以及由此产生的动物产品增加了额外的抗氧化保护作用。Fredriksson 等（Fredriksson et al，2006）做了在产蛋母鸡饲料中加入单细胞藻类微拟球藻（*Nanochloropsis oculata*）的实验，这一研究的目的是通过给产蛋母鸡喂 20%体重（干基体重）的混合了菜籽油或玉米油的藻类来富集鸡蛋。母鸡喂养了 4 周，保证脂肪酸有足够时间平衡。这种微藻的油脂占其干生物量的 3.6%，其中含有 37.1%的 EPA（大部分在极性脂中），不含 DHA，含有 6.7%的 α-亚麻酸。当在饲料中添加该藻时，10%的添加量可以提供 1.5%的 EPA，当添加占干重 20%的藻作为饲料时可以提供 3.1%的 EPA，提供的 ALA 分别为 4.7%和 8.4%，这些取决于饲料的组成成分（见表 18-B）。蛋黄脂类分别以中性脂和极性脂组分、甘油三酯和磷脂组分进行分析，结果表明 EPA 在一定程度上延长为 DHA。仅就菜籽油来说，DHA 也在一定程度上有所增加，表明存在一定的延长脱饱和过程。不幸的是，该文章作者没有给出 DHA 和 EPA 在没有添加任何长链脂肪酸及其前体的对照组母鸡产的鸡蛋中的基础水平。表 18-C 列出了喂裂殖壶菌这种微藻的母鸡产鸡蛋中的脂肪酸组成，与尽可能去除掉 ALA 前体及完全去除 EPA 和 DHA 前体的鸡蛋的脂肪酸进行比较。表 18-D 与之前的研究共同表明大部分长链多不饱和脂肪酸存在于磷脂中。

表 18-B 用不同水平的菜籽油、玉米油和藻类喂养的母鸡所产鸡蛋蛋黄中的特定脂肪酸的含量

脂肪酸		含量（占 TFA）/%			
		RO	RO+	RO/CO	RO/CO+
磷脂	18:2n-6	13.7[a]	13.7[a],13.2[a]	17.0[b]	16.8[b]
	18:3n-3	0.5[a]	0.4[a]	0.3[b]	0.2[b]
	20:5n-3	0.1[a]	0.3[b],0.5[c]	n/d	0.2[d]
	22:6n-3	6.5[a]	6.9[a],7.4[c]	5.1[b]	5.8[d]
甘油三酯	18:2n-6	14.5[a]	14.9[a],14.6[a]	20.1[b]	19.9[b]
	18:3n-3	2.1[a]	2.4[b],2.5[b]	1.4[c]	1.4[c]
	20:5n-3	0.1[a]	0.1[a]	0.02[b]	0.06[ab]
	22:6n-3	0.3	0.3	0.2	0.2

注：RO=菜籽油，CO=玉米油，+=添加 10%微藻；a～d=不同字母区别标记（$P<0.05$）；n/d=没有发现。

来源：Fredriksson et al，2006。

表 18-C 用金牌 DHA(DHA GOLD™,每只母鸡每天提供 165mg DHA)和 2.5%亚麻籽喂养的母鸡产鸡蛋中典型的脂肪酸含量与对照组母鸡的鸡蛋相比

单位:mg/蛋

脂肪酸	对照组蛋	DHA Gold™蛋
C14:0(肉豆蔻酸)	19.2	21.2
C14:1(肉豆蔻烯酸)	0	8.0
C16:0(软脂酸)	1240.1	1103.0
C16:1(棕榈油酸)	129.4	194.9
C18:0(硬脂酸)	430.9	314.6
C18:1(油酸)	1863.7	1414.7
C18:2(亚油酸)	688.9	510.3
C18:3(亚麻酸)	15.0	94.9
C20:2(类花生酸)	42.6	29.2
C20:4(ARA)	86.8	53.3
C20.5(EPA)	0	10.2
C22:0(山萮酸)	0	11.7
C22:5(DPA,ω-6)	24.2	13.1
C22:5(DPA,ω-3)	0	7.3
C22:6(DHA,ω-3)	27.6	135.1
总 ω-3	43.0	248.0
长链 ω-3	28.0	153.0
短链 ω-3	15.0	95.0
ω-6/ω-3 比例	19:1	2:1

注:每个实验数据积累都是通过 1 打鸡蛋获得。

来源:Abril & Barclay,1998。

表 18-D 富含 DHA 的鸡蛋脂肪酸在甘油三酯和磷脂组分中的分布,以占总脂肪酸(脂肪酸甲酯)的百分比计算

脂肪酸	占磷脂/%	占甘油三酯/%
C14:0	0	0.68
C16:0	33.70	26.75
C16:1	0	3.47
C18:0	18.10	7.61
C18:1	24.20	46.43
C18:2	10.70	12.13

续表

脂肪酸	占磷脂/%	占甘油三酯/%
C18:3	0	1.73
C20:1	0	0.12
C20:2	0.10	0.77
C20:4	3.00	0.02
C20:5ω-3	0.20	0
C22:5ω-6	0.80	0
C22:5ω-3	0.20	0
C22:6ω-3	8.80	0.39

来源：Abril & Barclay，1998。

18.2.3 鸡肉

另一个引起广泛研究兴趣的家禽领域是肉制品领域的一种——在这里特指雏鸡肉。这些长链多不饱和脂肪酸在从鸡蛋中到肌肉中富集的转移中伴随着转化和沉积效率的降低。在对雏鸡肉富集的研究中一个令人感兴趣的观察发现就是雏鸡相对于产蛋母鸡的较短的生活周期。相比产蛋母鸡的几年的生产周期，雏鸡的生活周期是以周计算的。这一差异造成在为获得长链多不饱和脂肪酸的最高转化率时需要考虑一个新的变化。任何 DHA 在动物中富集的情况中都有一个延滞期，该延滞期是动物产品达到商业要求或营养要求的 DHA 水平之前所要经历的一段时间。对于鸡蛋而言，产蛋母鸡需要用 7～10 天达到这一水平，而雏鸡需要 10～14 天达到这一水平。在雏鸡中富集更接近其商业重量而更具有经济上的可行性，富集时间可以缩短到宰杀前的 14 天。一个明显的例子就是给肉鸡喂 3.6g DHA，即在其生产周期中（这里是宰杀前 18 天）喂大约 18g 单细胞藻（金牌 DHA）。DHA 的补充主要在白肉中被摄取，相比于对照组的 14mg/100g，添加 DHA 饲料组的 DHA 含量增加到 88mg/100g。在黑肉中，这一数量由 24mg/100g 增加到 54mg/100g。白肉和黑肉中的绝对含量的差别，主要是由于不同肌肉组织中的磷脂含量不同。DHA 富集的一个令人感兴趣的方面是 n-6/n-3 比例的实质上的变化——白肉中从 14∶1 到 4∶1，黑肉中从 37∶1 到 11∶4（分别是对照组与 DHA 富集组）（Abril & Barclay，1998）。在另一个研究中，用磨碎的亚麻籽和全亚麻籽喂雏鸡，研究者监测脂肪酸摄入和所产肉中的脂肪酸成分。正如预料的一样，全亚麻籽对 ALA 增加的影响最小，对 EPA 和 DHA 的延长或脱饱和途径的影响更小。磨碎的亚麻籽影响更大，但是富集作用仍然较低。最大的影响主要体现在 ALA 含量上：饲料中添加 7.5%的磨碎的亚麻籽为摩尔分数 11%，而添加相同水平的全亚麻籽时为摩尔分数 3.2%。所有的处理中从 ALA 延长而来的 DHA 水平没有明显的变化，仍然保持在摩尔分数 0.2%～0.3%（Roth-Maier et al，1998）。这个研究的作者似乎没有注意到需要在雏鸡饲料中添加粗石子帮助它们磨碎这些种子，因此添加的全亚麻籽只是通过肠道而没有被消化。这可以解释为什么在饲料中添加全亚麻籽时只有很低含量的 ALA。

在 Manilla 等（Manilla et al，1999）的一项研究中，研究人员在雏鸡饲料中加入 4%的亚麻籽油或 4%的鱼肝油。他们发现，添加亚麻籽油饲料的肉鸡胸部肌肉中的 ALA 含量有显著提高，而 DHA 的含量没有那么显著（含量分别为总脂肪酸的 10%和 2.6%，而对照组的含量分别为总脂肪酸的 0.6%和 3.4%）。另一方面，饲料中添加鱼肝油的雏鸡鸡胸肉中的 DHA 含量与对照组相比有显著增加（实验组和对照组中 DHA 含量占总脂肪酸的比例分别为 9.9%和 3.4%）。由此可以很明显地看出，在雏鸡中 ALA 向 DHA 转化的效率低，但预先提供长链多不饱和脂肪酸会使转移效率提高。这一发现同样适用于一个海洋微藻的关于 DHA 由饲料向肌肉转移的研究的例子（Manilla et al，1999）。通过在饲料中添加鱼油增加雏鸡肌肉组织中的 DHA 含量的方法添加量限制为 1%～2%（Lopez-Ferrer et al，2001）。造成这一限制的主要原因是添加量高于这一水平会影响肉的口感品质。例如，在饲料中添加 2%和 4%的鱼油，并且分别混合 6%和 4%的牛油，获得鸡腿肉中从 1.03%到 2.42%（以甲酯计算的占总脂的百分比）的 DHA 含量的线性提高，而不添加的对照组鸡肉中仅有 0.1%的 DHA。在宰杀前的 1～2 周（总共 38 天的周期），饲料中添加的鱼油被换成鱼油、1.3%的亚麻籽油和 4%的牛油的混合物。同预期的一样，DHA 含量水平在第一和第二周期间从 2.42%分别下降到 1.72%和 1.42%，同时 ALA 含量由 2.98%分别增加到 7.28%和 10.28%。该研究论文的作者采用这种方法的原因是要提高肌肉的口感品质，因为添加 2%和 4%的鱼油会带来不能接受的口感变化。

在饲料中添加 2.8%和 5.5%的单细胞藻类裂殖壶菌，与添加 2.1%的鲱鱼鱼油相比，添加裂殖壶菌获得了大幅度的 DHA 含量的增加（鸡胸肉中分别为 109mg/100g、196mg/100g 和 106mg/100g），添加高含量的海藻带来更高水平的富集。尽管鱼油中天然含有比 DHA 含量（91mg/kg）更高的 EPA（135mg/kg），但是肌肉中的 EPA 含量仅有 42.7mg/100g。这一研究同样表明饲料中添加 2%的鱼油也许是不影响口感品质的添加量的上限水平。同样，研究人员发现饲料中 2.8%的海藻添加量能保证在 82 天保藏期间保持能接受的口感品质变化。

基本上说，在雏鸡饲料中添加鱼油、亚麻籽油和海藻是可以改善其 n-3 脂肪酸构成的。但是，正如上文所述，饲料中鱼油的添加量也受其带来的不能接受的口感品质变化的限制。对添加亚麻籽油而言，使用全种籽油会降低消化的效率，从而限制随后的 ALA 的转移和吸收。这一问题通常可以通过在饲料中添加亚麻籽油来克服，从而带来鸡肉中 ALA 含量的大幅度增加，但是长链多不饱和脂肪酸的延长和脱饱和会受到限制。因此，通过在饲料中添加富含主要为 DHA 的长链多不饱和脂肪酸的单细胞微生物可以最好地解决鸡肉中富集长链多不饱和脂肪酸的问题。这样一种策略可以获得富含 n-3 长链多不饱和脂肪酸的肌肉，同时减少或者消除添加鱼油带来的口感品质变化问题。

18.2.4 猪

在大型动物方面，比如猪肉，也存在在饲料中添加含有 n-3 脂肪酸的食物从而提高猪肉品质的机会。在猪肉应用方面，必须考虑更大的饲料消耗量以及更高的脂肪含量，这些都会给这方面的富集带来挑战。

猪肉中天然的 n-3 脂肪酸含量相当低，甚至不存在，并且也很少有报道（Irie & Sakimoto，1992）。总体上说，多不饱和脂肪酸主要存在于脂肪中，瘦肉中储存的含量低得多。在饲料中逐步提高沙丁鱼鱼油的添加含量（2%、4%和 6%）后，Irie 和 Sakimoto 将活体组织样本中的皮下脂肪去除了。这些作者在饲料中添加鱼油的第一周内就检测到了 EPA 和 DHA 的含量增加，同时发现在开始添加的 2 周内含量的增加比例比后 2 周高。在饲料中添加 6%的鱼油后，EPA 和 DHA 含量从 0.07%和 0.25%分别增加到 0.92%和 1.10%。他们同时报道了脂肪酸含量的变化主要发生在饲料添加的 4～5 周内。

另一项研究发现在基础猪饲料中添加 5～20g 鱼油会导致脂肪组织中 EPA、DPA 和 DHA 含量的快速增加，但是这些脂肪酸在肌肉组织中增加的程度低得多。此外，研究人员还发现需要 2 周以上的时间才能影响 n-6/n-3 比例（Taugbϕl，1993）。如表 18-E 所示，在饲料中添加 20g 鱼油后，肌肉组织中 n-3 脂肪酸的增加比脂肪组织中少很多。在该项研究中观察到的最多的增加来自 DHA 和 DPA，而 EPA 较少。

表 18-E 饲料中添加 20g 鱼油对猪的脂肪和肌肉组织中长链多不饱和脂肪酸含量的影响

部 位	报道的所占比例/%		
	DHA	EPA	DPA
脂肪	15.41	7.21	10.30
肌肉	7.76	6.20	6.62

来源：Taugbϕl，1993。

在饲料中添加长链 n-3 脂肪酸 DHA 和 EPA 的前体物质，主要是通过添加亚麻籽（亚麻）或较少的芡欧鼠尾草（Chia）种子。如表 18-F 所示，在饲料中添加 4.0g/kg ALA，作为对公猪和母猪的测试饲料，对不同性别的猪而言肌肉组织中 ω-3 脂肪酸含量的增加没有明显的统计差异。对照组饲料中也已经有一定量的

DHA——4.4mg/100g 和 3.7mg/100g，分别作为母猪和公猪的饲料。因此，添加更高含量的 ALA 没有带来相应的延长链脂肪酸 DHA 的含量的大量增加，尽管与对照组相比有统计差异（Enser et al，2000）。

表 18-F　使用测试的猪饲料的猪肌肉组织中 ω-3 脂肪酸组成

品　种	报道的所占肌肉比例/%			
	ALA	EPA	DPA	DHA
野猪	16.9	8.3	13.0	5.6
小母猪	15.7	8.3	12.1	5.3

来源：Enser et al，2000。

Haak 等（Haak et al，2008）做了一个很令人感兴趣的研究，他们分析了饲料中添加 n-3 多不饱和脂肪酸原料的添加时间对猪胸肉中脂肪酸组成的影响。这项研究在猪饲料中添加鱼油或碎亚麻籽 17 周左右（直至猪达到 100kg 的屠宰重量）。以大麦/小麦为主的饲料中分别添加 3%或 6%的碎亚麻籽（L）或者鱼油（F），相当于为这两种饲料提供 15.9g/100g ALA 或 2.31%和 3.53%的 EPA 和 DHA。此外，添加鱼油的饲料中含有 3.79g/100g ALA，与基础饲料（B）相似（3.41g/100g ALA，检测不出 EPA 和 DHA）。这些用作实验的猪被分为 7 个饲料喂养组，并且喂养方法被进一步分为两种增肥阶段（阶段 1：8 周喂养测试饲料；阶段 2：6～9 周喂养测试饲料直到达到屠宰重量）。对于 3 个喂养组，在两个增肥阶段采用相同的脂肪酸原料喂养；对于其他 4 个喂养组，脂肪酸原料在第一阶段后更换（例如 BB、LL、FF、BL、BF、LF、FL，第一个字母代表第一阶段使用的饲料，第二个字母代表第二阶段使用的饲料）。结果表明使用亚麻籽油饲料喂养 17 周（两个阶段）的猪的肌肉组织（胸脯）中 ALA 和 EPA 含量显著提高；但是 DHA 含量与使用基本饲料喂养的猪没有区别，表明缺乏合成这种脂肪酸的延长途径。鱼油饲料（FF）与基础饲料相比 EPA 和 DHA 含量都有 6 倍的增加，与亚麻籽油相比 EPA 和 DHA 含量分别有 3 倍和 5 倍的增加。这一结果表明一部分 ALA 延长为 EPA，而没有变为更长链的 DHA。同预料的一样，持续使用鱼油饲料，与仅在第一阶段使用鱼油饲料相比可以获得更高含量的 EPA 和 DHA。当在第一或第二阶段使用鱼油饲料时，只有 DHA 的含量受影响；当在第二阶段使用鱼油饲料时，DHA 含量更高。这一发现进一步支持通过维持饲料供应预先形成的 DHA，或者在后一阶段使用鱼油饲料，来获得和保持一定意义水平的这种脂肪酸。这一工作表明提高肌肉组织中 DHA 含量的唯一方法就是在该动物饲料中直接提供 DHA。

Marriott 等（Marriott et al，2002b）研究了用含 DHA 的藻喂养的猪不同关键组织中的 DHA 吸收量。这些研究者在 42 天内给猪喂养 125g 或 250g DHA。此外，他们设计了一种喂养方法，即在 0～21 天内喂养 85%的 DHA（投料阶段），剩下的 15%在 22～42 天内提供（维持阶段）。结果表明添加 DHA 对饲料的利用、喂养效率或评价日增重量没有影响。对猪腿、猪腰、猪肩膀和猪腹部肌肉里的脂肪酸含量都做了检测。同预期的一样，DHA 的增加对 ALA 在不同的喂养方式和不同肌肉组织中的分布没有明显影响。饲料中添加 125g DHA 没有增加 EPA 在肌肉组织中的含量；但是更高的添加量（250g）导致 EPA 含量 2～3 倍的增加。因为在饲料中这种脂肪酸含量可以忽略不计，这种含量的增加可以归因于 DHA 会转化为更短链的脂肪酸 EPA。肌肉组织中的 DHA 含量随添加量的变化而变化，并且在所有的肌肉样本中呈现一种线性的增加（图 18-1）。当给猪喂养含 125g 和 250g DHA 的微藻饲料时，肌肉组织中的 DHA 含量的增加倍数分别达到 4 倍和 10 倍。

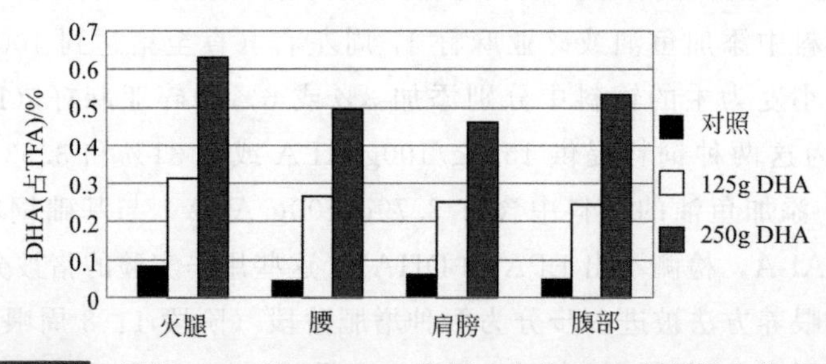

图 18-1 添加 125g 和 250gDHA 的猪肉中的 DHA 在组织中的分布

来源：Marriott et al，2002b

Marriott 等（Marriott et al，2002a）研究了在猪饲料中添加单细胞微藻裂殖壶菌。这种全细胞藻被以两种不同含量水平与玉米大豆饲料混合，并且主要在 42 天内进行添加，直到宰杀前。据他们报道，在饲料中添加该种藻类获得了肌肉组织中的 DHA 含量的显著增加，并且对猪肉的口感品质没有影响。这种单细胞藻类富含 DHA（DHA GOLD®），在 42 天的周期内添加量为 0.625kg 和 1.250kg，相当于 0.125kg 和 0.250kg 纯的 DHA。同样地，这种藻的添加量也分为 0～21 天和 22～42 天两个阶段。第一阶段添加量为 85%，第二阶段添加量为 15%。作者检测了屠宰特性、肌肉的风味特点、酸败以及腌制特性，结论是饲料中添加上述含量的 DHA 不会对这些特性产生不好的影响，并且获得了更健康的猪肉（Marriott et al，2002）。之前，Leskanich 等（1993）和 Rhee 等（Rhee et al，1990）也表明给猪喂养含 n-3 脂肪酸的饲料可以提高组织中的该脂肪酸含量，并且不会影响屠宰特性、瘦肉颜色和风味特性。

对在猪饲料中添加该种单细胞微生物的安全性也做了评估，通过饲料中添加更高含量的 DHA，添加周期为 120 天，或者在屠宰前的 42 天，同样按照相同的 85%和 15%的分配，但在 120 天的添加中添加量是平均分配的。在 42 天的添加中添加量为 250g、750g 和 1250g，而在 120 天中添加 785g。该研究表明这种单细胞微生物添加量增加到推荐的商业添加量的 5 倍的量以上仍然是安全的（Abril et al，2003）。

综上所述，在饲料中添加商标为 DHA GOLD® 的单细胞微生物裂殖壶菌从而有效提高猪肉中的长链多不饱和脂肪酸含量是可行的。这里叙述的研究表明富集多不饱和脂肪酸可以有效地实现，并且不会对猪肉的品质特性和风味有坏的影响。这一举措可以获得含有更健康的脂肪酸的猪肉，含有高的 n-3 和 n-6 脂肪酸比值，更确切地说是长链的 n-3 脂肪酸 DHA。

18.2.5　反刍动物

近几年来，对反刍动物中脂肪酸分布的调控的研究引起越来越多的关注。Givens 等（Givens et al，2001）综述了食物中 EPA 和 DHA 含量检测的研究，这些研究表明 EPA 和 DHA 的食物来源几乎全部集中于鱼类产品。但是，瘦肉（牛肉、羊肉和猪肉）中确实含一定量的 EPA 和 DHA（在牛肉、羊肉和猪肉中的总含量分别为 3.5g/kg、5.0g/kg 和 7.0g/kg），而在大西洋鲭鱼、大西洋鲱鱼、养殖鲑鱼和蓝鳍金枪鱼中这一含量分别为 25g/kg、16g/kg、18g/kg 和 16g/kg（Rymer et al，2003）。因为在西方世界中鱼类的消费量较低，并且鱼类资源的可持续性也受到广泛关注，需要寻找饮食中 EPA 和 DHA 的替代来源。因为在人类饮食中肉类和奶类制品是主要的脂肪来源，并且动物来源的食物提供了 74% 的膳食中的饱和脂肪酸（Mir et al，2003），这些食物是很好的营养物质的"运输车"。不幸的是，这些来源的脂肪中主要是饱和脂肪酸，不含有足够含量的 EPA 和 DHA。因此，改变肉类和牛奶中的脂肪酸组成有着很重要的意义。

18.2.6　反刍动物中的多不饱和脂肪酸代谢

通过调节反刍动物的饲料来增加肉和牛奶中多不饱和脂肪酸含量是一个有效的方法。这一目标主要可以通过在饲料中添加富含 C_{18} 脂肪酸的谷物和草料、鱼类产品或单细胞海藻。不幸的是，反刍动物的消化系统使得多不饱和脂肪酸的吸收成为一个很难实现的目标，这主要是因为食物中的脂类在反刍动物的瘤胃中被微生物酶大量快速地水解。瘤胃环境是一个微生物油脂代谢的集中场所，饮食中的糖脂、磷脂和甘油酯发生脂降解，形成游离脂肪酸，并且被微生物氢化成更饱和的终产物（AbuGhazaleh et al，2003）。尽管与脂降解相比氢化发生的速率较低，但是只有较少的多不饱和脂肪酸可以在瘤胃中找到。大部分生物氢化（大于 80%）发生在食物颗粒之间，这一过程主要是细菌的胞外酶催化的，这些食物颗粒来自饲料或者是自身存在的（Harfoot & Hazlewood，1988）。该反应的主要基质是亚油酸和亚麻酸，并且随不饱和度增加瘤胃中的生物氢化反应速率也增加。对于大部分食物来说，亚油酸和亚麻酸氢化的程度分别为70％～95％和85％～100％（Doreau & Ferlay，1994）。当喂养高浓度的饲料时氢化的程度有所降低，这可以归因于这些饲料的低pH值对脂降解的抑制（Van Nevel & Demeyer，1995，1996）。当饲料中含有过多的未饱和的脂类时氢化作用也会被削弱。脂肪与微生物发酵的相互作用机制还不清楚，但是这一作用来自饲料颗粒的外壳或瘤胃微生物的直接作用。

亚油酸和亚麻酸氢化的速率和程度众所周知。但是，虽然C_{18}脂肪酸确定被氢化，但对于更长链脂肪酸氢化的结果还存在着争议。Ashes等（Ashes et al，1992）发现EPA和DHA的生物氢化作用在体外并没有进一步发生，这一发现进一步得到了Gulati等（Gulati et al，1999）和Dohme等（Dohme et al，2003）的研究支持。Ashes等（Ashes et al，1992）和Offer等（Offer et al，1999，2001）发现相当一部分EPA和DHA没有发生生物氢化作用，因为在牛和绵羊的饲料中添加了这些脂肪酸后血清和血浆中的这些脂肪酸的含量明显增加。Ashes等（Ashes et al，2000）也指出，除非这些脂类被保护免于瘤胃代谢，否则EPA和DHA从膳食中转移到十二指肠的效率会受到很大的限制。同这些研究者报道的结论相反，Doreau和Chilliard（Doreau & Chilliard，1997）、Chilliard等（Chilliard et al，2000）和Kitessa等（Kitessa et al，2001b）报道在体内长链多不饱和脂肪酸特别是EPA和DHA很大程度上发生了生物氢化作用。Doreau和Chilliard（Doreau & Chilliard，1997）直接将鱼油注入到奶牛的瘤胃中，并且检测了十二指肠食糜中的脂肪酸组成。同注入的鱼油相比，十二指肠食糜中EPA和DHA在脂肪酸中的比例明显减少。这一减少相当于0.96和0.83的EPA和DHA分别发生氢化作用。实际数值还要更高，因为十二指肠食糜中的脂肪酸还要被微生物脂肪酸稀释。

总的来说，我们可以得出这样一个合理的结论：膳食中的EPA和DHA避免了瘤胃中的代谢作用，并且在小肠中以脂蛋白的形式被吸收。这些脂肪酸的长链会在一定程度上抑制它们被吸收，尽管它们的高不饱和度可以促进它们被吸收。一旦被吸收，这些脂肪酸很可能进入到淋巴中，并且通过胸导管在循环系统中被耗尽，在循环系统中这些脂肪酸被送到不同的目标组织和器官中储存或进一步代谢（Rymer et al，2003）。

18.3 多不饱和脂肪酸对生长的作用

既然我们了解到长链多不饱和脂肪酸没有在瘤胃代谢中被彻底氢化和完全降解，因此有必要研究在膳食中添加n-3脂肪酸后这些脂肪酸对动物的生长发育的影响，并且分析这些动物组织中的脂肪酸构成。如果说通过食物富集多不饱和脂肪酸来改善这些动物产品的脂肪酸构成是可行的，那么必须控制 EPA 和 DHA 的合理添加量，使其对这些动物的生长的影响降到最低。

n-3 脂肪酸添加对反刍动物饲料的吸收的影响受到越来越多的研究关注。Wistuba 等（Wistuba et al，2006）报道在饲料中添加 3%的鱼油会影响饲料的摄入。Kook 等（Kook et al，2002）报道了相似的结论，也就是 5%的鱼油会影响饲料的摄入。Mandell 等（Mandell et al，1997）也报道了鱼油添加比例以及添加持续时间会对饲料的摄入量有一个线性的减少作用。尽管饲料干重摄入量会受到鱼油添加的影响，但是喂养效率不受鱼油添加量和添加持续时间的影响。而且，Wonsil 等（Wonsil et al，1994）报道添加了 3.1%的油脂（1.5%的鱼油和 1.5%的硬脂酸）并且总脂肪含量为 7.1%的饲料对干物料、酸消化纤维、有机物和氮的总表观消化率没有影响。此外，Scollan 等（Scollan et al，2001a）报道在牛的饲料中添加 6%的总脂肪（2%来自鱼油）对饲料的摄入没有影响。在反刍动物的饲料中很少使用高含量的未经保护的多不饱和油脂，因为高含量的膳食脂肪会影响瘤胃的环境和瘤胃消化过程（Harfold & Hazlewood，1988）。正因为如此，在瘤胃动物的饲料中应该限制油脂含量，以免对瘤胃发酵产生负面影响。饲料摄入的减少最可能的几个因素是如风味、饲料能量密度和总脂肪（Wistuba et al，2006）。

18.4 膳食控制：谷物对草料

牧养动物和喂养含高含量 ALA（亚麻籽）的谷物的动物对它们的脂肪酸水平有积极的影响。一项对英国绵羊和西班牙绵羊喂养草料、牛奶及牛奶浓缩物的研究发现了类似的脂肪酸构成的差异。例如，草料喂养的绵羊的肌肉组织中 n-3 脂肪酸含量更高，而牛奶浓缩物喂养的绵羊的肌肉组织中 n-6 脂肪酸含量更高(Sanudo et al，2000)。在表 18-G 描述的研究中，用草料喂养的公牛体内含有更高含量的 ALA 和其他 n-3 脂肪酸，而用大麦-大豆浓缩物喂养的公牛体内含有更高含量的亚油酸和其他 n-6 脂肪酸。这一结果可以用草料油脂中 ALA 是主要的脂肪酸来解释，而谷类和含油种子是亚油酸的主要来源（Wood & Enser，1997）。

表 18-G　使用草料或浓缩物饲料喂养的牛的肌肉（最长肌）组织中脂肪酸组分分布（g/100g 总脂肪酸）

脂肪酸	总脂肪酸中含量/(g/100g)	
	草	浓缩物饲料
18:2n-6(亚油酸)	2.50	8.28
20:3n-6	0.26	0.53
20:4n-6(ARA)	0.84	2.32

续表

脂肪酸	总脂肪酸中含量/(g/100g)	
	草	浓缩物饲料
18:3n-3(α-亚油酸)	1.23	0.52
20:4n-3	0.19	0.03
20:5n-3(EPA)	0.51	0.20
22:5n-3(DPA)	0.76	0.48
22:6n-3(DHA)	0.07	0.05

Scollan 等（Scollan et al，2001a）做了一个试验，即在饲料中添加少量的亚油酸，以青贮草作为草料，并且含量为60/40。结果表明，添加亚油酸可以带来肌肉组织中总的 n-3 脂肪酸的增加，如 ALA、EPA、DPA，但是 DHA 含量没有明显变化。French 等（French et al，2000）研究了对杂交牛草料为主的饲料中浓缩物成分降低的影响。当饲料中浓缩物含量降低时，肌肉中脂肪的 n-3 脂肪酸含量直线增加，而 n-6 脂肪酸含量没有变化。尽管实验组饲料中 LA 和 ALA 的供给有很大的不同，但是作者仅发现饲料变化对肌肉内 ALA 含量的影响，没有发现饲料对 EPA、LA 或 ARA 的影响，而 DPA 和 DHA 没有检测到。类似这样的结论进一步表明 ALA 向更高不饱和度的终产物的延长过程效率很低。我们可以这样认为：这些组织中可以忽略不计 EPA 含量，也表明 DHA 含量也有一样的结果。当反刍动物饲料以谷物为主时，瘤胃中的微生物数量会发生变化，多不饱和脂肪酸的氢化作用也减少了，导致饱和脂肪酸的吸收和分布更低。另一方面，尽管草料饲料增加了 n-3 多不饱和脂肪酸的分布，饱和脂肪酸的生产也增加了，组织中的 P/S 比例也变得不重要了（Wood et al，1999）。总的来说，使用草料、植物种籽和全谷物作为饲料，对肌肉组织中 EPA 和 DHA 含量的增加很有限。鱼类产品和海洋藻类似乎是唯一的可以大幅度提高长链多不饱和脂肪酸分布的食物。由此我们可以得出这样的结论：DHA 在代谢途径中的形成十分严格，通过反刍动物的饮食很难发生大的变化，至少在没有使用鱼类产品和藻类成分产品时很难增加。

18.5 增加肌肉组织中的多不饱和脂肪酸含量

之前的研究表明，在反刍动物的饲养周期中在饲料中添加鱼类食品或鱼油，可以提高肌肉内的 n-3 脂肪酸浓度（Mandell，1997；Kook et al，2002；Ponnampalam et al，2001，2002；Kitessa et al，2001c；Scollan et al，2001a；Choi et al，2000）。Mandell 等（Mandell et al，1997）研究了给公牛喂养含 5%或 10%（饲料干物料）的鱼类食物（含 5.87g/kg EPA 和 9.84g/kg DHA）168 天后

长链多不饱和脂肪酸在牛肉最长肌肌肉内的吸收。喂养鱼类食物增加了肌肉内 EPA 和 DHA 的含量。添加量和添加持续时间对吸收起了很重要的作用，长时间添加可以获得高含量的 EPA 和 DHA。这些研究者发现当添加周期为 168 天时可以获得 5～7 倍的 EPA 浓度的增加。此外，他们还发现 DHA 浓度的增加为 26～28 倍。在 mg/100g 的基础上，与对照组相比，添加鱼类食物的实验组肌肉内的 DHA 含量增加到 500%。Kook 等（2002）研究了给韩国牛喂养含 5%鱼油的饲料后最长肌中的脂肪酸组成。从脂肪酸基础上来说，EPA 和 DHA 添加的比例分别为 2.0%和 4.8%。添加鱼油使得肌肉中的 EPA 和 DHA 含量分别增加了 2 倍和 8 倍。最近的一项研究是给绵羊喂养鱼类食物（每天 168g 干物料）或大麦（每天 179g 干物料）和鱼类食物（每天 84g 干物料）混合饲料、添加鱼油的饲料或鱼油和葵花籽混合饲料（Ponnampalam et al，2001）。这 4 种添加方式获得了最长肌中 EPA 和 DHA 含量的变化，与采用苜蓿或燕麦饲料的控制组相比有 2～4 倍的增加，而 ALA 分布没有发生变化（表 18-H）。尽管在饲料中添加鱼油对 DHA 和 EPA 的膳食吸收与添加鱼类食物相比更高，但是对肌肉内 n-3 脂肪酸含量的提高使用鱼油和鱼类食物没有明显差异。Kitessa 等（Kitessa et al，2001c）给绵羊喂保护处理过的金枪鱼油，检测到肌肉脂肪中的 DHA 和 EPA 含量与喂养牛脂相比有所提高（表 18-H）。在公牛饲料中添加鱼类食物（Mandell et al，1997）或鱼油（Choi et al，2000；Scollan et al，2001b）也有相似的结果（表 18-H）。从这些研究结果中可以很合理地得出这样的结论，即在动物饮食中添加预先形成的 EPA 和 DHA 原料可以显著提高肌肉内脂肪的 n-3 脂肪酸含量。这种提高可以看作是肌肉内 EPA 和 DHA 含量提高的直接结果，而这一结果需要相当一部分脂肪酸进入小肠并且免受反刍氢化作用（Raes et al，2004）。有效地改变反刍动物肌肉中 n-3 脂肪酸含量的途径就是在其饮食中添加鱼油或藻油。

表 18-H　反刍动物饲料中添加鱼油或鱼类食物对最长肌中长链脂肪酸含量的影响以及对 P/S 和 n-6/n-3 比例的影响

饲料		总脂肪酸中含量/（g/100g）						P/S	n-6/n-3	参考文献
		LA	ARA	ALA	EPA	DPA	DHA			
羔羊肉	控制饮食①	4.58	1.39	0.79	0.61	NA	0.44	0.13	NA	Kitessa et al，2001
	保护处理过的金枪鱼油①	8.27	1.64	1.06	1.81	NA	1.01	0.23	NA	Kitessa et al，2001
	基础饮食②	2.23	0.70	0.67	0.27	0.34	0.10	0.17	1.80	Ponnampalam et al，2001
	1.5%鱼油②	2.25	0.77	0.68	0.90	0.56	0.47	0.16	1.40	Ponnampalam et al，2001
	1.5%鱼油+9%向日葵膳食②	2.44	0.77	0.57	0.77	0.51	0.44	0.19	1.30	Ponnampalam et al，2001
	基础饮食②	3.72	1.19	0.91	0.47	0.50	0.20	NA	2.45	Ponnampalam et al，2002

续表

饲料		总脂肪酸中含量/(g/100g)						P/S	n-6/n-3	参考文献
		LA	ARA	ALA	EPA	DPA	DHA			
羔羊肉	每天168g DM鱼食②	2.97	0.72	0.83	0.93	0.65	0.47	NA	1.29	Ponnampalam et al, 2002
	每天179g DM大麦+84g DM鱼食②	3.56	0.78	0.89	0.90	0.63	0.48	NA	1.50	Ponnampalam et al, 2002
牛肉	控制饮食③	3.02	0.97	0.68	0.35	0.61	0.07	0.08	2.27	Choi et al, 2000
	每千克DM 30g鱼油+88g亚麻籽③	2.35	0.73	0.86	0.43	0.60	0.16	0.08	1.77	Choi et al, 2000
	控制饮食④	3.30	0.70	0.40	0.10	0.30	0.01	0.08	5.63	Mandell et al, 1997
	168天内5%鱼食④	3.30	0.50	0.40	0.50	0.40	0.28	0.09	4.09	Mandell et al, 1997
	168天内10%鱼食④	2.40	0.30	0.40	0.70	0.40	0.26	0.06	1.72	Mandell et al, 1997
	控制饮食③	2.32	0.65	0.58	0.30	0.57	0.07	0.06	2.13	Scollan et al, 2001
	每千克DM 30g鱼油+118g亚麻籽③	1.81	0.50	0.83	0.47	0.59	0.16	0.06	1.20	Scollan et al, 2001
	每千克DM 59.6g鱼油③	1.43	0.32	0.61	0.55	0.55	0.12	0.04	1.04	Scollan et al, 2001

① 膳食控制主要利用动物油脂

② 饮食主要包含苜蓿和燕麦，用于控制饮食

③ 利用棕榈油脂肪酸钙（Megalac，美加力）控制膳食（棕榈油有高含量的C16：0）

④ 膳食主要通过谷物和苜蓿的混合物调控

注：NA—数据没有检测到；ARA—花生四烯酸(C20:4n-6)；DHA—二十二碳六烯酸(C22:6n-3)；DPA—二十二碳五烯酸(C22:5n-3)；EPA—二十碳五烯酸(C20:5n-3)；LA—亚油酸(C18:2n-6)。

数据来源：Raes et al,2004。

18.6 提高牛奶中的多不饱和脂肪酸含量

牛奶和羊奶中DHA和EPA的天然含量相当低，这说明反刍动物乳腺中C_{18}和C_{20}多烯脂肪酸的延长和脱饱和反应可以忽略不计。牛奶中DHA和EPA含量的提高可以通过在饲料中添加鱼油或海藻实现（Abril et al，2009；Papadoupoulos et al，2002；Chilliard et al，2000；Franklin et al，1999；Gulati et al，1999）。遗憾的是，EPA和DHA转移到牛奶脂肪中的效率不高，即使饲料中添加的是经过保护的藻油或海藻。饲料中添加保护处理的n-3多不饱和脂肪酸原料确实可以显著提高牛奶脂肪酸中EPA和DHA的含量，但在脂肪酸中的绝对含量低于10g/kg。尽管牛奶中这两种脂肪酸的含量很低，但是牛奶仍然能够提供足够的EPA和DHA以恢复人类饮食中必需的n-6/n-3多不饱和脂肪酸比例的平衡（Rymer et al，2003）。Franklin等（Franklin et al，1999）最先进行在奶牛饲料中添加海藻的试验，包括经过保护处理和未经处理的全脂藻添加。牛奶饲料中

添加了用木糖包埋保护的藻类，相当于在饲料总脂肪中添加 6.07%的 DHA。结果表明综合性能没有影响，尽管干物料摄入减少了。饲料中添加海藻对实际牛奶产量和能量调节牛奶（调整了脂肪和蛋白质的含量）都没有影响，但是脂肪的含量和得率减少了。奶牛饲料中添加木糖保护处理的海藻获得的牛奶中 DHA 含量比未经保护的对照组也有提高。添加保护处理的海藻的奶牛的转化效率比添加未经保护处理的海藻高 2 倍（分别为 16.7%和 8.4%）。文献中没有清楚说明在添加藻油后牛奶中增加的 EPA 和 DHA 是以甘油酯形式还是以脂肪细胞球或细胞膜中的磷脂形式存在，这一问题需要进一步研究，因为增加牛奶膜磷脂含量的机制对提高牛奶中 EPA 和 DHA 含量很重要（Rymer et al，2003）。

Papadoupoulos 等（Papadoupoulos et al，2002）进行了在母羊（小型反刍动物）饲料中添加低含量、中等含量和高含量的海藻裂殖壶菌的研究，即在饲料中分别添加 23.5g、47g 和 94g。以干重计算，这种藻含有 147g/kg DHA 和 38.5%的脂肪。添加低含量、中等含量和高含量的这种藻后，牛奶脂肪中的 DHA 含量分别提高到 4.3g/kg、6.9g/kg 和 12.4g/kg。另一方面，EPA 含量也从很低程度分别提高到 0.4g/kg、1.2g/kg 和 2.4g/kg。ALA 含量没有显著变化，维持在 3.0g/kg 左右。

牛奶脂肪是天然的共轭亚油酸（CLA）来源，这种脂肪酸近年来受到广泛的研究关注。数据显示，共轭亚油酸的几种异构体，主要是顺-9-反-11-共轭亚油酸和反-10-顺-12-共轭亚油酸，具有几种潜在的健康促进作用。共轭亚油酸对动脉粥样硬化、糖尿病、免疫系统疾病、骨盐沉积、体脂堆积和营养不良等都有很好的影响（McGuire & McGuire，2000）。此外，越来越多的动物体内模拟实验表明顺-9-反-11-共轭亚油酸对癌细胞增长具有化学抑制作用（Parodi，1999；Kritchevsky，2000）。这些报道的共轭亚油酸的健康价值使我们迫切需要提高乳产品中的共轭亚油酸的含量和得率。

在反刍动物饲料中添加 EPA 和 DHA 可以提高牛奶中的 CLA、EPA 和 DHA 的含量（Scollan et al，2001a；Donovan et al，2000）。n-3 脂肪酸是直接被吸收的，一旦预先形成的脂肪被消耗掉，它们就会避开反刍代谢，并且分布在体内和牛奶中。CLA 含量的增加与瘤胃中生物氢化作用活力和/或其中的微生物结构有关。鱼油可以抑制体内反式 18:1 脂肪酸到 18:0 脂肪酸的降解（Scollan et al，2001b）。在奶牛或公牛的饲料中每日添加 200～300g 鱼油可以显著抑制瘤胃中的生物氢化作用，增加牛奶和牛肉中的 CLA 含量（Shingfield et al，2003）。也有研究者做了类似的添加 DHA 海藻食物的研究（Or-Rashid et al，2008），这一研究的目的是了解添加藻类食物对 CLA、VA（异油酸）和反-10-18:1 这几种脂肪酸在反刍动物体内的变化的影响。饲料中添加藻类食物（每天添加 9.6g DHA）将 18:0 脂肪酸的含量减少了 80%，而将反式 18:1 在总脂肪酸中的含量从 19%提高到

43%。这种剧烈的变化主要是因为长链多不饱和脂肪酸 DHA 的存在使得18:1到 18:0 的降解被抑制了。添加藻类食物也使得顺式 18:1 的含量增加,这主要是顺-9-18:1 异构体的作用(比对照组高了 46.4%)。反刍动物饲料中添加藻类物质带来的这种异构体的增加可能是因为藻类保护该异构体不受生物氢化作用。添加 EPA 和 DHA 的另一种健康作用就是改变了 18:0 脂肪酸的含量。最近 Wistuba 等(Wistuba et al, 2006)的一项研究表明饲料中添加 3%的鱼油持续 70 天会带来油酸(18:1)含量的提高。这些结果与 Ashes 等(Ashes et al, 1992)的结论一致。这样的研究结果是有用的,因为增加 18:0 和 18:1 对牛肉行业有利,原因是这些脂肪酸中胆固醇很少。

18.7 给反刍动物带来的健康益处

饲料中添加 n-3 脂肪酸对反刍动物是很重要的,也是经常被忽略的方面,就是其对反刍动物健康带来的益处。很少有研究关注这一方面,但是这方面具有潜在的重要经济价值。据估计,牛在怀孕前 30 天会有 20%～30%的胚胎死亡(Dunne et al, 2000),每年给美国的牛肉工业带来数百万美元的牛肉和牛奶的损失。饲料中添加鱼类可以提高奶牛和肉牛的繁殖能力(Burke et al, 1997; Burns et al, 2002)。之前的研究显示饲料中添加鱼类食物可以提高肉牛子宫内膜的 n-3 脂肪酸含量。子宫内膜中 n-3 脂肪酸的增加可以抑制怀孕初期的子宫前列腺素 $F_{2\alpha}$ 的合成,减少胚胎的死亡(Burns et al, 2002)。更多的 n-3 脂肪酸对动物的作用确实存在。其中一个领域就是对有机的或全天然的牲畜生产的经济价值。饲养这些牲畜的人对处理生病的牲畜没有很好的办法,当牲畜生病时往往很难做决定:使用抗生素会失去该动物作为“天然”产物的价值;或者不做处理,然后会有牲畜死亡的危险。尽管这方面还没有相关研究,但是 n-3 脂肪酸对生命的各个阶段都有健康促进作用。

18.8 单细胞油脂在宠物和功能动物中的应用

18.8.1 猫和狗对长链多不饱和脂肪酸的需求

猫科动物,山猫或家猫,都是专性食肉动物,对长链多不饱和脂肪酸(n-3 和 n-6)有绝对的需求,因为其体内缺乏特定的脱饱和酶(Δ^5-脱饱和酶和 Δ^6-脱饱和酶),这些酶是由长链多不饱和脂肪酸 C_{18} 的前体亚油酸和亚麻酸合成长链多不饱和脂肪酸所必需的(Pawlosky et al, 1994)。因此,所有的猫的饮食中需要预先形成的含有 DHA 和 ARA 的食物,大多数猫粮中都以鱼类或动物器官(如肝脏)的形式添加这两种脂肪酸。犬科动物，包括郊狼、狼、狐狸、豺和家狗，被认为是部分杂食动物，尽管它们含有从亚油酸和亚麻酸合成 DHA 和 EPA 必需的酶，但是这些酶没有很好地形成。狗从食用的肉、鱼和其他动物器官中获得大部分所需要的 DHA 和 ARA。猫和狗在它们的预产期对 DHA 和 ARA 都有特别高的需求，尤其是成年母性在怀孕和哺乳期需求最高，而它们的婴幼儿（小猫或小狗）在神经系统生长发育期对这两种脂肪酸的需求也很高。在一项提高犬科动物奶中 DHA 含量的试验中，Bauer 等（Bauer et al，2004）发现在哺乳期母狗的饮食中添加预先形成的 DHA 原料会显著提高母狗产的奶中的 DHA 含量（Wright-Rodgers，2005）。但是，如果在母狗的饮食中添加 ALA（DHA 的一种前体物质，主要在亚麻油中存在），其所产的奶中的 DHA 含量并没有增加，也就是小狗也没有获得更多的供应（Bauer et al，2004）。这一结果与许多关于人类的研究的结果一样（Doughman et al，2007）。为了提高对生长发育期的小猫和小狗的 DHA 和 ARA 供应，需要间接地通过提高奶中的这些脂肪酸含量或者直接在它们的饮食中添加。

研究组织和生产部门对猫狗饮食中添加长链多不饱和脂肪酸的重要性有所了解。全国研究委员会（NRC）出版了《猫狗营养需求（2006）》一书，里面有关于猫和狗在不同生命阶段建议的基于体重计算的 EPA/DHA 用量（表 18-I）。成年狗的维持用量分别为 50％～60％的 EPA 和 40％～50％的 DHA。值得注意的是，美国饲料管理协会目前并没有将 EPA 或 DHA 列为必需脂肪酸。

表 18-I　全国研究委员会（NRC）对犬科和猫科动物饮食中 EPA 和 DHA 的建议用量

动　物	NRC 对 EPA 和 DHAω-3 脂肪酸的推荐（基于体重）			
	充足的摄取量/（mg/kg）	推荐量/（mg/kg）	EPA 限制	安全上限/（mg/kg）
怀孕晚期和哺乳高峰期的母狗	60	60	60％	1400
断奶后的小狗	36	36	60％	770
成年小狗	30	30	60％	360
怀孕晚期和哺乳高峰期的蜂王	6.7	4.4	60％	—
断奶后的小猫	5	5	60％	—
成年小猫	2.5	2.5	20％	—

来源：猫狗营养需求．NRC，2006.

18.9　DHA 和 ARA 的替代来源

基于最近对 DHA 在小狗饮食中的价值的认识，许多制造商开始在小狗的食物中直接添加 DHA，通过鱼油/鱼类食物或单细胞油脂原料。鱼类食物是 DHA 的一种来源，因为鱼类食物的 5%～10%是鱼油，这些来自商业化的鱼油食物。因为生产过程中从鱼类采收（如鱼类资源的减少）到处理和鱼油从食物的分离过程中相当一部分 DHA 被氧化，所以 DHA 在鱼类食物中的含量并不稳定，作为动物饲料的鱼类食物的品质并不稳定。许多时候，通过在鱼类食物中添加抗氧化剂乙氧喹（ethoxyquin）可以将氧化损失降到最低。另一方面，鱼油可以通过蒸馏和/或脱臭使其可以被动物接受。此外，可以使用替代的抗氧化剂，以避免在宠物食品中添加乙氧喹。但是，大部分鱼油中含有与 DHA 含量相当的 EPA。当鱼油刚开始作为人类婴幼儿奶的 DHA 来源时，它的使用被否定了，因为鱼油中的 EPA 会抑制婴幼儿体内的 ARA 水平，导致生长发育的抑制。

在人类新生儿的饮食中，产自微藻的单细胞油脂在世界范围内广泛应用，因为是安全的，不具有鱼油中经常有的污染（如二噁英、多氯联苯、甲基汞等），并且含有很少甚至没有 EPA（原因参见第 15 和 20 章）。因此，我们可以很合理地推断宠物食品的制造商会考虑给他们的消费者的食品中添加这种形式的 DHA 来源。事实上，最近的一项高级生物营养公司（Advanced BioNutrition Corp，Columbia，MD）的市场调查显示，当将小狗食品中采用相同 DHA 含量的包埋的鱼油与藻油比较时，单细胞油脂的食品更受欢迎，这是因为鱼油食品具有一定的腥臭味（Kyle，个人机构）。技术分析显示，添加鱼油的小狗食品中的过氧化值随储存时间增加而迅速增加，但是用单细胞油脂的食品中的过氧化值一直稳定在低水平。许多食品制造商开始是在高端狗粮中使用含单细胞油脂的藻类 DHA 来源（DHA GOLD®，Martek Biosciences Corp，Columbia，MD）。尽管单细胞油脂来源的 ARA 没有被加入到宠物（猫或狗）食品中，但是在美国所有的人类婴幼儿配方奶粉中都添加了，因此单细胞来源 ARA 被添加到宠物食品中只是时间问题——尤其是幼儿时期。

18.10 马对长链多不饱和脂肪酸的需求

马是食草动物，它们不需要预先形成的 DHA 和 ARA，因为它们有将食物中的亚油酸和亚麻酸转化为所需要的更重要的脂肪酸的能力。但是，有些特定的动物，如赛马，它们的身体承受一定的压力和生理需求，因此它们需要饮食添加以获得最佳的营养状态。此外，这些动物在幼儿期获得这些长链多不饱和脂肪酸的膳食供应显得至关重要。尽管目前没有很多关于在马的食物中添加 DHA 的相关数据，但是有很多其他哺乳动物关于添加 DHA 对身体的影响的信息。例如，补充 DHA 可以提高血管顺应性和降低红细胞脆弱性（Nestel et al，2002），而这些是赛马在比赛中的关键参数，因为在比赛中大量消耗体能，会使大量体积的血液流经肺。这样大体积的血流量会导致运动性肺出血，这可以通过肺或鼻孔内的血点看出来。提高血管顺应性和红细胞膜的柔韧性可以减少运动带来的对肺的损伤。一些报道提到添加 DHA 可以减少运动性损伤的恢复时间（Clayton & Rutter，2004）。Farrers 报道受伤的动物在补充了含单细胞藻油的食物后恢复时间缩短了。最后来说，在马的幼年期，同其他哺乳动物一样，提高母马的 DHA 供应会对其后代产生重要的优势。对于赛马而言，幼年期神经系统发育得更好能显著提高其运动能力。

关于赛马方面的研究最令人感兴趣的就是关于给种马添加 DHA 能有效提高其精子运动性和存活能力（Brinsko et al，2005）的报道，或者关于精子储存在含 DHA 培养基中的运动性和存活能力的提高（Kaeoket et al，2008）。在农业方面，DHA 能提高雄性生殖能力已经有所报道（Gliozzi et al，2009），也有关于人类精子中 DHA 含量较低与不育相关联的报道（Aksoy et al，2006；Tavilani et al，2006）。这些发现并不令人惊讶，因为有报道显示精子中含有相对高含量的 DHA（Lenzi et al，2000）。

18.11 马所需 DHA 的替代来源

给马添加的 DHA 来源与给宠物的一样，限于鱼类食物/鱼油或含 DHA 的单细胞油脂。但是，马对食物中的腥臭味比猫和狗更加敏感。即使鱼油经过进一步处理后臭味基本消除，污染物如多氯联苯或二噁英的含量降低，但是鱼油本身仍然含有许多 EPA。对哺乳动物包括人类而言，EPA 会增加流血时间（Mark & Sanders，1994）。对于过度消耗导致的运动性肺出血而言，在增加血管顺应性和红细胞膜柔韧性的同时如果伴有出血时间的增加，那么没有任何作用。很明显，不含 EPA 的 DHA 来源更加合适。市场上已经有的微藻 DHA 产品特别适合给马添加，因为主要含有 DHA，含有很少甚至不含 EPA。一种针对种马的叫 Magnitude® 的产品被开发出来，并且正在进入生产。基于几个大学的研究结果，这种产品可以将精子浓度提高 78%，精子日产出提高 46%，同时增加精子的运动性和提高正常形状精子的比例（Brinsko et al，2005；Harris et al，2005；Squires et al，2005）。因为上述的这些结果，加上提高赛马能力的高附加值，使得给马使用含有藻类单细胞油脂的产品在未来具有良好的应用前景。

18.12 结论

动物产品中的长链多不饱和脂肪酸的调节对生产商来说十分重要，因为通过饲养和饲料改进（除了长链多不饱和脂肪酸添加之外的）改变脂肪酸构成的方法很有限。通过这一章，我们证明了通过在动物食品中添加富含长链多不饱和脂肪酸的单细胞微生物可以成功地提高动物产品中的DHA含量。此外，宠物食品中添加单细胞油脂可以提高许多物种的生长发育和表现。这些来源的长链多不饱和脂肪酸作为饲料添加具有很多内在的优点，这些优点可以弥补使用作为动物产品副产物的鱼油或鱼类食物作为长链多不饱和脂肪酸添加来源带来的缺陷。鱼油来源的品质和稳定性受到质疑，并且添加了鱼油的肉产品的风味也受到影响。此外，添加比例也受到自身风味性的限制。植物来源的ω-3脂肪酸的添加功能也受到限制，因为体内的ALA很大程度上不能延长为EPA和DHA。单细胞油脂具有独特的功能，因为干细胞具有很高的氧化稳定性，容易处理，转化效率高，并且对反刍动物具有自然保护。从这些原因来看，富含DHA的单细胞油脂为饲料工业提供了一个独特的解决办法。

参考文献

Abril, R.; W. Barclay. Production of Docosahexaenoic Acid-Enriched Poultry Eggs and Meat Using and Algae-Based Feed Ingredient. *The Return of ω3 Fatty Acids into the Food Supply: I. Land-Based Animal Food Products and Their Health Effects*; A.P. Simopoulos, Ed.; World Review of Nutrition and Dietetics; S. Karger: Switzerland, **1998**; *83*, pp 77–88.

Abril, R.; J. Garrett; S.G. Zeller; W. J. Sander; R.W. Mast. Safety Assessment of DHA-Rich Microalgae from *Schizochytrium* sp. Part V: Target Animal Safety/Toxicity Study in Growing Swine. *Reg. Toxicol. Pharmacol.* **2003,** *37*, 73–82.

Abril, J.R.; W.R. Barclay; A. Mordenti; M. Tassinari; A. Zotti. U.S. Patent 7,504,121B2, **2009**.

AbuGhazaleh, A.; D. Schingoethe; A. Hippen; K. Kalscheur. Conjugated Linoleic Acid and Vaccenic Acid in Rumen, Plasma, and Milk of Cows Fed Fish Oil and Fats Differing in Saturation of 18 Carbon Fatty Acids. *J. Dairy Sci.* **2003,** *86*, 3648–3660.

Aksoy, Y.; H. Aksoy; K. Altinkaynak; H.R. Aydin; A. Ozkan. Sperm Fatty Acid Composition in Subfertile Men. *Prostaglandins Leukot. Essent. Fatty Acids* **2006,** *75*, 75–79.

Ashes, J.R.; B.D. Siebert; S.K. Gulati; A.Z. Cuthbertson; T.W. Scott. Incorporation of n-3 Fatty Acids of Fish Oil into Tissue and Serum Lipids of Ruminants. *Lipids* **1992,** *27*, 629–631.

Ashes, J.R.; S.K. Gulati; S.M. Kitessa; E. Fleck; T.W. Scott. Utilization of Rumen Protected n-3 Fatty Acids by Ruminants. *Recent Advances in Animal Nutrition*; P.C. Garnsworthy, J. Wiseman, Eds.; Nottingham University Press: Nottingham, UK, **2000**; pp 128–140.

Basmacıoğlu, H.; M. Çabuk; K. Ünal; K. Özkan; S. Akkan; H. Yalçın. Effects of Dietary Fish oil and Flax Seed on Cholesterol and Fatty Acid Composition of Egg Yolk and Blood Parameters of Laying Hens. *S. African J. Anim. Sci.* **2003,** *33*, 266–273.

Bauer, J.E.; K.M. Heinemann; K.E. Bigley; G.E. Lees; M.K. Waldron. Maternal Diet Alpha-Linolenic Acid during Gestation and Lactation Does Not Increase Docosahexaenoic Acid in Canine Milk. *J. Nutr.* **2004,** *134*, 2035S–2038S.

Bauman, D.E.; J.M. Grinari. Nutritional Regulation of Milk Fat Synthesis. *Annu. Rev. Nutr.* **2003,** *23*, 203–227.

Bourre, J.-M. Where to Find Omega-3 Fatty Acids and How Feeding Animals with Diet Enriched in Omega-3 Fatty Acids to Increase Nutritional Value of Derived Products for Human: What is Actually Useful? *J. Nutr. Health & Aging* **2005,** *9*, 232–242.

Brenner, R.R. Factors Influencing Fatty Acid Chain Elongation and Desaturation. *The Role of Fats in Human Nutrition*; A.J. Vergroesen, M. Crawford, Eds.; Academic Press: San Francisco, California, 1989; pp 45–80.

Brinsko, S.P.; D.D. Varner; C.C. Love; T.L. Blanchard; B.C. Day; M.E. Wilson. Effect of Feeding a DHA-Enriched Nutriceutical on the Quality of Fresh, Cooled and Frozen Stallion Semen. *Theriogenology*, **2005,** *63,* 1519–1527.

Burke, J.M.; C.R. Staples; C.A. Risco; R.L. de la Sota; W.W. Thatcher. Effect of Ruminant Grade Menhaden Fish Meal on Reproductive and Productive Performance of Lactating Dairy Cows. *J. Dairy Sci.* **1997,** *80,* 3386–3398.

Burns, P.D.; T.R. Bonnette; T.E. Engle; J.C. Whittier. Case Study: Effects of Fishmeal Supplementation on Fertility and Plasma Omega-3 Fatty Acid Profiles in Primiparous, Lactating Beef Cows. *Prof. Anim. Sci.* **2002,** *18,* 373–379.

Chilliard, Y.; A. Ferlay; R.M. Mansbridge; M. Doreau. Ruminant Milk Fat Plasticity: Nutritional Control of Saturated, Polyunsaturated, Trans and Conjugated Fatty Acids. *Ann. Zootech.* **2000,** *49,* 181–205.

Choi, N.J.; M. Enser; J.D. Wood; N.D. Scollan. Effect of Breed on the Deposition in Beef Muscle and Adipose Tissue of Dietary n-3 Polyunsaturated Fatty Acids. *Anim. Sci.* **2000,** *71,* 509–519.

Clayton, D.; R. Rutter. Inflammatory Disease Treatment. International Patent Application No. PCT/GB2004/002707; WO04/112776, 2004.

Crawford, M.A. The Role of Essential Fatty Acids in Neural Development: Implications for Perinatal Nutrition. *Am. J. Clin. Nutr.* **1993,** *57,* 703S–710S.

Damiani, P.; L. Cossignani; M.S. Simonetti; F. Santinelli; M. Castellini; F. Valfre. Incorporation of n-3 PUFA into Hen Egg Yolk Lipids. I: Effect of Fish Oil on the Lipid Fractions of Egg Yolk and Hen Plasma. *Ital. J. Food Sci.* **1994,** *6,* 275–292.

Dohme, F.; V.I. Fievez; K. Raes; D.I. Demeyer. Increasing Levels of Two Different Fish Oils Lower Ruminal Biohydrogenation of Eicosapentaenoic and Docosahexaenoic Acid in vitro. *Anim. Res.* **2003,** *52,* 309–320.

Donovan, D.C.; D.J. Schingoethe; R.J. Baer; J. Ryali; A.R. Hippen; S.T. Franklin. Influence of Dietary Fish Oil on Conjugated Linoleic Acid and Other Fatty Acids in Milk Fat from Lactating Dairy Cows. *J. Dairy Sci.* **2000,** *83,* 2620–2628.

Doreau, M.; Y. Chilliard. Effects of Ruminal or Post-ruminal Fish Oil Supplementation on Intake and Digestion in Dairy Cows. *Reprod. Nutr. Dev.* **1997,** *37,* 113–124.

Doreau, M.; A. Ferlay. Digestion and Utilization of Fatty Acids by Ruminants. *Anim. Feed Sci. Tech.* **1994,** *45,* 379–396.

Doughman, S.D.; S. Krupanidhi; C.B. Sanjeevi. Omega-3 Fatty Acids for Nutrition and Medicine: Considering Microalgae Oil as a Vegetarian Source of EPA and DHA. *Curr. Diabetes Rev.* **2007,** *3,* 198–203.

Dunne, L.D.; M.G. Disken; J.M. Sreenan. Embryo and Foetal Loss in Beef Heifers between Day 14 of Gestation and Full Term. *Anim. Reprod. Sci.* **2000,** *58,* 39–44.

Enser, M.; R. Richardson; J. Wood; B. Gill; P. Sheard. Feeding Linseed to Increase the n-3 PUFA of Pork: Fatty Acid Composition of Muscle, Adipose Tissue, Liver and Sausages. *Meat Sci.* **2000,** *55,* 201–212.

Franklin, S.; K. Martin; R. Baer; D. Schingoethe; A. Hippen. Dietary Marine Algae (*Schizochytrium* sp.) Increases Concentrations of Conjugated Linoleic, Docosahexaenoic and Transvaccenic Acids in Milk of Dairy Cows. *J. Nutr.* **1999,** *129,* 2048–2054.

Fredriksson, S.; K. Elwinger; J. Pickova. Fatty Acid and Carotenoid Composition of Egg Yolk as an Effect of Microalgae Addition to Feed formula for Laying Hens. *Food Chem.* **2006,** *99,* 530–537.

French, P.; C. Stanton; E.G. Lawless; E.G. O'Riordan; F.J. Monahan; P.J. Caffrey; A.P. Moloney. Fatty Acid Composition, Including Conjugated Linoleic Acid of Intramuscular Fat from Steers Offered Grazed Grass, Grass Silage or Concentrate-based Diets. *J. Anim. Sci.* **2000,** *78,* 2849–2855.

Givens, D.I.; B.R. Cottrill; M. Davies; P.A. Lee; R.J. Mansbridge; A.R. Moss. Sources of n-3 Polyunsaturated Fatty Acids Additional to Fish Oil from Livestock Diets, A Review (Revised Version). *Nutr. Abs. Rev., Series B, Livestock Feeds and Feeding* **2001,** *71,* 53R–83R.

Gliozzi, T.M.; L. Zaniboni; A. Maldjian; F. Luzi; L. Maertens; S. Cerolini. Quality and Lipid Composition of Spermatozoa in Rabbits Fed DHA and Vitamin E Rich Diets. *Theriogenology* **2009,** *71,* 910–919.

Gulati, S.K.; J.R. Ashes; T.W. Scott. Hydrogenation of Eicosapentaenoic and Docosahexaenoic Acids and Their Incorporation into Milk Fat. *Anim. Feed Sci. Tech.* **1999,** *79,* 57–64.

Haak, L.; S. De Smet; D. Fremaut; K. Walleghem; K. Raes. Fatty Acid Profile and Oxidative Stability of Pork as Influenced by Duration and Time of Dietary Linseed or Fish Oil Supplementation. *J. Anim. Sci.* **2008,** *86,* 1418–1425.

Harfoot, C.G.; G.P. Hazlewood. Lipid Metabolism in the Rumen. The Rumen Microbial Ecosystem; P.N. Hobson, Ed.; Elsevier: New York, USA, 1988; pp 382–426.

Hargis, P.S.; M.E. Van Elswyk; B.M. Hargis. Dietary Modification of Yolk Lipid with Menhaden Oil. *Poultry Sci.* **1991,** *70,* 874–883.

Harris, M.A.; L.H. Baumgard; M.J. Arns; S.K. Webel. Stallion Spermatozoa Membrane Phospholipids Dynamics Following Dietary n-3 Supplementation. *An. Reprod. Sci.* **2005,** *89,* 275.

Heinemann, K.M.; J.E. Bauer. Docosahexaenoic Acid and Neurologic Development in Animals. *J. Am. Vet Med. Assoc.* **2006,** *228,* 700–705.

Heinemann, K.M.; M.K. Waldron; K.E. Bigley; G.E. Lees; J.E. Bauer. Long-Chain (n-3) Polyunsaturated Fatty Acids Are More Efficient than Alpha-Linolenic Acid in Improving Electroretinogram Responses of Puppies Exposed during Gestation, Lactation, and Weaning. *J. Nutr.* **2005,** *135,* 1960–1966.

Herber, S.M.; M.E. Van Elswyk. Dietary Marine Algae Promotes Efficient Deposition of n-3 Fatty Acids for the Production of Enriched Shell Eggs. *Poultry Sci.* **1996,** *75,* 1501–1507.

Irie, M.; M. Sakimoto. Fat Characteristics of Pigs Fed Fish Oil Containing Eicosapentaenoic and Docosahexaenoic Acids. *J. Anim. Sci.* **1992,** *70,* 470–477.

Kaeoket, K.; P. Sang-Urai; A. Thamniyom; P. Chanapiwat; M. Techakumphu. Effect of Docosahexaenoic Acid on Quality of Cryopreserved Boar Semen in Different Breeds. *Reprod. Dom. Anim.* doi: 10.1111/j.1439-0531.2008.01239.x

Keady, T.W.J.; C.S. Mayne; D.A. Fitzpatrick. Effects of Supplementation of Dairy Cattle with Fish Oil on Silage Intake, Milk Yield and Milk Composition. *J. Dairy Res.* **2000,** *67,* 137–153.

Kitessa, S.M.; S.K. Gulati; J.R. Ashes; E. Fleck; T.W. Scott; P.D. Nichols. Utilisation of Fish Oil in Ruminants. II. Transfer of Fish Oil Fatty Acids into Goats' Milk. *Anim. Feed. Sci. Technol.* **2001a,** *89,* 201–208.

Kitessa, S.M.; S.K. Gulati; J.R. Ashes; E. Fleck; T.W. Scott; P.D. Nichols. Utilisation of Fish Oil in Ruminants: Fish Oil Metabolism in Sheep. *Anim. Feed Sci. Tech.* **2001b,** *89,* 189–199.

Kitessa, S.M.; S.K. Gulati; J.R. Ashes; T.W. Scott; E. Fleck. Effect of Feeding Tuna Oil Supplement Protected Against Hydrogenation in the Rumen on Growth and *n*-3 Fatty Acid Content of Lamb Fat and Muscle. *Austr. J. Agric. Res.* **2001c,** *52,* 433–437.

Kook, K.; B.H. Choi; S. Sun; F. Garcia; K. Myung. Effect of Fish Oil Supplement on Growth Performance, Ruminal Metabolism, and Fatty Acid Composition of Longissimus Muscle in Korean Cattle. *Asian-Aust. J. Anim. Sci.* **2002,** *15,* 66–71.

Kralik, G.; Z. Gajcevic; Z. Skrtic. The Effect of Different Oil Supplementations on Laying Performance and Fatty Acid Composition on Egg Yolk. *Ital. J. Anim. Sci.* **2008,** *7,* 173–183.

Kritchevsky, D. Antimutagenic and Some Other Effects of Conjugated Linoleic Acid. *Br. J. Nutr.* **2000,** *83,* 459–465.

Lenzi, A.; L. Gandini; V. Maresca; R. Rago; P. Sgro; F. Dondero; M. Picardo. Fatty Acid Composition of Spermatozoa and Immature Germ Cells. *Mol. Hum. Reprod.* **2000,** *6,* 226–231.

Leskanich, C.O.; K.R. Matthews; C.C. Warkup; R.C. Noble; M. Hazzledine. The Effect of Dietary Oil Containing (n-3) Fatty Acids on the Fatty Acid, Physicochemical, and Organoleptic Characteristics of Pig Meat and Fat. *J. Anim. Sci.* **1997,** *75,* 673–683.

Lopez-Ferrer, S.; M. Baucells; A. Barroeta; M.A. Grashorn. N-3 Enrichment of Chicken Meat. 1. Use of Very Long-Chain Fatty Acids in Chicken Diets and Their Influence on Meat Quality: Fish Oil. *Poultry Sci.* **2001,** *80,* 741–752.

Mandell, I.; J. Buchanan-Smith; B. Holub; C. Campbell. Effects of Fish Meal in Beef Cattle Diets on Growth Performance, Carcass Characteristics, and Fatty Acid Composition of Longissimus Muscle. *J. Anim. Sci.* **1997,** *75,* 910–919.

Manilla, H.; F. Husveth. *N*-3 Fatty Acid Enrichment and Oxidative Stability of Broiler Chicken: A Review. *Acta Alimentaria* **1999,** *28,* 235–249.

Mark, G.; T.A. Sanders. The Influence of Different Amounts of n-3 Polyunsaturated Fatty Acids on Bleeding Time and in vivo Vascular Reactivity. *Br. J. Nutr.* **1994,** *71,* 43–52.

Marriott, N.G.; J.E. Garret; M.D. Sims; J.R. Abril. Characteristics of Pork with Docosahexaenoic Acid Supplemented Diet. *J. Muscle Foods* **2002a,** *13,* 253–263.

Marriott, N.G.; J.E. Garrett; M.D. Sims; J.R. Abril. Performance Characteristics and Fatty Acid Composition of Pigs Fed a Diet with Docosahexaenoic Acid. *J. Muscle Foods* **2002b,** *13,* 265–277.

McGuire, M.A.; M.K. McGuire. Conjugated Linoleic Acid (CLA): A Ruminant Fatty Acid with Beneficial Effects on Human Health. *J. Anim. Sci.* **2000,** *77,* 1–8.

Mir, P.; M. Ivan; M. He; B. Pink; E. Okine; L. Goonewardene; T.A. McAllister; R. Weselake; Z. Mir. Dietary Manipulation to Increase Conjugated Linoleic Acids and Other Desirable Fatty Acids in Beef: A Review. *Can. J. Anim. Sci.* **2003,** *83,* 673–685.

Mooney, J.W.; E.M. Hirschler; A.K. Kennedy; A.R. Sams; M.E. Van Elswyk. Lipid and Flavor Quality of Stored Breast Meat from Broilers Fed Marine Algae. *J. Sci. Food Agric.* **1998,** *78,* 134–140.

Nestel, P.; H. Shige; S. Pomeroy; M. Cehun; M. Abbey; D. Raederstorff. The n-3 Fatty Acids Eicosapentaenoic Acid and Docosahexaenoic Acid Increase Systemic Arterial Compliance in Humans. *Am. J. Clin. Nutr.* **2002,** *76,* 326–330.

Offer, N.W.; M. Marsden; J. Dixon; B.K. Speake; F.E. Thacker. Effect of Dietary Fat Supplements on Levels of n-3 Poly-unsaturated Fatty Acids, Trans Acids and Conjugated Linoleic Acid in Bovine Milk. *Anim. Sci.* **1999,** *69,* 613–625.

Offer, N.W.; B.K. Speake; J. Dixon; M. Marsden. Effect of Fish Oil Supplementation on Levels of (*n-3*) Poly-unsaturated Fatty Acids in the Lipoprotein Fractions of Bovine Plasma. *Anim. Sci.* **2001,** *73,* 523–531.

Or-Rashid, M.M.; J. Kramer; M. Wood; B. McBride. Supplemental Algal Meal Alters the Ruminal Trans-18:1 Fatty Acid and Conjugated Linoleic Acid Composition in Cattle. *J. Anim. Sci.* **2008,** *86,* 187–196.

Papadoupoulos, G.; C. Goulas; E. Apostolaki; R. Abril. Effects of Dietary Supplements of Algae, Containing Polyunsaturated Fatty Acids, on Milk Yield and Composition of Milk Products in Dairy Ewes. *J. Dairy Res.* **2002,** *69,* 357–365

Parodi, P.W. Conjugated Linoleic Acid and Other Anticarcinogenic agents of Bovine Milk Fat. *J. Dairy Sci.* **1999,** *82,* 1339–1349.

Pawlosky, R.; A. Barnes; N. Salem Jr. Essential Fatty Acid Metabolism in the Feline: Relationship between Liver and Brain Production of Long-Chain Polyunsaturated Fatty Acids. *J. Lipid Res.* **1994,** *35,* 2032–2040.

Ponnampalam, E.N.; A.J. Sinclair; A.R. Egan; S.J. Blakeley; D. Li; B.J. Leury. Effect of Dietary Modification of Muscle Long Chain n-3 Fatty Acid on Plasma Insulin and Lipid Metabolites, Carcass Traits and Fat Deposition in Lambs. *J. Anim. Sci.* **2001,** *79,* 895–903.

Ponnampalam, E.N.; A.J. Sinclair; B.J. Hosking; A.R. Egan. Effects of Dietary Lipid Type on Muscle Fatty Acid Composition, Carcass Leanness and Meat Toughness in Lambs. *J. Anim. Sci.* **2002,** *80,* 628–636.

Raes, K.; S. De Smet; D. Demeyer. Effect of Dietary Fatty Acids on Incorporation of Long Chain Polyunsaturated Fatty Acids and Conjugated Linoleic Acid in Lamb, Beef and Pork Meat: A Review. *Anim. Feed Sci. Tech.* **2004,** *113,* 199–221.

Rhee, K.S.; T.L. Davidson; H.R. Cross; Y.A. Ziprin. Characteristics of Pork Products from Swine Fed a High Monosaturated Fat Diet: Part I—Whole Muscle Products. *Meat Sci.* **1990,** *27,* 329–341.

Roth-Maier, D.; K. Eder; M. Kirchgessner. Live Performance and Fatty Acid Composition of Meat in Broiler Chickens Fed Diets with Various Amounts of Ground or Whole Flaxseed. *J. Anim. Physio. Anim. Nutr.* **1998,** *79,* 260–268.

Rymer, C.; D. Givens; K. Whale. Dietary Strategies for Increasing Docosahexaenoic Acid (DHA) and Eicosapentaenoic Acid (EPA) Concentration in Bovine Milk: A Review. *Nutr. Abs. Rev.* **2003,** *7(4),* 9R–25R.

Sanudo, C.; M. Enser; M.M. Campo; G.R. Nute; G. Maria; I. Sierra; J.D. Wood. Fatty Acid Composition and Fatty Acid Characteristics of Lamb Carcasses from Britain and Spain. *Meat Sci.* **2000,** *54,* 339–346.

Scheideler, S.E.; G.W. Froning. The Combined Influence of Dietary Flaxseed Variety, Level, Form, and Storage Conditions on Egg Production and Composition among Vitamin E-Supplemented Hens. *Poultry Sci.* **1996,** *75,* 1221–1226.

Scollan, N.D.; N.J. Choi; E. Kurt; A.V. Fisher; M. Enser; J.D. Wood. Manipulating the Fatty Acid Composition of Muscle and Adipose Tissue in Beef Cattle. *Br. J. Nutr.* **2001a,** *85,* 115–124.

Scollan, N.D.; M.S. Dhanoa; N.J. Choi; W.J. Maeng; M. Enser; J.D. Wood. Biohydrogenation and Digestion of Long Chain Fatty Acids in Steers Fed on Different Sources of Lipid. *J. Agric. Sci.* **2001b,** *136,* 345–355.

Shingfield, K.J.; S. Ahvenjarvi; V. Toivonen; A. Arola; K.V.V. Nurmela; P. Huhtanen; J.M. Griinaari. Effect of Dietary Fish Oil on Biohydrogenation of Fatty Acids and Milk Fatty Acid Content in Cows. *Anim. Sci.* **2003,** *77,* 165–179.

Sigfusson, H. Partitioning of an Exogenous Lipid-Soluble Antioxidant between the Neutral and Polar Lipids of Minced Muscle. Ph.D. Dissertation, University of Massachusetts, Amherst, **2000**; p 3–8.

Simopoulos, A.P. Overview of Evolutionary Aspects of ω3 Fatty Acids in the Diet. *The Return of ω3 Fatty Acids into the Food Supply: I. Land-Based Animal Food Products and Their Health Effects*; A.P. Simopoulos, Ed.; World Review of Nutrition and Dietetics; S. Karger: Switzerland, **1998**; *83,* p 1–11.

Squires, E.L. Stallion Semen Characteristics Following Dietary Supplementation with Magnitude™. Colorado State University Research Report. **2005**.

Taugbøl, O. Omega 3 Fatty Acid Incorporation in Fat and Muscle Tissues of Growing Pigs Fed Supplements of Fish Oil. *J. Vet. Med.* **1993,** *40,* 93–101.

Tavilani, H.; M. Doosti; K. Abdi; A. Vaisiraygani; H.R. Joshaghani. Decreased Polyunsaturated and Increased Saturated Fatty Acid Concentration in Spermatozoa from Asthenozoospermic Males as Compared with Normozoospermic Males. *Andrologia* **2006,** *38,* 173–178.

Van Elswyk, M. Nutritional and Physiological Effects of Flax Seed in Diets for Laying Fowl. *World Poultry Sci. J.* **1997,** *53,* 253–264.

Van Nevel, C. J.; D. I. Demeyer. Lipolysis and Biohydrogenation of Soybean Oil in the Rumen in vitro: Inhibition by Antimicrobials. *J. Dairy Sci.* **1995,** *78,* 2797–2806.

Van Nevel, C. J.; D.I. Demeyer. Influence of pH on Lipolysis and Biohydrogenation of Soybean Oil by Rumen Contents in vitro. *Reprod. Nutr. Dev.* **1996,** *36,* 53–63.

Wistuba, T.; E. Kegley; J. Apple. Influence of Fish Oil in Finishing Diets on Growth Performance, Carcass Characteristics, and Sensory Evaluation of Cattle. *J. Anim. Sci.* **2006,** *84,* 902–909.

Wood, J.; M. Enser. Factors Influencing Fatty Acids in Meat and the Role of Antioxidants in Improving Meat Quality. *Brit. J. Nutr.* **1997,** *78,* S49–S60.

Wood, J.D.; M. Enser; A.V. Fisher; G.R. Nute; R.I. Richardson; P.R. Sheard. Manipulating Meat Quality and Composition. *Proc. Nutr. Soc.* **1999,** *58,* 363–370.

Wood, J.; R. Richardson; G. Nute; A. Fisher; M. Campo; E. Kasapidou; P. Sheard; M. Enser. Effects of Fatty Acids on Meat Quality: A Review. *Meat Sci.* **2003,** *66,* 21–32.

Wonsil, B.J.; J.H. Herbein; B.A. Watkins. Dietary and Ruminally Derived Trans-18:1 Fatty Acids Alter Bovine Milk Lipids. *J. Nutr.* **1994,** *124,* 556–565.

Wright-Rodgers, A.S.; M.K. Waldron; K.E. Bigley; G.E. Lees; J.E. Bauer. Dietary Fatty Acids Alter Plasma Lipids and Lipoprotein Distributions in Dogs during Gestation, Lactation, and the Perinatal Period. *J. Nutr.* **2005,** *135,* 2230–2235.

第19章

单细胞油脂在水产业的应用

Mario Velasco-Escudero[a] and Hui Gong[b]

([a]*Mariculyura Negocios y Tecnologia, S. L., C/. Pere Terre i Domenech 11, 08027 Barcelona, Spain*; [b]*College of Natural and Applied Science, University of Guam, Mangilao, Guam*)

19.1 引言

水产业是世界上生产食物最多、发展最快的产业。从 1970 年开始以平均每年 8.8%的速率增长，同一时期的捕鱼业和农场养殖业的增长速率分别只有 1.2%和 2.8%，形成了肉类生产体系（EAO，2009）。鱼类养殖约占全球鱼总量的 50%，而这个数字还会随捕鱼者的减少和海洋食品总体资本预算的增加而增加（Turchini et al，2009）。

水产业的稳定增长主要是由于需要不断提高来满足食品需求。因为它们含有独特的营养价值，鱼粉和鱼油是很重要的两种食品添加剂。鱼粉和鱼油不仅含有高质量的动物蛋白质，而且还包括一些维生素、易吸收的能量和一些微量元素。一般认为在水生生物食品添加剂中含有未知兴奋剂和引诱剂。估计 1/3 的水产品来源于水产养殖，消耗 1.2 亿吨水产饲料，包括 0.23 亿吨鱼粉和 0.07 亿吨鱼油（Tacon，1999）。鱼油因其含有 ω-3 长链高不饱和脂肪酸（LC-HUFA）而闻名，世界上 87%的这种油脂被用于水产养殖。

一方面，对鱼油和鱼粉的很高的需求量使得它们在水产养殖业的使用产生深刻的影响，并且将会冲击有限的自然资源。而且鱼粉和鱼油的加工过程中所引起的环境和安全问题，还有天然鱼类的资源有限，使得人们开始关注这种自然资源的可持续发展。另一方面，过度捕捞使得全球的鱼粉只能保持相对的稳定并有轻微的下降。环境的变化，如厄尔尼诺现象，会引起鱼粉和鱼油的供应急剧下降。因此会产生鱼粉/鱼油供应的波动，同时随着它在水产养殖和其他动物生产行业需求量的增加，增长的工业需求量超出供应，其价格将继续走高，甚至可能发生戏剧性的变化。从长远的角度来看，需要一个更加可持续性的生产途径以及找到可以替换这种生产方式的方法。在本章中，我们致力于发展使用单细胞油脂（SCO）来替代鱼油作为水产养殖饲料，提供一个安全和持续的来源替代来支持水产养殖业的持续发展。

LC-HUFA，例如二十二碳六烯酸（DHA；C22：6ω-3）、二十碳五烯酸（EPA；C20：5ω-3）和花生四烯酸（ARA；C20：4ω-6），都是从微藻中得来的，而这些微藻也是幼体鱼类生长的必需食物（Langdon & Waldock，1981；Sargent et al，1997；Brown，2002；Harel et al，2002）。经过今年的研究，Brown（Brown，2002）得出了 56 种微藻内所含重要的长链不饱和脂肪酸的比例（Volkman et al，1989，1993；Dunstan et al，1994）。这些微藻内脂肪酸的含量各有不同，根据分类的种群，即使是同属的微藻，其含量也有差异。一些微藻含有稳定的高含量 EPA（占总脂肪酸含量的 7%～34%）。单细胞藻类[例如巴夫藻（*Pavlova* spp.）和等鞭金藻（*Isochrysis* sp.）（T. ISO）]和双鞭藻类（Cryptomonads）都富含 DHA（占总脂肪酸含量的 0.2%～11%）（Brown，2002），绿藻缺刻缘绿藻（*Parietochloris incisa*）中发现其高产 ARA（可达细胞生物量的 20%、脂肪酸含量的 32%）（见第 10 章）。然而绿藻纲植物（Chlorophytes）[杜氏藻（*Dunaliella* spp.）和小球藻（*Chlorella* spp.）]却只含有较低的营养价值，主要是因为其缺乏 C_{20} 和 C_{22} 不饱和脂肪酸，虽然其中的一些种类含有少量的 EPA（仅占总脂肪酸含量的 3.2%）（Brown et al，1997；Brown，2002）。草绿藻（Prasinophytes）中的脂肪酸比例很高的 C_{20} [扁藻属（*Tetraselmis* spp.）] 和 C_{22} [微单胞菌属（*Micromonas* spp.）]，几乎很少两者都有。虽然有相关数据显示微藻有产脂肪酸的优势，但不饱和脂肪酸的生产还主要取决于该物种可以积累油脂（如甘油三酯）而不是一些碳水化合物（如淀粉）。事实上，很多微生物看似可以积累不饱和长链脂肪酸，可是最后被证明如果一种微生物所产不饱和油脂不能超过总油脂的 20%则是无用的。

通过单细胞藻类所产的单细胞油脂富含高质量的 ω-3 长链不饱和脂肪酸，可以用来代替鱼油添加到食品中。微藻生产的油脂成分简单，易于纯化（Medina et al，1998）。更重要的是，微藻是一种生长不受环境限制，而且环保、可持续利用的资源（Harel et al，2002）。经过仔细的选育和培养条件控制，可以使其代谢生产需要的油脂来满足其营养需求（Medina et al，1998；Atalah et al，2007）。通过近几年 Turchini 等（Turchini et al，2009）的研究，发现从单细胞微藻如裂殖壶菌（*Schizochytrium* spp.）、寇氏隐甲藻（*Crypthecodinium cohnii*）和三角褐指藻（*Phaeodactylum tricornutum*）获取的DHA油脂可以成功地应用在乌颊鱼海鲷（*Sparus aurata*）的饲料中。同样地裂殖壶菌也可以应用于大西洋鲑鱼(Miller et al，2007)。不过这种SCO提取所需的费用很高，所以要将这种创新的有价值的发现应用在商业生产上还是一个挑战。

19.2 水生动物必需的脂肪酸

19.2.1 水生环境与陆生环境

由于水生动物生活在水中，与其他陆生的家畜相比淡水鱼和深海鱼类有着独特的特征。比如，鱼类属于冷血动物，它们具有一定的浮力，能在水中运动自如，分泌氨，能独立生长。这样的功能导致了分配到运动和保持自身体温的能量减少，而更多的能量用于降解各类氨基酸产生氨（不同于陆生动物那样产尿素和尿酸)。水生动物的新陈代谢也包括一些生理和营养功能，这些功能也受到盐的浓度和水的温度影响。这些生物正常的新陈代谢和生理功能在本质上与细胞膜的流动性有相当大的关系，而细胞膜的组成与水生生物食物中脂肪酸的含量也有一定的关系。

脂肪酸是油脂类中主要的组成成分（如食用油、磷脂、固醇和蜡）并且与许多新陈代谢以及结构功能相关。必需脂肪酸（EFA）是一些无法通过自身合成的脂肪酸，但是它们是生物生长发育所必需的成分。

恒温陆生动物，如脊椎动物和鸟类，都含有2种EFA，分别是亚油酸（LA，C18:2ω-6）和α-亚麻酸（ALA，C18:3ω-3)。不过，几乎所有的动物，包括人类，在日常饮食中对LA的需求都远高于ALA。因此，缺乏EFA中的LA会比缺乏ALA表现出更早、更严重的症状。同时，缺乏EFA所引起的症状可以通过添加LC-HUFA缓解，由此可知LA和ALA不能通过自身正常生长代谢获得，不过一些不饱和脂肪酸的合成需要通过这两种脂肪酸的转化来获得。由油脂（C18:1ω-9）向LA的转化和LA向ALA的转化都需要Δ^{12}-脱饱和酶。而这种酶在哺乳动物中是不存在的，这使得当体内缺乏LA和ALA时只能通过食物进行补充而不能自身合成。因为EFA对哺乳动物的营养重要性，所以必须通过各种脊椎动物、鱼类获得EFA。

通过脂肪酸的延长和脱饱和得到LC-HUFA的过程需要一系列的酶参与，大体如图19-1所示。鱼类也不能合成ω-3和ω-6的LC-HUFA，除非在其饮食中添加EFA（LA和ALA)。不过，鱼类和哺乳动物一样都能通过自身合成饱和脂肪酸和单一不饱和脂肪酸，如图19-1所示。比如，鱼类可以利用Δ^{19}-脱饱和酶将软脂酸(C16:0)转化为单烯软脂酸(C16:1ω-9）和将硬脂酸(C18:0)转化为单烯油脂。

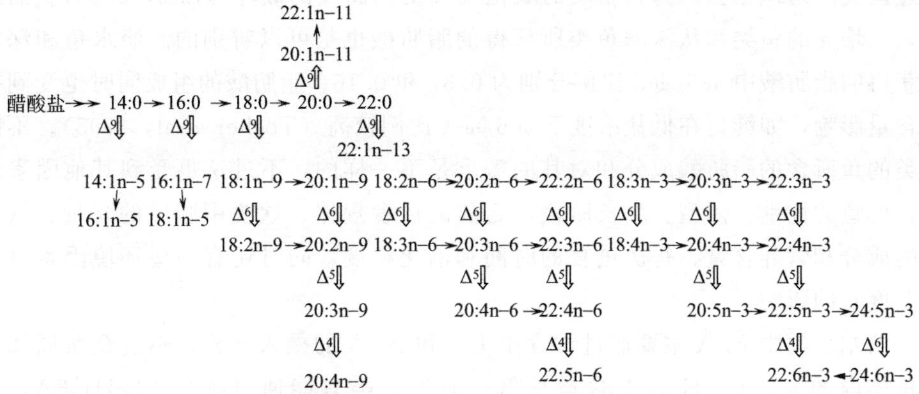

22:1n–11
↑
20:1n–11
Δ9↑
醋酸盐→→14:0→16:0→18:0→20:0→22:0
Δ9⇓ Δ9⇓ Δ9⇓ Δ9⇓
22:1n–13
14:1n–5 16:1n–7 18:1n–9→20:1n–9 18:2n–6→20:2n–6→22:2n–6 18:3n–3→20:3n–3→22:3n–3
↓ ↓
16:1n–5 18:1n–5 Δ6⇓ Δ6⇓ Δ6⇓ Δ6⇓ Δ6⇓ Δ6⇓ Δ6⇓ Δ6⇓
18:2n–9→20:2n–9 18:3n–6→20:3n–6→22:3n–6 18:4n–3→20:4n–3→22:4n–3
Δ5⇓ Δ5⇓ Δ5⇓ Δ5⇓ Δ5⇓
20:3n–9 20:4n–6→22:4n–6 20:5n–3→22:5n–3→24:5n–3
Δ4⇓ Δ4⇓ Δ4⇓ Δ6⇓
20:4n–9 22:5n–6 22:6n–3←24:6n–3

图 19-1　图解鱼类脂肪酸生物合成

几乎所有的鱼类同其他哺乳动物一样，可以通过自身连续的脱饱和和延长交替进行来使 ALA(C18:3ω-3)转化为 LC-HUFA（如 EPA 和 DHA）（Sargent et al，2002；Nakamura & Nara，2004；Turchini et al，2009）。EPA 可以通过 ALA 的链延长酶/Δ^6-脱饱和酶或链延长酶/Δ^6-脱饱和酶后再经过 Δ^5-脱饱和酶获得。而 DHA 的最终获得还需要再经过 2 个链延长步骤——一个 Δ^6-脱饱和酶作用和 β-氧化循环（链的缩短反应），通常被称为 Sprecher 分流（Sprecher Shunt）(Sprecher et al，1995；Turchini et al，2009)。

ω-3 和 ω-6 系列不饱和脂肪酸在脱饱和阶段都会产生竞争性抑制，主要是因为 Δ^5-脱饱和酶和 Δ^6-脱饱和酶的结合位点相似。并不是所有鱼类的 EFA 到 LC-HUFA 的链延长和脱饱和过程都是相同的。比如，通过对碳标记^{14}C 可知大比目鱼的代谢过程中只有 3%～15%的 LA 或 ALA 可以通过链延长和脱饱和途径产生 LC-HUFA，而彩虹鲑鱼可以将 70%的 ALA 转化为 DHA（Halver，1980）。这些转化率都算是相当高的，而陆生脊椎动物的转化率，从猫（食肉动物）的 0%到人类（杂食动物）的 1%和老鼠（素食动物）的 10%。

事实表明高浓度的 C18ω-6 或 C18ω-3 系列的脂肪酸都会抑制鱼类体内 C18:1ω-9 的合成和代谢(Halver,1980)。值得关注的是鲶鱼在体内脂质中所含 LA 和 ALA 的量降低时生长缓慢,此时 C18:1ω-9 的含量增多。在饮食中无论是添加 LA 还是 ALA 都会使体内 C18:1 脂肪酸的含量减少。这种状况也同样发生在以磷脂为主要脂质的真鲷上,当饮食中添加了 LA 或 ALA 时 C18:1 脂肪酸的含量也会减少。已经确定脱饱和酶的竞争性抑制是一个系列脂肪酸抑制另一个系列脂肪酸,它们的抑制能力是 ω-3＞ω-6＞ω-9(Halver,1980)。

与从陆地畜牧业所获得的脂肪酸油脂相比，一些鱼类组织中有高含量的 LC-HUFA，包括高含量的 EPA 和 DHA。LC-HUFA 是所有细胞的重要组成成分，不过鱼类的组织也会因为其脂质的氧化反应受到高度的破坏（Lall，2000）。而通过人工培养的鱼类和从深海鱼类所获得的脂肪酸也是可以辨别的。淡水鱼和深海鱼获得的脂肪酸中 ω-6/ω-3 比例分别为 0.37 和 0.16。脂肪酸的组成同时也受到盐分含量影响，如鲑鱼在低盐浓度下 ω-6/ω-3 比例较高（Tocher et al，1995）。不同种类的鱼所含的脂肪酸成分和对其的需求是不一样的，不过这也受到其他因素影响，如鱼的性别、体型、生长阶段、之前的饮食规律、饮食中脂质的含量、饮食中的成分和营养含量、每次进食的时间和消化程度，同时还有一些环境因素（比如温度）的影响。

淡水鱼类中 EFA 主要通过饮食中 LA 和 ALA 的摄入补充，不过众所周知这些鱼体内的 ω-3 LC-HUFA 含量很低。海生鱼类只能通过提供 LC-HUFA，如 EPA 和 DHA（一般来自鱼油）补充 EFA，而这类鱼肉含有丰富的 ω-3 LC-HUFA。淡水鱼类可以将 ALA 进行链延长和脱饱和使其转化为 DHA，虽然这个量很少；而海生鱼类缺乏 Δ^5-脱饱和酶或酶活力低下，无法完成这个过程，所以需要从食物中获得 LC-HUFA，如 ARA、EPA 和 DHA。已经证实一些淡水鱼类和海生鱼类都缺乏 EFA（NRC，1993）。强调了 ARA 含量对海洋鱼类营养成分的至关重要性（Sargent et al，1997；Izquierdo，2005），表明在饲料中 ARA、EFA 和 DHA 的比例平衡是必需的。

虽然 ω-6 脂肪酸是生长发育所必需的物质，但鱼油中这种脂肪酸的含量很低，而 ω-3 脂肪酸的含量很高。由此可知鱼油中含有高浓度的 ω-3 LC-HUFA，对于鱼类来说它和 EFA 有着相同的地位。

一般来说水产业中有超过 140 种鱼和甲壳类水生动物，我们一般只关注几种有重大经济效益的种类。

19.2.2 罗非鱼

罗非鱼(tilapia)的饲料中主要是需要摄入 ω-6 多不饱和脂肪酸。2009 年 Lim & Aksoy 的研究表明了罗非鱼的脂肪酸需求，而且由报道可知其饲料中需要包含 LA。红腹罗非鱼（*Tilapia zillii*）和尼罗罗非鱼（*Oreochromis niloticus*）饲料中最佳的 ω-6 LA 或 ALA 的含量是 0.5%～1%。虽然这个研究不能广泛应用在其他种类上，但通过这些研究还能了解到蓝色罗非鱼（*O. aureus*）需要高浓度的 ω-6 脂肪酸。罗非鱼的饲料中可能需要一定的 ALA，不过 ω-3 的最佳摄入量还未证实。虽然 ω-6 系列脂肪酸比 ω-3 系列脂肪酸对生长发育有更好的促进作用，如果存在高含量的一种 ω-6 脂肪酸或 ω-3 脂肪酸就会影响对另一种的需求。研究证明罗非鱼可以通过链延长和脱饱和作用将 LA 转化成 ARA（ω-6 途径）、将 ALA 转化成 EPA 和 DHA（ω-3 途径），不过罗非鱼体内获得的鱼油所含的营养成分却与之不符合。一些研究表明鱼油中的营养成分与植物油脂是相同的，不过还有一些其他研究显示鱼油在某些条件下功效较差。在海水中，鱼油能够促使罗非鱼更好地排卵；而在淡水中，植物油（大豆油）表现得更加出色。

19.2.3 彩虹鳟鱼

彩虹鳟鱼（rainbow trout），一种五彩缤纷的鱼类，其饲料中需要添加 n-3 脂肪酸作为 EFA，而这种 EFA 的获取可以通过在饲料中加入 1.0%的 ALA 实现（Halver，1980）。虽然在饲料中添加一定量的 LA（ω-6）也可能对其生长有一定的促进作用并能进一步发生转化，但当饲料中缺乏 EFA 时，它并不能缓解因 EFA 缺乏所引起的症状，如"休克症状"（Halver，1980）。因此，EFA 的缺乏对彩虹鳟鱼的体内血液流动和免疫性能都是不利的。EFA 通过影响彩虹鳟鱼的血小板来干扰其体内的血液聚合能力，当饲料中 EFA 减少时，鱼体内的血小板就供应不足，从而使血液凝聚减缓（Kfoury et al，2006）。彩虹鳟鱼缺乏 EFA 时，其抗体的产生和通过巨噬细胞杀死体内细菌的功能都会受到牵连（Kiron et al，1995）。当饲料中添加多不饱和脂肪酸时会加强其对病原体的抗性，但高浓度的 n-3 HUFA 没有这个效果（Kiron et al，1995）。食物中的 LA 和 ALA 易转化成 C_{20} 和 C_{22} 的 LC-HUFA 系列；ALA 转化为 EFA 的效率高于 LA，因此 EPA 或 DHA 的主要前体物质是 ALA，由此可见 EFA 在彩虹鳟鱼中的地位之重。EPA 和 DHA 结合应用会比单独添加 EPA 或 DHA 更有效果。而像一些前体物质如 C_{20} 和 C_{22} 的 LC-HUFA 可以通过一些鱼油获得，如鳕鱼鱼油和鲑鱼鱼油（Halver，1980）。

19.2.4 鲑鱼

鲑科鱼（salmonid）的饲料中需要添加 ω-3 多不饱和脂肪酸。比如鲑鱼（salmon）可以使用 1%的 ALA 或 0.5%～1.0%的 HUFA（Sargent et al，2002）。Ruyter 等（Ruyter et al，2001）进行过 4 个月的实验，即用半合成的饲料，如包含脂肪酸甲酯的 LA、ALA 或 EPA 和 DHA 的等量混合物，喂养大西洋鲑鱼（4g）。通过这个研究可以发现脂肪酸含量增加了 0～2%（干重）。结果显示，饲料中的 ω-3 脂肪酸含量增加到 1%，鲑鱼生长速率就会增加，EPA 和 DHA 的混合物对鱼的生长比 ALA 更有效。没有数据表明饲料中 LA 的增加对生长速率有显著影响。饲料中添加 ω-3 脂肪酸可减少鲑鱼的死亡率，不过添加 LA 没有这个效果。这种饲料会使血液和肝脏中磷脂脂肪酸的组成发生本质的变化，但对躯体中的总脂含量影响不大。饲料中的 LA 增加，会提高肝脏和血液血磷脂（PL）中的 ARA 比例，但蜂蜜酸（C20:3ω-9）由于 EFA 的缺乏比例下降。在肝脏、血液和死去的动物中 LA 的比例也会增加。饲料中 LA 剂量的添加会使肝脏和血液 PL 中的 ARA 含量增加，但蜂蜜酸的比例降低。肝脏、血液和躯体中的 LA 比例也会增加。结合哺乳动物的研究，ALA 的添加并不会显著增加 DHA 的比例。饲料中的

ALA 也不会显著改变血液中脂肪酸的成分，但是会增加躯体内 ALA 的比例。在饲料中添加 ω-3 脂肪酸 EPA 和 DHA 的混合物，可以增加血液和肝脏中脂类 DHA 的比例，蜂蜜酸的比例会降低，而体内 EPA 的比例没有变化。

19.2.5 海生鱼类

海生鱼类需要 ω-3 LC-HUFA，如 EPA 和 DHA，作为 EFA 维持其生长。从生物幼体的孵化到生长阶段需要 0.5%～2.0% 的 EPA 促进生长（Watanabe，1993）。总体来说，鱼油和鱼粉中富含 ω-3 LC-HUFA，缺乏 EPA 相关脂类的话会影响鱼体内蛋白质和脂质的合成。每种生物在幼体阶段对 EFA 的需求都会比成年阶段高。比如红鲷鱼（*Pagrus major*）成年阶段需要 0.5%的 LC-HUFA，幼年阶段需要 3.0%；黄尾鲷鱼（*Seriola quinqueradiata*）成年阶段需要 2.0%，幼年阶段需要<3.9%；条纹鱼（*Pseudocaranx dentex*）成年阶段需要 1.7%，幼年阶段需要<3.0%；大比目鱼（*Scophthalmus maximus*）成年阶段需要 0.8%，幼年阶段需要 1.2%～3.2%；条纹石鲷（*Oplegnathus fasciatus*）和比目鱼（*Paralichthys olivaceus*）成年阶段需要 1.0%，幼年阶段分别需要 3.0%～4.0% 和<3.5%（Watanabe，1993）。因为 EPA 转化为 DHA 的过程限制，DHA 比 EPA 对幼年期海生鱼类更有价值（Watanabe，1993）。

19.2.6 虾

有报道显示对虾（panaeid shrimp）需要一定含量的必需脂肪酸。Kanazawa 等（Kanazawa et al，1979）提出饲料中 1.0% 的 ω-3 LC-HUFA 是对虾生长必需的最小值。

Chen 和 Tsai（Chen & Tsai，1986）证实在饲料中添加 0.5%～1.0%的 ω-3 LC-HUFA 有利于斑节对虾（*Penaeus monodon*）生长，而且 Rees 等（Rees et al，1994）也证实丰年虾的幼体在 ω-3 LC-HUFA 占干重含量为 12～22mg/g 时生长良好。Xu 等（Xu et al，1994）也建议在 *Farfantepenaeus chinensis*[①] 的饲料中添加 0.7%～1.0%的 ALA，1%的 DHA 添加比 ALA 更有益于生物生长发育和生存。研究证明，虽然 ω-6 LA 和 ARA 对动物的生长发育有益，但是 ω-3 LC-HUFA 系列特别是 DHA 对动物来说是最好的 EFA。Lim 等（Lim et al，1997）证实根据生长期的虾［凡纳滨对虾（*Litopenaeus vannamei*）］的生长状况和脂肪酸组成不同所要喂食的脂质也不同。他们发现鲱鱼富含 ω-3 LC-HUFA，对于虾来说这是最好的营养物质，而几乎所有的植物油脂，富含 ALA 的都比富含 LA 的价值高。总结发现 ω-6 脂肪酸和 ω-3 脂肪酸都是饮食中的基本物质，虽然 ω-3 LC-

---

① 似应为 *Fenneropenaeus chinensis*（中国对虾）。——译者注

HUFA 可以使生物生长最好并有效地吸收和生存。González-Félix 等（González-Félix et al，2002a，2002b，2003b）估算了营养物价值和每日饮食中 LA、ALA 的需求，包括不同的 LA/ALA 比例，将这些脂肪酸与 ω-3 LC-HUFA 的营养价值进行对比，两者相互结合使用，从最后的产物重量和增重得知其营养价值十分高。无论 LA 还是 ALA，单独添加或相互结合使用，在促进虾生长发育方面都比只喂食软脂酸或硬脂酸好。但通过这些实验条件并没有得出在饲料中应该添加多少 LA 和 ALA 的结论。González-Félix 等（González-Félix et al，2003a）最近再次对饮食中单独添加 0.5%的 LA 和 ALA 或其混合物与添加 LC-HUFA 中的 ARA、EFA、DHA 相比较。研究证实，所有的 LC-HUFA 的营养价值都高于 LA 和 ALA，并且最后在虾体内的代谢产物重量和增重都较高（$P<0.05$）。通过他们对凡纳滨对虾的实验可以得出结论：无论是提供 ω-3 脂肪酸（如 EPA 和 DHA）还是 ω-6 脂肪酸（如 ARA）的 LC-HUFA，作为 EFA 都比 LA 或 ALA 更具有营养价值。而且，对于是否添加 LA 和 ALA 也没有证实。虽然有一些报道指出 ω-3 系列脂肪酸比 ω-6 系列脂肪酸更适合作为 EFA，但凡纳滨对虾似乎可以同样利用 ω-3 和 ω-6 的 LC-HUFA，而其最适的新陈代谢主要是与环境条件的特殊性或物种的饮食习惯甚至是不同的基因有关。同时也有报道证实，由 ARA 衍生的类二十烷酸（eicosanoid）可能参与甲壳类生物的脱壳过程，从而影响其生长（Koskela et al，1992）。这些研究显示在这些生物中 EFA 的价值主要是由链的长度和不饱和作用决定的，同时无论哪个族的 LC-HUFA 比起那些短链脂肪酸都更有价值。

凡纳滨对虾的饲料中被证实需要添加 0.5%的 ω-3 LC-HUFA，但这个量可能偏低。当饲料中的 ω-3 LC-HUFA 含量为 2.0%时，虾的生长缓慢。同时这个研究还显示增加油脂含量可以影响虾体内的脂质组成，包括肝胰腺和肌肉积累增加，但对生长影响不大。

Lytle 等（Lytle et al，1990）提出饮食中 ω-3 脂肪酸和 ω-6 脂肪酸应该达到平衡，并推荐饮食中高的 ω-3/ω-6 比例。添加高含量的 EPA 和 DHA 时，还需要加入一定量的 ARA。哺乳期的短沟对虾（*P. semisulcatus*）（Ravid et al，1999）和凡纳滨对虾（Wouters et al，2001）所需的 ω-3/ω-6 比例为 2∶1 最佳，而幼年的凡纳滨对虾所需的 ω-3/ω-6 比例为 3∶1 最佳。

19.3 水生生物的必需脂肪酸资源

19.3.1 鱼油和鱼粉

含有必需 LC-HUFA 的海洋生物所获得的鱼油一直以来是水产养殖主要来源，尤其是具有海洋狭盐性的生物（不能承受水中盐分含量差异太大的水生生物）。实际上鱼油是从鱼粉中提取出来的（占干重的3%～17%，根据不同种类而定）一种重要的 LC-HUFA 组成原料（Hertrampf & Piedad-Pascual，2000）。鱼粉和鱼油的制造遵循基本的流程。

鱼油和鱼粉中的脂肪酸组成丰富，它们的获得还与鱼的种类、捕获季节、地域、范围、过程和氧化程度有关（Hertrampf & Piedad-Pascual，2000）。因为高浓度的不饱和脂肪酸会促使鱼油和鱼粉易发生氧化，所以在生产过程中需要添加抗氧化剂如乙氧喹（ethoxyquin）来延长提取的时间。

19.3.2 植物油脂

没有一种植物油脂中含有 LC-HUFA（ARA，EPA 或 DHA），虽然有一些植物油，如亚麻籽油和菜籽油，可能含有高浓度的 ALA（Turchini et al，2009）。而当这些植物油被水生生物和哺乳生物吸收利用时，ALA 几乎不能被机体转为 DHA，而且肌肉组织脂肪酸的组成也反映了饲料中脂肪酸的组成（Hardy，2006；Mourente et al，2005；Mourente & Bell，2006）。同时，只是 DHA 而不是 ALA 构建了神经系统（Masuda，2003），DHA 在鱼的个体生长发育阶段是必需物质，只有当生物体内需要 EFA 时植物油脂才能被利用（Turchini et al，2009）。

19.3.3 微藻产单细胞油脂

由单细胞组成的微藻在水生环境中是 DHA 的初级生产者，它们能替换鱼油成为很好的水产饲料。对于金头鲷（Atalah et al，2007；Ganuza et al，2008）、大西洋鲑鱼（Miller et al，2007）、太平洋白虾（Browdy et al，2006；Patnaik et al，2006）和草虾来说，可以将微藻所产的 DHA 油脂和 DHA 粉作为饲料替代鱼油。总体来说在作为鱼类饲料上它们可以部分甚至全部替换鱼油和鱼粉。而这种富含 SCO 的微藻粉也可以成功应用于幼年期的轮虫和丰年虾，促进其生长（Harel et al，2002；Copeman et al，2002；Harel & Place，2003），微藻油脂生产已经开始应用于商业生产。富含 DHASCO 的微藻作为饲料还可以增加鱼肉中的 DHA 含量，如罗非鱼（Laurin et al，2006），因此对于消费者来说，其营养价值就提高了。

19.3.4 新的 GMO 选择[①]

实验研究通过对酵母和植物进行基因改造使其产含有 LC-HUFA 的油脂（Robert，2006）。虽然实验取得了一定的进展，但 DHA 和 EPA 的含量很低。而且，一些消费者对基因修饰的消极认知使得其在水产养殖的应用延缓。

---

① GMO——genetically modified organism，转基因生物。——译者注

19.4 鱼油和鱼粉的紧缺

19.4.1 水产养殖业的可持续发展

传统的捕渔业，其捕鱼技术还处在逐步发展中。而且捕鱼技术和渔业资源已经发展到许多野生资源（如鳕鱼、箭鱼、鲔鱼、凤尾鱼等）处于其可持续捕捉的临界点或过度捕捞。这个事实体现在近 15 年内全球捕鱼业处在一个近乎静止的水平，大约 9 亿吨（FAO，2009）。水产养殖是一个致力于水生生物生产管理的农业综合企业。而在近 10 年间，生产养殖业已经并将继续成为发展最快的食品生产企业，目前已经占据全世界渔业生产的 50%（捕鱼和养殖的总和）。（FAO，2009）。水产业出口显著增加供应产品来满足世界人口增加的需求，改变营养习惯，认识到鱼和海产品的营养益处。然而，我们对捕鱼获取鱼粉鱼油作为水产饲料的依赖引起了担心，担心可利用资源的最佳利用以及可持续开发。这种对野生鱼群的依赖限制了一些水产品种的进一步增长，主要是一些食肉鱼类，所以未来我们需要面临的挑战主要是如何克服这些问题。

19.4.2 捕鱼业的输入/水产业的输出（CIAO）指数

通过捕获野生鱼类（鱼、鱿鱼、磷虾等）提取鱼油和鱼粉，又需要添加到饲料中饲养另一种鱼类，使得这种资源的利用陷入了一个两难的地步。基于饲料和鱼油都是通过捕获野生生物获得，鱼类可以被分为资源净消费者和资源净生产者。通过指数计算，根据捕鱼业的输入（captures in）和水产业的输出（aquaculture out）之比（CIAO）来决定其可持续性以及其生产策略。当其比值大于 1.0 时，这种生物或产品在生产策略上更适合净消费者；当这个比值小于 1.0 时，则这种生物或产品在生产策略上更适合净生产者。因此，如表 19-A 所示，如果数据显示一个生物或产品所产鱼油的指数为 1.88 则属于净消费者，因为超过 1.8t 的野生鱼类将被要求生产 1.0t 的培养种类。不过如果微藻的生物量中有高含量的 SCO 则可以应用于生产，从而减少鱼油和鱼粉在饲料中的添加，这样同样的物种就可以成为净生产者（表 19-A）。

表 19-A　饲料中是否添加微藻 SCO 的 CIAO 指数计算举例

区　别	水产饲料配方	FCR①	CIAO 指数	产品中生鱼用量② /（kg/t）
添加 SCO	鱼粉 20%（干重） 鱼油 10%（干重）	1.5	鱼粉 1.36 鱼油 1.88	1363.6 1875.0

续表

区　别	水产饲料配方	FCR①	CIAO 指数	产品中生鱼用量② / (kg/t)
不添加 SCO	鱼粉 10%（干重） 鱼油 3%（干重）	1.5	鱼粉 0.68 鱼油 0.56	681.8 562.5

① FCR：饲料转化率。

② 生鱼：22%的鱼粉，8%的鱼油。

在泰国，最近通过对太平洋白虾完整的商业的生长条件实验研究证明，用微藻 SCO 替代 50%的鱼油和鱼粉进行饲养，对其生长和商业价值并没有影响。这个证实可以使这种鱼类从净消费者转为净生产者，由此洐生出对环境的保护和可持续发展的理念。

19.5　SCO 在水产业应用的前景

19.5.1　消费者和水产养殖业对可持续发展的看法

消费者和水产养殖业都需要积极客观地看待可持续发展，才能使未来对于水产品的消费和生产系统更加健全。可持续发展包括 3 个方面的内容：环境、经济和社会。水产养殖业的发展也必须遵循可持续发展，遵循这 3 个内容，这是全球所有相关的人需要继续积极实行的一项措施。生产方面的提高都必须遵循可持续发展的需求，这样的行为是值得鼓励的。

19.5.2　SCO 应用于水产业的光明前景

SCO 在水产业有着很好的应用前景，尤其是其可以转化为 EFA，如 DHA 和 ARA。这本书中提到了很多 DHA 对机体功能的有益作用，并且很多其他的科学研究证明也会相继公布。随着越来越多的水产营养家证实用微藻 SCO 进行饲料加工和生产非常有优势，如果其提取的成本降低，技术更加普遍化，则其应用会更广泛。结合环境需求，未来更需要提高微藻产 SCO 的技术来促进和扩大水产养殖业的发展。

参 考 文 献

Atalah, E.; C.M. Hernandez-Cruz; M.S. Izquierdo; G. Roselund; M.J. Caballero; A. Valencia. Two Microalgae *Crypthecodinium cohnii* and *Phaeodactylum tricornutum* as Alternative Sources of Essential Fatty Acids in Starter Feeds for Seabream (*Sparus aurata*). *Aquaculture* **2007**, *270*, 178–185.

Brown, M.R. Nutritional Value of Microalgae for Aquaculture. *Avances en Nutrición Acuícola VI.* Memorias del VI Simposium Internacional de Nutrición Acuícola, Cancún, Quintana Roo, México, Sept 3–6, 2002; L.E. Cruz-Suárez, D. Ricque-Marie, M. Tapia-Salazar, M.G. Gaxiola-Cortés, N. Simoes, Eds.; 2002.

Brown, M.R.; S.W. Jeffrey; J.K. Volkman; G.A. Dunstan. Nutritional Properties of Microalgae for Mariculture. *Aquaculture* **1997,** *151*, 315–331.

Browdy, C.; G. Seaborn; H. Atwood; D.A. Davis; R.A. Bullis; T.M. Samocha; E. Wirth; J.W. Leffler. Comparison of Pond Production Efficiency, Fatty Acid Profiles, and Contaminants in *Litopenaeus vannamei* Fed Organic Plant-based and Fish-meal-based Diets. *J. World Aquaculture Society* **2006,** *37*, 437–451.

Chen, H.Y.; R.H. Tsai, The Dietary Effectiveness of *Artemia* nauplii and Microencapsulated Food for Postlarval *Penaeus monodon. Research and Development of Aquatic Animal Feed in Taiwan*; J.L. Chuang, S.Y. Shiau, Eds.; Fisheries Society of Taiwan: Taipei, 1986; Vol. I, Ser. 5, pp 73–79.

Copeman, L.A.; C.C. Parrish; J.A. Brown; M. Harel. Effects of Docosahexaenoic, Eicosapentaenoic, and Arachidonich acids on the Early Growth, Survival, Lipid Composition and Pigmentation of Yellowtail Flounder (Limanda ferruginea): A Live Food Enrichment Experiment. *Aquaculture* **2002,** *210*, 285–304.

Dunstan, G.A.; J.K. Volkman; S.M. Barrett; J.M. Leroi; S.W. Jeffrey. Essential Polyunsaturated Fatty Acids from Fourteen Species of Diatom (Bacillariophyceae). *Phytochemistry* **1994,** *35*, 155–161.

Food and Agriculture Organization of the United Nations (FAO). *Use of Wild Fish and/or Other Aquatic Species to Feed Cultured Fish and Its Implications to Food Security and Poverty Alleviation.* FAO Expert Workshop. FAO Fisheries and Aquaculture Department: Kochi, 2007.

Food and Agriculture Organization of the United Nations (FAO). *The State of World Fisheries and Aquaculture 2008*. FAO Fisheries and Aquaculture Department: Rome, 2009.

Ganuza, R.; T. Benitez-Santana; E. Atalah; O. Vega-Orellana; R. Ganga; M.S. Izquierdo. *Crypthecodinium cohnii* and *Schizochytrium* sp. as Potential Substitutes to Fisheries-derived Oils in Seabream (*Sparus aurata*) Microdiets. *Aquaculture* **2008,** *277*, 109–116.

González-Félix, M.L.; A.L. Lawrence; D.M. Gatlin III; M. Perez-Velazquez. Growth, Survival and Fatty Acid Composition of Juvenile *Litopenaeus vannamei* Fed Different Oils in the Presence and Absence of Phospholipids. *Aquaculture* **2002a,** *205*, 325–343.

González-Félix, M.L.; D.M. Gatlin III; A.L. Lawrence; M. Perez-Velazquez. Effect of Phospholipid on Essential Fatty Acid Requirements and Tissue Lipid Composition of *Litopenaeus vannamei* Juveniles. *Aquaculture* **2002b,** *207*, 151–167.

González-Félix, M.L.; D.M. Gatlin III; A.L. Lawrence; M. Perez-Velazquez. Nutritional Evaluation of Fatty Acids for the Open Thelycum Shrimp, *Litopenaeus vannamei*: II. Effect of Dietary n-3 and n-6 Polyunsaturated and Highly Unsaturated Fatty Acids on Juvenile Shrimp Growth, Survival and Fatty Acid Composition. *Aquacult. Nut.* **2003a,** *9*, 115–122.

González-Félix, M.L.; A.L. Lawrence; D.M. Gatlin III; M. Perez-Velazquez. Nutritional Evaluation of Fatty Acids for the Open Thelycum Shrimp, *Litopenaeus vannamei*: I. Effect of Dietary Linoleic and Linolenic Acids at Different Concentrations and Ratios on Juvenile Shrimp Growth, Survival and Fatty Acid Composition. *Aquacult. Nut.* **2003b,** *9*, 105–113.

Halver, J.E. Lipids and Fatty Acids. *Fish Feed Technology*; Lectures Presented at the FAO/UNDP Training Course in Fish Feed Technology, College of Fisheries, University of Washington, Seattle, Washington, USA, Oct 9–Dec 15 1978, 1980 . United Nations Development Programme, Food and Agriculture Organization of the United Nations: Rome, 1980.

Hardy, R.W. Fish Oil Replacement Shift Fatty Acid Content of Farmed Fish. *Global Aquacult. Adv.* **2006,** *6*, 48–49.

Harel, M.; A.R. Place. Tissue Essential Fatty Acid Composition and Competitive Response to Dietary Manipulations in White Bass (*Morone chrysops*), Striped Bass (*M. saxatilis*) and Hybrid Striped Bass (*M. chrysops* X *M. saxatilis*). *Comp. Biochem. Physiol. B* **2003,** *135*, 83–94.

Harel, M.; W. Koven; I. Lein; Y. Bar; P. Behrens; J. Stubblefield; Y. Zohar; A.R. Place. Advanced DHA, EPA and ArA Enrichment Materials for Marine Aquaculture Using Single Cell Heterotrophs. *Aquaculture* **2002,** *213,* 347–362.

Hertrampf, J.W.; F. Piedad-Pascual. *Handbook on Ingredients for Aquaculture Feeds*; Kluwer Academic Publishers: Dordrecht, **2000**.

Izquierdo, M.S. Essential Fatty Acid Requirements in Mediterranean Fish Species. *Cah. Opt. Med.* **2005,** *63,* 91–102.

Kanazawa, A.; S. Teshima; S. Tokiwa. Biosynthesis of Fatty Acids from Palmitic Acid in the Prawn, *Penaeus japonicus. Memoirs of the Faculty of Fisheries, Kagoshima University* **1979,** *28,* 17–20.

Kfoury, J.R.; V. Kiron; N. Okamoto. Influence of Essential Fatty Acid Deprivation on Thrombocyte Aggregation in Rainbow Trout. *Braz. J. Vet. Res. Anim. Sci., Sao Paulo* **2006,** *43,* 74–80.

Kiron, V.; H. Fukuda; T. Takeuchi; T. Watanabe. Essential Fatty Acid Nutrition and Defense Mechanisms in Rainbow Trout *Oncorhynchus mykiss. Comp. Biochem. Physiol. A* **1995,** *111,* 361–367.

Koskela, R.W.; J.G. Greenwoog; P.C. Rothlisberg. The Influence of Prostaglandin E2 and the Steroid Hormones, 17 alpha-hydroxyprogesterone and 17 beta-estradiol on Moulting and Ovarian Development in the Tiger Prawn, *Penaeus esculentus,* Hastwell, 1879 (Crustacea: Decapoda). *Comp. Biochem. Physiol. A* **1992,** *101,* 295–299.

Lall, S.P. Nutrition and Health of Fish. *Avances en Nutrición Acuícola V. Memorias del V Simposium Internacional de Nutrición Acuícola*; L.E. Cruz-Suárez, D. Ricque-Marie, M. Tapia-Salazar, M.A. Olvera-Novoa, R. Civera-Cerecedo, Eds.; Nov 19-22, 2000. Mérida, Yucatán, México.

Langdon, C.J.; M.J. Waldock. The Effect of Algal and Artificial Diets on the Growth and Fatty Acid Composition of *Crassostrea gigas* Spat. *Journal of the Marine Biological Assoc. UK.* **1981,** *61,* 431–448.

Laurin, E.; B. Carpenter; M.P. Schreibman; J. Polle; R.A. Bullis. Tilapia Finishing Feed for ω-3 DHA Enrichment of the Fillets Using Single Cell Biomass from *Schizochytrium* sp. *Int. Aquafeed* **2006,** *9,* 28–29.

Lim, C.; H. Ako; C.L. Brown; K. Hahn. Growth Response and Fatty Acid Composition of Juvenile *Penaeus vannamei* Fed Different Sources of Dietary Lipid. *Aquaculture* **1997,** *151,* 143-153.

Lim, C.E.; M. Aksoy. Lipid and Fatty Acid Requirements of Tilapia. *Aquaculture America 2009*; World Aquaculture Society, February 15–18, 2009, Seattle, Washington, USA; p 194.

Lytle, J.S.; T.F. Lytle; J. Ogle. Polyunsaturated Fatty Acid Profiles as a Comparative Tool in Assessing Maturation Diets of *Penaeus vannamei. Aquaculture* **1990,** *89,* 287–299.

Masuda, R. The Critical Role of Docosahexaenoic Acid in Marine and Terrestrial Ecosystems: From Bacteria to Human Behavior. *The Big Fish Bang. Proceedings of the 26th Annual Larval Fish Conference*; H.I. Browman, A.B. Skiftesvik, Eds.; Institute of Marine Research: Bergen, 2003; pp 249–256.

Medina, A.R.; M.E. Grima; G.A. Jiménez; M.J. González. Downstream Processing of Algal Polyunsaturated Fatty Acid. *Biotechnol. Advan.* **1998,** *16,* 517–580.

Miller, M.R.; P.D. Nichols; C.G. Carter. Replacement of Fish Oil with Thraustochytrid *Schizochytrium* sp. L Oil in Atlantic Salmon Parr (*Salmo salar* L) Diets. *Comp. Biochem. Physiol. A* **2007,** *148,* 382–392.

Mourente, G.; J.G. Bell. Partial Replacement of Dietary Fish Oil with Blends of Vegetable Oils (Rapeseed, Linseed and Palm Oils) in Diets for European Sea Bass (*Dicentrarchus labrax* L.) over a Long Term Growth Study: Effects on Muscle and Liver Fatty Acid Composition and Effectiveness of a Fish Oil Finishing Diet. *Comparative Biochemistry and Physiology B* **2006,** *145,* 389–399.

Mourente, G.; J.E. Good; J.G. Bell. Partial Substitution of Fish Oil with Rapeseed, Linseed and Olive Oils in Diets for European Sea Bass (*Dicentrarchus labrax* L.): Effects on Flesh Fatty Acid Composition, Plasma Prostaglandins E2 and F2, Immune Function and Effectiveness of a Fish Oil Finishing Diet. *Aquacult. Nut.* **2005,** *11,* 25–40.

Nakamura M.T.; T.Y. Nara. Structure, Function, and Dietary Regulation of Delta-6, Delta-5, and Delta-9 Desaturases. *Ann. Rev. Nut.* **2004,** *24,* 345–376.

National Research Council. *Nutrient Requirements of Fish*. National Research Council. National Academy Press: Washington, DC, 1993.

Patnaik, S.; T.M. Samocha; D.A. Davis; R.A. Bullis; C.L. Browdy. The Use of PUFA-Rich Algal Meals in Diets for *Litopenaeus vannamei*. *Aquaculture Nutrition* **2006,** *12,* 395–401.

Ravid, T.; A. Tietz; M. Khayat; E. Boehm; R. Michelis; E. Lubzens. Lipid Accumulation in the Ovaries of a Marine Shrimp *Penaeus semisulcatus* (De Haan). *J. Exp. Biol.* **1999,** *202,* 1819–1829.

Rees, J. F.; K. Curé; S. Piyatiratitivorakul; P. Sorgeloos; P. Menasveta. Highly Unsaturated Fatty Acid Requirements of *Penaeus monodon* Postlarvae: An Experimental Approach Based on *Artemia* Enrichment. *Aquaculture* **1994,** *122,* 193–207.

Robert, S.S. Production of Eicosapentaenoic and Docosahexaenoic Acid-Containing Oils in Transgenic Land Plants for Human and Aquaculture Nutrition. *Marine Biotechnology* **2006,** *8,* 103–109.

Ruyter, R.; E. Ruyter; T. Ruyter. Essential Fatty Acids in Atlantic Salmon: Time Course of Changes in Fatty Acid Composition of Liver, Blood and Carcass Induced by a Diet Deficient in n-3 and n-6 Fatty Acids. *Aquacult. Nut.* **2001,** *6,* **109–117.**

Sargent, J. R.; L.A. McEvoy; J.G. Bell. Requirements, Presentation and Sources of Polyunsaturated Fatty Acids in Marine Fish Larval Feeds. *Aquaculture* **1997,** *155,* 117–127.

Sargent J.R.; D.R. Tocher; J.G. Bell. The Lipids. *Fish Nutrition*; J.E. Halver, R.W. Hardy, Eds.; Academic Press, Elsevier : San Diego, 2002; pp. 81–257.

Sprecher H.; D.L. Luthria; B.S. Mohammed; S.P. Baykousheva. Reevaluation of the Pathways for the Biosynthesis of Polyunsaturated Fatty Acids. *J. Lipid Res.* **1995,** *36,* 2471–2477.

Tacon, A.G.S. Trends in Global Aquaculture and Aquafeed Production: 1984-1996 Highlights. *Feed Manufacturing in the Mediterranean Region. Recent Advances in Research and Technology, CIHEAM/IAMZ, Zaragoza, Spain* . J. Brufau, A. Tacon, Eds.; 1999; Vol. 37, pp 107–122.

Tocher, D.R.; J.D. Castell; J.R. Dick; J. Sargent. Effects of Salinity on the Fatty Acid Composition of Total Lipid and Individual Glycerophospholipid Classes of Atlantic Salmon (*Salmo salar*) and Turbot (*Scopthalmus maximus*) Cells in Culture. *Fish Physiol. Biochem.* **1995,** *14,* 125–137.

Turchini, G.M.; B.E. Torstesen; W.-K. Ng. Fish Oil Replacement in Finfish Nutrition. *Rev. Aquacult.* **2009,** *1,* 10–57.

Volkman J.K.; S.W. Jeffrey; P.D. Nichols; G.I. Rogers; C.D. Garland. Fatty Acid and Lipid Composition of 10 Species of Microalgae Used in Mariculture. *J. Exp. Mar. Biol. Ecol.* **1989,** *128,* 219–240.

Volkman, J.K.; G.A. Dunstan; S.W. Jeffrey; P.S. Kearney. Fatty Acids from Microalgae of the Genus *Pavlova*. *Phytochemistry* **1991,** *30,* 1855–1859.

Volkman, J.K.; M. R. Brown; G.A. Dunstan; S.W. Jeffrey. The Biochemical Composition of Marine Microalgae from the Class Eustigmatophyceae. *J. Phycol.* **1993,** *29,* 69–78.

Watanabe, T. Importance of Docosahexaenoic Acid in Marine Larval Fish. *J. World Aquacult. Soc.* **1993,** *24,* 152–161.

Wouters, R.; L. Gómez; P. Lavens; J. Calderón. Feeding Enriched *Artemia* Biomass to *Penaeus vannamei* Broodstock: Its Effect on Reproductive Performance and Larval Quality. *J. Shellfish Res.* **1999,** *18,* 651–656.

Wouters, R.; P. Lavens; J. Nieto; P. Sorgeloos. Penaeid Shrimp Broodstock Nutrition: An Updated Review on Research and Development. *Aquaculture* **2001,** *201,* 1–21.

Xu, X.; J. Wenjuan; J.D. Castell; R. O'Dor. Essential Fatty Acid Requirement of the Chinese Prawn *Penaeus chinensis*. *Aquaculture* **1994,** *127,* 29–40.

第六部分
展 望

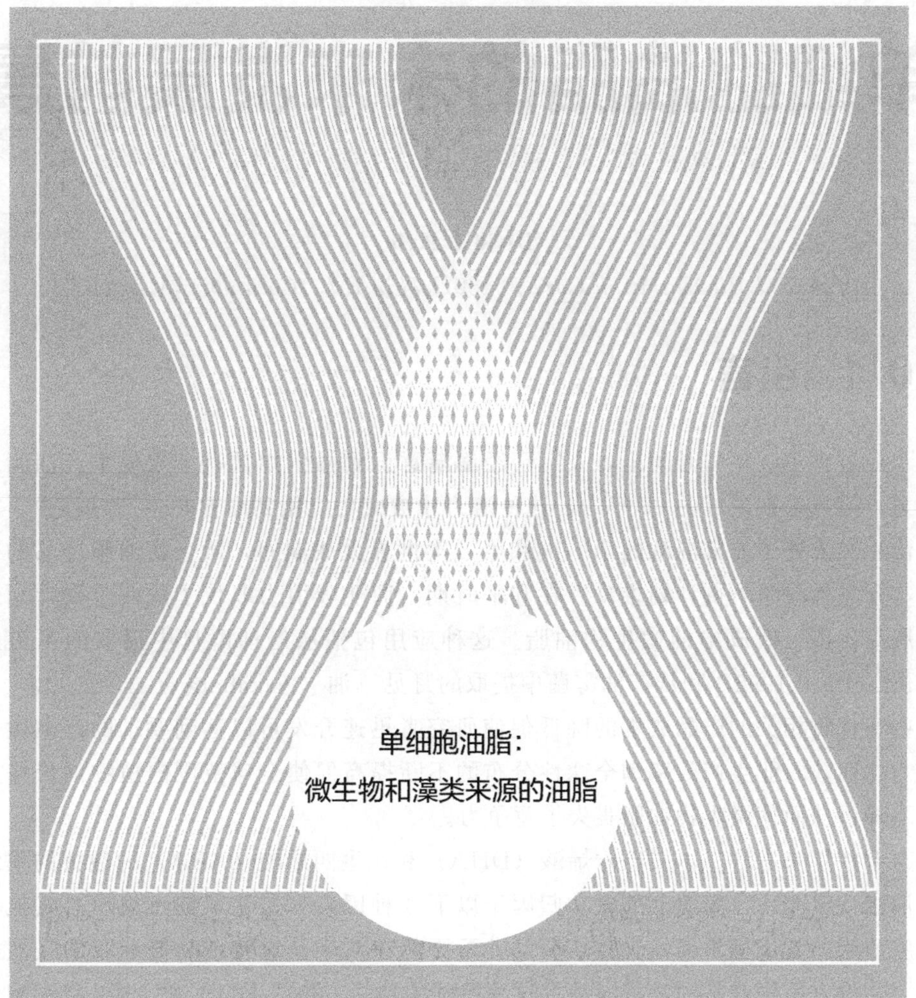

第20章 单细胞油脂的未来发展前景

Divid J. Kyle

(*Advanced BioNutrition Corp*. 6430*Dobbin Rd*. ,*Columbia* ,*MD* 21045)

20.1 引言

在过去100年的时间里，人们已经逐渐意识到微生物具有大规模生产油脂的潜力。但只是在最近的25年内，这种潜力才被成功应用到商业化生产过程中。在政治和经济处于非常混乱的第一次和第二次世界大战期间，微生物油脂产品的研究与开发被战略防御计划推动。在和平时期，商业吸引力取代了战略防御计划来发展高价值、低成本的微生物油脂。这种应用包括从产油酵母中提取的可可脂（Smit et al，1992）和从产油霉菌中提取的月见草油（Nakahara et al，1992）。与这些替代物相关的产品成本的降低促使研究者迅速开发可以达到要求的产油微生物。然而，农业生产效率和全球性分布的不断提高促使全球范围内植物油价格水平下降，从而使微生物油脂丧失了竞争力。

近些年来富含二十二碳六烯酸（DHA）和花生四烯酸（ARA）的独特的单细胞油脂（SCO）在商业上的成功归因于以下3种因素：①从早期大规模对其他单细胞油脂的尝试积累的经验；②婴幼儿配方奶粉对于具有特殊功能油脂的强烈需要；③没有植物或是动物可以提供这种特殊的功能。由于DHA和ARA单细胞油脂在商业上的成功，如何在大的容器中培养微生物以及如何富集处理微生物中的油脂的研究在以极快的节奏发展。然而，如果婴幼儿奶粉配方改变，或者植物和动物可以满足这种需要，单细胞油脂将会再一次受到其他产品的挑战。此外，如果单细胞油脂扩大的新机会得以实现，那么就需要开发研究新的用途，就像 DHA 和 ARA 单细胞油脂添加到婴幼儿配方奶粉中一样，这将会使单胞油脂的过程存在独特的优势。

20.2 单细胞油脂工业化的短暂历史

为了更好地了解单细胞油脂技术与应用的方向，从过去的成功与失败中学习经验是非常重要的。单细胞油脂产品早期的开发已经被 Ratledge（Ratledge，1992；参阅第 1 章）很好地总结过了，他注意到在 1960 年之前对单细胞油脂的兴趣首先是学术上的好奇，后来由于被强大的商业生产前景吸引，这种兴趣不断提高。在最近 30 年间，对于几个过程来说，大规模生产变成了现实，不仅是极个别的情况，而是变成了经济现实，形成了一个真正的连续化商业过程。虽然在近 30 年间许多单细胞油脂来源与应用已经被提及，但是只有 6 种得到推广，只有 2 种达到了商业化水平。

20.2.1 来自 *Apiotrichum curvatum* 的可可脂等价物（CBE）

以早期的 Hammond 等（Hammond et al，1981）的工作为基础，在 1988 年，来自新西兰的科学与工业研究部门的一个团队尝试商业化生产可可脂的这个酵母菌种（Davies，1988）。这个团队成功地扩大到了 250m^3 的生产规模，同时用生产棕榈油的产油酵母证明了单细胞油脂的生产过程。虽然以廉价的乳清原料（奶酪加工的副产物）生产来维持其经济性，但是在 1988 年预计每吨的操作成本仍然会超过 700 美元，而且没有商业性的单细胞可可脂产品出现。在 2008～2009 年间，棕榈油商品的价格大约为每吨 550 美元，显而易见棕榈油的等价物可可脂的加工在经济上是不可行的。从 2008～2009 年以后，可可脂的商品价格大约是每吨 2300 美元，所以如果可可脂的等价物再一次生产的话，这个加工过程在经济上变得可行。

20.2.2 来自深黄被孢霉的 γ-亚麻酸

最初日本出光（Idemitsu）公司用深黄被孢霉（*Mortierella isabellina*）［后来用拉曼被孢霉（*Mortierella ramanniana*）］为日本国内市场生产富含 γ-BBZ亚麻酸（GLA）的单细胞油脂（*Nakahara et al*，1992）。起初，这种油脂被用作特别的食品添加剂，但是这个单细胞油脂资源在市场上并没有存在很长时间。这个产品的价格是多少人们并不清楚，为什么会远离市场也不清楚。但是，可能对于新开发的、以植物为基础的 γ-亚麻酸油脂，例如月见草油、玻璃苣油、黑醋栗籽油，这种微生物油脂并没有竞争力。

20.2.3 来自卷枝毛霉的 γ-亚麻酸

我们对于 *Ratledge*（*Ratledge*，2006）通过卷枝毛霉（*Mucor circinelloides*）[以前称爪哇毛霉（*Mucor javanicus*）] 开发 γ-亚麻酸油脂有一个更加清楚的了解，最终由 J. & E. Sturge 有限公司（英国）扩大生产。在 1985 年，用 $220m^3$ 的搅拌发酵罐开始商业性生产，每批大约生产 2t 油脂。这种单细胞油脂在市场上以"爪哇油"（Oil of Javanicus）的商品名销售。虽然这个公司直到 1990 年才停止销售，但生产批次很少，因为特殊供应和包含 γ-亚麻酸的食品添加剂的市场很小，而植物来源的 γ-亚麻酸的市场很大。

20.2.4 来自隐甲藻的 DHA 油脂

在 20 世纪 80 年代后期，马泰克（Martek）生物科技公司（美国）的 Kyle 团队也研发了一系列单细胞油脂，小组成员很快发现了一种具有独特应用的富含高二十二碳六烯酸的单细胞油脂（DHASCO），该油脂通过海洋鞭毛虫微藻类隐甲藻（*Crypthecodinium cohnii*）生产（Kyle，1996）。其应用依赖富含 DHA 油脂的婴幼儿配方奶粉的需求。这种优势不能被来自任何已知的植物油或鱼油替代。马泰克公司直到今天还在以 $200m^3$ 的搅拌发酵罐工业化生产 DHASCO。第 6 章已经详细介绍了该过程。

20.2.5 来自高山被孢霉的 ARA 油脂

在 20 世纪 80 年代后期，Kyle 团队同样研发了可用于婴幼儿配方奶粉的富含 ARA 的油脂，该油脂可由真菌高山被孢霉（*Mortierella alpina*）得到（Kyle，1997）。与 DHASCO 一样，植物中不含有该油脂。而在动物资源中得到 ARA 油脂需要很高的花费，与此霉菌相比动物油脂中含有更广的脂肪酸分布（Kyle，1997）。马泰克公司同样放大了该过程，发明了富集 ARA 油脂的方法，并使含有 ARA 的油脂含量超过 50%（Kyle，2003）。此外马泰克公司与荷兰的帝斯曼（DSM）公司达成协议生产该产品。目前 ARA 单细胞油脂正在美国以 $200m^3$ 的发酵罐生产。第 5 章已经详细描述了该油脂的生产过程。其他国家 [日本的三得利（Suntory Corp）和中国的嘉吉烯王（Cargill Arking）] 同样在用类似的方式生产这种产品。

20.2.6 来自裂殖壶菌的 DHA 油脂

在 20 世纪 90 年代早期，Kelco 公司用另一种富含 DHA 的单细胞油脂的海洋微生物裂殖壶菌（*Schizochytrium* sp.）扩大生产了该产品，Barclay 第一次提到此微生物（Barclay，1992）。在 2001 年，马泰克公司开始此次加工过程。由于该过程效率高、成本低，如今 DHASCO 已经被婴幼儿配方食品公司选定。在食品添加剂工厂中，将油脂或富含 DHA 的菌体（见第 18 章）直接添加到动物饲料中，来自裂殖壶菌的 DHA 油脂注定会同来自鱼油的油脂进行竞争。除了营养功能性食品市场以外，由马泰克公司提供的这种 DHA 油脂已经被添加到了世界上 100 多种商业食品中，涉及范围从营养牛奶、酸乳到营养酒吧和果汁饮料。关于加工过程的发展和在食品和饲料行业的目前状态在第 4、16～18 章中已详细讲述了。

预计 2008 年单细胞油脂的产品产量将达到 3500t，其中 60% 为 ARASCO，30% 为 DHASCO（图 20-1）。由于 DHASCO 和 ARASCO 产品产生的扩大和市场需求发展迅速，除了来自裂殖壶菌的 DHASCO 以外，其他单细胞油脂产品已经被这两种油脂替代。从 2000 年对这些油脂产品的介绍至今为止，从被孢霉生产的 ARASCO 接近 9000t，从隐甲藻生产的 DHASCO 接近 6000t，从裂殖壶菌生产的 DHASCO 接近 200t，创造了 15 亿美元的价值。这 3 种油脂的年产量接近 3500t，并不断增长。

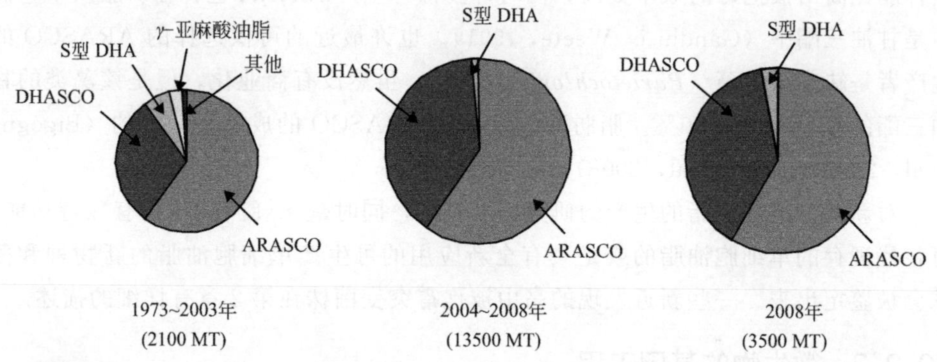

图 20-1　2008 年商业化 SCO 生产的相对含量、1973～2003 年 30 年间的相对含量以及 2004～2008 年 5 年间的相对含量。产品多种多样，有来自高山被孢霉的 ARASCO、来自隐甲藻的 DHASCO、来自裂殖壶菌的 S 型 DHA 以及来自卷枝毛霉的 GLA

20.3　未来的资源

我们已经看到了两种单细胞油脂商业化成功的范例，并且我们正在搜寻同样的可替代的油脂资源。我们可能开发出经典的新微生物筛选方法或低成本的基因修饰、以植物为基础的系统，来生产与微生物油脂 DHASCO 和 ARASCO 大体上等价的油脂。

20.3.1　单细胞油脂的新资源

自从来自隐甲藻的单细胞油脂被发现并被应用后，许多团队着手研究了与隐甲藻相关的可用于生产 DHASCO 的其他鞭毛藻类（dinoflagellates），然而这种类型的藻类没有发现潜在的可替代的资源。其他海藻类被认为可作为 DHA 和 EPA 潜在的生产者，但是这些通常需要光合作用，而且在发酵罐方面需要一个较大规模的放大（Cohen et al，1995）。然而，在 2007 年，Eau＋公司研发了一种 EPA 和 DHA 总产量达到 23% 的海藻类。研究表明，不仅是裂殖壶菌（*Schizochytrium*），其他壶菌（chytrids）也具有生产包含 DHA 的单细胞油脂的潜在能力。已经发现动植物演化过程中一些相似生物，包括吾肯氏壶藻（*Ulkenia*）（Tanaka et al，2003）和 *Labyranthula*（Yokochi et al，2002）。但这些菌株的油脂几乎同最初报道的裂殖壶菌的油脂成分是一样的，这使得区别这些菌株非常困难。由于所有的壶菌好像都有相对较高的 ω-6 二十碳五烯酸含量（不要与在许多鱼油中发现的 DHA 的 ω-3 二十碳五烯酸相混淆）。它们与隐甲藻中得到的 DHA 单细胞油脂不同。

确实，海洋真菌类是生产 ARA 单细胞油脂可能的选择。然而，没有报道其他菌种能比高山被孢霉的效率更高，同时许多菌种生产的 ARA 包含在磷脂质中，而不是甘油三酯中（Gandhi & Weete，1991）。也许最近的可供选择的 ARASCO 的生产者是缺刻缘绿藻（*Parietochloris incisa*）。虽然没有商业化，但是该藻类的甘油三酯的含量达到了 50%。脂肪酸的成分与 ARASCO 的成分是一样的（Bigogno et al，2002，；Kyle et al，2008）。

对新的单细胞油脂的生产的研究将会继续，同时毫无疑问的是具有独特功能、可替代现存的单细胞油脂的或是具有全新应用的可生产单细胞油脂的新物种和菌株会被鉴定出来。一些新近发现的高山被孢霉突变菌株在第 2 章有详细的描述。

20.3.2 微生物的基因工程

用典型的诱变技术已经成功筛选出一种可以生产与可可脂（很高的硬脂酸含量）同样成分的酵母（Smit et al，1992）。由于酵母在发酵罐中生长得很好，在过去的几年间，他们成功地结合 DNA 重组技术加大努力来研究可生产 ARA、EPA 和 DHA 的菌株。在这个过程中关键基因调控是对 Δ^5-脱饱和酶和 Δ^6-脱饱和酶以及多不饱和脂肪酸延长酶的编码。试图从被孢霉（*Mortierella*）中分离这些基因已经成功了。它们已经被克隆到了酵母中，主要是作为辨别基因的模型系统，而不是作为 EPA 和 ARA 的生产系统（Knutzon et al，1998；Parker-Barnes et al，2000；Pereira et al，2004）。来自杜邦（Du Pont）公司的 Damude 和他的同事通过基因工程方法改造了产油酵母解脂耶氏酵母（*Yarrowia lipolytica*），得到的酵母可以产生含有 10% 的 ARA（Damude et al，2006）、25% 的 EPA（Damude et al，2006）和 5.6% 的 DHA（Damude et al，2006）的油脂（参阅第 3 章）。Avestha Grengraine PTV 有限公司（印度）的 Patel 和 Rajyashri 通过修饰普通的面包酵母酿酒酵母（*Saccharomyces cerevisiae*）（这些菌株之前并不能产油）来生产 DHA 油脂（Patel & Rajyashri，2008）。基因修改之后的菌株酵母将会用于商业化生产，其产品可以与没有修饰的自然生产的 DHA 单细胞藻油竞争。

用基因工程改造微生物的途径包括识别具有高潜力的光合微藻类来生产单细胞油脂，同时转变该微藻类成为非自养的模式。区别存在糖的条件下异养的微藻与能光合自养的微藻的一个特点是是否在细胞膜的外部存在具有活性的葡萄糖载体。通过用一个糖运输的基因将能光合自养的微藻三角褐指藻（*Phaeodactylum tricornutum*）变成异养生物，证明了上述结论（Zaslavskaia et al，2001；Apt et al，2008）。这样的新技术打开了转化其他的能光合自养的微藻（像缺刻缘绿藻）成为经济的非自养的单细胞油脂生产者的可能。

20.3.3 植物的基因工程

在过去油脂只通过上述讨论的几个模式微生物系统生产，如今编码各种参与 ARA、EPA 和 DHA 生物合成的酶的基因已经被分离出来。为了在农作物中大规模、低成本地生产富含 ARA、EPA 或 DHA 的产品，人们曾经齐心协力地将同样的基因转入农作物中。如果成功了，这一过程最终将会代替单细胞油脂产品。然而，已证明这项任务比预期的要困难。最初的尝试包括使用从某一深海鱼的肠胃中分离 DHA 产生菌发光细菌的基因。然而，很快意识到这种生物不能用传统的在植物中发现的 Δ^5-脱饱和酶和 Δ^6-脱饱和酶以及多不饱和脂肪酸延长酶的脂肪酸生物合成途径来生产 DHA。恰恰相反，DHA 通过唯一的以聚酮化合物（polyketide）为基础的途径来生产（Allen & Bartlett，2002）。一个可替代的基因来源是裂殖壶菌，即使它是一个真菌有机体，但是证明它的生物合成为聚酮化合物途径（Metz et al，2001）。这些作者近期已经表明 PKS（聚酮合酶）途径可以得到游离脂肪酸（FFA），而不是硫代酸酯，所以需要载入额外的基因来确保游离脂肪酸不会毒害细胞。

从霉菌被孢霉中分离基因已经更富有成效，同时这些基因已经用于改造油菜籽（*Brassica napus*）来生产 EPA 和 ARA（Knutzon et al，1998）。近期，Kajikawa 等（Kajikawa et al，2008）从一种苔类植物（*Marchantia polymorphd*）中分离了 Δ^5-脱饱和酶和 Δ^6-脱饱和酶以及多不饱和脂肪酸延长酶，并可在烟草和大豆中表达它们的性状。烟草转化株的叶子中 ARA 和 EPA 占总脂肪酸的含量分别为 15.5%和 4.9%，而大豆转化株的种子中 ARA 和 EPA 的总量占总脂肪酸的含量多达 19.5%。

哺乳类动物中 DHA 的生物合成途径包含“Sprecher 分流”（Sprecher Shunt），在此过程中 EPA 进一步延长和脱饱和成为 24:6ω-3 脂肪酸，此物质通过超氧化作用产生 DHA（Sprecher，1999）。从 EPA 到 DHA 的一个简单的途径是

EPA 延长到 22:5ω-3 脂肪酸，然后通过 Δ^4-脱饱和酶直接转化成 DHA。虽然这个酶在脊椎动物系统中的存在是有争议的，但是有明显的证据证明该酶在某些海洋藻类中是不存在的（Tanon et al，2003；Pereira et al，2004；Zhou et al，2007）。

虽然一些植物已经通过基因修饰用来生产 ARA 和 EPA（不含 DHA），但总的来说，对植物组织根部、叶子、茎部、花不产生明显的会弱化植物的生物化学和生理的破坏，并且使其单细胞油脂中脂肪酸的含量达到 50%，是不可能的。所以单细胞油脂和植物油脂的含量仍是一个关键的区别。即使一种植物可以产生富含丰富的 ARA、EPA 和 DHA 的油脂，但是为了防止氧化，不得不小心地富集、加工和储存。即使对于高含量的 18:3ω-3 脂肪酸的亚麻籽油来说，克服氧化的问题也是十分困难的。因此，新的高不饱和植物油的加工需要与新的运输、萃取和处理过程共同发展。易于氧化的油脂在运输、用于食物或是饲料产品之前需要高效抗氧化剂例如乙氧喹啉处理，来防止氧化腐败。除了需要新的加工处理技术，对于食物中的转基因生物（GMO）同样存在强烈的政治和社会的阻碍。比如，欧盟不允许转基因材料用于婴幼儿配方奶粉。因此，由于许多障碍，从可以产生 ARA、EPA 和 DHA 的转基因植物中获得油脂的设计、发展和油脂产品实现商业化的进程是缓慢的。

20.4 单细胞油脂的未来应用

我们非常确定单细胞油脂可以大量生产来用于商业化。然而，从过去 30 年间我们获得的经验可知，非常清楚地，单细胞油脂将来的商业化应用依靠与现存的差别、可供选择的将来以及特定市场的定位和识别，在这里新的应用价值将会弥补单细胞油脂的高额成本。

20.4.1 婴幼儿配方奶粉

DHASCO 和 ARASCO 的应用已经在婴幼儿配方奶粉产业确立，这些产业包含世界上几乎每一个重要的用单细胞油脂作为添加物的婴幼儿配方奶粉公司。由于单细胞油脂已确定下来的安全特征，将来单细胞油脂产品优势的改变是不可能的。单细胞油脂中高含量的 DHA 和 ARA 减少了它们的添加量。公众对于转基因产品应用的过度关注暗示我们，即使是低成本的转基因植物资源可以实现，在可预知的将来也不会使用，特别是在婴幼儿配方奶粉方面。因此，随着市场渗透的增加，DHASCO 和 ARASCO 的生产量将会继续增长。但在 2～4 年时间内，每年的产量将会维持在 5000t。

20.4.2　新的食物应用

在新的食物应用方面单细胞油脂的用途取决于替代物的应用与商品定价和单细胞油脂的存在形式。对于长链多不饱和脂肪酸来说，主要的竞争对手是鱼油。鱼油有 3 个重要的关注点：①由于不饱和脂肪酸含量高，在食物中存在氧化不稳定性，这会导致感官问题；②携带污染物的可能性，例如二噁英、多氯联苯、甲基汞和其他集中在鱼油中的污染物；③由于不负责任的过度捕捞导致渔业的衰竭，使其缺乏生态可持续性。为了克服前两个问题，鱼油必须被纯化和胶囊化，使其在传统、以食物为基础的系统方面是可用的。对于单细胞油脂，例如 DHASCO，额外稳定物的添加是没有必要的，因为其 DHA 的含量很高，没有其他易氧化的外来的多不饱和脂肪酸。而且，从那些微生物资源中直接萃取的油脂通常会连同细胞内的抗氧化剂一同萃取出来，这些抗氧化剂可以提供细胞生存所需的稳定性。

胶囊化的鱼油或并入某些食物应用的胶囊化鱼油产品在胃中的释放会导致鱼油过早地氧化和致人打嗝。因此，为了充分开发富含 DHA 的单细胞油脂在食物中的应用，我们需要开发新的传递系统，实现油脂在胃部的保护和随后的释放。这样的传递系统同样需要允许胶囊化鱼油在高水分活性的食物（酸乳、调味品和饮料等）和低水分活性的食物（粉末状物质、块状食品和面包等）中的使用。这样的传递系统目前正在研究，在将来它们会扩大单细胞油脂在主流食物产品中的使用。到 2010 年，这样的应用将会使单细胞油脂每年的产量增加 2000～4000t。

20.4.3　动物饲料的应用

当我们考虑单细胞油脂的应用时，我们也会考虑微生物的菌体部分和其应用。单细胞油脂的菌体不需要额外的萃取成本和没有成分的损失，在动物领域菌体的应用可能为功能性营养品提供经济机会。许多关于单细胞油脂微生物菌体在动物饲料方面应用的专利已经发表，这些饲料是为了改进动物体内 DHA 的含量或是一部分用于消费的动物（Barclay，1996，2006；Kyle，2006），其中的实例包括用裂殖壶菌菌体饲养鸡来生产高 DHA 的鸡蛋（Herber & Van Elswyk，1996）或用鱼油饲养牛来生产高 DHA 的牛奶（Wright et al，2003）。这种观念在一定范围内被生物转化的思想限制，如饲养的 DHA 变成商业食物产品后 DHA 的含量是否在新陈代谢中遭受大的损失、是否转变成其他身体部分、是否在排泄中损失。与这种方法竞争的是一个低成本、高含量的脱去臭味、纯化的鱼油与鸡蛋产品混合或在超高温度包装过程中直接添加脱臭油，这个过程与直接将 DHA 饲料喂养牛相比成本更低。

随着淡水、水产养殖例如罗非鱼的迅速发展，提供给消费者的富含 DHA 鱼片也会随之发展。罗非鱼是一种淡水鱼，在鱼粉或鱼油缺乏的条件下也可生长。

在水产养殖业上鱼粉和鱼油减少的主要目的是节省成本和生态可持续性。但是，得到的结果是最终产品的营养价值存在显著的下降。例如，商业化养殖的罗非鱼的 EPA 和 DHA 含量不到大马哈鱼中含量的 1/10。报道称商业化养殖的罗非鱼的营养价值（ω-6/ω-3 比例）比咸肉低（Weaver et al，2008）。具有讽刺意义的是，这样的结果为用富含 DHA 的微藻生物粉喂养某些鱼（例如罗非鱼）来生产富含 DHA 油脂的鱼产品创造了重大的机会。

虽然供给动物富含脂肪酸的单细胞油脂菌体可以使其富集在这些动物（鸡蛋或肉类等）产品中，这为菌体创造了一个小型的市场，但是为了动物健康的利益，单细胞油脂菌体供应品将是一个更大的市场。例如，对仔猪神经学上的生长和开发通常作为人类婴儿的模型，因为在两者之间刚生下来大脑发展的状态和出生后大脑发展的趋势几乎是相同的。结果，母猪母乳中 DHA 和 ARA 的含量很高（与牛乳中的 DHA 和 ARA 相比），前者与人的母乳更接近。这两个事实表明在胚胎和哺乳期间正在成长的小猪需要充足数量的 DHA。虽然猪的生产行业将会在超过它们的自然生产能力下促进母猪的生产能力，但是作者并不惊奇，如果母猪缺乏某些营养（DHA 缺乏等），将会导致母猪更低的繁殖力和仔猪不健康的生长和发育。我们意识到在怀孕和哺乳期改善母猪的 DHA 喂养可以增加同胎生仔数及提高仔猪的生长和存活率（Rooke et al，2001）。对于生产者来说，食物中 DHA 的添加可以导致一个有效的投资回报率，同时像人的婴幼儿配方奶粉一样可以提供一个长期的可以承受的产品流动性。

广泛用于水产养殖业和不能被植物材料代替的鱼粉和鱼油中的重要成分实际上是 DHA。可替代的鱼粉和鱼油单细胞油脂菌体可以确保水产养殖物种例如大马哈鱼和虾将来持续和健康的发展。然而，这样一个环境下可靠的环保与清洁的方式也需要一定的成本，许多消费者需要接受终产品（补充到婴儿配方奶粉中的 DHA/ARA）价格上 10%～15%的额外费用。如果我们调整好了，在单细胞油脂菌体生产和使用方面扩大的关键在于未来水产养殖业的可持续发展。

20.5 结论

自从 100 年前第一次认识单细胞油脂的潜力到其商业化发展已经经历了一系列起伏。最初，对单细胞油脂的探索只是科研上的好奇尝试。然后，又经历了几次商业化的尝试，由于市场上有更低成本的替代品存在，因此都失败了。DHASCO 和 ARASCO 在婴幼儿配方奶粉中的成功应用是由于它们在正确的时间和正确的地点、在没有商业化的产品可以取代它们在婴幼儿配方奶粉应用时出现了。由于婴幼儿配方奶粉行业不愿进行改变，在不久的将来，除非需要其进行改变，否则替代 DHASCO 和 ARASCO 是不可能的。这两种油脂的不断扩大和商业化受到之前其他单细胞油脂工作的激励，同时确立了单细胞油脂具有商业利益的理论。没有先前的工作所建立起来的广泛的单细胞油脂的基础和知识，DHASCO 和 ARASCO 不可能取得商业上的成功。我们期待单细胞油脂和单细胞油脂菌体在解决世界上许多工业和社会经济问题上有一个光明的未来。

参考文献

Allen, E.E.; D.H. Bartlett. Structure and Regulation of the Omega-3 Polyunsaturated Fatty Acid Synthase Genes from the Deep-sea Bacterium *Photobacterium profundum* Strain SS9. *Microbiology* **2002,** *148,* 1903–1913.

Apt, K.; F. Allnutt; D.J. Kyle; C. Lippmeyier. Trophic Conversion of Obligate Phototrophic Algae Through Metabolic Engineering. Martek Biosciences Corp. U.S. Patent 6,027,900, 2008.

Barclay, W. Process for the Heterotrophic Production of Microbial Products with High Concentrations of Omega-3 Highly Unsaturated Fatty Acids. Martek Biosciences Corp. U.S. Patent 5,130,242, 1992.

Barclay, W. Microfloral Biomass Having Omega-3 Highly Unsaturated Fatty Acids. Martek Biosciences Corp. U.S. Patent 5,518,918, 1996.

Barclay, W. Feeding Thraustochytriales to Poultry for Increasing Omega-3 Highly Unsaturated Fatty Acids in Eggs. Martek Biosciences Corp. U.S. Patent 7,033,584, 2006.

Bigogno, C.; I. Khozin-Goldberg; D. Adlerstein; Z. Cohen. Biosynthesis of Arachidonic Acid in the Oleaginous Microalga *Parietochloris incisa* (Chlorophyceae): Radiolabeling Studies. *Lipids* **2002,** *37,* 209–216.

Cohen, Z.; H.A. Norman; Y.M. Heimer. Microalgae as a Source of Omega 3 Fatty Acids. *World Rev. Nutr. Diet* **1995,** *77,* 1–31.

Damude, H.; P. Gillies; D.J. Macool; S.K. Picataggio; D.M.W. Pollak; J.J. Ragghianti; Z. Xue; N.S. Yadav; H. Zhang; Q.Q. Zhu. Arachidonic Acid Producing Strains of *Yarrowia lipolytica.* E. I. DuPont de Nemours & Co. U.S. Patent Application US2006/0094092, 2006a.

Damude, H.; P. Gillies; D.J. Macool; S.K. Picataggio; D.M.W. Pollak; J.J. Ragghianti; Z. Xue; N.S. Yadav; H. Zhang; Q.Q. Zhu. Eicosapentaenoic Acid Producing Strains of *Yarrowia lipolytica*. E. I. DuPont de Nemours & Co. U.S. Patent Application US2006/0115881, 2006b.

Damude, H.; P. Gillies; D.J. Macool; S.K. Picataggio; D.M.W. Pollak; J.J. Ragghianti; Z. Xue; N.S. Yadav; H. Zhang; Q.Q. Zhu. Docosahexaenoic Acid Producing Strains of *Yarrowia lipolytica*. E. I. DuPont de Nemours & Co. U.S. Patent Application US2006/0110806, 2006c.

Davies, R. Yeast Oil from Cheese Whey—Process Development. *Single Cell Oil*; R. Morton, Ed.; John Wiley & Sons Inc.: New York, NY, 1988; pp 99–146.

Gandhi, S.R.; J.D. Weete. Production of the Polyunsaturated Fatty Acids Arachidonic Acid and Eicosapentaenoic Acid by the Fungus *Pythium ultimum*. *J. Gen. Microbiol.* **1991,** *137,* 1825–1830.

Hammond, E.; B. Glatz; Y, Choi; M.T. Teasdale. *New Sources of Fats and Oils*; E. Pryde, L. Pricen, K. Mukhergee, Eds.; American Oil Chemists' Society Press: Champaign, IL, 1981; pp 171–187.

Herber, S.M.; M.E. Van Elswyk. Dietary Marine Algae Promotes Efficient Deposition of n-3 Fatty Acids for the Production of Enriched Shell Eggs. *Poult. Sci.* **1996,** *75,* 1501–1507.

Kajikawa, M.; K. Matsui; M. Ochiai; Y. Tanaka; Y. Kita; M. Ishimoto; Y. Kohzu; S. Shoji; K.T. Yamato; K. Ohyama; et al. Production of Arachidonic and Eicosapentaenoic Acids in Plants Using Bryophyte Fatty Acid Delta-6 Desaturase, Delta-6 Elongase, and Delta5-Desaturease Genes. *Biosci. Biotechnol. Biochem.* **2008,** *72,* 435–444.

Knutzon, D.S.; J.M. Thurmond; Y.S. Huang; S. Chaudhary; E.G. Bobik; G.M. Chan; S.J. Kirchner; P. Mukerji. Identification of Delta5-Desaturase from *Mortierella alpina* by Heterologous Expression in Bakers' Yeast and Canola. *J. Biol. Chem.* **1998,** *273,* 29360–29366.

Kyle, D.J.; S. Reeb; V.J. Sicotte. Infant Formula and Baby Food Containing Docosahexaenoic Acid Obtained from Dinoflagellates. Martek Biosciences Corp. U.S. Patent 5,397,591, 1995.

Kyle, D.J. Production and Use of a Single Cell Oil Which Is Highly Enriched in Docosahexaenoic Acid. *Lipid Technol.* **1996,** *2,* 109–112.

Kyle, D.J. Production and Use of a Single Cell Oil Highly Enriched in Arachidonic Acid. *Lipid Technol.* **1997a,** *9,* 116–121.

Kyle, D. Arachidonic Acid and Methods for the Production and Use Thereof. Martek Biosciences Corp. U.S. Patent 5,658,767, 1997b.

Kyle, D. Arachidonic Acid and Methods for the Production and Use Thereof. Martek Biosciences Corp. European Patent Application 1,342,787, 2003.

Kyle, D.J. Fish and the Production Thereof. Advanced BioNutrition Corp. U.S. Patent Application US/20060265766, 2006.

Kyle, D.J. Microalgal Feeds Containing Arachidonic Acid and Their Production and Use. Advanced BioNutrition Corp. U.S. Patent 7,396,548, 2008.

Metz, J.G.; P. Roessler; D. Facciotti, D.; C. Levering; F. Dittrich; M. Lassner; R. Valentine; K. Lardizabal; F. Domergue; A. Yamada; et al. Production of Polyunsaturated Fatty Acids by Polyketide Synthases in Both Prokaryotes and Eukaryotes. *Science* **2001,** *293,* 290–293.

Metz, J.G.; J. Kuner; B. Rosenzweig; J.C. Lippmeier; P. Roessler; R. Zirkle. Biochemical Characterization of Polyunsaturated Fatty Acid Synthesis in *Schizochytrium*: Release of the Products as Free Fatty Acids. *Plant Physiol. Biochem.* **2009,** *47,* 472–478.

Nakahara, T.; T. Yokocki; Y. Kamisaka; O. Suzuki. Gamma-Linolenic Acid from Genus *Mortierella*. *Single Cell Oils*; D. Kyle, C. Ratledge, Eds.; American Oil Chemists' Society Press: Champaign, IL, 1992; pp 61–97.

Parker-Barnes, J.M.; T. Das; E. Bobik; A.E. Leonard; J.M. Thurmond; L.T. Chaung; Y.S. Huang; P. Mukerji. Identification and Characterization of an Enzyme Involved in the Elongation of n-6 and n-3 Polyunsaturated Fatty Acids. *Proc. Natl. Acad. Sci. USA* **2000,** *97,* 8284–8289.

Patel, M.; K. Rajyashri. Recombinant Production Docosahexaenoic Acid (DHA) in Yeast. Avestha Gengraine Tech PVT LTD. World Patent Application WO2006064317, 2008.

Pereira, S.L.; Y.S. Huang; E.G. Bobik; A.J. Kinney; K.L. Stecca; J.C. Packer; P. Mukerji. A Novel Omega3-Fatty Acid Desaturase Involved in the Biosynthesis of Eicosapentaenoic Acid. *Biochem. J.* **2004b,** *378,* 665–671.

Ratledge, C. Microbial Lipids: Commercial Realities or Academic Curiosities. *Single Cell Oils*; D.J. Kyle, C. Ratledge, Eds.; American Oil Chemists' Society Press: Champaign, IL 1992; pp 1–15.

Ratledge, C. Microbial Production of Gamma-Linolenic Acid. *Handbook of Functional Lipids*; C. Akoh, Ed.; CRC Press LLC: Boca Raton, FL, 2006; pp 19–45.

Rooke, J.; A. Sinclair; S.A. Edwards. Feeding Tuna Oil to the Sow at Different Times during Pregnancy Has Different Effects on Piglet Long-Chain Polyunsatureated Fatty Acid Composition at Birth and Subsequent Growth. *British J. Nutr.* **2001,** *86,* 21–30.

Smit, H.; A. Ykema; E.C. Verbee; I. Verwoert; M.M. Kater. Production of Cocoa Butter Equivalents by Yeast Mutants. *Single Cell Oils*; D. Kyle, C. Ratledge, Eds.; American Oil Chemists' Society Press: Champaign, IL, 1992; pp 185–195.

Sprecher, H. An Update on the Pathways of Polyunsaturated Fatty Acid Metabolism. *Curr. Opin. Clin. Nutr. Metab. Care* **1999,** *2,* 135–138.

Tanaka, S.; T. Yaguchi; S. Shimizu; T. Sogo; S. Fujikawa. Process for Preparing Docosahexaenoic Acid and Docosapentaenoic Acid with *Ulkenia*. Suntory Ltd, Nagase & Co Ltd., Nagase Chemtex Corp. U.S. Patent 6,509,178, 2003.

Tanon, T.; D. Harvey; T.R. Larson; I.A. Graham. Identification of a Very Long Chain Polyunsaturated Fatty Acid Delta4-Desaturase from the Microalga *Pavlova lutheri*. *FEBS Lett.* **2003,** *553,* 440–444.

Weaver, K.; P. Invester; J.A. Chilton; M.D. Wilson. P. Pandev; F. Chilton. The Content of Favorable and Unfavorable Polyunsaturated Fatty Acids Found in Commonly Eaten Fish. *J. Amer. Dietetic Assn.* **2008,** *108,* 1178–1185.

Wright, T.C.; B.J. Holub; A.R. Hill; B.W. McBride. Effect of Combinations of Fish Meal and Feather Meal on Milk Fatty Acid Content and Nitrogen Utilization in Dairy Cows. *J. Dairy Sci.* **2003,** *86,* 861–869.

Yokochi, T.; T. Nakahara; M. Yamaoka; R. Kurane. Method of Producing a Polyunsaturated Fatty Acid Containing Culture and Polyunsaturated Fatty Acid Containing Oil Using Microorganisms. Agency of Industrial Science and Technology. U.S. Patent 6,461,839, 2002.

Zaslavskaia, L.A.; J.C. Lippmeier; C. Shih; D. Ehrhardt; A.R. Grossman; K.E. Apt. Trophic Conversion of an Obligate Photoautotrophic Organism through Metabolic Engineering. *Science* **2001,** *292,* 2073–2075.

Zhou, X.R.; S.S. Robert; J.R. Petrie; D.M. Frampton; M.P. Mansour; S.I. Blackburn; P.D. Nichols; A.G. Green; S.P. Singh. Isolation and Characterization of Genes from the Marine Microalga *Pavlova salina* Encoding Three Front-end Desaturases Involved in Docosahexaenoic Acid Biosynthesis. *Phytochemistry* **2007,** *68,* 785–796.

索　引

（按汉语拼音排序）